液压缸密封技术及其应用

第2版

唐颖达　潘玉迅　编著

机械工业出版社

本书内容包括液压缸密封技术基础、液压缸密封件及其沟槽、液压缸密封系统设计与制造、液压缸的泄漏及防治、液压缸密封技术工程应用设计实例和液压缸密封技术现场应用实例。

本书在前一版《液压缸密封技术及其应用》的基础上，增加了近几年来作者在理论、科学、技术和实践经验总结方面新的成果，同时采用了现行标准，书中内容全面、准确、实用、新颖，力求及时展现国内外最新技术水平，并就未来技术发展提出较为清晰的展望。

本书可供液压机（械）、液压系统及液压缸工程设计人员、加工制造人员、试验验收人员、现场维修维护人员、产品营销人员使用，也可供高等院校相关专业教师、学生参考。

图书在版编目（CIP）数据

液压缸密封技术及其应用/唐颖达，潘玉迅编著．—2版．—北京：机械工业出版社，2023.6

ISBN 978-7-111-72987-7

Ⅰ.①液… Ⅱ.①唐… ②潘… Ⅲ.①液压缸-机械密封
Ⅳ.①TH137.51

中国国家版本馆CIP数据核字（2023）第062334号

机械工业出版社（北京市百万庄大街22号 邮政编码100037）
策划编辑：王永新 责任编辑：王永新 李含杨
责任校对：樊钟英 陈 越 封面设计：马若濛
责任印制：张 博
北京建宏印刷有限公司印刷
2023年7月第2版第1次印刷
184mm×260mm · 31.25印张 · 2插页 · 774千字
标准书号：ISBN 978-7-111-72987-7
定价：159.00元

电话服务
客服电话：010-88361066
010-88379833
010-68326294

网络服务
机 工 官 网：www.cmpbook.com
机 工 官 博：weibo.com/cmp1952
金 书 网：www.golden-book.com
机工教育服务网：www.cmpedu.com

第2版前言

《液压缸密封技术及其应用》（以下简称第 1 版）已经出版发行六年多了，感谢广大读者的厚爱，在此期间还进行了重印。

六年多来，一些与液压缸密封技术相关的标准已经升级迭代或首次发布，这也要求对第 1 版及时修订，以适应液压缸密封技术的发展与进步。近几年，作者也参加了若干项国家、行业标准的制定、修订工作，对一些标准的解读或更为全面、准确、深入，愿意就此与读者分享，并为共同推动我国液压缸及其密封的标准化做一点工作。

六年多来，作者就液压缸密封技术及其应用到过国内多家单位进行了技术交流，从中丰富了学识、提高了水平；作为工程技术人员，被聘为若干家密封件制造商、经销商的技术顾问，或者应邀为一些公司解决液压缸密封技术问题，所遇到的一些疑难问题有的很典型，或可作为新的“液压缸密封技术现场应用实例”；也当面征求过多位读者对第 1 版的意见，并一直收集网上的相关评价，这些都为本次修订做了必要的准备。

作者参加了 GB/T 17446—××××《流体传动系统及元件　词汇》/ISO 5598：2020，MOD 国家标准的修订工作，并且一直认为液压缸密封技术及其应用相关的名词、术语、词汇和定义很重要，它们是液压（缸）密封技术的基础之一，但考虑一些读者的阅读习惯或感受，以及技术专著的内容编排要求，本书将其放到了附录中。同样，也将液压缸密封技术及其应用相关标准目录调整到了附录中。

为了读者更加方便地使用本书，除收录了现行标准 GB/T 6577—2021《液压缸活塞用带支承环密封沟槽型式、尺寸和公差》和作者作为主要起草人之一的三项国家标准——GB/T 15242.3—2021《液压缸活塞和活塞杆动密封装置尺寸系列　第 3 部分：同轴密封件安装沟槽尺寸系列和公差》、GB/T 15242.4—2021《液压缸活塞和活塞杆动密封装置尺寸系列：第 4 部分：支承环安装沟槽尺寸系列和公差》和 GB/T 3452.5—2022《液压气动用 O 形橡胶密封圈　第 5 部分：弹性体材料规范》，还收录了第 1 版没有收录的 GB/T 3452.3—2005《液压气动用 O 形橡胶密封圈　沟槽尺寸》（摘录），并对其进行了勘误。

本书一些细微之处的修订都来源于作者认识水平的提高或实践经验的总结，或有利于读者更加精准地把握液压缸密封技术，如在 O 形圈“沟槽和配合偶件表面的表面粗糙度”表下增加两条注：对于静密封而言，“应保证密封面的表面粗糙度，环形刀痕的表面粗糙度 $Ra \leqslant 3.2(1.6)\mu m$。O 形槽内和槽底不得有径向且宽度大于 0.13mm 的垂直壁、射线或螺旋形划痕。”说明“因刀具这一因素产生的表面粗糙度值 $R_{max}(Rz)$ 与刀具进给量 f 和刀具圆弧半径 r_{ε} 密切相关，但实际加工所获得的表面粗糙度值要比按此公式计算所得值大，而且‘在进给量小、切屑薄及金属塑性较大的情况下，这个差别就越大。’”再如将第 3.5.2 节“O 形密封圈装配的技术要求”中“拉伸状态下安装的 O 形圈……”修改为“拉伸或压缩状态下安装的 O 形圈……”等。

“如果缺乏对影响往复密封安装和运行的关键变量的控制，往复密封的试验结果将具有不可预测性。”同样情况下，液压缸密封的可靠性或耐久性也是不可预测的。实践经验不断地告诫我们，如工作介质的粘度、润滑性、与密封材料的相容性，尤其是油液固体颗粒污染等级等都必须控制在一定范围内［如在 GB/T 15622《液压缸试验方法》（讨论稿）/ISO 10100：2020，MOD 中规定，对于那些“带有伺服阀或对污染敏感的密封件的缸，流体的清洁度应为 16/13 或 16/13/10”］，否则要设计制造出高品质的液压缸密封系统就是妄想。本书增加了液压缸工作介质方面的内容。

GB/T 36520《液压传动　聚氨酯密封件尺寸系列》（分为 4 部分）系列标准的发布、实施，进一步凸显了聚氨酯密封圈在液压缸密封中的重要地位，也实现了 U 形密封圈从只有概念到可有标准实物的进步，缸口 Y 形聚氨酯密封圈（代号为 Y）和缸口聚氨酯蕾形密封圈（代号为 WL）为液压缸导向套上的静密封提供除 O 形橡胶密封圈的另外选择。在 GB/T 3452.5—2022 中也增加了聚酯型聚氨酯（AU）橡胶材料和聚醚型聚氨酯（EU）橡胶材料两种弹性体材料，用于制造液压气动 O 形橡胶密封圈。

在现今社会经济的发展中，标准化工作的重要性得到了各行业的广泛认可，参与制定国家标准、行业标准成为掌握行业主导权、话语权的象征，标准化已成为企业的核心竞争力，作者还参与了一些液压缸及其缸零件的标准化工作。行业标准 JB/T 10205《液压缸》（分为 3 部分）不但包括了液压缸的“通用技术条件”，还包括了“缸筒技术条件”和“活塞杆技术条件”，但没有包括其他缸零件如“活塞”“导向套”等。在企业标准层面上对“活塞”进行标准化，争取使原创性的高质量企业标准升级为行业标准也是一个努力方向。

作者为某公司起草的《液压缸密封系统用 TPU 同轴密封件尺寸系列和公差》《液压缸密封系统孔用阶梯形同轴密封件尺寸系列和公差》企业标准也被收录在本书中。由热塑性聚氨酯（TPU）材料制成的滑环与橡胶圈组合在一起并全部由滑环作为摩擦密封面的这种组合密封件，在某些工况下具有比密封滑环材料为填充聚四氟乙烯的同轴密封件更好的密封性能；孔用阶梯形同轴密封件是一种单作用密封件，也可作为活塞缓冲密封件。采用以上两种同轴密封件，可能设计出新的液压缸密封系统。

使用 GB/T 3452.4—2020《液压气动用 O 形橡胶密封圈　第 4 部分：抗挤压环（挡环）》中规定的挡环，可以提高液压系统的最高工作压力和/或液压元件的额定压力，用聚氨酯材料制造的矩形整体型挡环更加方便安装，抗挤出性能也优于聚四氟乙烯挡环，某公司的试验数据支持这样的结论。这些研究成果也收录在本书中。

为了获得往复密封性能的对比数据，为密封件的设计和选用提供依据，评定液压往复运动密封件性能的试验方法是近几年作者重点研究的内容之一，一些阶段性成果也收录在本书中，或能为提高我国液压缸密封系统的可靠性（耐压性、耐久性）做一点工作。

参照相关标准，本书中还增加了“金属承压壳体（液压缸）的疲劳压力试验方法”“液压元件（液压缸）可靠性评估方法”等内容。

液压缸密封是液压密封中技术要求比较苛刻的，活塞杆、柱塞或套筒密封基本上可以代表液压往复运动密封。本应以处于“润滑摩擦”中的活塞杆、柱塞或套筒密封系统在耐久性试验后不能有液滴滴下（更为严苛的要求是“不足以成滴”）为产品合格，但在 JB/T 10205—2010《液压缸》中对此却没有要求，况且现在很多液压缸产品也是无法达到的。

通过不断的学习、探索和实践，加之科学的总结，液压缸密封技术及其应用在大家的努力下一定能持续进步。本书力求及时展现国内外液压缸密封最新技术水平，并为未来技术发展提出较为清晰的展望。希望有一天，“中国液压密封”也能成为高品质、长寿命的同义词。

个人之力终归有限，书中不足之处一定存在，敬请广大读者批评指正。

值本书出版之际，由衷地感谢西北橡胶塑料研究设计院高静茹、广州机械科学研究院王勇、哈尔滨工业大学姜继海、燕山大学赵静一等专家和教授给予的指导与帮助，并再次由衷地感谢第 1 版策划和责任编辑崔滋恩先生！

编著者

第1版前言

液压缸是现今应用最为广泛的液压元件之一。液压缸设计也是工程技术人员最可能遇到的技术设计，液压缸密封技术设计是其最重要的组成部分。

液压缸密封技术不但是一门专业性很强的工程技术，而且更是一门理论与实践结合紧密的应用科学。

在液压传动系统中，功率是通过封闭回路内的受压液体来传递和控制的。该液体既是润滑剂，又是功率传递介质。液压缸的设计应满足规定的使用条件要求，并为使用者提供基本保证。

液压传动系统中的各种元件，包括液压缸和配管等均须密封。正确设计液压缸密封系统及密封沟槽，正确选用密封件或密封装置，是保证液压缸正常、可靠工作的关键环节。

液压缸是液压系统中的执行元件，用来驱动负载（或外部载荷）实现直线往复运动。GB/T 17446—2012 中界定的缸的定义是提供线性运动的执行元件，其特点是结构简单、制造容易、在主机中布置方便，应用广泛。由于工程上对液压缸的使用要求多种多样，所以液压缸种类繁多。尽管液压缸有标准产品，如冶金设备用液压缸、自卸汽车液压缸、（舰）船用液压缸、农用液压缸、采掘机械用液压缸等，但仍不能满足工程上对液压缸的要求，所以经常需要有针对性地设计液压缸。

液压缸设计需要遵循的原则之一就是液压缸密封设计要合理，在规定工况下密封性能可靠，即泄漏少、摩擦力小、导向好、防尘好、寿命长、更换密封件或装置简单方便。液压缸密封设计具体来说包括：液压缸缸体（筒）与活塞之间密封及导向、活塞与活塞杆之间密封、缸盖（或导向套）与缸体（筒）及活塞杆之间密封，以及导向、活塞杆防尘（密封）及刮冰、油口连接密封，可能还有缸筒与缸底（如螺纹联接缸底）密封、缓冲装置密封等。另外，液压缸密封设计关系到液压缸的性能、结构、尺寸等，所以在液压缸设计过程中必须优先考虑、确定。

液压缸密封设计存在的难点之一在于液压缸的实际使用工况在一般情况下很难确定准，即规定工况与实际工况不同。因此，液压缸密封设计时不但要满足规定工况的要求，同时还须预判实际使用工况中的极端（限）工况，如活塞和活塞杆运动的瞬间极限速度、液压工作介质和环境温度及状况的突发变化、外部负载剧烈变化及压力峰值，尤其极端侧向载荷（偏载）情况、环境变化可能造成的污染等，这些极端工况可能发生时间很短，且不可重复，但确实可以造成液压缸密封失效，甚至演变成事故。

任何一个密封装置或密封系统都存在泄漏的可能，且不可能适应各种工况，所以规定工况（在运行或试验期间需要满足的工况）在液压缸密封设计中十分重要。

液压缸密封设计存在的难点之二在于某处密封采用单一密封件（装置）很难满足规定工况要求，且有可能一台液压缸的各处密封无法统一满足规定工况要求。因此，现在液压缸密封一般都采用密封装置组合密封，亦即采用密封系统密封。

液压缸密封设计存在的难点之三在于规定工况本身可能就存在问题。例如，动密封一定或多或少地存在泄漏，在液压缸运动部件（如活塞杆）静止（如耐压试验）时一些用作动密封的唇形密封件也有可能会产生泄漏，但一些标准，如JB/T 10205—2010《液压缸》中规定："活塞杆静止时不得有渗（泄）漏。"

液压缸密封设计存在的难点之四在于各标准规定工况之间存在矛盾，或现有密封材料、密封件或密封装置及组合（密封系统）无法满足规定工况要求等。

液压缸密封设计是一门专业性很强的工程技术，涉及多门专业知识，且必须经过实践（实机）检验。到现在为止还没有一本从理论到实践都可以比较准确地指导读者进行液压缸密封设计的书。为此，本人经过几十年的积累和几年的努力，编写出本书，希望它能成为一本采用现行标准、密封理论完整准确、密封件（密封装置）种类齐全、密封系统设计实用、密封设计理论和实践问题回答得清楚的液压缸密封技术及其应用的专著。

一人之力终归有限，书中不足之处在所难免，敬请专家、同行批评指正。

编著者

目 录

第5章　液压缸密封技术工程应用设计实例 ………………… 383

第1章　液压缸密封技术基础

1.1　液压缸密封技术概论

1.1.1　泄漏与密封

液压缸是一种密闭的特殊压力容器，依靠封闭在无杆腔和/或有杆腔（以活塞式单活塞杆双作用液压缸为例）的液压工作介质体积的变化驱动活塞（活塞杆——柱塞）相对液压缸体（筒）运动，将液压能转换成机械能。液压工作介质是受压的，有时压力会很高，也就是说有公称压力超过 32MPa 的超高压液压缸㊀㊁。例如，作者制造过的一台 10MN 模膛挤压液压机的主缸就是公称压力 125MPa 的液压缸，还有多台六面顶金刚石液压机增压液压缸（器）等。一般来说，液压工作介质压力越高，泄漏越严重，密封越困难，但当液压工作介质压力在低压 0~2.5MPa、中压 2.5~8.0MPa 时也不可忽视，实践中确实遇到过液压缸高压 16~31.5MPa、超高压≥32MPa 时不泄漏，而中低压时泄漏。液压缸的泄漏是液压工作介质越过容腔边界，由高压侧向低压侧流出的现象（参考文献［21］提出，若两个区域存在压力差、浓度差、温度差、速度差等，流体就会通过这一界面而泄漏）。泄漏一般分内泄漏和外泄漏，如无杆腔液压工作介质向有杆腔泄漏或有杆腔液压工作介质向无杆腔泄漏，称为内泄漏（串腔）；向液压缸周围环境泄漏液压工作介质的称为外泄漏，如焊接式缸底的液压缸焊缝处漏油、活塞杆伸出带油等。GB/T 17446—2012《流体传动系统及元件　词汇》定义泄漏为不做有用功并引起能量损失的相对少量的流体流动；定义内泄漏为元件内腔间的泄漏；定义外泄漏为从元件或配管的内部向周围环境的泄漏。液压缸泄漏的主要原因，一是配合零件偶合面间存在间隙和/或速度差；二是偶合面两侧存在压力差（压力）。内泄漏影响液压缸的效率、速度及缸输出力等，同时使液压工作介质进一步升温，也可能引发事故；外泄漏浪费液压工作介质、污染环境、易引发事故。作者亲见一台为汽车厂配套生产产品的液压机液压缸活塞杆与缸盖间的密封圈损坏，因无法停机检修，一周就外泄漏一桶抗磨液压油，一直漏了近两个月才有机会停机检修。所以，对液压缸来说，不管是内泄漏或是外泄漏，都可能是很严重的事故。内泄漏（量）和外泄漏（量）都是液压缸出厂试验的必检项

㊀ 超高压液压机是工作介质压力不低于 32MPa 的液压机，具体请见 GB/T 8541—2012《锻压术语》。公称压力≥32MPa 的液压缸相应的也可称为超高压液压缸。

㊁ 在 TSG 21—2016《固定式压力容器安全技术监察规程》附件 A 中规定，“压力容器的设计压力（p）划分为低压、中压、高压和超高压四个压力等级：低压（代号 L）0.1MPa≤p<1.6MPa；中压（代号 M）1.6MPa≤p<10.0MPa；高压（代号 H）10.0MPa≤p<100.0MPa；超高压（代号 U）p≥100.0MPa。”或可以参考，但液压缸不在此规程和 GB/T 34019—2017《超高压容器》的适用范围内。

目，具体请参见 JB/T 10205—2010《液压缸》及 GB/T 15622—2005《液压缸试验方法》。液压缸的泄漏主要是窜（穿、串）漏[㊀][㊁]。

能够防止或减少泄漏的装置一般称为密封或密封装置，密封装置是由一个或多个密封件和配套件（如挡圈、弹簧、金属壳）组合成的装置。密封装置中用于防止泄漏和/或污染物进入的元件称为密封件，也有将密封圈、挡圈、导向环（支承环）和防尘圈统称为密封件的（参见 MT/T 1164）。密封的作用就是封住偶合面间隙，切断泄漏通道或增加泄漏通道的阻力，以减少或阻止泄漏。衡量密封性能好坏的主要指标是泄漏率（泄漏量/时间或泄漏量/累计行程等）、使用寿命和使用条件（压力、速度、温度等）。现在由于我国的液压缸密封设计标准及水平、加工工艺及设备、密封件结构型式与参数、密封（橡胶和塑料等）材料和添加剂以及检测等都有很大进步，液压缸的密封性能也有很大提高。总之，液压缸的压力、速度、温度、产品档次、使用寿命（耐久性）和可靠性等技术性能很大程度取决于液压缸密封装置（系统）及其设计。

除上述密封是防止或减少泄漏的措施（行为或做法，即处理办法）总称这一种含义，相对“泄漏”而言，“密封”还具有表述与泄漏这种现象或状态相反的另一种含义。但是“密封”是一个相对概念，即没有绝对的“密封”。

在此作者提示：

1）“密封”是“泄漏”的反义词，如在 GB/T 12604.7—2014《无损检测　术语　泄漏检测》（已被 GB/T 12604.7—2021 代替，但其中没有给出“密封”这一术语和定义）中给出的术语“密封”的定义为“根据规定的技术条件进行检测而无泄漏。”但这一术语在 GB/T 17446—2012《流体传动系统及元件　词汇》及其他液压缸密封相关标准中未见定义。

2）在 GB/T 2900.1—2008《电工术语　基本术语》中给出了“密封［的］”定义，即用于表述有防止气体、液体或灰尘漏出或侵入的防护。在 GB/T 50670—2011《机械设备安装工程术语标准》中给出了“密封”的定义，即防止介质泄漏的措施总称。

3）参考文献［21］提出，密封度（Tightness）是个相对概念。

1.1.2　密封的分类

密封分为动密封和静密封。动密封的密封偶合（配偶、配合）件间有相对运动；静密封的密封偶合（配偶、配合）件间没有相对运动。这两种不同的密封工作状态对密封件的要求也不同。

动密封件除了要承受液体工作介质压力，还必须耐受偶合件相对运动引起的摩擦、磨损（或磨耗）；既要保证一定的密封性能，又要满足运动性能的各项要求，包括运动零部件的支承和导向要求。根据密封偶合件间是滑动还是旋转运动，动密封又分为往复（运）动密封与旋转动密封。液压缸中的缸体（筒）与活塞、活塞杆与导向套间密封都是往复运动密封。根据密封件与偶合件的密封面的接触关系，往复运动密封又可分为孔用密封（或称外径密封、活塞密封）与轴用密封（或称内径密封、活塞杆密封）。孔用密封的密封件与孔有

㊀ 在 NOK 株式会社《液压密封系统-密封件》2020 年版产品样本中有“贯穿泄漏”。

㊁ 为了区别“渗漏”，一些参考文献使用“穿漏”描述液压缸泄漏，但“穿漏”有刺穿或通过孔泄漏的含义，这与液压缸泄漏的实际情况不完全相符。本书以“窜漏”作为优先术语，但仍以“穿漏”“串漏”作为其同义词使用。

相对运动，轴用密封的密封件与轴有相对运动。往复运动密封如图 1-1 所示。

作者提示：

1）参考文献［21］提出，静态性能良好的密封，在活塞杆往复运动时可能发生可观的泄漏，这表明动密封和静密封的机理不同。其还提出，一般的液压密封指液压缸活塞密封和活塞杆密封。当范围更广、要求更严实时，还包括防止灰尘或外界液体进入系统的防尘密封。

2）在参考文献［53］中还有“孔密封”和“轴密封”这样的称谓，但其将“孔密封”和“轴密封”弄错了。

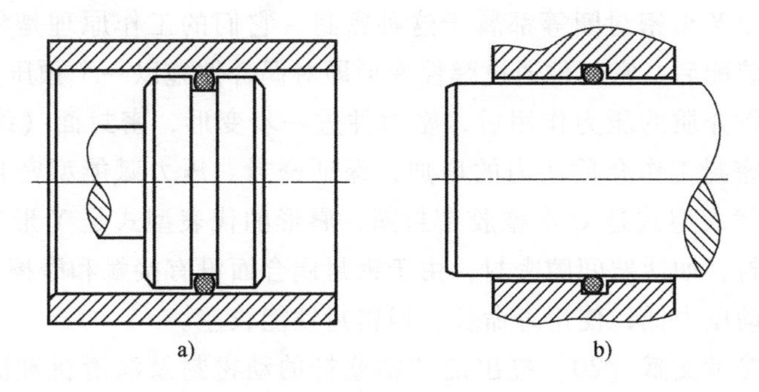

图 1-1 往复运动密封

a）径向密封的活塞密封（孔用密封、外径密封） b）径向密封的活塞杆密封（轴用密封、内径密封）

静密封又可分为平面静密封（轴向静密封）和圆柱静密封（径向静密封）及角静密封，它们的泄漏间隙分别是轴向间隙和径向间隙；根据液压工作介质压力作用于密封圈的内径还是外径，平面静密封又有受内压与受外压之分，液压工作介质可能从内向外泄漏的称为受内压平面静密封（外流式），液压工作介质可能从外向内泄漏的称为受外压平面静密封（内流式），如图 1-2 所示。圆柱静密封（径向静密封）参考图 1-1。

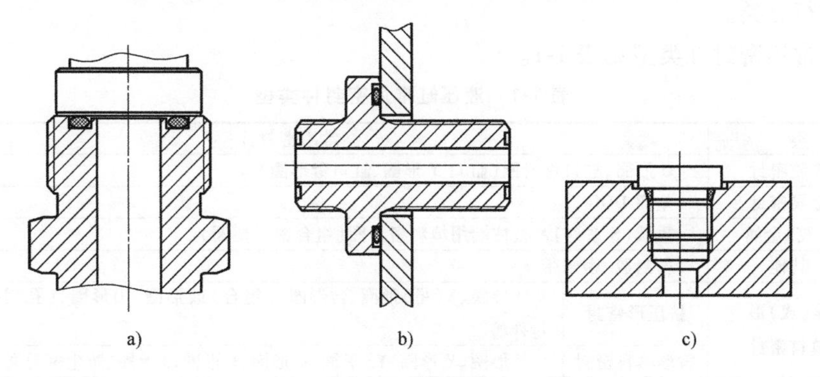

图 1-2 静密封

a）受内压轴向静密封（外流式） b）受外压轴向静密封（内流式） c）角静密封

按密封件的形状及密封型式，密封又可分为异（成）形填料（模压制品或模压成型密封件）密封和胶密封、带密封、压紧式填料密封。成型填料密封（件）［成型填料密封（件）是大部分参考文献中的一般表述，它是“异形填料密封”的同义词］泛指橡胶、塑料等材料模压成型的环状密封圈，如 O 形橡胶密封圈、Y 形橡胶密封圈等。其结构简单紧凑、品种规格多、工作参数范围广、安装使用方便。

动密封根据密封偶合件偶合面的接触形式还可分为接触型密封与非接触型密封，接触型密封靠密封件在强制压力作用下，紧贴在偶合件密封面上，密封面与密封件之间处于仅有一层极薄（“厚度仅十分之几微米”，见参考文献［21］）的液压工作介质隔开的摩擦接触状态（或称为“润滑摩擦”）。这种密封方式密封性能好，但受摩擦、磨损条件限制，密封面相对运动速度不能太高，液压元件的大多数往复动密封都属于这种情况。接触式密封又分为压紧式密封和压力赋能型密封，压紧式密封靠轴向挤压装在密封沟槽中的密封填料，使其沿径向扩张，紧压在轴或孔上实现密封；压力赋能型密封是一种有自封能力的密封，成型密封圈中的 O 形橡胶圈、Y 形密封圈等都属于这种密封。它们的工作原理是将密封圈装入密封沟槽中并与偶合件装配后，密封件通过弹性变形即对偶合件施以一个预压力，当密封件在一个方向受到密封工作介质的压力作用后，密封件进一步变形，密封面（线）接触压力（应力）增加，以适应密封工作介质压力的增加，保证密封。压力赋能型密封有挤压形和唇形两大类。挤压形的代表型式是 O 形橡胶密封圈，唇形的代表型式是 Y 形密封圈。非接触式密封是一种间隙密封，如活塞间隙密封，由于密封偶合面没有接触和摩擦，所以这种密封的摩擦、磨损小，起动压力低，使用寿命长，但密封性能较差。

作者提示，由参考文献［20］提出的“活塞杆的动密封及润滑机理决定于活塞杆带入密封截面液压流体的行为。”说明活塞杆的动密封及润滑是同时存在的。其还提出，对接触式动密封而言，从摩擦磨损角度来看，密封面应处于良好的润滑状态，故允许一定量的泄漏，以保证密封装置达到预期的寿命。

按密封件在密封装置所起的作用，又有主要密封与辅助密封之分。辅助密封的作用是保护主密封件不受损坏，延长主密封件的使用寿命，提高其密封性能。常见的辅助密封件有防尘圈、挡圈、缓冲圈、防污保护圈等。

此外，密封件还可按密封工作介质、密封材料、所密封的工作介质压力（密封压力）的不同等进行分类。

液压缸常用密封件类型见表 1-1。

表 1-1 液压缸常用密封件类型

<table>
<tr><th colspan="4">分 类</th><th colspan="2">常用密封件</th></tr>
<tr><td rowspan="4">静密封</td><td colspan="3">橡胶密封</td><td colspan="2">O 形圈、缸口密封圈（缸口 Y 形圈、缸口蕾形圈）等</td></tr>
<tr><td colspan="3">金属密封</td><td colspan="2">垫圈 DQG</td></tr>
<tr><td colspan="3">橡胶+金属</td><td colspan="2">重载（S 系列）A 型柱端用填料密封圈（组合密封垫圈）</td></tr>
<tr><td colspan="3">其他</td><td colspan="2">密封胶、密封带</td></tr>
<tr><td rowspan="4">动密封</td><td rowspan="4">接触式密封</td><td colspan="2" rowspan="2">异（成）形填料密封</td><td>挤压形密封</td><td>O 形圈、X（星）形圈、蕾形圈、（组合）鼓形圈、山形圈、（孔用组合）同轴密封件等</td></tr>
<tr><td>唇形填料密封</td><td>V 形圈、Y 形圈、Yx 形圈、U 形圈、L 形圈、J 形圈、防尘密封圈等</td></tr>
<tr><td colspan="2">旋转密封</td><td colspan="2">旋转轴唇形密封圈等</td></tr>
<tr><td colspan="2">其他</td><td colspan="2">挡圈（环）、导向环（耐磨环、导向带）、支承环、支撑环、压环等</td></tr>
</table>

作者注：1. 表中“L 形圈”指 JB/T 6612—2008 中的“L 形填料（参见该标准图 31）”，而非 GB/T 10708.1—2000 中的“L——蕾形橡胶密封圈（以下简称为蕾形圈）”，下同。

2. 在参考文献［19］中将“蕾形圈”和“鼓形圈”都分类为唇形密封圈。

相关说明如下：

1）根据 MT/T 1165—2011《液压支架立柱、千斤顶密封件 第 2 部分：沟槽型式、尺寸和公差》，蕾形密封圈和Y形密封圈可用于静密封。

2）JB/T 966—2005《用于流体传动和一般用途的金属管接头 O形圈平面密封接头》规定了垫圈DQG，材料为纯铜（GB/T 5231）并代替JB/T 1002—1977《密封垫圈》。

3）根据GB/T 17446—2012《流体传动系统及元件 词汇》，“3.2.499 填料密封件：由一个或多个相配的可变形件组合的密封装置，通常承受可调整的轴向压缩以获得有效径向密封。”只有V形组合密封圈符合此定义。

4）在JB/T 10205—2010《液压缸》中还规定，“活塞密封型式为活塞环密封……。”

5）还有非接触式密封，如JB/T 3042—2011《组合机床 夹紧液压缸 系列参数》规定的组合机床夹紧液压缸、DB44/T 1169.1—2013《伺服液压缸 第1部分：技术条件》（已废止）规定的伺服液压缸上的间隙密封等，但在其他液压缸密封中很少采用。

1. 挤压型密封圈

在挤压型密封圈中，橡胶挤压型密封圈应用最广，类型最多。按GB/T 5719—2006《橡胶密封制品 词汇》，以其截面形状命名的橡胶密封制品（挤压型橡胶密封圈）有O形橡胶密封圈、D形橡胶密封圈、X形橡胶密封圈、矩形橡胶密封圈、蕾形橡胶密封圈和鼓形橡胶密封圈等。

其他见于各密封件制造商产品样本的还有角-O形橡胶密封圈、方矩形橡胶密封圈、三角形橡胶密封圈、T形橡胶密封圈、心形橡胶密封圈、哑铃形橡胶密封圈和多边形橡胶密封圈等。

O形圈和异形截面O形圈如图1-3所示。

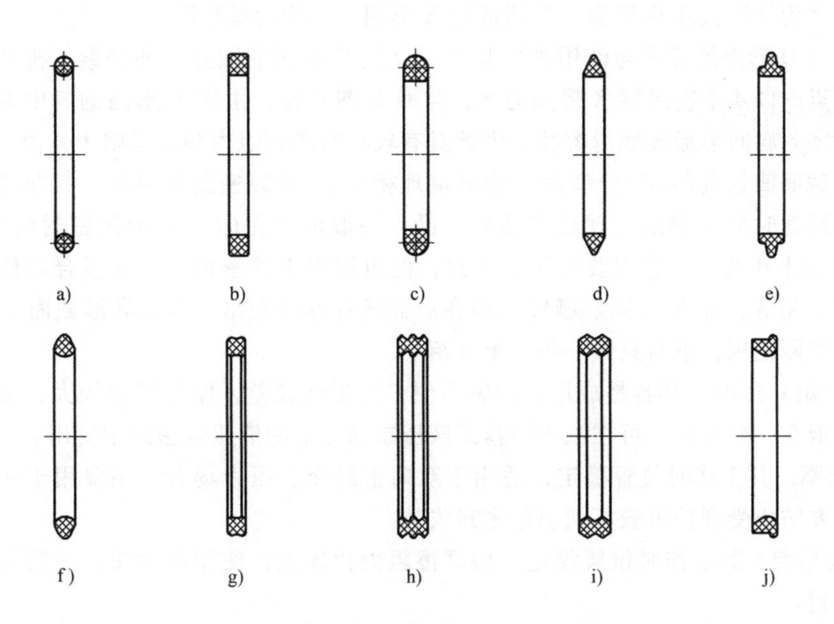

图1-3 O形圈和异形截面O形圈

a）O形圈 b）方（矩）形圈 c）D形圈 d）三角形圈 e）T形圈
f）心形圈 g）X形圈 h）角-O形圈 i）哑铃形圈 j）多边形圈

（1）O形橡胶密封圈

1）截面为O形的橡胶密封圈。O形橡胶密封圈一般多用合成橡胶模压制成，是一种在自然状态下（横）截面形状为O形的橡胶密封件（或称横截面呈圆形的橡胶密封圈）（在

QJ 1495—1988《航空流体系统术语》中给出的术语“O 形密封圈”的定义为截面形状为 O 形的密封件）。O 形橡胶密封圈（以下简称 O 形圈）具有良好的密封性能，能在静止或运动条件下使用，可以单独使用即能密封双向流体；其结构简单、尺寸紧凑、拆装容易，对安装技术要求不高；在工作面上有磨损，中高压或/和间隙大时需要采用（加装）抗挤压环（挡环或挡圈）以防止挤出而损坏；O 形圈工作时，在其内径上、外径上、端面上或其他任意表面上均可形成密封。因此，其适用工作参数范围广，工作压力在静止条件下可达 63MPa 或更高（有参考文献介绍可达 200MPa），往复运动条件下可达 35MPa；选用不同的密封材料，其工作温度范围为-60～200℃；线速度可达 3m/s（一般限定在 0.5m/s 以下）；轴径可达 3000mm。

作者提示，在北京凯铭工贸有限公司 2021 版《液压气动密封件产品手册》（卡斯塔斯《液压与气动密封件技术手册》）中称 O 形圈用挡圈为“承托环”。

当 O 形圈用作往复运动密封时，有起动摩擦阻力大，易产生扭曲、翻滚的缺点，特别是在间隙不均匀、偏心量较大及在较高往复运动速度下使用时，更容易扭曲破坏。随着偶合件直（内）径的增大，扭曲倾向也会增大。因此，O 形圈用于动密封时只能是在轻载工况或内部（活塞密封）往复动密封中使用较为合理。具体地讲，就是在小直径活塞、短行程、中低压力下的场合应用比较合适。

O 形圈也可用作低速旋转运动及运行周期较短的摆转轴密封。

2）异形截面橡胶 O 形圈。不同于 O 形圈截面的其他一些特殊截面形状的挤压型密封圈，或可称之为异形截面 O 形圈。常用的是 X 形圈，也称为星形圈。

异形截面 O 形圈的开发与使用主要是为了克服 O 形圈的缺点，如翻滚、扭转和起动摩擦力大等缺点。以 4 个密封唇 X 形圈为例，与 O 形圈相比，由于 X 形圈的其中两个与运动表面接触的密封唇间可形成润滑容腔，因此具有较小的摩擦阻力和起动阻力。由于成型模具分型面开在截面凹处（与 45°分型面 O 形圈道理相同），所以密封效果好。其非圆形截面可避免在往复运动时发生翻滚，现已有系列产品，一般可以在标准 O 形圈密封沟槽中使用。根据 X 形圈的上述特点，它主要用于动密封，但也可用于静密封，如其组合在低泄漏同轴密封件中的应用等。除 X 形圈、哑铃形圈在后面还有专门介绍，其他异形截面 O 形圈很少在液压缸上实际使用，下面只做一些简单介绍。

① 方（矩）形圈。其容易成形，安装不便，密封性较差，摩擦阻力较大，常作为静密封件使用。但有一个特例，可在汽车钳盘式液压制动器上的液压缸密封中使用。

② D 形圈。其工作时位置稳定，适用于双向密封交变压力场合，主要用于往复运动密封。高压时要防止受到挤出破坏而引起密封失效。

③ 三角形圈。其工作时位置稳定，但摩擦阻力比较大，使用寿命短，一般只适用于特殊用途的密封。

④ T 形圈。其工作时位置稳定，耐振动，摩擦阻力小，采用 5%沟槽压缩率即能达到密封，一般用于中低压有振动的场合，高压时要防止被挤出破坏。

⑤ 心形圈。其截面与 O 形圈截面相似，但摩擦因数比 O 形圈小，一般适用于低压旋转轴的密封。

⑥ X 形圈。形似两个 O 形圈，截面有 4 个突出密封部，在沟槽中位置稳定，摩擦阻力小，采用 1%的沟槽压缩率即可达到密封，允许工作线速度较高。可用于旋转及往复运动而

又要求摩擦阻力低的轴的密封。X 形圈静密封也可采用，但主要用于动密封。

⑦ 角-O 形圈。形似 3 个 O 形圈，有 3 个凸出部分，外侧两个凸出部分较高，使其在沟槽中位置稳定且压缩率大。有参考文献介绍，其工作压力可达 210MPa（在参考文献［59］及其前两版中都有如上“可达 210MPa”的表述，但作者未做过实机检验）。

⑧ 哑铃形圈。可以替代 O 形圈加挡圈用于静密封，非常耐挤出、耐扭曲，寿命长。工作压力最高可达 50MPa，适用于有压力脉动和有污染物侵入的工况，在工程机械液压缸等上有应用。

⑨ 多边形圈。其摩擦阻力比 O 形圈小，泄漏量也比 O 形圈低。工作压力可达 14MPa，在液压缸柱塞密封上有应用。

（2）非橡胶 O 形密封圈　常见的非橡胶材料 O 形圈是聚四氟乙烯 O 形圈（含氟塑料全包覆橡胶 O 形圈）和不锈钢空心管 O 形圈。由于聚四氟乙烯有工作温度范围宽，耐工作介质能力强，低摩擦因数等其他材料不具备的特性，所以在一些特殊场合也被制成 O 形圈来使用。聚四氟乙烯的弹性比橡胶差，在使用标准 O 形圈密封沟槽时，需要重新设计和试验，一般压缩率不应超过 7%，并且主要用于静密封。

（3）同轴密封件　它是一种组合式密封组件，特点是通过将不同材料，不同功能的零件组合在一起，得到结构尺寸紧凑、低摩擦、寿命长的密封组合件。一般同轴密封件都是以塑料为（密封）滑环（或称塑料环）、橡胶为弹性体组成的，所以也有将这种组合密封定义为滑环式组合密封。由于滑环是由具有低摩擦因数和自润滑塑料制成，因此具有上述优点。其缺点是泄漏量一般比唇形密封件大，安装较为困难，经常需采用专用工具和规定的工艺方法安装。

在 GB/T 15242.1—2017《液压缸活塞和活塞杆动密封装置尺寸系列　第 1 部分：同轴密封件尺寸系列和公差》中规定了方形和阶梯形两种同轴密封件，适用于以液压油为作用介质，压力≤40MPa，速度≤5m/s，温度范围为-40~200℃的往复运动液压缸活塞和活塞杆（柱塞）的密封。

① 孔用方形同轴密封件。其是一种活塞密封的双向密封件，由密封滑环为方（矩）形塑料环与弹性体为矩形或 O 形圈组合而成。其温度范围取决于矩形或 O 形圈密封材料性能。

② 孔用组合同轴密封件。其是一种活塞密封的双向密封件，由一个密封滑环、一个山形弹性体、两个挡圈组合而成。其温度范围取决于山形弹性体材料性能。

在 JB/T 8241—1996《同轴密封件　词汇》中给出，术语“山形多件组合圈”的定义，即由塑料圈与截面呈山形的橡胶件多件同轴组合，由中间的塑料圈作摩擦密封面的同轴密封件。其与在 GB/T 15242.1—2017 中规定的“孔用组合同轴密封件”应是同一种同轴密封件。

在 JB/T 8241—1996 中给出了术语“齿形多件组合圈”的定义，即由塑料圈与截面呈锯齿形的橡胶件多件同轴组合，由中间的塑料圈作摩擦密封面的同轴密封件。其仅有术语和定义，但没有产品标准。

在 GB/T 36520.1—2018《液压传动　聚氨酯密封件尺寸系列　第 1 部分：活塞往复运动密封圈的尺寸和公差》中规定了双向组合鼓形圈（T 形沟槽组合鼓形圈和直沟槽组合鼓形圈），其是由聚氨酯耐磨环和橡胶弹性圈组成。

由于在 GB/T 36520.1—2018 中规定的双向组合鼓形圈的耐磨环（密封滑环）为聚氨酯材料，而不是“塑料圈”，因此只能称为组合密封件而不能称为同轴密封件。

③ 轴用阶梯形同轴密封件。其是一种活塞杆密封的单向密封件，由截面为阶梯形密封滑环与弹性体为O形圈组合而成。其温度范围取决于O形圈密封材料性能。

2. 唇形橡胶密封圈

唇形橡胶密封圈具有至少一个挠性的密封（防尘）凸起部分，并且作用于唇部一侧的流体压力保持其另一侧与相配表面接触贴紧形成密封。更直白地描述为，在它们的截面轮廓中，都包含一个或多个角形的带有腰部的所谓唇口（或称为刃口）。按其（横）截面形状命名的唇形橡胶密封圈有Y形橡胶密封圈、Yx形橡胶密封圈、V形橡胶密封圈、U形橡胶密封圈、L形橡胶密封圈、J形橡胶密封圈和A（B、C）型（橡胶）防尘圈等，其中Yx形橡胶密封圈没有被GB/T 5719标准定义。

上述几种唇形密封圈的截面形状如图1-4所示。

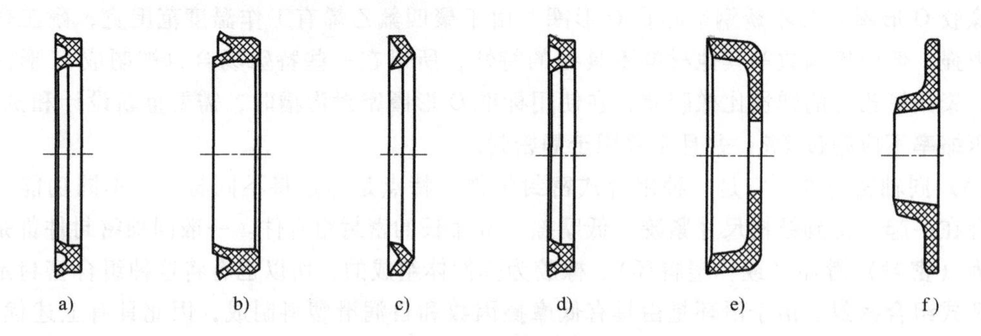

图1-4　几种唇形密封圈的截面形状

a）Y形圈　b）Yx形圈　c）V形圈　d）U形圈　e）L形圈　f）J形圈

（1）Y形橡胶密封圈　Y形橡胶密封圈（以下简称Y形圈）有等高唇Y形圈和不等高唇（高低唇）Y形圈[⊖]；根据其截面宽窄（截面的高度与宽度比例不同），又有宽截面Y形圈，窄截面Y形圈。一般宽截面等高唇Y形圈简称为Y形圈；窄截面等高唇Y形圈称为EY形圈。

Y形圈是一种单向密封圈，等高唇Y形圈有轴、孔通用的，也有同不等高唇Y形圈一样分轴用、孔用两种，尽管等高唇Y形圈轴用、孔用的截面形状区别不大，但确实应区分轴用、孔用的。例如，活塞用Y形圈——孔用等高唇Y形圈标记为Y80×65×9.5，表示密封沟槽外径为80mm、内径为65mm、轴向长度为9.5mm；活塞杆用Y形圈——轴用等高唇Y形密封圈标记为Y70×85×9.5，表示密封沟槽内径为70mm、外径为85mm、轴向长度为9.5mm，具体可参见GB/T 10708.1。

Y形圈的使用寿命和密封性能均高于O形圈。由于Y形圈的唇部比单一的V形圈宽，所以它的密封性能更好。Y形圈的动、静摩擦力变化小，在液压缸密封系统的往复运动密封装置中最为常用，但由于是单向密封，如要用于活塞这类需要双向密封的场合就要使用一对背对背安装的Y形圈，因此增加了轴向尺寸，并且安装也有一定困难，有时不得已还要把沟槽做成分离（开）式的。

Y形圈的特点是，使用单个密封圈只能实现单向密封，并且可用于较苛刻的工作条件。往复运动速度0.5m/s，间隙f为0.2mm时，工作压力范围为0~15MPa，间隙f为0.1mm时，工作压力范围为0~20MPa；往复运动速度0.15m/s，间隙f为0.2mm时，工作压力范

⊖　作者不同意在有些参考文献中把窄截面不等高唇Y形圈称为Yx圈的说法。

围为0~20MPa，间隙f为0.1mm时，工作压力范围为0~25MPa。一般用于制造Y形圈的密封材料为丁腈橡胶、聚氨酯橡胶和氟橡胶，这三种密封材料的Y形圈产品在-20~80℃温度范围内使用都没有问题。

关于Y形圈是否需要加装支撑环和挡圈问题，GB/T 10708.1—2000《往复运动橡胶密封圈结构尺寸系列　第1部分：单向密封橡胶密封圈》中没有提及，但有的参考文献中介绍，当压力波动很大时，等高唇Y形圈需要使用支撑环，而不等高唇Y形圈不需要使用支撑环。对使用丁腈橡胶制造的Y形密封圈，当工作压力范围为14~31.5MPa时，需要使用挡圈；使用聚氨酯橡胶制造的Y形圈，当工作压力范围为31.5~70MPa时，需要使用挡圈。Y形圈使用支撑环作者没有经验，但使用挡圈却有实践经验，就是比照Yx形圈使用挡圈条件决定是否设置挡圈的，即当工作压力>16MPa时就考虑加装挡圈，工作压力≥25MPa时就加装挡圈，实际效果很好。

（2）Yx形密封圈　Yx形密封圈（以下简称Yx圈）也是一种唇形橡胶密封圈，分轴用、孔用两种，分别符合JB/ZQ 4265—2006《轴用Yx形密封圈》和JB/ZQ 4264—2006《孔用Yx形密封圈》。这两个标准分别规定了Yx形圈的型式、密封沟槽的尺寸和极限偏差。Yx形圈适于在温度（范围）-20~80℃、工作压力≤31.5MPa条件下使用。

Yx形圈的截面高度比厚度大1倍或还多，使用时不易在沟槽内翻转，即使在工作压力和运动速度变化较大时，也不需要加装支撑环。使用Yx形圈时，一般不设挡圈。当工作压力>16MPa时，或者在运动副有较大偏心量及间隙较大的情况下，可在密封圈支承面放置一个挡圈。需要说明的是，有的参考文献将GB/T 2879—2005《液压缸活塞和活塞杆动密封　沟槽尺寸与公差》中所规定的沟槽当作Yx形圈规定使用的沟槽，这是不正确的。

（3）V形橡胶密封圈　V形橡胶密封圈（以下简称V形圈）是唇形橡胶密封圈的典型形式，也是唇形橡胶密封圈中应用最早和最广泛的一种。根据GB/T 17446—2012《流体传动系统及元件　词汇》中定义的术语，现将其归类为“填料密封件”。其特点是耐压和耐磨性好，可根据压力大小重叠数个一起使用，但缺点是体积大、摩擦阻力大，并且必须采用分离（开）式密封沟槽，一般还需密封沟槽长度尺寸可调。在液压缸中主要用于活塞和活塞杆的往复运动密封，既可密封孔（活塞密封），又可密封轴（活塞杆密封），但它很少用于旋转密封和静密封。V形圈很少单独使用，它通常与压环和弹性密封圈或支撑环叠合使用，称为V形组合密封圈。在具体使用中，通常由1~6个V形圈叠加在一起并与压环和支撑环（或弹性密封圈）组成一个V形组合密封圈，构成一道或多道密封，具有很好的密封效果。这样一个V形组合密封圈的工作压力可达60MPa或更高。V形圈的工作压力，橡胶V形圈一般为31.5MPa，夹布橡胶V形圈可达60MPa或更高；工作温度范围为-30~100℃或更高。

作者提示：

1）在GB/T 17446—2012中给出的术语“填料密封件”的定义为“由一个或多个相配的可变形件组成的密封装置，通常承受可调整的轴向压缩以获得有效的径向密封。”在JB/T 6612—2008中给出的术语“压紧式填料”的定义为“质地柔软，在填料箱中经轴向压缩，产生径向弹塑变形以堵塞间隙的填料。”在JB/T 6612—2008中将V形圈归类为“唇形填料”而不是“压紧式填料”。

2）在芬纳集团的《HALLITE流体动力密封件》2019年版产品样本和派克汉尼汾公司《派克液压密封件》2021年版产品样本中已经没有V形组合密封圈了。

（4）U形橡胶密封圈　U形橡胶密封圈（以下简称U形圈）是现在液压缸密封中使用最广泛的密封圈之一，也是一种唇形橡胶密封圈，无论是用于活塞或活塞杆密封都能获得良好的密封效果。

奇怪的是，作者在编写本书第1版时几乎查遍了现行的国内标准，也没有找到U形圈，只是在GB/T 5719—2006《橡胶密封制品　词汇》中有一个U形圈定义，而国外密封件制造商产品样本中却鲜见Y形圈。U形圈也同Y形圈一样，有等高唇和不等高唇两种，一般等高唇U形圈轴、孔通用，也就是说可用于活塞密封，也可用于活塞杆密封；不等高唇U形圈分活塞密封和活塞杆密封。

在GB/T 36520.1—2018中规定了活塞往复运动聚氨酯单体U形密封圈；在GB/T 36520.2—2018中规定了活塞杆往复运动聚氨酯单体U形密封圈。

为了改善润滑条件，降低摩擦力，延长使用寿命，还有一种所谓双唇U形圈（作者认为应该称为双封U形圈）。为了提高U形圈的抗挤出能力，还有在U形圈底部嵌有塑料挡圈的U形圈，以及既具有双唇又嵌有塑料挡圈的U形圈。

U形圈是截面为U形的橡胶密封圈。在其U形内嵌有O形圈或其他形状的弹性体（橡胶）成为另一种型式的U形圈。这种U形圈密封在低温、低压工作介质中性能更好，抗冲击，耐高压且密封性能稳定，本书将其归类为非典型U形圈，或者可称为（预）加载U形圈。

1.1.3　常用密封材料的分类与性能

在参考文献［33］序中，李晓红说，一代材料，一代飞机。同理，一代材料，一代密封。

1. 常用密封材料的分类

密封圈（件）材料简称为密封材料。

在GB/T 3452.5—2022《液压气动用O形橡胶密封圈　第5部分：弹性体材料规范》中规定了液压气动O形橡胶密封圈用弹性体材料的术语、定义、要求、试验方法、检验规则，适用于液压气动用O形橡胶密封圈，也适用于其他场合使用的截面直径≤7mm的O形橡胶密封圈。

选择O形圈的材料时，应考虑工作条件。因此，用户宜根据使用的工作参数（如温度、压力、适用液体等）来确定O形圈的材料。

制造O形圈常用的弹性体材料见表1-2。

表1-2　制造O形圈常用的弹性体材料

弹性体材料	材料代号	硬度级别/IRHD
丁腈橡胶	NBR	70、80、90
氢化丁腈橡胶	HNBR	75、85
氟橡胶	FKM	60、70、80、90
硅橡胶	VMQ	70
三元乙丙橡胶	EPDM	70、80
丙烯酸酯橡胶	ACM	70
乙烯丙烯酸酯橡胶	AEM	70
聚酯型聚氨酯橡胶	AU	90
聚醚型聚氨酯橡胶	EU	90

注：弹性体的材料代号符合GB/T 5576。

作者注：1. 在GB/T 5577—2008中没有“FPM”和“AEM”这样的橡胶代号。

2. ISO 3601-5：2015中没有乙烯丙烯酸酯橡胶（AEM）材料、聚酯型聚氨酯橡胶（AU）材料和聚醚型聚氨酯橡胶（EU）材料。

制造 O 形圈常用的弹性体材料的使用温度和所耐液体见表 1-3。

表 1-3　制造 O 形圈常用的弹性体材料的使用温度和所耐液体

材料代号	使用温度/℃	适用液体
NBR	-40～125	各种油类（液压油、滑油、发动机油等）
HNBR	-40～150	各种油类（液压油、滑油、发动机油、变速箱油、冷却液等）
FKM	-10～250	各种油类（液压油、滑油、发动机油、燃油等）
VMQ	-60～200	不耐油，但耐化学药品，包括耐醇、酸、强碱、氧化剂、洗涤剂等
EPDM	-50～150	不耐油，耐冷却液、制动液、水
ACM	-35～165	各种油类（液压油、滑油、发动机油、变速箱油等）
AEM	-40～170	各种油类（液压油、滑油、发动机油、变速箱油等）
AU	-15～110	液压油
EU	-35～100	水、乳化液

作者提示，GB/T 3452.5—2022《液压气动用 O 形橡胶密封圈　第 5 部分：弹性体材料规范》的发布、实施，可能导致一些相关标准的审查、勘误和修订，读者也应自行权衡所使用的标准的符合程度。现举一例说明此类问题。

根据 JB/T 12942—2016《管端挤压式高压管接头》的规定，在如下温度范围内：

1）最低温度范围为-45～-20℃。

2）最高温度范围为干燥空气 150～200℃；水、蒸汽 100～150℃；液压油 150～170℃。

“除非另有规定，钢管成型端配用密封圈的橡胶材料应采用邵氏硬度 A 90±5 的氟橡胶（FPM）”。

根据 GB/T 3452.5—2022《液压气动用 O 形橡胶密封圈　第 5 部分：弹性体材料规范》的规定，在 JB/T 12942—2016 中规定的密封圈选择并不合理。

在 HG/T 2333—1992《真空用 O 形圈橡胶材料》中规定了用于真空系统的 O 形橡胶密封圈材料的分类。

在 HG/T 2021—2021《耐高温润滑油 O 形橡胶密封圈》中规定了耐高温润滑油 O 形橡胶密封圈材料的分类。

在 HG/T 2181—2009《耐酸碱橡胶密封圈材料》中规定了耐酸碱橡胶密封圈材料的分类。

在 HG/T 2811—1996《旋转轴唇形密封圈橡胶材料》、GB/T 13871.6—2022《密封元件为弹性体材料的旋转轴唇形密封圈　第 6 部分：弹性体材料规范》中规定了旋转轴唇形密封圈用橡胶材料的分类。

在 HG/T 2810—2008《往复运动橡胶密封圈材料》中规定了密封材料的分类：本标准规定的往复运动橡胶密封圈材料分为 A、B 两类。A 类为丁腈橡胶材料，分为三个硬度级，五种胶料，工作温度范围为-30～100℃；B 类为浇注型聚氨酯橡胶材料，分为四个硬度等级，四种胶料，工作温度范围为-40～80℃。

往复运动橡胶密封圈材料分类见表 1-4 和表 1-5。

在 HG/T 3326—2007《采煤综合机械化设备橡胶密封件用胶料》中规定了采煤综合机械化设备用橡胶密封件胶料的要求。该标准规定的材料分为八种类型，分别用识别代码表示。字母 ML 表示采煤综合机械化设备用橡胶密封件用胶料，第一个数字表示胶料序号，第二个数字表示胶料的硬度级别，第三个数字表示材料类型（1 表示丁腈橡胶材料、2 表示聚氨酯材料）。

表 1-4 A 类橡胶材料分类（根据 HG/T 2810—2008）

橡胶材料		硬度(Shore A 或 IRHD)/度	工作温度范围/℃
丁腈橡胶	WA7443	70±5	-30~100
	WA8533	80±5	
	WA9523	88^{+5}_{-4}	
	WA9530	88^{+5}_{-4}	
	WA7453	70±5	

注：1. WA9530 为防尘密封圈橡胶材料。

2. WA7453 为涂覆织物橡胶材料。

表 1-5 B 类橡胶材料分类（根据 HG/T 2810—2008）

橡胶材料		硬度(Shore A 或 IRHD)/度	工作温度范围/℃
聚氨酯橡胶	WB6884	60±5	-40~80
	WB7874	70±5	
	WB8974	80±5	
	WB9974	88^{+5}_{-4}	

胶料的识别代码及适用的橡胶密封件类型见表 1-6。

表 1-6 胶料的识别代码及适用的橡胶密封件类型（摘自 HG/T 3326—2007）

识别代码	橡胶密封件类型
ML171	O 形圈、鼓形圈、蕾形圈软胶部分
ML281	O 形圈、黏合密封件等
ML391	防尘圈等
ML491	Y 形圈等
ML571	涂覆材料
ML691	阀垫
ML782	鼓形圈、蕾形圈、防尘圈、Y 形圈等
ML892	鼓形圈、蕾形圈、防尘圈、Y 形圈等

表 1-7 列出了常用橡胶密封材料的名称、代号。

表 1-7 常用橡胶密封材料的名称、代号（根据 GB/T 5576—1997 和 GB/T 5577—2008）

橡胶代号	橡胶名称	化学组成	主要特征信息
ACM	聚丙烯酸酯	丙烯酸酯与少量能促进硫化的单体共聚物	聚合类型、生胶门尼黏度、耐油耐寒型
CSM	氯磺化聚乙烯	氯磺化聚乙烯	氯含量、硫含量、生胶门尼黏度
EPM	二元乙丙橡胶	乙烯-丙烯共聚物	乙烯含量,生胶门尼黏度等
EPDM	三元乙丙橡胶	乙烯、丙烯与二烯烃的三聚物	第三单体类型及含量、生胶门尼黏度、充油信息等
FEPM	四丙氟橡胶	四氟乙烯和丙烯的共聚物	—
FFKM	全氟橡胶	聚合物中的所有取代基是氟、全氟烷基或全氟烷氧基	—
FPM (FKM)	氟橡胶	氟橡胶(聚合物链中含有氟、全氟烷基取代基的氟橡胶)	生胶门尼黏度、密度、特征聚合单体 对于含氟烯烃类的氟橡胶的通常数码为:2—偏氟乙烯,3—三氟氯乙烯,4—四氟乙烯,6—六氟丙烯
FVMQ	氟硅橡胶	聚合物链中含有甲基、乙烯基和氟取代基团的硅橡胶	硫化温度、取代基类型等
MQ	甲基硅橡胶	聚合物链中含有甲基、乙烯基取代基团的硅橡胶	—
VMQ	甲基乙烯基硅橡胶	聚合物链中含有甲基和乙烯基两种取代基团的硅橡胶	—

（续）

橡胶代号	橡胶名称	化学组成	主要特征信息
BR	丁二烯橡胶	丁二烯橡胶	顺式-1,4 结构含量、生胶门尼黏度、填充信息等
CR	氯丁橡胶	氯丁二烯橡胶	调节形式、结晶速度、生胶门尼黏度等
HNBR	氢化丁腈橡胶	氢化丙烯腈-丁二烯橡胶	不饱和度、结合丙烯腈含量、生胶门尼黏度等
IIR	丁基橡胶	异丁烯-异戊二烯橡胶	不饱和度、生胶门尼黏度等
NBR	丁腈橡胶	丙烯腈-丁二烯橡胶	结合丙烯腈含量、生胶门尼黏度等
NR	天然橡胶	顺式 1,4-聚异戊二烯	—
SBR	丁苯橡胶	苯乙烯-丁二烯橡胶	聚合温度、填充信息等
CIIR	氯化丁基橡胶	氯化异丁烯-异戊二烯橡胶	氯元素含量、不饱和度、生胶门尼黏度等
T(OT)	聚硫橡胶	聚硫橡胶	硫含量、平均相对分子质量
AU	聚酯型聚氨酯橡胶	聚酯型聚氨酯橡胶	通常数码为:1—混炼型,2—浇注型,3—热塑性
EU	聚醚型聚氨酯橡胶	聚醚型聚氨酯橡胶	
ECO (CHC)	二元氯醚橡胶	环氧氯丙烷-环氧乙烷共聚物	氯含量、生胶门尼黏度、相对密度

注：氯醚橡胶（CHC）见 JB/T 7757.2—2006《机械密封用 O 形橡胶圈》〔已被 JB/T 7757—2020 代替，其中删除了氯醚橡胶（CHC）〕。

表 1-8 列出了常用塑料密封材料的名称、代号。

表 1-8 常用塑料密封材料的名称、代号

塑料代号	塑料名称	主要应用
PTFE(或加填充料)	聚四氟乙烯	用于制造挡圈、滑环、导向环或支承环
POM(或夹布)	增强聚甲醛	用于制造防挤出圈(挡圈)、支承环和 V 形组合圈压环、支撑环
PA(或加填充料)	聚酰胺(尼龙)	用于制造防挤出圈(挡圈)和导向环(支承环)
TPE(U)	聚酯(或聚氨酯)	用于制造挡圈、滑环、支承环

作者注：1. 聚酰胺代号按 HG 2350—1992《模塑和挤塑用聚酰胺（PA）均聚物命名》（已废止）。

2. 聚四氟乙烯不是通常的热塑性工程塑料，如聚酰胺（尼龙）、聚甲醛、超高分子量聚乙烯等，而是压制成型非交联型特种工程塑料，其“难以用热塑性塑料加工方法成型。”见参考文献［17，4］。

3. 参考文献［42］中提出，共聚多酯类 TPE，即 TPC，常称之为聚酯型热塑性弹性体（TPEE）。

2. 常用密封材料性能

采用标准试样进行试验，表 1-2 所列的弹性体材料性能指标应符合表 1-9～表 1-17 的规定，也可采用 O 形圈试样。采用 O 形圈试样时，表 1-2 所列的弹性体材料中除聚氨酯材料，其他弹性体材料的性能指标应符合 GB/T 3452.5—2022 中表 A.1～表 A.6 的规定。

表 1-9 NBR 材料的性能指标

序号	性能		指标		
	硬度级别		70	80	90
1	硬度(IRHD 或 Shore A)/度		66~75	76~85	86~95
2	拉伸强度/MPa ≥		12	11	10
3	拉断伸长率(%) ≥		250	200	125
4	压缩永久变形(%) ≤	100℃×72h	30	30	35
		100℃×168h	35	35	40
5	热空气老化(100℃×72h)	硬度变化/度 ≤	+8	+8	+8
		拉伸强度变化率(%)	±20	±20	±30
		拉断伸长率变化率(%)	±30	±30	±30
	热空气老化(100℃×168h)	硬度变化/度 ≤	±10	±10	±10
		拉伸强度变化率(%)	±25	±25	±25
		拉断伸长率变化率(%)	±40	±40	±40

（续）

序号	性　能			指　标		
	硬度级别			70	80	90
6	耐 IRM1 号油（100℃×72h）	硬度变化/度		-6~+10	-5~+8	-5~+8
		体积变化（%）		-10~+5	-10~+5	-10~+5
7	耐 IRM3 号油（100℃×72h）	硬度变化/度		-10~+5	-10~+5	-10~+5
		体积变化（%）		0~+15	0~+15	0~+15
8	温度回缩 TR10/℃		≤	-20	-19	-18

表 1-10　HNBR 材料的性能指标

序号	性　能			指　标	
	硬度级别			75	85
1	硬度（IRHD 或 Shore A）/度			71~80	81~90
2	拉伸强度/MPa		≥	16	16
3	拉断伸长率（%）		≥	200	125
4	压缩永久变形（%）　≤	150℃×72h		40	45
		150℃×168h		45	55
5	热空气老化（150℃×72h）	硬度变化/度	≤	+8	+8
		拉伸强度变化率（%）		±20	±25
		拉断伸长率变化率（%）		±30	±35
	热空气老化（150℃×168h）	硬度变化/度	≤	±10	±10
		拉伸强度变化率（%）		±25	±30
		拉断伸长率变化率（%）		±30	±40
6	耐 IRM901 号油（150℃×72h）	硬度变化/度		-5~+8	-5~+8
		体积变化率（%）		-8~+5	-8~+5
7	耐 IRM903 号油（150℃×72h）	硬度变化/度		-15~+5	-15~+5
		体积变化率（%）		0~+25	0~+20
8	温度回缩 TR10/℃		≤	-18	-15

表 1-11　FKM 材料的性能指标

序号	性　能			指　标		
	硬度级别			70	80	90
1	硬度（IRHD 或 Shore A）/度			66~75	76~85	86~95
2	拉伸强度/MPa		≥	10	10	10
3	拉断伸长率（%）		≥	150	125	100
4	压缩永久变形（%）≤	200℃×72h		25	25	30
		200℃×168h		40	40	45
5	热空气老化（200℃×72h）	硬度变化/度	≤	+5	+8	-5~+3
		拉伸强度变化率（%）		±10	±10	±15
		拉断伸长率变化率（%）		±25	±25	±30
	热空气老化（200℃×168h）	硬度变化/度	≤	±6	±6	±6
		拉伸强度变化率（%）		±15	±15	±20
		拉断伸长率变化率（%）		±25	±25	±30
6	耐异辛烷/甲苯：50/50（23℃×72h）	硬度变化/度		±5	±5	±5
		体积变化率（%）		0~+10	0~+10	0~+10
7	耐 IRM903 号油（150℃×72h）	硬度变化/度		±5	±5	±5
		体积变化率（%）		0~+5	0~+5	0~+5
8	温度回缩 TR10/℃		≤	-12	-12	-12

表 1-12 VMQ 材料的性能指标

序号	性能			指标
	硬度级别			70
1	硬度(IRHD 或 Shore A)/度			66~75
2	拉伸强度/MPa		≥	6
3	拉断伸长率(%)		≥	150
4	压缩永久变形(%) ≤	200℃×72h		35
		200℃×168h		45
5	热空气老化(200℃×72h)	硬度变化/度	≤	+5
		拉伸强度变化率(%)		±15
		拉断伸长率变化率(%)		±25
	热空气老化(200℃×168h)	硬度变化/度	≤	±6
		拉伸强度变化率(%)		±25
		拉断伸长率变化率(%)		±35
6	耐 IRM901 号油(100℃×72h)	硬度变化/度		±8
		体积变化率(%)		-5~+10
7	耐 IRM903 号油(100℃×72h)	硬度变化/度		-35~0
		体积变化率(%)		0~+60
8	温度回缩 TR10/℃		≤	-40

注：对于类似 IRM903 的高闪点的油类，硅橡胶材料仅适用于在耐压较小的静密封条件下使用。

表 1-13 EPDM 材料的性能指标

序号	性能			指标	
	硬度级别			70	80
1	硬度(IRHD 或 Shore A)/度			66~75	76~85
2	拉伸强度/MPa		≥	10	10
3	拉断伸长率(%)		≥	150	120
4	压缩永久变形(%) ≤	150℃×72h		25	25
		150℃×168h		40	40
5	热空气老化(150℃×72h)	硬度变化/度	≤	+8	+8
		拉伸强度变化率(%)		±25	±25
		拉断伸长率变化率(%)		±35	±35
	热空气老化(150℃×168h)	硬度变化/度	≤	±12	±10
		拉伸强度变化率(%)		±40	±40
		拉断伸长率变化率(%)		±50	±50
6	耐制动液(150℃×168h)	硬度变化/度		-10~0	-15~0
		拉伸强度变化率(%)	≤	-25	-25
		拉断伸长率变化率(%)		-30	-30
		体积变化率(%)		0~+15	0~+15
7	温度回缩 TR10/℃		≤	-40	-40

表 1-14 ACM 材料的性能指标

序号	性能			指标
	硬度级别			70
1	硬度(IRHD 或 Shore A)/度			66~75
2	拉伸强度/MPa		≥	8
3	拉断伸长率(%)		≥	150
4	压缩永久变形(%) ≤	150℃×72h		40
		150℃×168h		50
5	热空气老化(150℃×72h)	硬度变化/度	≤	+8
		拉伸强度变化率(%)		±20
		拉断伸长率变化率(%)		±25

（续）

序号	性　　能		指　　标
	硬度级别		70
5	热空气老化(150℃×168h)	硬度变化/度　≤	±10
		拉伸强度变化率(%)	±25
		拉断伸长率变化率(%)	±30
6	耐 IRM901 号油(150℃×72h)	硬度变化/度	0~+10
		体积变化率(%)	-10~0
7	耐 IRM903 号油(150℃×72h)	硬度变化/度	-15~0
		体积变化率(%)	0~+26
8	温度回缩 TR10/℃	≤	-10

表 1-15　AEM 材料的性能指标

序号	性　　能		指　　标
	硬度级别		70
1	硬度(IRHD 或 Shore A)/度		66~75
2	拉伸强度/MPa	≥	10
3	拉断伸长率(%)	≥	175
4	压缩永久变形(%)　≤	150℃×72h	40
		150℃×168h	50
5	热空气老化(150℃×72h)	硬度变化/度　≤	+8
		拉伸强度变化率(%)	±20
		拉断伸长率变化率(%)	±25
	热空气老化(150℃×168h)	硬度变化/度　≤	±10
		拉伸强度变化率(%)	±25
		拉断伸长率变化率(%)	±30
6	耐 IRM901 号油(150℃×72h)	硬度变化/度	0~+10
		体积变化率(%)	-10~0
7	耐 IRM903 号油(150℃×72h)	硬度变化/度	-25~0
		体积变化率(%)	0~+40
8	温度回缩 TR10/℃	≤	-25

表 1-16　AU 材料的性能指标

序号	性　　能		指　　标
	硬度级别		90
1	硬度(IRHD 或 Shore A)/度		86~95
2	拉伸强度/MPa	≥	45
3	拉断伸长率(%)	≥	400
4	撕裂强度/(kN/m)	≥	90
5	压缩永久变形(%)　≤	70℃×24h	35
		70℃×72h	40
6	热空气老化(70℃×72h)	硬度变化/度　≤	±5
		拉伸强度变化率(%)	-20
		拉断伸长率变化率(%)	-20
7	耐 IRM901 号油(70℃×72h)	硬度变化/度	±5
		体积变化率(%)	±5
8	耐 IRM903 号油(70℃×72h)	硬度变化/度	-10~0
		体积变化率(%)	0~+10

表 1-17 EU 材料的性能指标

<table>
<tr><td rowspan="2">序号</td><td colspan="2">性 能</td><td>指 标</td></tr>
<tr><td colspan="2">硬度级别</td><td>90</td></tr>
<tr><td>1</td><td colspan="2">硬度(IRHD 或 Shore A)/度</td><td>86~98</td></tr>
<tr><td>2</td><td colspan="2">拉伸强度/MPa ≥</td><td>45</td></tr>
<tr><td>3</td><td colspan="2">拉断伸长率(%) ≥</td><td>350</td></tr>
<tr><td>4</td><td colspan="2">撕裂强度/(kN/m) ≥</td><td>90</td></tr>
<tr><td rowspan="2">5</td><td rowspan="2">压缩永久变形(%) ≤</td><td>70℃×24h</td><td>35</td></tr>
<tr><td>70℃×72h</td><td>40</td></tr>
<tr><td rowspan="3">6</td><td rowspan="3">热空气老化(70℃×72h)</td><td>硬度变化/度 ≤</td><td>±5</td></tr>
<tr><td>拉伸强度变化率(%)</td><td>-20</td></tr>
<tr><td>拉断伸长率变化率(%)</td><td>-20</td></tr>
<tr><td>7</td><td colspan="2">耐机油(70℃×72h)
体积变化率(%)</td><td>-5~+5</td></tr>
<tr><td>8</td><td colspan="2">耐乳化液(70℃×72h)
体积变化率(%)</td><td>-5~+10</td></tr>
</table>

往复运动橡胶密封圈材料的物理性能应符合表 1-18 或表 1-19 规定的要求。

表 1-18 A 类橡胶材料的物理性能（摘自 HG/T 2810—2008）

<table>
<tr><td rowspan="2">序号</td><td colspan="2" rowspan="2">项 目</td><td colspan="5">指 标</td></tr>
<tr><td>WA7443</td><td>WA8533</td><td>WA9523</td><td>WA9530</td><td>WA7453</td></tr>
<tr><td>1</td><td colspan="2">硬度(Shore A 或 IRHD)/度</td><td>70±5</td><td>80±5</td><td>88^{+5}_{-4}</td><td>88^{+5}_{-4}</td><td>70±5</td></tr>
<tr><td>2</td><td colspan="2">拉伸强度/MPa ≥</td><td>12</td><td>14</td><td>15</td><td>14</td><td>10</td></tr>
<tr><td>3</td><td colspan="2">拉断拉伸率(%) ≥</td><td>220</td><td>150</td><td>140</td><td>150</td><td>250</td></tr>
<tr><td>4</td><td colspan="2">压缩永久变形(%) ≤
B 形试样,100℃×70h</td><td>50</td><td>50</td><td>50</td><td>—</td><td>50</td></tr>
<tr><td>5</td><td colspan="2">撕裂强度/(kN/m)</td><td>30</td><td>30</td><td>35</td><td>35</td><td>—</td></tr>
<tr><td>6</td><td colspan="2">黏合强度(25mm)/(kN/m) ≥</td><td>—</td><td>—</td><td>—</td><td>—</td><td>3</td></tr>
<tr><td rowspan="3">7</td><td rowspan="3">热空气老化(100℃×70h)</td><td>硬度变化(IRHD)/度 ≤</td><td>+10</td><td>+10</td><td>+10</td><td>+10</td><td>+10</td></tr>
<tr><td>拉伸强度变化率(%) ≤</td><td>-20</td><td>-20</td><td>-20</td><td>-20</td><td>-20</td></tr>
<tr><td>拉断伸长率变化率(%) ≤</td><td>-50</td><td>-50</td><td>-50</td><td>-50</td><td>-50</td></tr>
<tr><td rowspan="4">8</td><td rowspan="2">耐液体(100℃×70h),1#标准油</td><td>硬度变化/度</td><td>-5~+10</td><td>-5~+10</td><td>-5~+10</td><td>-5~+10</td><td>-5~+10</td></tr>
<tr><td>体积变化率(%)</td><td>-10~+5</td><td>-10~+5</td><td>-10~+5</td><td>-10~+5</td><td>-10~+5</td></tr>
<tr><td rowspan="2">耐液体(100℃×70h),3#标准油</td><td>硬度变化/度</td><td>-10~+5</td><td>-10~+5</td><td>-10~+5</td><td>-10~+5</td><td>-10~+5</td></tr>
<tr><td>体积变化率(%)</td><td>0~+20</td><td>0~+20</td><td>0~+20</td><td>0~+20</td><td>0~+20</td></tr>
<tr><td>9</td><td colspan="2">脆性温度/℃ ≤</td><td>-35</td><td>-35</td><td>-35</td><td>-35</td><td>-35</td></tr>
</table>

注：1. WA9530 为防尘密封圈橡胶材料。
2. WA7453 为涂覆织物橡胶材料。

表 1-19 B 类橡胶材料的物理性能（摘自 HG/T 2810—2008）

<table>
<tr><td rowspan="2">序号</td><td rowspan="2">项 目</td><td colspan="4">指 标</td></tr>
<tr><td>WB6884</td><td>WB7874</td><td>WB8974</td><td>NB9974</td></tr>
<tr><td>1</td><td>硬度(Shore A 或 IRHD)/度</td><td>60±5</td><td>70±5</td><td>80±5</td><td>88^{+5}_{-4}</td></tr>
<tr><td>2</td><td>拉伸强度/MPa ≥</td><td>25</td><td>30</td><td>40</td><td>45</td></tr>
<tr><td>3</td><td>拉断拉伸率(%) ≥</td><td>500</td><td>450</td><td>400</td><td>400</td></tr>
<tr><td>4</td><td>压缩永久变形(%) ≤
B 形试样,70℃×70h</td><td>40</td><td>60</td><td>80</td><td>90</td></tr>
<tr><td>5</td><td>撕裂强度/(kN/m) ≥</td><td>40</td><td>60</td><td>80</td><td>90</td></tr>
</table>

（续）

序号	项　目		指　标			
			WB6884	WB7874	WB8974	NB9974
6	热空气老化（70℃×70h）	硬度变化/度	±5	±5	±5	±5
		拉伸强度变化率（%）　≤	-20	-20	-20	-20
		拉断伸长率变化率（%）　≤	-20	-20	-20	-20
7	耐液体（70℃×70h），1#标准油体积变化率（%）		-5～+10	-5～+10	-5～+10	-5～+10
	耐液体（70℃×70h），3#标准油体积变化率（%）		0～+10	0～+10	0～+10	0～+10
8	脆性温度/℃　≤		-50	-50	-50	-50

采煤综合机械化设备橡胶密封件用胶料的物理性能应符合表1-20规定的要求。

表1-20　采煤综合机械化设备橡胶密封件用胶料的物理性能（摘自HB/T 3326—2007）

序号	项　目		指　标					
			ML171	ML281	ML391	ML491	ML782	ML892
1	硬度（Shore A）/度		75±5	80±5	88±5	88±5	82±5	93±5
2	拉伸强度/MPa　≥		16	18	15	18	35	35
3	拉断伸长率（%）　≥		200	150	150	140	400	350
4	撕断强度/（kN/m）　≥		30	30	55	35	90	90
5	压缩永久变形（%）　≤	B型试样，100℃×22h	30	30	—	30	—	—
		B型试样，70℃×22h	—	—	—	—	45	45
6	热空气老化	100℃×24h，拉断伸长变化率（%）　≤	-25	-25	-35	-30	—	—
		70℃×24h，拉断伸长变化率（%）　≤	—	—	—	—	-20	-20
7	耐32#机油	100℃×24h体积变化率（%）	-6～+6	-6～+6	-6～+6	-6～+6	—	—
		70℃×24h体积变化率（%）	—	—	—	—	-5～+10	-5～+10
8	耐5%M-10乳化液70℃×24h体积变化率（%）		-4～+8	-4～+8	-4～+8	-4～+8	-5～+10	-5～+10

1.1.4　液压缸工作介质与使用工况

1. 液压缸工作介质

在GB/T 17446—2012《流体传动系统及元件　词汇》中给出的术语为“液压油液”，在GB/T 17446—××××/ISO 5598：2020讨论稿中拟将其修改为“液压流体”。

GB/T 7631.1规定了润滑剂、工业用油和有关产品（L类）的分类原则，GB/T 7631.2《润滑剂、工业用油和有关产品（L类）的分类　第2部分：H组（液压系统）》属于GB/T 7631系列标准的第2部分，本类产品的类别名称用英文字母“L”为字头表示。

液压系统常用工作介质应按GB/T 7631.2规定的牌号选择。根据GB/T 7631.2的规定，将液压油分为L-HL抗氧防锈液压油、L-HM抗磨液压油（高压、普通）、L-HV低温液压油、L-HS超低温液压油和L-HG液压导轨油五个品种。作者特别强调，在存在火灾危险处，应考虑使用难燃液压油液。

表1-21列出了H组（液压系统）常用工作介质的牌号及主要应用。

表1-21　H组（液压系统）常用工作介质的牌号及主要应用

工作介质		组成、特征和主要应用
工作介质牌号	黏度等级	
L-HH	15 22 32 46 68 100 150	本产品为无(或含有少量)抗氧剂的精制矿物油 适用于对液压油无特殊要求(如低温性能、防锈性、抗乳化性和空气释放能力等)的一般循环润滑系统、低压液压系统和十字头压缩机曲轴箱等的循环润滑系统。也可适用于轻载传动机械、滑动轴承和滚动轴承等油浴式非循环润滑系统 无本产品时可选用L-HL液压油
L-HL	15 22 32 46 68 100	本产品为精制矿物油,并改善其防锈和抗氧性的液压油 常用于低压液压系统,也可用于要求换油期较长的轻载机械的油浴式非循环润滑系统 无本产品时可用L-HM液压油或其他抗氧防锈型液压油
L-HM	15 22 32 46 68 100 150	本产品为在L-HL液压油基础上改善其抗磨性的液压油 适用于低、中、高压液压系统,也可用于中等载荷机械润滑部位和对液压油有低温性能要求的液压系统 无本产品时,可用L-HV和L-HS液压油
L-HV	15 22 32 46 68 100	本产品为在L-HM液压油基础上改善其黏温性的液压油 适用于环境温度变化较大和工作条件恶劣的低、中、高压液压系统和中等载荷的机械润滑部位,对油有更高的低温性能要求 无本产品时,可用L-HS液压油
L-HR	15 32 46	本产品为在L-HL液压油基础上改善其黏温性的液压油 适用于环境温度变化较大和工作条件恶劣的(野外工程和远洋船舶等)低压液压系统和其他轻载机械的润滑部位。对于有银部件的液压元件,在北方可选用L-HR油,而在南方可选用对青铜或银部件无腐蚀的无灰型HM和HL液压油
L-HS	10 15 22 32 46	本产品为无特定难燃性的合成液,它比L-HV液压油的低温黏度更小 主要应用同L-HV油,可用于北方寒季,也可全国四季通用
L-HG	32 68	本产品为在L-HM液压油基础上改善其黏温性的液压油 适用于液压和导轨润滑系统合用的机床,也可用于要求有良好黏附性的机械润滑部位

注：各产品可用统一的形式表示。一个特定的产品可用一种完整的形式表示为ISO-L-HV32，或者用缩写形式（简式）表示为L-HV32，数字为GB/T 3141—1994《工业液体润滑剂　ISO粘度分类》中规定的黏度等级。

工作介质的黏度等级是按40℃运动黏度（平均）值规定的，单位为mm^2/s；矿物油型液压油的密度一般为$850\sim960kg/m^3$。

2. 液压缸使用工况

液压缸使用工况一般指液压缸驱动外部载荷情况和工作介质、环境等情况，液压缸使用工况一般可划分轻型载荷、中型载荷和重型载荷。

液压缸及其密封是按额定工况设计的，并应满足规定工况。液压缸的规定工况是液压缸在运行和试验期间要满足的工况，因此液压缸使用工况仅是液压缸规定工况的一部分。

对于使用液压油液的液压缸密封设计，首先应明确密封系统适应的压力、温度、速度、行程及其范围。

表1-22列出了液压缸及其密封的使用工况，供初始设计时参考。

表1-22　液压缸及其密封的使用工况

工　况		轻型载荷	中型载荷	重型载荷
压力状况	最高压力/MPa	≤25	≤35	≤50
	工作压力范围/MPa	10~16	16~25	25~35
	压力峰值状况	无	有间歇性压力峰值	通常有压力峰值
密封结构受力状况		一般工作压力低且稳定，侧向力（偏载）很小	一般工作压力稳定或有间歇性高压，有一定的侧向力	通常在高压下工作，并且承受侧向力
工作介质状况		过滤良好，没有内、外部污染工作介质的可能	过滤良好，没有内、外部污染工作介质的可能	有内、外部污染工作介质的可能
工作环境状况		室内工作，环境清洁，温度变化有限	室内或室外工作	环境污染重，温度变化大，工作条件恶劣
使用状况		在工作压力下有短行程运动，在最低工作压力下有规律的运动	在工作压力下有规律的全行程运动	在最高工作压力下全行程运动
典型应用		机床、举升设备、机械搬运设备、注塑机、自动控制设备、农业机械、包装设备、航空设备、轻载翻斗车	重型举升设备、农业机械、轻载公路车辆、起重机、重型机床、注塑机、煤矿机械、航空设备、液压机、重型翻斗车、重型机械搬运设备	铸造设备、锻造设备、煤矿设备、重型工程机械、重型非公路车辆、重型液压机

1.1.5　液压缸常用密封件

1. 在JB/T 10205—2010《液压缸》中规定的（密封）沟槽及适配的密封件

1）GB/T 2879—2005《液压缸活塞和活塞杆动密封　沟槽尺寸和公差》适配的密封件：GB/T 10708.1中规定的Y形密封圈、蕾形密封圈及V组合密封圈。

2）GB 2880—1981《液压缸活塞和活塞杆窄断面动密封沟槽尺寸系列和公差》适配的密封件：暂缺。

3）GB/T 6577—2021《液压缸活塞用带支承环密封沟槽型式、尺寸和公差》适配的密封件：GB/T 10708.2中规定的鼓形密封圈和山形密封圈。

4）GB/T 6578—2008《液压缸活塞杆用防尘圈沟槽型式、尺寸和公差》适配的密封件：GB/T 10708.3中规定的橡胶防尘密封圈。

2. 在GB/T 13342—2007《船用往复式液压缸通用技术条件》中规定的（密封）沟槽及适配的密封件

1）GB/T 3452.3—2005《液压气动用O形橡胶密封圈　沟槽尺寸》适配的密封件：GB/T 3452.1—2005中规定的O形橡胶密封圈。

2）其余同JB/T 10205—2010中规定的（密封）沟槽及适配的密封件。

3）其他类型的密封圈及沟槽宜优先采用国家标准，所选密封件的型号应是经鉴定过的产品。

表1-23列出了常用密封件名称。

表1-23 常用密封件的名称

序号	名　称	主要应用
1	O形橡胶密封圈	一般用途工业密封用(GB/T 3452.1 规定的O形圈安装于GB/T 3452.3规定的沟槽)
2	D形橡胶密封圈	往复运动密封用,名称见GB/T 5719—2006
3	X形橡胶密封圈	主要用于运动密封,包括旋转运动密封,名称见GB/T 5719—2006
4	矩形橡胶密封圈	静密封用,名称见GB/T 5719—2006
5	U形橡胶密封圈	往复运动密封用,名称见GB/T 5719—2006
6	L形橡胶密封圈	活塞密封用,名称见GB/T 5719—2006
7	J形橡胶密封圈	活塞杆密封用,名称见GB/T 5719—2006
8	Y形橡胶密封圈	适用于安装在液压缸活塞和活塞杆上起单向密封作用(GB/T 10708.1规定的单向密封橡胶密封圈安装于GB/T 2879规定的密封沟槽)
9	蕾形橡胶密封圈	
10	V形(组合)橡胶密封圈	
11	鼓形橡胶密封圈	适用于安装在液压缸活塞上起双向密封作用(GB/T 10708.2规定的双向密封橡胶密封圈安装于GB/T 6577规定的密封沟槽)
12	山形橡胶密封圈	
13	橡胶防尘(密封)圈	适用于安装在往复运动液压缸活塞杆的导向套上,起防尘和密封作用(GB/T 10708.3 橡胶防尘密封圈安装于GB/T 6578规定的密封沟槽)
14	孔用Yx形密封圈	JB/ZQ 4264 孔用Yx形密封圈(含密封沟槽)
15	轴用Yx形密封圈	JB/ZQ 4265 轴用Yx形密封圈(含密封沟槽)
16	单体U形密封圈(活塞用)	GB/T 36520.1—2018中规定了液压传动系统中活塞往复运动聚氨酯密封圈(共五种) 适用于液压缸中的活塞往复运动聚氨酯单体U形密封圈(简称单体U形密封圈)
17	单体Y×D密封圈	GB/T 36520.1—2018中规定了液压传动系统中活塞往复运动聚氨酯密封圈(共五种) 适用于液压缸中的活塞往复运动聚氨酯单体Y×D密封圈(简称单体Y×D密封圈)
18	单体鼓形圈	GB/T 36520.1—2018中规定了液压传动系统中活塞往复运动聚氨酯密封圈(共五种) 适用于液压缸中的活塞往复运动聚氨酯单体鼓形圈(简称单体鼓形圈,安装时还包括两件塑料支承环)
19	单体山形圈	GB/T 36520.1—2018中规定了液压传动系统中活塞往复运动聚氨酯密封圈(共五种) 适用于液压缸中的活塞往复运动聚氨酯单体山形圈(简称单体山形圈,安装时还包括两件塑料支承环)
20	组合鼓形圈	GB/T 36520.1—2018中规定了液压传动系统中活塞往复运动聚氨酯密封圈(共五种) 适用于液压缸中的活塞往复运动聚氨酯组合鼓形圈(简称组合鼓形圈,分T形沟槽和直沟槽两种型式,其由1件聚氨酯耐磨环、1件橡胶弹性圈和两件塑料支承环组成)
21	单体U形密封圈(活塞杆用)	GB/T 36520.2—2018中规定了液压传动系统中活塞杆往复运动聚氨酯密封圈(共四种) 适用于液压缸中的活塞杆往复运动聚氨酯单体U形密封圈(简称单体U形密封圈)
22	单体Y×d密封圈	GB/T 36520.2—2018中规定了液压传动系统中活塞杆往复运动聚氨酯密封圈(共四种) 适用于液压缸中的活塞杆往复运动聚氨酯单体Y×d密封圈(简称单体Y×d密封圈)

（续）

序号	名　　称	主要应用
23	单体蕾形圈	GB/T 36520.2—2018 中规定了液压传动系统中活塞杆往复运动聚氨酯密封圈(共四种) 适用于液压缸中的活塞杆往复运动聚氨酯单体蕾形密封圈(简称单体蕾形圈,由单体蕾形圈和塑料挡圈组成)
24	组合蕾形圈	GB/T 36520.2—2018 中规定了液压传动系统中活塞杆往复运动聚氨酯密封圈(共四种) 适用于液压缸中的活塞杆往复运动聚氨酯组合蕾形密封圈(简称组合蕾形圈,由橡胶 O 形圈、聚氨酯圈和塑料挡圈组成)
25	防尘圈	GB/T 36520.3—2019 中规定了液压传动系统中聚氨酯防尘圈(防尘圈的尺寸系列分为Ⅰ、Ⅱ、Ⅲ、Ⅳ、Ⅴ) 适用于安装在液压缸导向套上起防尘作用的聚氨酯密封圈(简称防尘圈) 注:Ⅰ、Ⅱ系列防尘圈适用于煤炭行业液压支架的密封沟槽,Ⅲ、Ⅳ、Ⅴ系列防尘圈适用于工程机械或其他行业液压缸的密封沟槽
26	缸口 Y 形圈	GB/T 36520.4—2019 中规定了液压传动系统中聚氨酯缸口密封圈(共两种,各分为两个系列) 适用于安装在液压缸导向套上起静密封作用的聚氨酯缸口 Y 形密封圈(简称缸口 Y 形圈)
27	缸口蕾形圈	GB/T 36520.4—2019 中规定了液压传动系统中聚氨酯缸口密封圈(共两种,各分为两个系列) 适用于安装在液压缸导向套上起静密封作用的聚氨酯缸口蕾形密封圈(简称缸口蕾形圈)
28	孔用方形同轴密封件	适用于往复运动液压缸活塞(双向)和活塞杆(单向)密封(GB/T 15242.1—2017 规定的同轴密封件安装于 GB/T 15242.3—2021 规定的同轴密封件沟槽)
29	孔用组合同轴密封件	
30	轴用阶梯形同轴密封件	
31	山形多件组合圈(同轴密封件)	术语和定义见 JB/T 8241—1996《同轴密封件　词汇》,山形多件组合圈与孔用组合同轴密封件可能是同一种密封件
32	齿形多件组合圈(同轴密封件)	
33	旋转轴唇形密封圈	适用于在压力≤0.05MPa 下使用的旋转轴唇形密封(GB/T 13871.1)
34	重载(S 系列)A 型柱端用填料密封圈(组合密封垫圈)	GB/T 19674.2—2005 规定了带 GB/T 193 螺纹和用填料密封的重载(S 系列)柱端 带 A 型密封的重载(S 系列)柱端使用的最高工作压力为 63MPa(许用工作压力应根据柱端的尺寸、材料、工艺、工况、用途等来确定) JB/T 982—1977《组合密封垫圈》已作废,其规定了适用于焊接、卡套、扩口管接头及螺塞密封用组合垫圈
35	轻载(L 系列)A 型柱端用填料密封圈	GB/T 19674.2—2005 规定了带 GB/T 193 螺纹和用填料密封的轻载(L 系列)柱端 带 A 型密封的轻载(L 系列)柱端使用的最高工作压力为 25MPa(许用工作压力应根据柱端的尺寸、材料、工艺、工况、用途等来确定)
36	轻载(L 系列)E 型柱端用填料密封圈	GB/T 19674.2—2005 规定了带 GB/T 193 螺纹和用填料密封的轻载(L 系列)柱端 带 E 型密封的轻载(L 系列)柱端使用的最高工作压力为 25MPa(许用工作压力应根据柱端的尺寸、材料、工艺、工况、用途等来确定)
37	支承环	GB/T 15242.2—2017 规定了液压缸活塞和活塞杆动密封装置用支承环 适用于以水基或油基为传动介质的液压缸密封装置中采用的聚甲醛支承环、酚醛树脂夹织物支承环和填充聚四氟乙烯(PTFE)支承环,使用温度范围分别为-30~100℃、-60~120℃、-60~150℃(GB/T 15242.2 规定的支承环安装于 GB/T 15242.4 规定的安装沟槽) 适用于液压缸上起双向密封作用的橡胶密封圈用塑料支承环(L 形、J 形、矩形)(GB/T 10708.2 规定的塑料支承环,同密封圈一起安装于 GB/T 6577 规定的密封沟槽)

（续）

序号	名　称	主要应用
38	抗挤压环（挡环）	GB/T 3452.4—2020 中规定了液压气动用 O 形橡胶密封圈的抗挤压环（挡环） 适用于 GB/T 3452.1 中规定的 O 形圈的抗挤压环，GB/T 3452.3—2005 中规定的沟槽用活塞和活塞杆动密封 O 形圈的抗挤压环，以及径向静密封 O 形圈的抗挤压环（简称挡环）
39	挡圈	JB/ZQ 4264 中规定了孔用 Yx 形密封圈用挡圈 JB/ZQ 4265 中规定了轴用 Yx 形密封圈用挡圈
40	压环	适用于往复运动 V 形组合密封圈用（GB/T 10708.1 规定的压环、支撑环安装于 GB/T 2879 规定的密封沟槽）
41	支撑环	

注：本表参考了 GB/T 5719—2006《橡胶密封制品　词汇》和 JB/T 8241—1996《同轴密封件　词汇》及其他相关密封圈标准。

1.2 液压缸密封基础理论及机理

1.2.1 液压缸密封基础理论

液压缸密封的基础理论来源于流体动力学，流体动力学是流体力学的一部分，是一门研究流体的运动和流体与边界相互作用的科学技术。

1. 环形缝隙轴向流动

因为本节采用流体动力学理论说明液压缸密封与泄漏，其中涉及流体力学常用术语、词汇与液压缸密封相关术语、词汇的含（定）义不同，如缝隙、缝隙流动、缝隙长度等，敬请读者注意。

在流体力学中，将黏性流体在狭缝内流动称为缝隙流动，而密封的作用就是封住偶合面间隙，切断泄漏通道或增加泄漏通道的阻力，以减少或阻止这种流动，进而减少或阻止泄漏。此处的偶合面间隙只有在极少情况下，如活塞间隙密封，才需要研究密封与泄漏问题，绝大多数情况是靠密封圈封住偶合件之间的间隙，也就是液压缸密封所要研究的问题。因此，流体力学中的缝隙流动与液压缸密封中密封圈与偶合件之间的间隙泄漏是相对应的。在液压缸密封中，液压工作介质在环形缝隙中的轴向流动就是泄漏。

在绝大多数密封圈与偶合件所形成的刃口接触宽度内，其间隙或缝隙都是均匀的。因为密封圈刃口处直接接触偶合件表面且形成变形，如密封圈刃口处与缸筒内径或活塞杆直径接触。同时需要说明两点：一般密封圈与偶合件所形成的刃口接触宽度是以毫米计的，而缝隙是以微米计的；除了方（矩）形圈，密封圈在刃口接触宽度内对偶合件表面接触应力不同，即压力梯度 $\mathrm{d}p/\mathrm{d}l$ 或 $\mathrm{d}p/\mathrm{d}x$ 不同。

刃口接触宽度，即流体力学中的缝隙长度 $l(x)$ 远大于缝隙高度 h，并且这个环形缝隙是均匀的，即平行的；液压缸使用的工作介质一般为液压油，液压缸缸进程或缸回程速度 U 一般小于 0.5m/s，因此其雷诺数 $Re=\dfrac{Uh}{v}\leqslant 0.1$，所以液压缸密封中泄漏是小雷诺数轴向一维流动。

当液压缸静止时，活塞杆与导向套、活塞与缸筒间泄漏因其没有相对运动，工作介质的流动仅是因密封压力亦即流体力学中的压差作用而产生，所以把这种流动称为压差流动。

压差流动在工程上的意义就是液压缸静密封（处）泄漏。

液压缸在缸进程或缸回程中，即有活塞杆与导向套、活塞与缸筒（体）间相对运动造成剪切流，同时又有压差流，这种流动被称为“一般库埃特流”（M. Couette），简称“库埃特流”。

库埃特流在工程上的意义就是液压缸动密封（处）泄漏，而没有压差流，只有（纯）剪切流的称为“简单库埃特流”。

设长度方向为 x 轴，高度方向为 y 轴，压差为 Δp，导向套内径为 D，则有

$$q_v=\frac{\pi D h^3 \Delta p}{12\mu l}\pm\frac{\pi D h}{2}U \tag{1-1}$$

式中　q_v——（外）泄漏量；

D——导向套内径；

h——缝隙高度；

Δp——缝隙两侧压力差；

μ——液压油动力黏度；

l——缝隙长度；

U——活塞杆运动速度。

当活塞杆伸出（缸进程）时，活塞杆动密封处的泄漏量为

$$q_v=\frac{\pi D h^3 \Delta p}{12\mu l}+\frac{\pi D h}{2}U \tag{1-2}$$

当活塞杆缩回（缸回程）时，活塞杆动密封处的泄漏量为

$$q_v=\frac{\pi D h^3 \Delta p}{12\mu l}-\frac{\pi D h}{2}U \tag{1-3}$$

当活塞杆静止时，活塞杆静密封处的泄漏量为

$$q_v=\frac{\pi D h^3 \Delta p}{12\mu l} \tag{1-4}$$

由式（1-2）和式（1-3）中可以看出，当活塞杆伸出时，泄漏量较大，是压力流与剪切流的合流（叠加）；当活塞杆缩回时，泄漏量较小，甚至可能出现泄漏量 $q_v\leqslant 0$ 的情况。其在工程上的意义在于，不但在缸回程时液压缸没有外泄漏，而且可能在缸进程时将泄漏的液压油带回，使液压缸在一个缸进程和一个缸回程中总的泄漏量为零，即所谓液压缸密封“零”泄漏。

2. 雷诺方程

1886年，英国物理学家雷诺（O. Reynolds）首先对渐缩平面缝隙中不可压缩牛顿黏性流体流动的研究导致建立了流体动力学润滑理论。

同心环形缝隙轴向流动如图1-5所示。

设活塞杆半径为 r，导向套内孔半径为 R，缝隙高度 $h=R-r$，缝隙长度为 l，密封压力（压差）为 Δp，液压缸静止，则有

$$q_v=\frac{\pi\Delta p}{8\mu l}\left[R^4-r^4-\frac{(R^2-r^2)^2}{\ln(R/r)}\right] \tag{1-5}$$

令 $R=r+h$，式（1-5）可进一步化为

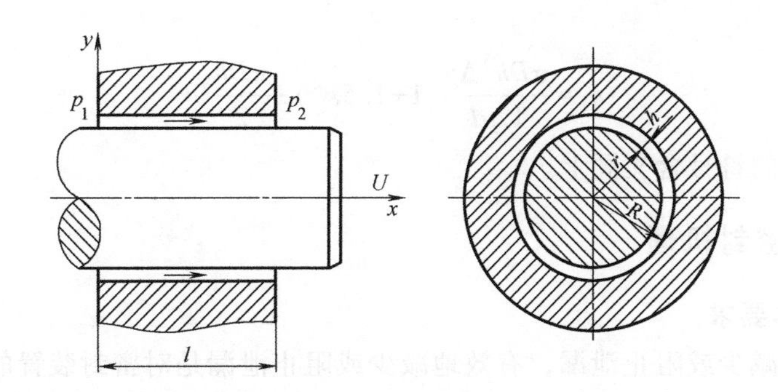

图 1-5 同心环形缝隙轴向流动

$$q_v = \frac{\pi\Delta p}{8\mu l} r^4 \left\{ \left(1+\frac{h}{r}\right)^4 - 1 - \left[\left(1+\frac{h}{r}\right)^4 - 2\left(1+\frac{h}{r}\right)^2 + 1 \right] / \ln\left(1+\frac{h}{r}\right) \right\} \tag{1-6}$$

再设 h 不变，令 $r\to\infty$，进一步求单位周长上的泄漏量 q_0。经进一步简化，则得

$$q_0 = \frac{\Delta p}{12\mu l} h^3 \tag{1-7}$$

单位周长上的泄漏量 q_0 计算公式在工程上的意义在于，可以估算液压缸静止时活塞杆处的局部泄漏量，或者根据泄漏量估计局部缝隙大小。

设活塞杆运动速度为 U，则同心圆环缝隙中的流量为

$$q_v = \frac{\pi D h^3 \Delta p}{12\mu l} \pm \frac{\pi D h}{2} U \tag{1-8}$$

式（1-8）与式（1-1）相同，但式（1-8）在推导过程中进行了假设和简化。

式（1-8）和式（1-1）皆为同心环形缝隙流动（泄漏）计算公式。

3. 偏心环形缝隙轴向泄漏

当液压缸静止时，如果活塞杆与导向套偏心，即同轴度存在偏差，则泄漏情况将更加严重。实际上，以导向套内孔轴线为基准要素，活塞杆轴线对其一定存在偏差，但在密封圈与偶合件所形成的刃口接触宽度内，其间隙或缝隙是均匀的，但偏心会影响刃口在圆周上与偶合件的接触宽度和压力梯度。

固定偏心环形缝隙轴向流动如图 1-6 所示。

设偏心量为 e，偏心比为 ε，$\varepsilon=e/h$，其他符号含义与上述相同，包括 $h=R-r$。经过推导，则有

$$q_v = \frac{\pi D h^3 \Delta p}{12\mu l}(1+1.5\varepsilon^2) \tag{1-9}$$

比较式（1-9）与式（1-4），在其他条件相同情况下，偏心比为 ε 的活塞杆密封处的泄漏量大；当 $\varepsilon=e/h=1$，即最大偏心比时，则有

$$q_{v_{\max}} = 2.5\times\frac{\pi D h^3 \Delta p}{12\mu l}$$

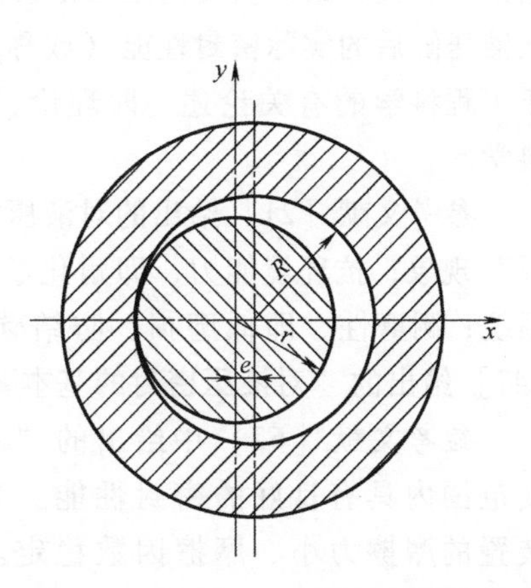

图 1-6 固定偏心环形缝隙轴向流动

同样，如果液压缸在缸进程或缸回程中，剪切流也可能有一定变化，但一般估算仍可以采用式（1-10）进

行，即

$$q_v = \frac{\pi D h^3 \Delta p}{12\mu l}(1+1.5\varepsilon^2) \pm \frac{\pi D h}{2} U \tag{1-10}$$

式（1-10）中的符号含义同上。

1.2.2 液压缸密封机理

1. 密封的基本要求

密封的功能是减少或阻止泄漏，有效地减少或阻止泄漏是对密封装置的首要要求。密封性能反映密封（件）装置对泄漏的控制水平。对动密封而言，摩擦力是与运动质量有关的重要因素。摩擦和密封总是相互制约，一般情况是，提高密封性就会带来摩擦力的增加，摩擦力的增加直接导致运动能力与质量的降低，密封件的加速磨损，液压缸输出力的降低。密封装置的耐压性能反映了密封装置可以密封的液压工作介质的最高压力，即密封压力，它是液压密封的重要指标。

需要说明的是，现在理解的耐压性能还应包括耐低压性能，但通常讲的耐压性能不包括耐低压性能。

液压密封是一门专业性很强的工程技术，对其有基本的技术要求。在一定的条件下，液压密封必须符合相关标准规定的技术要求。对液压（缸）密封的基本要求可归纳为：

1）密封性能要求。

2）摩擦性能要求。

3）耐压性能要求。

4）使用寿命即耐久性要求。

5）安装性能要求。

6）经济性要求。

其中，密封性能、摩擦性能、耐压性能是独立性能，这三项组合就是密封的综合性能。综合性能的保持时间就是液压（缸）密封的使用寿命，安装性能、经济性在实际设计中也是两项重要指标。

密封的综合性能不仅与密封件本身的性能（或称为单体性能）有关，还与密封件的使用条件有关，最为重要的是与密封设计有关。密封的综合性能好坏，最终还是要用密封件装入液压缸后的实际密封性能（或称为实机密封性能）来评价。这符合钱学森先生提出的关于工程科学的有关论述，即理论、设计需要工程实际检验，因此液压密封还是一门技术科学。

参考文献［21］给出的对液压密封的基本要求为：应具有密封性，即零泄漏、无“粘、滑”现象；抗环境能力，即耐化学品、耐油、耐寒；保护性，即防止灰尘等其他异物进入系统；耐磨性，即低磨损、防结碳；经济性，即密封件、安装、维护费用低。参考文献［47］给出的“对液压密封的基本要求”与参考文献［21］完全相同。

参考文献［62］中给出的“对密封装置的基本要求”中包括：在一定的压力和温度范围内具有良好的密封性能。为避免出现运动件卡紧或运动不均匀现象，要求密封装置的摩擦力小、摩擦因数稳定。磨损少、工作寿命长，磨损后在一定程度上能自动补偿等。

2. 挤压型密封机理

区分挤压型密封的意义在于，这一类型密封件被挤压压缩是形成密封能力的关键，包括初始密封能力及工作密封能力（对大于最低压力工作介质的密封能力）。

在液压缸密封中，初始密封能力关系到最低压力下的液压缸密封性能，工作密封能力关系到耐压试验压力（按现行标准即为1.5倍公称压力）下的液压缸密封性能。

尽管一般挤压型密封也具有自封作用（或称自紧作用），即随着密封工作介质压力的增高，密封件的密封能力也一同有所增强，但挤压型密封的自封作用不起主要作用，起主要作用的是密封件的压缩率。

因此，挤压型密封的定义应该是通过密封沟槽及配合件偶合面挤压密封件形成主要密封能力的一类密封形式。

最典型的挤压型密封是液压缸缸盖处静密封用O形橡胶密封圈，它属于活塞径向静密封。如图1-7a所示，当O形圈装入密封沟槽后，根据O形圈沟槽设计准则，所选用的O形圈内径 d_1 应小于或等于沟槽槽底直径 d_3，因此O形圈处于预拉伸状态。

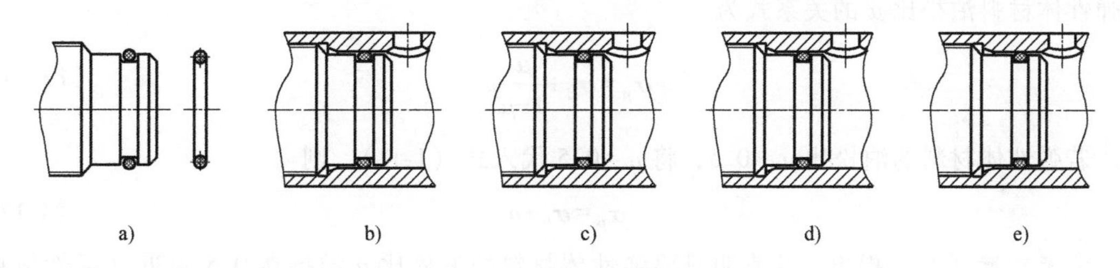

图1-7 O形圈径向静密封

当缸盖装入缸筒后，密封沟槽同配合件偶合面（缸内径）一起将O形圈径向压缩，O形圈截面产生弹性变形，即形成径向初始静密封，亦即形成挤压型密封。

静密封就是要阻断泄漏通道，此时配合间隙（密封件装配后，密封装置中配偶件之间的间隙）并没有被封死，只是在配合间隙前多了一道密封（相当于配合间隙被盖住），此时密封接触区没有太大变化。

当被密封的液压工作介质作用于O形圈上后，O形圈被推向密封沟槽侧面；当工作介质压力升高，O形圈被进一步推向密封沟槽侧面并被轴向挤压，O形圈随密封沟槽截面形状变形，并开始填充配合间隙（相当于密封间隙被堵住），即发生挤出（密封件某一部分被挤入相邻的缝隙而产生的永久的或暂时的位移），此时密封接触区可能明显增大。

下面以O形圈为例，对挤压型密封件进行受力分析。

设定如下前提：

1）假定用于径向静密封的O形圈密封没有泄漏，即所谓“零泄漏”。

2）假定在密封失效前密封接触区没有太大变化。

3）假定O形圈发生挤出的只是O形圈的一部分暂时的位移。

4）为了分析方便，没有加装挡圈。

如图1-7b所示，此时因O形圈没有受到被密封的工作介质作用或密封压力 $p=0$，O形圈对密封沟槽槽底面及偶合面的作用力来自O形圈弹性变形力（弹力），其接触应力最大值决定最高密封压力。由于O形圈的截面形状，最大应力作用在O形圈中心轴截面处，此时的接触应力与O形圈的密封材料、压缩率（含预拉伸率）等有关；同时，密封接触区越大，接触应力越小。这也是密封压力越高，就应使用越硬的O形圈的理论基础。

当被密封的工作介质压力升高后，即$p>0$，克服了摩擦力，推动O形圈抵靠密封沟槽侧面，如图1-7c所示。此时O形圈形成的密封能力称为初始密封能力，其密封条件是工作介质压力小于最大接触应力，否则即发生泄漏。这也是挤压型密封件必须有足够大的压缩率的理论基础。

当工作介质压力进一步升高，O形圈被进一步推向密封沟槽侧面并被轴向挤压，O形圈随密封沟槽截面形状变形，并发生挤出，O形圈形成工作密封能力。在O形圈一部分发生永久位移前，认为此时为O形圈最高工作密封能力或最高密封压力，如图1-7d和图1-7e所示。此时O形圈的密封能力由两部分组成，一部分为初始密封能力，另一部分为自封作用产生的密封能力，但随着密封接触区增大，自封作用不再增加，反而可能下降，因此可能发生泄漏。实践中发生在耐压试验时的瞬间窜（穿、串）漏就是这种情况。

按参考文献［21］给出的接触应力σ_p、初始接触应力σ_0、被密封的介质压力p和密封件弹性体材料泊松比μ的关系式为

$$\sigma_p=\sigma_0+\frac{\mu}{1-\mu}p \tag{1-11}$$

若弹性体材料的泊松比$\mu\approx0.5$，将$\mu=0.5$代入式（1-11），则

$$\sigma_p=\sigma_0+p \tag{1-12}$$

参考文献［21］提出，这表明只要弹性体材料的泊松比μ维持在0.5附近（弹性体在其玻璃化温度以上，即处于高弹态时就几乎都具有这一特征），密封的接触应力σ_p总比介质压力p高σ_0，因此具有自动适应流体压力变化的能力。

参考文献［21］同时提出，值得注意的是，如发泡橡胶的泊松比明显小于0.5，故不能产生自动密封作用。

因为弹性体应力分布复杂，受力分析、检测困难，所以一般对密封件只做定性分析。作者曾与几家单位合作，对汽车制动系统用负载感载比例阀的比例油封做过（变形）定量分析，前前后后近两年，花费了大量时间和经费，最后结果仍不理想。

比较有实际意义的挤压型密封条件（判据）是，平均挤压应力应大于工作介质压力。

3. 唇形密封圈密封机理

将唇形密封圈与挤压型密封件区分的意义在于，这一类型的密封件具有至少一个挠性的密封凸起部分（密封刃口或密封唇口），作用于唇部一侧的流体压力保持其另一侧与相配表面接触紧贴形成密封。也就是说，唇形密封圈主要是靠自封作用（自紧作用）形成密封能力的一类密封形式。

（1）特征　唇形密封圈的特征如下：

1）必须具有至少一个密封唇口。

2）密封（防尘）凸起部分（密封刃口或密封唇口）与具有挠性部分相连且可挠动。

3）工作介质压力作用于唇口侧，可使唇口另一侧变形且与相配表面接触并紧贴。

4）工作介质压力越高，唇口与相配表面接触贴得越紧，贴的面积（密封接触面）越大。

（2）密封机理　以用于往复运动用活塞杆 L_2 密封沟槽的（不等高唇）Y形圈密封（见图1-8）为例，说明唇形密封圈的密封机理。

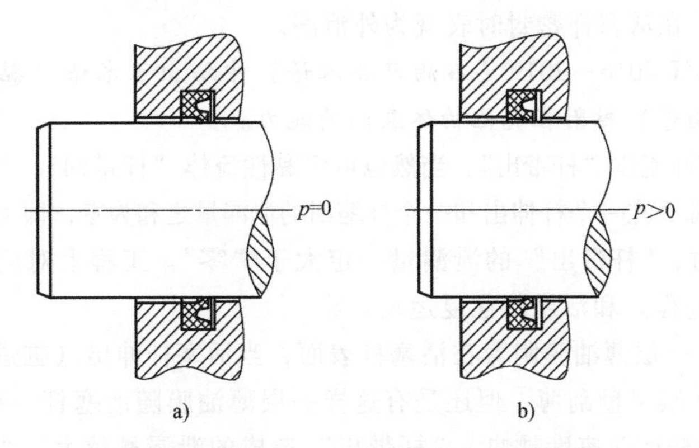

图1-8　活塞杆 L_2 密封沟槽的Y形圈密封

Y形圈是一种单向密封圈，有一对密封唇口且不等高，长唇口安装在密封沟槽内，并与沟槽底面接触且有一定预压缩量（只在唇口部发生）；当与活塞杆装配后（见图1-8a），短唇口与活塞杆直径接触且有一定压缩量（只在唇口部发生，一般在 $d-d_1=1\sim3$mm。d 是活塞杆直径；d_1 是密封圈唇部内径）。此时密封接触面很小（一般接触宽度约为0.25mm），甚至可能是一条密封线。由此Y形圈具有了一定的初始密封能力，但因唇口压缩量不大且具有挠动特征，所以初始密封能力不高。这也是一般唇形密封圈不能用作静密封的原因。

当工作介质压力作用于唇口侧后（见图1-8b），唇形密封圈底面抵靠密封沟槽侧面，一对密封唇口径向扩张，即密封唇口被激活，一对密封唇口分别紧贴密封沟槽槽底面和活塞杆直径表面，而且随着工作介质压力升高，其紧贴得越紧，其底面对沟槽侧面挤压越重。此时一对密封唇口径向扩张变形的部位主要发生在非工作介质作用的另一侧，由此在更高工作介质压力作用下，可能导致密封接触面过大，接触应力小于工作介质压力，发生泄漏；可能伴随着的另一种情况是在更高工作介质压力作用下，唇形密封圈底部发生挤出，甚至密封失效。

在一定工作介质压力、温度作用下，唇形密封圈会发生明显的整体轴向压缩，其密封唇口另一侧也与密封沟槽底部和活塞杆直径表面接触，并可能在间隙处发生严重的挤出。这种情况实践中多次遇到，后文中还有具体实例介绍。

唇形密封圈密封条件（判据）也是唇口部分的接触应力应大于工作介质压力。

在目前的液压缸密封中，唇形密封圈翻转情况很少发生，采用支撑环形式的更少。

在此作者提示，在GB/T 17446—2012中给出了术语“唇形密封件”的定义，即“一种密封件，它具有一个挠性的密封凸起部分；作用于唇部一侧的流体压力保持其另一侧与相配表面接触贴紧形成密封。”有问题。又如在JB/T 6612—2008中的密封唇“与内外配合面之间均为过盈配合，装入（沟槽）后就形成初始密封，受介质压力后，密封唇就向（内）外张开并与相应的配合面初接触，压力升高时，由于自紧密封的原理而自动密封。”都没有表述清楚。

（3）杆带出和杆带回　在液压缸密封中，唇形密封圈主要用于往复运动活塞和活塞杆密封。还以上述活塞杆密封为例，说明往复运动中存在的“杆带出”（泄漏）和“杆带回”现象。

所谓“杆带出”是因黏性流体附着在运动件表面随运动件一起通过密封的一种现象，表现为泄漏。这种现象在往复运动密封中或多或少都会发生且普遍存在，发生在活塞密封时表现为内泄漏，发生在活塞杆密封时表现为外泄漏。

作者注：在 GB/T 4016—2019《石油产品术语》中给出了术语“黏附性”的定义，即一种物料（如油或脂等）黏附在其他物体表面的能力。

运动件可以将黏性流体“杆带出”，当然也可将黏性流体“杆带回”，如果“杆带出”量与“杆带回”量相等，那么在一个杆伸出和一个杆缩回的泄漏量之和为零，即为“零”泄漏。

当只有杆伸出时，“杆带出”的泄漏量一定大于“零”。工程上对应的就是一般情况下的活塞杆伸出（缸进程）和活塞的往复运动。

如图 1-8 所示，一层薄油膜附着在活塞杆表面，当活塞杆伸出（缸进程）时，尽管唇形密封圈唇口将这层油膜尽量刮薄，但还是有这样一层薄油膜随活塞杆一起通过了密封唇口，即“杆带出”。活塞杆运动速度越快，“杆带出”造成的泄漏量越大。“杆带出”这层油膜能将唇形密封圈密封唇口推（抬）离接触紧贴的活塞杆直径表面，当活塞杆运动速度很快时，这种推力作用更强，甚至可能超过密封唇口接触应力，造成大量泄漏，这也是密封件使用条件中需要限定最高速度的原因之一。

当唇形密封圈前密封偶合件配合间隙很小时，也会在唇形密封圈唇口侧形成这种因“杆带出”产生的高压。有参考资料介绍，其形成的压力与配合单边间隙平方成反比，且称为“拖压”。此后文中还有较为详细介绍，这也是一般活塞杆唇形密封圈密封唇口前需要留有足够大的配合间隙的原因之一。

当这层薄油膜通过唇口时，由于受密封唇口挤压、摩擦、刮薄作用，液压油黏度下降，附着力也有所下降，再加上密封唇口两侧形状不尽相同，运动件往复速度、油膜压力等的不同，一般每次“杆带出”量和“杆带回”量很难相等。有参考资料把“杆带回”也称为“泵回吸”。

当液压缸活塞杆往复运动（缸进程）时，唇形密封圈唇口部分的接触应力由 3 部分组成：

1）密封件截面径向（尺寸、形状）压缩形成对密封面的接触应力。

2）密闭腔（液压缸有杆腔背压）工作介质压力作用于密封件形成的对密封面的接触应力，有参考资料称为“泵压”。

3）因运动件（活塞杆）表面带出黏性流体通过缝隙形成的“拖压”。

有参考资料给出了唇形密封圈密封唇（刃口）接触面宽度 x 下这层（最小）油膜厚度 h 的计算公式

$$h=\sqrt{\frac{8\mu u}{9|\mathrm{d}p/\mathrm{d}x|_{\max}}} \tag{1-13}$$

式中 h——活塞杆上油膜厚度；

μ——液压油动力黏度；

u——活塞杆运动速度；

$|\mathrm{d}p/\mathrm{d}x|_{\max}$——刃口接触宽度中最大接触应力梯度绝对值。

当活塞杆伸出（缸进程）时，活塞杆上的油膜厚度 h_p 为

$$h_p = \sqrt{\frac{8\mu u_p}{9|\mathrm{d}p/\mathrm{d}x|_{\max p}}} \tag{1-14}$$

当活塞杆缩回（缸回程）时，活塞杆上的油膜厚度 h_M 为

$$h_M = \sqrt{\frac{8\mu u_M}{9|\mathrm{d}p/\mathrm{d}x|_{\max M}}} \tag{1-15}$$

式（1-14）和式（1-15）中 u_p——活塞杆伸出速度；

u_M——活塞杆缩回速度；

$|\mathrm{d}p/\mathrm{d}x|_{\max p}$——活塞杆伸出时刃口接触宽度中最大接触应力梯度绝对值；

$|\mathrm{d}p/\mathrm{d}x|_{\max M}$——活塞杆缩回时刃口接触宽度中最大接触应力梯度绝对值。

由式（1-13）可以看出，为了使这层油膜更薄，可以提高接触应力梯度最大值，降低液压油黏度和活塞杆运动速度。如果通过式（1-14）和式（1-15）计算活塞杆伸出（缸进程）时的油膜厚度和活塞杆缩回（缸回程）时的油膜厚度，当活塞杆伸出时的油膜厚度 h_p 比缩回时的油膜厚度 h_M 薄时，即可密封，否则，即有泄漏，因此式（1-14）和式（1-15）可用作部分说明密封机理，或者用来估算唇形密封圈密封性能。

作者注：参考文献［21］指出："往复运动密封与纯粹旋转运动密封不同之处在于，往复运动密封的泄漏率构成一个循环的两个行程中是彼此不相同的。"

式（1-14）和式（1-15）应用于实际计算还有很多困难，主要是在活塞杆伸出和缩回时无法取得 $|\mathrm{d}p/\mathrm{d}l|_{\max}$ 值。有参考文献提出，采用逆向工程（也称反向设计）方法，即先测量出油膜厚度，然后再求解 $|\mathrm{d}p/\mathrm{d}l|_{\max}$ 值。在液压缸密封设计中，如果可以预先测量出活塞杆伸出和缩回时的油膜厚度，作者认为大概也没有必要再求解 $|\mathrm{d}p/\mathrm{d}l|_{\max}$ 值了。

另外，作者认为式（1-13）~式（1-15）值得商榷⊖。

1.3 液压缸密封相关标准摘要

参考文献［65］提出，"为了确保压力容器在设计寿命内安全可靠地运行，世界各工业国家都制定了一系列压力容器规范标准，给出了材料、设计、制造、检验、合格评估等方面的基本要求。压力容器的设计必须满足这些要求，否则就要承担相应的后果。"对液压缸及其密封而言也是如此。

1.3.1 密封材料标准摘要

各密封材料标准规定的范围及密封材料的分类见表 1-24。

在 JB/T 7757—2020《机械密封用 O 形橡胶圈》中规定的常用 O 形圈的材料及代号见表 1-25。

⊖ 作者参考了 NOK 株式会社 2010 版的液压密封系统密封件。经核对，NOK 株式会社《液压密封系统-密封件》2020 年版产品样本相关内容基本没有变化。

表 1-24　各密封材料标准规定的范围及密封材料分类

范　　围	分　　类
HG/T 2181—2009《耐酸碱橡胶密封件材料》	
HG/T 2181—2009 规定了耐酸碱橡胶密封件材料的分类和标记、要求、试验方法、检验规则及标志、包装、贮存 HG/T 2181—2009 适用于一般耐硫酸、盐酸、硝酸、氢氧化钠、氢氧化钾的橡胶密封件材料	HG/T 2181—2009 规定的橡胶材料按其耐酸碱的浓度及温度分为 A、B 两类。A 类材料分为四个硬度等级:40、50、60、70;B 类材料分为两个硬度等级:60、70
HG/T 2333—1992《真空用 O 形圈橡胶材料》	
HG/T 2333—1992 规定了用于真空系统的 O 形圈橡胶材料的分类、技术要求、试验方法、检验规则、标志、包装、运输和贮存 HG/T 2333—1992 适用于在真空系统使用的实心 O 形圈橡胶材料	按橡胶材料在真空状态下放出气体量的大小分为 A、B 两类 A 类:用于真空度低于或等于 10^{-3}Pa,使用温度范围一般为-60~250℃,如硅橡胶 B 类:用于真空度高于 10^{-3}Pa,并按其耐热、耐油性分为四种 B-1:使用温度范围一般为-50~80℃,耐油性较差,如天然橡胶 B-2:使用温度范围一般为-35~100℃,耐油性较好,如丁腈橡胶 B-3:使用温度范围一般为-20~250℃,耐油性好,如氟橡胶 B-4:使用温度范围一般为-30~140℃,耐油性较差,如丁基、乙丙橡胶
HG/T 2579—2008《普通液压系统用 O 形橡胶密封圈材料》 (GB/T 3452.5—2022《液压气动用 O 形橡胶密封圈　第 5 部分:弹性体材料规范》已经发布)	
HG/T 2579—2008 规定了普通液压系统耐石油基液压油和润滑油(脂)用 O 形橡胶密封圈材料的分类、要求、试验方法、检验规则及标识、包装、贮存 适用于普通液压系统耐石油基液压油和润滑油(脂)、工作温度范围分别为-40~100℃和-25~125℃的 O 形橡胶密封圈材料	HG/T 2579—2008 规定的 O 形橡胶密封圈材料按其工作温度范围分为Ⅰ、Ⅱ两类。每类分为四个硬度等级。Ⅰ类工作温度范围为-40~100℃,Ⅱ类工作温度范围为-25~125℃
HG/T 2810—2008《往复运动橡胶密封圈材料》	
HG/T 2810—2008 规定了普通液压系统耐石油基液压油和润滑油的往复运动橡胶密封圈材料的分类、要求、试验方法及标志、标签、包装、贮存 HG/T 2810—2008 适用于普通液压系统耐石油基液压油和润滑油中使用的往复运动橡胶密封圈材料 注:1. 该标准规定的橡胶材料不适用于 O 形圈,普通液压系统耐石油基液压油和润滑油的 O 形圈材料规定于 HG/T 2579《普通液压系统用 O 形橡胶密封圈材料》 2. 该标准仅规定了往复运动密封圈的材料要求,不涉及密封圈的尺寸和外观要求。密封圈的尺寸和公差根据实际情况从 GB/T 3672.1.1《橡胶制品的公差　第 1 部分:尺寸公差》中选取;密封圈的外观质量要求宜满足 GB/T 15325《往复运动橡胶密封圈外观质量》中的要求	HG/T 2810—2008 规定的往复运动橡胶密封圈材料分为 A、B 两类。A 类为丁腈橡胶材料,分为三个硬度级,五种胶料,工作温度范围为-30~100℃;B 类为浇注型聚氨酯橡胶材料,分为四个硬度等级,四种胶料,工作温度范围-40~80℃

（续）

范　围	分　类
HG/T 2811—1996《旋转轴唇形密封圈橡胶材料》 （GB/T 13871.6—2022《密封元件为弹性体材料的旋转轴唇形密封圈　第6部分：弹性体材料规范》）	
HG/T 2811—1996 规定了旋转轴唇形密封圈用橡胶材料的分类、要求、抽样、试验方法及标志、标签、包装和贮存 HG/T 2811—1996 适用于旋转轴唇形密封圈橡胶材料	HG/T 2811—1996 规定的旋转轴唇形密封圈用橡胶材料分为A、B、C、D四类 A类是以丁腈橡胶为基的三种材料 B类是以丙烯酸酯橡胶为基的一种材料 C类是以硅橡胶为基的一种材料 D类是以氟橡胶为基的二种材料
HG/T 3326—2007《采煤综合机械化设备橡胶密封件用胶料》	
HG/T 3326—2007 规定了采煤综合机械化设备用橡胶密封件胶料的要求、试样方法、检验规则及标志、标签、包装、贮存 HG/T 3326—2007 规定的材料适用于制造采煤综合机械化设备中液压支架及单体支柱液压系统用橡胶密封件	材料分为八种类型，分别用识别代码表示，见HG/T 3326—2007中表1。识别代码由字母和数字表示：字母ML表示采煤综合机械化设备用橡胶密封件用胶料，第一个数字表示胶料序号，第二的数字表示胶料的硬度级别，第三个数字表示材料类型（1表示丁腈橡胶材料、2表示聚氨酯材料）

表 1-25　常用 O 形圈的材料及代号

胶种	丁腈橡胶（NBR）		氢化丁腈橡胶（HNBR）		乙丙橡胶（EPDM）	硅橡胶（VMQ）	四丙氟橡胶（FEPM）	氟橡胶（FKM）		全氟醚橡胶（FFKM）
代号	N		H		E	S	A	V		K
亚胶种	中丙烯腈含量	高丙烯腈含量	中丙烯腈含量	高丙烯腈含量	三元	甲基乙烯基	—	26型	246型	—

在JB/T 7757—2020中规定的各种橡胶材料的主要特点及使用温度见表1-26。

表 1-26　各种橡胶材料的主要特点及使用温度

种类	主要特点	工作温度/℃
丁腈橡胶	耐油	-30~120
氢化丁腈橡胶	耐油、耐热、耐臭氧	-30~150
乙丙橡胶	耐放射性、耐酸碱、耐蒸汽	-50~150
硅橡胶	耐高低温	-60~220
四丙氟橡胶	耐热、耐蒸汽、耐酸碱、耐发射性	-20~210
氟橡胶	耐油、耐热、耐酸	-20~200
全氟醚橡胶	耐高温、耐酸碱、耐溶剂	0~315

注：作者提示，使用时请注意表1-26与GB/T 3452.5—2022中表C.1的不同。

1.3.2　密封件标准摘要

各密封件标准范围、规范性引用文件及标识（记）见表1-27。

表 1-27　各密封件标准范围、规范性引用文件及标识（记）

标准范围和规范性引用文件	标识(记)
GB/T 3452.1—2005《液压气动用 O 形橡胶密封圈　第 1 部分:尺寸系列及公差》	
GB/T 3452.1—2005 规定了用于液压气动的 O 形橡胶密封圈(下称 O 形圈)的内径、截面直径、公差和尺寸标识代号,适用于一般用途(G 系列)和航空及类似的应用(A 系列) 如有适当的加工方法,GB/T 3452.1—2005 规定的尺寸和公差适合于任何一种合成橡胶材料 注:通常采用的加工是根据 70 IRHD NBR 的收缩率。对于与该标准的 NBR 合成物不同收缩的材料,要保证名义尺寸和表列的公差极限,可能需要特殊的模具 注:根据作者的实践经验,还可以调整材料配方,具体可进一步参考本书所列参考文献	根据 GB/T 3452.2 和 GB/T 3452.1,符合 GB/T 3452.1 中表 2 或表 3 的 O 形圈,尺寸标识代号应以内径 d_1、截面直径 d_2、系列代号(G 或 A)和等级代号(N 或 S)标明。示例见表 1-28 标注说明(引用 GB/T 3452.1—2005)　当选择遵守 GB/T 3452.1—2005 时,建议制造商在试验报告、产品样本和销售资料中使用以下说明:“O 形圈的尺寸和公差符合 GB/T 3452.1—2005《液压气动用 O 形橡胶密封圈　第 1 部分:尺寸系列及公差》”
GB/T 3452.4—2020《液压气动用 O 形橡胶密封圈　第 4 部分:抗挤压环(挡环)》	
GB/T 3452.4—2020 规定了液压气动用 O 形橡胶密封圈的抗挤压环(挡环)的术语和定义、类型、符号、结构型式、安装位置、材料、尺寸和公差及标识 GB/T 3452.4—2020 适用于 GB/T 3452.1 中规定的 O 形圈的抗挤压环、GB/T 3452.3—2005 中规定的沟槽用活塞和活塞杆动密封 O 形圈的抗挤压环,以及径向静密封 O 形圈的抗挤压环(简称挡环)	(1)类型　GB/T 3452.4—2020 规定了以下五种类型的挡环: T1—螺旋型挡环 T2—矩形切开型挡环 T3—矩形整体型挡环 T4—凹面切开型挡环 T5—凹面整体型挡环 (2)标识　符合 GB/T 3452.4—2020 规定的抗挤压环可由用户和制造商协商标识,也可按以下规则标识: 1)名称,即“挡环”后空格 2)挡环类型见“1. 类型”,后面加连字符“-” 3)O 形圈截面直径,后面加连字符“-” 4)应用类型,即 PD 为活塞动密封,PS 为活塞静密封,RD 为活塞杆动密封,RS 为活塞杆静密封,后面加连字符“-” 5)活塞密封用挡环的外径或活塞杆密封用挡环的内径,后面加连字符“-” 6)沟槽槽底直径的公称尺寸,后面加连字符“-” 7)标准号 示例:挡环　T4-700-RD-020000-021170-GB/T 3452.4—2020,表示该挡环为凹面切开型挡环,使用截面直径为 7.00mm 的 O 形圈,用于活塞杆动密封,活塞杆密封用挡环的内径公称尺寸为 200mm,活塞杆密封沟槽的槽底直径 d_6 为 211.7mm
GB/T 10708.1—2000《往复运动橡胶密封圈结构尺寸系列　第 1 部分:单向密封橡胶密封圈》	
GB/T 10708.1—2000 规定了往复运动用单向密封橡胶密封圈及其压环和支撑环的结构型式、尺寸和公差 GB/T 10708.1—2000 适用于安装在液压缸活塞和活塞杆上起单向密封作用的橡胶密封圈 引用标准:GB/T 2879—1986《液压缸活塞和活塞杆　动密封沟槽型式、尺寸和公差》(ISO 5597:1981) 注:GB 2879—1986 已被 GB/T 2879—2005《液压缸活塞和活塞杆动密封　沟槽尺寸和公差(ISO 5597:1987, IDT)》代替	(1)符号 Y—Y 形橡胶密封圈(以下简称为 Y 形圈) L—蕾型橡胶密封圈(以下简称蕾形圈) V—V 形橡胶密封圈(以下简称 V 形圈) (2)标记 1)活塞用密封圈的标记方法以“密封圈代号、$D \times d \times L_1$(L_2、L_3)、制造厂代号”表示 示例:密封沟槽外径(D)为 80mm,密封沟槽内径(d)为 65mm,密封沟槽轴向长度(L_1)为 9.5mm 的活塞用 Y 形圈,标记为 Y80×65×9.5　×× 2)活塞杆用密封圈的标记方法以“密封圈代号、$d \times D \times L_1$(L_2、L_3)、制造厂代号”表示 示例:密封沟槽内径(d)为 70mm,密封沟槽外径(D)为 85mm,密封沟槽轴向长度(L_1)为 9.5mm 的活塞杆用 Y 形圈,标记为 Y70×85×9.5　××

（续）

标准范围和规范性引用文件	标识(记)
GB/T 10708.2—2000《往复运动橡胶密封圈结构尺寸系列 第2部分:双向密封橡胶密封圈》	
GB/T 10708.2—2000规定了往复运动用双向密封橡胶密封圈及其塑料支撑环的结构型式、尺寸和公差 GB/T 10708.2—2000适用于安装在液压缸活塞上起双向密封作用的橡胶密封圈 引用标准:GB/T 6577—1986《液压缸活塞用带支承环密封沟槽型式、尺寸和公差》(ISO 6547:1981) 注:GB/T 6577—1986已被GB/T 6577—2021《液压缸活塞用带支承环密封沟槽型式、尺寸和公差》代替	(1)符号 G—鼓形橡胶密封圈(以下简称为鼓形圈) S—山形橡胶密封圈(以下简称为山形圈) (2)标记 橡胶密封圈的标记方法以"密封圈代号、$D×d×L$、制造厂代号"表示。 示例:液压缸内径(D)为100mm,密封沟槽内径(d)为85mm,密封沟槽轴向长度(L)为20mm的鼓形圈,标记为 G100×80×20 ××
GB/T 10708.3—2000《往复运动橡胶密封圈结构尺寸系列 第3部分:橡胶防尘密封圈》	
GB/T 10708.3—2000规定了往复运动用橡胶防尘密封圈的类型、尺寸和公差 GB/T 10708.3—2000适用于安装在往复运动液压缸活塞杆导向套上起防尘和密封作用的橡胶防尘密封圈(以下简称防尘圈)。 引用标准:GB/T 6578—1986《液压缸活塞杆用防尘圈沟槽型式、尺寸和公差》 注:GB 6578—1986已被GB/T 6578—2008《液压缸活塞杆用防尘圈沟槽型式、尺寸和公差》代替	(1)符号 FA—A型防尘圈 FB—B型防尘圈 FC—C型防尘圈 (2)标记 标记方式以"防尘圈类型符号、$d×D×L_1$(L_2、L_3)、制造厂代号"表示 示例:活塞杆直径(d)为100mm,密封沟槽外径(D)为115mm,A型密封沟槽轴向长度(L_1)为9.5mm的A型防尘圈,标记为 FA 100×115×9.5 ××
GB/T 15242.1—2017《液压缸活塞和活塞杆动密封装置尺寸系列 第1部分:同轴密封件尺寸系列和公差》	
GB/T 15242.1—2017规定了液压缸活塞和活塞杆动密封装置中活塞用同轴密封件、活塞杆用同轴密封件的术语和定义、字母代号、标记、尺寸系列和公差 GB/T 15242.1—2017适用于以水基或油基为传动介质的液压缸活塞和活塞杆动密封装置用往复运动同轴密封件 注:尽管在GB/T 15242.1—2017前言中指出,"GB/T 15242《液压缸活塞和活塞杆动密封装置尺寸系列》分为四个部分:……,第3部分:同轴密封件安装沟槽尺寸系列和公差",但在其标准"2 规范性引用文件"中没有引用GB/T 15242.3,即没有明确同轴密封件安装沟槽尺寸系列和公差	(1)代号 TF—孔用方形同轴密封件 TZ—孔用组合同轴密封件 TJ—轴用阶梯形同轴密封件 (2)标记 1)孔用方形同轴密封件的标记方法 示例:液压缸缸径为100mm的轻载型孔用方形同轴密封件,密封滑环材料为填充聚四氟乙烯;弹性体材料为丁腈橡胶,邵氏硬度为70,标记为 TF1000B-PTFE/NBR70,GB/T 15242.1—2017 2)孔用组合同轴密封件的标记方法 示例:液压缸缸径为100mm的孔用组合同轴密封件,密封滑环材料为填充聚四氟乙烯,弹性体材料为丁腈橡胶,邵氏硬度为80,挡圈材料为尼龙PA,标记为 TZ1000-PTFE/NBR 80/PA,GB/T 15242.1—2017 3)轴用阶梯形同轴密封件的标记方法 示例:液压缸活塞杆直径为100mm的标准型轴用阶梯形同轴密封件,密封滑环材料为填充聚四氟乙烯,弹性体密封圈材料丁腈橡胶,邵氏硬度为70,标记为 TJ1000-PTFE/NBR70,GB/T 15242.1—2017
GB/T 15242.2—2017《液压缸活塞和活塞杆动密封装置尺寸系列 第2部分:支承环尺寸系列和公差》	
GB/T 15242.2—2017规定了液压缸活塞和活塞杆动密封装置用支承环的术语和定义、代号、系列号、标记、尺寸系列和公差 GB/T 15242.2—2017适用于以水基或油基为传动介质的液压缸密封装置中采用的聚甲醛支承环、酚醛树脂夹织物支承环和填充聚四氟乙烯(PTFE)支承环,使用温度范围分别为-30~100℃、-60~120℃、-60~150℃ 注:尽管在GB/T 15242.2—2017前言中指出,"GB/T 15242《液压缸活塞和活塞杆动密封装置尺寸系列》分为四个部分:……,第4部分:支承环安装沟槽尺寸系列和公差",但在其标准"2 规范性引用文件"中没有引用GB/T 15242.4,即没有明确支承环安装沟槽尺寸系列和公差	(1)代号 SD—活塞用支承环 GD—活塞杆用支承环 (2)标记 1)活塞用支承环的标记方法 示例:活塞直径为160mm,支承环安装沟槽宽度b为9.7mm,支承环的截面厚度δ为2.5mm,材料为填充PTFE,切开类型为A的支承环,标记为 SD097 0160-Ⅰ A GB/T 15242.2—2017 2)活塞杆用支承环的标记方法 示例:活塞杆直径为50mm,支承环安装沟槽宽度b为9.7mm,支承环的截面厚度δ为2.5mm,材料为酚醛树脂夹织物,切开类型为C,标记为 GD097 0050-Ⅱ C GB/T 15242.2—2017

（续）

标准范围和规范性引用文件	标识（记）
GB/T 36520.1—2018《液压传动　聚氨酯密封件尺寸系列　第1部分：活塞往复运动密封圈的尺寸和公差》	
GB/T 36520.1—2018规定了液压传动系统中活塞往复运动聚氨酯密封圈的术语和定义、符号、结构型式、尺寸和公差、标识 GB/T 36520.1—2018适用于液压缸中的活塞往复运动聚氨酯密封圈	（1）符号 U—活塞往复运动聚氨酯单体U形密封圈代号，简称单体U形密封圈 Y×D—活塞往复运动聚氨酯单体Y×D密封圈代号，简称单体Y×D密封圈 G—活塞往复运动聚氨酯单体鼓形圈代号，简称单体鼓形圈 SH—活塞往复运动聚氨酯单体山形圈代号，简称单体山形圈 GZ—活塞往复运动聚氨酯组合鼓形圈代号，简称组合鼓形圈 （2）标识 1）单体U形密封圈的标识。活塞单体U形密封圈应以代表活塞单体U形圈的字母"U"、名义尺寸（$D×d×L$）及GB/T 36520.1—2018进行标识 示例：U　125×105×16—GB/T 36520.1—2018 2）单体Y×D密封圈的标识。活塞单体Y×D密封圈应以代表活塞单体Y×D密封圈的字母"Y×D"、名义尺寸（$D×d×L$）及GB/T 36520.1—2018进行标识 示例：Y×D　100×88×16—GB/T 36520.1—2018 3）单体鼓形圈的标识。活塞单体鼓形圈应以代表活塞单体鼓形圈的字母"G"、名义尺寸（$D×d×L$）及GB/T 36520.1—2018进行标识 示例：G　160×135×38—GB/T 36520.1—2018 4）单体山形圈的标识。活塞单体山形圈应以代表活塞单体山形圈的字母"SH"、名义尺寸（$D×d×L$）及GB/T 36520.1—2018进行标识 示例：SH　140×125×18—GB/T 36520.1—2018 5）T形沟槽组合鼓形圈的标识。活塞T形沟槽组合鼓形圈应以代表活塞T形沟槽组合鼓形圈的字母"GZ"、名义尺寸（$D×d×L×L_0$）及GB/T 36520.1—2018进行标识 示例：GZ　50×38×17×9—GB/T 36520.1—2018 6）直沟槽组合鼓形圈的标识。活塞直沟槽组合鼓形圈应以代表活塞直沟槽组合鼓形圈的字母"GZ"、名义尺寸（$D×d×L$）及GB/T 36520.1—2018进行标识 示例：GZ　140×120×28—GB/T 36520.1—2018 注：在一项标准中以"GZ"字母既代表活塞T形沟槽组合鼓形圈，又代表活塞直沟槽组合鼓形圈，这样不合适
GB/T 36520.2—2018《液压传动　聚氨酯密封件尺寸系列　第2部分：活塞杆往复运动密封圈的尺寸和公差》	
GB/T 36520.2—2018规定了液压传动系统中活塞杆往复运动聚氨酯密封圈的术语和定义、符号、结构型式、尺寸和公差、标识 GB/T 36520.2—2018适用于液压缸中的活塞杆往复运动聚氨酯密封圈	（1）符号 NL—活塞杆往复运动聚氨酯单体蕾形密封圈，简称单体蕾形圈 Y×d—活塞杆往复运动聚氨酯单体Y×d密封圈，简称单体Y×d密封圈 U—活塞杆往复运动聚氨酯单体U形密封圈，简称单体U形密封圈 NZ—活塞杆往复运动聚氨酯组合蕾形密封圈，简称组合蕾形圈 （2）标识 1）单体蕾形圈的标识。活塞杆单体蕾形圈应以代表单体蕾形圈的字母"NL"、公称尺寸（$d×D×L$）及GB/T 36520.2—2018进行标识

（续）

标准范围和规范性引用文件	标识(记)
GB/T 36520.2—2018《液压传动 聚氨酯密封件尺寸系列 第2部分:活塞杆往复运动密封圈的尺寸和公差》	
GB/T 36520.2—2018规定了液压传动系统中活塞杆往复运动聚氨酯密封圈的术语和定义、符号、结构型式、尺寸和公差、标识 GB/T 36520.2—2018适用于液压缸中的活塞杆往复运动聚氨酯密封圈	示例:NL 150×166×17—GB/T 36520.2—2018 2)单体Y×d密封圈的标识。活塞杆单体Y×d密封圈应以代表单体Y×d密封圈的字母“Y×d”、公称尺寸($d×D×L$)及GB/T 36520.2—2018进行标识 示例:Y×d 120×136×15—GB/T 36520.2—2018 3)单体U密封圈的标识。活塞杆单体U密封圈应以代表单体U密封圈的字母“U”、公差尺寸($d×D×L$)及GB/T 36520.2—2018进行标识 示例:U 100×115×10—GB/T 36520.2—2018 4)组合蕾形圈的标识:活塞杆组合蕾形圈应以代表组合蕾形圈的字母“NZ”、公称尺寸($d×D×L$)及GB/T 36520.2—2018进行标识 示例:NZ 150×166×17—GB/T 36520.2—2018
GB/T 36520.3—2019《液压传动 聚氨酯密封件尺寸系列 第3部分:防尘圈的尺寸和公差》	
GB/T 36520.3—2019规定了液压传动系统中聚氨酯防尘圈的符号、结构型式、尺寸和公差、标识 GB/T 36520.3—2019适用于安装在液压缸导向套上起防尘作用的聚氨酯密封圈(简称防尘圈)	(1)符号 F—聚氨酯防尘圈代号 (2)标识 防尘圈应以代表防尘圈的字母“F”、名义尺寸($d×D×D_0×L/L_1$)及GB/T 36520.3—2019进行标识 示例:F 105×120×112×7.2/12—GB/T 36520.3—2019
GB/T 36520.4—2019《液压传动 聚氨酯密封件尺寸系列 第4部分:缸口密封圈的尺寸和公差》	
GB/T 36520.4—2019规定了液压传动系统中聚氨酯缸口密封圈的符号、结构型式、尺寸和公差、标识 GB/T 36520.4—2019适用于安装在液压缸导向套上起静密封作用的聚氨酯密封圈(简称缸口密封圈)	(1)符号 WL—缸口聚氨酯蕾形密封圈代号(简称缸口蕾形圈) Y—缸口Y形聚氨酯密封圈代号(简称缸口Y形圈) (2)标识 1)缸口Y形圈的标识。缸口Y形圈应以代表缸口Y形圈的字母“Y”、名义尺寸($D×d×L$)及GB/T 36520.4—2019进行标识 示例:Y 160×150×9.6—GB/T 36520.4—2019 2)缸口蕾形圈的标识。缸口蕾形圈应以代表缸口蕾形圈的字母“WL”、名义尺寸($D×d×L$)及GB/T 36520.4—2019进行标识 示例:LW 160×150×9.6—GB/T 36520.4—2019
JB/T 982—1977《组合密封垫圈》(已作废,仅供参考)	
JB/T 982—1977仅规定了焊接、卡套、扩口管接头及螺塞密封用组合垫圈,公称压力400为kgf/cm^2,工作温度为-25~80℃	标记示例:公称直径为27mm的组合密封圈,标记为 垫圈 27 JB/T 982—1977
JB/ZQ 4264—2006《孔用Yx密封圈》	
JB/ZQ 4264—2006适用于以空气、矿物油为介质的各种机械设备中,在温度为-40~80℃、工作压力$p≤31.5$ MPa条件下起密封作用的孔用Yx形密封圈	标记示例:公称外径$D=50$mm的孔用Yx密封圈,标记为 密封圈 Yx D50 JB/ZQ 4264—2006
JB/ZQ 4265—2006《轴用Yx密封圈》	
JB/ZQ 4265—2006适用于以空气、矿物油为介质的各种机械设备中,在温度为-40~80℃、工作压力$p≤31.5$ MPa条件下起密封作用的轴用Yx形密封圈	标记示例:公称内径$d=50$mm的轴用Yx密封圈,标记为 密封圈 Yx d50 JB/ZQ 4265—2006
JB/T 7757—2020《机械密封用O形橡胶圈》	
JB/T 7757—2020规定了机械密封用O形橡胶圈的尺寸系列及极限偏差、技术要求、试验方法、检验规定及标志、包装、运输和贮存 JB/T 7757—2020适用于机械密封用O形橡胶圈(以下简称O形圈)	尺寸标记:参照GB/T 3452.1,用“O形圈 $d_1×d_2$ JB/T 7757”标记 示例:内圆直径d_1为18.0mm,截面直径d_2为2.65mm的O形圈,标记为 O形圈 18×2.65 JB/T 7757

（续）

标准范围和规范性引用文件	标识(记)
JB/T 10706—2007(2022)《机械密封用氟塑料包覆橡胶O形圈》	
JB/T 10706—2007规定了机械密封用聚全氟乙丙烯(FEP)/四氟乙烯与全氟烷基乙烯基醚的共聚物(PFA)氟塑料系列全包覆橡胶O形圈的尺寸系列及公差、技术要求、试验方法、检验规则、标志、包装、运输及贮存和安装注意事项要求 JB/T 10706—2007适用于在以氟、硅橡胶内芯上全包覆FEP/PFA氟塑料，并以特殊工艺复合而成的特殊橡胶O形圈，可应用在普通橡胶O形圈无法适应的某些化学介质环境中，弹性由橡胶内芯提供，而抗化学介质特性由无缝的FEP/PFA套管提供。它既有橡胶O形圈所具有的低压缩永久变形性能，又具有氟塑料特有的耐热、耐寒、耐油、耐磨、耐天候老化、耐化学介质腐蚀等特性，可代替部分传统的橡胶O形圈，广泛应用于度-60~200℃温度范围内，除卤化物、熔融碱金属、氟碳化合物各种介质的密封场合	尺寸标记：参照GB/T 3452.1第二种方法，用“包氟O形圈　$d_1 \times d_2$　JB/T 10706”表示 示例：氟塑料全包覆橡胶O形圈内径d_1为18.00mm，截面直径d_2为2.65mm，标记为 包氟O形圈　18×2.65　JB/T 10706
MT/T 985—2006《煤矿用立柱和千斤顶聚氨酯密封圈技术条件》	
MT/T 985—2006规定了煤矿用立柱和千斤顶聚氨酯密封圈的术语和定义、密封沟槽尺寸、要求、试验方法、检验规则、标志、包装、运输和贮存 MT/T 985—2006适用于工作介质为高含水液压油(含乳化液)的煤矿用立柱和千斤顶聚氨酯密封圈	—
MT/T 1164—2011《液压支架立柱、千斤顶密封件　第1部分：分类》	
MT/T 1164—2011规定了煤矿用液压支架立柱、千斤顶使用的密封件的术语和定义、分类、构成和结构型式及型号编制 MT/T 1164—2011适用于煤矿液压支架立柱、千斤顶使用的密封件	密封件分为以下类型 1)密封件按相对运动方式分为静密封件和动密封件 2)密封件按使用部位分为活塞密封件和活塞杆(缸口)密封件 3)密封件按其结构型式分为单体密封件结构和复合密封件结构 具体代号和名称见表1-29

在GB/T 3452.1—2005《液压气动用O形橡胶密封圈　第1部分：尺寸系列及公差》中规定的O形圈尺寸标识代号示例见表1-28。

表1-28　O形圈尺寸标识代号示例

内径d_1/mm	截面直径d_2/mm	系列代号(G或A)	等级代号(N或S)	O形圈尺寸标识代号
7.5	1.8	G	S	O形圈7.5×1.8-G-S-GB/T 3452.1—2005
32.5	2.65	A	N	O形圈32.5×2.65-A-N-GB/T 3452.1—2005
167.5	3.55	A	S	O形圈167.5×3.55-A-S-GB/T 3452.1—2005
268	5.3	G	N	O形圈268×5.3-G-N-GB/T 3452.1—2005
515	7	G	N	O形圈515×7-G-N-GB/T 3452.1—2005

注：1. 一般用途的O形圈为A系列，航空航天和类似应用的O形圈为G系列。
2. 外观质量等级N级为一般用途，S级为特殊用途，CS级为关键用途。

在MT/T 1164—2011《液压支架立柱、千斤顶密封件　第1部分：分类》中规定的立柱、千斤顶密封件类型代号由能反映密封件形态特征的1~3个大写汉语拼音字母组合表示或1个大写英文字母表示，具体代号和名称见表1-29。

表 1-29　立柱、千斤顶密封件类型代号和名称

类别	类型	名称密封圈	代号	说明
密封圈	鼓形	鼓形密封圈	G	与 GB/T 10708.2—2000 的标记代号一致
	山形	山形密封圈	S	
	O 形	O 形密封圈	O	与 GB/T 3452.1 的标记代号一致
	Y 形	Y 形密封圈	Y	与 GB/T 10708.1—2000 的标记代号一致
	蕾形(活塞杆动密封)	内蕾形密封圈	LN	“L”与 GB/T 10708.1—2000 的标记代号一致,用 N 和 W 区分动密封面的不同
	蕾形(缸口静密封)	外蕾形密封圈	LW	
	用于活塞杆剖分式	内剖分式密封圈	PN	带楔形挡圈,密封圈一般不切口
	用于活塞剖分式	外剖分式密封圈	PW	带楔形挡圈,国内没有相应的标准对应
	用于活塞杆复合型	内复合密封圈	FHN	挡圈随密封圈一起表示,挡圈不再另行表示
	用于活塞复合型	外复合密封圈	FHW	
	用于中缸活塞复合型	中缸复合密封圈	FHZ	
	带 L 形挡圈的复合型	复合密封圈	FHL	
	其他型	—	—	—
挡圈	环形(内)	环形挡圈	DHN	LDN(内蕾挡圈)
	环形(外)	环形挡圈	DHW	LDW(外蕾挡圈)
	L 形(外)	L 形挡圈	DLW	LW(鼓形圈配)SHJ-(山形圈)
	楔形(内)	楔形挡圈	DXN	—
	楔形(外)	楔形挡圈	DXW	—
防尘圈	不带密封的 JF 形	防尘圈	JF	—
	带辅助密封	防尘圈	JFC	—
导向环	用于活塞杆导向环	内导向环	NDH	—
	用于活塞导向环	外导向环	WDH	—

注：O 形密封圈的挡圈一般用标准号表示，无法表示时用环形挡圈表示。

1.3.3　沟槽标准摘要

密封（件）沟槽、沟槽标准规定的范围和标注说明（方法）见表 1-30。

表 1-30　密封（件）沟槽、沟槽标准规定的范围和标注说明（方法）

范　　围	标 注 说 明
GB/T 2879—2005《液压缸活塞和活塞杆动密封　沟槽尺寸和公差》	
GB/T 2879—2005 规定了往复运动用液压缸的活塞和活塞杆密封沟槽系列的公称尺寸及其公差的优先选择范围,适用于下列尺寸的液压缸:液压缸内径 16~500mm;活塞杆直径 6~360mm 为满足 ISO 6020-2 规定的的降低缸筒要求的 16MPa 小型系列液压缸的密封需要,GB/T 2879—2005 规定了另外一个密封沟槽系列。这些较小截面的密封件要求更严格的活塞杆(直径)和液压缸内径的公差。适用于下列尺寸的液压缸:液压缸内径 25~200mm;活塞杆直径 12~140mm GB/T 2879—2005 仅作为按照该标准生产的产品的尺寸标准,而不适用于作为产品的性能特性	标注说明(引用 GB/T 2879—2005 时):当选择遵守该标准时,建议在试验报告、产品目录和销售文件中采用以下说明:“液压缸活塞杆和活塞的密封沟槽尺寸及公差符合 GB/T 2879—2005/ISO 5597:1987《液压缸活塞和活塞杆动密封　沟槽尺寸和公差》”

（续）

范　围	标注说明
GB/T 2880—1981《液压缸活塞和活塞杆窄断面动密封沟槽尺寸系列和公差》	
GB/T 2880—1981 规定的动密封沟槽尺寸和公差适用于安装工作压力小于或等于 20MPa 液压缸活塞和活塞杆窄断面 Y 形或其他形式密封圈	1)活塞用动密封的标注方法为 $D×d×L$-Z(K)-NBR(AU、FPM) 其中　D—液压缸公称内径 d—活塞沟槽公称底径 L—沟槽长度 Z—窄断面 Y 形圈 K—宽断面 Y 形圈 NBR—丁腈橡胶 AU—聚氨酯橡胶 FPM—氟橡胶 2)活塞杆用动密封的标注方法为 $d×D×L$-Z(K)-NBR(AU、FPM) 其中　d—活塞杆公称外径 D—沟槽公称底径 其他与上同
GB/T 3452.3—2005《液压气动用 O 形橡胶密封圈　沟槽尺寸》	
GB/T 3452.3—2005 规定了液压气动一般应用的 O 形橡胶密封圈(以下简称 O 形圈)的沟槽尺寸和公差 GB/T 3452.3—2005 适用于 GB/T 3452.1—2005《液压气动用 O 形橡胶密封圈　尺寸系列及公差》规定的 O 形圈。工作压力超过 10MPa 时，需采用带挡圈的结构型式 注:特殊应用的 O 形圈沟槽尺寸应由 O 形圈制造商和使用者协商确定	—
GB/T 6577—2021《液压缸活塞用带支承环密封沟槽型式、尺寸和公差》	
GB/T 6577—2021 规定了液压缸活塞用带支承环组合密封沟槽的符号、型式、尺寸和公差 GB/T 6577—2021 适用于安装在缸径为 20~500mm 的往复运动液压缸活塞上起双向密封作用的带支承环组合密封(简称组合密封)	—
GB/T 6578—2008《液压缸活塞杆用防尘圈沟槽型式、尺寸和公差》	
GB/T 6578—2008 规定了往复运动液压缸活塞杆防尘圈的安装沟槽型式、尺寸和公差,活塞杆直径范围为 4~360mm GB/T 6578—2008 规定的防尘圈安装沟槽分为以下四种型式 A 型:整体式或带有可分离压盖沟槽,用于安装不带刚性骨架的单唇弹性防尘圈(对于无整体刚性骨架的单唇防尘圈,这类沟槽是首选) B 型:开式沟槽,用于安装带有刚性骨架的防尘圈(防尘圈与沟槽压入配合) C 型:整体式或带有可分离压盖沟槽,用于安装弹性材料的防尘圈(对于无整体刚性骨架的双唇防尘圈,这类沟槽是首选) D 型:整体式或带有可分离压盖沟槽,用于安装弹性体和密封组合的防尘圈 GB/T 6578—2008 规定的防尘圈安装沟槽型式适用于普通型和 16MPa 紧凑型往复运动液压缸 规范性引用文件:GB/T 2879—2005《液压缸活塞和活塞杆动密封　沟槽尺寸和公差》(ISO 5597:1987)	标注说明(引用 GB/T 6578—2008 时):当选择遵守该标准时,建议在试验报告、产品目录和销售文件中采用以下说明:“液压缸活塞杆用防尘圈沟槽型式、尺寸和公差符合 GB/T 6578—2008《液压缸活塞杆用防尘圈沟槽型式、尺寸和公差》”
GB/T 15242.3—2021《液压缸活塞和活塞杆动密封装置尺寸系列　第 3 部分:同轴密封件沟槽尺寸系列和公差》	
GB/T 15242.3—2021 规定了液压缸活塞和活塞杆用同轴密封件安装沟槽的符号、型式、尺寸系列和公差、安装导入角的轴向长度、间隙 GB/T 15242.3—2021 适用于安装在往复运动液压缸活塞和活塞杆中起密封作用的孔用方形同轴密封件、孔用组合同轴密封件、轴用阶梯形同轴密封件 规范性引用文件:GB/T 15242.1《液压缸活塞和活塞杆动密封装置尺寸系列　第 1 部分:同轴密封件尺寸系列和公差》	—

（续）

范　　围	标注说明
GB/T 15242.4—2021《液压缸活塞和活塞杆动密封装置尺寸系列　第4部分：支承环安装沟槽尺寸系列和公差》	
GB/T 15242.4—2021规定了液压缸活塞和活塞杆动密封装置用支承环安装沟槽的符号、系列号、型式、尺寸系列和公差、间隙 GB/T 15242.4—2021适用于往复运动液压缸活塞和活塞杆用支承环安装沟槽 规范性引用文件：GB/T 15242.2《液压缸活塞和活塞杆动密封装置尺寸系列　第2部分：支承环尺寸系列和公差》	—
MT/T 576—1996《液压支架立柱、千斤顶活塞和活塞杆用带支承环的密封沟槽型式、尺寸和公差》	
MT/T 576—1996规定了液压支架立柱、千斤顶活塞和活塞杆用带支承环的密封沟槽(简称活塞和活塞杆密封沟槽)型式、尺寸和公差 MT/T 576—1996适用于工作压力小于或等于70MPa的液压支架立柱、千斤顶活塞和活塞杆用鼓形、蕾形或其他型式的密封圈用沟槽 规范性引用文件：MT/T 94—1996《液压支柱、千斤顶内径及活塞杆直径系列》	—
MT/T 1165—2011《液压支架立柱、千斤顶密封件　第2部分：沟槽型式、尺寸和公差》	
MT/T 1165—2011规定了煤矿用液压支架立柱、千斤顶使用的密封件的沟槽型式、尺寸和公差 MT/T 1165—2011适用于煤矿用液压支架立柱、千斤顶的密封件沟槽 规范性引用文件：GB/T 3452.3《液压气动用O形橡胶密封圈　沟槽尺寸》和MT/T 985《矿用立柱和千斤顶聚氨酯密封圈技术条件》	—

1.3.4 液压（油）缸产品及试验标准摘要

产品标准是规定产品需要满足的要求以保证其适用性的标准。试验方法标准或试验标准是在合适指定目的的精密度范围内和给定环境下，全面描述试验活动以及得出结论的方式的标准。

在下列标准摘录中，对规范性引用文件中未注明日期的引用文件添注了现行标准日期，对已被代替的标准引用了新标准，还对其中一些错误进行了必要的勘误。

在依据下列标准进行质量评定和事故仲裁时，还是按原标准规定，即“注日期的引用文件，仅该日期对应的版本适应于本文件；不注日期的引用文件，其最新版本（包括所有的修改单）适用于本文件。”

液压（油）缸产品及试验标准规定的范围和规范性引用文件摘录见表1-31。

表1-31　液压（油）缸产品及试验标准规定的范围和规范性引用文件摘录

范　　围	规范性引用文件
GB/T 13342—2007《船用往复式液压缸通用技术条件》	
GB/T 13342—2007规定了船用往复式液压缸（以下简称液压缸）的要求、试验方法、检验规则、标志和包装等 GB/T 13342—2007适用于以矿物基液压油为介质的液压缸的设计、制造、试验和验收	GB/T 699—1999(2015)《优质碳素结构钢》* GB/T 786.1—1993《液压气动图形符号》（已被GB/T 786.1—2021《流体传动系统及元件　图形符号和回路图　第1部分：图形符号》代替） GB/T 2879—2005《液压缸活塞和活塞杆动密封　沟槽尺寸和公差》 GB/T 2880—1981《液压缸活塞和活塞杆窄断面动密封沟槽尺寸系列和公差》 GB/T 3098.1—2000(2010)《紧固件机械性能　螺栓、螺钉和螺柱》* GB/T 3323—2005《金属融化焊焊接接头射线照相》（已被GB/T 3323.1—2019《焊缝无损检测射线检测　第1部分：X和伽玛射线的胶片技术》代替） GB/T 3452.1—2005《液压气动用O形橡胶密封圈　第1部分：尺寸系列及公差》

（续）

范　围	规范性引用文件
GB/T 13342—2007《船用往复式液压缸通用技术条件》	
GB/T 13342—2007 规定了船用往复式液压缸（以下简称液压缸）的要求、试验方法、检验规则、标志和包装等 GB/T 13342—2007 适用于以矿物基液压油为介质的液压缸的设计、制造、试验和验收	GB/T 3452.2—2007《液压气动用 O 形橡胶密封圈　第 2 部分：外观质量检验规范》 GB/T 3452.3—2005《液压气动用 O 形橡胶密封圈　沟槽尺寸》 GB/T 5777—1996《无缝钢管超声波探伤检验方法》[已被 GB/T 5777—2019《无缝和焊接（埋弧焊除外）钢管纵向和/或横向缺欠的全圆周自动超声检测》代替] GB/T 6402—1991（2008）《钢锻件超声波检验方法》* GB/T 6577—1986（2021）《液压缸活塞用带支承环密封沟槽型式、尺寸和公差》* GB/T 6578—1986（2008）《液压缸活塞杆用防尘圈沟槽型式、尺寸和公差》* GB/T 7935—2005《液压元件　通用技术条件》 GB/T 8162—1999（2018）《结构用无缝钢管》* GB/T 8163—1999（2018）《输送流体用无缝钢管》* GB/T 14039—2002《液压传动　油液　固体颗粒污染等级代号》 GB/T 17446—1998（2012）《流体传动系统及元件　词汇》*（新版标准准备报批中） CB/T 3004—2005《船用往复液压缸基本参数》 CB/T 3317—2001《船用柱塞式液压缸基本参数与安装连接尺寸》 CB/T 3318—2001《船用双作用液压缸基本参数与安装连接尺寸》 JB/T 4730.3—2005《承压设备无损检测　第 3 部分：超声检测》（已被 NB/T 47013.3—2015《承压设备无损检测　第 3 部分：超声检测》代替） JB/T 7858—2006《液压元件清洁度评定方法及液压元件清洁度指标》
GB/T 15622—2005《液压缸试验方法》	
GB/T 15622—2005 规定了液压缸试验方法 GB/T 15622—2005 适用于液压油（液）为工作介质的液压缸（包括双作用液压缸和单作用液压缸）的型式试验和出厂试验 GB/T 15622—2005 不适用于组合式液压缸 注："组合式液压缸"在现行各标准中没有定义	GB/T 14039—2002《液压传动　油液　固体颗粒污染等级代号》 GB/T 17446—1998（2012）《流体传动系统及元件　词汇》*（新版标准准备报批中）
GB/T 24946—2010《船用数字液压缸》	
GB/T 24946—2010 规定了船用数字液压缸（以下简称数字缸）的产品分类、要求、试验方法、检验规则和标志、运输和贮存等 GB/T 24946—2010 适用于数字（液压）缸的设计、生产和验收	GB/T 699—1999（2015）《优质碳素结构钢》* GB/T 2879—2005《液压缸活塞和活塞杆动密封　沟槽尺寸和公差》 GB/T 2880—1981《液压缸活塞和活塞杆窄断面动密封沟槽尺寸系列和公差》 GB/T 3098.1—2000（2010）《紧固件机械性能　螺栓、螺钉和螺柱》* GB/T 3452.1—2005《液压气动用 O 形橡胶密封圈　第 1 部分：尺寸系列及公差》 GB/T 3452.2—2007《液压气动用 O 形橡胶密封圈　第 2 部分：外观质量检验规范》 GB/T 3452.3—2005《液压气动用 O 形橡胶密封圈　沟槽尺寸》 GB/T 3783—2008《船用低压电器基本要求》 GB/T 5777—2008《无缝钢管超声波探伤检验方法》[已被 GB/T 5777—2019《无缝和焊接（埋弧焊除外）钢管纵向和/或横向缺欠的全圆周自动超声检测》代替] GB 6577—1986（2021）《液压缸活塞用带支承环密封沟槽型式、尺寸和公差》* GB/T 6578—2008《液压缸活塞杆用防尘圈沟槽型式、尺寸和公差》 GB/T 7935—2005《液压元件　通用技术条件》 GB/T 8163—2008（2018）《输送流体用无缝钢管》*

（续）

范　　围	规范性引用文件
GB/T 24946—2010《船用数字液压缸》	
GB/T 24946—2010 规定了船用数字液压缸（以下简称数字缸）的产品分类、要求、试验方法、检验规则和标志、运输和贮存等 GB/T 24946—2010 适用于数字（液压）缸的设计、生产和验收	GB/T 14039—2002《液压传动　油液　固体颗粒污染等级代号》 CB 1146.8—1996《舰船设备环境试验与工程导则　倾斜与摇摆》 CB 1146.9—1996《舰船设备环境试验与工程导则　振动（正弦）》 CB 1146.12—1996《舰船设备环境试验与工程导则　盐雾》 CB/T 3004—2005《船用往复液压缸基本参数》 JB/T 4730.3—2005《承压设备无损检测　第3部分：超声检测》（已被 NB/T 47013.3—2015《承压设备无损检测　第3部分：超声检测代替》） JB/T 7858—2006《液压元件清洁度评定方法及液压元件清洁度指标》
GB 25974.2—2010《煤矿用液压支架　第2部分：立柱和千斤顶技术条件》	
GB 25974.2—2010 规定了煤矿用液压支架立柱和千斤顶的术语和定义、要求、试验方法、检验规则、标志、包装、运输和贮存 GB 25974.2—2010 适用于煤矿用液压支架支柱和千斤顶	GB/T 197—2003（2018）《普通螺纹　公差》* GB/T 228—2002《金属材料　室温拉伸试验方法》（已被 GB/T 228.1—2010《金属材料　拉伸试验　第1部分：室温试验方法》代替） GB/T 229—2007（2020）《金属材料　夏比摆锤冲击试验方法》* GB/T 1184—1996《形状和位置公差　未注公差值》 GB/T 1804—2000《一般公差　未注公差的线性和角度尺寸的公差》 GB/T 2649—1989《焊接接头机械性能试验取样方法》（已废止） GB/T 2650—2008《焊接接头冲击试验方法》 GB/T 2651—2008《焊接接头拉伸试验方法》 GB/T 2652—2008《焊缝及熔敷金属拉伸试验方法》 GB/T 2653—2008《焊接接头弯曲试验方法》 GB/T 2828.1—2003（2012）《计数抽样检验程序　第1部分：按接收质量限（AQL）检索的逐批检验抽样计划》* GB/T 2829—2002《周期检验计数抽样程序及表（适用于对过程稳定性的检验）》 GB/T 3452.1—2005《液压气动用O形橡胶密封圈　第1部分：尺寸系列及公差》 GB/T 3452.3—2005《液压气动用O形橡胶密封圈　沟槽尺寸》 GB/T 3836.1—2000《爆炸性气体环境用电气设备　第1部分：通用要求》（被 GB 3836.1—2010《爆炸性环境　第1部分：设备　通用要求》代替） GB/T 6394—2002《金属平均晶粒度测定法》（已被 GB/T 6394—2017《金属平均晶粒度测定方法》代替） GB/T 11352—2009《一般工程用铸造碳钢件》 GB/T 12361—2003（2016）《钢质模锻件　通用技术要求》* GB/T 12467.1～5—2009《金属材料熔焊质量要求》 GB/T 13306—1991（2011）《标牌》* JB/T 3338—1983（2013）《液压件圆柱螺旋压缩弹簧　技术条件》 MT 76—2002《液压支架（柱）用乳化油、浓缩物及其高含水液压液》（已被 MT 76—2011《液压支架用乳化油、浓缩油及其高含水液压液》代替）
CB 1374—2004《舰船用往复式液压缸规范》	
CB 1374—2004 规定了舰船用往复式液压缸（以下简称液压缸）的要求、质量保证规定和交货准备 CB 1374—2004 适用于液压缸的设计、制造、试验和验收	GB/T 699—1999（2015）《优质碳素结构钢》* GB/T 3098.1—2000（2010）《紧固件机械性能　螺栓、螺钉和螺柱》* GB/T 3323—1987《钢熔化焊对接接头射线照相和质量分级》（已被 GB/T 3323.1—2019《焊缝无损检测　射线检测　第1部分：X和伽玛射线的胶片技术》） GB/T 3452.1—1992《液压气动用O形橡胶密封圈　尺寸系列及公差》（已被 GB/T 3452.1—2005《液压气动用O形橡胶密封圈　第1部分：尺寸系列及公差》代替） GB/T 3452.2—1987《O形橡胶密封圈外观质量检验标准》（已被 GB/T 3452.2—2007《液压气动用O形橡胶密封圈　第2部分：外观质量检验规范》代替） GB/T 3452.3—1988《液压气动用O形橡胶密封圈　沟槽尺寸和设计计算》（已被 GB/T 3452.3—2005《液压气动用O形橡胶密封圈　沟槽尺寸》代替）

（续）

<table>
<tr><th>范　围</th><th>规范性引用文件</th></tr>
<tr><td colspan="2">CB 1374—2004《舰船用往复式液压缸规范》</td></tr>
<tr><td>CB 1374—2004 规定了舰船用往复式液压缸（以下简称液压缸）的要求、质量保证规定和交货准备
CB 1374—2004 适用于液压缸的设计、制造、试验和验收</td><td>GB/T 5777—1996《无缝钢管超声波探伤方法》[已被 GB/T 5777—2019《无缝和焊接（埋弧焊除外）钢管纵向和/或横向缺欠的全圆周自动超声检测》代替]
GB/T 6402—1991《钢锻材超声波检验方法》（已被 GB/T 6402—2008《钢锻件超声检测方法》代替）
GB/T 8163—1999（2018）《输送流体用无缝钢管》*
GB/T 14039—2002《液压传动　油液　固体颗粒污染等级代号》
GJB 150.16—1986《军用设备环境试验方法　振动试验》（已被 GJB 150.16A—2009《军用装备实验室环境试验方法　第 16 部分：振动试验》代替）
GJB 150.18—1986《军用设备环境试验方法　冲击试验》（已被 GJB 150.18A—2009《军用装备实验室环境试验方法　第 18 部分：冲击试验》代替）
GJB 150.23—1986《军用设备环境试验方法　倾斜和摇摆试验》（已被 GJB 150.23A—2009《军用装备实验室环境试验方法　第 23 部分：倾斜和摇摆试验》代替）
GJB 1085—1991《舰用液压油》
GJB 4000—2000《舰船通用规范》
CB/T 3317—2001《船用柱塞式液压缸基本参数与安装连接尺寸》
CB/T 3318—2001《船用双作用液压缸基本参数与安装连接尺寸》
CB/T 3812—1998（2013）《船用舱口盖液压缸》*
HJB 37A—2000《舰船色彩标准》*
JB/T 4730—1994《压力容器无损检测》（已被 NB/T 47013.3—2015《承压设备无损检测　第 3 部分：超声检测》代替）</td></tr>
<tr><td colspan="2">CB/T 3004—2005《船用往复式液压缸基本参数》</td></tr>
<tr><td>CB/T 3004—2005 规定了船用往复式液压缸（以下简称液压缸）的公称压力、液压缸内径、柱塞直径、活塞杆直径、面积比、行程和油口公称通径等基本参数
CB/T 3004—2005 适用于液压缸的设计与制造</td><td>GB/T 2348—1993《液压气动系统及元件　缸内径及活塞杆直径》（已被 GB/T 2348—2018《流体传动系统及元件　缸径及活塞杆直径》代替）
GB/T 7938—1987《液压缸及气缸公称压力系列》（已作废）（现行标准 GB/T 2346—2003《流体传动系统及元件　公称压力系列》）
GB/T 17446—1998（2012）《流体传动系统及元件　词汇》*（新版标准准备报批中）</td></tr>
<tr><td colspan="2">CB/T 3812—2013《船用舱口盖液压缸》</td></tr>
<tr><td>CB/T 3812—2013 规定了船用舱口盖液压缸的分类、技术要求、试验方法及检验规则，标志和包装等
CB/T 3812—2013 适用于双作用单活塞杆船用舱口盖液压缸的设计、生产和验收。其他船用液压缸也可参照执行</td><td>GB/T 699—1999（2015）优质碳素结构钢*
GB/T 2346—2003《流体传动系统及元件　公称压力系列》
GB/T 2348—1993《液压气动系统及元件　缸内径及活塞杆直径》（已被 GB/T 2348—2018《流体传动系统及元件　缸径及活塞杆直径》代替）
GB/T 2350—1980《液压气动系统及元件　活塞杆螺纹型式和尺寸系列》（已被 GB/T 2350—2020《流体传动系统及元件　活塞杆螺纹型式和尺寸系列》代替）
GB/T 5312—2009《船舶用碳钢和碳锰钢无缝钢管》
GB/T 5777—2008《无缝钢管超声波探伤检验方法》[已被 GB/T 5777—2019《无缝和焊接（埋弧焊除外）钢管纵向和/或横向缺欠的全圆周自动超声检测》代替]
GB/T 9163—2001《关节轴承　向心关节轴承》
GB/T 13342—2007《船用往复式液压缸通用技术条件》
CB/T 772—1998　碳钢和碳锰钢铸件技术条件（已被 CB/T 4299—2013《船用碳钢和碳锰钢铸件》代替）
CB/T 773—1998《结构钢锻件技术条件》（已被 CB/T 4494—2019《船用锻钢件》代替）
JB/T 4730.3—2005《承压设备无损检测　第 3 部分：超声检测》（已被 NB/T 47013.3—2015《承压设备无损检测　第 3 部分：超声检测》代替）</td></tr>
</table>

（续）

范　　围	规范性引用文件
JB/T 2162—2007《冶金设备用液压缸（$PN \leq 16MPa$）》	
JB/T 2162—2007 规定了公称压力 $PN \leq 16MPa$ 的冶金设备用液压缸的基本参数、型式与尺寸和技术条件 JB/T 2162—2007 适用于公称压力 $PN \leq 16MPa$、环境温度为 -20～80℃ 的冶金设备用液压缸	JB/T 6134—2006《冶金设备用液压缸（$PN \leq 25MPa$）》
JB/T 6134—2006《冶金设备用液压缸（$PN \leq 25MPa$）》	
JB/T 6134—2006 规定了公称压力 $PN \leq 25MPa$ 的冶金设备用液压缸的基本参数、型式与尺寸和技术要求、试验方法、检验规则、标志、包装、运输及贮存 JB/T 6134—2006 适用于公称压力 $PN \leq 25MPa$、环境温度为 -20～80℃ 的冶金设备用液压缸	GB/T 1184—1996《形状和位置公差　未注公差值》 GB/T 1801—1999《极限与配合　公差带和配合的选择》［已被 GB/T 1800.1—2020《产品几何技术规范（GPS）　线性尺寸公差 ISO 代号体系　第 1 部分：公差、偏差和配合的基础》代替］ GB/T 2348—1993《液压气动系统及元件　缸内径及活塞杆直径》（已被 GB/T 2348—2018《流体传动系统及元件　缸径及活塞杆直径》代替） GB/T 2349—1980《液压气动系统及元件　缸活塞行程系列》 GB/T 2350—1980《液压气动系统及元件　活塞杆螺纹型式和尺寸系列》（已被 GB/T 2350—2020《流体传动系统及元件　活塞杆螺纹型式和尺寸系列》代替） GB/T 2878—1993《液压元件螺纹连接　油口型式和尺寸》（已被 GB/T 2878.1—2011《液压传动连接　带米制螺纹和 O 形圈密封的油口和螺柱端　第 1 部分：油口》代替） GB/T 3452.1—2005《液压气动用 O 形橡胶密封圈　第 1 部分：尺寸系列及公差》 GB/T 4879—1999（2016）《防锈包装》* GB/T 13306—1991（2011）《标牌》* JB/T 5000（所有部分）—1998（2007）《重型机械通用技术条件》* JB/T 7858—1995（2006）《液压元件清洁度评定方法及液压元件清洁度指标》*
JB/T 9834—2014《农用双作用油缸　技术条件》	
JB/T 9834—2014 规定了农用双作用油缸的术语和定义、参量、符号和单位、型号标记、技术要求、试验方法、检验规则及标志、包装、运输和贮存 JB/T 9834—2014 适用于额定压力不大于 20MPa 的农用双作用油缸（简称油缸）	GB/T 2828.1—2012《计数抽样检验程序　第 1 部分：按接收质量限（AQL）检索的逐批检验抽样计划》 GB/T 14039—2002《液压传动　油液　固体颗粒污染等级代号》 GB/T 17446—2012《流体传动系统及元件　词汇》（新版标准准备报批中） JB/T 5673—1991（2015）《农林拖拉机及机具涂漆　通用技术条件》* JB/T 7858—2006《液压元件清洁度评定方法及液压元件清洁度指标》
JB/T 10205—2010《液压缸》	
JB/T 10205—2010 规定了单、双作用液压缸的分类和基本参数、技术要求、试验方法、检验规则、包装、运输等要求 JB/T 10205—2010 适用于公称压力为 31.5MPa 以下，以液压油或性能相当的其他矿物油为工作介质的单、双作用液压缸。对公称压力高于 31.5MPa 的液压缸可参照本标准执行。除本标准规定的特殊要求，应由液压缸制造商和用户协商	GB/T 786.1—2009《流体传动系统及元件图形符号和回路图　第 1 部分：用于常规用途和数据处理的图形符号》（已被 GB/T 786.1—2021《流体传动系统及元件　图形符号和回路图　第 1 部分：图形符号》代替） GB/T 2346—2003《流体传动系统及元件　公称压力系列》 GB/T 2348—1993《液压气动系统及元件　缸内径及活塞杆直径》（已被 GB/T 2348—2018《流体传动系统及元件　缸径及活塞杆直径》代替） GB/T 2350—1980《液压气动系统及元件　活塞杆螺纹型式和尺寸系列》（已被 GB/T 2350—2020《流体传动系统及元件　活塞杆螺纹型式和尺寸系列》代替） GB/T 2828.1—2003（2012）《计数抽样检验程序　第 1 部分：按接收质量限（AQL）检索的逐批检验抽样计划》* GB/T 2878—1993《液压元件螺纹连接　油口型式和尺寸》（已被 GB/T 2878.1—2011《液压传动连接　带米制螺纹和 O 形圈密封的油口和螺柱端　第 1 部分：油口》代替）

（续）

范　　围	规范性引用文件
JB/T 10205—2010《液压缸》	
JB/T 10205—2010 规定了单、双作用液压缸的分类和基本参数、技术要求、试验方法、检验规则、包装、运输等要求 JB/T 10205—2010 适用于公称压力为 31.5MPa 以下，以液压油或性能相当的其他矿物油为工作介质的单、双作用液压缸。对公称压力高于 31.5MPa 的液压缸可参照本标准执行。除本标准规定的特殊要求，应由液压缸制造商和用户协商	GB/T 2879—2005《液压缸活塞和活塞杆动密封　沟槽尺寸和公差》 GB/T 2880—1981《液压缸活塞和活塞杆窄断面动密封沟槽尺寸系列和公差》 GB/T 6577—1986(2021)《液压缸活塞用带支承环密封沟槽型式、尺寸和公差》* GB/T 6578—2008《液压缸活塞杆用防尘圈沟槽型式、尺寸和公差》 GB/T 7935—2005《液压元件　通用技术条件》 GB/T 9286—1998《色漆和清漆　漆膜的划格试验》（已被 GB/T 9286—2021《色漆和清漆　划格试验》代替） GB/T 9969—2008《工业产品使用说明书　总则》 GB/T 13306—1991(2011)《标牌》* GB/T 14039—2002《液压传动　油液　固体颗粒污染等级代号》 GB/T 15622—2005《液压缸试验方法》 GB/T 17446—1998(2012)《流体传动系统及元件　词汇》（新版标准正在报批中） JB/T 7858—2006《液压元件清洁度评定方法及液压元件清洁度指标》
JB/T 11588—2013《大型液压油缸》	
JB/T 11588—2013 规定了大型液压油缸的结构型式与基本参数、技术要求、试验方法、检验规则、标志、包装、运输和贮存 JB/T 11588—2013 适用于内径不小于 630mm 的大型液压油缸。矿物油、抗燃油、水-乙二醇、磷酸酯工作介质可根据需要选取	GB/T 1184—1996《形状和位置公差　未注公差值》 GB/T 1800.2—2009《产品几何技术规范（GPS）　极限与配合　第 2 部分：标准公差等级和孔轴极限偏差》[已被 GB/T 1800.2—2020《产品几何技术规范（GPS）　线性尺寸公差 ISO 代号体系　第 2 部分：标准公差带代号和孔、轴的极限偏差表》代替] GB/T 1801—2009《产品几何技术规范（GPS）　极限与配合　公称带和配合的选择》[已被 GB/T 1800.1—2020《产品几何技术规范（GPS）　线性尺寸公差 ISO 代号体系　第 1 部分：公差、偏差和配合的基础》代替] GB/T 7935—2005《液压元件　通用技术条件》 GB/T 13384—2008《机电产品包装通用技术条件》 GB/T 14039—2002《液压传动　油液　固体颗粒污染等级代号》 JB/T 5000.3—2007《重型机械通用技术条件　第 3 部分：焊接件》 JB/T 5000.8—2007《重型机械通用技术条件　第 8 部分：锻件》 JB/T 5000.10—2007《重型机械通用技术条件　第 10 部分：装配》 JB/T 5000.12—2007《重型机械通用技术条件　第 12 部分：涂装》 ISO 6164:1994《液压传动　25MPa 至 40MPa 液压下使用的四螺栓整体方法兰》
JB/T 13141—2017《拖拉机　转向液压缸》	
JB/T 13141—2017 规定了拖拉机转向液压缸的术语和定义。参量、符号和单位、分类和基本参数、技术要求、试验方法、检验规则、标志、包装、运输和贮存 JB/T 13141—2017 适用于公称压力不大于 20MPa、以液压油或性能相当的其他矿物油为工作介质的单、双作用转向液压缸	GB/T 2346—2003《流体传动系统及元件　公称压力系列》 GB/T 2828.1—2012《计数抽样检验程序　第 1 部分：按接收质量限（AQL）检索的逐批检验抽样计划》 GB/T 10125—2012(2021)《人造气氛腐蚀试验　盐雾试验》* GB/T 14039—2002《液压传动　油液　固体颗粒污染等级代号》 GB/T 17446—2012《流体传动系统及元件　词汇》（新版标准正在报批中） GB/Z 19848—2005《液压件从制造到安装达到和控制清洁度的指南》 JB/T 5673—2015《农林拖拉机及机具涂漆　通用技术条件》 JB/T 7858—2006《液压元件清洁度评定方法及液压元件清洁度指标》
JB/T 13790—2020《土方机械　液压油缸再制造　技术规范》	
JB/T 13790—2020 规定了土方机械液压油缸再制造的术语和定义、要求、试验方法、检验规则、标志、包装、运输和贮存 JB/T 13790—2020 适用于土方机械液压油缸再制造	GB/T 15622—2005《液压缸试验方法》 GB/T 28619—2012《再制造　术语》 JB/T 10205—2010《液压缸》 JB/T 13791—2020《土方机械　液压元件再制造　通用技术规范》

（续）

范 围	规范性引用文件
MT/T 900—2000《采掘机械液压缸技术条件》	
MT/T 900—2000 规定了采掘机械用液压缸的技术要求、试验方法、检验规则、标志、包装及贮存 MT/T 900—2000 适用于以液压油为工作介质、额定压力不高于 31.5MPa 的采掘机械用液压缸	GB/T 2348—1993《液压气动系统及元件 缸内径及活塞杆直径》（已被 GB/T 2348—2018《流体传动系统及元件 缸径及活塞杆直径》代替） GB/T 2349—1980《液压气动系统及元件 缸活塞行程系列》 GB/T 2350—1980《液压气动系统及元件 活塞杆螺纹型式和尺寸系列》（已被 GB/T 2350—2020《流体传动系统及元件 活塞杆螺纹型式和尺寸系列》代替） GB/T 2828.1—2003（2012）《计数抽样检验程序 第 1 部分：按接收质量限（AQL）检索的逐批检验抽样计划》* GB/T 2879—1986（2005）《液压缸活塞和活塞杆动密封 沟槽尺寸和公差》* GB/T 2880—1981《液压缸活塞和活塞杆窄断面动密封沟槽尺寸系列和公差》 GB/T 6577—1986（2021）《液压缸活塞用带支承环密封沟槽型式、尺寸和公差》* GB/T 6578—1986（2008）《液压缸活塞杆用防尘圈沟槽型式、尺寸和公差》* GB/T 9094—1988《液压缸气缸 安装尺寸和安装型式代号》（已被 GB/T 9094—2020《流体传动系统及元件 缸安装尺寸和安装型式代号》代替） GB/T 14036—1993《液压缸活塞杆端带关节轴承耳环安装尺寸》 GB/T 14039—1993《液压系统工作介质固体颗粒污染 等级代号》（已被 GB/T 14039—2002《液压传动 油液 固体颗粒污染等级代号》代替） GB/T 14042—1993《液压缸活塞杆端柱销式耳环安装尺寸》 GB/T 15242.3—1994《液压缸活塞和活塞杆动密封装置用同轴密封件安装沟槽尺寸系列和公差》（已被 GB/T 15242.3—2021《液压缸活塞和活塞杆动密封装置尺寸系列 第 3 部分：同轴密封件沟槽尺寸系列和公差》代替） GB/T 15242.4—1994《液压缸活塞和活塞杆动密封装置用支承环安装沟槽尺寸系列和公差》（已被 GB/T 15242.4—2021《液压缸活塞和活塞杆动密封装置尺寸系列 第 4 部分：支承环安装沟槽尺寸系列和公差》代替） MT/T 459—1995（2007）《煤矿机械用液压元件通用技术条件》* JB/T 5058—1991（2006）《机械工业产品质量特性重要度分级导则》*
QC/T 460—2010《自卸汽车液压缸技术条件》	
QC/T 460—2010 规定了自卸汽车液压缸产品型号的构成及其主参数选择，一般要求，性能要求，试验方法，检验规则，产品标牌、使用说明书和附件、包装、运输、储存 QC/T 460—2010 适用于以液压油为工作介质的自卸汽车举升系统用单作用活塞式液压缸、双作用单活塞杆液压缸、单作用柱塞式液压缸、单作用伸缩式套筒液压缸、末级双作用伸缩式套筒液压缸	GB/T 2828.1—2003（2012）《计数抽样检验程序 第 1 部分：按接收质量限（AQL）检索的逐批检验抽样计划》* GB/T 9969—2008《工业产品使用说明书 总则》 JB/T 5943—1991（2018）《工程机械 焊接件通用技术条件》 QC/T 484—1999《汽车油漆涂层》 QC/T 625—1999（2013）《汽车用涂镀层和化学处理层》* QC/T 29104—1992《专用汽车液压系统液压油固体污染度限值》（已被 QC/T 29104—2013《专用汽车液压系统液压油固体颗粒污染度限值》代替）
YB/T 028—2021《冶金设备用液压缸》	
YB/T 028—2021 规定了冶金设备用液压缸的术语和定义，符号和单位，分类、标记和基本参数，技术要求，试验方法，检验规则及标志、包装和储运等 YB/T 028—2021 适用于以矿物油、合成液压液、抗燃液压液为工作介质，公称压力 $PN \leqslant 40$MPa、环境和介质温度为 −20～80℃ 的冶金设备用液压缸 YB/T 028—2021 不适用于伺服液压缸	GB/T 2348—2018《流体传动系统及元件 缸径及活塞杆直径》 GB/T 2350—2020《流体传动系统及元件 活塞杆螺纹型式和尺寸系列》 GB/T 2878.1—2011《液压传动连接 带米制螺纹和 O 形圈密封的油口和螺柱端 第 1 部分：油口》 GB/T 2879—2005《液压缸活塞和活塞杆动密封 沟槽尺寸和公差》 GB/T 2880—1981《液压缸活塞和活塞杆窄断面动密封沟槽尺寸系列和公差》 GB/T 6577—2021《液压缸活塞用带支承环密封沟槽型式、尺寸和公差》 GB/T 6578—2008《液压缸活塞杆用防尘圈沟槽型式、尺寸和公差》 GB/T 7935—2005《液压元件 通用技术条件》

（续）

范　围	规范性引用文件
YB/T 028—2021《冶金设备用液压缸》	
YB/T 028—2021 规定了冶金设备用液压缸的术语和定义，符号和单位，分类、标记和基本参数，技术要求，试验方法，检验规则及标志、包装和储运等 YB/T 028—2021 适用于以矿物油、合成液压液、抗燃液压液为工作介质，公称压力 $PN \leqslant 40$MPa、环境和介质温度为-20～80℃的冶金设备用液压缸 YB/T 028—2021 不适用于伺服液压缸	GB/T 9094—2020《流体传动系统及元件　缸安装尺寸和安装型式代号》 GB/T 9286—1998《色漆和清漆　漆膜的划格试验》（已被 GB/T 9286—2021《色漆和清漆　划格试验》） GB/T 9969—2008《工业产品使用说明书　总则》 GB/T 13306—2011《标牌》 GB/T 14039—2002《液压传动　油液　固体颗粒污染等级代号》 GB/T 15622—2005《液压缸试验方法》 GB/T 17446—2012《流体传动系统及元件　词汇》（新版标准正在报批中） GB/T 34635—2017《法兰式管接头》 GB/T 37163—2018《液压传动　采用遮光原理的自动颗粒计数法测定液样颗粒污染度》 JB/T 2162—2007《冶金设备用液压缸（$PN \leqslant 16$MPa）》 JB/T 6134—2006《冶金设备用液压缸（$PN \leqslant 25$MPa）》 JB/T 7858—2006《液压元件清洁度评定方法及液压元件清洁度指标》 JB/T 10205.3—2020《液压缸　第 3 部分：活塞杆技术条件》 JB/T 11718—2013《液压缸　缸筒技术条件》
DB44/T 1169.1—2013《伺服液压缸　第 1 部分：技术条件》（已作废，仅供参考）	
DB44/T 1169.1—2013 规定了单、双作用伺服液压缸的技术要求、检验规则、标志、使用说明书、包装、运输和贮存 DB44/T 1169.1—2013 适用于以液压油或性能相当的其他矿物油为工作介质的双作用或单作用伺服液压缸	GB/T 786.1—2009《流体传动系统及元件图形符号和回路图　第 1 部分：用于常规用途和数据处理的图形符号》（已被 GB/T 786.1—2021《流体传动系统及元件　图形符号和回路图　第 1 部分：图形符号》代替） GB/T 2346—2003《流体传动系统及元件　公称压力系列》 GB/T 2348—1993《液压气动系统及元件　缸内径及活塞杆直径》（已被 GB/T 2348—2018《流体传动系统及元件　缸径及活塞杆直径》代替） GB/T 2350—1980《液压气动系统及元件　活塞杆螺纹型式和尺寸系列》（已被 GB/T 2350—2020《流体传动系统及元件　活塞杆螺纹型式和尺寸系列》代替） GB/T 2828.1—2012《计数抽样检验程序　第 1 部分：按接收质量限（AQL）检索的逐批检验抽样计划》 GB/T 2878.1—2011《液压传动连接　带米制螺纹和 O 形圈密封的油口和螺柱端　第 1 部分：油口》 GB/T 2879—2005《液压缸活塞和活塞杆动密封　沟槽尺寸和公差》 GB/T 2880—1981《液压缸活塞和活塞杆窄断面动密封沟槽尺寸系列和公差》 GB/T 6577—1986(2021)《液压缸活塞用带支承环密封沟槽型式、尺寸和公差》* GB/T 6578—2008《液压缸活塞杆用防尘圈沟槽型式、尺寸和公差》 GB/T 7935—2005《液压元件　通用技术条件》 GB/T 9286—1998《色漆和清漆　漆膜的划格试验》（已被 GB/T 9286—2021《色漆和清漆　划格试验》代替） GB/T 9969—2008《工业产品使用说明书　总则》 GB/T 13306—2011《标牌》 GB/T 14039—2002《液压传动　油液　固体颗粒污染等级代号》 GB/T 17446—2012《流体传动系统及元件　词汇》（新版标准正在报批中） GB/Z 19848—2005《液压元件从制造到安装达到和控制清洁度的指南》 JB/T 7858—2006《液压元件清洁度评定方法及液压元件清洁度指标》
DB44/T 1169.2—2013《伺服液压缸　第 2 部分：试验方法》	
DB44/T 1169.2—2013 规定了伺服液压缸的试验方法 DB44/T 1169.2—2013 适用于以液压油（液）为工作介质的伺服液压缸（包括双作用、单作用、带位移传感器伺服液压缸）	GB/T 14039—2002《液压传动　油液　固体颗粒污染等级代号》 GB/T 15622—2005《液压缸试验方法》

注：1. 省略了 GB/T 24655—2009《农用拖拉机　牵引农具用分置式液压油缸》、JB/T 3042—2011《组合机床　夹紧液压缸　系列参数》等标准摘录。

2. 标有“*”的为注明日期的原标准，圆括号内为注明日期的原标准的现行标准日期或现行标准号。

在 GB/T 15622—2005《液压缸试验方法》中规定的测量准确度采用 B、C 两级，测量系统的允许误差应符合表 1-32 的规定。

表 1-32　测量系统的允许系统误差

测量参量		测量系统的允许系统误差	
		B 级	C 级
压力	在小于 0.2MPa 表压时/kPa	±3.0	±5.0
	在等于或大于 0.2MPa 表压时(%)	±1.5	±2.5
温度/℃		±1.0	±2.0
力(%)		±1.0	±1.5
流量(%)		±1.5	±2.5

注：1. 此表摘自 GB/T 15622—2005《液压缸试验方法》中表 2，并被 JB/T 10205—2010《液压缸》规范性引用。
2. 与 GB/T 7935—2005《液压元件　通用技术条件》中规定一致。
3. 本书所给出的各种密封应用在实机检验时，其测量精度不应低于 C 级（型式检验按 B 级测量准确度，出厂检验不应低于 C 级测量准确度）。

GB/T 15622—2005《液压缸试验方法》规定，试验中，液压缸的各被控参量平均显示值在表 1-33 规定的范围内变化时为稳态工况。应在稳态工况下测量并记录各个参量。

表 1-33　被控参量平均显示值允许变化范围

被控参量		平均显示值允许变化范围	
		B 级	C 级
压力	在小于 0.2MPa 表压时/kPa	±3.0	±5.0
	在等于或大于 0.2MPa 表压时(%)	±1.5	±2.5
温度/℃		±2.0	±4.0
流量(%)		±1.5	±2.5

注：1. 此表摘自 GB/T 15622—2005《液压缸试验方法》中表 3，并被 JB/T 10205—2010《液压缸》规范性引用。
2. 与 GB/T 7935—2005《液压元件　通用技术条件》中规定一致。

DB44/T 1169.2—2013《伺服液压缸　第 2 部分：试验方法》规定，伺服液压缸的测量准确度采用 A、B、C 三级，测量系统的允许系统误差应符合表 1-34 的规定。

表 1-34　伺服液压缸的测量系统允许系统误差

测量参数		测量系统的允许系统误差		
		A 级	B 级	C 级
温度/℃		±0.5	±1.0	±2.0
力(%)		±0.5	±1.5(±1.0)	±2.5(±1.5)
时间(%)		±0.5	±1.0	±2.0
位移(%)		±0.5	±1.0	±2.0
压力	在小于 0.2MPa 表压时/kPa	±1.0	±3.0	±5.0
	在等于或大于 0.2MPa 表压时(%)	±0.5	±1.5	±2.5
流量(%)		±0.5	±1.5(±1.5)	±2.5(±2.5)

注：1. 此表摘自 DB44/T 1169.2—2013《伺服液压缸　第 2 部分：试验方法》中表 1。
2. 括号内数值摘自表 1-32。

1.4　液压缸密封技术的现状与展望

1.4.1　液压缸密封技术的现状

在 2016—2022 年的这段时间，一些与液压缸密封技术相关的标准已经升级迭代或首次发布，液压缸密封技术在新材料、新结构、新工艺、新方法等方面也有了长足的进步。

1. 液压缸密封技术标准化现状

标准是通过标准化活动，按照规定的程序经协商一致制定，为各种活动或其结果提供规则、指南或特性，供共同使用和重复使用的文件。标准化是为了在既定范围内获得最佳秩序，促进共同效益，对现实问题或潜在问题确立共同使用和重复使用的条款，以及编制、发布和应用文件的活动。

标准是经济活动和社会发展的技术支撑，是国家基础性制度建设的重要方面。构建高质量标准体系，可以助力高技术创新，促进高水平开放，引领高质量发展，为全面建成社会主义现代化强国、实现中华民族伟大复兴的中国梦提供有力支撑。

标准化在推进国家治理体系和治理能力现代化过程中发挥着基础性、引领性作用。新时代推动高质量发展、全面建设社会主义现代化国家，迫切需要进一步加强标准化工作。

标准化是有经济效益、社会效益、质量效益、生态效益的。标准化可以更加有效地推动国家综合竞争力提升，促进经济社会高质量发展，在构建新发展格局中发挥更大作用。

在现今社会经济的发展中，标准化工作的重要性得到了各行业的广泛认可，参与制定国家标准、行业标准成为掌握行业主导权、话语权的象征，标准化已成为企业的核心竞争力。

液压缸密封技术标准化指正在标准化的和已经标准化的液压密封技术。现行的国家标准可能是由国际标准转化而来，也可能是共性关键技术和应用类科技计划项目形成标准研究的成果；一些具有原创性的高质量企业标准、团体标准也可能升级为行业标准、国家标准，以及大量通过升级迭代发布、实施的国家标准。

标准是以科学、技术和经验的综合成果为基础，本着“部分领域关键标准适度领先于产业发展平均水平”，应及时将先进适用科技创新成果融入液压缸密封技术标准中。

本书第 1 版曾提出，“现在国内液压缸密封设计与制造的主要问题在于到现在为止还没有构建起来一套完整且与时俱进的标准体系。”近六年来，此问题有所解决，其标志为发布、实施了 11 项与液压缸密封相关（密封材料、密封件和沟槽）的标准，见表 1-35。

表 1-35　与液压缸密封相关的标准

序号	标　准
1	GB/T 3452.4—2020《液压气动用 O 形橡胶密封圈　第 4 部分：抗挤压环（挡环）》
2	GB/T 3452.5—2022《液压气动用 O 形橡胶密封圈　第 5 部分：弹性体材料规范》
3	GB/T 6577—2021《液压缸活塞用带支承环密封沟槽型式、尺寸和公差》
4	GB/T 15242.1—2017《液压缸活塞和活塞杆动密封装置尺寸系列　第 1 部分：同轴密封件尺寸系列和公差》
5	GB/T 15242.2—2017《液压缸活塞和活塞杆动密封装置尺寸系列　第 2 部分：支承环尺寸系列和公差》
6	GB/T 15242.3—2021《液压缸活塞和活塞杆动密封装置尺寸系列　第 3 部分：同轴密封件沟槽尺寸系列和公差》
7	GB/T 15242.4—2021《液压缸活塞和活塞杆动密封装置尺寸系列　第 4 部分：支承环安装沟槽尺寸系列和公差》
8	GB/T 36520.1—2018《液压传动　聚氨酯密封件尺寸系列　第 1 部分：活塞往复运动密封圈的尺寸和公差》
9	GB/T 36520.2—2018《液压传动　聚氨酯密封件尺寸系列　第 2 部分：活塞杆往复运动密封圈的尺寸和公差》
10	GB/T 36520.3—2019《液压传动　聚氨酯密封件尺寸系列　第 3 部分：防尘圈的尺寸和公差》
11	GB/T 36520.4—2019《液压传动　聚氨酯密封件尺寸系列　第 4 部分：缸口密封圈的尺寸和公差》

但是，没有标准、标准陈旧、即使有相应标准也不引用等问题依然突出。下面举例说明。

（1）没有标准问题 低摩擦或比例/伺服控制液压缸大多要求低的起动压力，即低摩擦力，采用以低摩擦因数的填充聚四氟乙烯作为滑环的同轴防尘密封件已经很普遍，但此种防尘密封件及其安装沟槽到现在为止国内都没有标准。

到现在为止，也未见标准规定的密封件适用于 GB/T 2880—1981《液压缸活塞和活塞杆窄断面动密封沟槽尺寸系列和公差》规定的沟槽，即没有安装在这项标准规定的沟槽中的密封件，但多项液压缸标准却还在规范性引用此项标准。

作者注：在 ISO/DIS 6195：2020（E）中，"Type D" 即为同轴密封件。

（2）标准陈旧问题 以 JB/T 10205—2010《液压缸》为例，此标准的规范性引用文件中引用了与液压缸密封设计相关的五项标准，分别为 GB/T 2878—1993《液压元件螺纹连接 油口型式和尺寸》、GB/T 2879—2005《液压缸活塞和活塞杆动密封 沟槽尺寸和公差》、GB/T 2880—1981《液压缸活塞和活塞杆窄断面动密封沟槽尺寸系列和公差》、GB/T 6577—1986《液压缸活塞用带支承环密封沟槽型式、尺寸和公差》、GB/T 6578—2008《液压缸活塞杆用防尘圈沟槽型式、尺寸和公差》。其中，GB/T 2878—1993 已被 GB/T 2878. 1—2011《液压传动连接 带米制螺纹和 O 形圈密封的油口和螺柱端 第 1 部分：油口》代替、GB/T 6577—1986 已被 GB/T 6577—2021《液压缸活塞用带支承环密封沟槽型式、尺寸和公差》代替，其余 3 项标准已经久未修订，而且 GB（/T）2880—(19) 81 没有对应的产品标准，根本无法满足液压缸密封及其设计。

（3）有相应标准也不引用问题 以 YB/T 028—2021《冶金设备用液压缸》为例，此标准的规范性引用文件中引用了与液压缸密封设计相关的五项标准，分别为 GB/T 2878. 1—2011《液压传动连接 带米制螺纹和 O 形圈密封的油口和螺柱端 第 1 部分：油口》、GB/T 2879—2005《液压缸活塞和活塞杆动密封 沟槽尺寸和公差》、GB/T 2880—1981《液压缸活塞和活塞杆窄断面动密封沟槽尺寸系列和公差》、GB/T 6577—2021《液压缸活塞用带支承环密封沟槽型式、尺寸和公差》和 GB/T 6578—2008《液压缸活塞杆用防尘圈沟槽型式、尺寸和公差》，除标准更新，其"规范性引用文件"与 JB/T 10205—2010 一样。

在液压缸中几乎都包括静密封，但 JB/T 10205—2010 和 YB/T 028—2021 都没有规定静密封件或沟槽，如 GB/T 3452. 3—2005《液压气动用 O 形橡胶密封圈 沟槽尺寸》等。

现在液压缸中采用同轴密封件的十分普遍，同轴密封件及其沟槽也早已标准化，如 GB/T 15242. 1—1994《液压缸活塞和活塞杆动密封装置用同轴密封件尺寸系列和公差》（已被 GB/T 15242. 1—2017《液压缸活塞和活塞杆动密封装置尺寸系列 第 1 部分：同轴密封件尺寸系列和公差》代替）、GB/T 15242. 3—1994《液压缸活塞和活塞杆动密封装置用同轴密封件安装沟槽尺寸系列和公差》（已被 GB/T 15242. 3—2021《液压缸活塞和活塞杆动密封装置尺寸系列 第 3 部分：同轴密封件沟槽尺寸系列和公差》代替），但一些液压缸标准就是不"规范性引用"。

本书作者在第 1 版中曾提出，"尽管如此，总是有人在默默地推动着科学、技术的进步，国内国外都是如此。"近几年，本书作者积极参与了 GB/T 15242. 3—2021、GB/T 15242. 4—2021、GB/T 3452. 5—2022、GB/T 15622—××××《液压缸试验方法》、JB/T 10205. 1—××××《液压缸 第 1 部分：通用技术条件》等标准的修订工作。

2. 液压缸密封材料现状

在 ISO 3601-5：2015《液体传动系统 O 形圈　第 5 部分：工业用弹性体材料规范》（英文版）表 1 中给出了制造 O 形圈常用的弹性体材料，见表 1-36。

表 1-36　制造 O 形圈常用的弹性体材料

弹性体材料	材料代号	硫化体系	硬度级别/IRHD	备注 （GB/T 3452.5—2022 硬度级别/IRHD）
丁腈橡胶	NBR	S	70、90	70、80、90
	NBR	P	75、90	
氢化丁腈橡胶	HNBR		75、90	75、85
氟橡胶	FKM		70、75、80、90	60、70、80、90
硅橡胶	VMQ		70	70
三元乙丙橡胶	EPDM	S	70、80	70、80
	EPDM	P	70、80	
丙烯酸酯橡胶	ACM		70	70

除在表 1-36 及其备注中所示硬度级别有所不同，GB/T 3452.5—2022《液压气动用 O 形橡胶密封圈　第 5 部分：弹性体材料规范》还对 ISO 3601-5：2015 中的表 1 进行了补充优化，删除了 ISO 3601-5：2015 表 1 中硫化体系一列，丁腈橡胶材料和三元乙丙橡胶材料不区分硫化体系，两行合为一行；增加了乙烯丙烯酸酯橡胶（AEM）材料和聚酯型聚氨酯橡胶（AU）材料、聚醚型聚氨酯橡胶（EU）材料（见 GB/T 3452.5—2022 中表 1）。

根据“选 O 形圈的材料时，应考虑工作条件。因此，用户宜根据使用的工作参数（如温度、压力、适用液体等）来确定 O 形圈材料。”增加的三种弹性体材料的使用温度和所耐液体见表 1-37。

表 1-37　增加的三种弹性体材料的使用温度和所耐液体

材料代号	使用温度/℃	适用液体
AEM	−40～170	各种油类（液压油、滑油、发动机油、变速箱油等）
AU	−15～110	液压油
EU	−35～100	水，乳化液

作者注：在第 1 版报批稿中，AU 和 EU 使用温度都规定为−50～80℃，其没能及时反映现在国内聚氨酯密封材料的最新技术水平。

3. 沟槽和配偶件质量的进步

在液压缸密封中，各密封沟槽尺寸和公差、表面粗糙度和配偶件间配合公差等都有一定进步，尤其对配偶件表面粗糙度要求越来越高，见表 1-38。

表 1-38　沟槽及配偶件表面粗糙度　（单位：μm）

标准沟槽	沟槽和配合偶件的表面粗糙度						
	沟槽底面	沟槽侧面	缸内径	活塞杆外径	支承环槽底面	支承环槽侧面	安装导入角
GB/T 6577—2021 （1998）	*Ra*1.6 （*Ra*2.5）	*Ra*3.2	*Ra*0.4 （*Ra*0.8）	—	*Ra*1.6 （*Ra*2.5）	— *Ra*3.2	*Ra*3.2
GB/T 15242.3—2021 （1994）	*Ra*1.6 （*Ra*2.5）	*Ra*3.2	*Ra*0.4 （—）	*Ra*0.4 （—）	—	—	*Ra*0.8 （—）
GB/T 15242.4—2021 （1994）	—	—	*Ra*0.4 （—）	*Ra*0.4 （—）	*Ra*1.6 （*Ra*2.5）	*Ra*3.2	—

注：圆括号内的数值为上一版标准规定的沟槽表面粗糙度。

现在常用于描述密封接触区配合件偶合面的表面粗糙度为 *Ra*，即使采用 *Ra* 和 *Rz*[⊖]（GB/T 3505—2009），仍不足以准确描述与密封性能密切相关的表面粗糙状况。因此，有必要进一步采用 *Rmr* 加以描述配合件偶合面表面质量。一般要求密封接触区的 *Rmr* = 50% ~ 70%，甚至要求配偶件的 *Rmr* 达到 80% ~ 95%。

活塞杆表面处理技术的进步已被标准化，如在 JB/T 10205.3—2020《液压缸 第3部分：活塞杆技术条件》中，"1 范围 注：活塞杆表面处理方式有镀铬、镍+铬复合镀、喷涂陶瓷等。"

4. 液压缸密封试验方法与试验装置现状

因 GB/T 15622—2005《液压缸试验方法》和 JB/T 10205—2010《液压缸》久未修订，标准落后问题不言而喻，其中也反映了液压缸密封试验方法（包括装置）的落后，具体可见本书第 3.6 节"液压缸密封性能试验"。

但 GB/T 15622—××××《液压缸试验方法》/ISO 10100：2020，MOD 正在制定中，其试验项目包括五项，具体见表 1-39。

表 1-39 液压缸试验方法规定的试验项目

序号	试验项目	必试/选试	试验内容或分试验项目	备 注
1	试运行	必试	在设计速度范围内全行程往复数次，完全排出各工作腔内的空气	被试缸在无负载工况下起动
2	耐压/外泄漏试验	必试	1）1.5 倍额定压力下的外泄漏测试 2）低压下外泄漏测试	1.5 倍的缸额定压力或推荐工作压力作为试验压力
3	内泄漏试验	必试/选试	选择直接测量 1）向无杆腔泄漏量测试 2）向有杆腔泄漏量测试 或者选择偏移法测量 1）向无杆腔偏移测量 2）向有杆腔偏移测量	施加额定压力或用户规定的试验压力
4	摩擦力试验	必试/选试	1）正弦运动测试 2）匀速运动测试 3）静止-匀速运动测试	液压缸的摩擦力曲线应根据"11.1 通则""11.2 测试装置""11.3 测试振幅""11.4 运动轨迹"中所述运动中测得的压力进行计算
5	缓冲试验	必试/选试	缓冲段的速度变化及两腔的压力变化	检验运行至缓冲段的速度变化及两腔的压力变化

ISO 10100：2020 正在实施中，以下几点集中地反映了液压缸密封试验方法与试验装置现状：

1）GB/T 15622—××××《液压缸试验方法》/ISO 10100：2020，MOD 没有单独规定耐压试验，与 GB/T 15622—2005《液压缸试验方法》中"6.3 耐压试验 使被试液压缸活塞分别停在行程的两端（单作用液压缸处于行程极限位置），分别向工作腔施加 1.5 倍的公称压力，型式试验保压 2min；出厂试验保压 10s。"比较，其"9 耐压/外泄漏试验 9.1 1.5 倍额定压力下的外泄漏试验 9.1.1 步骤 应交替向被试缸两端施加 1.5 倍的缸额定压力或 1.5 倍推荐工作压力作为试验压力，并保持至少 3min。对于较大缸径的液压缸，宜

⊖ 在 JB/T 10205.2—××××《液压缸 第2部分：缸筒技术条件》中拟采用 *Rz*。

增加在两端施加压力的时间。”在外泄漏试验中包括了“耐压试验”。

2）GB/T 15622—××××《液压缸试验方法》/ISO 10100：2020，MOD 规定的“10 内泄漏试验 10.3 偏移法测量”是 GB/T 15622—2005《液压缸试验方法》中没有的。

3）GB/T 15622—××××《液压缸试验方法》/ISO 10100：2020，MOD 规定了“11 摩擦力试验”，其“11.1 通则”规定，“液压缸的摩擦力应通过电液回路中的压差测量确定。为此，应使用适当的控制阀（比例阀还是伺服阀）和位置传感器在位置控制回路中移动液压缸的活塞杆。在被试的两个腔中集成了合适的压力传感器。应在每个压力阶段连续测量各腔中的压力和活塞杆位置，p_a=5MPa、10MPa、16MPa、20MPa 和 25MPa，往复运动 2 次以上。”其“11.5 摩擦力报告 11.5.1 通则”规定，“对于缸的摩擦力，应显示 11.5.2（静态摩擦力）和 11.5.3（动态摩擦力）测量的摩擦力。”

5. 国外液压缸密封及密封件现状

国外液压缸密封件在我国有很大市场，尤其中、高端液压缸采用的密封件一般都是国外品牌的产品，有六大品牌在行业内最为知名。

究其原因，国外近代工业发展水平在过去很长时间内领先于国内，很多国外密封件制造公司历史很长，积累的经验比国内的多，产品实现了标准化、系列化，并且针对性强；这些国外公司重视基础研发，在设计理念、密封材料、模具设计、产品制造等方面不断进步，产品质量好；加之这些国外公司在进入我国市场时已经具有很强实力，其开拓我国市场的能力也是我国一些密封件公司无法与之相比的。由于种种原因，国外密封件还会在以后很长一段时间在我国市场占据一定份额。

一些国外密封件制造商的产品介绍见以下各表，但作者不能完全保证这些产品介绍的准确性和完整性，具体应用尤其是拓展应用时请根据特定条件（介质、压力、温度、速度等），联系密封件制造商或供应商，咨询有关密封结构、材料、配置、安装等建议，自行确认密封相关产品和系统，并承担一切责任。

在规定的应用范围之外使用和错误地选用密封材料，可能会导致密封件寿命的缩短及设备的损坏，甚至会造成更严重的后果（如生命安全、环境污染等）。一般密封件制造商产品样本中所列的压力、温度、速度等参数都是极限值，各参数之间相互关联、相互影响；在极端的工况下，建议不要把各个参数都同时用到极限值。

除车制密封件，有公司声明其所有产品的模具使用年限为 7 年，模具损坏后若无足够的后续订单，即便是样本中的标准产品（不能假定就一定有现货库存），这些产品的交付也可能受到影响。

（1）特瑞堡液压缸密封件总汇（见表 1-40~表 1-43）

表 1-40 活塞杆密封件（仅供参考）

序号	密封件类型	应用领域	尺寸范围/mm	作用	温度范围/℃	速度/(m/s)	频率/Hz	压力/MPa
1	特康 2K 型斯特封	轻、中、重载	3~2600	单	−45~200	15	5	60
2	特康 V 型斯特封	轻、中、重载	12~2600	单	−45~200	15	15	60
3	佐康雷姆封	轻、中、重载	8~2000	单	−45~110	5 行程<1m		25/60
4	CH 型夹布密封	轻、中、重载	22~700	单	−30~200	0.5		40
5	CH/G5 型夹布密封	中、重载	25~160	单	−30~200	0.5		40

（续）

序号	密封件类型	应用领域	尺寸范围/mm	作用	温度范围/℃	速度/(m/s)	频率/Hz	压力/MPa
6	SM 型组合密封	中、重载	15～335	单	-40～130	0.5		70
7	巴塞尔密封	轻、中载	4.76～445	单	-30～130	0.5		25
			12～1195					40
8	佐康 L-Cup	轻、中载	10～195	单	-35～110	0.5		40
9	佐康 RU2 型 U 形圈	轻、中载	6～140	单	-35～110	0.5		35
10	佐康 RU6 型 U 形圈	轻、中载	12～350	单	-35～110	0.5		25
11	佐康 RU9 型 U 形圈	轻、中载	6～140	单	-35～110	0.5		40
12	佐康 Buffer Seal	中、重载	40～140	单	-35～110	1.0		40/60
13	特康 M2 型泛塞	轻、中载	3～140	单	-70～300	15		20/40
14	特康 VL 型圈	轻、中、重载	6～2600	单	-45～200	15	5	60
15	特康格莱圈	轻、中、重载	3～2600	双	-45～200	15	5	60
16	特康 T 型格莱圈	轻、中、重载	3～2600	双	-45～200	15	5	60
17	特康 Hz 型格莱圈	轻、中载	8～960	双	-45～200	15		30
18	特康 AQ-Seal 带豆型圈	轻、中载	18～2200	双	-45～110	2.0		30/50
19	特康 AQ-Seal5 带豆型圈	中、重载	40～2200	双	-45～110	3.0		40/60
20	佐康 M 型威士封	轻、中载	3～2600	双	-45～200	10		50
21	特康双三角密封	轻、中载	3～950	双	-45～200	15		35

注：1. 参考特瑞堡密封系统（液压密封件-直线往复运动）2017 年 1 月版样本。

2. 温度范围取决于使用的材料，如 O 形圈使用的 NBR 或 FKM 等材料。

3. 序号 3 的“25/60”为单个密封件密封压力为 25MPa，在串联系统中的密封压力高达 60MPa；序号 12 的“40/60”为可高达 60MPa 峰值；序号 13 的“20/40”为最高动态载荷 20MPa，最高静态载荷 40MPa；序号 18 和 19 的“30/50”和“40/60”分别适用于“低润滑性的介质/矿物油”。

4. 适用介质、安装条件，以及其他（活塞杆）密封件等见样本。

表 1-41 活塞密封件（仅供参考）

序号	密封件类型	应用领域	尺寸范围/mm	作用	温度范围/℃	速度/(m/s)	频率/Hz	压力/MPa
1	特康格莱圈	轻、中、重载	8～2700	双	-45～200	15	5	60
2	特康 T 型格莱圈	轻、中、重载	8～2700	双	-45～200	15		60
3	特康 Hz 型格莱圈	轻、中载	8～900	双	-45～200	15		30
4	特康 D 型格莱圈	中、重载	30～250	双	-30～110	0.5/0.8		60
5	特康 P 型格莱圈	中、重载	45～190	双	-30～110	0.5/0.8		50/100
6	特康 AQ-SEAL5	中、重载	40～700	双	-30～200	3	3	25/60
7	特康 AQ-SEAL	轻、中载	16～700	双	-45～200	2		30/50
8	特康 2K 型斯特封	轻、中、重载	9～2700	单	-45～200	15	5	60
9	特康 V 型斯特封	轻、中、重载	15～2700	单	-45～200	15	15	60
10	特康双三角密封	轻、中载	6～650	双	-45～200	15		35
11	特康 M2 型泛塞	轻、中载	6～250	单	-70～300	15		20/40
12	特康 VL 型圈	轻、中、重载	10～2700	单	-45～200	15	5	60
13	佐康 PUA 型 U 形圈	轻、中、重载	14～250	单	-35～110	0.5		40
14	佐康威士封	轻、中载	12～300	双	-35～110	0.5		25
15	佐康型威士封	轻、中载	8～2700	双	-45～200	10		50
16	PHD/P 型组合密封件	轻、中、重载	50～180	双	-35～110	0.5		35
17	DPS/DPC 型组合密封件	轻、中、重载	25～250	双	-30～130	0.5		35
			30～160					70

（续）

序号	密封件类型	应用领域	尺寸范围/mm	作用	温度范围/℃	速度/(m/s)	频率/Hz	压力/MPa
18	CH 型夹布 V 形圈	轻、中、重载	80~280	单	-30~200	0.5		40
19	CH/G1 型夹布 V 形圈	轻、中、重载	40~250	单	-30~200	0.5		40
20	DSM 高压型组合密封	轻、中、重载	45~360	双	-40~130	0.5		70

注：1. 参考特瑞堡密封系统（液压密封件-直线往复运动）2017 年 1 月版样本。
2. 温度范围取决于使用的材料，如 O 形圈使用的 NBR 或 FKM 等材料。
3. 序号 4 的“0.5/0.8”为速度高达 0.5m/s，短时可达 0.8m/s；序号 5 的“50/100”为标准压力 50MPa，压力峰值可为 100MPa；序号 11 的“20/40”为最高动态载荷/最高静态载荷。
4. 序号 10 和 11 的尺寸范围或更大。
5. 适用介质、安装条件，以及其他（活塞）密封件等见样本。

表 1-42　防尘圈（仅供参考）

序号	密封件类型	应用领域	尺寸范围/mm	作用	温度范围/℃	速度/(m/s)	背压/MPa	沟槽类型
1	特康埃落特 2	轻、中、重载	4~2600	双	-45~200	2/15		闭*
2	特康埃落特 5	轻、中、重载	19~2600	双	-45~200	2/15		闭*
3	特康埃落特 F	轻、中载	19~1200	双	-45~200	1/2/15		闭*
4	特康埃落特 S	中、重载	16~2600	双	-45~200	1/2/5	1.5	开
5	特康埃落特 1 和特康埃落特 113	轻、中载	6~950	单	-45~200	1/5/15		闭*
6	DA17 型防尘圈	轻、中载	10~440	双	-30~110	1		闭*
7	佐康 DA22 型防尘圈	轻、中、重载	5~180	双	-35~100	1	2	闭*
8	佐康 DA24 型防尘圈和 DA24 带泄压孔型	轻、中、重载	45~290	双	-35~100	1	2/5	闭
9	WRM 型防尘圈	轻、中载	12~260	单	-30~110	1		闭
10	佐康 ASW 型防尘圈	轻、中载	6~180	单	-35~100	1		闭*
11	佐康 WNE 型防尘圈	轻、中、重载	8~200	单	-35~100	1		闭
12	佐康 WNV 型防尘圈	轻、中、重载	16~100	双	-35~100	1		闭
13	WSA 型防尘圈	轻、中载	6~270	单	-30~110	1		开
14	佐康 SWP 型防尘圈	中、重载	25~190	单	-35~100	1		开
15	金属防尘圈	轻、中、重载	12~220	单	-30~120	1		开
16	特康 M2S 型泛塞	轻、中、重载或轻、中载	3~140	单	-50~260	2/15	20/40	开

注：1. 参考特瑞堡密封系统（液压密封件-直线往复运动）2017 年 1 月版样本。
2. 在样本中“埃落特”与“埃洛特”为同义词。
3. 温度范围取决于使用的材料，如 O 形圈使用的 NBR 或 FKM 等材料。
4. 序号 1、2 和 16 的“2/15”对应的是佐康/特康材料；序号 3、4 和 5 的“1/2/15”“1/2/5”和“1/2/15”对应的是佐康 Z51 或 Z52/佐康 Z80/特康材料；序号 8 的“2/5”为标准型最高压力/带泄压孔型的最高压力；序号 16 的“20/40”为最高动态载荷/最高静态载荷。
5. 序号 16 的尺寸范围或更大。
6. 适用介质、安装条件，以及其他防尘圈等见样本。
7. 沟槽类型为“闭*”的有时需开式沟槽。

表 1-43　支承环（仅供参考）

序号	密封件类型	密封材料	断面尺寸范围/mm	沟槽宽度/mm	温度范围/℃	速度/(m/s)	承载力/(N/mm²)
1	特开斯莱圈	特开 M12 特开 T47 特开 T51	1.0、1.5、1.55、2.0、2.5、3.0、4.0	2.5、3.2、4.0、4.2、5.6、6.0、6.3、8.1、9.7、10.0、15.0、20.0、25.0、30.0	-60~150 (200)	15	25℃时 15 80℃时 12 120℃时 8

（续）

序号	密封件类型	密封材料	断面尺寸范围/mm	沟槽宽度/mm	温度范围/℃	速度/(m/s)	承载力/(N/mm²)
2	佐康斯莱圈	佐康 Z80 佐康 Z81	1.55、2.5、4.0	2.5、4.0、5.6、9.7、15.0、25.0	−60~80 (100)	2	25℃时 25
							60~80℃时 8
3	海模斯莱圈	海模 HM061 海模 HM062	1.55、2.5、4.0	4.0、5.6、9.7、15.0、25.0	−40~130	1	60℃时 75
							>60℃时 40
4	Orkot 斯莱圈	C380(蓝绿色) C480(白色) C320(深灰色) C932(黄色-棕色)	1.55、2.5、4.0	4.0、5.6、9.7、15.0、25.0	−40~120	1	25℃时 100
							60℃时 50

注：1. 参考特瑞堡密封系统（液压密封件-直线往复运动）2017 年 1 月版样本，但其称为“斯莱圈耐磨环”。

2. Z80/Z81 是超高分子量聚乙烯材料；海模 HM061 是一种填充玻璃纤维的聚甲醛（POM）材料；海模 HM062 是一种填充玻璃纤维和 PTFE 的聚酰胺（PA66）材料；Orkot 斯莱圈是由纤维增强型复合材料加工而成，而这种材料是用一种织物热固性树脂和均匀的固态润滑剂合成的；Orkot C932 是一种具有良好织物棉纤维浸渍酚醛树脂的材料。

3. 应用领域、适用介质、安装条件，以及适用于活塞用缸径、活塞杆用活塞杆直径范围（斯莱圈 yo 以环状供应时）等见样本。

4. 带状材料可以成卷供应，或者按规格剪切尺寸，具体见样本。

（2）NOK 液压缸密封件总汇（见表 1-44~表 1-50）

表 1-44 活塞杆密封件（仅供参考）

序号	密封件类型	密封材料	尺寸范围/mm	作用	温度范围/℃	速度/(m/s)	压力/MPa
1	IDI 型*	U801(黄白色)-聚氨酯(AU)	6.3~300	单	−35~100	0.03~1.0	70
2	ISI 型	U801(黄白色)-聚氨酯(AU)	18~300	单	−30~100	0.03~1.0	42
		U641(蓝色)-聚氨酯(AU)			−10~110		
3	IUIS 型	U801(黄白色)-聚氨酯(AU)	18~180	单	−30~100	0.03~1.0	42
		U641(蓝色)-聚氨酯(AU)			−10~110		
4	IUH 型	A505(黑色)-丁腈橡胶(NBR)	14~180	单	−25~100	0.008~1.0	21
		A567(黑色)-丁腈橡胶(NBR)			−55~80		
		G928(黑色)-氢化丁腈橡胶(HNBR)			−25~120		
5	UNI 型* (组合)	U801(黄白色)-聚氨酯(AU) S813(茶色)-硅橡胶(VMQ)	40~140	单	−45~100	0.03~1.0	42
6	SPNO 型 (组合)	19YF(茶色)-聚四氟乙烯(PTFE) A305(黑色)-丁腈橡胶(NBR) 或 F201(黑色)-氟橡胶(FKM)	12~380	双	−30~100 −20~160	0.005~1.5	35
7	SPN 型 (组合)	19YF(茶色)-聚四氟乙烯(PTFE) A980(黑色)-丁腈橡胶(NBR) 或 F201(黑色)-氟橡胶(FKM)	18~140	双	−40~100 −20~160	0.005~1.5	35
8	SPNS 型 (组合)	55YF(茶色)-聚四氟乙烯(PTFE) A305(黑色)-丁腈橡胶(NBR) 或 F201(黑色)-氟橡胶(FKM)	4~180	单	−30~100 −20~160	0.005~1.5	35
9	SPNC 型* (组合)	31BF(黑色)-聚四氟乙烯(PTFE) A305(黑色)-丁腈橡胶(NBR) 或 F201(黑色)-氟橡胶(FKM)	3~385	双	−30~100 −20~160	0.005~1.5	2

注：1. 参考 NOK 株式会社《液压密封系统-密封件》2020 年版产品样本。

2. 注有“*”的不可整体沟槽安装。

3. “压力”为最高工作压力。在不使用或使用不同材料、型式挡圈时，其最高工作压力不同，具体见样本；“(组合)”密封件即我国的“同轴密封件”。

4. 适用的主要流体、滑动阻力、行程极限（2000mm 以下）、特征等见样本。

表 1-45　活塞密封件（仅供参考）

序号	密封件类型	密封材料	尺寸范围/mm	作用	温度范围/℃	速度/(m/s)	压力/MPa
1	ODI 型*	U801(黄白色)-聚氨酯(AU)	18~332	单	-35~100	0.03~1.0	70
2	OSI 型	U801(黄白色)-聚氨酯(AU)	35~300	单	-30~100	0.03~1.0	42
3	OUIS 型	U801(黄白色)-聚氨酯(AU)	40~250	单	-30~100	0.03~1.0	42
		U641(蓝色)-聚氨酯(AU)			-10~110		
4	OUH 型	A505(黑色)-丁腈橡胶(NBR)	32~250	单	-25~100	0.008~1.0	21
		A567(黑色)-丁腈橡胶(NBR)			-55~80		
5	OKH 型	A566(黑色)-丁腈橡胶(NBR)	40~100	双	-25~100	0.008~1.0	21
		A567(黑色)-丁腈橡胶(NBR)			-55~80		
6	SPGO 型(组合)	19YF(茶色)-聚四氟乙烯(PTFE) A305(黑色)-丁腈橡胶(NBR) 或 F201(黑色)-氟橡胶(FKM)	20~400	双	-30~100 -20~160	0.005~1.5	35
7	SPG 型(组合)	19YF(茶色)-聚四氟乙烯(PTFE) A980(黑色)-丁腈橡胶(NBR) 或 F201(黑色)-氟橡胶(FKM)	30~1650	双	-40~100 -20~160	0.005~1.5	35
8	SPGM 型(组合)	55YF(茶色)-聚四氟乙烯(PTFE) A305(黑色)-丁腈橡胶(NBR) 或 F201(黑色)-氟橡胶(FKM)	32~250	双	-30~100 -20~160	0.005~1.5	35
9	SPGN 型(组合)	21NB(灰色)-聚酰胺树脂(PA) A626(黑色)-丁腈橡胶(NBR)	75~200	双	-30~110	0.005~1.5	50
10	SPGW 型(组合)	19YF(茶色)-聚四氟乙烯(PTFE) 12NM(浓绀色)-聚酰胺树脂(PA) 或 80NP(黑色)-聚酰胺树脂(PA) A980(黑色)-丁腈橡胶(NBR) 或 F201(黑色)-氟橡胶(FKM) 或 G928(黑色)-氢化丁腈橡胶(HNBR)	50~320	双	-40~100 -20~120 -25~120	0.005~1.5	50
11	SPGC 型(组合)	31BF(黑色)-聚四氟乙烯(PTFE) A350(黑色)-丁腈橡胶(NBR) 或 F201(黑色)-氟橡胶(FKM)	6~400	双	-30~100 -20~160	0.005~1.5	2
12	CPI 型*	U801(黄白色)-聚氨酯(AU)	25~300	单	-35~100	0.01~0.3	7
13	CPH 型*	A102(黑色)-丁腈橡胶(NBR) A103(黑色)-丁腈橡胶(NBR) A104(黑色)-丁腈橡胶(NBR) A505(黑色)-丁腈橡胶(NBR)	30~257	单	-25~100	0.01~0.3	3.5

注：见表 1-44 注。

表 1-46　用于活塞和活塞杆密封两用的密封件（仅供参考）

序号	密封件类型	密封材料	尺寸范围/mm	作用	温度范围/℃	速度/(m/s)	压力/MPa
1	UPI 型*	U801(黄白色)-聚氨酯(AU)	活塞密封 16.3~1430 活塞杆密封 6.3~1380	单	-35~100	0.03~1.0	35
2	USI 型	U593(绿色)-聚氨酯(AU)	活塞密封 18~160 活塞杆密封 10~145	单	-35~80	0.03~1.0	21
3	UPH 型*	A505(黑色)-丁腈橡胶(NBR)	活塞密封 16.3~1680 活塞杆密封 6.3~1620	单	-25~100	0.008~1.0	32
		F357(黑色)-氟橡胶(FKM)			-10~150		

（续）

序号	密封件类型	密封材料	尺寸范围/mm	作用	温度范围/℃	速度/(m/s)	压力/MPa
4	USH 型	A505(黑色)-丁腈橡胶(NBR)	活塞密封 20~525 活塞杆密封 12~500	单	-25~100	0.008~1.0	21
		A567(黑色)-丁腈橡胶(NBR)			-55~80		
		F357(黑色)-氟橡胶(FKM)			-10~150		
5	V99F 型*	21AG(黑色)-夹布丁腈橡胶(NBR)	活塞密封 16.3~670 活塞杆密封 6.3~630	单	-25~100	0.05~1.0	30
6	V96H 型*	A505(黑色)-丁腈橡胶(NBR)	活塞密封 16.3~332 活塞杆密封 6.3~300	单	-25~100	0.05~0.5	30
		F357(黑色)-氟橡胶(FKM)			-10~150		

注：见表 1-44 注。

表 1-47 活塞杆专用密封件-缓冲环（仅供参考）

序号	密封件类型	密封材料	尺寸范围/mm	作用	温度范围/℃	速度/(m/s)	压力/MPa
1	HBY 型(组合)	U801(黄白色)-聚氨酯(AU)或 U641(蓝色)-聚氨酯(AU)或 UH05(紫色)-聚氨酯(AU) 12NM(浓绀色)-聚酰胺树脂(PA)或 80NP(黑色)-聚酰胺树脂(PA)	40~210	单	-55~100 -35~110 -55~120	0.03~1.0	50
2	HBTS 型(组合)	55YF(茶色)-聚四氟乙烯(PTFE) A305(黑色)-丁腈橡胶(NBR)或 F201(黑色)-氟橡胶(FKM)	4~180	单	-30~100 -20~160	0.005~1.5	50

注：1. 参考 NOK 株式会社《液压密封系统-密封件》2020 年版产品样本。
2. 适用的主要流体、特征等见样本。

表 1-48 抗污环（仅供参考）

序号	密封件类型	密封材料	尺寸范围/mm	温度范围/℃	速度/(m/s)
1	kZT 型	05ZF(茶色)-聚四氟乙烯(PTFE)	活塞用 20~360 活塞杆用 14~352	-55~220	0.005~1.5

注：1. 参考 NOK 株式会社《液压密封系统-密封件》2020 年版产品样本。
2. 适用的主要流体、特征等见样本。
3. 在产品样本中称其为“防尘密封件”，值得商榷。

表 1-49 防尘密封件（仅供参考）

序号	密封件类型	密封材料	尺寸范围/mm	作用	温度范围/℃	沟槽类型
1	DKI 型	U801(黄白色)-聚氨酯(AU)+金属环	6.3~300	单	-35~100	开
2	DWI 型	U801(黄白色)-聚氨酯(AU)+金属环	40~140	单	-55~100	开
3	WRIR 型	U801(黄白色)-聚氨酯(AU)+金属环	25~140	单	-55~100	开
4	DKBI 型	U801(黄白色)-聚氨酯(AU)+金属环或 U641(蓝色)-聚氨酯(AU)+金属环	20~140	双	-55~100 -10~110	开
5	DKBI3 型	U801(黄白色)-聚氨酯(AU)+金属环或 U641(蓝色)-聚氨酯(AU)+金属环	20~140	双	-55~100 -10~110	开

（续）

序号	密封件类型	密 封 材 料	尺寸范围 /mm	作用	温度范围 /℃	沟槽类型
6	DKBZ 型	U801（黄白色）-聚氨酯（AU）+金属环	20~140	双	-55~100	开
7	DKB 型	A795（黑色）-丁腈橡胶（NBR）+金属环或A980（黑色）-丁腈橡胶（NBR）+金属环或F975（茶色）-氟橡胶（FKM）+金属环	14~250	双	-20~100 -55~80 -20~150	开
8	DKH 型	A104（黑色）-丁腈橡胶（NBR）+金属环或A795（黑色）-丁腈橡胶（NBR）+金属环或A980（黑色）-丁腈橡胶（NBR）+金属环或F975（茶色）-氟橡胶（FKM）+金属环	10~500	单	-20~100 -55~80 -20~150	开
9	DSI 型	U801（黄白色）-聚氨酯（AU）	6.3~300	单	-35~100	闭
10	LBI 型	U593（绿色）-聚氨酯（AU）	18~250	双	-35~100	闭
11	LBH 型	A505（黑色）-丁腈橡胶（NBR）或A567（黑色）-丁腈橡胶（NBR）或F357（黑色）-氟橡胶（FKM）	12~500	双	-25~100 -55~80 -10~150	闭
12	LBHK 型	A505（黑色）-丁腈橡胶（NBR）或A567（黑色）-丁腈橡胶（NBR）	14~120	双	-25~100 -55~80	闭
13	DSPB 型（组合）	11YF（黑色）-聚四氟乙烯（PTFE）、A350（黑色）-丁腈橡胶（NBR）或F201（黑色）-氟橡胶（FKM）	4~180	双	-30~100 -20~160	闭*

注：1. 参考 NOK 株式会社《液压密封系统-密封件》2020 年版产品样本。
2. 注有“*”的小直径型不可整体沟槽安装。
3. 对于开式沟槽，DKBI 型、带释压小孔的 DKBI3、DKBZ 型、DKB 型、DKH 型等在产品样本中给出了“压板式”或“挡圈式（弹性挡环）”；“（组合）”防尘密封件即我国的“同轴密封件”。
4. 适用的主要流体、耐尘性、刮油、特征等见样本。

表 1-50　支承环（仅供参考）

序号	密封件类型	密 封 材 料	断面尺寸范围/mm	沟槽宽度 /mm	温度范围 /℃	速度 /(m/s)
1	RYT 型	05ZF（茶色）-聚四氟乙烯（PTFE）	2、2.5、3	8、10、15、20、25、30、35、40、45、50、55、60、70	-55~220	0.005~1.5
2	WRT2	08GF（黑色）-聚四氟乙烯（PTFE）	—	—	-55~220	0.005~1.5
3	WR 型（U 型密封件用）	12RS（茶褐色）-夹布酚醛树脂或 15RS（黑色）-夹布酚醛树脂	2、2.5、3、3.5、4	8、10、15、20、25、30、35、40、45、50、55、60、70	-55~120	0.005~1.0
4	WR 型（SPG 型、SPGW 型密封件用）			8、10、15、20、25、30		
5	WRR	12RS（茶褐色）-夹布酚醛树脂或 15RS（黑色）-夹布酚醛树脂	—	—	-55~120	0.005~1.0
6	WR 型（活塞或活塞杆兼用）	88RS（水蓝色）-含树脂纤维聚酯	2.5	9.7、15	-60~130	0.005~1.0

注：1. 参考 NOK 株式会社《液压密封系统-密封件》2020 年版产品样本，但其称为“抗磨环（导向环）”。
2. “—”表示样本中未给出。
3. 适用的主要流体、特征等见样本。

（3）赫莱特液压缸密封件总汇（见表 1-51~表 1-56）

表 1-51 活塞杆密封件（仅供参考）

序号	密封件类型	密封材料	尺寸范围/mm	作用	温度范围/℃	速度/(m/s)	压力/MPa
1	605-双封U形圈	TPU-EU(蓝色)	6~330	单	-45~110	1.0	40/70
2	621-组合双封U形圈	POM+TPU-EU(蓝色)+NBR	30~215	单	-45~110	1.0	70
3	652-组合双封U形圈	POM+TPU-EU(蓝色)+NBR	32~560	单	-45~110	1.0	70
4	660-缓冲密封件	POM+TPU-EU/AU(蓝色/橙色)	40~180	单	-45~110	1.0	70
5	663-U形圈	TPU-EU/AU(蓝色/橙色)	12~180	单	-45~110	1.0	40/70
6	671-双封U形圈	TPU-EU(蓝色)	80~205(伸缩缸用)32~95	单	-45~110	1.0	40/70
7	673-U形圈	TPU-AU/EU(橙色/蓝色)	30~130	单	-45~110	1.0	40/70
8	R16-阶梯形同轴密封件	PTFE+NBR	8~700	单	-45~200	15.0	60*/80
9	RDA-矩形同轴密封件	PTFE+NBR	8~1350	双	-45~200	15.0	60*
10	RDS-薄矩形同轴密封件	PTFE+NBR	4~950	双	-45~200	15.0	35
11	SRB-缓冲密封件	NBR+PTFE+POM	40~250	单	-45~200	4.0	60*/80
12	SRS-缓冲密封件	NBR+PTFE	40~250	单	-45~200	4.0	40*
13	VSR-组合U形圈	PTFE+V形钢弹簧	10~2000	单	-200~300	15.0	50

注：1. 参考芬纳集团的《HALLITE流体动力密封件》2019年版产品样本，其中还包括了英制密封件。
2. 温度范围为-45~200℃的取决于使用的弹性体和抗挤出环材料。
3. “/压力值”是配挡圈后或用作缓冲密封的压力峰值。
4. 注有“*”的压力请向密封件制造商咨询。

表 1-52 活塞密封件（仅供参考）

序号	密封件类型	密封材料	尺寸范围/mm	作用	温度范围/℃	速度/(m/s)	压力/MPa
1	606-U形圈	TPU-EU(蓝色)	16~490	单	-45~110	1.0	40/70
2	607-双封U形圈	TPU-EU(蓝色)	40~300	单	-45~110	1.0	40
3	714-矩形同轴密封件	PA(黑色)+NBR	40~280	双	-40~110	1.0	50
4	730-组合同轴密封件	NBR+TPE(灰色)+POM	40~600	双	-40~110	0.3	70
5	754-矩形同轴密封件	NBR+TPE(红色/深红色)	15~300	双	-40~110	1.0	50
6	780-五件式组合密封件	NBR+TPE(蓝色)+POM(橙色)	20~250	双	-30~100	0.5	40
7	CT-四件同轴密封件	NBR+PTFE+PA	50~400	双	-45~200	1.5	60*
8	P16-阶梯形同轴密封件	NBR+PTFE	8~1350	单	-45~200	15.0	60*
9	P54-矩形同轴密封件	NBR+PTFE	8~1225	双	-45~200	15.0	60*
10	PCA-矩形同轴密封件	NBR+PTFE	40~1250	双	-45~200	15.0	40*
11	PDS-薄矩形同轴密封件	NBR+PTFE	6~650	双	-45~200	2.0	35
12	GPS-含X形圈同轴密封件	NBR+PTFE+NBR	16~700	双	-45~200	2.0	50*
13	GP2-含X形圈同轴密封件	NBR+PTFE+NBR	40~700	双	-45~200	3.0	60*
14	VSP-组合U形圈	PTFE+V形钢弹簧	14~2200	单	-200~200	15.0	50

注：1. 参考芬纳集团的《HALLITE流体动力密封件》2019年版产品样本，其中还包括了英制密封件。
2. 一些密封件的材料可选，如“CT重载帽型密封件”的弹性体、滑环及挡环材料可选，具体可查看产品样本或咨询密封件制造商。
3. 温度范围为-45~200℃的取决于使用的弹性体和抗挤出环材料。
4. 注有“*”的压力请向密封件制造商咨询。

表 1-53　活塞杆和活塞通用密封件（仅供参考）

序号	密封件类型	密封材料	尺寸范围/mm	作用	温度范围/℃	速度/(m/s)	压力/MPa
1	601-U 形圈	TPU-EU(蓝色)	4.5~400	单	-45~110	1.0	40/70

注：参考芬纳集团的《HALLITE 流体动力密封件》2019 年版产品样本，其中还包括了英制密封件。

表 1-54　防尘圈（仅供参考）

序号	密封件类型	密封材料	尺寸范围/mm	作用	温度范围/℃	速度/(m/s)	沟槽类型
1	38-单唇防尘圈	TPE(红色)	8~470	单	-40~120	4.0	闭*
2	831-单唇防尘圈	TPU-EU(深蓝色)	12~175	单	-45~110	4.0	闭
3	834-单唇防尘圈	TPU-EU(蓝色)	18~140	单	-45~110	4.0	闭
4	838-单唇防尘圈	TPU-EU/AU(蓝色/橙色/灰色)	20~200	单	-45~110	4.0	闭
5	839-双唇防尘圈	TPU-EU(蓝色)	12~180	双	-45~110	4.0	闭
6	839N-双唇防尘圈	TPU-EU(蓝色)	14~160	双	-45~110	4.0	闭
7	842-单唇防尘圈	TPU-EU/AU(蓝色/橙色/深绿色)	20~560	单	-45~110	4.0	闭
8	846-双唇防尘圈	TPU-EU(蓝色)	24~100	双	-45~110	4.0	闭
9	850-双唇防尘圈	TPU-EU(蓝色)	90~200	双	-45~110	4.0	闭
10	860-单唇金属骨架防尘圈	TPU-AU(深蓝色)	8~180	单	-40~100	1.0	开
11	864-双唇金属骨架防尘圈	TPU-AU/EU(橙色/蓝色)	25~160	双	-45~110	1.0	开
12	E2W-双作用同轴防尘圈	NBR+PTFE	4~1180	双	-45~200	15.0	闭
13	E5W-双作用同轴防尘圈	NBR+PTFE	20~1200	双	-45~200	15.0	闭
14	ELA-单作用同轴防尘圈	NBR+PTFE	4~900	单	-45~200	4.0	闭
15	EXF-双作用同轴防尘圈	NBR+PTFE	20~910	双	-45~200	15.0	闭
16	EXG-双作用同轴防尘圈	NBR+PTFE	120~1000	双	-45~200	5.0	闭

注：1. 参考芬纳集团的《HALLITE 流体动力密封件》2019 年版产品样本，其中还包括了英制密封件。
2. 注有“*”的有些规格尺寸需要安装在开口式沟槽内。
3. 温度范围为-45~200℃的取决于使用的弹性体材料（NBR、FKM 或其他）。

表 1-55　支承环（仅供参考）

<table>
<tr><th>序号</th><th>密封件类型</th><th>密封材料</th><th>断面尺寸范围/mm</th><th>沟槽宽度/mm</th><th>温度范围/℃</th><th>速度/(m/s)</th><th>压力(许用承载力)/(MN/m²)</th></tr>
<tr><td rowspan="3">1</td><td rowspan="3">506-聚酯织物导向环</td><td rowspan="3">热固性聚酯(红色)</td><td rowspan="3">1.5、2.0、2.5、3.0、3.2.3.5、4.0</td><td rowspan="3">5、5.6、6.1、6.3、7.0、8.0、8.1、9.7、10.0、12.0、12.8、13.0、15.0、16.0、19.5、19.7、20.0、22.0、25.0、30.0、35.0、40.0、40.1、50.0</td><td rowspan="3">-40~120</td><td>0.1</td><td>10.0</td></tr>
<tr><td>1.0</td><td>6.0</td></tr>
<tr><td>5.0</td><td>0.8</td></tr>
<tr><td>2</td><td>533-添加玻璃纤维的尼龙 66(或聚酰胺)导向环</td><td>PA-GF(黑色)</td><td>2.5、3.0、英制</td><td>英制</td><td>-40~120</td><td>5.0</td><td>见典型物理特性表</td></tr>
<tr><td rowspan="2">3</td><td rowspan="2">708-填充聚甲醛导向环</td><td rowspan="2">填充 POM(红色)</td><td>2.5</td><td>杆用 45~470</td><td rowspan="2">-40~100</td><td rowspan="2">5.0</td><td rowspan="2">见典型物理特性表</td></tr>
<tr><td>2、2.5、3</td><td>活塞用 63~500</td></tr>
</table>

（续）

序号	密封件类型	密封材料	断面尺寸范围/mm	沟槽宽度/mm	温度范围/℃	速度/(m/s)	压力(许用承载力)/(MN/m^2)
4	910-织物增强的酚醛树脂导向环	酚醛树脂(棕色)	2.5	30~300	-40~120	1.0	23℃时70
							80℃时42
5	87-填充青铜的聚四氟乙烯导向环	填充PTFE	1.5、2、2.5、4	1.5、2.0、2.5、4.0	-73~200	15.0	23℃时20
							80℃时9

注：1. 参考芬纳集团的《HALLITE流体动力密封件》2019年版产品样本，但其称为"导向环"。

2. 在工作条件或典型物理特性中规定了PV值极限、压缩强度/在4000psi压力下的变形量、动态最大许用载荷/静态压缩强度、屈服压缩强度。

3. 在典型物理特性表中给出的一些特性参数，如厚度和长度的热膨胀系数、动摩擦因数、吸水率等都具有重要参考价值。

表1-56 静密封件（仅供参考）

序号	密封件类型	密封材料	尺寸范围/mm	温度范围/℃	压力/MPa
1	155-聚酯静密封	TPE(浅灰色)	72~530	-30~100	50

注：1. 参考芬纳集团的《HALLITE流体动力密封件》2019年版产品样本，其中还包括了由U形密封圈和V形耐腐蚀金属弹簧组成的VSC、VSE弹簧密封圈。

2. 在50MPa压力下的最大挤出间隙为0.40mm。

（4）派克（Parker）液压缸密封件总汇（见表1-57~表1-61）

表1-57 活塞杆密封件（仅供参考）

序号	密封件型号	密封材料	尺寸范围/mm	作用	温度范围/℃	速度/(m/s)	压力/MPa
1	B3型	聚氨酯	4~400	单	-35~110	≤0.5	≤40
2	BS型(带副唇)	聚氨酯	8~280	单	-35~110	≤0.5	≤40
3	B4型(带挡圈)	聚氨酯+聚酰胺(聚甲醛)	8~280	单	-35~100	≤0.5	≤50
4	BA型(组合O形圈)	聚氨酯+丁腈橡胶	3~508	单	-35~95	≤0.5	≤35
5	BD型(带副唇、挡圈和组合O形圈)	聚氨酯+丁腈橡胶+聚酰胺	40~240	单	-35~110	≤0.5	≤50(100)
6	BR型(带挡圈的缓冲密封件)	聚氨酯+聚酰胺	40~250	单	-35~110	≤0.5	≤50(100)
7	BU型(带挡圈的缓冲密封件)	聚氨酯+聚酰胺	40~300	单	-35~110	≤0.5	≤50(100)
8	C1型	丁腈橡胶	2~110	单	-35~100	≤0.5	≤16
		氟橡胶	2~280				
9	CR型(同轴密封)	丁腈橡胶+改性聚四氟乙烯	4~400	双	-30~100	≤4.0	≤16
10	GS型	聚氨酯	3~20	单	-35~90	≤1.0	≤20
11	HL型	聚氨酯	16~65	单	-35~110	≤1.0	≤25
12	JS型(弹簧赋能)	碳纤维填充聚四氟乙烯+不锈钢	4~630	单	-250~315	≤15	≤35
13	OD型(同轴密封)	丁腈橡胶+填充聚四氟乙烯	5~2500	单	-30~100	≤4	≤40/60
14	ON型(同轴密封)	丁腈橡胶+填充聚四氟乙烯	5~2500	双	-30~100	≤4	≤40/60
	Q3迫紧型(组合)	丁腈橡胶+夹布丁腈橡胶	12~310	单	-30~100	≤0.5	≤25

（续）

序号	密封件型号	密封材料	尺寸范围/mm	作用	温度范围/℃	速度/(m/s)	压力/MPa
15	R3 双唇迫紧型（带挡圈）	丁腈橡胶+填充聚四氟乙烯	10~320	单	-30~100	≤0.5	≤31.5
		氟橡胶+填充聚四氟乙烯	10~200		-5~200/230		

注：1. 参考派克汉尼汾公司 2021 版《派克液压密封件》样本。

2. 密封件制造商推荐，对于含水介质，可以使用 P5000 材料；对于低温应用，推荐使用 P5009 材料；高温可以使用 P6000 或更耐高温的 P4300 材料；P6030 有着优异的耐磨损、低压缩永久变形率、耐更高的温度等特点。B4 型聚氨酯活塞杆密封的标准挡圈材料为聚酰胺；对于水基介质，密封件制造商提供聚甲醛材料。活塞密封件同。

3. 对于 PTFE CR 型活塞杆密封（双向）高压应用，密封件制造商推荐采用碳纤维填充 PTFE。

4. GS 型聚氨酯杆密封是密封件制造商特别针对其弹簧应用的苛刻要求而开发的。

5. 对于 PTFE OD 型活塞杆密封（单作用）和 PTFE ON 型活塞杆密封（单作用），当采用 H7/f7 配合时其压力范围可达≤60MPa。

6. 一些同轴密封中 O 形圈材料除选择丁腈橡胶，还可选择氢化丁腈橡胶或氟橡胶。

7. 采用氟橡胶的 R3 型活塞杆密封件工作温度瞬间可达 230℃。

表 1-58 活塞密封件（仅供参考）

序号	密封件型号	密封材料	尺寸范围/mm	作用	温度范围/℃	速度/(m/s)	压力/MPa
1	B7 型	聚氨酯	11~380	单	-35~110	≤0.5	≤40
2	B8 型（带挡圈）	聚氨酯+聚甲醛	40~320	单	-35~110	≤0.5	≤50(80)
3	C2 型	丁腈橡胶或氟橡胶	4~350	单	-25~100	≤0.5	≤16
4	CP（同轴密封）	丁腈橡胶+改性聚四氟乙烯	5~670	双	-30~100	≤4	≤35
5	CQ（带星形圈组合）	丁腈橡胶+填充聚四氟乙烯	20/40~700	双	-30~110	≤3	≤40/60
6	CT 型（同轴密封）	丁腈橡胶+填充聚四氟乙烯+聚酰胺	60~320	双	-40~110	≤1.5	≤50
7	JK 型（弹簧赋能）	碳纤维填充聚四氟乙烯+不锈钢	6~700	单	-250~315	≤15	≤35
8	KR（组合）	聚氨酯+丁腈橡胶	20~200	双	-35~110	≤0.5	≤30
9	OE（同轴密封）	丁腈橡胶+填充聚四氟乙烯	8~4000	双	-30~100	≤4.0	≤40/60
10	OG（同轴密封）	丁腈橡胶+填充聚四氟乙烯	8~4000	单	-30~100	≤4.0	≤40/60
11	OK（同轴密封）	丁腈橡胶+聚酰胺	25~480	双	-30~110	≤1.0	≤80
12	OT（同轴密封）	丁腈橡胶+填充聚四氟乙烯	8~4000	双	-30~100	≤4.0	≤40/60
13	OU（组合）	丁腈橡胶+聚氨酯	25~200	双	-30~100	≤0.5	≤30
14	ZC/ZP 型（组合）	（夹布）丁腈橡胶+聚甲醛	80~320	双	-20~100	≤0.1	≤50
15	ZW（5 件组合）	丁腈橡胶+聚酯+聚酰胺	30~250	双	-35~100	≤0.5	≤40

注：1. 参考派克汉尼汾公司 2021 版《派克液压密封件》样本。

2. 对于 PTFE CP 型活塞密封（双向）高压应用，密封件制造商推荐采用碳纤维填充 PTFE。

3. 在 PTFE CQ 型活塞密封（双向）中采用单 O 形圈压力范围可达 40MPa，采用双 O 形圈压力范围可达 60MPa。

4. 在样本第 98 页中，“JS 型弹簧赋能 PTFE 活塞密封”下为“JK 型弹簧赋能 PTFE 活塞密封”，现按 JK 型；所“推荐的标准轴径”也应是“孔径”，但给出的尺寸范围中最小孔径可能有问题。

5. KR 型聚氨酯活塞组合密封（双向）可用于液压缸或蓄能器。特别适合用于对内泄漏要求严格的场合。

6. 对于 OE 型 PTFE 活塞组合密封（双向）、OG 型 PTFE 活塞组合密封（单向）和 OT 型 PTFE 活塞组合密封（双向），当采用大截面、小间隙 H7/f7 配合时其压力范围可达≤60MPa。

表 1-59 防尘圈（仅供参考）

序号	密封件类型	密封材料	尺寸范围/mm	作用	温度范围/℃	速度/(m/s)	沟槽类型
1	A1 型防尘圈	丁腈橡胶	4~500	单	-35~100	≤2.0	闭
		聚氨酯	12~260				
		氟橡胶	6~250				

（续）

序号	密封件类型	密封材料	尺寸范围/mm	作用	温度范围/℃	速度/(m/s)	沟槽类型
2	A5型防尘圈	丁腈橡胶	10~360	单	-35~100	≤2.0	闭
		聚氨酯			-35~80		
3	A6型防尘圈	丁腈橡胶	40~230	单	-35~100	≤2.0	闭
4	A7型刮尘圈	热塑性材料	20~140	单	-40~100	≤1.0	闭
5	A8型聚氨酯防尘圈	聚氨酯	18~330	单	-35~100(110)	≤2.0	闭
6	AD型聚四氟乙烯双作用防尘圈	填充聚四氟乙烯+丁腈橡胶	5~4200	双	-30~100	≤4.0	闭
		填充聚四氟乙烯+氟橡胶			-30~200		
7	AE型PTFE双作用防尘圈	填充聚四氟乙烯+丁腈橡胶	6~1000	双	-30~100	≤4.0	闭
8	AF型金属骨架防尘圈	聚氨酯+金属	35~210	单	-35~100	≤2.0	开
9	AG型销轴防尘圈	聚氨酯+金属	15~180	单	-35~100	≤2.0	开
10	AH型防尘圈	聚氨酯+金属	20~230	双	-35~100(110)	≤2.0	开
11	AM型金属骨架防尘圈	丁腈橡胶+金属	6~200	单	-35~100	≤2.0	开
		聚氨酯+金属					
12	AY型双唇防尘圈	聚氨酯	8~160	双	-35~100	≤2.0	闭

注：1. 参考派克汉尼汾公司2021版《派克液压密封件》样本。
2. AD型聚四氟乙烯双作用防尘圈按轻、中或重载选择。
3. 密封件制造商还可能提供除上表所列之外的其他密封材料，如氟橡胶等的密封件。

表1-60　导向环（带）（仅供参考）

序号	密封件类型	密封材料	尺寸范围/mm	温度范围/℃	速度/(m/s)	沟槽类型
1	F1型(开口式活塞用)	聚酰胺	20~250	-40~100	≤5	闭
2	F3型(带)	填充聚四氟乙烯	1.5、1.55、1.6、2.5、3.0、4.0	-100~200	≤5	闭
3	FC型(带)	织物增强的酚醛树脂+PTFE	2.5、4.0	-50~130	≤0.5	闭
4	FR型(带)	织物增强的酚醛树脂	12~600(活塞杆用) 15~605(活塞用)	-50~120	≤0.5	闭
		聚酯纤维增加酚醛树脂+PTFE		-50~130		

注：1. 参考派克汉尼汾公司2021版《派克液压密封件》样本。
2. FC型导向带的表面纹理可改善滑动性能。F3型活塞导向环也有压花的表面结构（FW）。
3. FC型导向带材料还有聚酯纤维增强的酚醛树脂+PTFE（棕色）。
4. FC型导向带、FR型导向环都涉及吸水问题，使用时请注意。

表1-61　其他密封件（仅供参考）

序号	密封件名称	密封材料	尺寸范围/mm	温度范围/℃	速度/(m/s)	压力/MPa
1	HS型缸头静密封	聚氨酯(P6000)	7~340	-35~110	静密封	≤60
2	OV型聚氨酯材料法兰密封	聚氨酯(P5008)	17~152.1或25.4~168.5	-35~100	静密封	≤60
3	V1型聚氨酯O形圈	聚氨酯(P5008)	1.78×1.7~225×5	-35~110	静密封或≤0.5	≤60
4	WZ型复合密封垫圈	丁腈橡胶	4.5(M4)~31(M30)	-30~100	静密封	爆破≤155
		氟橡胶		-20~200		

（续）

序号	密封件名称	密封材料	尺寸范围/mm	温度范围/℃	速度/(m/s)	压力/MPa
5	XA 和 XB 聚四氟乙烯 O 形圈挡圈	聚四氟乙烯（PS001）	1.25、1.4、1.7、1.9、2.5、2.75	-190~230	静密封	中低压用

注：1. 参考派克汉尼汾公司 2021 版《派克液压密封件》样本。

2. 除 P6000（灰色，-35~110℃），还有其他聚氨酯材料可选，如 P5008（绿色，-35~100℃）、P5009（灰色，-45~95℃）、P4700（浅绿色，-45~90℃）等。密封件制造商推荐水基介质建议采用 P5001；食品行业建议采用 P5000。

3. XA 整体式和 XB 开口式聚四氟乙烯 O 形圈挡圈主要用作单独使用 O 形圈不能避免挤出失效的场合，如压力高于 7MPa；直径配合间隙大于 0.25mm（当压力大于 1MPa）；高频率；高温；介质中可能有污染物；压力变化大，脉动压力。

4. 除 PS001（白色）聚四乙烯，还有 PS033（黑色，-190~315℃）、PS052（青铜色，-156~260℃）、PS074（灰色，-260~310℃）等聚四氟乙烯及其他工程塑料材料可供选择。

（5）华尔卡液压缸密封件总汇（见表 1-62~表 1-66）

表 1-62　活塞杆密封件（仅供参考）

序号	密封件名称	系列	尺寸范围/mm	作用	密封材料	温度范围/℃	速度/(m/s)	压力/MPa
1	U 形密封圈	UHR	18~200	单	聚氨酯橡胶① 丁腈橡胶 特级橡胶② 氟橡胶	-20~80 -30~80 -25~120 -10~150	0.04~1.0	见表 1-40
2		UNR	160~280	单				
3		MLR	22.4~100	单				
4		UHS	11.2~145	单				
5		UNS	6.3~150	单				
6		URHP	40~150	单	聚氨酯橡胶	-20~90		
7	减震环	URBF	40~150		聚氨酯+聚酰胺(挡圈)			34.3
8	V 形密封圈	VNV	6~400	单	夹布丁腈橡胶	-30~80	0.1~1.5	58.8
9		VNF	6.3~1000	单	夹布氟橡胶	-10~150		
10		VGH	6.3~300	单	丁腈橡胶 氟橡胶	-30~80 -10~150	0.05~0.5	17.2
11	MV 形密封圈	MV	25~670 或 40~300	单	丁腈橡胶 特级橡胶 氟橡胶	-30~80 -25~120 -10~150	0.1~1.5	34.5

注：参考华尔卡（上海）贸易有限公司产品样本 2017 年版本。

① 华尔卡 E9625（R5590）为标准型聚氨酯橡胶，TE9625（R5990）为耐热、耐水解型聚氨酯橡胶。以下同。

② 根据“气-液压密封材料的种类与特性”表，特级橡胶为氢化丁腈橡胶（HNBR）。以下同。

③ 与“活塞杆密封的选定指导”表不同，还有聚氨酯材料的 MV 形密封圈。

表 1-63　U 形密封圈材料和使用压力条件　　（单位：MPa）

型式与系列		聚氨酯	丁腈橡胶	氟橡胶	特级橡胶
通用型	UH 系列	20.6/44.1	13.7/34.3	13.7/34.3	13.7/34.3
	UR 系列				
高压系列	UN 系列	34.3/68.6			20.6/44.1
	ML 系列				

注：1. 参考华尔卡（上海）贸易有限公司产品样本 2017 年版本。

2. 表中的压力分别为不加挡圈或加挡圈时的压力。

表 1-64 活塞密封件（仅供参考）

序号	密封件名称	系列	尺寸范围/mm	作用	密封材料	温度范围/℃	速度/(m/s)	压力/MPa
1	U形密封圈	UHP	40~250	单	聚氨酯橡胶 丁腈橡胶 特级橡胶 氟橡胶	-20~80 -30~80 -25~120 -10~150	0.04~1.0	见表 1-40
2		UNP	180~330	单				
3		MLP	40~250	单				
4	滑动密封圈	APS	20~250	双	氟树脂+丁腈橡胶 或氟树脂+氟橡胶	-30~80 -10~150	0.01~1.0	20.6
5		APL	40~200	双				34.3
6		APT	50~320	双	氟树脂+聚酰胺+丁腈橡胶 氟树脂+聚酰胺+氟橡胶	-30~80 -10~150		
7		CPL	80~215	双	氟树脂+聚酰胺+丁腈橡胶	-20~90		
8	V形密封圈	VNV	16~400	单	夹布丁腈橡胶	-30~80	0.1~1.5	58.8
9		VNF	16.3~1040	单	夹布氟橡胶	-10~150		
10		VGH	16.3~332	单	丁腈橡胶 氟橡胶	-30~80 -10~150	0.05~0.5	17.2

注：参考华尔卡（上海）贸易有限公司产品样本 2017 年版本。

表 1-65 防尘圈密封圈（仅供参考）

序号	系列	尺寸范围/mm	作用	密封材料	温度范围/℃	速度/(m/s)	沟槽类型
1	DHS	11.2~230	双	聚氨酯橡胶 丁腈橡胶 氟橡胶	-20~80 -30~80 -10~150	0.04~1.0	闭*
2	DRL	6.3~315	单	聚氨酯橡胶①	-20~80		闭
3	DSL	6.3~315	单	聚氨酯橡胶①+冷轧钢板	-20~80		开
4	DSB	40~150	单	聚氨酯橡胶+冷轧钢板	-20~90		

注：1. 参考华尔卡（上海）贸易有限公司产品样本 2017 年版本。

2. DRL 和 DSL 系列防尘圈密封圈还可订购丁腈橡胶、特级橡胶和氟橡胶材料。

① 沟槽类型为闭 * 的有时需开式沟槽。

表 1-66 挡圈、耐磨环、滑环（仅供参考）

序号	名称	系列	密封材料	尺寸范围/mm	温度范围/℃	速度/(m/s)	压力/MPa
1	挡圈	—	氟树脂	见各系列样本	-30~150	0.04~1.0	44.1
2		URHP 用	聚酰胺	3×(40~150)			
3	耐磨环	WPL	夹布 酚醛树脂	2×(31.5~50)、3×(56~250)			
4		WPG	玻璃纤维 增强聚酰胺	2.5×(80~150)、3×(165~215)			
5	滑环	SRPG	玻璃纤维 增强聚酰胺	4×(80~215)			

注：参考华尔卡（上海）贸易有限公司产品样本 2017 年版本。

（6）Merkel 液压缸密封件总汇（见表 1-67~表 1-70）

表 1-67　活塞杆密封件（仅供参考）

序号	密封件型号	尺寸范围/mm	作用	密封材料	温度范围/℃	速度/(m/s)	压力/MPa
1	LF 300	16~92	单	94 AU 925	-30~110	0.6	32
				92 AU 21100	-50~110		
				94 AU 30000	-35~120		
2	NI150	6~140	单	80 NBR 878	-30~100	0.5	10
3	NI250(带挡圈)	20~90	单	80 NBR 878/PO 992020	-30~100	0.5	25
4	NI 300	10~180	单	94 AU 925	-30~110	0.5	40
				94 AU 30000	-35~120		50
5	NI400(带挡圈)	20~360	单	80 NBR 878/PO 992020	-30~100	0.5	40
6	T 20	8~320	单	94 AU V142	-30~110	0.5	40
				94 AU 30000	-35~120		50
7	T22	20~160	单	95 AU V142	-30~110	0.5	40
8	T 23(带挡圈)	40~260	单	95 AU V142/PO 202	-30~110	0.5	50
9	T 24	45~171	单	95 AU V142	-30~110	0.5	40
10	TM 20	320~1248	单	95 AU V142	-30~110	0.5	40
11	TM 23(带挡圈)	60~340	单	95 AU V157 93 AU V167	+5~60	0.5	50
12	NRS-0503(带挡圈)	90~600	单	95 AU V157	-30~110	0.5	50
13	L20	65~200	单	85 NBR B203/85 NBR B247	-30~100	0.5	16
				85 FKM K664	-10~200		
14	SYPRIM SM(缓冲环)	40~200	单	95 AU V142/POM 202	-30~110	0.5	40
				94 AU 30000/POM 202	-35~120		50
15	密封件组 0214 (带挡圈)	140~1100	单	80 NBR B246/PO 202/PA 6. G 200	-30~100	1.5	40
16	密封件组 0216 (带挡圈)	125~1070	单	80 NBR B246/PO 202/PA 6. G 200	-30~100	1.5	40
17	TMP 20	80~1800	单	93 AU V167/93 AU V168	-10~80	1.5	2
18	OMS-MR(同轴密封)	3~1120	单	PTFE B602/NBR B276 PTFE GM201/NBR B276	-30~100	5	40
				PTFE B602/FKM K655	-10~200		
19	OMS-MR PR (同轴密封)	25~1120	单	PTFE B602/NBR PTFE GM201/NBR PTFE C104/NBR	-30~100	5	40
20	OMS-S(同轴密封)	20~1070	单	PTFE GM201/NBR B246	-30~100	5	40
21	OMS-S PR (同轴密封)	80~1248	单	PTFE B602/NBR PTFE GM201/NBR PTFE C104/NBR	-30~100	5	40
22	KI 310	10~145	单	94 AU 925	-30~110	0.5	40
23	KI 320	40~140	单	94 NBR 925/POM 992020	-30~110	0.5	50
24	S 8	5~240	单	70 NBR B209	-30~100	0.5	25
25	TFMI	10~100	双	PTFE 177023/NBR	-30~100	2.0	16
26	V 1000(V 组)	100~2450	单	BI-NR B5A15 BI-NR B5B210	-30~100	—	—
27	雪佛龙密封件组 ES/ESV	16~1220	单	BI-NBR B259	-30~100	0.5	40
				BI-FKM	-15~140		
28	雪佛龙密封件组 DMS	20~90	单	PTFE	-15~140	1.2	30
				PTFE fabric	-200~260	0.8	70

（续）

序号	密封件型号	尺寸范围/mm	作用	密封材料	温度范围/℃	速度/(m/s)	压力/MPa
29	填料环 TFW	5~70	单	15/F 52902	-200~220	1.5	31.5
30	H MF	8~420	单	88 NBR 101	-30~100	0.5	1
31	H OF	3~120.7	单	88 NBR 101	-30~100	0.5	1
32	FOI(带弹簧)	2~125	单	10/F 56110	-200~260	15	30
33	N 1/AUN 1	2/4~460	单	90 NBR 109	-30~100	0.5	10
				94 AU 925	-30~110		20
34	N 100/AUN 100	8~400	单	90 NBR 109	-30~100	0.5	16
				94 AU 925	-30~110		30
35	HDR-2C	40~180	单	92 AU 21100/98 AU928	-30~110	0.5	50
36	UNI	40~130		94 U801	-45~100	1.0	30
37	HBY(缓冲环)	40~210	单	94 U801/80 NP	-55~100	1.0	50
				94 U 641/80 NP	-35~110		
				95 UH 05/80 NP	-55~120		
38	HBTS(同轴密封)	4~180	单	55YF/A305	-30~100	1.5	50
				55YF/F201	-20~160		
39	ISI	18~300	单	94 U801	-30~100	1.0	30
				94 U641	-10~110		
40	IUH	14~240	单	90 NBR A505	-25~100	1.0	14
				82 NBR A567	-35~80		
				85 HNBR G928	-25~120		
41	SPN(同轴密封)	18~140	双	19YF/A980	-40~100	1.5	35
				19YF/F201	-20~160		
42	IDI	6.3~300	单	94 U801	-35~100	1.0	35
43	SPNC(同轴密封)	3~360	双	31 BF/A305	-30~100	1.5	2
				31 BF/F201	-20~160		
44	SPNO(同轴密封)	12~380	双	19 YF/A305	-30~100	1.5	35
				19 YF/F201	-20~160		

注：1. 参考科德宝密封技术有限公司《流体动力密封》第11卷。

2. 一些尺寸范围与本书第1版比较略有变化，选用时请仔细阅读产品样本。以下同。

表1-68 活塞密封件（仅供参考）

序号	密封件型号	尺寸范围/mm	作用	密封材料	温度范围/℃	速度/(m/s)	压力/MPa
1	NA 150	12~200	单	80 NBR 878	-30~100	0.5	10
2	NA 250(带挡圈)	32~180	单	80 NBR 878/PO 992020	-30~100	0.5	25
3	NA 300	16~400	单	94 AU 925	-30~110	0.5	40
4	NA 400(带挡圈)	25~320	单	80 NBR 878/PO 992020	-30~100	0.5	40
5	TM 21	160~1160	单	95 AU V142	-30~110	0.5	40
				93 AU V167	-25~100		
6	TMP 21	200~1240	单	93 AU V167	-25~100	1.5	2
				93 AU V168	-10~80		
7	N 1/AUN 1	7/10~500	单	90 NBR 109	-30~100	0.5	10
				94 AU 925	-30~110		20
8	N 100/AUN 100	20~390	单	90 NBR 109	-30~100	0.5	16
				94 AU 925	-30~110		30
9	T 18(带挡圈)	40~320	单	95 AU V142/PO 202	-30~110	0.5	40
10	T 42(组合)	60~380	双	93 AU V167 NBR/PO 202	+5~60	0.1	50
11	T 44(组合)	110~345	双	93 AU V167 NBR/PO 202	+5~60	0.1	150

（续）

序号	密封件型号	尺寸范围/mm	作用	密封材料	温度范围/℃	速度/(m/s)	压力/MPa
12	0215(带挡圈)	80~900	单	80 NBR B246 /PO 202/PA 6. G200	-30~100	1.5	40
13	0217(带挡圈)	200~1060	单	80 NBR B246 /PO 202/PA 6. G200	-30~100	1.5	40
14	OMK-PU(同轴密封)	20~200	双	95 AU V42/B 276	-30~100	0.5	25
15	OMK-E(同轴密封)	8~950	单	GM201/B275 B602/B276	-30~100	5	40
				B602/K566	-10~200		
16	OMK-ES(同轴密封)	110~750	单	B602/B246 GM201/B246	-30~100	5	40
17	OMK-MR(同轴密封)	8~1330	双	B602/B276 GM201/B276	-30~100	5	40
				B602/K655	-10~200		
18	OMK-S(同轴密封)	50~1750	双	B602/B246 GM201/B246	-30~100	5	40
19	Simko 300(同轴密封)	20~180	双	98 AU 928/872 98 AU 928/709	-30~100	0.5	40
20	HDP330(同轴密封)	32~220	双	PA 4112/177605	-30~100	1.0	60
21	Simko 320×2(组合)	25~250	双	80 NBR 878/PA	-30~100	0.5	40
22	Simko 520(组合)	40~320	双	80 NBR/PO 992020	-30~100	0.5	50
23	L 27(组合)	50~320	双	B602/B247/PO202 B602/B203/PO202	-30~100	1.5	50
24	L 43(组合)	40~200	双	70 NBR B281/TP113/PA6501	-30~100	0.5	40
25	T 19	25~100	双	95 AU V142/PO202	-30~110	0.5	21
26	TFMA	10~150	双	177023/NBR	-30~100	2	16
27	TDUOH	25~300	双	90 NBR 109	-30~100	0.5	6
28	TMF	28~	单	88 NBR 101	-30~100	0.5	1
29	TOF	10~350	单	88 NBR 101	-30~100	0.5	1
30	EK/EKV(V组)	40~1100	单	BI-NBR	-30~100	0.5	40
				BI-FKM	-15~140		
31	FOA(带弹簧)	10~200	单	10/F56110	-200~260	15	30
32	CPH	30~205	单	70 A 102/70 A 103 70 A 104/70 A 505	-25~100	0.3	3.5
33	CPI	24~300	单	94 U801	-35~100	0.3	7
34	ODI	18~332	单	94 U801	-35~100	1.0	35
35	OSI	35~300	单	94 U801	-30~100	1.0	30
36	OUHR	40~250	单	90 A505	-25~100	1.0	14
				82 A567	-55~80		
37	OUIS	40~250	单	94 U801	-30~100	1.0	30
				94 U641	-10~110		
38	SPG(同轴密封)	30~1650	双	19YF/80 A980	-40~100	1.5	50
				19YF/70 F201	-20~160		
39	SPGC(同轴密封)	6~400	双	31BF/70 A305	-30~100	1.5	2
				31BF/70 F201	-20~160		
40	SPGO(同轴密封)	20~400	双	19YF/70 A305	-30~100	1.5	35
				19YF/70 F201	-20~160		
41	SPGW(同轴密封)	50~320	双	19YF/80 A980	-40~100	1.5	50
				19YF/70 F201	-20~120		
				19YF/85 FG928	-25~120		

注：参考科德宝密封技术有限公司《流体动力密封》第11卷。

表 1-69 防尘圈（仅供参考）

序号	密封件型号	尺寸范围 /mm	作用	密封材料	温度范围 /℃	速度 /(m/s)	沟槽类型
1	AS(带骨架)	6～400	单	88 NBR 101 88 NBR 99035	-30～100	2.0	B型
2	ASOB	8～140	单	88 NBR 101	-30～100	2.0	A型
3	AUPS(带骨架)	35～90	单	94 AU 925	-30～110	2.0	B型
				94 AU 30000	-35～120		
4	AUAS(带骨架)	10～200	单	94 AU 925	-30～110	2.0	B型
				94 AU 30000	-35～120		
5	AUAS R(带骨架)	25～80	单	94 AU 925	-30～110	2.0	B型
6	AUASOB	6～200	单	94 AU 925	-30～110	2.0	A型
7	P 6	16～900	单	85 NBR B247	-30～100	2.0	A型
				85 FKM K664	-10～200		
8	PU 5	16～200	单	95 AU V149	-30～110	2.0	A型
				94 AU 30000	-35～120		
9	PU 6	12～200	单	95 AU V149	-30～110	2.0	A型
10	DKH(带骨架)	10～500	单	80 A104 80 A795	-20～100	2.0	B型
				80 A980	-55～80		
				80 F975	-20～150		
11	DKI(带骨架)	6.3～300	单	94 U801	-35～100	2.0	B型
12	DSI	6.3～300	单	94 U801	-35～100	2.0	A型
13	DWI(带骨架)	40～140	单	95 U801	-55～100	2.0	B型
14	DWR(带骨架)	25～140	单	95 U801	-55～100	2.0	B型
15	P 8	10～1000	双	90 NBR 109 85 NBR B247	-30～100	1.0	D型
16	P 9	200～2450	双	85 NBR B247	-30～100	1.0	D型
17	PRW 1	22～160	双	94 AU 925	-30～110	1.0	D型
				92 AU 21100	-50～100		
				94 AU 30000	-50～120		
18	PT 1(同轴防尘)	10～920	双	B602/70 NBR GM201/70NBR	-30～100	5.0	D型
				B602/70 FKM	-10～200		
				GM201/70 FKM	-10～150		
19	PT 2(同轴防尘)	100～1500	双	B602/70 NBR	-30～100	5.0	D型
				B602/70 FKM	-10～200		
20	PU 11	12～170	双	95 AU V142	-30～110	1.0	D型
				94 AU 30000	-40～120		
21	DKB(带骨架)	14～250	双	80 A795	-20～100	1.0	B型
				80 NBR A980	-55～80		
				80 FKM F975	-20～150		
22	DKBI(带骨架)	20～140	双	94 U801	-55～100	1.0	B型
				94 U641	-10～110		
23	LBI	18～250	双	92 U593	-35～100	1.0	D型
24	LBH	12～500	双	90 A505	-25～100	1.0	D型
				82 A567	-55～80		
				90 F357	-10～150		

注：1. 参考科德宝密封技术有限公司《流体动力密封》第11卷。
2. 密封圈安装沟槽型式按GB/T 6578—2008《液压缸活塞杆用防尘圈沟槽型式、尺寸和公差》。

表 1-70　活塞和活塞杆抗磨环及导向条（仅供参考）

序号	密封件类型	密封材料	尺寸范围/mm	温度范围/℃	速度/(m/s)	压力/MPa
1	EKF	PA4201	ϕ20×8～ϕ220×30	-40～100	1.0	—
2	FRA	PA4112	ϕ20×3.9～ϕ200×14.8	-40～100	1.0	≤40,在 20℃ ≤30,在 100℃
3	KB	HG517 HG600	ϕ30×5.5～ϕ300×14.8 ϕ305×14.8～ϕ1050×24.4	-40～120	1.0	<50,60℃以下 <25,100℃以下
4	KBK	HG517 HG650	ϕ40×14.8～ϕ300×34.5 ϕ300×24.5～ϕ1500×39.5	-40～120	1.0	<60,120℃以下
5	KF	B500	ϕ20×5.5～ϕ1300×24.5	-40～200	5.0	<15,20℃以下 <7.5,80℃以下 <5,120℃以下
6	RYT	05ZF	8×2、10×2、15×2.5、20×2.5、25×2.5、30×2.5、35×2.5、40×2.5、45×2.5、50×3、55×3、60×3、70×3	-55～220	1.5	—
7	FRI	PA4112	ϕ20×3.9～ϕ100×9.5	-40～100	1.0	≤40,在 20℃ ≤30,在 100℃
8	SBK	HG517 HG650	ϕ25×9.5～ϕ292×24.5 ϕ300×24.5～ϕ1626×39.5	-40～120	1.0	<60,120℃以下
9	SB	HG517 HG600 HG650	ϕ20×5.5～ϕ300×14.8 ϕ300×24.5～ϕ1650×24.5	-40～120	1.0	<50,60℃以下 <25,100℃以下
10	SF	B500	ϕ25×5.5～ϕ1150×24.5	-40～200	5.0	<15,20℃以下 <7.5,80℃以下 <5,120℃以下

注：1. 参考科德宝密封技术有限公司《流体动力密封》第 11 卷。
2. 类型为 RYT 活塞抗磨环的规格是由“沟槽槽宽×抗磨环厚度”表示的。
3. 密封件类型包括“活塞抗磨环”和“活塞杆抗磨环”，FRI、SBK、SB、SF 的为活塞杆抗磨环，其余的为活塞抗磨环。

1.4.2　液压缸密封技术的展望

1. 液压缸密封技术标准化工作展望

除 GB/T 15622—××××《液压缸试验方法》、JB/T 10205.1—××××《液压缸　第 1 部分：通用技术条件》等标准正在修订中外，以下 4 项标准也将修订，见表 1-71。

表 1-71　将要修订的 4 项标准

序号	标　准	备　注
1	GB/T 2879—2005《液压缸活塞和活塞杆动密封　沟槽尺寸和公差》	ISO 5597:1987(2018)
2	GB/T 3452.2—2007《液压气动用 O 形橡胶密封圈　第 2 部分:外观质量检验规范》	ISO 3601-3:2005
3	GB/T 3452.3—2005《液压气动用 O 形橡胶密封圈　沟槽尺寸》	ISO 3601-2:2008(2016)
4	GB/T 6578—2008《液压缸活塞杆用防尘圈沟槽型式、尺寸和公差》	ISO 6195:2002(2020),MOD

国家 2021 年重点专项“航空液压系统高性能密封件”也可能产生“航空液压系统组合密封圈”这样的标准，或许包括橡胶密封圈、挡圈和试验方法等标准。

2. 设计观念的不断进步

除在本书第 1 版提出的，现在液压缸密封设计一般都有了整体观念，注意各密封件或密封装置间的协调、统一配置。密封系统概念的提出，有力地强化了这一观念。设计密封系统着眼于液压缸整体性能，既要满足液压缸对密封的技术要求，又要保证液压缸的使用寿命，同时，还要兼顾液压缸低压、低温、低速、高压、高温、高速等方面的性能要求。

密封系统设计的整体观念表现在注意防止或减轻密封件所受冲击，注意防止或减少密封件与液压油液中污染物接触的机会，以及注意防止和减少外部污染物进入液压缸内部等；密封系统的整体观念还表现在，对各串联布置的各密封件分工明确，注重追求导向、抗偏载、润滑、密封、抗污染及使用寿命等综合性能最优化，对于背靠背布置的密封件（双向密封，如活塞密封）也要兼顾彼此，注意困油、泄压及挤出（挤压）问题，追求简单、合理、可靠。因此，液压缸密封系统设计也可理解为是一种优化设计。

液压密封系统设计的内涵是将各密封件进行协调、统一配置，充分利用现有密封件，尽可能发挥各密封件优点，避免其缺点，将它们组合、搭配，形成协调、统一的配置。

现在，作者至少认为，液压缸活塞杆密封系统应处于“润滑摩擦”。

3. 采用泄漏失效设计准则

对于压力容器的泄漏，常用紧密性（tightness）这一概念来比较或评价密封的有效性。紧密性用被密封流体在单位时间内通过泄漏通道的体积或质量，即泄漏率来表示。漏与不漏（或零泄漏）是相对于某些泄漏检测仪器的灵敏度范围而言的。不同的测量方法和仪器有不同的灵敏度范围。不漏的含义是容器泄漏率小于所用泄漏检测仪器可以分辨的最低泄漏率。因此，泄漏只是一个相对的概念。

为评定密封㊀质量，美国压力容器研究委员会（PVRC）对螺栓法兰接头定义了五个级别的紧密性水平，即经济、标准、紧密、严密和极密，每级相差 10^{-2} 数量级。标准紧密度是单位垫片直径（外直径 150mm）的质量泄漏率为 0.002mg/(s·mm)。

由于泄漏是一个受众多因素，包括安装、设计、制造和检验、运行和维护等影响的复杂问题，现有的设计规范中有关密封装置或连接部件多数没有与泄漏发生定量的关系，而是用强度和/或刚度失效设计准则替代泄漏失效设计准则，并结合使用经验，以满足设备接头的密封要求，如参考文献［65］中介绍的 Waters 的法兰设计方法。

该方法将泄漏失效设计准则作为法兰接头设计准则之一融入了规范，从结构的完整性（强度）和密封性，即从应力分析和密封分析两个方面保证法兰组合件的使用和安全要求。

GB/T 35023—2018《液压元件可靠性评估方法》中也规定，“5　可靠性的一般要求
5.5　确定可靠性之前，应先定义‘失效’，规定元件失效模式。”

对液压缸及其密封“采用泄漏失效设计准则”，还必须坚持“泄漏先于爆破”这样一种先进的设计理念。

在 GB/T 40541—2021《航天金属压力容器结构设计要求》中给出了“泄漏先于爆破”的定义，一种设计理念，潜在关键缺陷通过加压产品后扩大，导致压力降低而泄漏，而非破裂或者爆裂。（作者认为应是“导致泄漏而压力降低，而非破裂或者爆炸”）

4. 对液压缸外泄（渗）漏的认识与表述

对于液压缸活塞杆处，当活塞杆运动时，如果想达到“零”泄漏是非常困难的。理论上的所谓“零”泄漏工况出现在杆带出液压油液量与杆带回液压油液量相等时，并且当条

㊀“‘密封’只是一个相对的概念。”更为确切。

件一旦发生变化，此工况即行消失。另外，在 GB/T 3766—2015《液压传动　系统及其元件的通用规则和安全要求》中规定，“6　安全要求的验证和验收测试　应以检查和测试相结合，对液压系统进行下列检验：d）除液压缸活塞杆在多次循环后有不足以成滴的微量渗油外，其他任何元件均无意外泄漏。”以“渗油”来表述液压缸活塞杆处的（外）泄漏不尽合理，此处的泄漏量以“滴”计按表 1-72 来表述较为合适。

表 1-72　液压缸活塞杆处泄漏量分级

级	描　　述	级	描　　述
0	无潮气迹象	3	出现流体形成不滴落液滴
1	未出现流体	4	出现流体形成液滴且滴落
2	出现流体但未形成液滴	5	出现流体液滴的频率形成了明显的液流

注：1. 参考 GB/Z 18427—2001，并且描述的是在观察期间内目视的泄漏状态。
2. 在 GB/Z 18427—2001 中没有使用“渗油”或“渗出”这样的术语。

作者已经建议，在 JB/T 10205.1—××××《液压缸　第 1 部分：通用技术条件》讨论稿中对液压缸活塞杆处泄漏量进行分级，并将“活塞杆上的油膜不足以形成油滴或油环”定为 3 级（外）泄漏。

5. 国家重点研发密封材料

在国家重点研发计划中的“高性能制造技术与重大装备”重点专项 2021 年度项目申报指南中，项目指南二级标题中有“2.4　航空液压系统高性能密封件”，其为共性关键技术之一。

研究内容包括：

1）研究航空液压系统高性能密封件材料与性能评价技术与标准。

2）突破高性能密封件—主机系统协同设计、密封件高形状精度与高质量表面加工、可靠性评价等关键技术。

3）搭建振动、温度和压力耦合的极端工况拟实基础试验平台。

4）研发密封件生产过程典型工艺绿色化技术及装备。

5）研制航空作动器、起落架等液压系统高性能密封件。

考核指标包括：

1）航空高性能密封系统设计软件 1 套。

2）航空液压系统高性能密封件工作压力 0~35MPa，工作温度-60~200℃，工作寿命≥3000h，泄漏率≤0.2mL/1000 次往复循环。

3）试验平台：瞬时工作压力≥70MPa、最大工作压力≥56MPa、最大往复运动≥15m/s，工作温度-70~250℃。

4）技术就绪度达到 7 及以上，在航空液压系统中实现应用验证。

5）制定相关团体、行业或国家技术标准≥3 项，申请发明专利≥5 项。

据介绍，一种与航空液压油相容，工作压力 0~35MPa，工作温度-60~200℃，工作寿命≥3000h，泄漏率≤0.2mL/1000 次往复循环的航空液压系统组合密封圈已经研制成功，其中的弹性体材料是作者尤为关注的。

苏州美福瑞新材料科技有限公司送检了 TPU1、TPU2、TPU3 热塑性聚氨酯密封材料，国家橡胶密封制品质量监督检验中心（西北橡胶塑料研究设计院有限公司橡胶密封制品检验实验室）2021 年 3 月 10 日签发了《检验报告》（NO.2021-03-07），检验结果见表 1-73。

表 1-73　TPU1、TPU2、TPU3 热塑性聚氨酯低温回弹检验结果　　（单位：℃）

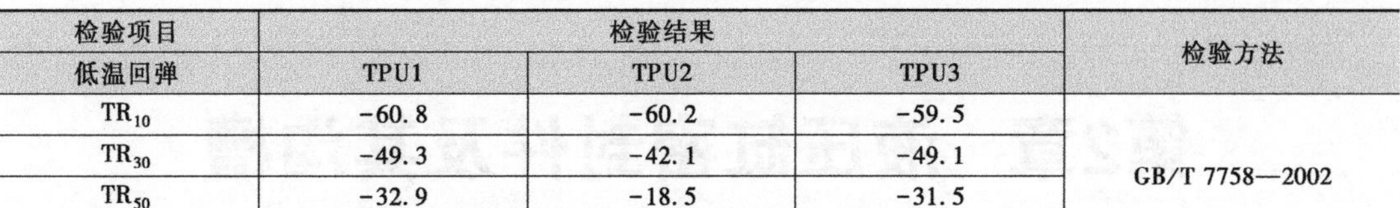

检验项目	检验结果			检验方法
低温回弹	TPU1	TPU2	TPU3	
TR_{10}	-60.8	-60.2	-59.5	GB/T 7758—2002
TR_{30}	-49.3	-42.1	-49.1	
TR_{50}	-32.9	-18.5	-31.5	
TR_{70}	-5.9	-5.4	-14.0	

注：1. GB/T 7758—2002《硫化橡胶　低温性能的测定温度回缩法（TR 试验）》已被 GB/T 7758—2020《硫化橡胶　低温性能的测定　温度回缩程序（TR 试验）》代替。

2. 对于新材料，可按 GB/T 37264—2018《新材料技术成熟度等级划分及定义》、GB/T 40518—2021《航天工程技术成熟度评价指南》等标准评价或判定。

尽管此密封材料的低温性能，如 10%回缩率的温度 TR_{10} 有所突破，但此密封材料最高工作温度无法同时也达到 200℃高温。

第2章　液压缸密封件及其沟槽

2.1　液压缸密封件质量的一般要求

2.1.1　液压缸橡胶密封材料的一般要求

密封的性能优劣，很大程度上取决于密封材料的性能。

液压缸密封对密封材料的一般要求如下：

1）致密性好，不易从密封件本体内泄漏工作介质。

2）有适当的机械强度和硬度。

3）在工作介质中有良好的化学稳定性，对工作介质有一定的适应性或耐受性，即密封材料相容性好；理想的要求是不溶胀、不收缩、不软化、不硬化。

4）压缩性和回弹性好，永久变形小。

5）有一定的温度适应能力，理想的要求是高温下不软化、不分解，低温下不硬化、不脆裂。

6）耐蚀性好，在工作介质中能长期工作，其体积和硬度变化小，并且不黏附在金属表面及对金属表面不产生腐蚀。

7）摩擦因数小，动、静摩擦因数相差小，耐磨性好。

8）与密封面贴合的柔软性（或称“顺应性”）和弹性好。

9）耐臭氧性和耐老化性好，经久耐用。

10）材料制备容易、加工制造简单、价格便宜。

2.1.2　液压缸密封件外观质量的一般要求

在 GB/T 3452.2—2007《液压气动用 O 形橡胶密封圈　第 2 部分：外观质量检验规范》中规定了液压气动用 O 形橡胶密封圈外观质量检验的判定依据，要求 O 形圈表面：当自然状态下密封制品在适当灯光下用 2 倍的放大镜观察时，表面不应有超过允许极限值的缺陷及裂纹、破损、气泡、杂质等其他表面缺陷。

在 GB/T 15325—1994《往复运动橡胶密封圈外观质量》中规定了往复运动橡胶密封圈及其压环、支撑环和挡圈的外观质量要求：橡胶密封圈的工作面外观应当平整、光滑、不允许有孔隙、杂质、裂纹、气泡、划痕、轴向流痕。

夹织物橡胶密封圈的工作面外观不允许有断线、露织物、离层、气泡、杂质、凸凹不平。对分模面在工作面的夹织物橡胶密封圈，其胶边高度、宽度和修损深度不大于 0.2mm。棱角处织物层允许有不平现象。

在 MT/T 985—2006《煤矿用立柱和千斤顶聚氨酯密封圈技术条件》中规定了煤矿用立柱和千斤顶聚氨酯密封圈外观质量要求：密封圈应色泽均匀，质地致密，不应有大于0.2mm 的气泡或杂质；工作表面不应有划痕、挠曲、凹痕、飞边等缺陷；切口面应平整规则，合口后应无空隙和缺陷。

液压气动用 O 形橡胶密封圈外观质量（表面缺陷允许极限）应符合 GB/T 3452.2—2007 中的相关规定。

往复运动橡胶密封圈及其压环、支撑环和挡圈的外观质量要求应符合 GB/T 15325—1994 中的相关规定。

其他聚氨酯密封圈外观质量也可参照 MT/T 985—2006 中的相关规定。

一些术语、词汇可参照 GB/T 5719—2006 中的术语和定义。

2.1.3 液压缸密封件的尺寸和公差及其测量

橡胶密封件试样尺寸的测量应按 GB/T 2941—2006《橡胶物理试验方法试样制备和调节通用程序》中的相关规定进行。

液压缸用橡胶、塑料密封制品按下列标准：

1）GB/T 3452.1—2005《液压气动用 O 形橡胶密封圈　第 1 部分：尺寸系列及公差》对应沟槽为 GB/T 3452.3—2005《液压气动用 O 形橡胶密封圈　沟槽尺寸》。

2）GB/T 10708.1—2000《往复运动橡胶密封圈结构尺寸系列　第 1 部分：单向密封橡胶密封圈》对应沟槽为 GB/T 2879—2005《液压缸活塞和活塞杆动密封　沟槽尺寸和公差》。

3）GB/T 10708.2—2000《往复运动橡胶密封圈结构尺寸系列　第 2 部分：双向密封橡胶密封圈》对应沟槽为 GB 6577—1986《液压缸活塞用带支承环密封沟槽型式、尺寸和公差》。

4）GB/T 10708.3—2000《往复运动橡胶密封圈结构尺寸系列　第 3 部分：橡胶防尘密封圈》对应沟槽为 GB/T 6578—2008《液压缸活塞杆用防尘圈沟槽型式、尺寸和公差》。

5）GB/T 15242.1—2017《液压缸活塞和活塞杆动密封装置尺寸系列　第 1 部分：同轴密封件尺寸系列和公差》对应沟槽为 GB/T 15242.3—2021《液压缸活塞和活塞杆动密封装置尺寸系列　第 3 部分：同轴密封件沟槽尺寸系列和公差》

6）GB/T 15242.2—2017《液压缸活塞和活塞杆动密封装置尺寸系列 第 2 部分：支承环尺寸系列和公差》对应沟槽为 GB/T 15242.4—2021《液压缸活塞和活塞杆动密封装置尺寸系列　第 4 部分：支承环安装沟槽尺寸系列和公差》。

7）JB/ZQ 4264—2006《孔用 Yx 形密封圈》。

8）JB/ZQ 4265—2006《轴用 Yx 形密封圈》。

9）JB/T 982—1977《组合密封垫圈》（已作废，仅供参考）。

沟槽 GB/T 2880—1981《液压缸活塞和活塞杆窄断面动密封沟槽尺寸系列和公差》暂缺适配密封圈。

GB/T 3672.1—2002《橡胶制品的公差　第 1 部分：尺寸公差》适用于硫化胶和热塑性橡胶制造的产品，但不适用于精密的环形密封圈。而在 MT/T 985—2006 中规定，“密封圈尺寸极限偏差应满足 GB/T 3672.1—2002 表 1 中 M1 级的要求。”

根据GB/T 5719—2006中橡胶密封制品的定义，作者试对液压缸用橡胶、塑料密封制品进行如下定义，即用于防止流体从液压缸密封装置中泄漏，并防止灰尘、泥沙及空气（对于高真空而言）进入密封装置内部的橡胶、塑料零部件。

2.1.4　液压缸密封件其他性能的一般要求

1. 硬度

无论采用邵氏硬度计还是便携式橡胶国际硬度计测量橡胶硬度，都是由综合效应在橡胶表面形成一定的压入深度，用以表示硬度测量结果。国际橡胶硬度是一种橡胶硬度的度量，其值由在规定的条件下从给定的压头对试样的压入深度导出。

尽管曾对某些橡胶和化合物建立了邵氏硬度和国际橡胶硬度之间转换的修正值，但现在不建议把邵氏硬度（Shore A、Shore D、Shore AO、Shore AM）值直接转换为橡胶国际硬度（IRHD）值。

硫化橡胶和热塑性橡胶的硬度可以采用GB/T 531.1—2008《硫化橡胶或热塑性橡胶　压入硬度试验方法　第1部分：邵氏硬度计法（邵尔硬度）》或GB/T 531.2—2009《硫化橡胶或热塑性橡胶　压入硬度试验方法　第2部分：便携式橡胶国际硬度计法》和GB/T 6031—2017《硫化橡胶或热塑性橡胶　硬度的测定（10 IRHD~100 IRHD）》中规定的方法测定。

在GB/T 5720—2008《O形橡胶密封圈试验方法》中规定的用于O形圈硬度测定的“微型硬度计应符合GB/T 6031—1998（2017）中的有关规定。”

GB/T 6031—2017中规定的方法M（微型试验），本质上是按比例缩小的方法N（常规试验），可用于薄、小试样。适用于橡胶硬度在35~85 IRHD范围内，也可用于硬度在30~95 IRHD范围内的橡胶。

在MT/T 985的规范性引用文件中引用了GB/T 531，MT/T 985中规定的聚氨酯密封圈硬度为：

1）23℃时，单体密封圈的硬度值应在90^{+5}_{-4} Shore A。

2）23℃时，复合密封圈外圈的硬度值应大于90 Shore A。

3）23℃时，复合密封圈的内圈硬度值应大于70 Shore A。

2. 拉伸强度

拉伸强度是试样拉伸至断裂过程中的最大拉伸应力，测定拉伸强度宜选用哑铃状试样。

硫化橡胶和热塑性橡胶的拉伸强度可以采用GB/T 528—2009《硫化橡胶或热塑性橡胶　拉伸应力应变性能的测定》中规定的方法测定，其原理为：在动夹持器或滑轮恒速移动的拉力试验机上，将哑铃状试样进行拉伸，按要求记录试样在不断拉伸过程中最大力的值。

在GB/T 5720—2008《O形橡胶密封圈试验方法》的规范性引用文件中引用了GB/T 528—1998（已被GB/T 528—2009代替）和HG/T 2369—1992《橡胶塑料拉力试验机技术条件》。

在MT/T 985的规范性引用文件中引用了GB/T 528，MT/T 985中规定的聚氨酯密封圈拉伸强度为：

1）23℃时，单体密封圈和复合密封圈产品的外圈拉伸强度应大于35MPa。

2）23℃时，复合密封圈的内圈拉伸强度应大于 16MPa。

3. 拉断伸长率

拉断伸长率是试样断裂时的百分比伸长率，只有在下列条件下，环状试样可以得出与哑铃状试样近似相同的拉断伸长率的值：

1）环状试样的拉断伸长率以初始内圆周长的百分比计算。

2）如果“压延效应”明显存在，哑铃状试样长度方向垂直与压延方向裁切。

硫化橡胶和热塑性橡胶的拉断伸长率可以采用 GB/T 528—2009《硫化橡胶或热塑性橡胶 拉伸应力应变性能的测定》中规定的方法测定，其原理为：在动夹持器或滑轮恒速移动的拉力试验机上，将哑铃状或环状标准试样进行拉伸，按要求记录试样在拉断时伸长率的值。

在 GB/T 5720—2008《O 形橡胶密封圈试验方法》的规范性引用文件中引用了 GB/T 528—1998（已被 GB/T 528—2009 代替）。

在 MT/T 985 的规范性引用文件中引用了 GB/T 528—1998（已被 GB/T 528—2009 代替），MT/T 985 中规定的聚氨酯密封圈的拉断伸长率为：

1）23℃时，单体密封圈的拉断伸长率应大于 400%。

2）23℃时，复合密封圈的外圈拉断伸长率应大于 350%。

3）23℃时，复合密封圈的内圈拉断伸长率应大于 260%。

4. 压缩永久变形

橡胶在压缩状态时，必然会发生物理和化学变化。当压缩力消失后，这些变化阻止橡胶恢复到其原来的状态，于是产生了永久变形。压缩永久变形的大小，取决于压缩状态的温度和时间，以及恢复高度时的温度和时间。在高温下，化学变化是导致橡胶发生压缩永久变形的主要原因。压缩永久变形是去除施加给试样的压缩力，在标准温度下恢复高度后测得的。在低温下试验，由玻璃态硬化和结晶作用造成的变化是主要的。当温度回升后，这些作用就会消失，因此必须在试验温度下测量试验高度。

在 GB/T 7759 中给出的试验原理分为在常温及高温、低温条件下：

1）常温及高温条件下试验原理。在标准实验室温度下，将已知高度的试样，按压缩率要求压缩到规定的高度，在标准实验室温度或高温条件下，压缩一定时间；然后在一定温度条件下除去压缩，将试样在自由状态下恢复规定时间，测量试样的高度。

2）低温条件下试验原理。在标准实验室温度下，将已知高度的试样压缩至规定的高度。在规定的低温条件下保持一定时间，然后在相同低温下释放压缩，将试样在自由状态下恢复，测量试样的高度：可以每隔规定时间测量一次（通过对压缩高度与时间作图，可评价在低温条件下试样压缩永久变形特性），也可以在规定的时间后进行测量。

（1）常温压缩永久变形

在常温条件下的试验，试验温度应是标准实验室温度（23±2）℃或（27±2）℃中的一个。

在 GB/T 5720—2008《O 形橡胶密封圈试验方法》的规范性引用文件中引用了 GB/T 7759—1996《硫化橡胶、热塑性橡胶 常温、高温和低温下压缩永久变形测定》（已被 GB/T 7759.1—2015《硫化橡胶或热塑性橡胶 压缩永久变形的测定 第 1 部分：在常温及高温条件下》和 GB/T 7759.2—2014《硫化橡胶或热塑性橡胶 压缩永久变形的测定 第

2部分：在低温条件下》代替）。

在MT/T 985的规范性引用文件中引用了GB/T 7759—1996（已被代替），MT/T 985中规定的聚氨酯密封圈常温压缩永久变形为：

1）单体密封圈压缩永久变形应小于25%。

2）复合密封圈的外圈压缩永久变形应小于30%。

（2）高温压缩永久变形

在高温条件下的试验，试验温度应是下列温度之一，即（40±1）℃、（55±1）℃、（70±1）℃、（85±1）℃、（100±1）℃、（125±2）℃、（150±2）℃、（175±2）℃、（200±2）℃、（225±2）℃或（250±2）℃。

MT/T 985中规定的聚氨酯密封圈高温压缩永久变形为：

1）单体密封圈压缩永久变形应小于45%。

2）复合密封圈的外圈压缩永久变形应小于50%。

3）复合密封圈的内圈压缩永久变形应小于30%。

（3）低温压缩永久变形

在低温条件下的试验，试验温度应从所列温度，即（0±2）℃、（−10±2）℃、（−25±2）℃、（−40±2）℃、（−55±2）℃、（−70±2）℃、（−80±2）℃或（−100±2）℃中选择。

5. 耐液体性能

在GB/T 17446—2012中给出了术语“密封材料相容性”的定义，即密封件材料抵御与流体发生化学反应的能力。

液体对硫化橡胶或热塑性橡胶的作用通常导致以下结果：

1）液体被橡胶吸入。

2）抽出橡胶中可溶成分。

3）与橡胶发生化学反应。

通常，吸入量大于抽出量，导致橡胶体积增大，这种形象被称为“溶胀”。吸入液体使橡胶的拉伸强度、拉断伸长率、硬度等物理及化学性能发生很大变化。此外，由于橡胶中增塑剂和防老剂类可溶物质，在易挥发性液体中易被抽出，其干燥后的物理及化学性能同样会发生很大变化。因此，测定橡胶在浸泡后或进一步干燥后的性能很重要。

在GB/T 1690—2010《硫化橡胶或热塑性橡胶 耐液体试验方法》中规定了通过测试橡胶在试验液体中浸泡前、后性能的变化，评价液体对橡胶的作用。

在GB/T 5720—2008《O形橡胶密封圈试验方法》的规范性引用文件中引用了GB/T 1690—1992（已被GB/T 1690—2010代替），并且在GB/T 5720中给出了质量变化百分率和体积变化百分率计算方法。

在MT/T 985的规范性引用文件中引用了GB/T 1690—1992（已被代替），MT/T 985中规定了聚氨酯密封圈抗水解性能要求。

由聚氨酯材料制成的单体密封圈和复合密封圈的外圈抗水解性能（8周时间）应达到如下要求：

1）硬度变化下降小于9%。

2）拉伸强度变化下降小于18%。

3）拉断伸长率变化下降小于9%。

4）体积变化率小于 6%。

5）质量变化率小于 6%。

6. 热空气老化性能

硫化橡胶或热塑性橡胶在常压下进行的热空气加速老化和耐热试验，是试样在高温和大气压力下的空气中老化和测定其性能，并于未老化试样的性能做比较的一组试验，经常测定的物理性能包括拉伸强度、定伸应力、拉断伸长率和硬度等。

在 GB/T 5720—2008《O 形橡胶密封圈试验方法》的规范性引用文件中引用了 GB/T 3512—2001《硫化橡胶或热塑性橡胶 热空气加速老化和耐热试验》（已被 GB/T 3512—2014 代替）。

在 MT/T 985 的规范性引用文件中引用了 GB/T 3512—2001（已被代替）。

（1）单体密封圈和复合密封圈热空气老化性能要求 在 MT/T 985 中规定了由聚氨酯材料制成的单体密封圈和复合密封圈的外圈经老化后，性能应满足：

1）硬度变化下降小于 8%。

2）拉伸强度变化下降小于 10%。

3）拉断伸长率变化下降小于 12%。

（2）复合密封圈的内圈热空气老化性能要求 在 MT/T 985 中规定了橡胶材料制成的复合密封圈的内圈经老化后，性能应满足：

1）硬度变化小于 8%。

2）拉伸强度变化小于 10%。

3）拉断伸长率变化小于 30%。

7. 低温性能

在 GB/T 7758—2020《硫化橡胶 低温性能的测定 温度回缩法（TR 试验）》中规定了测定拉伸的硫化橡胶低温下回缩性能的方法，其原理为：将试样在标准实验室温度下拉伸，然后冷却到在除去拉伸力时，不出现回缩的足够低的温度。除去拉伸力，并以均匀的速率升高温度。测出达到规定回缩率时的温度。

在 GB/T 5720—2008《O 形橡胶密封圈试验方法》的规范性引用文件中引用了 GB/T 7758—2002（已被 GB/T 7758—2020 代替）。

在 MT/T 985 的规范性引用文件中，除了引用 GB/T 7759—1996《硫化橡胶、热塑性橡胶 常温、高温和低温下压缩永久变形测定》，未见引用其他关于“低温性能的测定”的标准，如 GB/T 7758。

在 MT/T 985 中规定了单体密封圈和复合密封圈的内、外圈经低温处理后，性能应满足：

1）硬度变化小于 8%。

2）拉伸强度变化小于 10%。

3）拉断伸长率变化小于 12%。

根据 GB/T 39692—2020《硫化橡胶或热塑性橡胶 低温试验 概述与指南》，这些低温测试可分为以下几类：①刚性变化；②脆性点；③恢复率（压缩恢复和拉伸回缩），上述三项性能测试缺乏标准依据。

8. 可靠性能

密封件（圈）的可靠性（能）是在规定条件下和给定的时间内保证其密封性能的能力。这种能力若以概率给出即称为可靠度。可靠性是由设计、制造、使用、维护等多种因素共同决定的，因此可靠性是一个综合性能指标。

可靠性这一术语有时也被用于一般意义上笼统地表示可用性（有效性）和耐久性。在 JB/T 10205—2010 中规定的密封圈可靠性主要包括耐压性能（含耐低压性能）和耐久性能等，具体请参见 JB/T 10205—2010《液压缸》。

在 MT/T 985 中规定了聚氨酯密封圈可靠密封应满足 21 000 次试验要求。

但在没有“规定条件下”，所进行的耐久性试验一般不具有可重复性和可比性。因此，密封圈的可靠性还是按照 JB/T 10205—2010 中的相关规定为妥。

标准《液压元件　可靠性评估方法　第 3 部分：液压缸》正在预研中。

参考文献［65］提出，压力容器能否正常、安全地运行，在很大程度上取决于密封装置的可靠性。

9. 工作温度范围

在 JB/T 10205—2010《液压缸》中规定了“一般情况下，液压缸工作的环境温度应在 -20～50℃范围，工作介质温度应在-20～80℃范围。”又规定了当产品有高温要求时，“在额定压力下，向被试液压缸输入 90℃的工作油液，全行程往复运行 1h，应符合双方商定的液压缸高温要求。”

在 HG/T 2810—2008《往复运动橡胶密封圈材料》中规定，本标准规定的往复运动橡胶密封圈材料分为 A、B 两类。A 类为丁腈橡胶材料，分为三个硬度级，五种胶料，工作温度范围为-30～100℃；B 类为浇注型聚氨酯橡胶材料，分为四个硬度等级，四种胶料，工作温度范围-40～80℃。

在 MT/T 985 中规定了密封圈应能适应-20～60℃的温度。

进一步可参考本书第 2.15.2 节。

10. 密封压力范围

密封压力是密封圈在工作过程中所承受密封介质的压力。一般而言，密封圈的密封压力与密封圈密封材料、结构型式、密封介质及温度、沟槽型式和尺寸与公差、单边径向间隙、配合偶件表面质量及相对运动速度等密切相关。因此，密封压力或密封压力范围必须在一定条件下才能做出规定。

作者提示，“密封压力”和“密封压力范围”经常使用其同义词“最高工作压力”和“工作压力范围”加以表述，但“最高工作压力”与“工作压力”不是同义词，而且“工作压力”不是 GB/T 17446 定义的术语。

在 GB/T 3452.1—2005《液压气动用 O 形橡胶密封圈　第 1 部分：尺寸系列及公差》和 GB/T 3452.3—2005《液压气动用 O 形橡胶密封圈　沟槽尺寸》中对密封压力及范围未做出规定，但在 GB/T 2878.1—2011《液压传动连接　带米制螺纹和 O 形圈密封的油口和螺柱端　第 1 部分：油口》中规定，本部分所规定的油口适用的最高工作压力为 63MPa。许用工作压力应根据油口尺寸、材料、结构、工况、应用等因素来确定。

在 GB/T 10708.1—2000《往复运动橡胶密封圈结构尺寸系列　第 1 部分：单向密封橡胶密封圈》附录 A 中给出了 Y 形橡胶密封圈的工作压力范围为 0～25MPa、蕾形橡胶密封圈的工作压力范围为0~50MPa和V形组合密封圈的工作压力范围为0~60MPa。

在GB/T 10708.2—2000《往复运动橡胶密封圈结构尺寸系列 第2部分：双向密封橡胶密封圈》附录A中给出了鼓形橡胶密封圈的工作压力范围为0.10~70MPa，山形橡胶密封圈的工作压力范围为0~25MPa。

尽管在GB/T 10708.3—2000《往复运动橡胶密封圈结构尺寸系列 第3部分：橡胶防尘密封圈》中规定的C型防尘圈有辅助密封作用，但未给出密封压力。

在GB/T 15242.1—1994《液压缸活塞和活塞杆动密封装置用同轴密封件尺寸系列和公差》(已被GB/T 15242.1—2017《液压缸活塞和活塞杆动密封装置尺寸系列 第1部分：同轴密封件尺寸系列和公差》代替)中规定，本标准适用于以液压油为工作介质、压力≤40MPa、速度≤5m/s、温度范围为-40~200℃的往复运动液压缸活塞和活塞杆（柱塞）的密封。

在此请读者注意，同轴密封件的温度范围通常是由其中的弹性体的温度范围决定的，但温度范围为-40~200℃却不是一种弹性体能够满足的，即现在还没有一种弹性体的温度范围如此之宽。

在JB/ZQ 4264—2006《孔用Yx形密封圈》和JB/ZQ 4265—2006《轴用Yx形密封圈》中规定，本标准适用于以空气、矿物油为介质的各种机械设备中，在温度-40（-20）~80℃、工作压力$p \leq 31.5$MPa条件下起密封作用的孔（轴）用Yx形密封圈。

在JB/T 982—1977《组合密封垫圈》(已经作废，仅供参考)标准中规定，本标准仅规定焊接、卡套、扩口管接头及螺塞密封用组合垫圈，公称压力40MPa，工作温度-25~80℃。

在GB/T 13871.1—2007《密封元件为弹性体的旋转轴唇形密封圈 第1部分：基本尺寸和公差》中规定，本部分适用于轴径为6~400mm以及相配合的腔体为16~440mm的旋转唇形密封圈，不适用于较高的压力（>0.05 MPa）下使用的旋转轴唇形密封圈。

在MT/T 985中规定了聚氨酯密封圈的密封压力范围，即聚氨酯双向密封圈密封压力范围为2~60MPa，聚氨酯单向密封圈密封压力范围为2~40MPa。

11. 试样性能要求

在GB/T 5720—2008《O形橡胶密封圈试验方法》中规定，“该标准规定了实心硫化O形橡胶密封圈尺寸测量、硬度、拉伸性能、热空气老化、恒定形变压缩永久变形、腐蚀试验、耐液体、密度、收缩率、低温试验和压缩应力松弛的试验方法”，但该标准未给出密封圈性能指标。

在MT/T 985—2006《煤矿用立柱和千斤顶聚氨酯密封圈技术条件》中规定，“本标准规定了煤矿用立柱和千斤顶聚氨酯密封圈的术语和定义、密封沟槽尺寸、要求、试验方法、检验规则、标志、包装、运输和贮存。本标准适用于工作介质为高含水液压油（含乳化液）的煤矿用立柱和千斤顶聚氨酯密封圈。”但该标准没有具体给出密封圈性能试验方法，只是在“规范性引用文件”中引用了下列文件：

1）GB/T 528—1998《硫化橡胶或热塑性橡胶 拉伸应力应变性能的测定》(已被代替)。

2）GB/T 531—1999《橡胶袖珍硬度计 压入硬度试验方法》(已被代替)。

3）GB/T 1690—1992《硫化橡胶 耐液体试验方法》(已被代替)。

4）GB/T 3512—2001《硫化橡胶或热塑性橡胶 热空气加速老化和耐热试验》(已被代替)。

5）GB/T 3672.1—2002《橡胶制品的公差 第1部分：尺寸公差》。

6）GB/T 7759—1996《硫化橡胶、热塑性橡胶 常温、高温和低温下压缩永久变形测定》（已被代替）。

上述标准规定试样对象一般为按相关标准制备的“试样”，而非密封圈实物。

除了上述标准，密封件（圈）性能试验方法还有一些现行标准，如耐磨性、与金属黏附性和溶胀指数等，可进一步测定密封圈性能，具体请参见本书附录A中表A-5。

2.1.5 橡胶密封材料及橡胶密封件的贮存

在这里，橡胶密封材料指用于制造橡胶密封圈的胶料，而非是橡胶密封制品。

1. 普通液压系统用O形橡胶密封圈材料贮存技术要求

1）每批胶料应标明胶料名称或代号、制造批号、制造日期、合格标签。

2）应采用对胶料无损害、无污染的材料进行包装，避免灰尘等异物附着在胶料的表面。

3）胶料应贮存在温度30℃以下，相对湿度80%以下，离热源至少1m并适当通风的环境中。

4）胶料在贮存期间应避免日光及其他含较强紫外线光源的直接照射，不允许与酸、碱、油类及各种溶剂接触。

5）遵守上述各条情况下，胶料的贮存期不超过三个月。

2. 往复运动橡胶密封圈材料贮存技术要求

1）胶料的外包装上应有明显的标志，包括胶料代号、生产日期、批号、产生厂名等内容。

2）在每个内包装上都应附有标签，标签上应标明标准号、胶料代号、硫化条件、数量、合格印记、产生厂家等。

3）应采用不损害、不污染胶料的材料进行包装，每箱毛重不超过25kg。

4）胶料应贮存在凉爽通风环境中，不允许接触酸、碱、有机溶剂，避免阳光、弧光照射，贮存温度不超过30℃，湿度不大于80%，距热源1m以外。

5）在遵守上述条件下，A类胶料的贮存期为三个月。自制造日期起，超过贮存期的胶料，应按相关标准进行全项性能复试，合格后方可使用。

其他密封圈密封材料，如真空用O形圈橡胶材料、耐高温滑油O形橡胶密封圈材料、耐酸碱橡胶密封圈材料的贮存技术要求按相关标准执行。

3. 橡胶密封件贮存的一般要求

橡胶密封件是液压气动用橡胶密封制品，是由硫化橡胶或热塑性橡胶制成，其贮存条件、贮存期限（或贮存寿命）等应按橡胶制品贮存相关标准确定。

许多橡胶制品及其组合件在投入使用前要贮存很长时间，因此将其贮存在使其性能变化最小的条件下是重要的。这些性能变化可能起因于老化，包括变硬、变软、龟裂、裂纹及其他表面现象。变形、污染或机械损伤也会引起性能变化。

橡胶密封制品一般对热、光、臭氧、氧及湿度引起的老化可能更敏感，宜尽量少地暴露在这些环境，以延长贮存寿命。为此，贮存控制系统、适当的包装和定期检验就变得很必要了。

通常应将橡胶密封制品（以下简称制品）按规定包装之后再置于贮藏室内贮存。

（1）贮存条件

1）温度。贮存温度应在25℃以下，最好在10℃以下，制品至少应距离热源1m以上，低温贮存的制品如在该温度下装卸时应小心操作，避免将它们扭曲。在投入使用前，应于室温充分停放，使它们的温度升高到接近环境温度。

一般而言，贮存温度高于25℃或低于-25℃都会影响贮存时间。在高于10℃的温度下贮存会减少约50%的贮存时间，在低于10℃的温度下会增加贮存时间约100%。

有密封件制造商（派克）样本中介绍，低温有可能会导致材料变脆。氯丁橡胶材料不得低于-12℃。在GB/T 20739—2006《橡胶制品 贮存指南》中规定，从低温下取出的制品，其整体温度升高到大约30℃后，才可投入使用。

2）湿度。不应将制品贮存在潮湿的贮藏室内。贮存时不应有湿气（水汽）凝结。贮藏室相对湿度不应大于70%；如果贮存聚氨酯制品，则相对湿度不应大于65%。

3）光。制品应当避光，特别应避免太阳光直射和使用具有高紫外含量的强人工光源，室内照明最好使用普通的白炽灯。贮存室窗户应使用红色或橙色涂料涂盖，或者用红色或橙色窗帘。

4）臭氧。贮存室内应不使用任何能产生臭氧的装置，如荧光灯、水银荧光灯、高压电气、电动机或其他可以产生电火花或无声放电装置；应隔绝可能通过光化学作用产生臭氧的可燃气体或有机物蒸气。

5）变形。存放的制品不应被拉伸、压缩或使之产生其他形式的变形。决不允许用细绳、铁丝等将制品穿栓悬挂。

6）接触污染。

① 液体、半固体材料。制品在贮存期间，不允许同酸、碱、溶剂及油脂等液体、半固体材料接触。

② 金属。制品在贮存时不应与某些金属，特别是铜和锰接触。

③ 隔离粉。任何一种隔离粉都不应含有对硫化橡胶有害的组分。通常允许使用的隔离粉是石膏粉，细粒子云母粉。

④ 黏合剂。所使用的任何一种胶黏剂、表面处理剂，都不应对硫化橡胶产生有害影响。

⑤ 容器、包装和覆盖物。任何一种容器、包装物和覆盖材料，都不应含有对硫化橡胶有害的物质，如环烷酸铜、杂酚油等。

⑥ 不同橡胶。应避免不同种类或不同配方的橡胶制品相互接触。

⑦ 生物危害。应注意防止某些动物，特别是啮齿动物对制品的伤害和污染。应防止某些虫类或霉菌在制品上生长。

（2）清洗

当制品需要清洗时，可以用水和中性洗涤剂进行洗涤，然后在室温下晾干，但禁止密封制品接触研磨剂及使用三氯乙烯、四氯化碳、烃类等溶剂清洗制品。

特别提示：聚氨酯橡胶，尤其是AU类聚酯型聚氨酯橡胶和聚酰胺塑料，如PA06、PA66、PA1010等不能水洗。

有密封件制造商（派克）样本中介绍，大多橡胶密封件可以用干净的布和微温的水进行清洗，但夹布增强材料密封件、金属粘接密封件、普通聚氨酯材料均不得接触水。不得使用汽油、苯、松节油、除锈剂和类似的溶剂作为清洗剂；清洗过程中，不得使用有锐边、尖点的工具（如钢刷、砂纸）。不得接近热源，应在室温自然晾干。

（3）存货的循环

制品在贮存室内停留的时间应尽可能短。制品应以循环的方式进出贮存室，先进先出，以便使贮存室中留下的总是最近制造或交付的产品。

（4）贮存期限

橡胶密封制品的贮存期应按 GB/T 20739—2006 中的规定制订。一般情况下，应按橡胶对老化的相对敏感程度划分确定贮存期限，如中等老化敏感性的聚氨酯橡胶密封圈初始贮存期限可定为 3 年，低老化敏感性的丁腈橡胶密封圈始贮存期限可定为 5 年。

超过初始贮存期的橡胶密封制品，应按相关标准进行全项性能检验，合格后方可使用。

超过初始贮存期的橡胶密封制品，按相关标准进行全项性能检验合格后，可相应给出 1~2 年的扩展贮存期限。

橡胶密封制品的具体贮存期限还应参考制造商给出的贮存期限确定。

有密封件制造商（派克）样本中介绍，根据不同的弹性体类别，推荐不同的储存期限见表 2-1，仅供参考。在不同的国家和地区、不同的行业协会可能有不同的建议。橡胶密封件应尽量在 24 个月内使用。由于不当的贮存将会影响密封材料性能，所以在长期贮存后，使用前必须逐一检查密封件的硬度、表面状况。若有变硬、开裂等劣化现象出现，必须报废该批次产品。在较长时间贮存后，有些聚合物表面会析出白霜，这并不影响使用。

表 2-1　某密封件制造商推荐的储存期限

聚合物名称	年限/年	聚合物名称	年限/年
聚氨酯、聚酯弹性体	4	氟橡胶、硅橡胶、氟硅橡胶	10
丁腈橡胶、氢化丁腈橡胶、氯丁橡胶	6	全氟橡胶	13
乙丙橡胶	8	聚四氟乙烯	无限期

2.2　O 形橡胶密封圈及其沟槽

2.2.1　O 形圈的特点及其作用

如图 2-1 所示，O 形橡胶密封圈（简称 O 形圈）是一种形状为圆环形、横截面为圆形（或截面形状为 O 形）的橡胶圈，它是密封件中用途广、产量大的一种密封元件。它既可以用于静密封，也可用于动密封，而且还是很多组合密封装置中的基本组成部分。现在使用的 O 形圈基本都是由合成橡胶模压制成，普通液压系统用 O 形圈按其工作温度范围分为Ⅰ、Ⅱ两类，每类按硬度又分四个等级。Ⅰ类工作温度范围为-40~100℃，Ⅱ类工作温度范围为-25~125℃；适用的工作介质是石油基液压油和润滑油。其他不同于上述工作条件和工作介质的 O 形圈就需要选择其他合适的橡胶材料，如果仍使用普通 O 形圈模具压制，就可能导致 O 形圈的内径尺寸、截面直径尺寸都不对，这就需要重新设计密封沟槽或新开成型模具，

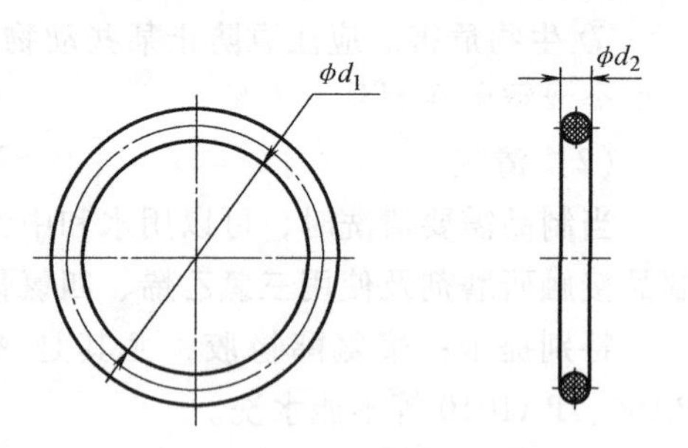

图 2-1　O 形圈的结构型式

以达到标准沟槽所对应的O形圈。由于O形圈成型模具设计、制造相对简单，所以很多特殊场合选择O形圈密封。由此遇到设计O形圈沟槽情况就比较多。

作者提示：

1）上述O形圈的分类是在HG/T 2579—2008中规定的，但在GB/T 3452.5—2022中的规定与上述不同。

2）在GB/T 17446—××××中给出了术语“O形圈”的定义：“在自由状态下横截面呈圆形的弹性体密封件。”在QJ 1495—88《航天流体系统术语》中给出了术语“O形密封圈”的定义：“截面形状为O形的密封件。”

关于O形圈的设计与制造，读者可进一步参考本书所列相关参考文献。

O形圈与其他密封圈比较有如下优点：

1）密封沟槽简单，尺寸小。

2）可以双向密封，可用于动、静密封。

3）静密封性能好。

4）动摩擦阻力小，也可用于压力交变场合。

5）O形圈及其沟槽都有现行标准，便于选择使用。

6）制造容易，价格便宜。

需要说明的是，O形圈现在已经很少单独用于液压缸的动密封——往复运动密封，而液压缸中的静密封却经常使用，敬请读者注意。

2.2.2 O形圈的密封机理

O形圈是一种挤压型密封圈，挤压型密封的基本原理是依靠密封件发生弹性变形，在密封接触面上造成接触压力，当接触压力大于被密封工作介质的压力时，不发生泄漏，反之则发生泄漏。下面就O形圈用于静密封和动密封的密封机理分别加以说明。

1. O形圈用于静密封时的密封机理

O形圈在静密封中使用最为广泛。如果设计、使用正确，O形圈在静密封中可以实现无泄漏，即实现“零”泄漏密封。

O形圈用于静密封的密封机理见本书的第1.2.2节。只要被密封的工作介质达到一定压力，O形圈被挤出（密封圈的一部分被挤入相邻缝隙）而产生的永久的或暂时的位移就一定会发生，只是要求液压缸密封设计要避免发生O形圈的一部分产生永久位移。

O形圈安装时即受预压缩而形成初始密封，受介质压力后，即向沟槽的一面挤紧增大接触压力而自动密封。这种能被密封工作介质压力变化来改变O形圈与密封接触面的接触状态，使之实现密封的行为特性，称为自封作用（能力）。O形密封圈是一种有自封作用（能力）的密封圈。有自封作用的密封件可以在预压缩量很小的情况下密封压力高的工作介质，但同时也可能因为高压工作介质的作用，使密封件被破坏，密封失效。

O形圈装入密封沟槽后一般有7%~30%的变形率（预压缩变形），静密封取较大的变形率，动密封取较小的变形率。所谓变形率就是O形圈装入密封沟槽后的变形量与O形圈的截面直径之比。

注意，上述所谓预压缩变形或预压缩量与GB/T 3452.3—2005附录A中预压缩率不同，只是为了区分O形圈受密封压力作用后进一步压缩变形这种情况的一种普遍说法。

2. O 形圈用于往复运动密封时的密封机理

O 形圈用于往复运动密封时，它的初始密封情况和自封作用都与静密封相同，但往复运动使 O 形圈有磨损后，它还有一定的自动补偿作用。由于有相对于 O 形圈往复运动，情况要比静密封复杂，如 O 形圈用于活塞杆密封，如图 2-2 所示。当液压工作介质，如液压油在压力作用下，液体分子与金属表面相互作用，液压油中的极性分子在金属表面上紧密而整齐地排列，沿滑移面与密封件形成一个强固的边界层油膜，而且对滑移面产生较大的附着力。该液体薄膜始终存在于密封件与往复运动面之间，它也起一定的密封作用，并且对运动密封面的润滑是非常重要的，但对泄漏来讲是有害的。当往复运动的轴向外伸出时，轴上的油膜便被轴一起带出；由于密封件有擦拭作用，当往复运动的轴缩回时，该液体薄膜便被密封件阻留在外面。随着往复运动次数增多，阻留在外面的液体就越多，最后形成油环直至油滴，这就是往复运动用密封装置的泄漏，也是前面讲到的 O 形圈用于内部往复运动密封较为合理的原因。当液压缸在低温起动时，液压油黏度较大，油膜较厚，活塞杆泄漏较大；当油温升高，液压油黏度降低，油膜变薄，泄漏量可能也会有所降低。

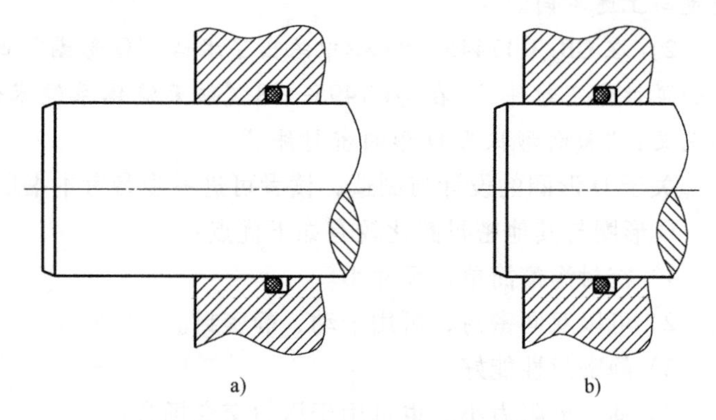

图 2-2　活塞杆动密封用 O 形圈
a）轴（杆）伸出　b）轴（杆）缩回

3. O 形圈用于旋转运动密封

在液压缸密封中，O 形圈主要用于径向静密封，而且 O 形圈也最适宜用作静密封。对特殊液压缸，如液压板料折弯机用可调行程液压缸中涉及旋转轴密封，O 形圈也可用于这种低速旋转轴密封。

O 形圈用作旋转轴密封时因“焦耳热效应”不能适应高速轴旋转，即处于拉伸状态的 O 形圈受热后内径会收缩这一现象，而且这一现象不仅存在于处于拉伸状态的 O 形圈，就是处于自然状态下的 O 形圈也有。作者对加热后的 NBR 材料的 O 形圈内径采用锥规测量，发现也存在这一现象。如果用于旋转轴密封的 O 形圈采用如下设计原则，即所选用的 O 形圈内径 d_1 小于或等于旋转轴直径 d，则在旋转轴高速旋转时与 O 形圈摩擦生成的热（橡胶本身即为热的不良导体）可能使 O 形圈内径缩小，进一步抱紧旋转轴，产生更大的摩擦，造成更高的温升，进而造成 O 形圈因磨损或老化而失效。

O 形圈用于旋转轴密封一般是为了杜绝或减小“焦耳热效应”影响，采用的设计原则为，所选用的 O 形圈内径 d_1 等于或大于旋转轴直径 d，d_1 通常比 d 大 2%左右。这样设计的旋转轴密封就势必得依靠密封沟槽槽底面压缩 O 形圈外径（d_1+2d_2）以获得对旋转轴密封，因此用于旋转轴密封的 O 形圈密封沟槽一般需要重新设计。尽管有参考文献介绍，“当旋转轴直径表面线速度低于 0.5m/s 时，O 形圈密封沟槽可按标准 GB/T 3452.3—2005 中动密封沟槽设计。”但作者认为，必须经试验检验。

2.2.3 O 形圈的密封设计

选定 O 形圈后，O 形圈的压缩率和拉伸率及其工作状态是由沟槽（或称密封沟槽）决定的。密封沟槽的设计与选择对密封性能和使用寿命影响很大，密封沟槽的设计是 O 形圈密封设计的主要内容，包括确定密封沟槽的形状、尺寸和公差、表面粗糙度等。应该强调的是，沟槽各处的倒角或圆角、几何公差等设计尤为重要；往复运动密封的配合间隙确定也非常重要。总之，O 形圈密封沟槽的设计应遵循以下原则，即尺寸设计合理，加工制造容易，精度容易保证，维修时拆装方便。

1. 密封沟槽的形状

液压气动用 O 形橡胶密封圈常用的密封沟槽为矩形沟槽，如图 2-3 所示。GB/T 3452.3—2005《液压气动用 O 形橡胶密封圈　沟槽尺寸》中规定了液压气动一般应用的 O 形橡胶密封圈的沟槽尺寸和公差，这种沟槽的优点是加工制造容易，便于测量，尺寸及精度好保证。除矩形沟槽，还有一些其他形状的异形 O 形圈密封沟槽，但一般在液压缸密封上不常用，如图 2-4 所示。

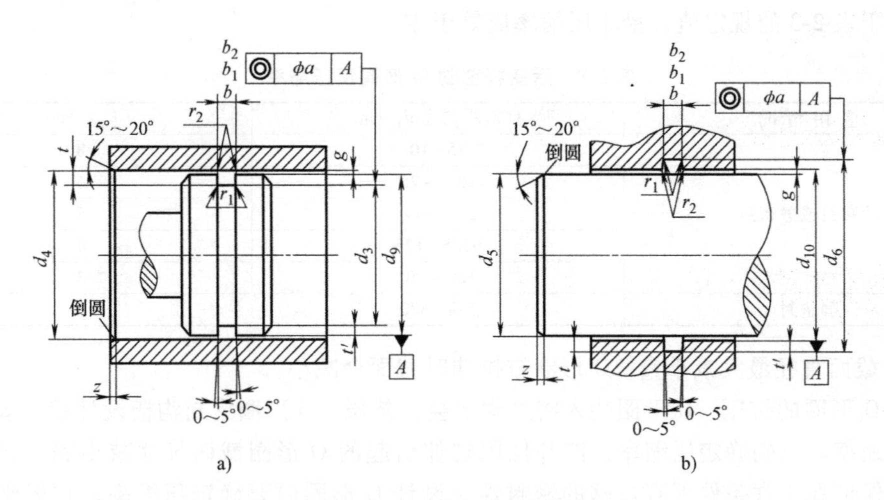

图 2-3　O 形圈用矩形沟槽

a）径向密封的活塞密封沟槽型式　b）径向密封的活塞杆密封沟槽型式

d_3—活塞密封的沟槽槽底直径　d_4—缸内径　d_5—活塞杆直径　d_6—活塞杆密封的沟槽槽底直径　d_9—活塞直径（活塞密封）　d_{10}—活塞杆配合孔直径（活塞杆密封）　b—O 形圈沟槽宽度（无挡圈）　b_1—加一个挡圈时的 O 形圈沟槽宽度　b_2—加两个挡圈时的 O 形圈沟槽宽度　r_1—槽底圆角半径　r_2—槽棱圆角半径　t—径向密封的 O 形圈沟槽深度　t'—沟槽深度　g—单边径向间隙

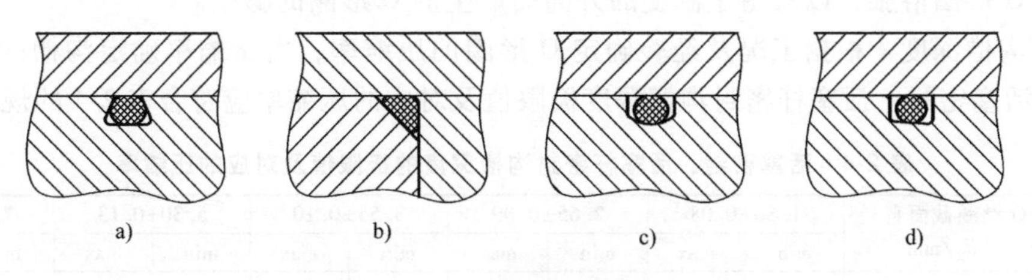

图 2-4　O 形圈用异形沟槽

a）梯形（燕尾）沟槽　b）三角形沟槽　c）圆底形沟槽　d）斜底形沟槽

2. O 形圈用矩形密封沟槽

O 形圈沟槽尺寸应根据 O 形圈的预拉伸率 $y\%$、预压缩率 $k\%$、压缩率 $x\%$、O 形圈截面减小、溶胀等因素进行设计。

(1) 活塞密封　所选用的 O 形圈内径 d_1 应小于或等于沟槽底直径 d_3，最大预拉伸率不得大于表 2-2 的规定值，最小拉伸率应等于零。

表 2-2　活塞密封 O 形圈预拉伸率

应用情况	O 形圈内径 d_1/mm	y_{max}(%)
动密封或静密封	4.87~12.20	8
	14.0~38.7	6
	40.0~97.5	5
	100~200	4
	206~250	3
	258~400	3
静密封	412~670	2

(2) 活塞杆密封　所选用的 O 形圈外径 d_1+2d_2 大于或等于沟槽槽底直径 d_6。最大压缩率不得大于表 2-3 的规定值，最小压缩率应等于零。

表 2-3　活塞杆密封 O 形圈预压缩率

应用情况	O 形圈内径 d_1/mm	k_{max}(%)
动密封或静密封	3.75~10.0	8
	10.6~25	6
	25.8~60	5
	61.5~125	4
	128~250	3
静密封	258~670	2

(3) 截面直径最大减小量　O 形圈被拉伸时截面会减小。

(4) O 形圈的挤压　O 形圈装入密封沟槽会被挤压，O 形圈密封沟槽设计就是要确定 O 形圈的压缩率。正确确定压缩率，能补偿因拉伸引起的 O 形圈截面尺寸减小和沟槽加工误差。为了保证在正常条件下有足够的密封性，设计 O 形圈时要确定压缩率，它经常是由经验给出。压缩率的大小是通过修改密封沟槽深浅来实现的。

在 NOK 株式会社 2006 版和 2019 版的《O-形圈》产品样本中都指出，在压缩率一定情况下，截径大则永久变形小，使用截径大的 O 形圈可得到稳定的密封性。

(5) O 形圈的溶胀　当 O 形圈和液压工作介质接触时，会吸收一定数量的液压工作介质产生膨胀，其膨胀的大小随密封材料、液压工作介质不同而不同，O 形圈密封沟槽的体积应能适应 O 形圈溶胀，以及由于温度的升高而产生的 O 形圈的膨胀。

(6) 沟槽深度　根据工况及经验确定 O 形圈的压缩率，由压缩率确定沟槽的深度。一般应用的活塞密封、活塞杆密封沟槽深度极限值及对应的压缩率应符合表 2-4 的规定。

表 2-4　活塞密封、活塞杆密封沟槽深度的极限值及对应的压缩率

应用	O 形圈截面直径 d_2/mm	1.80±0.08		2.65±0.09		3.55±0.10		5.30±0.13		7.00±0.15	
		min	max	min	max	min	max	min	max	min	max
液压动密封	深度 t/mm	1.34	1.49	2.08	2.27	2.81	3.12	3.34	4.70	5.75	6.23
	压缩率(%)	13.5	28.5	11.5	24.0	9.5	23.0	9	20.5	9	19.5

（续）

应用	O形圈截面直径 d_2/mm	1.80±0.08		2.65±0.09		3.55±0.10		5.30±0.13		7.00±0.15	
		min	max	min	max	min	max	min	max	min	max
气动动密封	深度 t/mm	1.40	1.56	2.14	2.34	2.92	3.23	4.51	4.89	6.04	6.51
	压缩率(%)	9.5	25.5	8.5	20.0	6.5	20.0	5.5	17.0	5.0	15.5
静密封	深度 t/mm	1.31	1.49	1.97	2.23	2.80	3.07	4.30	4.63	5.83	6.16
	压缩率(%)	13.5	30.5	13	28	11.5	27.5	11.0	26.0	10.5	24.0

注：本表给出的是极限值，活塞杆密封沟槽深度值及其对应的压缩率应根据实际需要选定。

作者注：涂有底色的极限值值得商榷，并且 t 应为沟槽的径向深度，$t=t'+g$，其中 t' 为沟槽深度；g 为单边径向间隙。

轴向密封沟槽的深度极限值及其对应的压缩率应符合表2-5的规定。

表2-5 轴向密封沟槽的深度极限值及对应的压缩率

应用	O形圈截面直径 d_2/mm	1.80±0.08		2.65±0.09		3.55±0.10		5.30±0.13		7.00±0.15	
		min	max	min	max	min	max	min	max	min	max
轴向密封	深度 t/mm	1.23	1.33	1.92	2.02	2.70	2.79	4.13	4.34	5.65	5.82
	压缩率(%)	22.5	24.5	21.0	30.0	19.0	26.0	16.0	24.0	15.0	21.0

（7）沟槽宽度　GB/T 3452.3—2005《液压气动用O形圈橡胶密封圈　沟槽尺寸》中的密封沟槽宽度是按O形圈材料体积溶胀值15%给出的。

外购O形圈时，应要求密封件制造商提供体积溶胀率参数。

（8）沟槽各处圆角　实践证明，沟槽各处圆角十分重要，直接关系O形圈的使用寿命。适当的沟槽棱圆角既能保证O形圈装配时不被划伤，又能保证O形圈被挤压时不被切（挤）伤，一般加工成 R0.1mm~R0.3mm。适当的沟槽底部圆角既能避免此处应力集中，又能在O形圈被挤压时避免在底角处过度变形而被挤伤。根据O形圈截面直径不同，当 d_2 为1.8mm、2.65mm时，R 为0.2~0.4mm；当 d_2 为3.55mm、5.30mm时，R 为0.4~0.8；当 d_2 为7mm时，R 为0.8~1.2mm。但此处沟槽底部圆角也不可太大，太大了O形圈容易发生挤出。

（9）间隙　往复运动偶合面间必须有间隙，其间隙大小与液压工作介质压力、黏度，以及O形圈截面尺寸及密封材料硬度等有关，在设计、选择间隙时还要注意工作温度。一般来说，工作压力大，间隙就得小；密封材料硬度高，间隙可适当放大。

有如下参考资料可供设计时参考：未使用挡圈时，O形圈的挤出将明显影响O形圈的寿命。配合间隙（$2g$）对O形圈槽部的挤压现象有特别影响，其他如流体的压力、橡胶材质的硬度等也对其产生影响。

在JIS B 2406中，当超过表2-6中所列的值时，推荐与挡圈一起使用。

表2-6 未使用挡圈的配合间隙（$2g$）的最大值

O形圈硬度-Shore A	使用压力/MPa				
	≤4	>4~6.3	>6.3~10	>10~16	>16~25
	配合间隙($2g$)/mm ≤				
70	0.35	0.30	0.15	0.07	0.03
90	0.65	0.60	0.50	0.30	0.17

注：1. g 为单边径向间隙。

2. 参考了日本华尔卡工业株式会社2013年版的华尔卡O形圈。

3. 表中给出了从O形圈的槽部挤出的间隙的极限值，该极限值为试验测定值。到目前为止，我国一直将此值作为参考值使用。

(10) 表面粗糙度　沟槽和配合偶合件表面的表面粗糙度按表 2-7 选取。

表 2-7　沟槽和配合偶合件表面的表面粗糙度

表面	应用情况	压力状况	表面粗糙度/μm	
			Ra	*Ry*
沟槽的底面和侧面	静密封	无交变、无脉冲	3.2(1.6)	12.5(6.3)
		交变或脉冲	1.6	6.3
	动密封		1.6(0.8)	6.3(3.2)
配合表面	静密封	无交变、无脉冲	1.6(0.8)	6.3(3.2)
		交变或脉冲	0.8	3.2
	动密封		0.4	1.6
(导入)倒角表面			3.2	12.5

注：1. 括号内数值为要求精度较高的场合应用。

2. 在 GB/T 1031—2009《产品几何技术规范（GPS）表面结构　轮廓法　表面粗糙度参数及其数值》前言中指出，根据 GB/T 3505 中对表面粗糙度参数和定义的规定，将原标准中“轮廓最大高度”参数代号“*Ry*”改为“*Rz*”。

3. 参考文献［54］的表 4-30“沟槽各表面的表面粗糙度”中将“*Ry*”改为“Ra_{max}”是错误的。在 JB/T 6658—1993《气动用 O 形橡胶密封圈沟槽尺寸和公差》（已被 JB/T 6658—2007 代替）中也有相同问题。

4. 对于静密封而言，在 GB/T 34635—2017《法兰式管接头》中规定的“应保证密封面的表面粗糙度，环形刀痕的表面粗糙度 $Ra \leqslant 3.2\mu m$。O 形槽内和槽底不得有径向且宽度大于 0.13mm 的垂直、射线或螺旋形划痕。”具有重要参考价值。

5. 在参考文献［28］中给出了表面粗糙度值的计算公式，即 R_{max}（*Rz*）$\approx S/8r_\varepsilon$。说明因刀具这一因素产生的表面粗糙度值 R_{max}（*Rz*）与刀具进给量 *S* 和刀具圆弧半径 r_ε 密切相关，但实际加工所获得的表面粗糙度值要比按此公式计算所得值大，而且在进给量小、切屑薄及金属塑性较大的情况下，这个差别就越大。

6. 在 GB/T 10853—2008《机构与机器科学词汇》中给出了术语“交变载荷”的定义，即在绝对值相等但符号相反的两极限间周期性变化的载荷。

2.2.4　O 形圈沟槽的设计方法

根据相关标准及作者技术设计经验总结，O 形圈沟槽可按下列方法设计：

1）确定或设计选用活塞密封还是活塞杆密封。

2）确定密封的最高（额定）压力或工作压力范围。

3）根据偶合件孔（活塞密封）或轴（活塞杆密封）直径确定 O 形圈内径尺寸 d_1 尺寸。

4）根据 O 形圈适用范围（见表 2-8）选取 O 形圈截面直径 d_2 尺寸，至此 O 形圈选取完毕。

5）根据压力、间隙状况等决定是否加装挡圈并选取沟槽宽度，并确定挡圈厚度和公差。

可根据 GB/T 3452.4—2020《液压气动用 O 形橡胶密封圈　第 4 部分：抗挤压环（挡环）》选择 GB/T 3452.1 中规定的 O 形圈的抗挤压环、GB/T 3452.3—2005 中规定的沟槽用活塞和活塞杆动密封 O 形圈的抗挤压环，以及径向静密封 O 形圈的抗挤压环。

6）根据压力状况并考虑 O 形圈压缩率（参考表 2-4 等）等设计沟槽的径向深度 *t*。

7）根据沟槽的径向深度 *t* 计算挡圈内径或外径，确定挡圈内、外径和公差，至此挡圈设计完毕。

8）根据标准推荐的沟槽尺寸设计选取最小导角长度 z_{min}、沟槽底圆角半径 r_1、沟槽棱圆角半径 r_2 等。

9）根据表 2-7 对沟槽各面、偶合件表面、导角表面粗糙度进行选取。

10）根据相关技术要求设计确定沟槽尺寸公差、几何（同轴度）公差，并计算出 t' 和 *g*

极限尺寸，校核压缩率，至此沟槽设计完毕。

11）绘制零部件及总装图纸。

12）密封性能总体评价、审核。

O 形圈沟槽及 O 形圈用挡圈设计可进一步参见本书第 2.13.1 节。

2.2.5 O 形圈沟槽尺寸和公差

（1）液压、气动活塞静密封沟槽尺寸和公差（见表 2-8）

表 2-8 液压、气动活塞静密封沟槽尺寸和公差（单位：mm）

d_4 H8	d_9 f7	d_3 h11	d_1	d_4 H8	d_9 f7	d_3 h11	d_1	d_4 H8	d_9 f7	d_3 h11	d_1
$d_2=1.8$				$d_2=2.65$				$d_2=3.55$			
6		3.4	3.15	40		36	35.5	55		49.6	48.7
7		4.4	4	41		37	36.5	56		50.6	50
8		5.4	5.15	42		38	37.5	57		51.6	50
9		6.4	6	43		39	37.5	58		52.6	51.5
10		7.4	7.1	44		40	38.7	59		53.6	53
11		8.4	8	$d_2=3.55$				60		54.6	53
12		9.4	9	24		18.6	18	61		55.6	54.5
13		10.4	10	25		19.6	19	62		56.6	56
14		11.4	11.2	26		20.6	20	63		57.6	56
15		12.4	12.1	27		21.6	21.2	64		58.6	58
16		13.4	13.2	28		22.6	21.2	65		59.6	58
17		14.4	14	29		23.6	22.4	66		60.6	58
18		15.4	15	30		24.6	23.6	67		61.6	60
19		16.4	16	31		25.6	25	68		62.6	60
20		17.4	17	32		26.6	25.8	69		63.6	61.5
$d_2=2.65$				33		27.6	27.3	70		64.6	63
19		15	14.5	34		28.6	28	71		65.6	63
20		16	15.5	35		29.6	28	72		66.6	65
21		17	16	36		30.6	30	73		67.6	65
22		18	17	37		31.6	30	74		68.6	67
23		19	18	38		32.6	31.5	75		69.6	69
24		20	19	39		33.6	32.5	76		70.6	69
25		21	20	40		34.6	33.5	77		71.6	69
26		22	21.2	41		35.6	34.5	78		72.6	71
27		23	22.4	42		36.6	35.5	79		73.6	71
28		24	23.6	43		37.6	36.5	80		74.6	73
29		25	24.3	44		38.6	36.5	81		75.6	73
30		26	25	45		39.6	38.7	82		76.6	75
31		27	26.5	46		40.6	40	83		77.6	75
32		28	27.3	47		41.6	41.2	84		78.6	77.5
33		29	28	48		42.6	41.2	85		79.6	77.5
34		30	28	49		43.6	42.5	86		80.6	77.5
35		31	30	50		44.6	43.7	87		81.6	80
36		32	31.5	51		45.6	45	88		82.6	80
37		33	32.5	52		46.6	45	89		83.6	82.5
38		34	33.5	53		47.6	46.2	90		84.6	82.5
39		35	34.5	54		48.6	47.5	91		85.6	82.5

（续）

d_4 H8	d_9 f7	d_3 h11	d_1	d_4 H8	d_9 f7	d_3 h11	d_1	d_4 H8	d_9 f7	d_3 h11	d_1
$d_2=3.55$				$d_2=3.55$				$d_2=3.55$			
92		86.6	85	139		133.6	132	186		180.6	177.5
93		87.6	85	140		134.6	132	187		181.6	177.5
94		88.6	87.5	141		135.6	132	188		182.6	180
95		89.6	87.5	142		136.6	132	189		183.6	180
96		90.6	87.5	143		137.6	136	190		184.6	182.5
97		91.6	90	144		138.6	136	191		185.6	182.5
98		92.6	90	145		139.6	136	192		186.6	182.5
99		93.6	92.5	146		140.6	136	193		187.6	185
100		94.6	92.5	147		141.6	140	194		188.6	185
101		95.6	92.5	148		142.6	140	195		189.6	187.5
102		96.6	95	149		143.6	142.5	196		190.6	187.5
103		97.6	95	150		144.6	142.5	197		191.6	187.5
104		98.6	95	151		145.6	142.5	198		192.6	187.5
105		99.6	97.5	152		146.6	145	199		193.6	190
106		100.6	97.5	153		147.6	145	200		194.6	190
107		101.6	100	154		148.6	145	201		195.6	190
108		102.6	100	155		149.6	147.5	202		196.6	190
109		103.6	100	156		150.6	147.5	203		197.6	190
110		104.6	103	157		151.6	150	204		198.6	195
111		105.6	103	158		152.6	150	205		199.6	195
112		106.6	103	159		153.6	150	206		200.6	195
113		107.6	106	160		154.6	152.5	207		201.6	195
114		108.6	106	161		155.6	152.5	208		202.6	195
115		109.6	106	162		156.6	155	209		203.6	200
116		110.6	109	163		157.6	155	210		204.6	200
117		111.6	109	164		158.6	155	211		205.6	200
118		112.6	109	165		159.6	175.5	212		206.6	200
119		113.6	112	166		160.6	175.5	213		207.6	200
120		114.6	112	167		161.6	160	$d_2=5.3$			
121		115.6	112	168		162.6	160	50		41.8	40
122		116.6	115	169		163.6	160	51		42.8	41.2
123		117.6	115	170		164.6	162.5	52		43.8	42.5
124		118.6	115	171		165.6	162.5	53		44.8	43
125		119.6	118	172		166.6	165	54		45.8	43.7
126		120.6	118	173		167.6	165	55		46.8	45
127		121.6	118	174		168.6	165	56		47.8	46.2
128		122.6	118	175		169.6	167.5	57		48.8	47.5
129		123.6	122	176		170.6	167.5	58		49.8	48.7
130		124.6	122	177		171.6	167.5	59		50.8	48.7
131		125.6	122	178		172.6	170	60		51.8	50
132		126.6	125	179		173.6	170	61		52.8	51.5
133		127.6	125	180		174.6	172.5	62		53.8	51.5
134		128.6	125	181		175.6	172.5	63		54.8	53
135		129.6	128	182		176.6	172.5	64		55.8	54.5
136		130.6	128	183		177.6	175	65		56.8	54.5
137		131.6	128	184		178.6	175	66		57.8	56
138		132.6	128	185		179.6	177.5	67		58.8	56

（续）

d_4 H8	d_9 f7	d_3 h11	d_1	d_4 H8	d_9 f7	d_3 h11	d_1	d_4 H8	d_9 f7	d_3 h11	d_1
		$d_2=5.3$				$d_2=5.3$				$d_2=5.3$	
68		59.8	58	138		129.8	128	216		207.8	203
69		60.8	58	140		131.8	128	218		209.8	206
70		61.8	60	142		133.8	132	220		211.8	206
71		62.8	61.5	144		135.8	132	222		213.8	212
72		63.8	61.5	145		136.8	132	224		215.8	212
73		64.8	63	146		137.8	136	225		216.8	212
74		65.8	63	148		139.8	136	226		217.8	212
75		66.8	65	150		141.8	140	228		219.8	218
76		67.8	65	152		143.8	142.5	230		221.8	218
77		68.8	67	154		145.8	142.5	232		223.8	218
78		69.8	67	155		146.8	145	234		225.8	224
79		70.8	69	156		147.8	145	235		226.8	224
80		71.8	69	158		149.8	147.5	236		227.8	224
82		73.8	71	160		151.8	150	238		229.8	227
84		75.8	73	162		153.8	152.5	240		231.8	227
85		76.8	75	164		155.8	152.5	242		233.8	230
86		77.8	75	165		156.8	155	244		235.8	230
88		79.8	77.5	166		157.8	155	245		236.8	230
90		81.8	80	168		159.8	157.5	246		237.8	230
92		83.8	80	170		161.8	160	248		239.8	236
94		85.8	82.5	172		163.8	162.5	250		241.8	239
95		86.8	85	174		165.8	162.5	252		243.8	239
96		87.8	85	175		166.8	165	254		245.8	243
98		89.8	87.5	176		167.8	165	255		246.8	243
100		91.8	87.5	178		169.8	167.5	256		247.8	243
102		93.8	90	180		171.8	170	258		249.8	243
104		95.8	92.5	182		173.8	170	260		251.8	243
105		96.8	95	184		175.8	172.5	262		253.8	250
106		97.8	95	185		176.8	172.5	264		255.8	250
108		99.8	97.5	186		177.8	175	265		256.8	254
110		101.8	100	188		179.8	177.5	266		257.8	254
112		103.8	100	190		181.8	177.5	268		259.8	254
114		105.8	103	192		183.8	180	270		261.8	258
115		106.8	103	194		185.8	182.5	272		263.8	258
116		107.8	106	195		186.8	182.5	274		265.8	261
118		109.8	106	196		187.8	185	275		266.8	261
120		111.8	109	198		189.8	187.5	276		267.8	265
122		113.8	112	200		191.8	187.5	278		269.8	265
124		115.8	112	202		193.8	190	280		271.8	268
125		116.8	115	204		195.8	190	282		273.8	268
126		117.8	118	205		196.8	195	284		275.8	272
128		119.8	118	206		197.8	195	285		276.8	272
130		121.8	122	208		199.8	195	286		277.8	272
132		123.8	122	210		201.8	200	288		279.8	276
134		125.8	125	212		203.8	200	290		281.8	276
135		126.8	125	214		205.8	203	292		283.8	280
136		127.8	125	215		206.8	203	294		285.8	283

（续）

d_4 H8	d_9 f7	d_3 h11	d_1	d_4 H8	d_9 f7	d_3 h11	d_1	d_4 H8	d_9 f7	d_3 h11	d_1
$d_2=5.3$				$d_2=5.3$				$d_2=7$			
295		286.8	283	374		365.8	360	160		149	147.5
296		287.8	283	375		366.8	360	162		151	147.5
298		289.8	286	376		367.8	365	164		153	150
300		291.8	286	378		369.8	365	165		154	152.5
302		293.8	290	380		371.8	365	166		155	152.5
304		295.8	290	382		373.8	370	168		157	155
305		296.8	290	384		375.8	370	170		159	155
306		297.8	295	385		376.8	370	172		161	157.5
308		299.8	295	386		377.8	375	174		163	160
310		301.8	295	388		379.8	375	175		164	160
312		303.8	300	390		381.8	375	176		165	162.5
314		305.8	303	392		383.8	375	178		167	165
315		306.8	303	394		385.8	383	180		169	165
316		307.8	303	395		386.8	383	182		171	167.5
318		309.8	307	396		387.8	383	184		173	170
320		311.8	307	398		389.8	387	185		174	170
322		313.8	311	400		391.8	387	186		175	172.5
324		315.8	311	402		393.8	387	188		177	175
325		316.8	311	404		395.8	391	190		179	175
326		317.8	315	405		396.8	391	192		181	177.5
328		319.8	315	410		401.8	395	194		183	180
330		321.8	315	415		406.8	400	195		184	180
332		323.8	320	420		411.8	400	196		185	182.5
334		325.8	320	$d_2=7$				198		187	185
335		326.8	320	122		111	109	200		189	185
336		327.8	325	124		113	109	202		191	187.5
338		329.8	325	125		114	112	204		193	190
340		331.8	325	126		115	112	205		194	190
342		333.8	330	128		117	115	206		195	190
344		335.8	330	130		119	115	208		197	190
345		336.8	330	132		121	118	210		199	195
346		337.8	335	134		123	118	212		201	195
348		339.8	335	135		124	122	214		203	200
350		341.8	335	136		125	122	215		204	200
352		343.8	340	138		127	122	216		205	203
354		345.8	340	140		129	125	218		207	203
355		346.8	340	142		131	128	220		209	203
356		347.8	345	144		133	128	222		211	206
358		349.8	345	145		134	132	224		213	206
360		351.8	345	146		135	132	225		214	212
362		353.8	350	148		137	132	226		215	212
364		355.8	350	150		139	136	228		217	212
365		356.8	350	152		141	136	230		219	212
366		357.8	355	154		143	140	232		221	218
368		359.8	355	155		144	142.5	234		223	218
370		361.8	355	156		145	142.5	235		224	218
372		363.8	360	158		147	145	236		225	218

（续）

d_4 H8 / d_9 f7	d_3 h11	d_1	d_4 H8 / d_9 f7	d_3 h11	d_1	d_4 H8 / d_9 f7	d_3 h11	d_1
$d_2=7$			$d_2=7$			$d_2=7$		
238	227	224	316	305	300	395	384	379
240	229	227	318	307	303	396	385	379
242	231	227	320	309	303	398	387	383
244	233	230	322	311	307	400	389	383
245	234	230	324	313	307	402	391	387
246	235	230	325	314	311	404	393	387
248	237	230	326	315	311	405	394	391
250	239	236	328	317	311	406	395	391
252	241	236	330	319	315	408	397	391
254	243	239	332	321	315	410	399	395
255	244	239	334	323	320	412	401	395
256	245	239	335	324	320	414	403	400
258	247	243	336	325	320	415	404	400
260	249	243	338	327	320	416	405	400
262	251	243	340	329	325	418	407	400
264	253	250	342	331	325	420	409	406
265	254	250	344	333	330	422	411	406
266	255	250	345	334	330	424	413	406
268	257	250	346	335	330	425	414	406
270	259	250	348	337	330	426	415	412
272	261	258	350	339	335	428	417	412
274	263	258	352	341	335	430	419	412
275	264	261	354	343	340	432	421	418
276	265	261	355	344	340	434	423	418
278	267	261	356	345	340	435	424	418
280	269	265	358	347	340	436	425	418
282	271	268	360	349	345	438	427	418
284	273	268	362	351	345	440	429	425
285	274	268	364	353	350	442	431	425
286	275	272	365	354	350	444	433	429
288	277	272	366	355	350	445	434	429
290	279	276	368	357	350	446	435	429
292	281	276	370	359	355	448	437	433
294	283	280	372	361	355	450	439	433
295	284	280	374	363	360	452	441	437
296	285	280	375	364	360	454	443	437
298	287	283	376	365	360	455	444	437
300	289	286	378	367	360	456	445	437
302	291	286	380	369	365	458	447	443
304	293	290	382	371	365	460	449	443
305	294	290	384	373	370	462	451	443
306	295	290	385	374	370	464	453	450
308	297	290	386	375	370	465	454	450
310	299	295	388	377	370	466	455	450
312	301	295	390	379	375	468	457	450
314	303	300	392	381	375	470	459	450
315	304	300	394	383	379	472	461	456

（续）

d_4 H8	d_9 f7	d_3 h11	d_1	d_4 H8	d_9 f7	d_3 h11	d_1	d_4 H8	d_9 f7	d_3 h11	d_1
		$d_2=7$				$d_2=7$				$d_2=7$	
474		463	456	546		535	530	620		609	600
475		464	456	548		537	530	622		611	600
476		465	456	550		539	530	624		613	608
478		467	462	552		541	530	625		614	608
480		469	462	554		543	538	626		615	608
482		471	466	555		544	538	628		617	608
484		473	466	556		545	538	630		619	608
485		474	466	558		547	538	632		621	615
486		475	466	560		549	545	634		623	615
488		477	466	562		551	545	635		624	615
490		479	475	564		553	545	636		625	615
492		481	475	565		554	545	638		627	615
494		483	475	566		555	545	640		629	623
495		484	479	568		557	553	642		631	623
496		485	479	570		559	553	644		633	623
498		487	483	572		561	553	645		634	623
500		489		574		563	553	646		635	630
502		491	487	575		564	560	648		637	630
504		493	487	576		565	560	650		639	630
505		494	487	578		567	560	652		641	630
506		495	487	580		569	560	654		643	630
508		497	493	582		571	560	655		644	630
510		499	493	584		573	560	656		645	640
512		501	493	585		574	570	658		647	640
514		503	493	586		575	570	660		649	640
515		504	500	588		577	570	662		651	640
516		505	500	590		579	570	664		653	640
518		507	500	592		581	570	665		654	640
520		509	500	594		583	570	666		655	650
522		511	500	595		584	580	668		657	650
524		513	508	596		585	580	670		659	650
525		514	508	598		587	580	672		661	650
526		515	508	600		589	580	674		663	650
528		517	508	602		591	580	675		664	650
530		519	515	604		593	580	676		665	660
532		521	515	605		594	590	678		667	660
534		523	515	606		595	590	680		669	660
535		524	515	608		597	590	682		671	660
536		525	515	610		599	590	684		673	660
538		527	523	612		601	590	685		674	670
540		529	523	614		603	590	686		675	670
542		531	523	615		604	600	688		677	670
544		533	523	616		605	600	690		679	670
545		534	530	618		607	600				

（2）液压、气动活塞杆静密封沟槽尺寸和公差（见表 2-9）

表 2-9　液压、气动活塞杆静密封沟槽尺寸和公差　　（单位：mm）

d_5 f7	d_{10} H8	d_6 H11	d_1	d_5 f7	d_{10} H8	d_6 H11	d_1	d_5 f7	d_{10} H8	d_6 H11	d_1
		$d_2=1.8$				$d_2=3.55$				$d_2=3.55$	
3		5.7	3.15	20		25.4	20	65		70.4	65
4		6.7	4	21		26.4	21.2	66		71.4	67
5		7.7	5.15	22		27.4	22.4	67		72.4	67
6		8.7	6	23		28.4	23.6	68		73.4	69
7		9.7	7.1	24		29.4	24.3	69		74.4	69
8		10.7	8	25		30.4	25	70		75.4	71
9		11.7	9	26		31.4	26.5	71		76.4	71
10		12.7	10	27		32.4	27.3	72		77.4	73
11		13.7	11.2	28		33.4	28	73		78.4	73
12		14.7	12.1	29		34.4	30	74		79.4	75
13		15.7	13.2	30		35.4	30	75		80.4	75
14		16.7	14	31		36.4	31.5	76		81.4	77.5
15		17.7	15	32		37.4	32.5	77		82.4	77.5
16		18.7	16	33		38.4	33.5	78		83.4	80
17		19.7	17	34		39.4	34.5	79		84.4	80
		$d_2=2.65$		35		40.4	35.5	80		85.4	80
14		18	14	36		41.4	36.5	81		86.4	82.5
15		19	15	37		42.4	37.5	82		87.4	82.5
16		20	16	38		43.4	38.7	83		88.4	85
17		21	17	39		44.4	40	84		89.4	85
18		22	18	40		45.4	41.2	85		90.4	87.5
19		23	19	41		46.4	41.2	86		91.4	87.5
20		24	20	42		47.4	42.5	87		92.4	87.5
21		25	21.2	43		48.4	43.7	88		93.4	90
22		26	22.4	44		49.4	45	89		94.4	90
23		27	23.6	45		50.4	45	90		95.4	92.5
24		28	24.3	46		51.4	46.2	91		96.4	92.5
25		29	25	47		52.4	47.5	92		97.4	92.5
26		30	26.5	48		53.4	48.7	93		98.4	95
27		31	27.3	49		54.4	50	94		99.4	95
28		32	28	50		55.4	50	95		100.4	97.5
29		33	30	51		56.4	51.5	96		101.4	97.5
30		34	30	52		57.4	53	97		102.4	100
31		35	31.5	53		58.4	53	98		103.4	100
32		36	32.5	54		59.4	54.5	99		104.4	100
33		37	33.5	55		60.4	56	100		105.4	103
34		38	34.5	56		61.4	56	101		106.4	103
35		39	35.5	57		62.4	58	102		107.4	103
36		40	36.5	58		63.4	58	103		108.4	106
37		41	37.5	59		64.4	50	104		109.4	106
38		42	38.7	60		65.4	60	105		110.4	106
39		43	40	61		66.4	61.5	106		111.4	109
		$d_2=3.55$		62		67.4	63	107		112.4	109
18		23.4	18	63		68.4	63	108		113.4	109
19		24.4	19	64		69.4	65	109		114.4	112

（续）

d_5 f7	d_{10} H8	d_6 H11	d_1	d_5 f7	d_{10} H8	d_6 H11	d_1	d_5 f7	d_{10} H8	d_6 H11	d_1
$d_2=3.55$				$d_2=3.55$				$d_2=5.3$			
110		115.4	112	157		162.4	160	44		52	45
111		116.4	112	158		163.4	160	45		53	46.2
112		117.4	115	159		164.4	160	46		54	47.2
113		118.4	115	160		165.4	162.5	47		55	47.5
114		119.4	115	161		166.4	162.5	48		56	48.7
115		120.4	115	162		167.4	165	49		57	50
116		121.4	118	163		168.4	165	50		58	51.5
117		122.4	118	164		169.4	165	51		59	51.5
118		123.4	122	165		170.4	167.5	52		60	53
119		124.4	122	166		171.4	167.5	53		61	54.5
120		125.4	122	167		172.4	170	54		62	54.5
121		126.4	125	168		173.4	170	55		63	56
122		127.4	125	169		174.4	170	56		64	56
123		128.4	125	170		175.4	172.5	57		65	58
124		129.4	125	171		176.4	172.5	58		66	58
125		130.4	125	172		177.4	175	59		67	60
126		131.4	128	173		178.4	175	60		68	60
127		132.4	128	174		179.4	175	61		69.2	61.5
128		133.4	128	175		180.4	177.5	62		70.2	63
129		134.4	132	176		181.4	177.5	63		71.2	63
130		135.4	132	177		182.4	180	64		72.2	65
131		136.4	132	178		183.4	180	65		73.2	65
132		137.4	132	179		184.4	180	66		74.2	67
133		138.4	136	180		185.4	182.5	67		75.2	67
134		139.4	136	181		186.4	185	68		76.2	69
135		140.4	136	182		187.4	185	69		77.2	69
136		141.4	136	183		188.4	185	70		78.2	71
137		142.4	140	184		189.4	185	71		79.2	71
138		143.4	140	185		190.4	187.5	72		80.2	73
139		144.4	140	186		191.4	190	73		81.2	73
140		145.4	140	187		192.4	190	74		82.2	75
141		146.4	142.5	188		193.4	190	75		83.2	75
142		147.4	145	189		194.4	190	76		84.2	77.5
143		148.4	145	190		195.4	195	77		85.2	77.5
144		149.4	145	191		196.4	195	78		86.2	80
145		150.4	147.5	192		197.4	195	79		87.2	80
146		151.4	147.5	193		198.4	195	80		88.2	80
147		152.4	150	194		199.4	195	82		90.2	82.5
148		153.4	150	195		200.4	200	84		92.2	85
149		154.4	150	196		201.4	200	85		93.2	85
150		155.4	152.5	197		202.4	200	86		94.2	87.5
151		156.4	152.5	198		203.4	200	88		96.2	90
152		157.4	155	$d_2=5.3$				90		98.2	92.5
153		158.4	155	40		48	40	92		100.2	92.5
154		159.4	155	41		49	41.2	94		102.2	95
155		160.4	157.5	42		50	42.5	95		103.2	97.5
156		161.4	157.5	43		51	43.7	96		104.2	97.5

（续）

d_5 f7	d_{10} H8	d_6 H11	d_1	d_5 f7	d_{10} H8	d_6 H11	d_1	d_5 f7	d_{10} H8	d_6 H11	d_1
$d_2=5.3$				$d_2=5.3$				$d_2=5.3$			
98		106.2	100	176		184.2	180	255		263.2	258
100		108.2	103	178		186.2	180	256		264.2	258
102		110.2	103	180		188.2	182.5	258		266.2	261
104		112.2	106	182		190.2	185	260		268.2	265
105		113.2	106	184		192.2	185	262		270.2	265
106		114.2	109	185		193.2	187.5	264		272.2	268
108		116.2	109	186		194.2	190	265		273.2	268
110		118.2	112	188		196.2	190	266		274.2	268
112		120.2	115	190		198.2	195	268		276.2	272
114		122.2	115	192		200.2	195	270		278.2	272
115		123.2	118	194		202.2	195	272		280.2	276
116		124.2	118	195		203.2	200	274		282.2	276
118		126.2	118	196		204.2	200	275		283.2	280
120		128.2	122	198		206.2	200	276		284.2	280
122		130.2	125	200		208.2	203	278		286.2	280
124		132.2	125	202		210.2	206	280		288.2	286
125		133.2	125	204		212.2	206	282		290.2	286
126		134.2	128	205		213.2	206	284		292.2	286
128		136.2	128	206		214.2	212	285		293.2	286
130		138.2	132	208		216.2	212	286		294.2	290
132		140.2	132	210		218.2	212	288		296.2	290
134		142.2	136	212		220.2	218	290		298.2	295
135		143.2	136	214		222.2	218	292		300.2	295
136		144.2	136	215		223.2	218	294		302.2	300
138		146.2	140	216		224.2	218	295		303.2	300
140		148.2	140	218		226.2	224	296		304.2	300
142		150.2	145	220		228.2	224	298		306.2	300
144		152.2	145	222		230.2	224	300		308.2	303
145		153.2	145	224		232.2	227	302		310.2	307
146		154.2	147.5	225		233.2	230	304		312.2	307
148		156.2	150	226		234.2	230	305		313.2	307
150		158.2	150	228		236.2	230	306		314.2	311
152		160.2	155	230		238.2	236	308		316.2	311
154		162.2	155	232		240.2	236	310		318.2	315
155		163.2	155	234		242.2	236	312		320.2	315
156		164.2	157.5	235		243.2	239	314		322.2	320
158		166.2	160	236		244.2	239	315		323.2	320
160		168.2	162.5	238		246.2	243	316		324.2	320
162		170.2	165	240		248.2	243	318		326.2	320
164		172.2	165	242		250.2	250	320		328.2	325
165		173.2	167.5	244		252.2	250	322		330.2	325
166		174.2	167.5	245		253.2	250	324		332.2	330
168		176.2	170	246		254.2	250	325		333.2	330
170		178.2	170	248		256.2	250	326		334.2	330
172		180.2	175	250		258.2	254	328		336.2	330
174		182.2	175	252		260.2	254	330		338.2	335
175		183.2	175	254		262.2	258	332		340.2	335

（续）

d_5 f7	d_{10} H8	d_6 H11	d_1	d_5 f7	d_{10} H8	d_6 H11	d_1	d_5 f7	d_{10} H8	d_6 H11	d_1
$d_2=5.3$				$d_2=7$				$d_2=7$			
334		342.2	340	115		126	118	194		205	195
335		343.2	340	116		127	118	195		206	200
336		344.2	340	118		129	122	196		207	200
338		346.2	345	120		131	122	198		209	200
340		348.2	345	122		133	125	200		211	203
342		350.2	345	124		135	125	202		213	206
344		352.2	350	125		136	128	204		215	206
345		353.2	350	126		137	128	205		216	212
346		354.2	350	128		139	132	206		217	212
348		356.2	350	130		141	132	208		219	212
350		358.2	355	132		143	136	210		221	212
352		360.2	355	134		145	136	212		223	218
354		362.2	360	135		146	136	214		225	218
355		363.2	360	136		147	140	215		226	218
356		364.2	360	138		149	140	216		227	218
358		366.2	365	140		151	142.5	218		229	224
360		368.2	365	142		153	145	220		231	224
362		370.2	370	144		155	145	222		233	224
364		372.2	370	145		156	147.5	224		235	227
365		373.2	370	146		157	147.5	225		236	230
366		374.2	370	148		159	150	226		237	230
368		376.2	375	150		161	152.5	228		239	230
370		378.2	375	152		163	155	230		241	236
372		380.2	379	154		165	155	232		243	236
374		382.2	379	155		166	157.5	234		245	236
375		383.2	383	156		167	157.5	235		246	239
376		384.2	383	158		169	160	236		247	239
378		386.2	387	160		171	162.5	238		249	243
380		388.2	387	162		173	165	240		251	243
382		390.2	387	164		175	167.5	242		253	250
384		392.2	387	165		176	167.5	244		255	250
385		393.2	391	166		177	167.5	245		256	250
386		394.2	391	168		179	170	246		257	250
388		396.2	395	170		181	172.5	248		259	250
390		398.2	395	172		183	175	250		261	254
392		400.2	400	174		185	177.5	252		263	254
394		402.2	400	175		186	177.5	254		265	258
395		403.2	400	176		187	180	255		266	258
396		404.2	400	178		189	180	256		267	258
398		406.2	400	180		191	182.5	258		269	261
400		408.2	400	182		193	185	260		271	265
$d_2=7$				184		195	187.5	262		273	265
106		117	109	185		196	187.5	264		275	268
108		119	109	186		197	190	265		276	268
110		121	112	188		199	190	266		277	268
112		123	115	190		201	195	268		279	272
114		125	115	192		203	195	270		281	272

（续）

d_5 f7	d_{10} H8	d_6 H11	d_1	d_5 f7	d_{10} H8	d_6 H11	d_1	d_5 f7	d_{10} H8	d_6 H11	d_1
$d_2=7$				$d_2=7$				$d_2=7$			
272		283	276	350		361	355	428		439	433
274		285	276	352		363	355	430		441	437
275		286	280	354		365	360	432		443	437
276		287	280	355		366	360	434		445	437
278		289	280	356		367	360	435		446	437
280		291	283	358		369	360	436		447	443
282		293	286	360		371	365	438		449	443
284		295	286	362		373	365	440		451	443
285		296	290	364		375	370	442		453	450
286		297	290	365		376	370	444		455	450
288		299	295	366		377	370	445		456	450
290		301	295	368		379	370	446		457	450
292		303	295	370		381	375	448		459	450
294		305	300	372		383	375	450		461	456
295		306	300	374		385	379	452		463	456
296		307	300	375		386	379	454		465	462
298		309	300	376		387	379	455		466	462
300		311	303	378		389	383	456		467	462
302		313	307	380		391	383	458		469	462
304		315	307	382		393	387	460		471	462
305		316	307	384		395	387	462		473	466
306		317	311	385		396	391	464		475	466
308		319	311	386		397	391	465		476	470
310		321	315	388		399	391	466		477	470
312		323	315	390		401	395	468		479	475
314		325	320	392		403	395	470		481	475
315		326	320	394		405	400	472		483	475
316		327	320	395		406	400	474		485	479
318		329	320	396		407	400	475		486	479
320		331	325	398		409	400	476		487	483
322		333	325	400		411	406	478		489	487
324		335	330	402		413	406	480		491	487
325		336	330	404		415	406	482		493	487
326		337	330	405		416	412	484		495	487
328		339	330	406		417	412	485		496	487
330		341	335	408		419	412	486		497	493
332		343	335	410		421	412	488		499	493
334		345	340	412		423	418	490		501	493
335		346	340	414		425	418	492		503	500
336		347	340	415		426	418	494		505	500
338		349	340	416		427	418	495		506	500
340		351	345	418		429	425	496		507	500
342		353	345	420		431	425	498		509	500
344		355	350	422		433	425	500		511	508
345		356	350	424		435	429	502		513	508
346		357	350	425		436	429	504		515	508
348		359	350	426		437	433	505		516	508

（续）

d_5 f7 / d_{10} H8	d_6 H11	d_1	d_5 f7 / d_{10} H8	d_6 H11	d_1	d_5 f7 / d_{10} H8	d_6 H11	d_1
$d_2=7$			$d_2=7$			$d_2=7$		
506	517	515	558	569	560	610	621	615
508	519	515	560	571	570	612	623	615
510	521	515	562	573	570	614	625	623
512	523	515	564	575	570	615	626	623
514	525	523	565	576	570	616	627	623
515	526	523	566	577	570	618	629	630
516	527	523	568	579	570	620	631	630
518	529	523	570	581	580	622	633	630
520	531	523	572	583	580	624	635	630
522	533	530	574	585	580	625	636	630
524	535	530	575	586	580	626	637	630
525	536	530	576	587	580	628	639	640
526	537	530	578	589	580	630	641	640
528	539	530	580	591	590	632	643	640
530	541	538	582	593	590	634	645	640
532	543	538	584	595	590	635	646	640
534	545	538	585	596	590	636	647	640
535	546	545	586	597	590	638	649	650
536	547	545	588	599	600	640	651	650
538	549	545	590	601	600	642	653	650
540	551	545	592	603	600	644	655	650
542	553	545	594	605	600	645	656	650
544	555	553	595	606	600	646	657	650
545	556	553	596	607	600	648	659	660
546	557	553	598	609	608	650	661	660
548	559	553	600	611	608	652	663	660
550	561	560	602	613	608	654	665	660
552	563	560	604	615	615	655	666	660
554	565	560	605	616	615	656	667	660
555	566	560	606	617	615	658	669	670
556	567	560	608	619	615	660	671	670

注：勘误了原标准 GB/T 3452.3—2005 表 11 中的一些错误，如原标准中 $d_2=3.55$mm，$d_1=3.0$mm；$d_2=3.55$mm，$d_1=162.6$mm 等。

2.2.6 O 形圈的选用与安装

1. O 形圈的选用

对 O 形圈的选用，首先要根据规定工况选择 O 形圈材料，其中液压工作介质性质、工作温度范围、密封性质、密封型式、公称压力范围等都必须予以考虑，尤其不可忽略了往复运动速度。如果选择的 O 形圈不是使用在石油基液压工作介质中，或者工作温度不在-40~125℃范围内，在市场上就有可能不易购买到，如使用乳化液的矿井液压支柱（油缸）和使用磷酸酯难燃液压液的油缸上的密封件就需要从厂家定制或购买。

选择 O 形圈截面尺寸时，应优先选择大截面 O 形圈。大截面 O 形圈不易扭转和被挤出。GB/T 3452.3—2005《液压气动用 O 形橡胶密封圈　沟槽尺寸》给出了不同截面 O 形圈对于静密封和动密封的适用范围，见表 2-10。

表 2-10　径向静密封和动密封的适用范围

O 形圈规格范围 /mm		应　用			
		活塞密封		活塞杆密封	
d_2	d_1	动密封	静密封(t/mm)	动密封	静密封(t/mm)
1.8	5.0~13.2	▲	▲(1.3)	▲	▲(1.3)
	14.0~32.5			▲	▲
2.65	14.0~40.0	▲	▲(2.0)	▲	▲(2.0)
	41.2~165			▲	▲
3.55	18.0~41.2	▲	▲(2.7)	▲	▲(2.7)
	42.5~200			▲	▲(2.7)
5.30	40.0~115	▲	▲(4.1)	▲	▲(4.1)
	118~400			▲	▲(4.1)
7.00	109~250	▲	▲(5.5)	▲	▲(5.5)
	258~670		▲*(5.5)	▲	▲(5.5)

注："▲"为推荐使用的密封型式；括号内尺寸为沟槽径向深度 t 的标准规定值，"▲*"为作者添加。

但是，在参考文献［62］提出，对于旋转运动密封，O 形密封圈的截（面直）径取决于旋转轴线速度的大小，表 2-11 所列数值可供参考。

表 2-11　O 形圈截面直径与旋转轴线速度之间的关系

旋转轴线速度/(m/s)	适用 O 形圈截面直径/mm
2.03	3.53(3.55)
3.05	2.62(2.65)
7.62	1.78(1.8)

注：圆括号内的 O 形圈截面直径才符合 GB/T 3452.1—2005 的规定。

对于 O 形圈内、外径的选择一般应遵循以下几点：

1）当 O 形圈用于活塞密封时，所选用的 O 形圈内径应小于或等于沟槽槽底直径，也就是说应稍紧一点，即 O 形圈被拉伸。

2）当 O 形圈用于活塞杆密封时，所选用的 O 形圈外径应大于或等于沟槽底直径，也就是说应稍胀一点，即 O 形圈被压缩。

3）当 O 形圈用于轴向密封且受内部压力时，O 形圈外径应大于或等于沟槽外径，也就是说应稍胀一点；当受外部压力时，O 形圈内径应小于或等于沟槽内径，也就是说应稍紧一点。

4）当 O 形圈用于旋转轴密封时，O 形圈内径应大于或等于旋转轴直径，也就是说 O 形圈内径相对旋转轴直径而言应稍松一点。

2. O 形圈的安装

O 形圈的安装质量对其密封性能和使用寿命均有重要影响，发生泄漏问题往往是因安装不当造成的。O 形圈安装时容易出现的问题是划伤、挤裂、撕裂（切肉）、扭曲（扭转、拧劲）等，划伤造成的主要原因是零件各处倒角、倒圆表面粗糙度差或干脆就没有倒角或倒圆；造成切肉的主要原因是 O 形圈通过环形槽或通过垂直孔，典型案例是工程液压缸内卡键连接缸盖安装，O 形圈既要通过卡键槽，又要通过油口孔流道，如果没有安装工具，每个 O 形圈都会被切肉。有一次，作者等三人维修一台金属打包机液压缸，在安装密封圈时因没有安装工具，8：00~14：00 共安装了四次，皆告失败，最后还是现做了安装工具才将液压缸修好。扭转和拧劲主要是把 O 形圈安装到沟槽内后没有捋顺，一般没有经验的安装人员尤其安装孔用 O 形圈时都会发生这样的问题；再就是在安装前不注意对密封沟槽的检查，沟槽内各面的表面粗糙度不易达到要求，尤其是底面，切削加工时容易出现颤刀纹，这种轴向纹很容易造成泄漏；零件在装配前一定要认真清洗，尤其是密封沟槽的清洗。现在清洗金属零件可能使用较多的是酸性或碱性清洗剂，清洗后一定要把残液清理干净并干燥，因为一般密封材料的 O 形圈耐酸碱能力不行。安装 O 形圈时要涂敷适量的润滑脂，注意 O 形圈与挡圈的相对位置。

下面介绍几种 O 形圈安装工具，如图 2-5 所示。

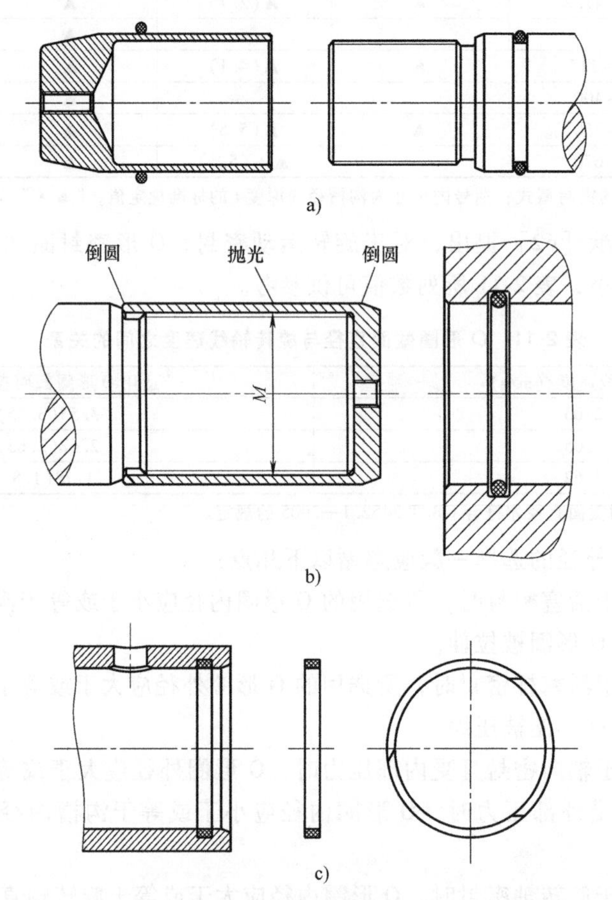

图 2-5　O 形圈安装工具

a）过渡外螺纹护套Ⅰ　b）过渡外螺纹护套Ⅱ　c）过渡卡键槽填块

2.3　Y 形橡胶密封圈及其沟槽

2.3.1　Y 形圈的密封机理、分类及其特点

1. Y 形圈的密封机理

如图 2-6 所示，Y 形圈自然状态是密封唇张开且唇口部大，当装入密封沟槽后，唇口部

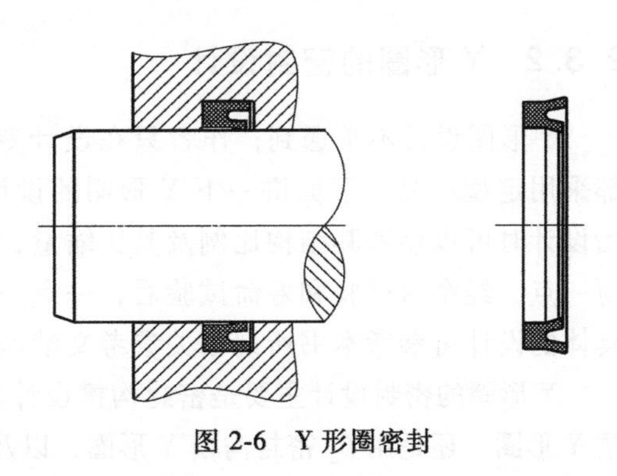

图 2-6　Y 形圈密封

缩小，唇部贴在密封面上，但接触力很小；当有密封工作介质充入唇口部后，随着压力的升高，唇部与密封面接触变宽，接触力增大，这也是前面讲到的 Y 形圈具有自封能力，即随着密封工作介质压力升高，密封能力也随之增高，但绝不是说工作压力可以无限升高。一般 Y 形圈最高工作压力不超过 25MPa（现行标准规定活塞或活塞杆往复运动聚氨酯单体 Y×D 或单体 Y×d 密封圈的最高工作压力为 35MPa），并且随着工作压力升高，摩擦力、磨损都在增大。

作者提示，JB/T 6612—2008 中的 Y 形圈是按“自紧密封”的原理而自动密封的（唇形）填料；最高工作压力可参见 GB/T 10708—2000 中附录 A 表 A1 中的“工作压力范围”。

2. Y 形圈的分类

如图 2-7 所示，GB/T 10708.1—2000《往复运动橡胶密封圈结构尺寸系列　第 1 部分：单向密封橡胶密封圈》规定了 L_1 密封沟槽用 Y 形圈有两种，即图 2-7a 所示的活塞 L_1 密封沟槽用 Y 形圈和图 2-7b 所示的活塞杆用 L_1 密封沟槽用 Y 形圈；L_2 密封沟槽用 Y 形圈有两种，即图 2-7c 所示的活塞 L_2 密封沟槽用 Y 形圈和图 2-7d 所示的活塞杆用 L_2 密封沟槽用 Y 形圈。L_1 密封沟槽用 Y 形圈是等高唇 Y 形圈，L_2 密封沟槽用 Y 形圈是不等唇 Y 形圈。

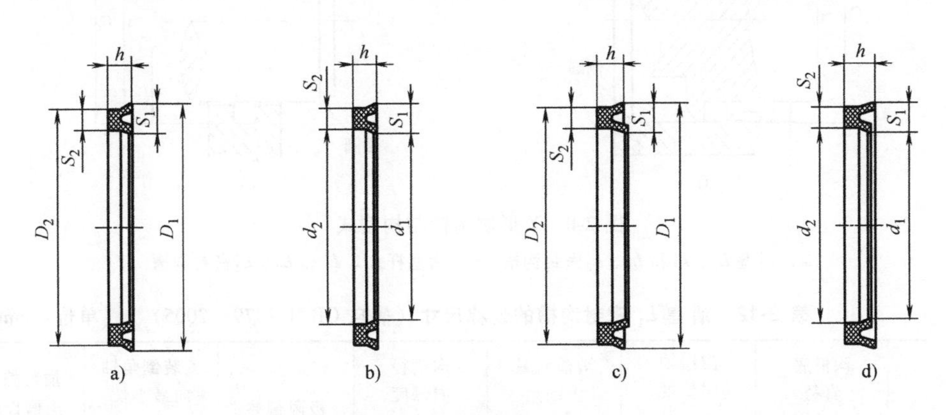

图 2-7　Y 形圈结构型式

3. Y 形圈的特点

与 O 形圈相比，Y 形圈最显著的特点是起动摩擦力小，其使用寿命和密封性能也高于 O 形圈。与 V 形圈比较，其摩擦力小于 V 形圈，密封性好于 V 形圈。归纳起来，Y 形圈有如下特点：

1）密封性能好，密封可靠。

2）静摩擦阻力小，起动平稳。

3）耐压性好，使用压力范围广。

4）矩形沟槽安装，相对简单。

2.3.2　Y 形圈的密封设计

Y 形圈设计不常遇到，作者只在设计专用阀时遇到过几次，液压缸上用 Y 形圈几乎全部采用定型产品。下面讲一下 Y 形圈的设计体会：由于有标准 Y 形圈及其密封沟槽，在初始设计时可以参考其结构比例及其压缩量，密封唇处要设计成尖角（要有刃口），唇设计得薄一点，经密封试验和寿命试验后，一点一点地修正，这样有可能一套模具就能成功，更加具体的设计可参考本书所列相关参考文献。

Y 形圈的密封设计主要是密封沟槽设计。根据使用工况及结构要求，选择是用 L_1 密封沟槽 Y 形圈，还是用 L_2 密封沟槽 Y 形圈，以及是否使用挡圈，实践中使用 L_2 密封沟槽 Y 形圈较多。现在使用 L_1、L_2 密封沟槽 Y 形圈用挡圈都没有相关标准，加装挡圈的 Y 形圈沟槽也没有相应标准。如图 2-8 所示，一组 Y 形圈沟槽包括加装挡圈的沟槽尺寸，见表 2-12~表 2-15。

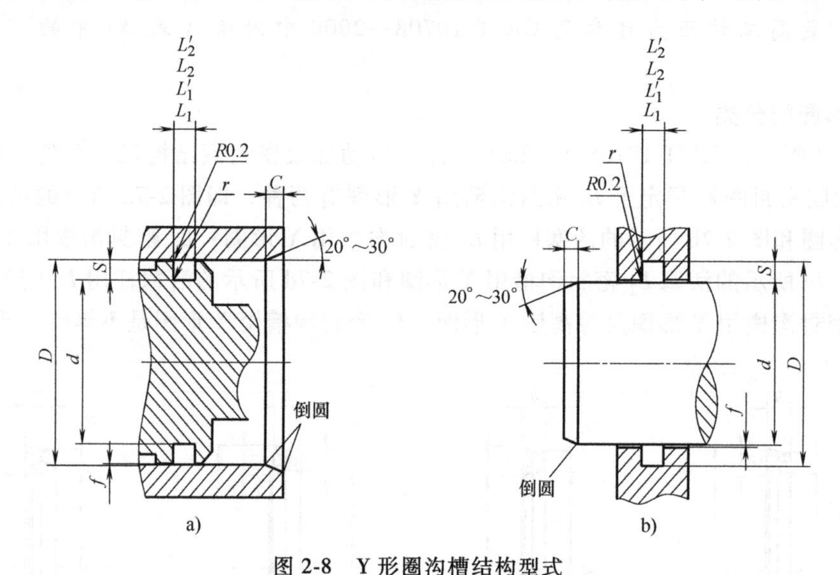

图 2-8　Y 形圈沟槽结构型式

a）活塞 L_1、L_1' 和 L_2、L_2' 密封沟槽　b）活塞杆 L_1、L_1' 和 L_2、L_2' 密封沟槽

表 2-12　活塞 L_1 密封沟槽的公称尺寸（摘自 GB/T 2879—2005）　（单位：mm）

缸径 D	沟槽底直径 d	沟槽轴向长度 $L_1{}^{+0.25}_{\ \ 0}$	沟槽底最大圆角 r	沟槽径向深度 S	S 极限偏差	安装倒角轴向最小长度 C	加装挡圈的沟槽长度 L_1'
16	8	5	0.3	4	+0.15 −0.05	2	7
20	12						
25	17						
32	24						
40	32						
20	10	6.3		5	+0.15 −0.10	2.5	8.3
25	15						
32	22						
40	30						
50	40						
56	46						
63	53						

（续）

缸径 D	沟槽底直径 d	沟槽轴向长度 $L_{1}{}^{+0.25}_{0}$	沟槽底最大圆角 r	沟槽径向深度 S	S 极限偏差	安装倒角轴向最小长度 C	加装挡圈的沟槽长度 L_1'
50	35	9.5	0.4	7.5	+0.20 −0.10	4	12
56	41						
63	48						
70	65						
80	65						
90	75						
100	85						
110	95						
70	50	12.5	0.6	10	+0.25 −0.10	5	15.5
80	60						
90	70						
100	80						
110	90						
125	105						
140	120						
160	140						
180	160						
125	100	16	0.8	12.5	+0.30 −0.15	6.5	19
140	115						
160	135						
180	155						
200	175						
220	195						
250	225						
200	170	20	0.8	15	+0.35 −0.20	7.5	24
220	190						
250	220						
280	250						
320	290						
360	330						
400	360	25	1.0	20	+0.40 −0.20	10	29
450	410						
500	460						

注：加装挡圈的沟槽长度 L_1' 仅为参考值。

表 2-13 活塞杆 L_1 密封沟槽的公称尺寸（摘自 GB/T 2879—2005）（单位：mm）

活塞杆直径 d	沟槽底直径 D	沟槽轴向长度 $L_{1}{}^{+0.25}_{0}$	沟槽底最大圆角 r	沟槽径向深度 S	S 极限偏差	安装倒角轴向最小长度 C	加装挡圈的沟槽长度 L_1'
6	14	5	0.3	4	+0.15 −0.05	2	7
8	16						
10	18						
12	20						
14	22						
16	24						
18	26						

（续）

活塞杆直径 d	沟槽底直径 D	沟槽轴向长度 $L_1{}^{+0.25}_{0}$	沟槽底最大圆角 r	沟槽径向深度 S	S 极限偏差	安装倒角轴向最小长度 C	加装挡圈的沟槽长度 L_1'
20	28	5	0.3	4	+0.15 −0.05	2	7
22	30						
25	33						
28	38	6.3	0.3	5	+0.15 −0.10	2.5	8.3
32	42						
36	46						
40	50						
45	55						
50	60						
56	71	9.5	0.4	7.5	+0.20 −0.10	4	12
63	78						
70	85						
80	95						
90	105						
100	120	12.5	0.6	10	+0.25 −0.10	5	15.5
110	130						
125	145						
140	160						
160	185	16	0.8	12.5	+0.30 −0.15	6.5	19
180	205						
200	225						
220	250	20		15	+0.35 −0.20	7.5	24
250	280						
280	310						
320	360	25	1.0	20	+0.40 −0.20	10	29
360	400						

注：加装挡圈的沟槽长度 L_1' 仅为参考值。

表 2-14　活塞 L_2 密封沟槽的公称尺寸（摘自 GB/T 2879—2005）　（单位：mm）

缸径 D	沟槽底直径 d	沟槽轴向长度 $L_2{}^{+0.25}_{0}$	沟槽底最大圆角 r	沟槽径向深度 S	S 极限偏差	安装倒角轴向最小长度 C	加装挡圈的沟槽长度 L_2'
12	4	6.3	0.3	4	+0.15 −0.05	2	8.3
16	8						
20	12						
25	17						
32	24						
40	32						
20	10	8		5	+0.15 −0.10	2.5	10
25	15						
32	22						
46	30						
50	40						
56	46						
63	53						

（续）

缸径 D	沟槽底直径 d	沟槽轴向长度 $L_{2\,0}^{\,+0.25}$	沟槽底最大圆角 r	沟槽径向深度 S	S 极限偏差	安装倒角轴向最小长度 C	加装挡圈的沟槽长度 L_2'
50	35	12.5	0.4	7.5	+0.20 −0.10	4	15.5
56	41						
63	48						
70	55						
80	65						
90	75						
100	85						
110	95						
70	50	16	0.6	10	+0.25 −0.10	5	19
80	60						
90	70						
100	80						
110	90						
125	105						
140	120						
160	140						
180	160						
125	100	20	0.8	12.5	+0.30 −0.15	6.5	24
140	115						
160	135						
180	155						
200	175						
220	195						
250	225						
200	170	25		15	+0.35 −0.20	7.5	29
220	190						
250	220						
280	250						
320	290						
360	330						
400	360	32	1.0	20	+0.40 −0.20	10	36
450	410						
500	460						

注：加装挡圈的沟槽长度 L_2' 仅为参考值。

表 2-15　活塞杆 L_2 密封沟槽的公称尺寸（摘自 GB/T 2879—2005）（单位：mm）

活塞杆直径 d	沟槽槽底直径 D	沟槽轴向长度 $L_{2\,0}^{\,+0.25}$	沟槽底最大圆角 r	沟槽径向深度 S	S 极限偏差	安装倒角轴向最小长度 C	加装挡圈的沟槽长度 L_2'
6	14	6.3	0.3	4	+0.15 −0.05	2	8.3
8	16						
10	18						
12	20						
14	22						
16	24						
18	26						
20	28						

（续）

活塞杆直径 d	沟槽槽底直径 D	沟槽轴向长度 $L_{2\ 0}^{\ +0.25}$	沟槽底最大圆角 r	沟槽径向深度 S	S 极限偏差	安装倒角轴向最小长度 C	加装挡圈的沟槽长度 L_2'
22	30	6. 3	0. 3	4	+0. 15 -0. 05	2	8. 3
25	33						
10	20	8		5	+0. 15 -0. 10	2. 5	10
12	22						
14	24						
16	26						
18	28						
20	30						
22	32						
25	35						
28	38						
32	42						
36	46						
40	50						
45	55						
50	60						
28	43	12. 5	0. 4	7. 5	+0. 20 -0. 10	4	15. 5
32	47						
36	51						
40	55						
45	60						
50	65						
56	71						
63	78						
70	85						
80	95						
90	105						
56	76	16	0. 6	10	+0. 25 -0. 10	5	19
63	83						
70	90						
80	100						
90	110						
100	120						
110	130						
125	145						
140	160						
100	125	20	0. 8	12. 5	+0. 30 -0. 15	6. 5	24
110	135						
125	150						
140	165						
160	185						
180	205						
200	225						
160	190						

（续）

活塞杆直径 d	沟槽槽底直径 D	沟槽轴向长度 $L_2{}^{+0.25}_{0}$	沟槽底最大圆角 r	沟槽径向深度 S	S 极限偏差	安装倒角轴向最小长度 C	加装挡圈的沟槽长度 L_2'
180	210	25	0.8	15	+0.35 −0.20	7.5	29
200	230						
220	250						
250	280						
280	310						
320	360	32	1	20	+0.40 −0.20	10	36
360	400						

注：1. 加装挡圈的沟槽长度 L_2' 仅为参考值。
2. 蕾形圈使用 L_2 密封沟槽。

2.3.3　聚氨酯单体 Y×D 和 Y×d 密封圈

1. 活塞用标准单体 Y×D 密封圈

活塞往复运动聚氨酯单体 Y×D 形密封圈（简称单体 Y×D 密封圈）及其密封结构型式如图 2-9 所示，单体 Y×D 密封圈的尺寸和极限偏差见表 2-16。

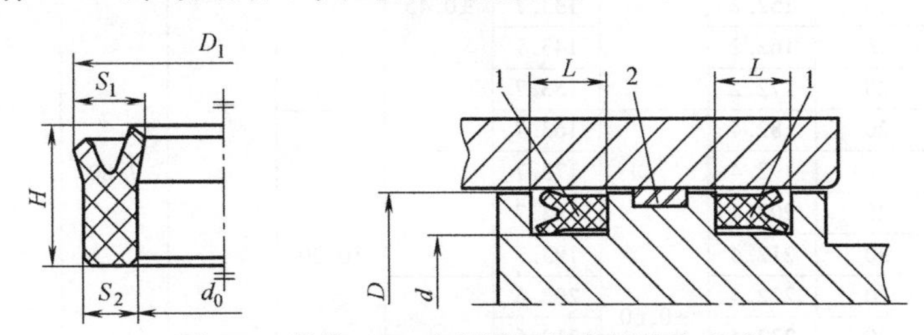

图 2-9　单体 Y×D 密封圈及其密封结构型式

1—单体 Y×D 密封圈　2—导向环

表 2-16　单体 Y×D 密封圈的尺寸和极限偏差（摘自 GB/T 36520.1—2018）（单位：mm）

密封沟槽公称尺寸			尺寸和公差									
			D_1		d_0		S_1		S_2		H	
D	d	L	尺寸	极限偏差	尺寸	极限偏差	尺寸	极限偏差	尺寸	极限偏差	尺寸	极限偏差
16	10	9	16.90	±0.20	9.80	±0.20	3.90	±0.15	2.85	±0.08	8.00	±0.15
18	12	9	18.90		11.80							
20	14	9	20.90		13.80							
25	19	9	25.90		18.80							
28	22	9	28.90		21.80							
30	22	12	31.10		21.80		5.20		3.80		11.0	
35	27	12	36.10		26.80							
36	28	12	37.10		27.80							
38	30	12	39.10		29.80							
40	32	12	41.10		31.80							
45	37	12	46.10		36.80							
50	42	12	51.10		41.80							
55	47	12	56.10	±0.35	46.80	±0.35						
60	48	16	61.60		47.80		7.70	±0.20	5.80	±0.10	15.0	
63	51	16	64.60		50.80							
65	53	16	66.60		52.80							

（续）

<table>
<tr><th colspan="3">密封沟槽公称尺寸</th><th colspan="10">尺寸和公差</th></tr>
<tr><th rowspan="2">D</th><th rowspan="2">d</th><th rowspan="2">L</th><th colspan="2">D_1</th><th colspan="2">d_0</th><th colspan="2">S_1</th><th colspan="2">S_2</th><th colspan="2">H</th></tr>
<tr><th>尺寸</th><th>极限偏差</th><th>尺寸</th><th>极限偏差</th><th>尺寸</th><th>极限偏差</th><th>尺寸</th><th>极限偏差</th><th>尺寸</th><th>极限偏差</th></tr>
<tr><td>70</td><td>58</td><td>16</td><td>71.60</td><td rowspan="6">±0.35</td><td>57.80</td><td rowspan="9">±0.35</td><td rowspan="6">7.70</td><td rowspan="29">±0.20</td><td rowspan="10">5.80</td><td rowspan="29">±0.10</td><td rowspan="10">15.0</td><td rowspan="17">±0.15</td></tr>
<tr><td>75</td><td>63</td><td>16</td><td>76.60</td><td>62.80</td></tr>
<tr><td>80</td><td>68</td><td>16</td><td>81.60</td><td>67.80</td></tr>
<tr><td>85</td><td>73</td><td>16</td><td>86.60</td><td>72.80</td></tr>
<tr><td>90</td><td>78</td><td>16</td><td>91.60</td><td>77.80</td></tr>
<tr><td>95</td><td>83</td><td>16</td><td>96.60</td><td>82.80</td></tr>
<tr><td>100</td><td>88</td><td>16</td><td>101.8</td><td rowspan="12">±0.45</td><td>87.80</td><td rowspan="4">7.80</td></tr>
<tr><td>105</td><td>93</td><td>16</td><td>106.8</td><td>92.80</td></tr>
<tr><td>110</td><td>98</td><td>16</td><td>111.8</td><td>97.80</td></tr>
<tr><td>115</td><td>103</td><td>16</td><td>116.8</td><td>114.8</td><td rowspan="13">±0.45</td></tr>
<tr><td>120</td><td>104</td><td>16</td><td>122.2</td><td>103.7</td><td rowspan="8">10.20</td><td rowspan="19">7.80</td><td rowspan="7">14.80</td></tr>
<tr><td>125</td><td>109</td><td>16</td><td>127.2</td><td>108.7</td></tr>
<tr><td>127</td><td>111</td><td>16</td><td>129.2</td><td>110.7</td></tr>
<tr><td>130</td><td>114</td><td>16</td><td>132.2</td><td>113.7</td></tr>
<tr><td>140</td><td>124</td><td>16</td><td>142.2</td><td>123.7</td></tr>
<tr><td>150</td><td>134</td><td>16</td><td>152.2</td><td>133.7</td></tr>
<tr><td>160</td><td>144</td><td>16</td><td>162.2</td><td>143.7</td></tr>
<tr><td>170</td><td>154</td><td>20</td><td>172.2</td><td>153.7</td><td rowspan="12">18.50</td><td rowspan="12">±0.20</td></tr>
<tr><td>180</td><td>164</td><td>20</td><td>182.4</td><td rowspan="10">±0.60</td><td>163.7</td><td rowspan="7">10.30</td></tr>
<tr><td>190</td><td>174</td><td>20</td><td>192.4</td><td>173.7</td></tr>
<tr><td>200</td><td>184</td><td>20</td><td>202.4</td><td>183.7</td></tr>
<tr><td>210</td><td>194</td><td>20</td><td>212.4</td><td>193.7</td></tr>
<tr><td>220</td><td>204</td><td>20</td><td>222.4</td><td>203.6</td><td rowspan="17">±0.60</td></tr>
<tr><td>230</td><td>214</td><td>20</td><td>232.4</td><td>213.6</td></tr>
<tr><td>240</td><td>224</td><td>20</td><td>242.4</td><td>232.6</td></tr>
<tr><td>250</td><td>234</td><td>20</td><td>252.4</td><td>233.6</td><td rowspan="4">10.40</td></tr>
<tr><td>260</td><td>244</td><td>20</td><td>262.4</td><td>243.6</td></tr>
<tr><td>280</td><td>264</td><td>20</td><td>282.4</td><td>263.6</td></tr>
<tr><td>300</td><td>284</td><td>20</td><td>302.4</td><td rowspan="10">±0.90</td><td>283.6</td></tr>
<tr><td>320</td><td>296</td><td>26.5</td><td>323.2</td><td>295.6</td><td rowspan="7">15.20</td><td rowspan="15">±0.25</td><td rowspan="15">11.70</td><td rowspan="15">±0.15</td><td rowspan="15">25.0</td><td rowspan="15">±0.30</td></tr>
<tr><td>330</td><td>306</td><td>26.5</td><td>333.2</td><td>305.5</td></tr>
<tr><td>350</td><td>326</td><td>26.5</td><td>353.2</td><td>325.5</td></tr>
<tr><td>360</td><td>335</td><td>26.5</td><td>363.2</td><td>335.5</td></tr>
<tr><td>380</td><td>356</td><td>26.5</td><td>383.2</td><td>355.5</td></tr>
<tr><td>400</td><td>376</td><td>26.5</td><td>403.2</td><td>375.5</td></tr>
<tr><td>420</td><td>396</td><td>26.5</td><td>423.3</td><td>395.5</td></tr>
<tr><td>450</td><td>426</td><td>26.5</td><td>453.5</td><td>425.5</td><td rowspan="5">15.40</td></tr>
<tr><td>480</td><td>456</td><td>26.5</td><td>483.5</td><td>455.5</td></tr>
<tr><td>500</td><td>476</td><td>26.5</td><td>503.5</td><td rowspan="3">±1.20</td><td>475.5</td></tr>
<tr><td>550</td><td>526</td><td>26.5</td><td>553.5</td><td>525.5</td><td rowspan="3">±1.20</td></tr>
<tr><td>580</td><td>556</td><td>26.5</td><td>583.5</td><td>555.5</td></tr>
<tr><td>600</td><td>576</td><td>26.5</td><td>604.0</td><td rowspan="3">±1.50</td><td>575.5</td><td rowspan="3">15.50</td></tr>
<tr><td>630</td><td>606</td><td>26.5</td><td>634.0</td><td>605.5</td><td rowspan="2">±1.50</td></tr>
<tr><td>650</td><td>626</td><td>26.5</td><td>654.0</td><td>625.5</td></tr>
</table>

2. 活塞杆用标准单体 Y×d 密封圈

活塞杆往复运动聚氨酯单体 Y×d 形密封圈（简称单体 Y×d 密封圈）及其密封结构型式

如图 2-10 所示单体 Y×d 密封圈的尺寸和极限偏差见表 2-17。

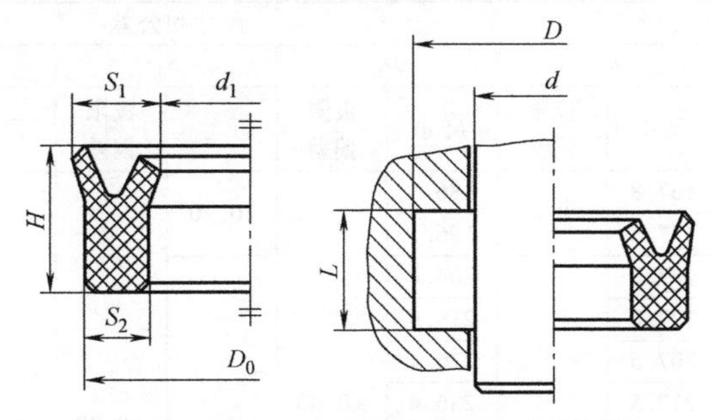

图 2-10 单体 Y×d 密封圈及其密封结构型式

表 2-17 单体 Y×d 密封圈的尺寸和极限偏差（摘自 GB/T 36520.2—2018） （单位：mm）

<table>
<tr><th colspan="3">密封沟槽公称尺寸</th><th colspan="10">尺寸和公差</th></tr>
<tr><th rowspan="2">d</th><th rowspan="2">D</th><th rowspan="2">L</th><th colspan="2">d_1</th><th colspan="2">D_0</th><th colspan="2">S_1</th><th colspan="2">S_2</th><th colspan="2">H</th></tr>
<tr><th>尺寸</th><th>极限偏差</th><th>尺寸</th><th>极限偏差</th><th>尺寸</th><th>极限偏差</th><th>尺寸</th><th>极限偏差</th><th>尺寸</th><th>极限偏差</th></tr>
<tr><td>16</td><td>22</td><td>9</td><td>15.10</td><td rowspan="12">±0.20</td><td>22.20</td><td rowspan="10">±0.20</td><td rowspan="2">3.90</td><td rowspan="13">±0.15</td><td rowspan="2">2.85</td><td rowspan="13">±0.08</td><td rowspan="5">8.00</td><td rowspan="13">±0.15</td></tr>
<tr><td>18</td><td>24</td><td>9</td><td>17.10</td><td>24.20</td></tr>
<tr><td>20</td><td>28</td><td>9</td><td>18.90</td><td>28.20</td><td rowspan="11">5.20</td><td rowspan="11">3.80</td></tr>
<tr><td>25</td><td>33</td><td>9</td><td>23.90</td><td>33.20</td></tr>
<tr><td>28</td><td>36</td><td>9</td><td>26.90</td><td>36.20</td></tr>
<tr><td>30</td><td>38</td><td>11</td><td>28.90</td><td>38.20</td><td rowspan="8">10.00</td></tr>
<tr><td>35</td><td>43</td><td>11</td><td>33.89</td><td>43.20</td></tr>
<tr><td>36</td><td>44</td><td>11</td><td>34.80</td><td>44.20</td></tr>
<tr><td>38</td><td>46</td><td>11</td><td>36.80</td><td>46.20</td></tr>
<tr><td>40</td><td>48</td><td>11</td><td>38.80</td><td>48.20</td></tr>
<tr><td>45</td><td>53</td><td>11</td><td>43.80</td><td>53.20</td><td rowspan="13">±0.35</td></tr>
<tr><td>50</td><td>58</td><td>11</td><td>48.80</td><td>58.20</td></tr>
<tr><td>55</td><td>63</td><td>11</td><td>53.80</td><td rowspan="11">±0.35</td><td>63.20</td></tr>
<tr><td>60</td><td>72</td><td>15</td><td>58.50</td><td>72.20</td><td rowspan="7">7.70</td><td rowspan="20">±0.20</td><td rowspan="10">5.80</td><td rowspan="20">±0.10</td><td rowspan="20">14.0</td><td rowspan="7">±0.20</td></tr>
<tr><td>63</td><td>75</td><td>15</td><td>61.50</td><td>75.20</td></tr>
<tr><td>65</td><td>77</td><td>15</td><td>63.50</td><td>77.20</td></tr>
<tr><td>70</td><td>82</td><td>15</td><td>68.50</td><td>82.20</td></tr>
<tr><td>75</td><td>87</td><td>15</td><td>73.50</td><td>87.20</td></tr>
<tr><td>80</td><td>92</td><td>15</td><td>78.50</td><td>92.20</td></tr>
<tr><td>85</td><td>97</td><td>15</td><td>83.20</td><td>97.20</td></tr>
<tr><td>90</td><td>102</td><td>15</td><td>88.20</td><td>102.3</td><td rowspan="3">7.80</td><td rowspan="13">±0.15</td></tr>
<tr><td>95</td><td>107</td><td>15</td><td>93.20</td><td>107.3</td></tr>
<tr><td>100</td><td>112</td><td>15</td><td>98.20</td><td>112.3</td></tr>
<tr><td>105</td><td>121</td><td>15</td><td>102.8</td><td rowspan="10">±0.45</td><td>121.3</td><td rowspan="10">±0.45</td><td rowspan="10">10.20</td><td rowspan="10">7.80</td></tr>
<tr><td>110</td><td>126</td><td>15</td><td>107.8</td><td>126.3</td></tr>
<tr><td>115</td><td>131</td><td>15</td><td>112.8</td><td>131.3</td></tr>
<tr><td>120</td><td>136</td><td>15</td><td>117.8</td><td>136.3</td></tr>
<tr><td>125</td><td>141</td><td>15</td><td>122.8</td><td>141.3</td></tr>
<tr><td>127</td><td>143</td><td>15</td><td>124.8</td><td>143.3</td></tr>
<tr><td>130</td><td>146</td><td>15</td><td>127.8</td><td>146.3</td></tr>
<tr><td>140</td><td>156</td><td>15</td><td>137.8</td><td>156.3</td></tr>
<tr><td>150</td><td>166</td><td>15</td><td>147.8</td><td>166.3</td></tr>
<tr><td>160</td><td>176</td><td>15</td><td>157.8</td><td>176.3</td></tr>
</table>

（续）

密封沟槽公称尺寸			尺寸和公差									
			d_1		D_0		S_1		S_2		H	
d	D	L	尺寸	极限偏差	尺寸	极限偏差	尺寸	极限偏差	尺寸	极限偏差	尺寸	极限偏差
170	186	19	167.8	±0.45	186.3	±0.60	10.20	±0.20	7.80	±0.10	18.00	±0.20
180	196	19	177.8		196.3							
190	206	19	187.8	±0.60	206.4		10.40					
200	216	19	197.8		216.4							
210	226	19	207.5		226.4							
220	236	19	217.5		236.4							
230	246	19	227.5		246.4							
240	256	19	237.5		256.4							
250	266	19	247.5		266.4							
260	276	19	257.5		276.4							
280	296	19	277.5		296.4							
300	316	19	297.5		316.5	±0.90						
320	344	25	316.7	±0.90	344.5		15.20	±0.25	11.70	±0.15	23.50	
330	354	25	326.7		354.5							
350	374	25	346.7		374.5							
360	384	25	356.7		384.5							
380	404	25	376.7		404.5							
400	424	25	396.5		424.5		15.40					
420	444	25	416.5		444.5							
450	474	25	446.5		474.5							
480	504	25	476.5		504.5	±1.20						
500	524	25	496.5		524.5							
550	574	25	546.5	±1.20	574.5							
580	604	25	576.5		604.5							
600	624	25	596.5		624.5		15.50					
630	654	25	626.0		654.5							
650	674	25	646.0		674.5							

2.3.4　缸口Y形圈及其沟槽

缸口Y形聚氨酯密封圈（简称缸口Y形圈）及其密封结构型式如图2-11所示。缸口Y形圈分为Ⅰ和Ⅱ两个系列，Ⅰ系列缸口Y形圈的尺寸和极限偏差见表2-18，Ⅱ系列缸口Y形圈的尺寸和极限偏差见表2-19。

缸口Y形圈是安装在液压缸导向套上起静密封作用的聚氨酯密封圈。

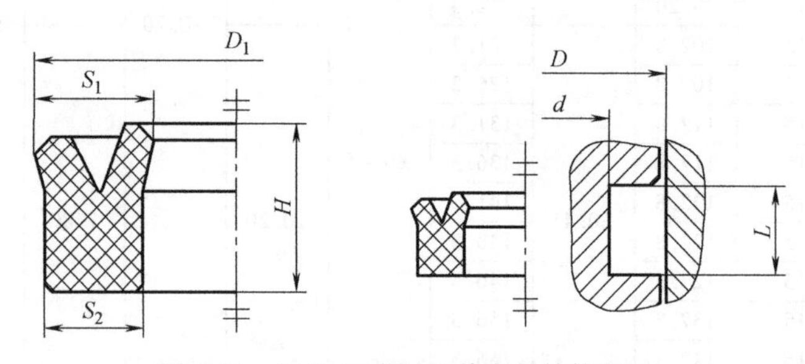

图2-11　缸口Y形圈及其密封结构型式

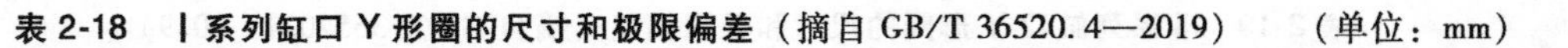

表 2-18　Ⅰ系列缸口 Y 形圈的尺寸和极限偏差（摘自 GB/T 36520.4—2019）　（单位：mm）

密封沟槽公称尺寸			尺寸和极限偏差							
D	d	L	D_1		S_1		S_2		H	
			尺寸	极限偏差	尺寸	极限偏差	尺寸	极限偏差	尺寸	极限偏差
160	150	9.6	158.50	±0.65	6.90	±0.15	4.80	±0.15	8.80	±0.15
180	170		178.50							
185	175		183.50							
195	185		193.50							
200	190		198.00	±0.90						
220	210		218.00							
225	215		223.00							
235	225		233.00							
240	230		238.00							
245	235		243.00							
250	240		248.00							
260	250		258.00							
280	270		278.00							
290	280		287.50							
335	325		332.50	±1.50						
182	170	13	180.50	±0.65	8.20		5.80		12.00	±0.20
190	178		188.50							
202	190		200.00	±0.90						
215	203		213.00							
225	213		223.00							
230	218		228.00							
240	228		238.00							
260	248		258.00							
265	253		263.00							
275	263		273.00							
280	268		278.00							
290	278		287.50							
295	283		292.50							
310	298		307.50	±1.50						
330	318		327.50							
340	328		337.50							
350	338	13.5	347.00						12.50	
360	348		357.00							
370	358		367.00							
375	363		372.00							
395	383		392.00							
400	388		397.00							
405	393		401.50							
415	403		411.50							
425	413		421.50							
465	453		461.50							
485	473		481.00							
505	493		501.00	±2.00						
525	513		521.00							
555	541	16	550.50		9.50		6.80		14.80	

表 2-19　Ⅱ系列缸口 Y 形圈的尺寸和极限偏差（摘自 GB/T 36520.4—2019）

（单位：mm）

密封沟槽公称尺寸			尺寸和极限偏差							
			D_1		S_1		S_2		H	
D	d	L	尺寸	极限偏差	尺寸	极限偏差	尺寸	极限偏差	尺寸	极限偏差
72	64	8.20	71.00	±0.30	5.60	±0.15	3.80	±0.15	7.40	±0.15
92	84		91.00							
100	92		99.00							
102	94		101.00	±0.45						
110	102		109.00							
112	104		111.00							
126	118		125.00							
127	119		126.00							
137	129		135.50							
140	132		138.50							
142	134		140.50							
145	137		143.50							
151	143		149.50							
154	146		152.50							
160	152		158.50	±0.65						
161	153		159.50							
162	154		160.50							
165	157		163.50							
167	159		165.50							
175	167		173.50							
180	172		178.50							
182	174		180.50							
184	176		182.50							
188	180		186.50							
190	180		188.50							
195	187		193.50							
198	190		196.50							
200	192		198.00	±0.90						
202	194		200.00							
205	197		203.00							
250	242		248.00							
230	218.8	11.2	228.00		7.60		5.40		10.20	±0.20
232	220.8		230.00							
242	230.8		240.00							
258	246.8		256.00							
274	262.8		272.00							
275	263.8		273.00							
290	278.8		287.50							
300	288.8		297.50	±1.50						
320	308.8		317.50							
355	343.8		352.00							
370	358.8		367.00							
375	363.8		372.00							
395	383.8		392.00							

（续）

密封沟槽公称尺寸			尺寸和极限偏差							
			D_1		S_1		S_2		H	
D	d	L	尺寸	极限偏差	尺寸	极限偏差	尺寸	极限偏差	尺寸	极限偏差
420	406.4		416.50							
425	411.4		421.50							
435	421.4	15	431.50	±1.50	9.10	±0.15	6.60	±0.15	13.80	±0.20
445	431.4		441.50							
450	436.4		446.50							
520	506.4		516.00	±2.00						

注：在 GB/T 36520.4—2019 表 2 中 S_1 的公差“±0.56”可能有误，现修改为“±0.15”。

2.4　Yx 形橡胶密封圈及其沟槽

2.4.1　Yx 形圈及其特点

如图 2-12 所示，Yx 形圈是一种不等高唇窄截（断）面唇形密封圈，前面已经做过一些介绍，这里不再重复，它的密封机理也与 Y 形圈相同。

作者曾做过同步缸设计，对渗（泄）漏和拖压问题比较重视，因此将这两个问题进行如下说明。液压缸的往复运动密封设计就是要使液压工作介质不能从两个相对运动的表面（也称偶合面）间流出，但根据流体力学，密封件唇口密封处于相对运动中，将被推（抬）离滑行表面，也就是说，肯定会有泄漏，只是多少的问题。这层通过抬离间隙的油膜厚度 h 与液压工作介质的动力黏度 μ、相对运动速度 v、密封件密封唇接触面长度 L 及与被密封的液压工作介质压力 p 有关，有参考资料给出了如下计算公式：

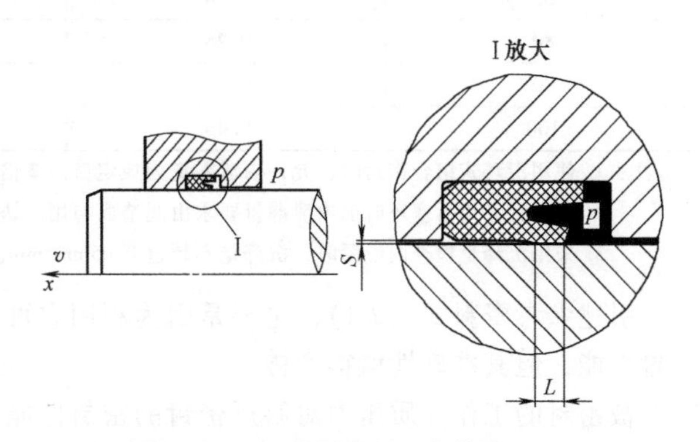

图 2-12　Yx 形圈密封示意简图（1）

$$h=K\times\sqrt{\frac{\mu vL}{p}} \tag{2-1}$$

式中　K——系数，$K\approx2.3$。

“由于油膜的厚度是根据流体在移动中通过密封件计算得来的，所以它被认为在确定范围内，相当于渗漏的东西。”

由于这层油膜是相对运动面必然带出的，所以也被认为是可以接受的。有参考文献直接就把它称为渗漏，但其与渗漏概念（定义）不符，只是可与窜（泄）漏区分开来。例如，JB/T 10205—2010《液压缸》中就有：“6.2.2　内泄漏　6.2.3　外渗漏”，并且给出了双作用液压缸的内泄漏量、活塞式单作用液压缸的内泄漏量（具体请见表 2-20 和表 2-21），以及外泄漏量，具体请见本书第 3.1.1 节“液压缸密封的一般技术要求”，可以利用其进行某种验证性计算。

表 2-20　双作用液压缸的内泄漏量（摘自 JB/T 10205—2010）

缸内径 D/mm	内泄漏量 q_V/(mL/min)	缸内径 D/mm	内泄漏量 q_V/(mL/min)
40	0.03	180	0.63
50	0.05	200	0.70
63	0.08	220	1.00
80	0.13	250	1.10
90	0.15	280	1.40
100	0.20	320	1.80
110	0.22	360	2.36
125	0.28	400	2.80
140	0.30	500	4.20
160	0.50	—	—

注：1. 使用滑环式组合密封时，允许内泄漏量为规定值的 2 倍。
2. 液压缸采用活塞环时的内泄漏量要求由制造商与用户协商确定。

表 2-21　活塞式单作用液压缸内泄漏量[⊖]（摘自 JB/T 10205—2010）

缸内径 D/mm	内泄漏量 q_V/(mL/min)	缸内径 D/mm	内泄漏量 q_V/(mL/min)
40	0.06	110	0.50
50	0.10	125	0.64
63	0.18	140	0.84
80	0.26	160	1.20
90	0.32	180	1.40
100	0.40	200	1.80

注：1. 使用滑环式组合密封时，允许内泄漏量为规定值的 2 倍。
2. 液压缸采用活塞环时的内泄漏量要求由制造商与用户协商确定。
3. 采用沉降量检查内泄漏时，沉降量不超过 0.05mm/min。

引述参考资料式（2-1），主要是因为利用它可以计算出油膜厚度，能够方便比较、判断密封性能，但其准确性值得商榷。

被密封的工作介质压力对唇形密封的密封性能及使用寿命影响很大，在工作介质压力小于 5MPa 的情况下，密封唇没有被充分压到密封面上，所以油膜厚；当工作介质压力为 5~16MPa 时，各类密封圈密封效果都很好；当工作介质压力为大于 16MPa 时，尽管密封效果进一步变得更好，但同时密封圈的磨损、挤压也会发生，缩短了密封件的使用寿命。在液压缸活塞杆伸出（缸进程）过程中，作用在活塞杆密封件上唇口侧的压力不单单是液压工作介质的压力，还有一种被称作“拖压”引起的压力，如参考资料给出的示意简图，如图 2-13 所示。

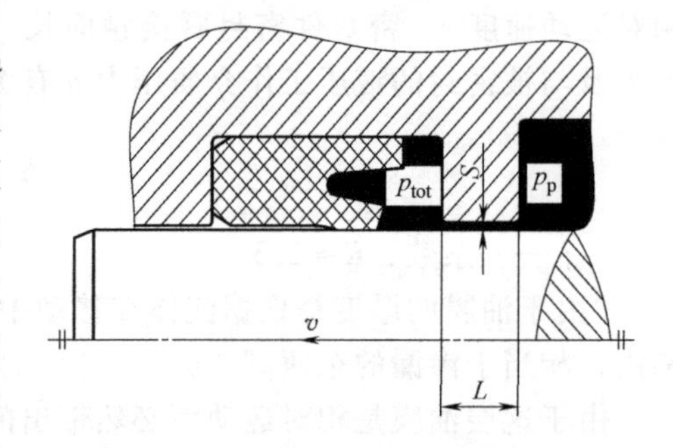

图 2-13　Yx 形圈密封示意简图（2）

参考资料还给出了作用于唇形密封圈处的总压力 p_{tot} 计算公式：

⊖ 因 JB/T 10205—2010 规定的活塞式单作用液压缸内泄漏量不一定合理，所以其仅供参考。

$$p_{\mathrm{tot}}=p_{\mathrm{p}}+p_{\mathrm{t}}=p_{\mathrm{p}}+K\times\frac{\eta vL}{s^{2}} \tag{2-2}$$

式中 p_{tot}——总压力；

p_{p}——液压工作介质压力；

p_{t}——拖压；

K——常数因子，$K\approx5$；

η——液体黏度；

v——速度；

L——密封唇口前间隙为 g 的相对表面长度；

s——间隙。

从式（2-2）可以看出，密封件受到的总压力比液压工作介质压力高，甚至在短时间内会非常高，并且可能是变化的。这种“拖压”对密封件的伤害是很大的，特别是在密封唇口前间隙很小的情况下，对密封件的早期伤害更大。

这种情况发生在柱塞式液压缸上可能最为严重。双作用活塞式液压缸活塞杆密封处也会发生“拖压”问题，尤其当双作用液压缸差动连接时，“拖压”问题可能比较严重。因“拖压”关系到密封系统最高压力问题，所以设计液压缸密封系统时必须掌握液压缸的实际使用工况，即必须清楚液压缸所要安装的液压系统及其工况。

同样，引述参考资料中式（2-2），主要是因为上述公式可以估算出密封件在实际工作中所承受的密封压力，能够为选用密封件提供一些参考，并可能对密封失效分析、判断有所帮助。

但需要进一步说明的是，液压密封中的“拖压”应该发生在缸进程（活塞杆伸出）过程中，而不是发生在缸回程（活塞杆缩回）过程中，并且必须在密封件前有锥形缝隙，当前把配合偶合件间隙连同密封件唇口与配偶件接触面宽度所形成的缝隙看成一体，近似符合流体力学中的动压轴承原理。式（2-2）存在的主要问题仍可能是其准确性有问题。

Yx 形圈的特点在前面已经讲过，但它的短唇口及根部 30°角设计值得注意。Y 形圈和 Yx 形圈在液压缸密封中都只是密封圈，不能代替导向件（支承环）。作者在审核液压缸图样中多次发现此类问题。

注意，这里参考了阿思顿密封圈贸易（上海）有限公司 2021 年版的密封系统总目录。

2.4.2 Yx 形圈的密封设计

因有 JB/ZQ 4264—2006《孔用 Yx 形密封圈》和 JB/ZQ 4265—2006《轴用 Yx 形密封圈》，在 Yx 形圈的密封设计中只要选对密封圈的密封材料，满足工作介质、工作温度、工作压力和速度的要求，并决定是否加装挡圈，即可按标准设计出密封沟槽。孔用 Yx 形密封圈在其底部有如下标记：Yx　$D50$，表示公称外径（缸内径）$D=50\mathrm{mm}$ 的孔用 Yx 形密封圈，即用于活塞密封的 Yx 密封圈。轴用 Yx 形密封圈在其底部有如下标记：Yx　$d50$，表示公称内径（活塞杆直径）$d=50\mathrm{mm}$ 的轴用 Yx 形密封圈，即用于活塞杆密封的 Yx 密封圈。

Yx 形圈及其沟槽型式如图 2-14 和图 2-15 所示。

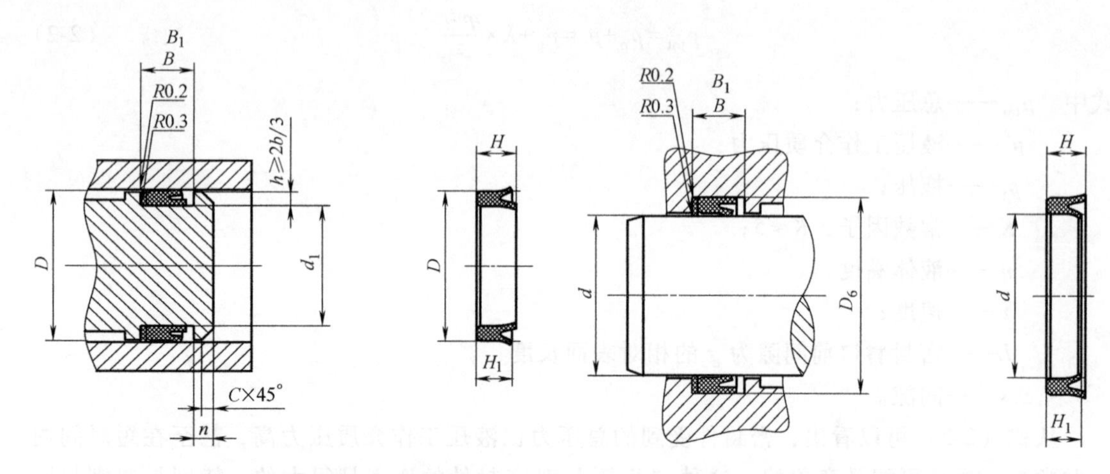

图 2-14　孔用 Yx 形圈密封及其沟槽型式　　　图 2-15　轴用 Yx 形圈密封及其沟槽型式

孔用 Yx 形密封圈沟槽尺寸见表 2-22。

表 2-22　孔用 Yx 形密封圈沟槽尺寸（摘自 JB/ZQ 4264—2006）　（单位：mm）

<table>
<tr><th>公称外径 D</th><th>d1</th><th>B</th><th>B1</th><th>n</th><th>C</th><th>公称外径 D</th><th>d1</th><th>B</th><th>B1</th><th>n</th><th>C</th></tr>
<tr><td>16</td><td>10</td><td rowspan="6">9</td><td rowspan="6">10.5</td><td rowspan="15">4</td><td rowspan="15">0.5</td><td>130</td><td>118</td><td rowspan="4">16</td><td rowspan="4">18</td><td rowspan="4">5</td><td rowspan="4">1</td></tr>
<tr><td>18</td><td>12</td><td>140</td><td>128</td></tr>
<tr><td>20</td><td>14</td><td>150</td><td>138</td></tr>
<tr><td>22</td><td>16</td><td>160</td><td>148</td></tr>
<tr><td>25</td><td>19</td><td>170</td><td>154</td><td rowspan="11">20</td><td rowspan="11">22.5</td><td rowspan="6">8</td><td rowspan="11">1.5</td></tr>
<tr><td>28</td><td>22</td><td>180</td><td>164</td></tr>
<tr><td>30</td><td>22</td><td rowspan="9">12</td><td rowspan="9">13.5</td><td>190</td><td>174</td></tr>
<tr><td>32</td><td>24</td><td>200</td><td>184</td></tr>
<tr><td>35</td><td>27</td><td>220</td><td>204</td></tr>
<tr><td>36</td><td>28</td><td>230</td><td>214</td></tr>
<tr><td>40</td><td>32</td><td>240</td><td>224</td><td rowspan="5">6</td></tr>
<tr><td>45</td><td>37</td><td>250</td><td>234</td></tr>
<tr><td>50</td><td>42</td><td>265</td><td>249</td></tr>
<tr><td>55</td><td>47</td><td>280</td><td>264</td></tr>
<tr><td>56</td><td>48</td><td>300</td><td>284</td></tr>
<tr><td>60</td><td>48</td><td rowspan="15">16</td><td rowspan="15">18</td><td rowspan="15">5</td><td rowspan="15">1</td><td>320</td><td>296</td><td rowspan="15">26.5</td><td rowspan="15">30</td><td rowspan="15">7</td><td rowspan="15">2</td></tr>
<tr><td>63</td><td>51</td><td>340</td><td>316</td></tr>
<tr><td>65</td><td>53</td><td>360</td><td>336</td></tr>
<tr><td>70</td><td>58</td><td>380</td><td>356</td></tr>
<tr><td>75</td><td>63</td><td>400</td><td>376</td></tr>
<tr><td>80</td><td>68</td><td>420</td><td>396</td></tr>
<tr><td>85</td><td>73</td><td>450</td><td>426</td></tr>
<tr><td>90</td><td>78</td><td>480</td><td>456</td></tr>
<tr><td>95</td><td>83</td><td>500</td><td>476</td></tr>
<tr><td>100</td><td>88</td><td>530</td><td>506</td></tr>
<tr><td>105</td><td>93</td><td>560</td><td>536</td></tr>
<tr><td>110</td><td>98</td><td>600</td><td>576</td></tr>
<tr><td>115</td><td>1033</td><td>630</td><td>606</td></tr>
<tr><td>120</td><td>108</td><td>650</td><td>626</td></tr>
<tr><td>125</td><td>113</td><td></td><td></td></tr>
</table>

孔用 Yx 形密封圈用挡圈的型式如图 2-16 所示。

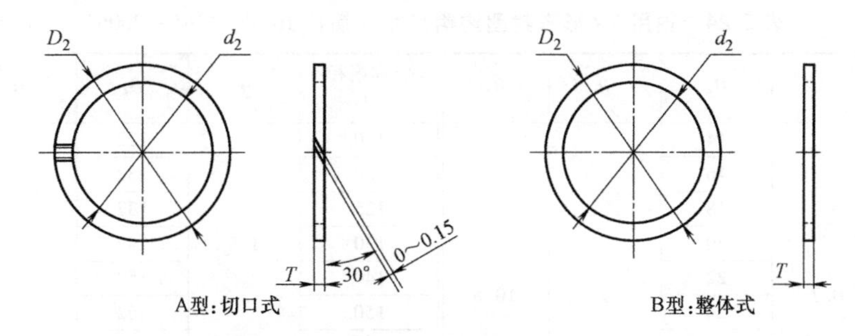

图 2-16 孔用 Yx 形密封圈用挡圈型式

孔用 Yx 形密封圈用挡圈的尺寸与极限偏差见表 2-23。

表 2-23 孔用 Yx 形密封圈用挡圈的尺寸与极限偏差（摘自 JB/ZQ 4264—2006）

（单位：mm）

公称外径 D	D_2		d_2		T	
	基本尺寸	极限偏差	基本尺寸	极限偏差	基本尺寸	极限偏差
16	16	-0.020 -0.070	10		1.5	±0.1
18	18		12	+0.035 0		
20	20	-0.025 -0.085	14			
22	22		16			
25	25		19	+0.045 0		
28	28		22			
30	30		22			
32	32	-0.032 -0.100	24			
35	35		27			
36	36		28			
40	40		32	+0.050 0		
45	45		37			
50	50		42			
55	55	-0.040 -0.120	47			
56	56		48			
60	60		48		2	±0.15
63	63		51	+0.060 0		
65	65		53			
70	70		58			
75	75		63			
80	80		68			
85	85	-0.050 -0.140	73			
90	90		78			
95	95		83	+0.070 0		
100	100		88			
105	105		93			
110	110		98			
115	115		103			
120	120		108			
125	125	-0.060 -0.165	113			

公称外径 D	D_2		d_2		T	
	基本尺寸	极限偏差	基本尺寸	极限偏差	基本尺寸	极限偏差
130	130	-0.060 -0.165	118	+0.080 0	2	±0.15
140	140		128			
150	150		138			
160	160		148			
170	170		158		2.5	
180	180		164			
190	190	-0.075 -0.195	167			
200	200		184	+0.090 0		
220	200		204			
230	230		214			
240	240		224			
250	250		234			
265	265	-0.090 -0.225	249			
280	280		264	+0.100 0		
300	300		284			
320	320		296		3	±0.20
340	340		316			
360	360		336			
380	380	-0.105 -0.255	356			
400	400		376	+0.120 0		
420	420		396			
450	450		426			
480	480		456			
500	500		476			
530	530	-0.120 -0.260	506	+0.140 0		
560	560		536			
600	600		576			
630	630		606			
650	650	-0.130 -0.280	626			

轴用 Yx 形密封圈沟槽尺寸见表 2-24。

表 2-24　轴用 Yx 形密封圈沟槽尺寸（摘自 JB/ZQ 4265—2006）　（单位：mm）

公称内径 d	f	D_6	B	B_1	公称内径 d	f	D_6	B	B_1
8		14			110		122		
10		16			120		132		
12		18			125		137		
14		20			130	1.5	142	16	18
16		22			140		152		
18	0.7	24	9	10.5	150		162		
20		26			160		172		
22		28			170		186		
25		31			180		196		
28		34			190		206		
30		38			200	2	216	20	22.5
32		40			220		236		
35		43			250		266		
36		44			280		296		
40	1	48	12	13.5	300		316		
45		53			320		344		
50		58			340		364		
55		63			360		384		
56		64			380		404		
60		72			400		424		
63		75			420		444		
65		77			450	2.5	474	26.5	30
70		82			480		504		
75		87			500		524		
80	1.5	92	16	18	530		554		
85		97			560		584		
90		102			600		624		
95		107			630		654		
100		112			650		674		
105		117							

注：使用孔用 Yx 形密封圈时，一般不设置挡圈。当工作压力大于 16MPa 时，或因运动副有较大偏心及间隙较大的情况下，在密封圈支承面设置一个挡圈，以防止密封圈被挤入间隙。挡圈材料可选聚四氟乙烯、尼龙 6 或尼龙 1010，其硬度应大于或等于 90HS。

作者注：原标准中将 f 尺寸列入沟槽尺寸应是错误的。

轴用 Yx 形密封圈用挡圈的型式见图 2-17。

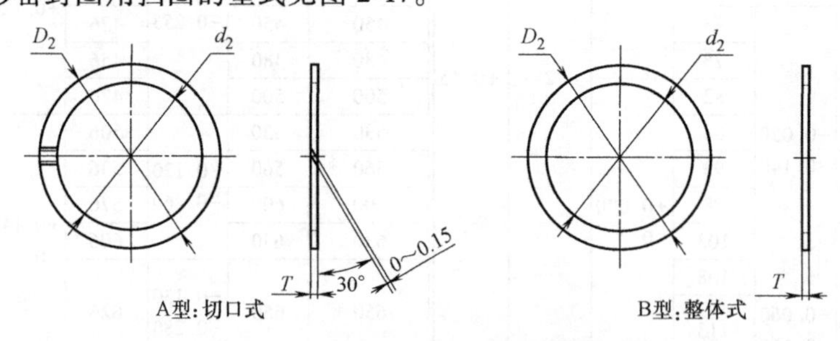

图 2-17　轴用 Yx 形密封圈用挡圈型式

轴用 Yx 形密封圈用挡圈的尺寸与极限偏差见表 2-25。

表 2-25　轴用 Yx 形密封圈用挡圈的尺寸与极限偏差（摘自 JB/ZQ 4265—2006）

（单位：mm）

公称内径 d	d_2		D_2		T	
	基本尺寸	极限偏差	基本尺寸	极限偏差	基本尺寸	极限偏差
8	8	+0.030 0	14	-0.020 -0.070	1.5	±0.1
10	10		16			
12	12	+0.035 0	18			
14	14		20	-0.025 -0.085		
16	16		22			
18	18		24			
20	20	+0.045 0	26			
22	22		28			
25	25		31	-0.032 -0.100		
28	28		34			
30	30		38			
32	32	+0.050 0	40			
35	35		43			
36	36		44			
40	40		48			
45	45		53	-0.040 -0.120		
50	50		58			
55	55	+0.060 0	63		2	±0.15
56	56		64			
60	60		72			
63	63		75			
65	65		77			
70	70		82	-0.050 -0.140		
75	75		87			
80	80		92			
85	85	+0.070 0	97			
90	90		102			
95	95		107			
100	100		112			
105	105		117			
110	110	+0.070 0	122	-0.060 -0.165	2	±0.15
120	120		132			
125	125	+0.080 0	137			
130	130		142			
140	140		152			
150	150		162			
160	160		172			
170	170		186	-0.075 -0.195	2.5	
180	180		196			
190	190	+0.090 0	206			
200	200		216			
220	220		236			
250	250		266	-0.090 -0.225		
280	280	+0.10 0	296			
300	300		316			
320	320		344		3	±0.2
340	340		364	-0.105 -0.225		
360	360		384			
380	380	+0.12 0	404			
400	400		424			
420	420		444			
450	450		474			
480	480		504	-0.120 -0.260		
500	500		524			
530	530	+0.14 0	554			
560	560		584			
600	600		624			
630	630		654	-0.130 -0.280		
650	650	+0.15 0	674			

注：使用轴用 Yx 形密封圈时，一般不设置挡圈。当工作压力大于 16MPa 时，或因运动副有较大偏心及间隙较大的情况下，在密封圈支承面放置一个挡圈，以防止密封圈被挤入间隙。挡圈材料可选聚四氟乙烯、尼龙 6 或尼龙 1010，其硬度应大于或等于 90HS。

几点说明：

1）除了 GB/T 3452.4—2020《液压气动用 O 形橡胶密封圈　第 4 部分：抗挤压环（挡环）》规定的 O 形圈的抗挤压环，表 2-23 和表 2-25 摘录的“孔用 Yx 形密封圈用挡圈的尺寸与公差”和“轴用 Yx 形密封圈用挡圈的尺寸与公差”是迄今为止可以查到的仅有的液压缸动密封圈用挡圈标准，其表注“使用（孔用、轴用）Yx 形圈时，一般不设置挡圈。当工作压力大于 16MPa 时，或因运动副有较大偏心及间隙较大的情况下，在密封圈支承面放置一个挡圈，以防止密封圈被挤入间隙。挡圈材料可选用聚四氟乙烯、尼龙 6、尼龙 1010，其硬度应大于或等于 90 HS（HA）。”仍可作为其他密封圈用挡圈的使用条件加以应用。

2）尽管在上述两个挡圈标准中有若干问题，但其规定的挡圈分孔用和轴用是非常正确的，对液压缸密封设计者设计其他密封圈用挡圈有借鉴作用。

3）上述两个挡圈标准中的主要问题在于：孔用挡圈和轴用挡圈外径、内径给出的极限偏差原则不一致，即没有遵守作者提出的“挡圈设计应遵循以下原则：要区分轴用、孔用，（封）轴用挡圈内径公差就要小，（封）孔用挡圈外径公差就要小；……。”更进一步讲，对于像O形圈这种既可以用于静密封也可用于动密封的，O形圈用挡圈也应有所区别，具体请见GB/T 3452.4—2020。

4）2012年出版的参考文献［35］提出的“在大于20MPa时就必须采用青铜之类的金属材料作挡圈。”显然与JB/ZQ 4264—2006和JB/ZQ 4265—2006的规定不一致，并且实际中也很少用青铜制造O形圈挡圈。

2.5　V形橡胶密封圈及其沟槽

2.5.1　V形圈的密封机理

V形橡胶密封圈也是一种唇形密封圈，其（横）截面为V形（或称其横截面呈V字形状）（以下简称V形圈），如图2-18所示。

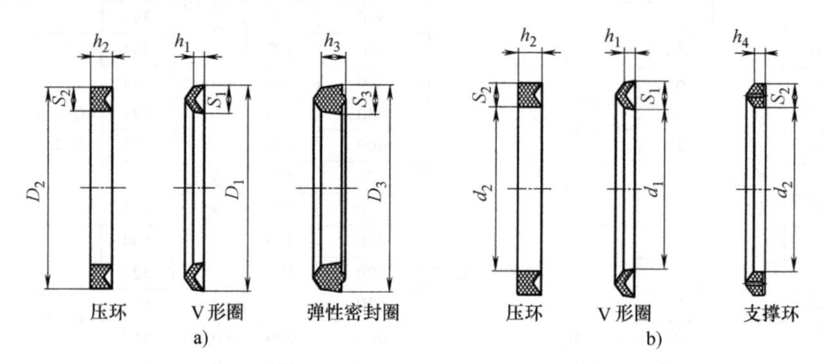

图2-18　V形圈结构型式

a）活塞密封V形组合圈　b）活塞杆密封V形组合圈

V形圈一般不能单独使用，它必须同压环和支撑环（或弹性密封圈）至少三件一起组成一个组合密封才能使用，即V形组合密封圈。V形圈夹角一般做成90°，特殊也有60°的，压环和支撑环也做成90°或稍大一点。以活塞杆密封用V形圈为例，V形圈自由状态时的外径大于密封沟槽内径，V形圈内径小于活塞杆直径，三件组装在一起安装到密封沟槽中，V形圈即产生初始变形。由于支撑环的作用，这种变形只发生在V形圈的唇口部，并在其接触的部位产生压力，即使不施加压紧力，V形圈唇口也能密封有一定压力的工作介质，这也就是V形圈具有的“自封”作用。当被密封的工作介质压力升高时，其唇口部位改变接触形状和加大了接触应力，唇口部位与接触面贴合得更加紧密，产生了密封压力升高、密封能力也随之增高的V形圈自封作用。

当工作介质密封压力很高时，可以将几个V形圈叠加一起组合使用。通过压环和支撑环对一组V形圈的压紧，使其密封能力更强，甚至可以达到60MPa或更高。密封能力增强的原因是工作介质通过每个 V 形圈时都会被降压，直至泄漏被阻止。经压紧的 3~4 个 V 形圈即可封住 60MPa 的超高压，标准中最多有 6 个 V 形圈叠加成一组的。

V 形圈是单向密封圈，其 V 形圈凹口端必须面向高压侧。当用于双作用液压缸活塞密封时，由于必须采用对称布置两组 V 形圈，导致活塞的长度太长，同时摩擦力也会增加得很大；同样比较麻烦的是，V 形圈压紧力不易（能）调节，只有采用弹性密封圈施加压紧力。V 形圈密封比其他密封的摩擦力都大，反映到液压缸的最低起动压力就大。在 JB/T 10205—2010《液压缸》中，公称压力≤16MPa 双作用液压缸 V 形（组合）圈密封（活塞、活塞杆密封都是 V 形圈）的最低起动压力不得大于 0.75MPa，而采用其他密封的双作用液压缸的最低起动压力不得大于 0.3MPa。公称压力>16MPa 的双作用液压缸 V 形（组合）圈密封（活塞、活塞杆密封都是 V 形圈）的最低起动压力不得大于公称压力的 9%，而采用其他密封的双作用液压缸的最低起动压力不得大于公称压力的 6%。

制造 V 形圈的材料以丁腈橡胶最为常见，也有使用夹布橡胶的，其中夹布氟橡胶可用于高温或其他介质（使用时应根据工作介质核对其密封材料性能）。制造压环和支撑环（弹性密封圈）一般都使用夹布橡胶，也有使用塑料和金属的，但现在已很少有人自己制作，也没有必要。作者这么多年只在矿山遇到过一次，当时采用的是锡青铜制作的压环和支撑环。

2.5.2　V 形圈的使用和特点

V 形圈使用较早，但现在却使用得不多。在一些农用柱塞泵上使用是因为其润滑不好（水、农药或液体肥料等），偶尔在液压缸上使用是因为工况恶劣，并且希望在有泄漏时紧一紧压盖（一般是用压盖压紧 V 形圈的）还能继续使用。V 形圈使用时能承受一定的偏心，但不要指望它用在大的偏心场合，而且还有很长的使用寿命。一组 V 形圈的数量也不可太多，五六个封不住时再加也不可能封住。为了提高密封效果和使用寿命，可以把夹布的和没夹布的 V 形圈混装使用，一般把没夹布的放在中间。一组 V 形圈密封时润滑不好，可加装隔环改善润滑，也可专门润滑。有参考文献介绍压环和支撑环在 8MPa 以上就要使用锡青铜或铝青铜制作，而作者认为使用锡青铜或铝青铜制作压环和支撑环肯定比夹布橡胶（或称夹布增强橡胶）强。压环和支撑环的几何形状对 V 形圈密封来说至关重要，金属比（夹布）橡胶或塑料变形都小，更有利于 V 形圈保证密封状态。

综上所述，V 形圈的特点如下：

1）可以数个 V 形圈叠加使用，而且密封能力一般随叠加数量增加而提高。

2）有一定的抗偏心能力。

3）可通过加大压紧力提高其使用寿命。

4）耐高压且性能可靠。

5）当叠加使用时，可以切开安装。

6）可用在润滑不好或工况恶劣的场合。

7）特别适合重载工况下使用。

8）在低温下有良好的密封效果。

9）摩擦阻力大，结构尺寸大。

2.5.3　V 形圈的设计和选用原则

V 形圈密封设计的主要任务是确定 V 形圈安装结构，选择 V 形圈的材料、数量，以及选择或设计V形圈的压环和支撑环。

V形圈的最高工作压力可达60MPa，甚至更高。工作温度为-30~100℃或更高，运动速度≤0.5m/s。

1. 安装结构的确定

V形圈的安装结构不同于其他密封圈沟槽的地方在于必须有可调整沟槽长度的结构，这种结构是为向V形圈实施压紧力必须的。可调整的部分通常是压盖，压盖通常又是压在压环上。使用调整垫片是最常用的调整压紧力的方法。

2. 材料的选择

V形圈的材料有纯橡胶的、夹布橡胶的和橡塑复合的三类，纯橡胶的V形圈具有优良的密封性能，夹布橡胶V形圈的耐压、耐磨性比纯橡胶的V形圈好。有资料推荐，在低温条件下，一组V形圈密封中至少包括一个纯橡胶圈，就能保证在低温条件下具有良好密封效果。夹布V形圈可以切开装配，纯橡胶的V形圈则不行。切夹布V形圈时要45°斜切，并且每个V形圈只能切一个断口，安装时要错开90°~180°。这一特点很重要，作者有一次在油田处理油井密封时就用到了。现在V形圈适用于液压油和石油基润滑油，如果要密封其他工作介质，要事先与密封件制造商认真沟通。

3. 数量的选择

一组V形圈数量的多少取决于密封压力的高低，数量越多，密封压力越高。但数量达到一定量后再增加，密封效果就没有明显变化了，而摩擦力却急剧上升。V形圈数量选择1~6个均可，但选择3~5个居多。为了提高密封的综合性能，可以将两种材料的V形圈交替安装，也可使用隔环。

4. 压环和支撑环的选择与设计

市场销售的V形圈一般都是成组的，包括压环、V形圈、支撑环（或弹性密封圈），只要按照国标GB/T 10708.1—2000《往复运动橡胶密封圈结构尺寸系列　第1部分：单向密封橡胶密封圈》中的“活塞L_3密封沟槽用V形圈、压环和弹性圈尺寸和公差”表或“活塞杆L_3密封沟槽用V形圈、压环和支撑环尺寸和公差”表选取即可。

活塞L_3V形圈密封沟槽的结构型式如图2-19所示。

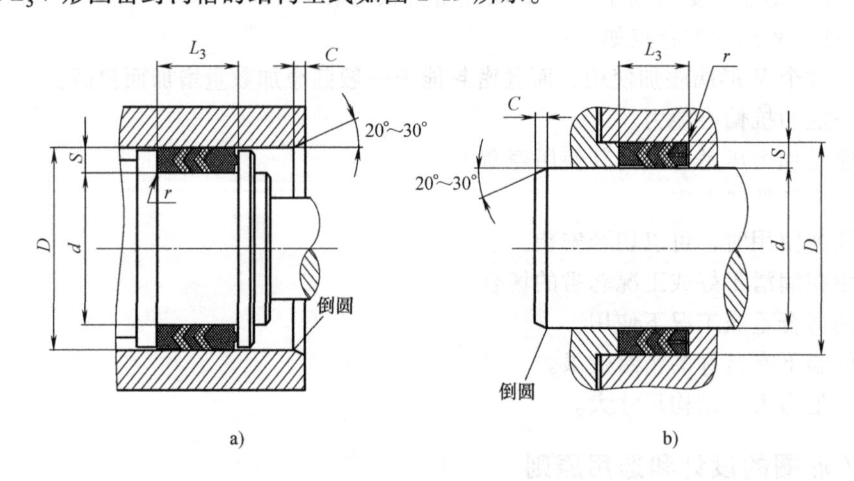

图2-19　活塞L_3V形圈密封沟槽的结构型式

a）V形圈活塞密封　b）V形圈活塞杆密封

活塞 L_3 密封沟槽的公称尺寸见表 2-26。

表 2-26　活塞 L_3 密封沟槽的公称尺寸（摘自 GB/T 2879—2005）　（单位：mm）

<table>
<tr><th>缸径
D</th><th>沟槽底直径
d</th><th>沟槽轴向长度
$L_3{}^{+0.25}_{0}$</th><th>沟槽底最大圆角半径
r</th><th>沟槽径向深度
S</th><th>S
极限偏差</th><th>安装倒角轴向最小长度
C</th><th>V 形圈数量/个</th></tr>
<tr><td>20</td><td>10</td><td rowspan="7">16</td><td rowspan="7">0.3</td><td rowspan="7">5</td><td rowspan="7">+0.15
−0.10</td><td rowspan="7">2.5</td><td rowspan="7">1</td></tr>
<tr><td>25</td><td>15</td></tr>
<tr><td>32</td><td>22</td></tr>
<tr><td>40</td><td>30</td></tr>
<tr><td>50</td><td>40</td></tr>
<tr><td>56</td><td>46</td></tr>
<tr><td>63</td><td>53</td></tr>
<tr><td>50</td><td>35</td><td rowspan="8">25</td><td rowspan="8">0.4</td><td rowspan="8">7.5</td><td rowspan="8">+0.20
−0.10</td><td rowspan="8">4</td><td rowspan="24">2</td></tr>
<tr><td>56</td><td>41</td></tr>
<tr><td>63</td><td>48</td></tr>
<tr><td>70</td><td>55</td></tr>
<tr><td>80</td><td>65</td></tr>
<tr><td>90</td><td>75</td></tr>
<tr><td>100</td><td>85</td></tr>
<tr><td>110</td><td>95</td></tr>
<tr><td>70</td><td>50</td><td rowspan="9">32</td><td rowspan="9">0.6</td><td rowspan="9">10</td><td rowspan="9">+0.25
−0.10</td><td rowspan="9">5</td></tr>
<tr><td>80</td><td>60</td></tr>
<tr><td>90</td><td>70</td></tr>
<tr><td>100</td><td>80</td></tr>
<tr><td>110</td><td>90</td></tr>
<tr><td>125</td><td>105</td></tr>
<tr><td>140</td><td>120</td></tr>
<tr><td>160</td><td>140</td></tr>
<tr><td>180</td><td>160</td></tr>
<tr><td>125</td><td>100</td><td rowspan="7">40</td><td rowspan="13">0.8</td><td rowspan="7">12.5</td><td rowspan="7">+0.30
−0.15</td><td rowspan="7">6.5</td></tr>
<tr><td>140</td><td>115</td></tr>
<tr><td>160</td><td>135</td></tr>
<tr><td>180</td><td>155</td></tr>
<tr><td>200</td><td>175</td></tr>
<tr><td>220</td><td>195</td></tr>
<tr><td>250</td><td>225</td></tr>
<tr><td>200</td><td>170</td><td rowspan="6">50</td><td rowspan="6">15</td><td rowspan="6">+0.35
−0.20</td><td rowspan="6">7.5</td><td rowspan="9">3</td></tr>
<tr><td>220</td><td>190</td></tr>
<tr><td>250</td><td>220</td></tr>
<tr><td>280</td><td>250</td></tr>
<tr><td>320</td><td>290</td></tr>
<tr><td>360</td><td>330</td></tr>
<tr><td>400</td><td>360</td><td rowspan="3">63</td><td rowspan="3">1</td><td rowspan="3">20</td><td rowspan="3">+0.40
−0.20</td><td rowspan="3"></td></tr>
<tr><td>450</td><td>410</td></tr>
<tr><td>500</td><td>460</td></tr>
</table>

活塞杆 L_3 密封沟槽的公称尺寸见表 2-27。

表 2-27 活塞杆 L_3 密封沟槽的公称尺寸（摘自 GB/T 2879—2005） （单位：mm）

活塞杆外径 d	沟槽底直径 D	沟槽轴向长度 $L_3{}^{+0.25}_{0}$	沟槽底最大圆角半径 r	沟槽径向深度 S	S 极限偏差	安装倒角轴向最小长度 C	V 形圈数量/个
6	14	14.5	0.3	4	+0.15 −0.05	2	2
8	16						
10	18						
12	20						
14	22						
16	24						
18	26						
20	28						
22	30						
25	33						
10	20	16		5	+0.15 −0.10	2	
12	22						
14	24						
16	26						
18	28						
20	30						
22	32						
25	35						
28	38						
32	42						
36	46						
40	50						
45	55						
50	60						
28	43	25	0.4	7.5	+0.20 −0.15	4	3
32	47						
36	51						
40	55						
45	60						
50	65						
56	71						
63	78						
70	85						
80	95						
90	105						
56	76	32	0.6	10	+0.25 −0.10	5	
63	83						
70	90						
80	100						
90	110						
100	120						
110	130						
125	145						
140	160						
100	125	40	0.8	12.5	+0.30 −0.15	6.5	4
110	135						
125	150						

（续）

活塞杆外径 d	沟槽底直径 D	沟槽轴向长度 $L_{3}{}^{+0.25}_{\ 0}$	沟槽底最大圆角半径 r	沟槽径向深度 S	S 极限偏差	安装倒角轴向最小长度 C	V形圈数量/个
140	165	40	0.8	12.5	+0.30 -0.15	6.5	4
160	185						
180	205						
200	225						
160	190	50		15	+0.35 -0.20	7.5	5
180	210						
200	230						
220	250						
250	280						
280	310						
320	360	63	1	20	+0.40 -0.20	10	6
360	400						

注意，V形组合密封圈的使用条件见表2-28。

表2-28 V形组合密封圈使用条件

密封圈结构型式	往复运动速度/(m/s)	间隙 f/mm	工作压力范围/MPa
V形组合密封圈	0.5	0.3	0~20
		0.1	0~40
	0.15	0.3	0~25
		0.1	0~60

如果采用金属压环、支撑环，那么就有可能要自己设计。为了保证V形圈的正确位置，金属环要认真设计、加工，但V形圈形状、尺寸都会有误差，又要求金属环有一定的弹性。所以，一般选择使用锡青铜、铝青铜等软金属。

如果被密封的液压工作介质压力低，又要求摩擦力小时，可以把压环凹部角度设计得比密封圈角度大一些，有参考文献介绍最大可到96°。

需要说明一点，V形圈组合密封的使用寿命（包括密封性能）与压紧力调节密切相关，理论上，在最佳压紧力下V形圈有长的使用寿命，但如果第一次就把压紧力调到很大，其使用寿命一定很短。现场调节压紧力时，一定要逐步调紧，且不可急功近利，这方面作者有多次现场实践经验。

2.6 U形橡胶密封圈及其沟槽

2.6.1 U形圈的特点及其作用

U形橡胶密封圈（以下简称U形圈）如图2-20所示。它是一种截面为U形的唇形密封件，具有一对挠性的密封凸起部分（密封刃口或唇口，即有内唇口和外唇口一对唇口）。根据U形圈的定义，U形圈的一对密封唇应该等高（对称），U形圈的底部应该比Y形圈短，但究竟短多少才能称为U形圈而不称为Y形圈没有标准，其实这种现在液压缸密封经常使用的密封圈国内在2018年前既无产品标准，也无密封沟槽标准，倒是国外密封件制造商产品样本中常见U形圈，其一对密封唇既有等高的（对称），也有不等高（不对称）；等高（对称）唇的U形圈一般轴、孔（活塞和活塞杆密封）通用，不等高（不对称）唇的U形圈分活塞密封用和活塞杆密封用，同国内Y形圈标准类似，而国外密封件制造商产品样本中鲜见Y形圈，因此有参考文献提出国外的U形圈与国内的Y是一种密封圈。

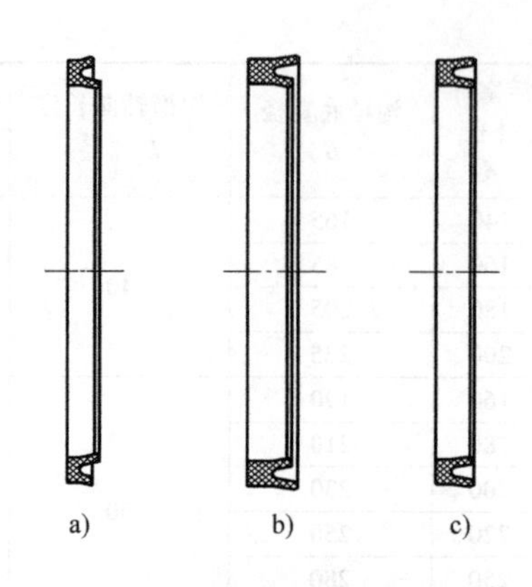

图 2-20　U形圈结构型式
a）活塞密封用U形圈
b）活塞杆密封用U形圈
c）活塞和活塞杆密封两用U形圈

如图2-21所示，国外密封件制造商产品样本中的U形圈除了有一对（对称或不对称）的密封唇，在与偶合件接触面侧还可能设有另一密封唇，即所谓第二密封唇。根据相关术语定义，此处密封不能称为唇形密封，因为它没有挠性部分。正确的定义应该是第二道挤压型密封，即与O形圈密封机理相同。因此，这种密封圈应称为双封U形圈比较合适。

如图2-22所示，因U形圈也有挤出问题，尤其在高温、高压（压力脉动或冲击）情况下问题还很严重，因此有一种组合U形圈，这种U形圈的底部嵌有塑料挡圈。

如图2-22和图2-23所示，为了提高U形圈的初始密封能力，还有一种在U形凹槽内嵌装或组合O形圈或其他形状弹性体的非典型U形圈。

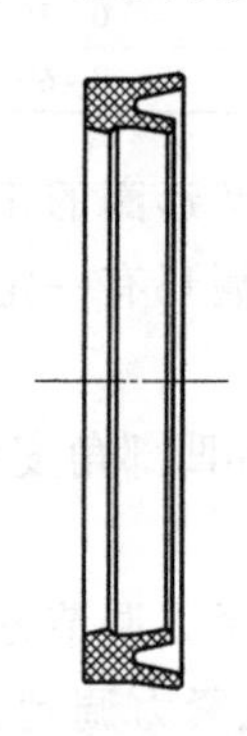

图 2-21　双封U形圈结构型式

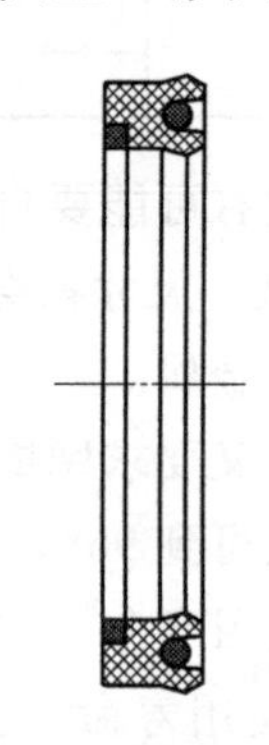

图 2-22　组合U形圈结构型式

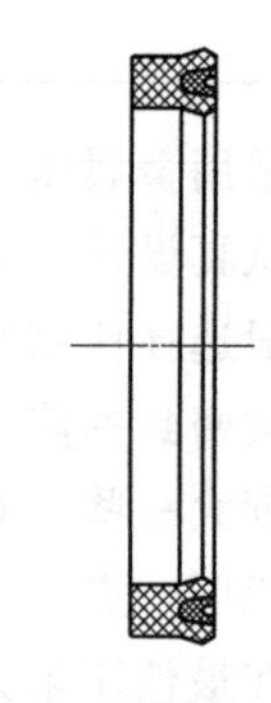

图 2-23　非典型U形圈结构型式

U形圈是一种单向密封圈，可用于往复运动的活塞密封或活塞杆密封；有参考文献提出U形圈还可用于静密封或低速旋转轴密封。U形圈用于静密封和旋转轴密封的液压件实物都见到过，但作者没有在国内各标准中查找到适用于静密封和旋转轴密封的U形圈密封沟槽。

U形圈用于活塞杆密封最为合适。

U形圈的基本特点如下：

1）适用于单向密封，尺寸小，密封沟槽简单且较浅，一般可在整体式沟槽内安装。

2）摩擦力较小，有一定的抗挤出能力，耐磨性好，使用寿命长。

3）可以加装挡圈以提高耐压能力。

4）产品品种多、规格多，密封材料可选。

5）与C型防尘圈（双唇橡胶密封圈）组合成的密封系统可能达到“零”泄漏。

6）双封 U 形圈润滑好，低摩擦，受冲击载荷或压力峰值影响小，密封性能稳定，尤其低压密封性能好，还可防止外部空气进入。

7）有一定的随动能力（即追随性），比 O 形圈抗偏心。

8）背对被安装时，有带泄压槽产品可供选择。

2.6.2　U 形圈的密封机理

如图 2-24 和图 2-25 所示，因 U 形圈具有一对挠性的密封凸起部分（密封刃口或唇口），作用于唇口一侧的流体压力使其张开并与相配表面贴紧形成密封。

GB/T 17446—2012 中给出的术语“唇形密封圈”的定义，即“一种密封件，它具有一个挠性的密封凸起部分，作用于唇部一侧的流体压力保持其另一侧与相配表面接触贴紧形成密封。”有问题。

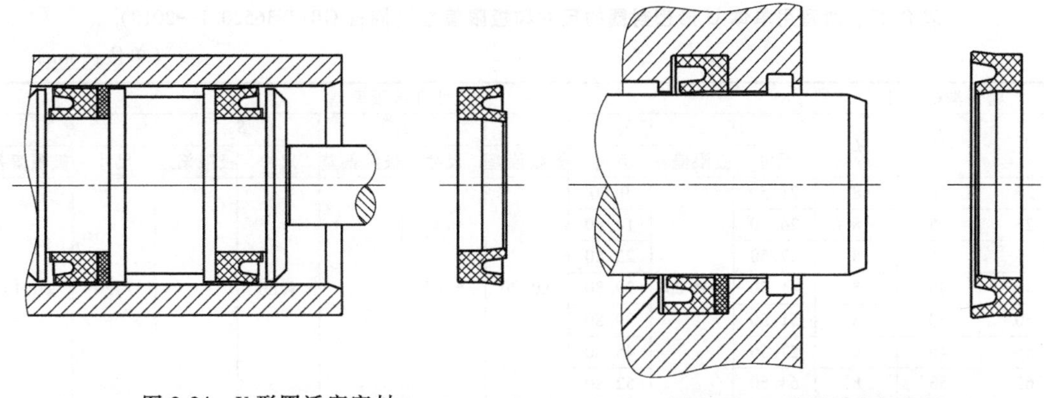

图 2-24　U 形圈活塞密封　　图 2-25　U 形圈活塞杆密封

U 形圈的一对挠性唇口与内外配合面之间均为过盈配合，当 U 形圈装配后，其密封沟槽槽底面与相配表面将 U 形圈径向压缩，与相配表面接触并产生初始接触应力，阻断装配间隙，形成初始密封；当被密封的工作介质对其加压后，一对挠性唇口径向扩张，唇口进一步贴紧密封面；随着工作介质压力升高，密封接触区及接触应力也会增大，密封能力增强。因此，U 形圈是一种按自紧密封原理工作的具有自封作用（能力）的密封圈。

与挤压型密封圈相比，典型的 U 形圈初始密封能力弱，因此一般并不适合用作静密封。

因非典型 U 形圈的 U 形凹槽内嵌有弹性体，有效克服了 U 形圈的上述缺点，使 U 形圈有了与挤压型密封几乎相当的初始密封能力，因此可用于静密封。

非典型 U 形圈的密封机理包含挤压型和唇形密封圈的密封机理，但 U 形凹槽内嵌有弹性体后可能影响密封唇口的激发能力，即对压力冲击不敏感或自封能力减弱。作者曾提出的解决方案是先硫化竹节状 O 形直条，然后粘结成 O 形圈，再嵌装入 U 形圈的 U 形凹槽内，组合成一种既不影响密封唇口激发能力，又具有良好的初始密封能力的非典型 U 形圈，即作者《活塞缸活塞的密封装置》实用新型专利的一个实施示例。

另一种非典型 U 形圈因 U 形凹槽内嵌有 U 形或椭圆截面形状的金属弹簧（通常为不锈钢），其静、动密封性能俱佳，还可以用于旋转密封；由于其可在较宽的工作温度范围内能比较精确地控制摩擦力，因此被用于开关元件，如压力开关。这种 U 形圈因材料可以消毒，如 PTFE+不锈钢，可用于食品、医药等行业，具体可参见本书第 3.2.2 节“1.（4）非典型 U 形圈（嵌装金属弹簧）活塞密封系统”。

2.6.3 U 形圈产品及其沟槽

1. 活塞用标准 U 形圈

活塞往复运动聚氨酯单体 U 形密封圈（简称单体 U 形密封圈）及其密封结构型式如图 2-26 所示，其尺寸和极限偏差见表 2-29。

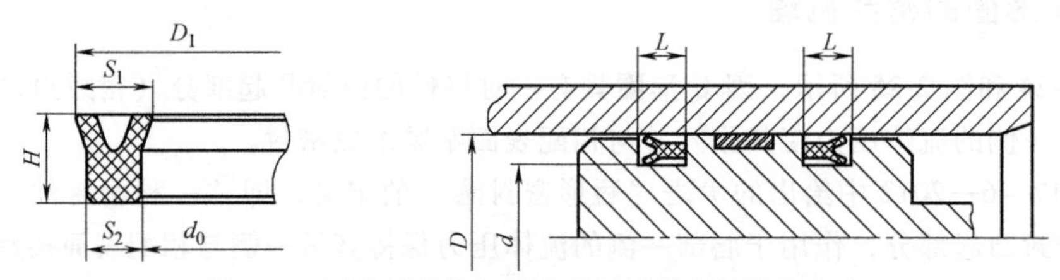

图 2-26　活塞用单体 U 形密封圈及其密封结构型式

表 2-29　活塞用单体 U 形密封圈的尺寸和极限偏差（摘自 GB/T 36520.1—2018）

（单位：mm）

<table>
<tr><th colspan="3">密封沟槽尺寸</th><th colspan="10">尺寸和极限偏差</th></tr>
<tr><th rowspan="2">D</th><th rowspan="2">d</th><th rowspan="2">L</th><th colspan="2">D1</th><th colspan="2">d0</th><th colspan="2">S1</th><th colspan="2">S2</th><th colspan="2">H</th></tr>
<tr><th>尺寸</th><th>极限偏差</th><th>尺寸</th><th>极限偏差</th><th>尺寸</th><th>极限偏差</th><th>尺寸</th><th>极限偏差</th><th>尺寸</th><th>极限偏差</th></tr>
<tr><td>20</td><td>10</td><td>8</td><td>21.50</td><td rowspan="7">±0.20</td><td>9.80</td><td rowspan="7">±0.20</td><td rowspan="7">6.60</td><td rowspan="16">±0.20</td><td rowspan="7">4.80</td><td rowspan="16">±0.10</td><td rowspan="7">7.20</td><td rowspan="7">±0.15</td></tr>
<tr><td>25</td><td>15</td><td>8</td><td>26.50</td><td>14.80</td></tr>
<tr><td>36</td><td>26</td><td>8</td><td>37.50</td><td>25.80</td></tr>
<tr><td>40</td><td>30</td><td>8</td><td>41.50</td><td>29.80</td></tr>
<tr><td>50</td><td>40</td><td>8</td><td>51.50</td><td>39.80</td></tr>
<tr><td>56</td><td>46</td><td>8</td><td>57.50</td><td>45.80</td></tr>
<tr><td>63</td><td>53</td><td>8</td><td>64.50</td><td>52.80</td></tr>
<tr><td>70</td><td>55</td><td>12.5</td><td>72.10</td><td rowspan="3">±0.35</td><td>54.80</td><td rowspan="6">±0.35</td><td rowspan="5">9.70</td><td rowspan="5">7.30</td><td rowspan="5">11.50</td><td rowspan="13">±0.20</td></tr>
<tr><td>80</td><td>65</td><td>12.5</td><td>82.10</td><td>64.80</td></tr>
<tr><td>90</td><td>75</td><td>12.5</td><td>92.10</td><td>74.80</td></tr>
<tr><td>100</td><td>85</td><td>12.5</td><td>102.30</td><td rowspan="5">±0.45</td><td>84.80</td></tr>
<tr><td>110</td><td>95</td><td>12.5</td><td>112.30</td><td>94.80</td></tr>
<tr><td>125</td><td>105</td><td>16</td><td>127.70</td><td>104.70</td><td rowspan="4">12.70</td><td rowspan="4">9.70</td><td rowspan="4">14.80</td></tr>
<tr><td>140</td><td>120</td><td>16</td><td>142.70</td><td>119.60</td><td rowspan="6">±0.45</td></tr>
<tr><td>160</td><td>140</td><td>16</td><td>162.70</td><td>139.60</td></tr>
<tr><td>180</td><td>160</td><td>16</td><td>182.70</td><td rowspan="6">±0.60</td><td>159.60</td></tr>
<tr><td>200</td><td>175</td><td>20</td><td>203.50</td><td>174.50</td><td rowspan="4">15.90</td><td rowspan="11">±0.25</td><td rowspan="4">12.20</td><td rowspan="11">±0.15</td><td rowspan="4">18.50</td></tr>
<tr><td>220</td><td>195</td><td>20</td><td>223.50</td><td>194.50</td></tr>
<tr><td>230</td><td>205</td><td>20</td><td>233.50</td><td>204.50</td></tr>
<tr><td>250</td><td>225</td><td>20</td><td>253.80</td><td>224.50</td><td rowspan="3">±0.60</td></tr>
<tr><td>280</td><td>250</td><td>25</td><td>284.10</td><td>249.40</td><td rowspan="3">18.90</td><td rowspan="3">14.50</td><td rowspan="3">23.50</td><td rowspan="7">±0.30</td></tr>
<tr><td>320</td><td>290</td><td>25</td><td>324.10</td><td rowspan="4">±0.90</td><td>289.40</td></tr>
<tr><td>360</td><td>330</td><td>25</td><td>364.50</td><td>329.40</td><td rowspan="4">±0.90</td></tr>
<tr><td>400</td><td>360</td><td>32</td><td>404.80</td><td>359.40</td><td rowspan="4">24.50</td><td rowspan="4">19.50</td><td rowspan="4">30.20</td></tr>
<tr><td>450</td><td>410</td><td>32</td><td>454.80</td><td>409.40</td></tr>
<tr><td>500</td><td>460</td><td>32</td><td>504.80</td><td>±1.20</td><td>459.40</td></tr>
<tr><td>600</td><td>560</td><td>32</td><td>604.80</td><td>±1.50</td><td>559.50</td><td>±1.20</td></tr>
</table>

注：1. 在 GB/T 36520.1—2018 中没有规定适用的密封沟槽标准；其所给出的密封沟槽尺寸也没有公差要求。作者建议密封沟槽尺寸和公差按 DH9、dh9、$L^{+0.2}_{0}$ 确定。

2. 两个单体 U 形密封圈背向安装实现活塞往复运动的双向密封，如果密封圈不带泄压槽，则可能损伤密封唇口。

3. 与 GB/T 2879—2005 规定的沟槽查对，除了缺规格，也有不符的。与 GB/T 2880—1981 规定的沟槽查对，全不对。

2. 活塞杆用标准 U 形圈

活塞杆往复运动聚氨酯单体 U 形密封圈（简称单体 U 形密封圈）及其密封结构型式如图 2-27 所示。

活塞杆用单体 U 形密封圈密封沟槽尺寸分为Ⅰ系列和Ⅱ系列。Ⅰ系列密封沟槽单体 U 形密封圈的尺寸和极限偏差见表 2-30，Ⅱ系列密封沟槽单体 U 形密封圈的尺寸和极限偏差见表 2-31。

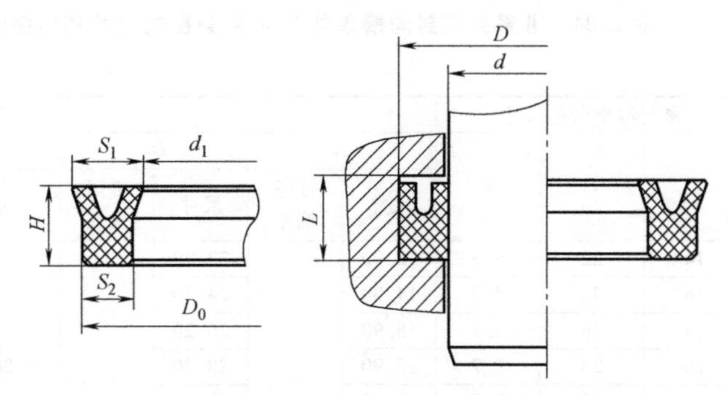

图 2-27　活塞杆用单体 U 形密封圈及其密封结构型式

表 2-30　Ⅰ系列密封沟槽单体 U 形密封圈的尺寸和极限偏差（摘自 GB/T 36520.2—2018）

（单位：mm）

<table>
<tr><th colspan="3">密封沟槽公称尺寸</th><th colspan="10">尺寸和极限偏差</th></tr>
<tr><th rowspan="2">d</th><th rowspan="2">D</th><th rowspan="2">L</th><th colspan="2">d_1</th><th colspan="2">D_0</th><th colspan="2">S_1</th><th colspan="2">S_2</th><th colspan="2">H</th></tr>
<tr><th>尺寸</th><th>极限偏差</th><th>尺寸</th><th>极限偏差</th><th>尺寸</th><th>极限偏差</th><th>尺寸</th><th>极限偏差</th><th>尺寸</th><th>极限偏差</th></tr>
<tr><td>20</td><td>30</td><td>8</td><td>18.60</td><td rowspan="8">±0.20</td><td>30.20</td><td rowspan="5">±0.20</td><td rowspan="8">6.40</td><td rowspan="8">±0.15</td><td rowspan="8">4.80</td><td rowspan="8">±0.08</td><td rowspan="8">7.20</td><td rowspan="17">±0.15</td></tr>
<tr><td>22</td><td>32</td><td>8</td><td>20.60</td><td>32.20</td></tr>
<tr><td>25</td><td>35</td><td>8</td><td>23.60</td><td>35.20</td></tr>
<tr><td>28</td><td>38</td><td>8</td><td>26.60</td><td>38.20</td></tr>
<tr><td>36</td><td>46</td><td>8</td><td>34.60</td><td>46.20</td></tr>
<tr><td>40</td><td>50</td><td>8</td><td>38.60</td><td>50.20</td><td rowspan="7">±0.35</td></tr>
<tr><td>45</td><td>55</td><td>8</td><td>43.60</td><td>55.20</td></tr>
<tr><td>50</td><td>60</td><td>8</td><td>48.60</td><td>60.20</td></tr>
<tr><td>56</td><td>71</td><td>12.5</td><td>53.60</td><td rowspan="6">±0.35</td><td>71.20</td><td rowspan="5">9.70</td><td rowspan="9">±0.20</td><td rowspan="5">7.30</td><td rowspan="9">±0.10</td><td rowspan="5">11.50</td></tr>
<tr><td>63</td><td>78</td><td>12.5</td><td>61.60</td><td>78.20</td></tr>
<tr><td>70</td><td>85</td><td>12.5</td><td>68.60</td><td>85.20</td></tr>
<tr><td>80</td><td>95</td><td>12.5</td><td>78.60</td><td>95.20</td></tr>
<tr><td>90</td><td>105</td><td>12.5</td><td>88.60</td><td>105.30</td><td rowspan="5">±0.45</td></tr>
<tr><td>100</td><td>120</td><td>16</td><td>97.30</td><td>120.30</td><td rowspan="4">12.70</td><td rowspan="4">9.70</td><td rowspan="4">15.00</td></tr>
<tr><td>110</td><td>130</td><td>16</td><td>107.30</td><td rowspan="5">±0.45</td><td>130.30</td></tr>
<tr><td>125</td><td>135</td><td>16</td><td>122.30</td><td>135.20</td></tr>
<tr><td>140</td><td>160</td><td>16</td><td>137.30</td><td>160.30</td></tr>
<tr><td>160</td><td>185</td><td>20</td><td>157.20</td><td>185.30</td><td rowspan="5">±0.60</td><td rowspan="3">15.90</td><td rowspan="8">±0.25</td><td rowspan="3">12.20</td><td rowspan="8">±0.15</td><td rowspan="3">19.00</td><td rowspan="8">±0.20</td></tr>
<tr><td>180</td><td>205</td><td>20</td><td>177.20</td><td>205.30</td></tr>
<tr><td>200</td><td>225</td><td>20</td><td>197.20</td><td rowspan="4">±0.60</td><td>225.30</td></tr>
<tr><td>220</td><td>250</td><td>25</td><td>216.20</td><td>250.30</td><td rowspan="3">18.90</td><td rowspan="3">14.70</td><td rowspan="3">23.50</td></tr>
<tr><td>250</td><td>280</td><td>25</td><td>246.20</td><td>280.30</td></tr>
<tr><td>280</td><td>310</td><td>25</td><td>276.20</td><td>310.40</td><td rowspan="3">±0.90</td></tr>
<tr><td>320</td><td>360</td><td>32</td><td>315.50</td><td rowspan="2">±0.90</td><td>360.40</td><td rowspan="2">24.50</td><td rowspan="2">19.50</td><td rowspan="2">30.50</td></tr>
<tr><td>360</td><td>400</td><td>32</td><td>355.50</td><td>400.50</td></tr>
</table>

注：1. 在 GB/T 36520.2—2018 中没有规定适用的密封沟槽标准；其所给出的密封沟槽尺寸也没有公差要求。作者建议密封沟槽尺寸和公差按 df8、DH9、$L^{+0.2}_{0}$ 确定，以下同。

2. 表中涂有底色的数据有疑。

3. 与 GB/T 2879—2005 规定的沟槽查对，除了有疑数据，其余全部符合。与 GB/T 2880—1981 规定的沟槽查对，全不对。

表 2-31 Ⅱ系列密封沟槽单体 U 形密封圈的尺寸和极限偏差（摘自 GB/T 36520.2—2018）

（单位：mm）

<table>
<tr><th colspan="3">密封沟槽公称尺寸</th><th colspan="10">尺寸和极限偏差</th></tr>
<tr><th rowspan="2">d</th><th rowspan="2">D</th><th rowspan="2">L</th><th colspan="2">d_1</th><th colspan="2">D_0</th><th colspan="2">S_1</th><th colspan="2">S_2</th><th colspan="2">H</th></tr>
<tr><th>尺寸</th><th>极限偏差</th><th>尺寸</th><th>极限偏差</th><th>尺寸</th><th>极限偏差</th><th>尺寸</th><th>极限偏差</th><th>尺寸</th><th>极限偏差</th></tr>
<tr><td>14</td><td>22</td><td>5.7</td><td>12.90</td><td rowspan="14">±0.20</td><td>22.20</td><td rowspan="11">±0.20</td><td rowspan="7">5.20</td><td rowspan="24">±0.15</td><td rowspan="7">3.80</td><td rowspan="24">±0.08</td><td rowspan="7">5.00</td><td rowspan="42">±0.15</td></tr>
<tr><td>16</td><td>24</td><td>5.7</td><td>14.90</td><td>24.20</td></tr>
<tr><td>18</td><td>26</td><td>5.7</td><td>16.90</td><td>26.20</td></tr>
<tr><td>20</td><td>28</td><td>5.7</td><td>18.90</td><td>28.20</td></tr>
<tr><td>22</td><td>30</td><td>5.7</td><td>20.90</td><td>30.20</td></tr>
<tr><td>25</td><td>33</td><td>5.7</td><td>23.90</td><td>33.20</td></tr>
<tr><td>28</td><td>36</td><td>5.7</td><td>26.90</td><td>36.20</td></tr>
<tr><td>30</td><td>40</td><td>7</td><td>28.60</td><td>40.20</td><td rowspan="17">6.40</td><td rowspan="17">4.80</td><td rowspan="17">6.00</td></tr>
<tr><td>32</td><td>42</td><td>7</td><td>30.60</td><td>42.20</td></tr>
<tr><td>35</td><td>45</td><td>7</td><td>33.80</td><td>45.20</td></tr>
<tr><td>38</td><td>48</td><td>7</td><td>36.80</td><td>48.20</td></tr>
<tr><td>40</td><td>50</td><td>7</td><td>38.80</td><td>50.20</td><td rowspan="13">±0.35</td></tr>
<tr><td>45</td><td>55</td><td>7</td><td>43.80</td><td>55.20</td></tr>
<tr><td>50</td><td>60</td><td>7</td><td>48.80</td><td>60.20</td></tr>
<tr><td>55</td><td>65</td><td>7</td><td>53.80</td><td rowspan="14">±0.35</td><td>65.20</td></tr>
<tr><td>56</td><td>66</td><td>7</td><td>54.80</td><td>66.20</td></tr>
<tr><td>58</td><td>68</td><td>7</td><td>56.80</td><td>68.20</td></tr>
<tr><td>60</td><td>70</td><td>7</td><td>58.80</td><td>70.20</td></tr>
<tr><td>63</td><td>73</td><td>7</td><td>61.50</td><td>73.20</td></tr>
<tr><td>65</td><td>75</td><td>7</td><td>63.50</td><td>75.20</td></tr>
<tr><td>70</td><td>80</td><td>7</td><td>68.50</td><td>80.20</td></tr>
<tr><td>75</td><td>85</td><td>7</td><td>73.50</td><td>85.20</td></tr>
<tr><td>80</td><td>90</td><td>7</td><td>78.50</td><td>90.20</td></tr>
<tr><td>85</td><td>95</td><td>7</td><td>83.50</td><td>95.20</td></tr>
<tr><td>85</td><td>100</td><td>10</td><td>83.20</td><td>100.20</td><td rowspan="16">±0.45</td><td rowspan="18">9.70</td><td rowspan="20">±0.20</td><td rowspan="18">7.30</td><td rowspan="20">±0.10</td><td rowspan="18">9.00</td></tr>
<tr><td>90</td><td>105</td><td>10</td><td>88.20</td><td>105.30</td></tr>
<tr><td>95</td><td>110</td><td>10</td><td>93.20</td><td>110.30</td></tr>
<tr><td>100</td><td>115</td><td>10</td><td>98.20</td><td>115.30</td></tr>
<tr><td>105</td><td>120</td><td>10</td><td>102.30</td><td rowspan="15">±0.45</td><td>120.30</td></tr>
<tr><td>110</td><td>125</td><td>10</td><td>107.30</td><td>125.30</td></tr>
<tr><td>115</td><td>130</td><td>10</td><td>112.30</td><td>130.30</td></tr>
<tr><td>120</td><td>135</td><td>10</td><td>117.30</td><td>135.30</td></tr>
<tr><td>125</td><td>140</td><td>10</td><td>122.30</td><td>140.30</td></tr>
<tr><td>130</td><td>145</td><td>10</td><td>127.30</td><td>145.30</td></tr>
<tr><td>135</td><td>150</td><td>10</td><td>132.30</td><td>150.30</td></tr>
<tr><td>140</td><td>155</td><td>10</td><td>137.30</td><td>155.30</td></tr>
<tr><td>145</td><td>160</td><td>10</td><td>142.30</td><td>160.30</td></tr>
<tr><td>150</td><td>165</td><td>10</td><td>147.30</td><td>165.30</td></tr>
<tr><td>155</td><td>170</td><td>10</td><td>152.30</td><td>170.30</td></tr>
<tr><td>160</td><td>175</td><td>10</td><td>157.30</td><td>175.30</td></tr>
<tr><td>165</td><td>180</td><td>10</td><td>162.30</td><td>180.30</td><td rowspan="4">±0.60</td></tr>
<tr><td>175</td><td>190</td><td>10</td><td>172.30</td><td>190.30</td></tr>
<tr><td>180</td><td>200</td><td>13</td><td>177.00</td><td>200.30</td><td rowspan="2">12.70</td><td rowspan="2">9.70</td><td rowspan="2">12.00</td><td rowspan="2">±0.20</td></tr>
<tr><td>190</td><td>210</td><td>13</td><td>187.00</td><td>±0.60</td><td>210.30</td></tr>
</table>

（续）

<table>
<tr><th colspan="3">密封沟槽公称尺寸</th><th colspan="10">尺寸和极限偏差</th></tr>
<tr><th rowspan="2">d</th><th rowspan="2">D</th><th rowspan="2">L</th><th colspan="2">d_1</th><th colspan="2">D_0</th><th colspan="2">S_1</th><th colspan="2">S_2</th><th colspan="2">H</th></tr>
<tr><th>尺寸</th><th>极限偏差</th><th>尺寸</th><th>极限偏差</th><th>尺寸</th><th>极限偏差</th><th>尺寸</th><th>极限偏差</th><th>尺寸</th><th>极限偏差</th></tr>
<tr><td>200</td><td>220</td><td>13</td><td>197.00</td><td rowspan="10">±0.60</td><td>220.30</td><td rowspan="8">±0.60</td><td rowspan="7">12.70</td><td rowspan="7">±0.20</td><td rowspan="7">9.70</td><td rowspan="7">±0.10</td><td rowspan="7">12.00</td><td rowspan="10">±0.20</td></tr>
<tr><td>210</td><td>230</td><td>13</td><td>207.00</td><td>230.30</td></tr>
<tr><td>220</td><td>240</td><td>13</td><td>217.00</td><td>240.30</td></tr>
<tr><td>230</td><td>250</td><td>13</td><td>227.00</td><td>250.30</td></tr>
<tr><td>235</td><td>255</td><td>13</td><td>232.00</td><td>255.30</td></tr>
<tr><td>240</td><td>260</td><td>13</td><td>237.00</td><td>260.30</td></tr>
<tr><td>250</td><td>270</td><td>13</td><td>247.00</td><td>270.30</td></tr>
<tr><td>260</td><td>290</td><td>13</td><td>256.20</td><td>290.40</td><td rowspan="3">18.90</td><td rowspan="3">±0.25</td><td rowspan="3">14.70</td><td rowspan="3">±0.15</td><td rowspan="3">14.00</td></tr>
<tr><td>280</td><td>310</td><td>13</td><td>276.20</td><td>310.40</td><td rowspan="2">±0.90</td></tr>
<tr><td>295</td><td>325</td><td>13</td><td>292.20</td><td>325.40</td></tr>
</table>

3. 标准单体 U 形密封圈的标识

标准的活塞单体 U 形密封圈应以代表活塞单体 U 形密封圈的字母“U”、公称尺寸（$D\times d\times L$）及本部分的标准编号进行标识。

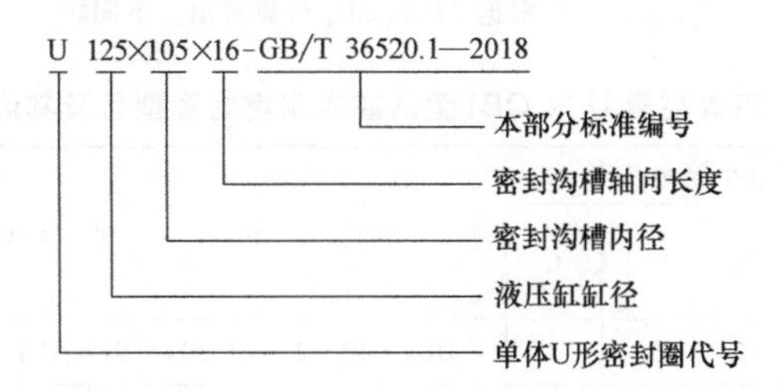

标准的活塞杆单体 U 形密封圈应以代表活塞杆单体 U 形密封圈的字母“U”、公称尺寸（$d\times D\times L$）及本部分的标准编号进行标识。

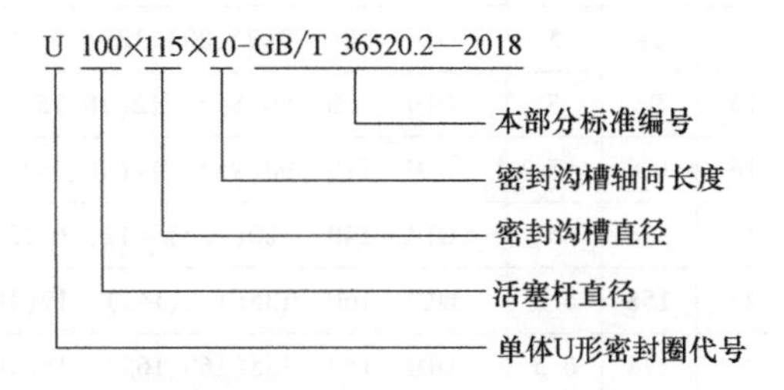

4. 标准单体 U 形密封圈的使用条件

标准的活塞和活塞杆往复运动聚氨酯单体 U 形密封圈的使用条件见表 2-32。

表 2-32　标准的单体 U 形密封圈使用条件

<table>
<tr><th rowspan="2">序号</th><th rowspan="2">类　别</th><th colspan="5">使用条件</th></tr>
<tr><th>往复速度/(m/s)</th><th>最大工作压力/MPa</th><th>使用温度/℃</th><th>介质</th><th>领域</th></tr>
<tr><td>1</td><td>活塞单体 U 形密封圈</td><td>0.5</td><td>35</td><td>-40~80</td><td>矿物油</td><td>工程缸</td></tr>
<tr><td>2</td><td>活塞杆单体 U 形密封圈</td><td>0.5</td><td>35</td><td>-40~80</td><td>矿物油</td><td>工程缸</td></tr>
</table>

注：未见有标准给出“工程缸”定义的。

5. 某公司活塞用 U 形圈

(1) U 形 ODI 型活塞专用密封圈（AU）　图 2-28 所示为 ODI 型活塞专用密封圈用沟槽。不等高唇 U 形 ODI 型活塞专用密封圈型号及其沟槽尺寸见表 2-33。

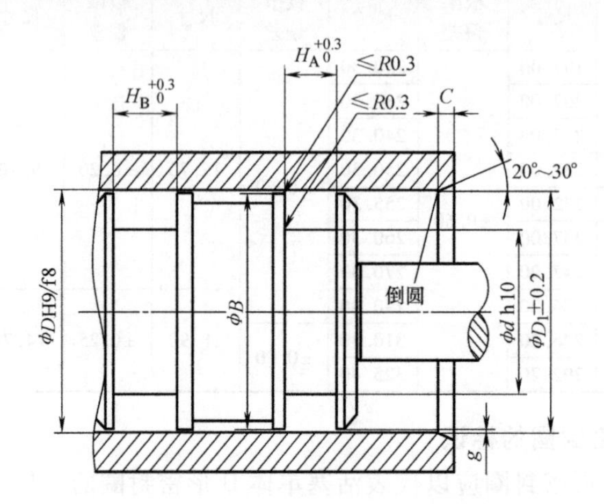

图 2-28　ODI 型活塞专用密封圈用沟槽

注：g 尺寸可根据 ϕD 和 ϕD_1 计算得出。下同。

表 2-33　不等高唇 U 形 ODI 型活塞专用密封圈型号及其沟槽尺寸　（单位：mm）

ϕD H9/f8	密封沟槽尺寸及最小倒角长度						产品型号
	ϕd h10	h	H_A	H_B	ϕD_1	C	
40	25	9	10	12	39	3.5	ODI　40　25(27、30)　9(8、10)
50	34	10	11	14	49	4	ODI　50　34(35、40)　10(8、9、12)
63	47	10	11	14	62	4	ODI　63　47(48、53)　10(9、10、12)
80	60	12	13	16	79	5	ODI　80　60(64、65、70)　12(8、9、10、15)
90	70	12	13	16	89	5	ODI　90　70(75、80)、12(8、9、10、15)
100	80	12	13	16	98	5	ODI　100　80(85)　12(10、15)
110	90	12	13	16	108	5	ODI　110　90(95)　12(10、15)
140	120	12	13	16	138	5	ODI　140　120(125)　12(10、15、16)
160	135	19	20	23	158	6.5	ODI　160　135(140、145)　19(10、12、16、20)
180	155	16	17	21	178	6.5	ODI　180　155(160、165)　16(10、12、19、20)
200	175	16	17	21	198	6.5	ODI　200　175(180)　16(19、20)
220	195	16	17	21	218	6.5	ODI　220　195(200)　16(20)
250	225	16	17	21	248	6.5	ODI　250　225(230)　16(19、20)
280	250	19	20	24	278	7.5	ODI　280　250(255)　19
320	25	9	10	12	39	3.5	ODI　40　25(27、30)　9(8、10)
360	—	—	—	—	—	—	ODI　—

(2) U 形 OSI 型活塞专用密封圈（AU）　图 2-29 所示为 OSI 型活塞专用密封圈用沟槽。不等高唇 U 形 OSI 型活塞专用密封圈型号及其沟槽尺寸见表 2-34。

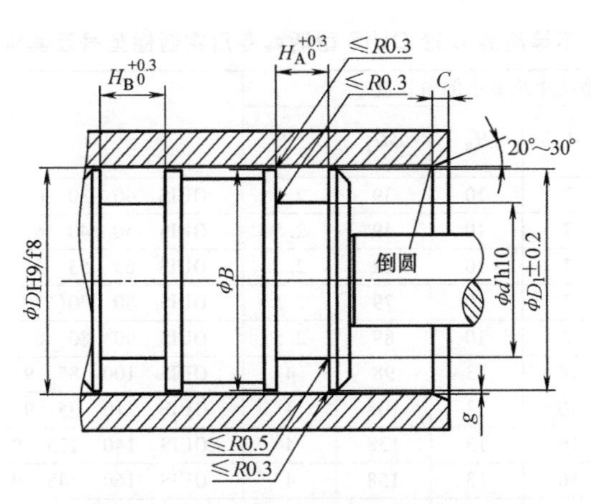

图 2-29 OSI 型活塞专用密封圈用沟槽

表 2-34 不等高唇 U 形 OSI 型活塞专用密封圈型号及其沟槽尺寸 （单位：mm）

ϕD H9/f8	密封沟槽尺寸及最小倒角长度						产品型号
	ϕd h10	h	H_A	H_B	ϕD_1	C	
40	30	6	7	10	39	2.5	OSI 40 30 6
50	40	6	7	10	49	2.5	OSI 50 40 6
63	53	6	7	10	62	2.5	OSI 63 53 6
80	70	6	7	10	79	2.5	OSI 80 70(71) 6
90	80	6	7	10	89	2.5	OSI 90 80 6
100	85	9	10	13	98	4	OSI 100 85 9
110	95	9	10	13	108	4	OSI 110 95 9
140	125	9	10	13	138	4	OSI 140 125 9
160	145	9	10	13	158	4	OSI 160 145 9
180	165	9	10	14	178	4	OSI 180 165 9
200	180	12	13	17	198	5	OSI 200 180 12
220	200	12	13	17	218	5	OSI 220 200 12
250	230	12	13	17	248	5	OSI 250 230 12
280	255	16	17	21	278	6.5	OSI 280 255 16
320	—	—	—	—	—	—	OSI —

（3）U 形 OUIS 型活塞专用密封圈（AU） 图 2-30 所示为 OUIS 型活塞专用密封圈用沟槽。不等高唇 U 形 OUIS 型活塞专用密封圈型号及其沟槽尺寸见表 2-35。

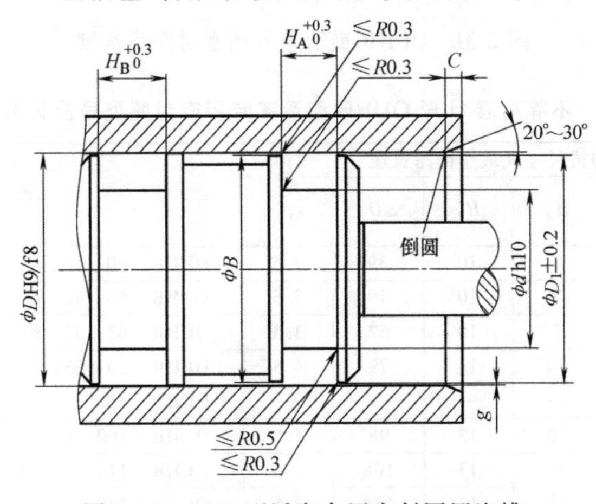

图 2-30 OUIS 型活塞专用密封圈用沟槽

表 2-35　不等高唇 U 形 OUIS 型活塞专用密封圈型号及其沟槽尺寸　（单位：mm）

ϕD H9/f8	密封沟槽尺寸及最小倒角长度						产品型号
	ϕd h10	h	H_A	H_B	ϕD_1	C	
40	30	6	7	10	39	2.5	OUIS　40　30　6
50	40	6	7	10	49	2.5	OUIS　50　40　6
63	53	6	7	10	62	2.5	OUIS　63　53　6
80	70	6	7	10	79	2.5	OUIS　80　70(71)　6
90	80	6	7	10	89	2.5	OUIS　90　80　6
100	85	9	10	13	98	4	OUIS　100　85　9
110	95	9	10	13	108	4	OUIS　110　95　9
140	125	9	10	13	138	4	OUIS　140　125　9
160	145	9	10	13	158	4	OUIS　160　145　9
180	165	9	10	14	178	4	OUIS　180　165　9
200	180	12	13	17	198	5	OUIS　200　180　12
220	—	—	—	—	—	—	OUIS　—

注：带泄压槽。

（4）U 形 OUHR 型活塞专用密封圈（NBR）　图 2-31 所示为 OUHR 型活塞专用密封圈用沟槽。不等高唇 U 形 OUHR 型活塞专用密封圈型号及其沟槽尺寸见表 2-36。

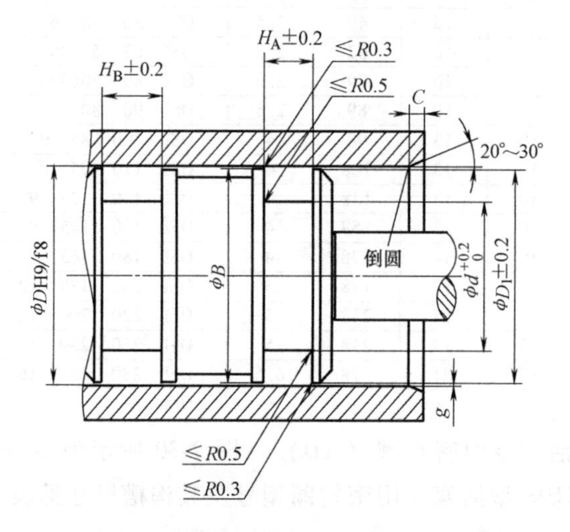

图 2-31　OUHR 型活塞专用密封圈用沟槽

表 2-36　不等高唇 U 形 OUHR 型活塞专用密封圈型号及其沟槽尺寸　（单位：mm）

ϕD H9/f8	密封沟槽尺寸及最小倒角长度						产品型号
	ϕd h10	h	H_A	H_B	ϕD_1	C	
40	30	6	7	10	39	3.5	OUHR　40　30　6
50	40	6	7	10	49	3.5	OUHR　50　40　6
63	53	6	7	10	62	3.5	OUHR　63　53　6
80	65	9	10	13	79	4.5	OUHR　80　65(71)　9(6)
90	—	—	—	—	—	—	OUHR　—
100	85	9	10	13	98	4.5	OUHR　100　85　9
110	95	9	10	13	108	4.5	OUHR　110　95　9
140	125	9	10	13	138	4.5	OUHR　140　125　9

（续）

ϕD H9/f8	密封沟槽尺寸及最小倒角长度						产 品 型 号
	ϕd h10	h	H_A	H_B	ϕD_1	C	
160	145	9	10	13	158	4.5	OUHR　160　145　9
180	165	9	10	14	178	4.5	OUHR　180　165　9
200	180	12	13	17	198	5.5	OUHR　200　180　12
220	—	—	—	—	—	—	OUHR　—
250	230	12	13	17	248	5.5	OUHR　230　12
280	—	—	—	—	—	—	OUHR　—

注：带泄压槽。

6. 某公司活塞杆用 U 形圈产品

（1）U 形 IDI 型活塞杆专用密封圈（AU）　图 2-32 所示为 IDI 型活塞杆专用密封圈用沟槽。不等高唇 U 形 IDI 型活塞杆专用密封圈型号及其沟槽尺寸见表 2-37。

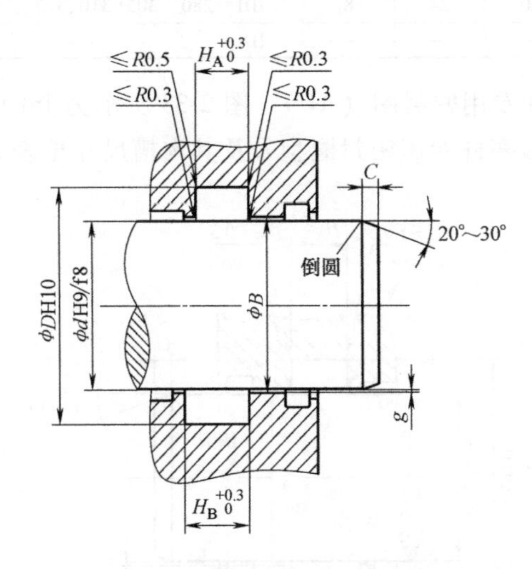

图 2-32　IDI 型活塞杆专用密封圈用沟槽

表 2-37　不等高唇 U 形 IDI 型活塞杆专用密封圈型号及其沟槽尺寸　（单位：mm）

ϕd H9/f8	密封沟槽尺寸及最小倒角长度					产 品 型 号
	ϕD H10	h	H_A	H_B	C	
18	28	6	7	9	2.5	IDI　18　28(31)　6(8、10)
20	30	6	7	9		IDI　20　30(33)　6(8、10)
22	35	10	11	13	3.5	IDI　22　35　10
25	35	6	7	9		IDI　25　35(38、40)　6(8、9、10)
28	38	6	7	10	4	IDI　28　38(41、43)　6(8、9、10)
32	—	—	—	—	—	IDI　—
36	—	—	—	—	—	IDI　—
40	50	8	9	12		IDI　40　50(55、56)　8(9、10、12)
45	55	8	9	12		IDI　45　55(60、61)　8(9、10、12)
50	60	8	9	12	4	IDI　50　60(65、66、70)　8(9、10、12)
56	66	8	9	12		IDI　56　66(71、72、76)　8(9、10、12)
63	73	8	9	12		IDI　63　73(78、79、83)　8(9、10、12)

（续）

ϕd H9/f8	密封沟槽尺寸及最小倒角长度					产品型号
	ϕD H10	h	H_A	H_B	C	
70	80	8	9	12		IDI 70 80(85、90) 8(9、10、12、15)
80	90	8	9	12		IDI 80 90(95、100) 8(9、10、12、15)
90	105	10	11	14	5	IDI 90 105(110) 10(12、15)
100	115	10	11	14		IDI 100 115(120) 10(12、15)
110	125	10	11	14		IDI 110 125(130) 10(15、16)
125	140	10	11	14		IDI 125 140(145、150) 10(12、16、19、20)
140	155	10	11	14		IDI 140 155(160、166) 10(12、16、19、20)
160	175	10	11	15		IDI 160 175(180、185) 10(12、16、19、20)
180	200	16	17	21	6.5	IDI 180 200(205) 16(19、20)
200	220	16	17	21		IDI 200 220(225) 16(19、20)
220	240	16	17	21		IDI 220 240(245) 16(19、20)
250	270	16	17	21		IDI 250 270(275) 16(19、20)
280	305	19	20	24	8	IDI 280 305(310、312) 19(24、25)
320	—	—	—	—	—	IDI —

（2）U 形 ISI 型活塞杆专用密封圈（AU）　图 2-33 所示为 ISI 型活塞杆专用密封圈用沟槽。不等高唇 U 形 ISI 型活塞杆专用密封圈型号及其沟槽尺寸见表 2-38。

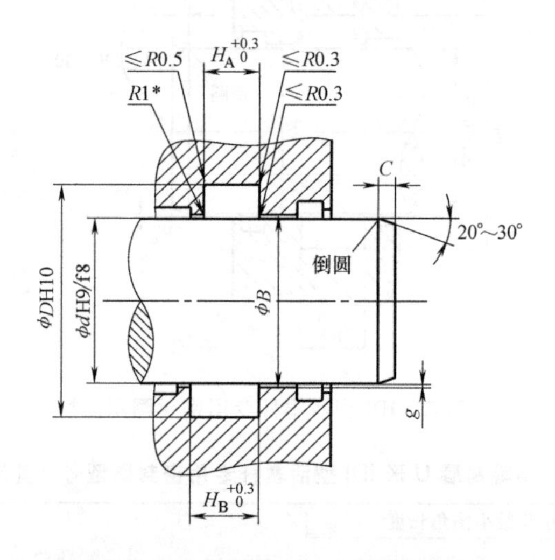

图 2-33　ISI 型活塞杆专用密封圈用沟槽

表 2-38　不等高唇 U 形 ISI 型活塞杆专用密封圈型号及其沟槽尺寸　（单位：mm）

ϕd H9/f8	密封沟槽尺寸及最小倒角长度					产品型号
	ϕD H10	h	H_A	H_B	C	
18	26	5	5.7	7.7	2.0	ISI 18 26 5
20	28				2.5	ISI 20 28 5
22	—	—	—	—	—	ISI —
25	33	5	5.7	7.7	2.5	ISI 25 33(35) 5
28	35.5			8.7		ISI 28 33.5(36) 5
32	—	—	—	—	—	ISI —

（续）

ϕd H9/f8	密封沟槽尺寸及最小倒角长度					产品型号
	ϕD H10	h	H_A	H_B	C	
36	—	—	—	—	—	ISI　—
40	50	6	7	10	2.5	ISI　40　50　6
45	55					ISI　45　55(56)　6(7)
50	60					ISI　50　60　6
56	66					ISI　56　66　6
63	73					ISI　63　73　6
70	80					ISI　70　80　6
80	90					ISI　80　90　6
90	105	9	10	13	4	ISI　90　105　9
100	115					ISI　100　115　9
110	125					ISI　110　125　9
125	140					ISI　125　140　9
140	155					ISI　140　155　9
160	175					ISI　160　175　9
180	200	12	13	17	5	ISI　180　200　12
200	220					ISI　200　220　12
220	240					ISI　220　240　12
250	270					ISI　250　270　12
280	305	16	17	21	6.5	ISI　280　305　16
320	—	—	—	—	—	ISI　—

（3）U形IUIS型活塞杆专用密封圈（AU）　图2-34所示为IUIS型活塞杆专用密封圈用沟槽。不等高唇U形IUIS型活塞杆专用密封圈型号及其沟槽尺寸见表2-39。

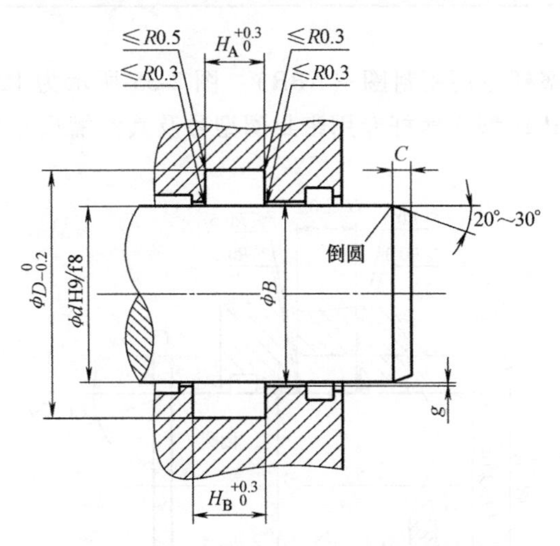

图2-34　IUIS型活塞杆专用密封圈用沟槽

表2-39　不等高唇U形IUIS型活塞杆专用密封圈型号及其沟槽尺寸（单位：mm）

ϕd H9/f8	密封沟槽尺寸及最小倒角长度					产品型号
	ϕD H10	h	H_A	H_B	C	
18	26	5	5.7	7.7	2.0	IUIS　18　26　5
20	—	—	—	—	—	IUIS　—

（续）

ϕd H9/f8	密封沟槽尺寸及最小倒角长度					产品型号
	ϕD H10	h	H_A	H_B	C	
22	—	—	—	—	—	IUIS　—
25	—	—	—	—	—	IUIS　—
28	35.5	5	5.7	8.7	2.5	IUIS　28　33.5　5
32	—	—	—	—	—	IUIS　—
36	—	—	—	—	—	IUIS　—
40	50	6	7	10	2.5	IUIS　40　50　6
45	55					IUIS　45　55(56)　6(7)
50	60					IUIS　50　60　6
56	66					IUIS　56　66　6
63	—	—	—	—	—	IUIS　—
70	80	6	7	10	2.5	IUIS　70　80　6
80	90					IUIS　80　90　6
90	105	9	10	13	4	IUIS　90　105　9
100	115					IUIS　100　115　9
110	—	—	—	—	—	IUIS　—
125	140	9	10	13	4	IUIS　125　140　9
140	155					IUIS　140　155　9
160	175			14		IUIS　160　175　9
180	200	12	13	17	5	IUIS　180　200　12
200	—	—	—	—	—	IUIS　—

注：带有泄压槽。

（4）U形IUH型活塞杆专用密封圈（NBR）　图2-35所示为IUH型活塞杆专用密封圈用沟槽。不等高唇U形IUH型活塞杆专用密封圈型号及其沟槽尺寸见表2-40。

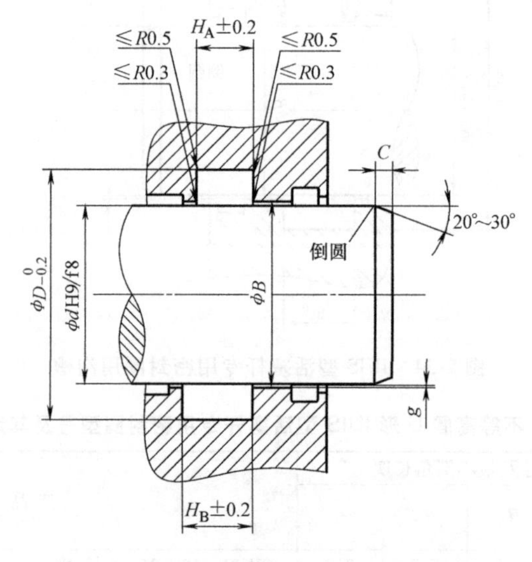

图2-35　IUH型活塞杆专用密封圈用沟槽

表 2-40 不等高唇 U 形 IUH 型活塞杆专用密封圈型号及其沟槽尺寸 （单位：mm）

ϕd H9/f8	密封沟槽尺寸及最小倒角长度					产品型号
	ϕD H10	h	H_A	H_B	C	
18	26	5	5.7	7.7	2.5	IUH 18 26 5
20	28					IUH 20 28 5
22	—	—	—	—	—	IUH —
25	33	5	5.7	7.7	2.5	IUH 25 33 5
28	35.5			8.7		IUH 28 33.5 5
32	—	—	—	—	—	IUH —
36	46	6	7	10	3	IUH 36 46 6
40	50					IUH 40 50 6
45	55					IUH 45 55(56) 6(7)
50	60					IUH 50 60 6
56	66					IUH 56 66 6
63	73					IUH 63 73 6
70	85	9	10	13	4	IUH 70 85 9
80	90	6	7	10		IUH 80 90 6
90	105	9	10	13		IUH 90 105 9
100	115					IUH 100 115 9
110	125					IUH 110 125 9
125	140					IUH 125 140 9
140	155					IUH 140 155 9
160	175			14		IUH 160 175 9
180	200	12	13	17	5.5	IUH 180 200 12
200	—	—	—	—	—	IUH —

注：带有泄压槽。

（5）U 形 UNI 型活塞杆专用密封圈（AU+VMQ） 图 2-36 所示为 UNI 型活塞杆专用密封圈用沟槽。加载 U 形 UNI 型活塞杆专用密封圈型号及其沟槽尺寸见表 2-41。

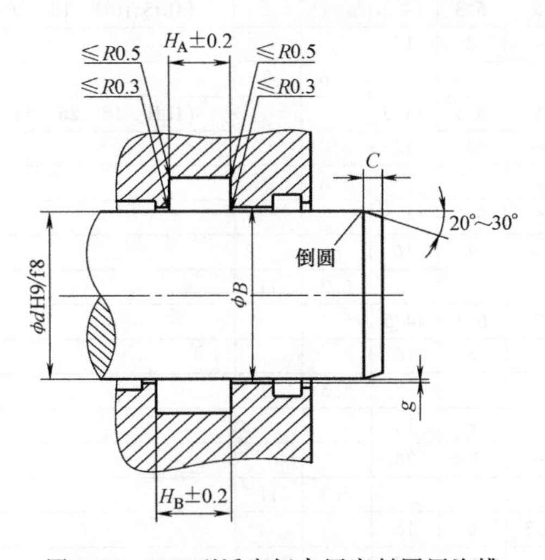

图 2-36 UNI 型活塞杆专用密封圈用沟槽

表 2-41 加载 U 形 UNI 型活塞杆专用密封圈型号及其沟槽尺寸 （单位：mm）

ϕd H9/f8	密封沟槽尺寸及最小倒角长度					产品型号
	ϕD H10	h	H_A	H_B	C	
18						UNI —
20	—	—	—	—	—	UNI —
22	—	—	—	—	—	UNI —
25	—	—	—	—	—	UNI —
28	—	—	—	—	—	UNI —
32	—	—	—	—	—	UNI —
36	—	—	—	—	—	UNI —
40	50	7	8	11	4	UNI 40 50 7
45	55					UNI 45 55 7
50	63	10	11	14		UNI 50 63 10
56	—	—	—	—	—	UNI —
63	—	—	—	—	—	UNI —
70	83	10	11	14	5	UNI 70 83 10
80	93					UNI 80 93 10
90	110	15	16	19		UNI 90 110 15
100	120					UNI 100 120 15
110	130					UNI 110 130 15
125	—	—	—	—	—	UNI —
140	165	19	20	23	6.5	UNI 140 165 19
160	—	—	—	—	—	UNI —

（6）活塞杆密封沟槽（含窄断面动密封沟槽） U 形圈用活塞杆密封沟槽的公称尺寸见表 2-42。

表 2-42 U 形圈用活塞杆密封沟槽（含窄断面动密封沟槽）的公称尺寸

（摘自 GB/T 2879—2005 和 GB 2880—1981） （单位：mm）

活塞杆直径 d	密封沟槽							适配 U 形圈
	外径 D	沟槽深度 S	沟槽长度					
			短	中	长	L_1	L_2	
18	25	3.5				5.6	9	—
	26	4	5	6.3	14.5			（IUIS、IUH 18 26 5）
	28	5	—	8	16			—
20	27	3.5				5.6	9	—
	28	4	5	6.3	14.5			（IUH 18 26 5）
	30	5	—	8	16			—
22	29	3.5				5.6	9	—
	30	4	5	6.3	14.5			—
	32	5	—	8	16			—
25	33	4				6.3	11	—
	33	4	5	6.3	14.5			—
	35	5	—	8	16			—
28	36	4				6.3	11	—
	38	5	6.3	8	16			—
	43	7.5	—	12.5	25			—
32	40	4				6.3	11	—
	42	5	6.3	8	16			—
	47	7.5	—	12.5	25			—

（续）

活塞杆直径 d	密封沟槽							适配U形圈
	外径 D	沟槽深度 S	沟槽长度					
			短	中	长	L_1	L_2	
36	44	4				6.3	11	—
	46	5	6.3	8	16			—
	51	7.5	—	12.5	25			—
40	48	4				6.3	11	—
	50	5	6.3	8	16			—
	55	7.5	—	12.5	25			—
45	53	4				6.3	11	—
	55	5	6.3	8	16			—
	60	7.5	—	12.5	25			—
50	58	4				6.3	11	—
	60	5	6.3	8	16			—
	65	7.5	—	12.5	25			—
56	66	5				7.5	13	（IUIS、IUH　56　66　6）
	71	7.5	9.5	12.5	25			—
	75	10	—	16	32			—
63	73	5				7.5	13	（IUH　63　73　6）
	78	7.5	9.5	12.5	25			—
	83	10	—	16	32			IDI　63　83　12（加挡圈）
70	80	5				7.5	13	（IUIS　70　80　6）
	85	7.5	9.5	12.5	25			—
	90	10	—	16	32			IDI　65　85　12（加挡圈）
80	90	5				7.5	13	（IUIS、IUH　80　90　6）
	95	7.5	9.5	12.5	25			—
	100	10	—	16	32			IDI　80　100　15
90	100	5				7.5	13	—
	105	7.5				10.6	19	（IUIS、IUH　90　105　9）
	105	7.5	9.5	12.5	25			—
	110	10	—	16	32			IDI　90　110　15
100	110	5				7.5	13	—
	115	7.5				10.6	19	（IUIS、IUH　100　115　9）
	120	10	12.5	16	32			IDI　100　120　15（12加挡圈）
	125	12.5	—	20	40			—
110	120	5				7.5	13	—
	125	7.5				10.6	19	—
	130	10	12.5	16	32			IDI　110　130　15
	135	12.5	—	20	40			—
125	135	5				7.5	13	—
	140	7.5				10.6	19	（IUIS、IUH　125　140　9）
	145	10	12.5	16	32			IDI　125　145　12（加挡圈）
	150	12.5	—	20	40			IDI　125　150　19
140	150	5				7.5	13	—
	155	7.5				10.6	19	（IUIS、IUH　140　155　9）
	160	10	12.5	16	32			IDI　140　160　12（加挡圈）
	165	12.5	—	20	40			IDI　140　165　19
160	175	7.5				10.6	19	（IUIS　160　175　9）
	180	10				13.2	23	—
	185	12.5	16	20	40			IDI　160　185　19

（续）

活塞杆直径 d	密封沟槽							适配U形圈
	外径 D	沟槽深度 S	沟槽长度					
			短	中	长	L_1	L_2	
160	190	15	—	25	50			—
180	195	7.5				10.6	19	IDI　200　225　19
	200	10				13.2	23	（IUIS、IUH　180　200　12）
	205	12.5	16	20	40			—
	210	15	—	25	50			—
200	215	7.5				10.6	19	—
	220	10				13.2	23	—
	225	12.5	16	20	40			IDI　200　225　19
	230	15	—	25	50			—
220	235	7.5				10.6	19	—
	240	10				13.2	23	—
	250	15	20	25	50			—
250	265	7.5				10.6	19	—
	270	10				13.2	23	—
	280	15	20	25	50			—
280	300	10				13.2	23	—
	305	12.5				16	30	—
	310	15	20	25	50			IDI　280　310　19
320	340	10				13.2	23	—
	345	12.5				16	30	—
	360	20	25	32	63			—
360	385	12.5				16	30	—
	390	15				19	34	—
	400	20	25	32	63			—

注：括号内的U形圈可用，但不符合产品样本规定的密封沟槽要求。

7. 某公司活塞和活塞杆两用U形圈产品

（1）U形UPI型活塞和活塞杆两用密封圈（AU）　等高唇U形UPI型活塞和活塞杆两用密封圈型号很多，从UPI　6.3　16.3　8到UPI　1380　1430　30间有近200（产品样本中有168）种可供选用，但UPI型圈用密封沟槽一般为分体（开）式结构。

（2）U形USI型活塞和活塞杆两用密封圈（AU）　等高唇U形USI型活塞和活塞杆两用密封圈因截面尺寸小，因此可以安装在整体（闭）式密封沟槽内，从USI　10　18　5到USI　145　160　9间有70（产品样本中有70）种以上可供选用。

（3）U形UPH型活塞和活塞杆两用密封圈（NBR、FKM）　等高唇U形UPH型活塞和活塞杆两用密封圈型号很多，从USI　6.3　16.3　7.5到USI　1620　1680　30间有260（产品样本中有252）种以上可供选用，但UPH型圈用密封沟槽一般为分体（开）式结构。

（4）U形USH型活塞和活塞杆两用密封圈（NBR、FKM）　等高唇U形UPH型活塞和活塞杆两用密封圈因截面尺寸小，因此可以安装在整体（闭）式密封沟槽内，从UPH　12　20　5到USI　500　525　17间有80（产品样本中有81）种以上可供选用。

8. 某公司U形圈产品用密封沟槽

由表2-42可以得出如下结论：JB/T 10205—2010《液压缸》规定的GB/T 2879—2005《液压缸活塞和活塞杆动密封　沟槽尺寸和公差》和GB/T 2880—1981《液压缸活塞和活塞

杆动窄断面密封沟槽尺寸系列和公差》密封沟槽没有对应的U形系列密封圈，这不但否定了一些参考文献中的惯常说法，也进一步认证了作者的结论，即GB/T 2879—2005规定的密封沟槽没有对应的密封圈。

U形圈密封沟槽的设计应注意以下细节：

1）U形圈唇口端要有足够间隙，以便快速激活密封唇口。

2）预判U形圈底部挤出间隙，这不但要计算偶合件配合间隙，还有充分考虑使用寿命期内因磨损可能造成的配合件间的偏心量。

3）加装挡圈的判据非常重要，起码应执行JB/ZQ 4264或JB/ZQ 4265中表2注的规定。

4）挡圈材料应根据工况选择，同时关系到沟槽尺寸。

5）U形圈的使用寿命很大程度上取决于其润滑条件，在与双作用防尘密封圈相邻安装时，它们中间最好多留一些储油空间。

6）除必须保证活塞杆直径、密封沟槽槽底直径，密封沟槽长度也很重要。一般原则是，密封沟槽长度应不小于U形圈高度h+1mm，且宁长勿短。

7）有些U形圈在室温下安装于整体（闭）式沟槽可能损坏。

8）注意保证U形圈沟槽槽底面与导向环（带）沟槽槽底面的同轴度公差。

9）U形圈底部抵靠的密封沟槽沟槽棱圆角一般不得大于R0.3mm。

特别提示：适当加大唇形（如U形）圈唇口前偶合件间间隙（非挤出间隙），可以减小“拖压”对密封圈的伤害，提高密封圈的使用寿命。

往复运动用加装挡圈的U形圈的使用条件可参考表2-43。

表2-43 往复运动用加装挡圈的U形圈的使用条件

挡圈材料	挤出间隙 g/mm	ϕB	最高工作压力/MPa
聚四氟乙烯	0.5	$\phi B \geqslant \phi D-2g$ 或 $\phi B \geqslant \phi d-2g$	14
	0.25		21
	0.1		35
聚酰胺	0.4		35
	0.2		42

2.7 蕾形橡胶密封圈及其沟槽

2.7.1 蕾形圈的特点及其作用

如图2-37所示，截面像花蕾形的橡胶密封圈称为蕾形橡胶密封圈（以下简称蕾形圈）。蕾形圈是单向密封圈且有标准，在GB/T 10708.1—2000《往复运动橡胶密封圈结构尺寸系列 第1部分：单向密封橡胶圈》中规定了蕾形圈的结构型式、尺寸和公差；在GB/T 36520.2—2018《液压传动 聚氨酯密封件尺寸系列 第2部分：活塞杆往复运动密封圈的尺寸和公差》中规定了活塞杆往复运动聚氨酯单体蕾形密封圈和组合蕾形密封圈的结构型式、尺寸和公差；在GB/T 36520.4—2019《液压传动 聚氨酯密封件尺寸系列 第4部分：缸口密封圈的尺寸和公差》中规定了缸口聚氨酯蕾形密封圈的结构型式、尺寸和公差。

蕾形圈一般由两部分组成，即密封部由橡胶制成，支撑部由夹布橡胶制成，并且夹布橡胶硬度高于密封部橡胶。

根据相关定义判定，蕾形圈不属于唇形密封件，因为其密封凸起部分（密封刃口或唇口）没有相连一个挠性部分。其单向密封是因为其结构中组合有支撑部（环），当密封部一侧密封液压油液受压时，另一侧支撑部只能抵靠在密封沟槽槽侧面上抵抗挤压，相反受压则不行。

因其结构特点，当双作用液压缸活塞密封采用蕾形圈时，若采用背靠背安装，其困油后泄压将很难解决，所以蕾形圈主要用于活塞杆密封而非双作用液压缸活塞密封。

因其结构特点，蕾形圈可用于径向静密封，如安装在液压缸导向套上起静密封作用的缸口蕾形圈。

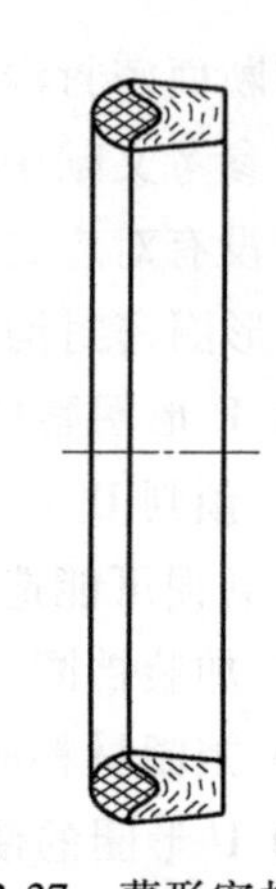

图 2-37　蕾形密封圈的结构型式

在 GB/T 10708.1—2000 附录 A 中给出了往复运动用单向密封蕾形圈的使用条件，见表 2-44。

表 2-44　往复运动用单向密封蕾形圈的使用条件

结构型式	运动速度/(m/s)	挤出间隙 f/mm	工作压力范围/MPa
蕾形圈	0.5	0.3	0~25
		0.1	0~45
	0.15	0.3	0~30
		0.1	0~50

与 Y 形圈比较，蕾形圈具有如下特点：

1）结构型式合理。

2）密封压力高，寿命长。

3）密封性能好。

4）有一定的自动补偿能力。

5）有一定的抗偏心能力。

6）与 Y（不等高唇）形圈沟槽通用。

7）可用于径向静密封。

当使用 Y（不等高唇）形圈密封的液压缸密封出现问题时，应首先考虑更换蕾形圈，但活塞杆表面（或缸筒内表面）有划伤的则不行。因其密封材料一般为 NBR，抗撕裂、抗磨损性能低于 AU 或 EU，作者这方面有过现场实践经验。

GB/T 36520.2—2018 中规定的单体蕾形圈和组合蕾形圈都是聚氨酯材料的，且组合蕾形圈中还组合有塑料挡圈。

2.7.2　蕾形圈的密封机理

蕾形圈密封机理更近于挤压形密封，其结构可理解为一个异形 O 形圈与一个特殊挡圈的组合，即上文所述的密封部和支撑部。蕾形圈的密封部所采用密封材料应与 O 形圈相当，硬度应低于 90Shore A（或 IRHD），一般为 75Shore A 左右，支撑部所采用的夹布橡胶硬度一般高于 90Shore A，而且一般采用同一种橡胶模压制成。因有支撑部（特殊挡圈），只能单向使用，即单向密封。当蕾形圈装入密封沟槽后，其密封部径向压缩，对配合偶件面及沟槽底面形成初始密封；当密封部受油液作用即受压后，支撑抵靠沟槽侧面，密封部进一步径向扩张变形，密封接触区增大，密封能力增强；密封压力再进一步增高，支撑部和密封部将一同变形，密封接触区进一步增大，密封能力进一步增强。因有支撑部，尽管密封部回弹能力增强，但同时也限制了密封部径向扩张变形，再加之支撑部抗挤压有一定限值，所以密封压力也有一定限制，但比 Y 形圈密封压力高，甚至可能高出一倍。由于蕾形圈能随着密封工作介质压力增高而密封能力一同提高，所以蕾形圈具有自封作用。

支撑部的主要作用是加强密封部的强度，尤其是抗挤出能力，但夹布橡胶的抗挤出能力不如塑料，所以必要时还可再加装塑料挡圈。

往复运动使蕾形圈产生磨损后，因是挤压型密封，所以蕾形圈还有一定的自动补偿作用，这也是比 Y 形圈寿命长的原因之一。

2.7.3 蕾形圈产品及其沟槽

活塞杆 L_2 密封沟槽的结构型式及蕾形圈如图 2-38 所示，活塞杆 L_2 密封沟槽用蕾形圈的尺寸和极限偏差见表 2-45。

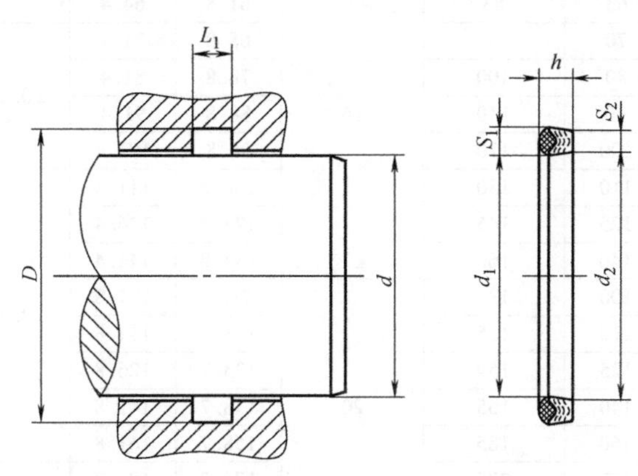

图 2-38 活塞杆 L_2 密封沟槽的结构型式及蕾形圈

表 2-45 活塞杆 L_2 密封沟槽用蕾形圈尺寸和极限偏差（摘自 GB/T 10708.1—2000）

（单位：mm）

<table>
<tr><th rowspan="2">活塞杆直径 d</th><th rowspan="2">密封沟槽底面直径 D</th><th rowspan="2">密封沟槽轴向长度 L_2</th><th colspan="3">内径</th><th colspan="3">宽度</th><th colspan="2">高度</th></tr>
<tr><th>d_1</th><th>d_2</th><th>极限偏差</th><th>S_1</th><th>S_2</th><th>极限偏差</th><th>h</th><th>极限偏差</th></tr>
<tr><td>18</td><td>26</td><td rowspan="4">6.3</td><td>17.3</td><td>18.5</td><td rowspan="2">±0.18</td><td rowspan="4">4.7</td><td rowspan="4">3.5</td><td rowspan="20">±0.15</td><td rowspan="4">5.5</td><td rowspan="20">±0.20</td></tr>
<tr><td>20</td><td>28</td><td>19.3</td><td>20.5</td></tr>
<tr><td>22</td><td>30</td><td>21.3</td><td>22.5</td><td rowspan="2">±0.22</td></tr>
<tr><td>25</td><td>33</td><td>24.3</td><td>25.5</td></tr>
<tr><td>18</td><td>28</td><td rowspan="10">8</td><td>17.2</td><td>18.6</td><td rowspan="2">±0.18</td><td rowspan="10">5.8</td><td rowspan="10">4.4</td><td rowspan="10">7</td></tr>
<tr><td>20</td><td>30</td><td>19.2</td><td>20.6</td></tr>
<tr><td>22</td><td>32</td><td>21.2</td><td>22.6</td><td rowspan="14">±0.22</td></tr>
<tr><td>25</td><td>35</td><td>24.2</td><td>25.6</td></tr>
<tr><td>28</td><td>38</td><td>27.2</td><td>28.6</td></tr>
<tr><td>32</td><td>42</td><td>31.2</td><td>32.6</td></tr>
<tr><td>36</td><td>46</td><td>35.2</td><td>36.6</td></tr>
<tr><td>40</td><td>50</td><td>39.2</td><td>40.6</td></tr>
<tr><td>45</td><td>55</td><td>44.2</td><td>45.6</td></tr>
<tr><td>50</td><td>60</td><td>49.2</td><td>50.6</td></tr>
<tr><td>28</td><td>43</td><td rowspan="6">12.5</td><td>27</td><td>28.9</td><td rowspan="6">8.5</td><td rowspan="6">6.6</td><td rowspan="6">11.3</td></tr>
<tr><td>32</td><td>47</td><td>31</td><td>32.9</td></tr>
<tr><td>36</td><td>51</td><td>35</td><td>36.9</td></tr>
<tr><td>40</td><td>55</td><td>39</td><td>40.9</td></tr>
<tr><td>45</td><td>60</td><td>44</td><td>45.9</td></tr>
<tr><td>50</td><td>65</td><td>49</td><td>50.9</td></tr>
</table>

（续）

活塞杆直径 d	密封沟槽底面直径 D	密封沟槽轴向长度 L_2	内　径			宽　度			高　度	
			d_1	d_2	极限偏差	S_1	S_2	极限偏差	h	极限偏差
56	71	12.5	55	56.9	±0.22	8.5	6.6	±0.15	11.3	±0.20
63	78		62	63.9	±0.28					
70	85		69	70.9						
80	95		79	80.9						
90	105		89	90.9						
56	76	16	54.8	57.4	±0.22	11.2	8.6		14.5	
63	83		61.8	64.4						
70	90		68.8	71.4	±0.28					
80	100		78.8	81.4						
90	110		88.8	91.4						
100	120		98.8	101.4						
110	130		108.8	111.4	±0.35					
125	145		123.8	126.4						
140	160		138.8	141.4						
100	125	20	98.7	101.8		13.8	10.7		18	
110	135		108.7	111.8						
125	150		123.7	126.8						
140	165		138.7	141.8						
160	185		158.7	161.8						
180	205		178.7	181.8	±0.45					
200	225		198.7	201.8						
160	190	25	158.6	162		16.4	13	±0.20	22.5	±0.25
180	210		178.6	182						
200	230		198.6	202						
220	250		218.6	222						
250	280		248.6	252						
280	310		278.6	282	±0.60					
320	360	32	318.6	323		21.8	17		28.5	
360	400		358.6	363						

注：活塞杆 L_2 密封沟槽的公称尺寸见表 2-15。

单体蕾形密封圈沟槽分为Ⅰ系列和Ⅱ系列，Ⅰ系列密封沟槽单体蕾形圈的尺寸和公差见 GB/T 36520.2—2018 中的表 1，Ⅱ系列密封沟槽单体蕾形圈的尺寸和公差见 GB/T 36520.2—2018 中的表 2。

组合蕾形密封圈沟槽分为Ⅰ系列和Ⅱ系列，Ⅰ系列密封沟槽组合蕾形圈的尺寸和公差见 GB/T 36520.2—2018 中的表 6，Ⅱ系列密封沟槽组合蕾形圈的尺寸和公差见 GB/T 36520.2—2018 中的表 7。

在 GB/T 36520.2—2018 附录 A（资料性附录）中给出了活塞杆往复运动聚氨酯单体蕾形圈和组合蕾形圈的使用条件，见表 2-46。

表 2-46　活塞杆往复运动聚氨酯单体蕾形圈和组合蕾形圈的使用条件

类别	往复速度/(m/s)	最大工作压力/MPa	使用温度/℃	介质	应用领域
单体蕾形圈	0.5	45	-40~80	水加乳化液（油）	液压支架
组合蕾形圈	0.5	60	-40~80	水加乳化液（油）	液压支架

2.7.4 缸口蕾形圈及其沟槽

缸口聚氨酯蕾形密封圈（简称缸口蕾形圈）及其密封结构型式如图2-39所示。缸口蕾形圈分为Ⅰ和Ⅱ两个系列，Ⅰ系列缸口蕾形圈的尺寸和极限偏差见表2-47，Ⅱ系列缸口蕾形圈的尺寸和极限偏差见表2-48。

缸口蕾形圈是安装在液压缸导向套上起静密封作用的聚氨酯密封圈。

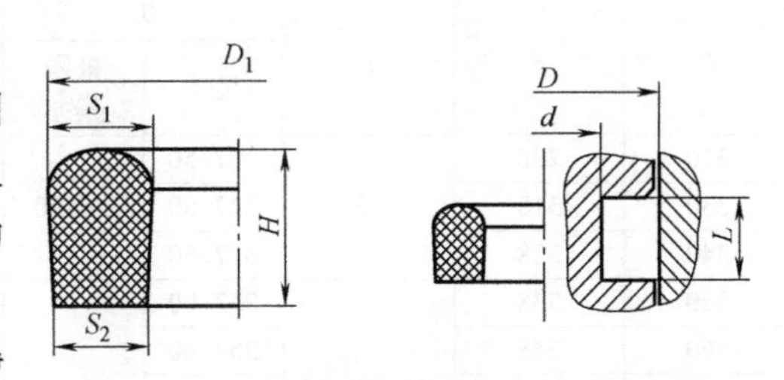

图2-39 缸口蕾形圈及其密封结构型式

表2-47 Ⅰ系列缸口蕾形圈的尺寸和极限偏差（摘自GB/T 36520.4—2019） （单位：mm）

密封沟槽公称尺寸			尺寸和极限偏差							
D	d	L	D_1		S_1		S_2		H	
			尺寸	极限偏差	尺寸	极限偏差	尺寸	极限偏差	尺寸	极限偏差
100	90	9.6	99.00	±0.45	6.00	±0.10	4.80	±0.15	8.80	±0.15
110	100		109.00							
120	110		119.00							
125	115		124.00							
140	130		138.50							
160	150		158.50	±0.65						
180	170		178.50							
185	175		183.50							
195	185		193.50							
200	190		198.00	±0.90						
220	210		218.00							
225	215		223.00							
235	225		233.00							
240	230		238.00							
245	235		243.00							
250	240		248.00							
260	250		258.00							
280	270		278.00							
290	280		287.50							
335	325		332.50	±1.50						
182	170	13	180.50	±0.65	7.10		5.80		12.00	±0.20
190	178		188.50							
202	190		200.00	±0.90						
215	203		213.00							
225	213		223.00							
230	218		228.00							
240	228		238.00							
260	248		258.00							
265	253		263.00							
275	263		273.00							
280	268		278.00							
290	278		287.50							
295	283		292.50							

（续）

密封沟槽公称尺寸			尺寸和极限偏差							
D	*d*	*L*	D_1		S_1		S_2		*H*	
			尺寸	极限偏差	尺寸	极限偏差	尺寸	极限偏差	尺寸	极限偏差
310	298	13	307.50	±0.90	7.10	±0.10	5.80	±0.15	12.00	±0.20
330	318		327.50							
340	328		337.50							
350	338	13.5	347.00	±1.50					12.50	
360	348		357.00							
370	358		367.00							
375	363		372.00							
395	383		392.00							
400	388		397.00							
405	393		401.50							
415	403		411.50							
425	413		421.50							
465	453		461.50							
485	473		481.00							
505	493		501.00	±2.00						
525	513		521.00							
555	541	16	550.50		8.30		6.80		14.80	

注：在 GB/T 36520.4—2019 表 3 中密封沟槽公称尺寸为“390×280×9.6”可能有误，现修改为“290×280×9.6”。

表 2-48 Ⅱ系列缸口蕾形圈的尺寸和极限偏差（摘自 GB/T 36520.4—2019）

（单位：mm）

密封沟槽公称尺寸			尺寸和极限偏差							
D	*d*	*L*	D_1		S_1		S_2		*H*	
			尺寸	极限偏差	尺寸	极限偏差	尺寸	极限偏差	尺寸	极限偏差
72	64	8.2	71.00	±0.30	4.70	±0.10	3.80	±0.15	7.40	±0.15
92	84		91.00							
100	92		99.00							
102	94		101.00	±0.45						
110	102		109.00							
112	104		111.00							
126	118		125.00							
127	119		126.00							
137	129		135.50							
140	132		138.50							
142	134		140.50							
145	137		143.50							
151	143		149.50							
154	146		152.50							
160	152		158.50	±0.65						
161	153		159.50							
162	154		160.50							
165	157		163.50							
167	159		165.50							
175	167		173.50							
180	172		178.50							

（续）

<table>
<tr><th colspan="3">密封沟槽公称尺寸</th><th colspan="8">尺寸和极限偏差</th></tr>
<tr><th rowspan="2">D</th><th rowspan="2">d</th><th rowspan="2">L</th><th colspan="2">D_1</th><th colspan="2">S_1</th><th colspan="2">S_2</th><th colspan="2">H</th></tr>
<tr><th>尺寸</th><th>极限偏差</th><th>尺寸</th><th>极限偏差</th><th>尺寸</th><th>极限偏差</th><th>尺寸</th><th>极限偏差</th></tr>
<tr><td>182</td><td>174</td><td rowspan="10">8.2</td><td>180.50</td><td rowspan="6">±0.65</td><td rowspan="10">4.70</td><td rowspan="29">±0.10</td><td rowspan="10">3.80</td><td rowspan="29">±0.15</td><td rowspan="10">7.40</td><td rowspan="10">±0.15</td></tr>
<tr><td>184</td><td>176</td><td>182.50</td></tr>
<tr><td>188</td><td>180</td><td>186.50</td></tr>
<tr><td>190</td><td>182</td><td>188.50</td></tr>
<tr><td>195</td><td>187</td><td>193.50</td></tr>
<tr><td>198</td><td>190</td><td>196.50</td></tr>
<tr><td>200</td><td>192</td><td>198.00</td><td rowspan="11">±0.90</td></tr>
<tr><td>202</td><td>194</td><td>200.00</td></tr>
<tr><td>205</td><td>197</td><td>203.00</td></tr>
<tr><td>250</td><td>242</td><td>248.00</td></tr>
<tr><td>230</td><td>218.8</td><td rowspan="13">11.2</td><td>228.00</td><td rowspan="13">6.70</td><td rowspan="13">5.40</td><td rowspan="13">10.20</td><td rowspan="19">±0.20</td></tr>
<tr><td>232</td><td>220.8</td><td>230.00</td></tr>
<tr><td>242</td><td>230.8</td><td>240.00</td></tr>
<tr><td>258</td><td>246.8</td><td>256.00</td></tr>
<tr><td>274</td><td>262.8</td><td>272.00</td></tr>
<tr><td>275</td><td>263.8</td><td>273.00</td></tr>
<tr><td>290</td><td>278.8</td><td>287.50</td></tr>
<tr><td>300</td><td>288.8</td><td>297.50</td><td rowspan="11">±1.50</td></tr>
<tr><td>320</td><td>308.8</td><td>317.50</td></tr>
<tr><td>355</td><td>343.8</td><td>352.00</td></tr>
<tr><td>370</td><td>358.8</td><td>367.00</td></tr>
<tr><td>375</td><td>363.8</td><td>372.00</td></tr>
<tr><td>395</td><td>383.8</td><td>392.00</td></tr>
<tr><td>420</td><td>406.4</td><td rowspan="6">15</td><td>416.50</td><td rowspan="6">8.10</td><td rowspan="6">6.60</td><td rowspan="6">13.80</td></tr>
<tr><td>425</td><td>411.4</td><td>421.50</td></tr>
<tr><td>435</td><td>421.4</td><td>431.50</td></tr>
<tr><td>445</td><td>431.4</td><td>441.50</td></tr>
<tr><td>450</td><td>436.4</td><td>446.50</td></tr>
<tr><td>520</td><td>506.4</td><td>516.00</td><td>±2.00</td></tr>
</table>

2.8 鼓形、组合鼓形橡胶密封圈和山形橡胶密封圈及其沟槽

2.8.1 鼓形、组合鼓形圈和山形圈的特点及其作用

鼓形橡胶密封圈（以下简称鼓形圈）和山形橡胶密封圈（以下简称山形圈）是适用于安装在液压缸活塞上起双向密封作用的橡胶密封圈。根据 GB/T 10708.2—2000《往复运动橡胶密封圈结构尺寸系列 第 2 部分：双向密封橡胶密封圈》，它的结构型式有两种，如图 2-40 所示。第 1 种由一个鼓形圈与两个 L 形支承环组成如图 2-40a 所示；第 2 种由一个山形圈与两个 J 形、两个矩形支承环组成如图 2-40b 所示。采用 GB/T 6577—1986（2021）《液压缸活塞用带支承环密封沟槽型式、尺寸和公差》中规定的密封沟槽。

当往复运动速度不大于 0.15m/s 时，鼓形圈的工作压力范围为 0.10~70MPa，山形圈的

工作压力范围为0～35MPa；当往复运动速度不大于0.5m/s时，鼓形圈的工作压力范围为0.10～40MPa，山形圈的工作压力范围为0～20MPa。

鼓形圈和山形圈是孔用组合式双向密封圈。在一个鼓形圈与两个L形支承环组合的一个鼓形密封圈中，鼓形圈一般由夹布橡胶包裹橡胶模压制成，两个L形支承环由塑料制成；在一个山形圈与两个J形、两个矩形支承环组成一组山形密封圈中，山形圈一般由橡胶制成，两个J形环和两个矩形支承环由塑料制成。具体地讲，两个J形环由热塑性聚酯塑料制成，L形和矩形支承环由夹有玻璃纤维的增强酚醛塑料制成。

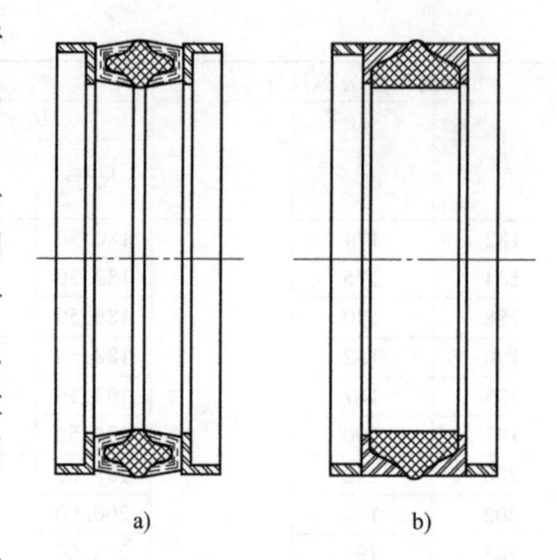

图2-40　鼓形圈和山形圈及其支承环的结构型式

a）鼓形圈　b）山形圈

这种密封结构有如下优点：

1）在低压条件下具有良好的密封性能。

2）活塞长度可以较短，一些可以在整体活塞上安装。

3）密封组件的特殊结构使得安装时密封圈不会在沟槽内发生扭曲。

4）密封圈抗挤出能力高，活塞导向好。

5）耐高温、耐磨损。

在GB/T 36520.1—2018中规定的活塞往复运动聚氨酯组合鼓形圈与在JB/T 8241—1996中给出的术语“同轴密封件”的定义不一致之处在于，“作摩擦密封面”的不是塑料环而是“聚氨酯耐磨环”，但其仍属于同轴密封件。组合鼓形圈特点及其作用见本书第2.9.1节。

2.8.2　鼓形、组合鼓形圈和山形圈产品及其沟槽

1. 密封结构型式

密封结构型式有两种。第1种由一个鼓形圈与两个L形支承环组成；第2种由一个山形圈与两个J形、两个矩形支承环组成，如图2-41所示。

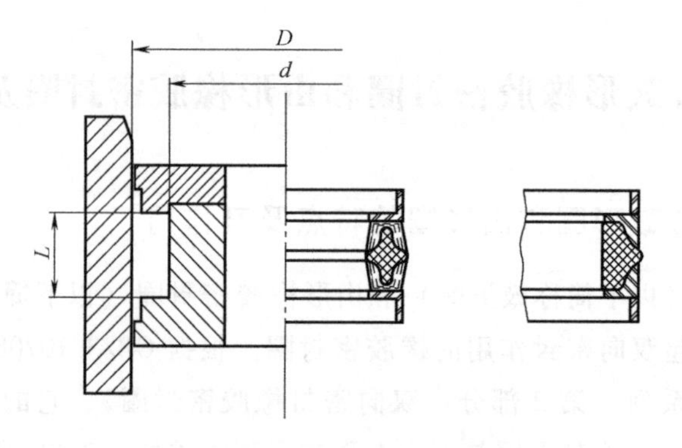

图2-41　密封结构型式

2. 橡胶密封圈和塑料支承环

鼓形圈和山形圈的形状如图2-42所示，尺寸和极限偏差见表2-49。

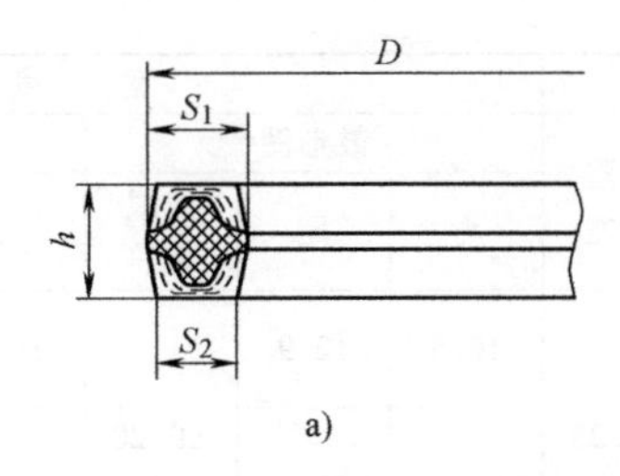

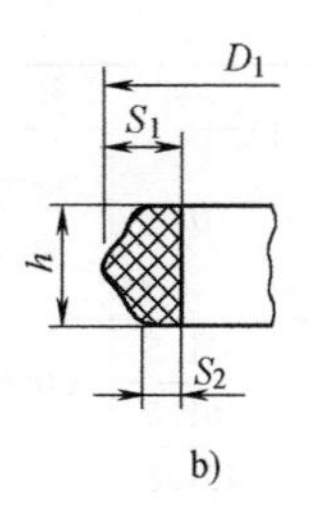

图 2-42　鼓形圈和山形圈的形状

a）鼓形圈　b）山形圈

表 2-49　鼓形圈和山形圈的尺寸和极限偏差（摘自 GB/T 10708.2—2000）

（单位：mm）

D	*d*	*L*	外径		高度		宽度					
							鼓形圈			山形圈		
			D_1	极限偏差	*h*	极限偏差	S_1	S_2	极限偏差	S_1	S_2	极限偏差
25	17	10	25.6	±0.22	6.5	±0.20	4.6	3.4	±0.15	4.7	2.5	±0.15
32	21		32.6									
40	32		40.6									
25	15	12.5	25.7		8.5		5.7	4.2		5.8	3.2	
32	22		32.7									
40	30		40.7									
50	40		50.7									
56	46		56.7									
63	53		63.7									
50	35	20	50.9	±0.28	14.5		8.4	6.5		8.5	4.5	
56	41		56.9									
63	48		63.9									
70	55		70.9									
80	65		80.9									
90	75		90.9									
100	85		100.9									
110	95		110.9									
80	60	25	81		18		11	8.7		11.2	5.5	
90	70		91									
100	80		101									
110	90		111	±0.35								
125	105		126									
140	120		141									
160	140		161									
180	160		181	±0.45								
125	100	32	126.3		24		13.7	10.8		13.9	7	
140	115		141.3									
160	135		161.3									
180	155		181.3									
200	170	36	201.5		28	±0.25	16.5	12.9	±0.20	16.7	8.6	±0.20
220	190		221.5									
250	220		251.5									
280	250		281.5	±0.60								

（续）

D	d	L	外　径		高　度		宽　度					
							鼓形圈			山形圈		
			D_1	极限偏差	h	极限偏差	S_1	S_2	极限偏差	S_1	S_2	极限偏差
320	290	36	321.5	±0.60	28	±0.25	16.5	12.9	±0.20	16.7	8.6	±0.20
360	330		361.5									
400	360	50	401.8	±0.90	40		21.8	17.5		22	12	
450	410		451.8									
500	460		501.8									

塑料支承环的形状如图 2-43 所示，尺寸和极限偏差见表 2-50。

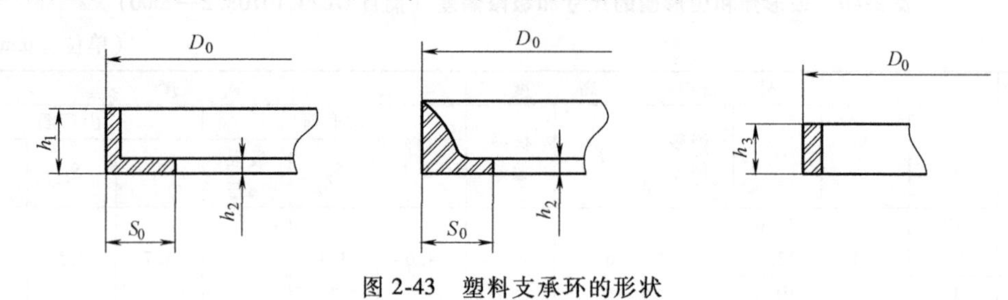

图 2-43　塑料支承环的形状

表 2-50　塑料支承环尺寸和极限偏差（摘自 GB/T 10708.2—2000）（单位：mm）

D	d	L	外　径		宽　度		高　度			
			D_0	极限偏差	S_0	极限偏差	h_1	h_2	h_3	极限偏差
25	17	10	25	0 -0.15	4	0 -0.10	5.5	1.5	4	+0.10 0
32	21		32							
40	32		40							
25	15	12.5	25	0 -0.18	5					
32	22		32							
40	30		40							
50	40		50							
56	46		56							
63	53		63							
50	35	20	50	0 -0.22	7.5		6.5		5	
56	41		56							
63	48		63							
70	55		70							
80	65		80							
90	75		90							
100	85		100							
110	95		110							
80	60	25	80	0 -0.26	10		8.3	2	6.3	
90	70		90							
100	80		100							
110	90		110							
125	105		125							
140	120		140							
160	140		160							
180	160		180							

（续）

D	d	L	外　径		宽　度		高　度			
			D_0	极限偏差	S_0	极限偏差	h_1	h_2	h_3	极限偏差
125	100	32	125	0 −0.26	12.5	0 −0.10	13	3	10	+0.10 0
140	115		140							
160	135		160							
180	155		180							
200	170	36	200	0 −0.35	15	0 −0.12	15.5		12.6	+0.12 0
220	190		220							
250	220		250							
280	250		280							
320	290		320							
360	330		360							
400	360	50	400	0 −0.50	20	0 −0.15	20	4	16	+0.15 0
450	410		450							
500	460		500							

3. 双向密封橡胶密封圈使用条件

双向密封橡胶密封圈使用条件见表2-51。

表2-51　双向密封橡胶密封圈使用条件

密封圈结构型式	往复运动速度/(m/s)	工作压力范围/MPa
鼓形橡胶密封圈	0.5	0.10~40
	0.15	0.10~70
山形橡胶密封圈	0.5	0~20
	0.15	0~35

单体鼓形圈的尺寸（包括密封沟槽公称尺寸）和公差见GB/T 36520.1—2018中的表3；单体山形圈的尺寸（包括密封沟槽公称尺寸）和公差见GB/T 36520.1—2018中的表4；T形沟槽分为Ⅰ系列和Ⅱ系列，Ⅰ系列T形沟槽组合鼓形圈的尺寸和公差见GB/T 36520.1—2018中的表5，Ⅱ系列T形沟槽组合鼓形圈的尺寸和公差见GB/T 36520.1—2018中的表6；直沟槽组合鼓形圈的尺寸（包括密封沟槽公称尺寸）和公差见GB/T 36520.1—2018中的表7。

作者提示，在GB/T 36520.1—2018中的“图6　直沟槽组合鼓形圈的密封结构型式”，其中的“3——塑料支承环”没有支承部分，不具有“支承环”作用，其不能称为“支承环”。

在GB/T 36520.1—2018附录A（资料性附录）中给出了活塞往复运动聚氨酯单体鼓形圈、聚氨酯组合鼓形圈和聚氨酯单体山形圈的使用条件，见表2-52。

表2-52　活塞往复运动聚氨酯单体鼓形圈、组合鼓形圈和单体山形圈的使用条件

（摘自GB/T 36520.1—2018）

类别	使用条件				
	往复速度/(m/s)	最大工作压力/MPa	使用温度/℃	介质	应用领域
单体鼓形圈	0.5	45	-40~80	水加乳化液(油)	液压支架
组合鼓形圈	0.5	90	-40~80	水加乳化液(油)	液压支架
单体山形圈	0.5	45	-40~80	水加乳化液(油)	液压支架

4. 密封沟槽

GB/T 6577—1986《液压缸活塞用带支承环密封沟槽型式、尺寸和公差》是GB/T

10708.2—2000 的“引用标准”，但 GB/T 6577—1986 已被 GB/T 6577—2021 代替。

组合密封的沟槽型式有整体式和装配式（在 GB/T 6577—1986 中称为“分离式”）两种，整体式沟槽型式如图 2-44 所示。沟槽的表面粗糙度 *Ra* 应符合 GB/T 1031 的规定，安装倒角处不应有毛刺、尖角和粗糙的机械加工痕迹。

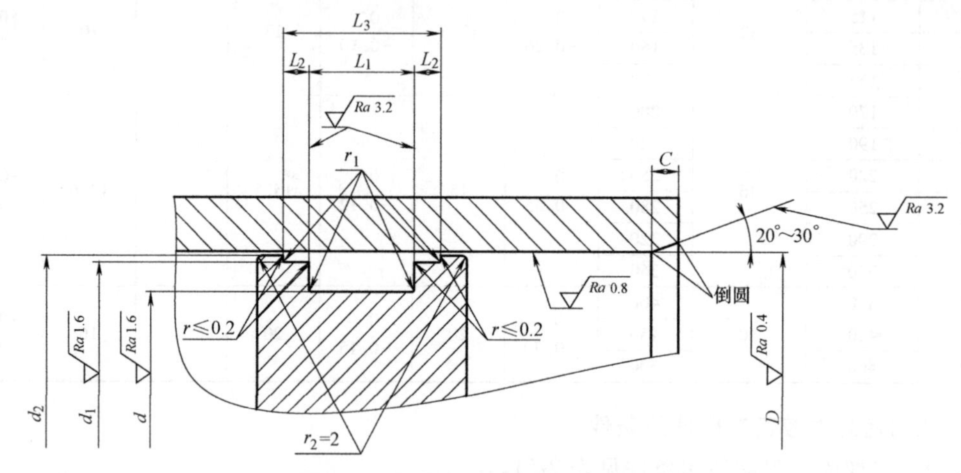

图 2-44　组合密封用整体式沟槽型式

组合密封的沟槽尺寸和公差应符合表 2-53 的规定。

表 2-53　组合密封的沟槽尺寸和公差（摘自 GB/T 6577—2021）　（单位：mm）

序号	D		d		d_1		d_2		L_1		L_2		r_1	C
	尺寸	公差	尺寸	公差	尺寸	公差	尺寸	公差	尺寸	公差	尺寸	公差		
1	20	H9	11.0	h9	17.0	h9	19.0	h11	13.5	+0.2 0	2.10	+0.1 0	0.4①	≥2.5①
2	25		15.0		21.0		23.0		12.0		4.00			
3			15.0		22.0		24.0		12.5		4.00			
4			16.0		22.0		24.0		13.5		2.10			
5			17.0		22.0		24.0		10.0		4.00			
6	(30)		21.0		27.0		29.0		13.5		2.10			
7	32		22.0		28.0		31.0		15.5		2.60			
8			22.0		28.5		30.5		16.4		6.36			
9			22.0		29.0		31.0		12.5		4.00			
10			24.0		29.0		31.0		10.0		4.00			
11	(35)		25.0		31.0		34.0		15.5		2.60			
12			25.0		31.4		33.5		16.4		6.35			
13	40		24.0		35.4		38.5		18.4		6.35			
14			26.0		36.0		39.0		15.5		2.60			
15			30.0		35.4		38.5		16.4		6.35			
16			30.0		36.0		38.0		12.5		4.00			
17			30.0		37.0		39.0		12.5		4.00			
18			32.0		37.0		39.0		10.0		4.00			
19	(45)		29.0		40.4		43.5		18.4		6.35			≥4.0
20			31.0		41.0		44.0		15.5		2.60			
21			35.0		40.4		43.5		16.4		6.35			
22	50		34.0		45.4		48.5		18.4		6.35			
23			34.0		46.0		49.0		20.4		3.10			
24			35.0		46.0		48.5		20.0		5.00			

（续）

序号	D		d		d_1		d_2		L_1		L_2		r_1	C
	尺寸	公差	尺寸	公差	尺寸	公差	尺寸	公差	尺寸	公差	尺寸	公差		
25	50	H9	40.0	h9	47.0	h9	49.0	h11	12.5	$^{+0.2}_{0}$	4.00	$^{+0.1}_{0}$	0.4①	≥4.0
26	(55)		39.0		51.0		54.0		20.5		3.10			
27	(56)		40.0		52.0		55.0		20.5		3.10			
28			41.0		52.0		54.5		20.0		5.00			
29			46.0		53.0		55.0		12.5		4.00			
30	60		44.0		55.4		58.5		18.4		6.35			
31			44.0		56.0		59.0		20.5		3.10			
32	63		47.0		58.4		61.5		18.4		6.35			
33			47.0		58.4		61.5		19.4		6.35			
34			47.0		59.0		62.0		20.5		3.10			
35			48.0		59.0		61.5		20.0		5.00			
36			53.0		60.0		62.0		12.5		4.00			
37	(65)		49.0		61.0		64.0		20.5		3.10			≥5.0
38			59.0		60.4		63.5		18.4		6.35			
39	(70)		50.0		64.2		68.3		22.4		6.35			
40			50.0		65.0		68.0		25.0		6.30			
41			54.0		66.0		69.0		20.5		3.10			
42			55.0		66.0		68.5		20.0		5.00			
43	(75)		55.0		69.2		73.3		22.4		6.35			
44			59.0		71.0		74.0		20.5		3.10			
45	80		60.0		75.0		78.0		25.0		6.30			
46			62.0		76.0		79.0		22.5		3.60			
47			65.0		76.0		78.5		20.0		5.00			
48	90		70.0		85.0		88.0		25.0		6.30			
49			72.0		86.0		89.0		22.5		3.60			
50			75.0		86.0		88.5		20.0		5.00			
51	100		80.0		95.0		98.0		25.0		6.30			
52			82.0		96.0		99.0		22.5		3.60			
53			85.0		96.0		98.5		20.0		5.00			
54	(105)		80.0		98.1		103.0		22.4		6.35			
55	(110)		85.0		103.1		108.0		22.4		6.35			
56			90.0		105.0		108.0		25.0		6.30			
57			92.0		106.0		109.0		22.5		3.60			
58			95.0		106.0		108.5		20.0		5.00			
59	(115)		90.0		108.1		113.0		22.4		6.35			≥6.5
60			97.0		111.0		114.0		22.5		3.60			
61	(120)		95.0		113.1		118.0		22.4		6.35		0.8	
62	125		100.0		118.1		123.0		25.4		6.35			
63			100.0		119.0		123.0		32.0		10.0			
64			103.0		121.0		124.0		26.5		5.10			
65			105.0		120.0		123.0		25.0		6.30			
66	(130)		105.0		122.6		127.5		25.4		9.50			
67			105.0		123.1		128.0		25.4		6.35			
68	(135)		110.0		127.6		132.5		25.4		9.50			
69			110.0		128.1		133.0		25.4		6.35			
70	140		115.0		132.6		137.5		25.4		9.50			
71			115.0		133.0		138.0		25.4		6.35			

（续）

序号	D		d		d_1		d_2		L_1		L_2		r_1	C
	尺寸	公差	尺寸	公差	尺寸	公差	尺寸	公差	尺寸	公差	尺寸	公差		
72	140	H9	115.0	h9	134.0	h9	138.0	h11	32.0	+0.2 0	10.0	+0.1 0	0.8	≥6.5
73			118.0		136.0		139.0		26.5		5.10			
74			120.0		135.0		138.0		25.0		6.30			
75	(145)		120.0		137.6		142.5		25.4		9.50			
76			120.0		138.3		143.0		25.4		6.35			
77	(150)		125.0		142.6		147.5		25.4		9.50			
78			125.0		143.0		148.0		25.4		6.35			
79			128.0		146.0		149.0		26.5		5.10			
80	(155)		130.0		147.6		152.5		25.4		9.50			
81			130.0		148.0		153.0		25.4		6.35			
82	160		130.0		152.6		157.5		25.4		9.50			
83			130.0		153.0		157.5		25.4		6.35			
84			135.0		152.6		157.5		25.4		9.50			
85			135.0		154.0		158.0		32.0		10.0			
86			138.0		156.0		159.0		26.5		5.10			
87			140.0		155.0		158.0		25.0		6.30			
88	(165)		140.0		157.6		162.5		25.4		9.50			
89	(170)		145.0		161.7		167.1		25.4		12.7			
90			148.0		166.0		169.0		26.5		5.10			
91	(175)		150.0		166.7		172.1		25.4		12.7			
92	(180)		155.0		171.7		177.0		25.4		12.7			
93			155.0		174.0		178.0		32.0		10.0			
94			160.0		175.0		178.0		25.0		6.30			
95	(185)		160.0		176.7		182.1		25.4		12.7			≥7.5
96	(190)		165.0		181.7		187.0		25.4		12.7			
97	(195)		170.0		186.7		192.0		25.4		12.7			
98	200		170.0		192.0		197.0		36.0		12.5			
99			175.0		191.6		197.0		25.4		12.7			
100	(210)		185.0		201.6		207.0		25.4		12.7			
101	220		190.0		212.0		217.0		36.0		12.5			
102			190.0		212.7		217.9		35.4		6.35			
103			195.0		211.6		217.0		25.4		12.7			
104	(230)		205.0		221.6		227.0		25.4		12.7			
105	(240)		215.0		231.6		237.0		25.4		12.7			
106	250		220.0		242.0		247.0		36.0		12.5			
107			225.0		241.6		247.0		25.4		12.7			
108	280		250.0		272.0		277.0		36.0		12.5			
109	320		290.0		312.0		317.0		36.0		12.5			
110	(360)		330.0		352.0		357.0		36.0		12.5			
111	400		360.0		392.0		397.0		50.0		16.0		1.2	≥10
112	(450)		410.0		442.0		447.0		50.0		16.0			
113	500		460.0		492.0		497.0		50.0		16.0			

注：带“( )”的缸径为非优先选用。

① 对 GB/T 6577—2021 中表 1 第 1 页中 r_1 和 C 值进行了修改。

5. 山形圈产品及其沟槽

现在液压缸产品中采用 GB/T 10708.2—2000 规定的双向密封橡胶密封圈并不多，尤其是鼓形密封圈，更是少见。而国外双向密封件品种多、规格全、质量好，因此常被采用。

现在市场上销售的国外鼓形圈和山形圈与现行标准规定的结构型式有一定的不同，以山形圈为例，如图 2-45 所示。

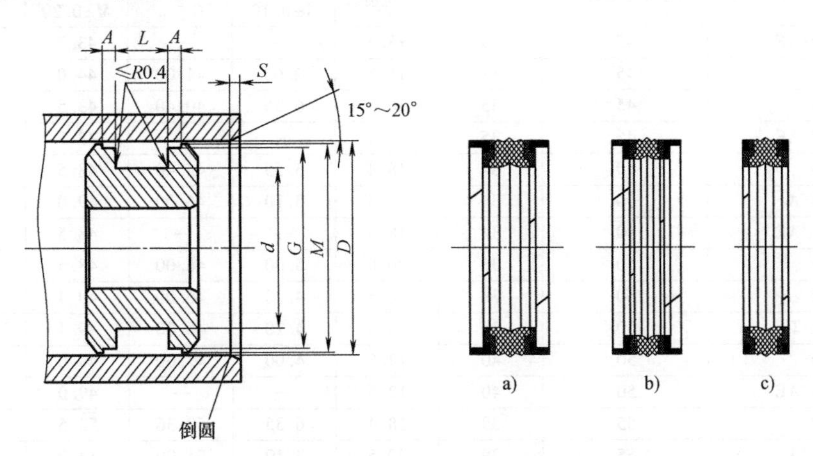

图 2-45　KGD 组合式孔用密封圈沟槽及密封圈

现将某公司山形圈产品型号及其密封沟槽尺寸和公差列于表 2-54，供液压缸密封设计者参考、使用。

表 2-54　山形圈型号及密封沟槽尺寸和公差　　（单位：mm）

密封件型号	缸内径 DH10	密封沟槽尺寸和公差					型式(图 2-45)
		$d^{+0.10}_{0}$	$L^{+0.20}_{0}$	A±0.10	$G^{0}_{-0.05}$	M±0.20	
KGD　20　11	20	11	13.5	2.10	17.00	19.0	a
KGD　25　15	25	15	16.4	6.35	21.45	23.5	a
KGD　25　15/A	25	15	12.0	4.00	21.00	23.0	a
KGD　25　15/B	25	15	12.5	4.00	22.00	24.0	a
KGD　25　16	25	16	13.5	2.10	22.00	24.0	a
KGD　25　17	25	17	10.0	4.00	22.00	24.0	a
KGD　25　17/A	25	17	13.5	3.20	21.00	24.0	a
KGD　30　17	30	17	15.4	6.35	26.50	29.0	a
KGD　30　21	30	21	13.5	2.10	27.00	29.0	a
KGD　32　22	32	22	16.4	6.35	28.50	30.5	a
KGD　32　22/A	32	22	15.5	2.60	28.00	31.0	a
KGD　32　22/B	32	22	12.5	4.00	29.00	31.0	a
KGD　32　24	32	24	15.5	3.20	28.00	31.4	b
KGD　32　24/A	32	24	10.0	4.00	29.00	31.0	a
KGD　35　25	35	25	16.4	6.35	31.40	33.5	a
KGD　35　25/A	35	25	15.5	2.60	31.00	34.0	a
KGD　40　24	40	24	18.4	6.35	35.40	38.5	a
KGD　40　26	40	26	15.5	2.60	36.00	39.0	a
KGD　40　30	40	30	16.4	6.35	35.40	38.5	a
KGD　40　39/A	40	30	12.5	4.00	36.00	38.0	a
KGD　40　30/AE	40	30	16.4	—	—	38.5	c
KGD　40　30/B	40	30	12.5	4.00	37.00	39.0	a
KGD　40　32	40	32	15.5	3.20	36.00	39.4	b
KGD　40　32/A	40	32	10.0	4.00	37.00	39.0	a
KGD　40　32/T	40	32	15.5	3.20	36.00	39.4	a
KGD　40　29	45	29	18.4	6.35	40.40	43.7	a

（续）

密封件型号	缸内径 $DH10$	密封沟槽尺寸和公差					型式(图 2-45)
		$d^{+0.10}_{0}$	$L^{+0.20}_{0}$	$A\pm0.10$	$G^{0}_{-0.05}$	$M\pm0.20$	
KGD 45 29/AE	45	29	18.4	—	—	43.7	c
KGD 45 31	45	31	15.5	2.60	41.00	44.0	a
KGD 45 35	45	35	16.4	6.35	40.40	43.5	a
KGD 45 35/AE	45	35	16.4	—	—	43.5	a
KGD 50 34	50	34	18.4	6.35	45.40	48.5	a
KGD 50 34/A	50	34	20.5	3.10	46.00	49.0	a
KGD 50 34/AE	50	34	18.4	—	—	48.5	c
KGD 50 35	50	35	20.0	5.00	46.00	48.5	a
KGD 50 38	50	38	20.5	4.20	46.00	49.4	b
KGD 50 38/T	50	38	20.5	4.20	46.00	49.4	a
KGD 50 40	50	40	12.5	4.00	47.00	49.0	a
KGD 50 40/AE	50	40	12.5	—	—	49.0	c
KGD 55 39	55	39	18.4	6.35	50.36	53.5	a
KGD 55 39/A	55	39	20.5	3.10	51.00	54.0	a
KGD 55 43	55	43	20.5	4.20	51.00	54.4	b
KGD 55 45	55	45	12.5	4.00	52.00	54.0	a
KGD 60 44	60	44	18.4	6.35	55.40	58.5	a
KGD 60 44/A	60	44	20.5	3.10	56.00	59.0	a
KGD 60 44/AE	60	44	18.4	—	—	58.5	c
KGD 60 44/A/AE	60	44	20.5	—	—	59.0	c
KGD 60 48	60	48	20.5	4.20	56.00	59.4	b
KGD 63 47	63	47	18.4	6.35	58.40	61.5	a
KGD 63 47/A	63	47	20.5	3.10	59.00	62.0	a
KGD 63 47/B	63	47	19.4	6.35	58.40	61.5	a
KGD 63 48	63	48	20.0	5.00	59.00	61.5	a
KGD 63 51	63	51	20.5	4.20	59.00	62.4	b
KGD 63 51/T	63	51	20.5	4.20	59.00	62.4	a
KGD 63 53	63	53	12.5	4.00	60.00	62.0	a
KGD 65 49	65	49	20.5	3.10	61.00	64.0	a
KGD 65 50	65	50	18.4	6.35	60.40	63.5	a
KGD 70 50	70	50	22.4	6.35	64.20	68.3	a
KGD 70 50/AE	70	50	22.4	—	—	68.3	c
KGD 70 54	70	54	20.5	3.10	66.00	69.0	a
KGD 79 55	70	55	20.0	5.00	66.00	68.5	a
KGD 70 58	70	58	20.5	4.20	66.00	69.4	b
KGD 70 58/AE	70	58	20.5	4.20	66.00	69.4	a
KGD 75 55	75	55	22.4	6.35	69.2	73.3	a
KGD 75 55/AE	75	55	22.4	—	—	73.3	c
KGD 75 59	75	59	20.5	3.10	71.00	74.0	a
KGD 80 60	80	60	22.4	6.35	74.15	78.3	a
KGD 80 60/AE	80	60	22.4	—	—	78.3	c
KGD 80 60/C	80	60	25.0	6.35	75.00	78.0	a
KGD 80 62	80	62	22.5	3.60	76.00	79.0	a
KGD 80 65	80	65	20.0	5.00	76.00	78.5	a
KGD 80 66	80	66	22.5	5.20	76.00	79.4	b
KGD 80 66/T	80	66	22.5	5.20	76.00	79.4	a
KGD 85 65	85	65	22.4	6.35	79.15	83.3	a

（续）

密封件型号	缸内径 DH10	密封沟槽尺寸和公差					型式(图 2-45)
		$d_{0}^{+0.10}$	$L_{0}^{+0.20}$	$A\pm0.10$	$G_{-0.05}^{0}$	$M\pm0.20$	
KGD 85 65/AE	85	65	22.4	—	—	83.3	c
KGD 90 70	90	70	22.4	6.35	84.15	83.3	a
KGD 90 70/AE	90	70	22.4	—	—	83.3	c
KGD 90 72	90	72	22.5	3.60	86.00	89.0	a
KGD 90 75	90	75	20.0	5.00	86.00	88.5	a
KGD 90 76	90	76	22.5	5.20	86.00	89.4	b
KGD 95 75	95	75	22.4	6.35	9.15	93.3	a
KGD 90 75/AE	95	75	22.4	—	—	93.3	c
KGD 100 75	100	75	22.4	6.35	93.15	98.0	a
KGD 100 80	100	80	25.4	6.35	94.15	98.3	a
KGD 100 80/D	100	80	25.0	6.35	95.00	98.0	a
KGD 100 82	100	82	22.5	3.60	96.00	99.0	a
KGD 100 85	100	85	20.0	5.00	96.00	98.5	a
KGD 100 86	100	86	22.5	5.20	96.00	99.4	b
KGD 100 86/T	100	86	22.5	5.20	96.00	99.4	a
KGD 105 80	105	80	22.4	6.35	98.10	103.0	a
KGD 105 80/AE	105	80	22.4	—	—	103.0	c
KGD 110 85	110	85	22.4	6.35	103.10	108.0	a
KGD 110 85/A	110	85	25.4	6.35	103.10	108.0	a
KGD 110 92	110	92	22.5	3.60	106.00	109.0	a
KGD 110 95	110	95	20.0	5.00	105.00	108.5	a
KGD 110 96	110	96	22.5	5.20	106.00	109.4	b
KGD 115 90	115	90	22.4	6.35	108.10	113.0	a
KGD 120 95	120	95	22.4	6.35	113.10	118.1	a
KGD 120 106	120	106	22.5	5.20	116.00	119.4	b
KGD 120 106/AE	120	106	22.5	—	—	119.4	c
KGD 120 106/T	120	106	22.5	5.20	116.00	119.4	a
KGD 125 100	125	100	25.5	6.35	118.10	123.0	a
KGD 125 100/A	125	100	32.0	10.00	119.00	123.0	a
KGD 125 103	125	103	26.5	5.10	121.00	124.0	a
KGD 125 105	125	105	25.0	6.35	120.00	123.0	a
KGD 125 105/A	125	105	25.4	6.35	119.10	123.3	a
KGD 125 108	125	108	26.5	7.20	121.00	124.4	b
KGD 130 105	130	105	25.4	9.50	122.60	127.5	a
KGD 130 105/A	130	105	25.4	6.35	123.10	128.0	a
KGD 135 110	135	110	25.4	9.50	127.60	132.5	a
KGD 135 110/A	135	110	25.4	6.35	128.10	133.0	a
KGD 140 115	140	115	25.4	9.50	132.60	137.5	a
KGD 140 115/A	140	115	25.4	6.35	133.00	138.0	a
KGD 140 118	140	118	26.5	5.10	136.00	139.0	a
KGD 140 120	140	120	25.0	6.35	135.00	138.0	a
KGD 140 123	140	123	26.5	7.20	136.00	139.4	b
KGD 145 120	145	120	25.4	9.50	137.60	142.5	a
KGD 145 120/A	145	120	25.4	6.35	138.30	142.95	a
KGD 150 125	150	125	25.4	9.50	142.60	147.5	a
KGD 150 125/A	150	125	25.4	6.35	143.00	148.0	a
KGD 150 128	150	128	25.4	5.10	146.00	149.0	a

（续）

密封件型号	缸内径 DH10	密封沟槽尺寸和公差					型式(图 2-45)
		$d_{0}^{+0.10}$	$L_{0}^{+0.20}$	A±0.10	$G_{-0.05}^{0}$	M±0.20	
KGD 150 128/A	150	128	26.5	5.10	146.00	149.0	a
KGD 160 130	160	130	25.4	6.35	153.00	157.5	a
KGD 160 130/A	160	130	25.4	9.50	152.60	157.5	a
KGD 160 135	160	135	25.4	9.50	152.60	157.5	a
KGD 160 140	160	140	25.0	6.35	155.00	158.0	a
KGD 165 140	165	140	25.4	9.50	157.60	162.5	a
KGD 170 145	170	145	25.4	12.70	161.70	167.1	a
KGD 175 150	175	150	25.4	12.70	166.70	172.1	a
KGD 189 150	180	150	35.4	6.35	172.90	177.9	a
KGD 180 155	180	155	25.4	12.70	171.70	177.1	a
KGD 185 160	185	160	25.4	12.70	176.70	182.1	a
KGD 190 165	190	165	25.4	12.70	181.70	187.0	a
KGD 200 170	200	170	36.0	12.50	192.00	197.0	a
KGD 200 170/A	200	170	35.4	6.35	193.00	198.0	a
KGD 200 175	200	175	25.4	12.70	191.00	197.0	a
KGD 210 185	210	185	25.4	12.70	201.60	207.0	a
KGD 220 190	220	190	35.4	6.35	212.70	217.9	a
KGD 200 195	220	195	25.4	12.70	211.60	217.0	a
KGD 225 200	225	200	25.4	12.70	216.60	222.0	a
KGD 230 205	230	205	25.4	12.70	221.60	227.0	a
KGD 240 215	240	215	25.4	12.70	231.60	237.0	a
KGD 250 220	250	220	35.4	6.35	242.90	247.9	a
KGD 250 225	250	225	25.4	12.70	241.60	247.0	a

注：参考了阿思顿密封圈贸易（上海）有限公司的 2012 版密封系统总样本。经查，其与 2021 版密封系统总目录相同。

KGD 组合式孔用密封圈一般在 $p \leqslant 40$MPa，速度 $v \leqslant 0.5$m/s，液压油温度为-40～110℃范围内使用。

其导入倒角 S 按表 2-55 规定选取。

表 2-55 KGD 组合式孔用密封圈导入倒角

密封圈沟槽槽底直径 d/mm	导入倒角最小长度 S/mm	导入倒角角度
<100	5	15°～20°
100～200	7	
>200	10	

2.9 同轴密封件及其沟槽

2.9.1 同轴密封件的特点及其作用

在 JB/T 8241—1996《同轴密封件 词汇》中给出了术语“同轴密封件”的定义，即塑料圈与橡胶圈组合在一起并全部由塑料圈作摩擦密封面的组合密封件。

同轴密封件通常是由至少一个密封滑环（或称塑料圈、滑环）和一个弹性体组成，滑环的材料一般由聚四氟乙烯填充青铜（或二硫化钼等）或高硬度聚氨酯等制成，弹性体由橡胶材料制成。在 GB/T 15242.1—2017 中分别规定了“孔用方形同轴密封件”“孔用组合同轴密封件”和“轴用阶梯形同轴密封件”。孔用方形同轴密封件是密封滑环的截面为矩形，弹性体为 O 形圈或矩形圈的活塞用密封件；孔用组合同轴密封件是由密封滑环、一个山形弹性体、两个挡圈组合而成的活塞用组合密封件；轴用阶梯形同轴密封件是密封滑环截面为阶梯形，弹性体为 O 形圈的活塞杆用组合密封圈。

同轴密封件适用于以液压油为工作介质的液压缸活塞及活塞杆的动密封，其工作压力≤40MPa、往复运动速度≤5m/s、工作温度范围为-40～200℃。经多年的发展和技术进步，其工作压力可达 60MPa，往复运动速度可达 15m/s，但工作温度范围没有太大的变化，主要是弹性体（这里指常用 O 形圈材料）性能没有太大变化。需要说明的是，不是一种 O 形圈材料即可适用于-40～200℃工作范围，而是选用如低温型丁腈橡胶（HNBR）工作温度范围-40～100℃、丁腈橡胶（NBR）工作温度范围-30～120℃、氟橡胶（FKM）工作温度范围-20～200℃等综合后的工作温度范围。

特殊性能的同轴密封件请参见本书第 2.15.4 节“2.（1）同轴密封件”。

同轴密封件分双作用和单作用两种，一般为两件组合。其中，弹性体常见为 O 形橡胶密封圈，也有方（矩）形或山形等橡胶密封圈；滑环截面形状多种多样，以方形塑料环和阶梯塑料环较为常用。同轴密封件不仅用于活塞和活塞杆密封，还可用于防尘密封。

在同轴密封件中，我国自主知识产权系列产品称为“车氏密封”。

因同轴密封件结构上主要是滑环变化大，如图 2-46 所示，列出了若干型式同轴密封件，以便将来可以统一名称。

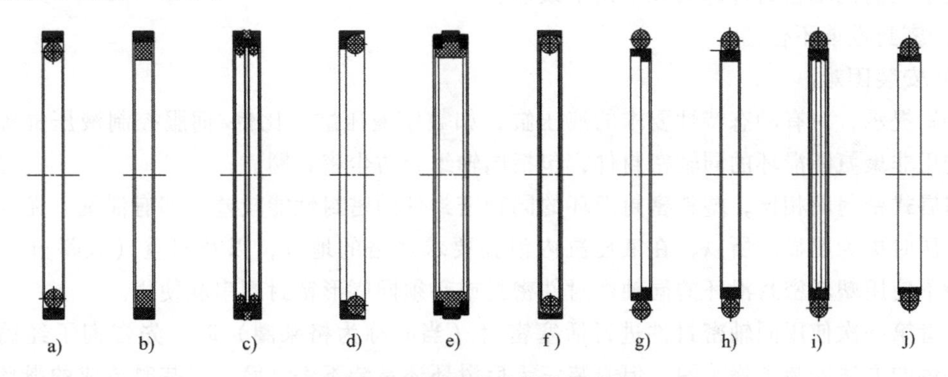

图 2-46　同轴密封件结构型式

图 2-46 所示同轴密封件结构型式见表 2-56。

表 2-56　常用同轴密封件结构型式

图号	适用范围	结构型式	图号	适用范围	结构型式
a)	活塞密封	矩形环+O 形圈	g)	活塞杆密封	阶梯形环+O 形圈
b)		矩形环+方形圈	h)		矩形环+O 形圈
c)		异形环+X 形圈+双 O 形圈	i)		齿形环+O 形圈
d)		角形环+O 形圈	j)		薄环+O 形圈
e)		带挡圈的同轴密封件			
f)		薄环+O 形圈			

1. 几点变化

从上面列举的同轴密封件各种结构型式可以看出有如下几个变化：

1）轴用密封也有双向密封结构型式，并发展出轻载结构型式。

2）孔用密封也有单向密封结构型式，并发展出弹性体非O形圈的四件组成的同轴密封，同时孔用密封也有轻载结构型式。

3）轴用、孔用都有用于旋转密封的结构型式。

2. 主要优缺点

根据作者多年使用同轴密封件情况，归纳总结出同轴密封件有如下优点：

1）摩擦力小，低压起动容易，运行平稳，无爬行。

2）适应于高速运行。

3）O形圈无挤出危险，寿命长。

4）若选用O形圈材料得当，适用工作介质广、工作温度范围大。

5）能耐高压，耐高温。

6）密封结构紧凑。

7）用聚氨酯制作滑环，低压密封性能有所提高。

8）旋转密封结构用于液压接头和旋转接头性能比较可靠。

在JB/T 10205.1—××××《液压缸　第1部分：通用技术条件》中拟给出术语“爬行”的定义，但在NOK株式会社《液压密封系统-密封件》2020年版产品样本中有“10. 爬行(粘滑)”。作者试给出“爬行”的定义为，在一定条件下所观察（测）到的活塞杆（或柱塞）相对缸体（非预先设定的）不规则滑动现象。

但常见的同轴密封件却有如下两个缺点：

1）密封性能不佳。

2）安装困难。

特别提示，对有动态特性要求的液压缸，如数字液压缸、比例/伺服控制液压缸等，应首先选用非聚氨酯滑环的同轴密封件，包括同轴组合防尘密封圈。

与唇式密封圈相比，塑料密封滑环的同轴密封件的密封性能较差，即有泄漏，尤其在低温、低压时更为明显。所以，在液压缸内泄漏要求严格的地方，以及起重（或举升）机械等一般不使用塑料密封滑环的同轴密封件密封或必须同唇形密封圈串联使用。

作者第一次使用同轴密封件进行活塞密封（当时称为格莱圈）时，先咨询了经销商后按其提供的方法安装了格莱圈，但安装三天后滑环还是装不进缸筒，安装时造成的滑环变形根本就无法恢复。那时格莱圈价格还很贵，当时真心疼啦。立即设计制作了三件套安装工具，现在还在使用（有修改），如图2-47所示，供读者参考制作使用。

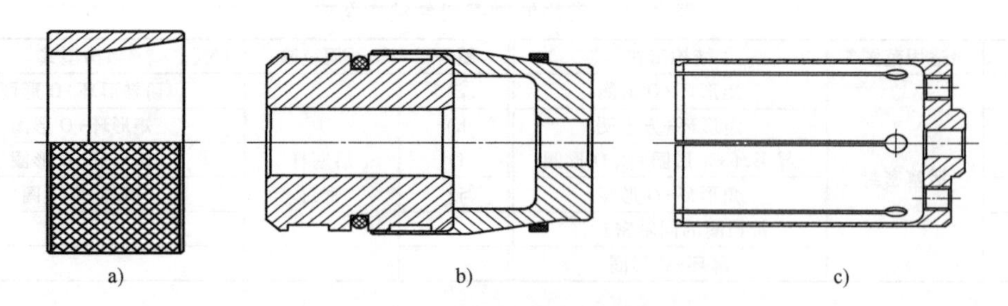

图2-47　活塞密封用同轴密封件安装工具

a）定型套　b）胀芯套　c）推张套

2.9.2 同轴密封件的密封机理

同轴密封件是挤压型密封件。当同轴密封件安装到密封沟槽内且滑环与配合件偶合面接触后，弹性体（O形圈或矩形圈等）压缩，将滑环抵靠在偶合面上，形成初始密封。当密封工作介质压力升高时，将滑环同弹性体一起推向密封沟槽侧面，弹性体进一步变形，密封能力进一步提高。如图2-48所示，因滑环一般是由塑料制成，耐磨损、抗挤出、摩擦力小；O形圈不再直接接触往复运动的配合偶合件面，所以没有被挤出风险且寿命长，同时还可对滑环的微量磨损有一定的补偿作用。因此，同轴密封件是有自封作用的密封圈。

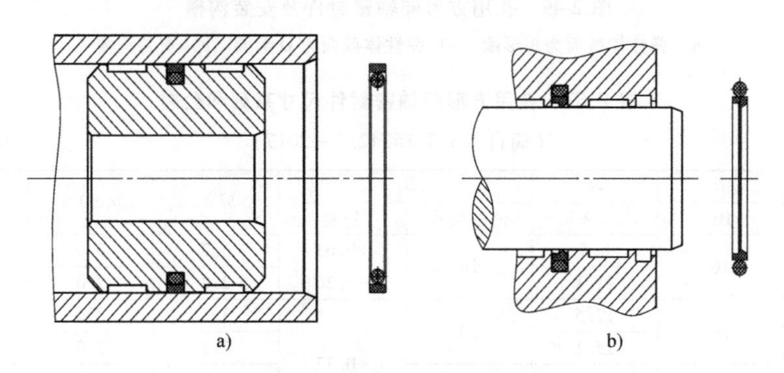

图2-48 同轴密封件密封结构

a）活塞密封用 b）活塞杆密封用

国际标准中将这种弹性体挤压塑料环（压靠在偶合面上）的密封型式定义为弹性体赋能密封。其对塑料环赋能主要是形成初始密封时赋能，但也包括密封工作介质压力升高后弹性体进一步变形对塑料环的赋能。

同轴密封件与唇形密封圈相比，滑环和O形圈间多了一个泄漏通道，而且制作滑环的塑料一般较硬，对往复运动的偶合件表面密封不如橡胶，所以泄漏量一般比唇形密封圈大，甚至可能高出一倍。

采用同轴密封件密封一般不可能做到“零”泄漏，但现在采用聚氨酯制作滑环可能将泄漏量控制到很小，甚至有密封件制造商宣称可以做到“零”泄漏。密封面存有或保持一定厚度的油膜对往复运动密封是有好处的，同轴密封件这种普遍存有一定厚度油膜的密封对串联与其后的唇形密封圈很有好处，并且这种密封系统现在液压缸尤其是活塞杆密封系统设计中被经常采用。

滑环的材料和截面形状直接影响同轴密封件的密封性能，如图2-48b所示的活塞杆密封用同轴密封件，这种截面形状的滑环同轴密封件既能密封活塞杆，同时还具有所谓“杆带回”作用。

2.9.3 同轴密封件产品及其沟槽

1. 国标同轴密封件尺寸系列和公差

（1）孔用方形同轴密封件及安装沟槽 孔用方形同轴密封件（适用于活塞密封）及安装沟槽如图2-49所示。

孔用方形同轴密封件尺寸系列和公差符合表2-57的规定。

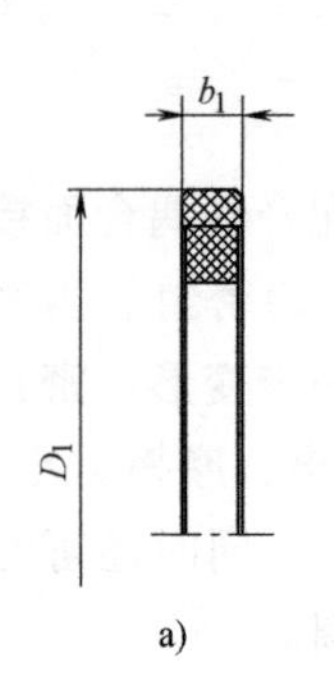

a)

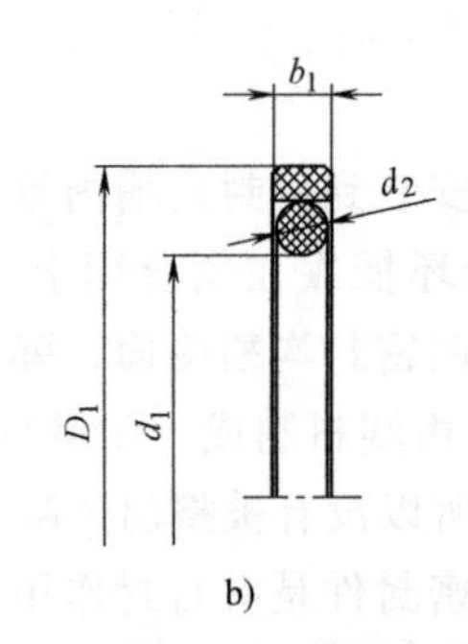

b)

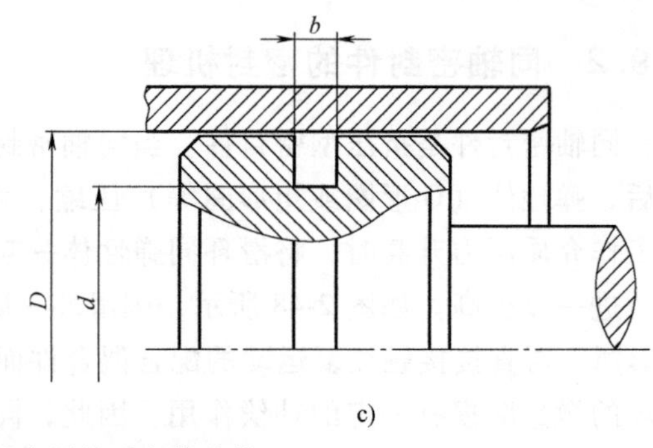

c)

图 2-49　孔用方形同轴密封件及安装沟槽

a）弹性体截面为矩形圈　b）弹性体截面为 O 形圈　c）安装沟槽

表 2-57　孔用方形同轴密封件尺寸系列和公差

（摘自 GB/T 15242.1—2017）　　　　（单位：mm）

规格代码	D	d	D_1		$b^{+0.2}_{0}$	$b_1\pm0.1$	配套弹性体规格
	H9	h9	公称尺寸	公差			$d_1\times d_2$
TF0160	16	8.5	16	+0.63 +0.20	3.2	3.0	8.0×2.65
TF0160B		11.1			2.2	2.0	10.6×1.8
TF0200	20	12.5	20	+0.77 +0.25	3.2	3.0	12.5×2.65
TF0200B		15.1			2.2	2.0	15×1.8
TF0250	25	17.5	25		3.2	3.0	17×2.65
TF0250B		20.1			2.2	2.0	20×1.8
TF0250C		14.0			4.2	4.0	14×3.55
TF0320	32	24.5	32	+0.92 +0.30	3.2	3.0	24.3×2.65
TF0320B		27.1			2.2	2.0	26.5×1.8
TF0320C		21.0			4.2	4.0	20.6×3.55
TF0400	40	29.0	40		4.2	4.0	28×3.55
TF0400B		32.5			3.2	3.0	32.5×2.65
TF0500	50	39.0	50		4.2	4.0	38.7×3.55
TF0500B		42.5			3.2	3.0	42.5×2.65
TF0500C		34.5			6.3	5.9	34.5×5.3
TF0560	56	45.0	56	+1.09 +0.35	4.2	4.0	45×3.55
TF0560B		48.5			3.2	3.0	47.5×2.65
TF0560C		40.5			6.3	5.9	40×5.3
TF0630	63	52.0	63		4.2	4.0	51.5×3.55
TF0630B		55.5			3.2	3.0	54.5×2.65
TF0630C		47.5			6.3	5.9	47.5×5.3
TF0700	70	59.0	70		4.2	4.0	58×3.55
TF0700B		62.5			3.2	3.0	61.5×2.65
TF0700C		54.5			6.3	5.9	54.5×5.3
TF0700D		55.0			7.5	7.2	△
TF0800	80	64.5	80		6.3	5.9	63×5.3
TF0800B		69.0			4.2	4.0	69×3.55
TF0800C		59.0			8.1	7.7	58×7
TF0800D		60.0			10	9.6	△
TF1000	100	84.5	100	+1.27 +0.40	6.3	5.9	82.5×5.3
TF1000B		89.0			4.2	4.0	87.5×3.55
TF1000C		79.0			8.1	7.7	77.5×7
TF1000D		80.0			10	9.6	△

（续）

规格代码	D	d	D_1		$b^{+0.2}_{0}$	$b_1 \pm 0.1$	配套弹性体规格
	H9	h9	公称尺寸	公差			$d_1 \times d_2$
TF1100	110	94.5	110	+1.27 +0.40	6.3	5.9	92.5×5.3
TF1100B		99.0			4.2	4.0	97.5×3.55
TF1100D		90.0			10	9.6	△
TF1250	125	109.5	125	+1.45 +0.45	6.3	5.9	109×5.3
TF1250B		114.0			4.2	4.0	112×3.55
TF1250C		104.0			8.1	7.7	103×7
TF1250D		105.0			10	9.6	△
TF1400	140	119.0	140		8.1	7.7	118×7
TF1400B		124.5			6.3	5.9	122×5.3
TF1400D		120.0			10	9.6	△
TF1600	160	139.0	160		8.1	7.7	136×7
TF1600B		144.4			6.3	5.9	142.5×5.3
TF1600D		135.0			12.5	12.1	△
TF1800	180	159.0	180		8.1	7.7	157.5×7
TF1800B		164.5			6.3	5.9	162.5×5.3
TF1800D		155.0			12.5	12.1	△
TF2000	200	179.0	200	+1.65 +0.50	8.1	7.7	177.5×7
TF2000B		184.5			6.3	5.9	182.5×5.3
TF2000D		175.0			12.5	12.1	△
TF2200	220	199.0	220		8.1	7.7	195×7
TF2200B		204.5			6.3	5.9	203×5.3
TF2200D		195.0			12.5	12.1	△
TF2500	250	229.0	250		8.1	7.7	227×7
TF2500C		225.6			8.1	7.7	224×7
TF2500D		220.0			15	14.5	△
TF2800	280	259.0	280	+1.85 +0.55	8.1	7.7	258×7
TF2800C		255.5			8.1	7.7	254×7
TF2800D		250.0			15	14.5	△
TF3000	300	279.0	300		8.1	7.7	276×7
TF3000C		275.5			8.1	7.7	272×7
TF3000D		270.0			15	14.5	△
TF3200	320	299.0	320	+2.00 +0.60	8.1	7.7	295×7
TF3200C		295.5			8.1	7.7	295×7
TF3200D		290.0			15	14.5	△
TF3600	360	335.5	360		8.1	7.7	335×7
TF3600B		339.0			8.1	7.7	335×7
TF3600D		330.0			15	14.5	△
TF4000	400	375.5	400		8.1	7.7	375×7
TF4000D		370.0			15	14.5	△
TF4500	450	425.5	450	+2.20 +0.65	8.1	7.7	425×7
TF4500D		420.0			15.0	14.5	△
TF5000	500	475.5	500		8.1	7.7	475×7
TF5000D		465			17.5	17.0	△
TF5500	550	525.5	550	+2.45 +0.70	8.1	7.7	523×7
TF5500D		515.0			17.5	17.0	△
TF6000	600	575.5	600		8.1	7.7	570×7
TF6000D		565.0			17.5	17.0	△

（续）

规格代码	D	d	D_1		$b^{+0.2}_{0}$	$b_1 \pm 0.1$	配套弹性体规格
	H9	h9	公称尺寸	公差			$d_1 \times d_2$
TF6600	660	635.5	660	+2.75 +0.75	8.1	7.7	630×7
TF6600D		625.0			17.5	17.0	△
TF7000	700	672.0	700		9.5	9.0	670×8.4
TF7000D		665.0			17.5	17.0	△
TF8000	800	772.0	800		9.5	9.0	770×8.4
TF8000D		760.0			17.5	19.5	△

注：1. “△”表示弹性体截面为矩形圈，矩形圈规格尺寸由用户与生产厂家协商而定。除了“△”，给出尺寸的均为O形圈规格。

2. 经查对，GB/T 15242.1—2017中的表2与GB/T 15242.3—2021中的表1有不一致的尺寸，本表按GB/T 15242.3—2021修改了GB/T 15242.1—2017中的表2，如TF5000D的“d”尺寸修改为465mm、“b”尺寸修改为17.5mm、“b_1”尺寸修改为17.0mm。

（2）孔用组合同轴密封件及安装沟槽　孔用组合同轴密封件（适用于活塞密封）及安装沟槽如图2-50所示。

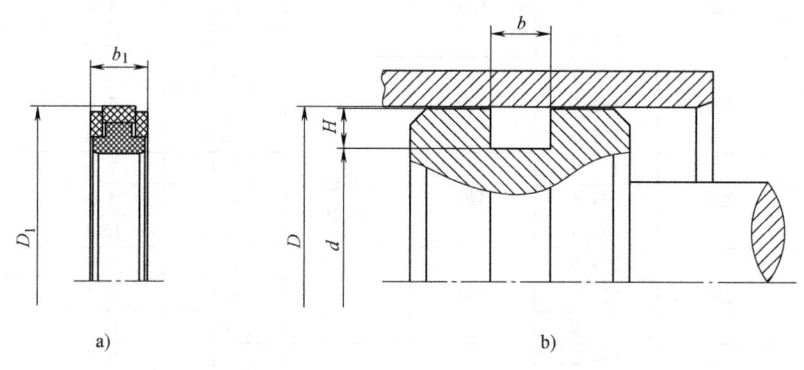

图2-50　孔用组合同轴密封件（适用于活塞密封）及安装沟槽

a）孔用组合同轴密封件　b）安装沟槽

孔用组合同轴密封件的尺寸系列和公差应符合表2-58的规定。

表2-58　孔用组合同轴密封件的尺寸系列和公差（摘自GB/T 15242.1—2017）（单位：mm）

规格代码	D	d	D_1		H	$b^{+0.2}_{0}$	$b_1 \pm 0.2$
	H9	h9	公称尺寸	公差			
TZ0500	50	36	50	+1.09 +0.35	7	9	8.5
TZ0600	60	46	60				
TZ0630	63	48	63		7.5	11	10.5
TZ0650	65	50	65				
TZ0700	70	55	70				
TZ0750	75	60	75				
TZ0800	80	65	80				
TZ0850	85	70	85	+1.27 +0.40			
TZ0900	90	75	90				
TZ0950	95	80	95			12.5	12
TZ1000	100	85	100				
TZ1050	105	90	105				
TZ1100	110	95	110				
TZ1150	115	100	115				

（续）

规格代码	D	d	D_1		H	$b^{+0.2}_{0}$	b_1±0.2
	H9	h9	公称尺寸	公差			
TZ1200	120	105	120	+1.45 +0.45	11.5	16	15.5
TZ1250	125	102	125				
TZ1300	130	107	130				
TZ1350	135	112	135				
TZ1400	140	117	140				
TZ1450	145	122	145				
TZ1500	150	127	150				
TZ1600	160	137	160				
TZ1700	170	147	170				
TZ1800	180	157	180				
TZ1900	190	167	190	+1.65 +0.50			
TZ2000	200	177	200				
TZ2100	210	187	210				
TZ2200	220	197	220				
TZ2300	230	207	230				
TZ2400	240	217	240				
TZ2500	250	222	250		14	17.5	17
TZ2600	260	232	260	+1.85 +0.55			
TZ2700	270	242	270				
TZ2800	280	252	280				
TZ3000	300	272	300				
TZ3200	320	292	320				

（3）轴用阶梯形同轴密封件尺寸系列和公差　轴用阶梯形同轴密封件（适用于活塞杆密封）及安装沟槽如图 2-51 所示。

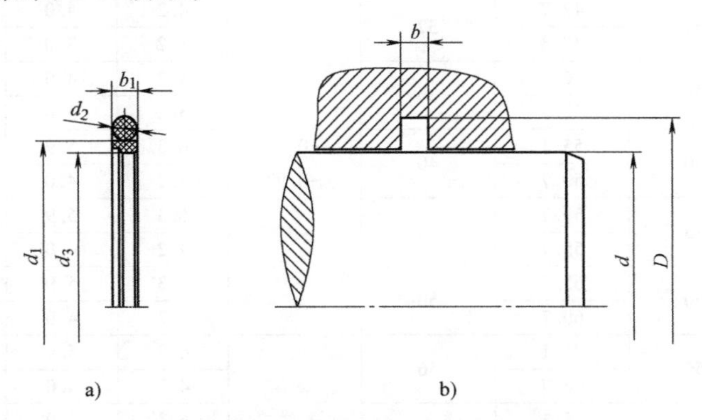

图 2-51　轴用阶梯形同轴密封件及安装沟槽

a）轴用阶梯形同轴密封件　b）安装沟槽

轴用阶梯形同轴密封件的尺寸系列和公差应符合表 2-59 的规定。

2. 国标同轴密封件沟槽尺寸系列和公差

（1）孔用方形同轴密封件沟槽尺寸和公差　孔用方形同轴密封件及沟槽型式如图 2-52 所示。

安装导入角处应平滑，不应有毛刺、尖角。孔用方形同轴密封件沟槽尺寸系列和公差应符合表 2-60 的规定。

表 2-59　轴用阶梯形同轴密封件的尺寸系列和公差（摘自 GB/T 15242.1—2017）

（单位：mm）

规格代码	d	D	d_3		$b^{+0.2}_{0}$	$b_1 \pm 0.1$	配套弹性体规格
	h9	H9	公称尺寸	公差			$d_1 \times d_2$
TJ0060	6	10.9	6	-0.15 -0.45	2.2	2.0	7.5×1.8
TJ0080	8	15.3	8	-0.15 -0.51	3.2	3.0	10.6×2.65
TJ0080B		12.9			2.2	2.0	9.5×1.8
TJ0100	10	17.3	10		3.2	3.0	12.8×2.65
TJ0100B		14.9			2.2	2.0	11.6×1.8
TJ0120	12	19.3	12	-0.20 -0.63	3.2	3.0	14.5×2.65
TJ0120B		16.9			2.2	2.0	14.0×1.8
TJ0140	14	21.3	14		3.2	3.0	17.0×2.65
TJ0140B		18.9			2.2	2.0	16.0×1.8
TJ0160	16	23.3	16		3.2	3.0	19.0×2.65
TJ0160B		20.9			2.2	2.0	18.0×1.8
TJ0180	18	25.3	18		3.2	3.0	20.6×2.65
TJ0180B		22.9			2.2	2.0	20.0×1.8
TJ0200	20	30.7	20	-0.25 -0.77	4.2	4.0	25.0×3.55
TJ0200B		27.3			3.2	3.0	23.0×2.65
TJ0220	22	32.7	22		4.2	4.0	26.5×3.55
TJ0220B		29.3			3.2	3.0	25.0×2.65
TJ0250	25	35.7	25		4.2	4.0	30.0×3.55
TJ0250B		32.3			3.2	3.0	28.0×2.65
TJ0280	28	38.7	28		4.2	4.0	32.5×3.55
TJ0280B		35.3			3.2	3.0	30.0×2.65
TJ0300	(30)	40.7	30		4.2	4.0	34.5×3.55
TJ0300B		37.3			3.2	3.0	32.5×2.65
TJ0320	32	42.7	32	-0.30 -0.92	4.2	4.0	36.5×3.55
TJ0320B		39.3			3.2	3.0	34.5×2.65
TJ0360	36	46.7	36		4.2	4.0	41.2×3.55
TJ0360B		43.3			3.2	3.0	38.7×2.65
TJ0400	40	55.1	40		6.3	5.9	46.2×5.3
TJ0400B		50.7			4.2	4.0	45.0×3.55
TJ0450	45	60.1	45		6.3	5.9	51.5×5.3
TJ0450B		55.7			4.2	4.0	50×3.55
TJ0500	50	65.1	50		6.3	5.9	56.0×5.3
TJ0500B		60.7			4.2	4.0	54.5×3.55
TJ0560	56	71.1	56	-0.35 -1.09	6.3	5.9	61.5×5.3
TJ0560B		66.7			4.2	4.0	60.0×3.55
TJ0600	(60)	75.1	60		6.3	5.9	65.0×5.3
TJ0600B		70.7			4.2	4.0	65.0×3.55
TJ0630	63	78.1	63		6.3	5.9	69.0×5.3
TJ0630B		73.7			4.2	4.0	67.0×3.55
TJ0700	70	85.1	70		6.3	5.9	75.0×5.3
TJ0700B		80.7			4.2	4.0	75.0×3.55
TJ0800	80	95.1	80		6.3	5.9	85.0×5.3
TJ0800B		90.7			4.2	4.0	85.0×3.55
TJ0900	90	105.1	90	-0.40 -1.27	6.3	5.9	95.0×5.3
TJ0900B		100.7			4.2	4.0	92.5×3.55
TJ0900C		110.5			8.1	7.7	97.5×7

（续）

规格代码	d	D	d_3		$b^{+0.2}_{0}$	$b_1 \pm 0.1$	配套弹性体规格
	h9	H9	公称尺寸	公差			$d_1 \times d_2$
TJ1000	100	115.1	100	-0.40 -1.27	6.3	5.9	106.0×5.3
TJ1000B		110.7			4.2	4.0	103.0×3.55
TJ1000C		120.5			8.1	7.7	109.0×7
TJ1100	110	125.1	110		6.3	5.9	115.0×5.3
TJ1100B		120.7			4.2	4.0	112.0×3.55
TJ1100C		130.5			8.1	7.7	118.0×7
TJ1200	(120)	135.1	120		6.3	5.9	125.0×5.3
TJ1200B		130.7			4.2	4.0	122.0×3.55
TJ1200C		140.5			8.1	7.7	128.0×7
TJ1250	125	140.1	125	-0.45 -1.45	6.3	5.9	132.0×5.3
TJ1250B		135.7			4.2	3.9	128.0×3.55
TJ1250C		145.5			8.1	7.7	132.0×7
TJ1300	(130)	145.1	130		6.3	5.9	136.0×5.3
TJ1300B		140.7			4.2	3.9	132.0×3.55
TJ1300C		150.5			8.1	7.7	136.0×7
TJ1400	140	155.1	140		6.3	5.9	145.0×5.3
TJ1400B		150.7			4.2	3.9	142.5×3.55
TJ1400C		160.5			8.1	7.7	147.5×7
TJ1500	(150)	165.1	150		6.3	5.9	155.0×5.3
TJ1500C		170.5			8.1	7.7	157.5×7
TJ1600	160	175.1	160		6.3	5.9	165.0×5.3
TJ1600C		180.5			8.1	7.7	167.5×7
TJ1700	(170)	185.1	170		6.3	5.9	175.0×5.3
TJ1700C		190.5			8.1	7.7	177.5×7
TJ1800	180	195.1	180		6.3	5.9	185.0×5.3
TJ1800C		200.5			8.1	7.7	187.5×7
TJ1900	(190)	205.1	190	-0.50 -1.65	6.3	5.9	195.0×5.3
TJ1900C		210.5			8.1	7.7	195.0×7
TJ2000	200	220.5	200				206.0×7
TJ2000C		224.0					212.0×7
TJ2100	(210)	230.5	210				218.0×7
TJ2200	220	240.5	220				227.0×7
TJ2400	240	260.5	240				250.0×7
TJ2500	250	270.5	250				258.0×7
TJ2800	280	304.0	280	-0.55 -1.85			290.0×7
TJ2900	290	314.0	290				300.0×7
TJ3000	300	324.0	300				311.0×7
TJ3200	320	344.0	320	-0.60 -2.00			330.0×7
TJ3600	360	384.0	360				370.0×7
TJ4000	400	424.0	400				412.0×7
TJ4200	420	444.0	420	-0.65 -2.20			429.0×7
TJ4500	450	474.0	450				462.0×7
TJ4900	490	514.0	490				500.0×7
TJ5000	500	524.0	500				508.0×7
TJ5600	560	584.0	560	-0.70 -2.45			570.0×7
TJ6000	600	624.0	600				608.0×7

（续）

规格代码	d	D	d_3		$b^{+0.2}_{0}$	$b_1\pm0.1$	配套弹性体规格
	h9	H9	公称尺寸	公差			$d_1\times d_2$
TJ7000	700	727.3	700	-0.75 -2.75	9.5	8.7	710.0×8.4
TJ8000	800	827.3	800				810.0×8.4

注：1. 带“（ ）”的杆径为非优先选用。

2. GB/T 15242.1—2017 规定的轴用阶梯形同轴密封件安装沟槽中给出的活塞杆直径及公差为 dh9，其与在 GB/T 15242.2—2017 规定的活塞杆用支承环安装沟槽中给出的活塞杆直径及公差为 df8 不一致。作者建议活塞杆直径及公差还是统一为 df8 比较合适。

3. 阶梯形同轴密封件是单向密封件，安装时须注意方向。

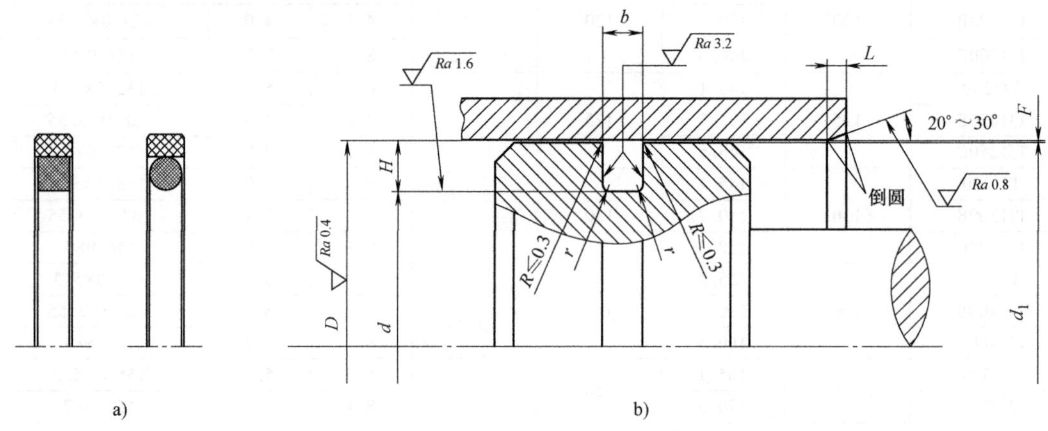

图 2-52　孔用方形同轴密封件及沟槽型式

a）密封件　b）沟槽型式

注：L 值见表 2-63；F 值见表 2-64，$d_1=D-2F$。

表 2-60　孔用方形同轴密封件沟槽尺寸系列和公差

（摘自 GB/T 15242.3—2021）　　（单位：mm）

规格代号	D		d		b		H	r
	公称尺寸	公差	公称尺寸	公差	公称尺寸	公差		
TF0160	16	H9	8.5	h9	3.2	+0.2 0	3.75	0.6
TF0160B			11.1		2.2		2.45	0.4
TF0200	20		12.5		3.2		3.75	0.6
TF0200B			15.1		2.2		2.45	0.4
TF0250	25		17.5		3.2		3.75	0.6
TF0250B			20.1		2.2		2.45	0.4
TF0250C			14.0		4.2		5.50	1.0
TF0320	32		24.5		3.2		3.75	0.6
TF0320B			27.1		2.2		2.45	0.4
TF0320C			21.0		4.2		5.50	1.0
TF0400	40		29.0		4.2		5.50	1.0
TF0400B			32.5		3.2		3.75	0.6
TF0500	50		39.0		4.2		5.50	1.0
TF0500B			42.5		3.2		3.75	0.6
TF0500C			34.5		6.3		7.75	1.3
TF0560	56		45.0		4.2		5.50	1.0
TF0560B			48.5		3.2		3.75	0.6
TF0560C			40.5		6.3		7.75	1.3

（续）

规格代号	D		d		b		H	r
	公称尺寸	公差	公称尺寸	公差	公称尺寸	公差		
TF0630	63	H9	52.0	h9	4.2	+0.2 0	5.50	1.0
TF0630B			55.5		3.2		3.75	0.6
TF0630C			47.5		6.3		7.75	1.3
TF0700	70		59.0		4.2		5.50	1.0
TF0700B			62.5		3.2		3.75	0.6
TF0700C			54.5		6.3		7.75	1.3
TF0700D			55.0		7.5		7.50	0.4
TF0800	80		64.5		6.3		7.75	1.3
TF0800B			69.0		4.2		5.50	1.0
TF0800C			59.0		8.1		10.50	1.8
TF0800D			60.0		10.0		10.00	0.4
TF1000	100		84.5		6.3		7.75	1.3
TF1000B			89.0		4.2		5.50	1.0
TF1000C			79.0		8.1		10.50	1.8
TF1000D			80.0		10.0		10.00	0.4
TF1100	110		94.5		6.3		7.75	1.3
TF1100B			99.0		4.2		5.50	1.0
TF1100D			90.0		10.0		10.00	0.4
TF1250	125		109.5		6.3		7.75	1.3
TF1250B			114.0		4.2		5.50	1.0
TF1250C			104.0		8.1		10.50	1.8
TF1250D			105.0		10.0		10.00	0.4
TF1400	140		119.0		8.1		10.50	1.8
TF1400B			124.5		6.3		7.75	1.3
TF1400D			120.0		10.0		10.00	0.4
TF1600	160		139.0		8.1		10.50	1.8
TF1600B			144.5		6.3		7.75	1.3
TF1600D			135.0		12.5		12.50	0.4
TF1800	180		159.0		8.1		10.50	1.8
TF1800B			164.5		6.3		7.75	1.3
TF1800D			155.0		12.5		12.50	0.4
TF2000	200		179.0		8.1		10.50	1.8
TF2000B			184.5		6.3		7.75	1.3
TF2000D			175.0		12.5		12.50	0.4
TF2200	220		199.0		8.1		10.50	1.8
TF2200B			204.5		6.3		7.75	1.3
TF2200D			195.0		12.5		12.50	0.4
TF2500	250		229.0		8.1		10.50	1.8
TF2500C			225.5		8.1		12.25	1.8
TF2500D			220.0		15.0		15.00	0.8
TF2800	280		259.0		8.1		10.50	1.8
TF2800C			255.5		8.1		12.25	1.8
TF2800D			250.0		15.0		15.00	0.8
TF3000	300		279.0		8.1		10.50	1.8
TF3000C			275.5		8.1		12.25	1.8
TF3000D			270.0		15.0		15.00	0.8
TF3200	320		299.0		8.1		10.50	1.8

（续）

规格代号	D		d		b		H	r
	公称尺寸	公差	公称尺寸	公差	公称尺寸	公差		
TF3200C	320	H9	295.5	h9	8.1	+0.2 0	12.25	1.8
TF3200D			290.0		15.0		15.00	0.8
TF3600	360		335.5		8.1		12.25	1.8
TF3600B			339.0		8.1		10.50	1.8
TF3600D			330.0		15.0		15.00	0.8
TF4000	400		375.5		8.1		12.25	1.8
TF4000D			370.0		15.0		15.00	0.8
TF4500	450		425.5		8.1		12.25	1.8
TF4500D			420.0		15.0		15.00	0.8
TF5000	500		475.5		8.1		12.25	1.8
TF5000D			465		15.0		17.50	1.2
TF5500	550		525.5		8.1		12.25	1.8
TF5500D			515.0		17.5		17.50	1.2
TF6000	600		575.5		8.1		12.25	1.8
TF6000D			565.0		17.5		17.50	1.2
TF6600	660		635.5		8.1		12.25	1.8
TF6600D			625.0		17.5		17.50	1.2
TF7000	700		672.0		9.5		14.00	2.5
TF7000D			665.0		17.5		17.50	1.2
TF8000	800		772.0		9.5		14.00	2.5
TF8000D			760.0		20.0		20.00	1.2

注：规格代码应符合 GB/T 15242.1 的规定。规格代码后无字母标注者为标准规格代码；标注有字母“B”者为轻载型规格代码；标注有字母“C”者为重载型规格代码；标注有字母“D”的，表示所用弹性体截面为矩形。

（2）孔用组合同轴密封件沟槽尺寸和公差　孔用组合同轴密封件及沟槽型式如图 2-53 所示。

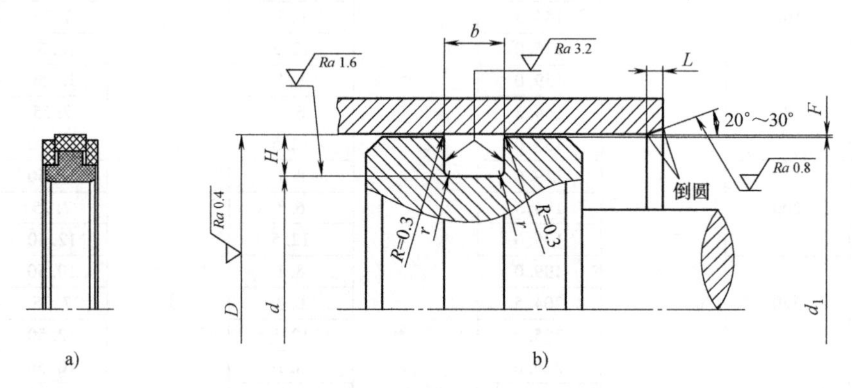

图 2-53　孔用组合同轴密封件及沟槽型式

a）密封件　b）沟槽型式

注：L 值见表 2-63；$F=D-d_1$。

安装导入角处应平滑，不应有毛刺、尖角。孔用组合同轴密封件沟槽尺寸系列和公差应符合表 2-61 的规定。

（3）轴用阶梯形同轴密封件沟槽尺寸和公差　轴用阶梯形同轴密封件及沟槽型式如图 2-54 所示。

表 2-61　孔用组合同轴密封件沟槽尺寸系列和公差

（摘自 GB/T 15242.3—2021）　　　　（单位：mm）

规格代号	*D*		*d*		*b*		*H*	d_1
	公称尺寸	公差	公称尺寸	公差	公称尺寸	公差		
TZ0500	50	H9	36	h9	9	+0.2 0	7.00	49.5
TZ0600	60		46					59.5
TZ0630	63		48		11		7.50	62.5
TZ0650	65		50					64.5
TZ0700	70		55					69.5
TZ0750	75		60					74.5
TZ0800	80		65					79.5
TZ0850	85		70					84.5
TZ0900	90		75					89.5
TZ0950	95		80		12.5			94.5
TZ1000	100		85					99.5
TZ1050	105		90					104.5
TZ1100	110		95					109.5
TZ1150	115		100					114.5
TZ1200	120		105					119.5
TZ1250	125		102		16		11.50	124.3
TZ1300	130		107					129.3
TZ1350	135		112					134.3
TZ1400	140		117					139.3
TZ1450	145		122					144.3
TZ1500	150		127					149.3
TZ1600	160		137					159.3
TZ1700	170		147					169.3
TZ1800	180		157					179.3
TZ1900	190		167					189.3
TZ2000	200		177					199
TZ2100	210		187					209
TZ2200	220		197					219
TZ2300	230		207					229
TZ2400	240		217					239
TZ2500	250		222		17.5		14.00	249
TZ2600	260		232					259
TZ2700	270		242					269
TZ2800	280		252					279
TZ3000	300		272					299
TZ3200	320		292					329

注：规格代码应符合 GB/T 15242.1 的规定。

作者注：1. 在 GB/T 15242.3—2021 的表 2 中缺“*r*”的数值。

2. 由于在 GB/T 15242.3—2021 的表 2 中给出了 *D* 和 d_1，即可确定单边间隙 $F=(D-d_1)/2$。由此确定的 *F* 与沟槽深度 *H* 和密封压力无关，即 *F* 尺寸不符合 GB/T 15242.3—2021 中表 5 的规定，也与表 1 和表 3 按表 5 确定 *F* 的方法不一致。

安装导入角处应平滑，不应有毛刺、尖角。轴用阶梯形同轴密封件沟槽尺寸系列和公差应符合表 2-62 的规定。

（4）安装导入角的轴向长度　安装导入角的轴向长度 *L* 应符合表 2-63 的规定。

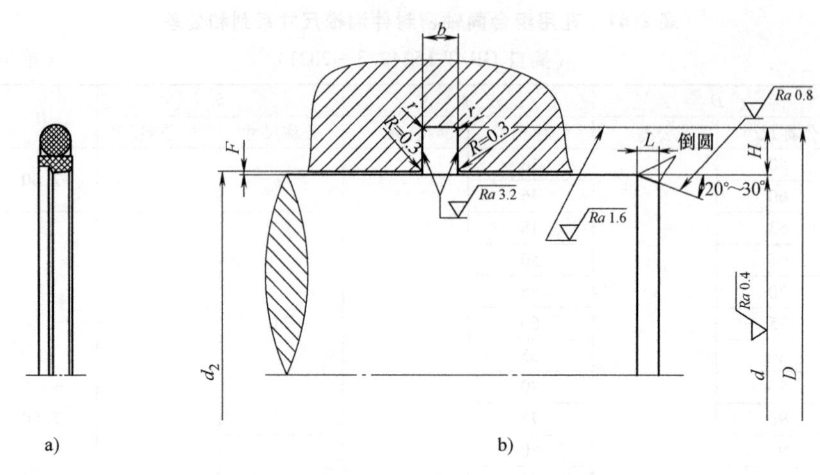

图 2-54　轴用阶梯形同轴密封件及沟槽型式

a）密封件　b）沟槽型式

注：L 值见表 2-63；F 值见表 2-64，$d_2=d+F$。

表 2-62　轴用阶梯形同轴密封件沟槽尺寸系列和公差

（摘自 GB/T 15242.3—2021）　　　　（单位：mm）

规格代号	d		D		b		H	r
	公称尺寸	公差	公称尺寸	公差	公称尺寸	公差		
TJ0060	6		10.9		2.2		2.45	0.4
TJ0080	8		15.3		3.2		3.65	0.6
TJ0080B			12.9		2.2		2.45	0.4
TJ0100	10		17.3		3.2		3.65	0.6
TJ0100B			14.9		2.2		2.45	0.4
TJ0120	12		19.3		3.2		3.65	0.6
TJ0120B			16.9		2.2		2.45	0.4
TJ0140	14		21.3		3.2		3.65	0.6
TJ0140B			18.9		2.2		2.45	0.4
TJ0160	16		23.3		3.2		3.65	0.6
TJ0160B			20.9		2.2		2.45	0.4
TJ0180	18		25.3		3.2		3.65	0.6
TJ0180B			22.9		2.2		2.45	0.4
TJ0200	20	h9	30.7	H9	4.2	+0.2 0	5.35	1.0
TJ0200B			27.3		3.2		3.65	0.6
TJ0220	22		32.7		4.2		5.35	1.0
TJ0220B			29.3		3.2		3.65	0.6
TJ0250	25		35.7		4.2		5.35	1.0
TJ0250B			32.3		3.2		3.65	0.6
TJ0280	28		38.7		4.2		5.35	1.0
TJ0280B			35.3		3.2		3.65	0.6
TJ0300	(30)		40.7		4.2		5.35	1.0
TJ0300B			37.3		3.2		3.65	0.6
TJ0320	32		42.7		4.2		5.35	1.0
TJ0320B			39.3		3.2		3.65	0.6
TJ0360	36		46.7		4.2		5.35	1.0
TJ0360B			43.3		3.2		3.65	0.6

（续）

规格代号	d		D		b		H	r
	公称尺寸	公差	公称尺寸	公差	公称尺寸	公差		
TJ0400	40	h9	55.1	H9	6.3	+0.2 0	7.55	1.3
TJ0400B			50.7		4.2		5.35	1.0
TJ0450	45		60.1		6.3		7.55	1.3
TJ0450B			55.7		4.2		5.35	1.0
TJ0500	50		65.1		6.3		7.55	1.3
TJ0500B			60.7		4.2		5.35	1.0
TJ0560	56		71.1		6.3		7.55	1.3
TJ0560B			66.7		4.2		5.35	1.0
TJ0600	(60)		75.1		6.3		7.55	1.3
TJ0600B			70.7		4.2		5.35	1.0
TJ0630	63		78.1		6.3		7.55	1.3
TJ0630B			73.7		4.2		5.35	1.0
TJ0700	70		85.1		6.3		7.55	1.3
TJ0700B			80.7		4.2		5.35	1.0
TJ0800	80		95.1		6.3		7.55	1.3
TJ0800B			90.7		4.2		5.35	1.0
TJ0900	90		105.1		6.3		7.55	1.3
TJ0900B			100.7		4.2		5.35	1.0
TJ0900C			110.5		8.1		10.25	1.8
TJ1000	100		115.1		6.3		7.55	1.3
TJ1000B			110.7		4.2		5.35	1.0
TJ1000C			120.5		8.1		10.25	1.8
TJ1100	110		125.1		6.3		7.55	1.3
TJ1100B			120.7		4.2		5.35	1.0
TJ1100C			130.5		8.1		10.25	1.8
TJ1200	(120)		135.1		6.3		7.55	1.3
TJ1200B			130.7		4.2		5.35	1.0
TJ1200C			140.5		8.1		10.25	1.8
TJ1250	125		140.1		6.3		7.55	1.3
TJ1250B			135.7		4.2		5.35	1.0
TJ1250C			145.5		8.1		10.25	1.8
TJ1300	(130)		145.1		6.3		7.55	1.3
TJ1300B			140.7		4.2		5.35	1.0
TJ1300C			150.5		8.1		10.25	1.8
TJ1400	140		155.1		6.3		7.55	1.3
TJ1400B			150.7		4.2		5.35	1.0
TJ1400C			160.5		8.1		10.25	1.8
TJ1500	(150)		165.1		6.3		7.55	1.3
TJ1500C			170.5		8.1		10.25	1.8
TJ1600	160		175.1		6.3		7.55	1.3
TJ1600C			180.5		8.1		10.25	1.8
TJ1700	(170)		185.1		6.3		7.55	1.3
TJ1700C			190.5		8.1		10.25	1.8
TJ1800	180		195.1		6.3		7.55	1.3
TJ1800C			200.5		8.1		10.25	1.8
TJ1900	(190)		205.1		6.3		7.55	1.3
TJ1900C			210.5		8.1		10.25	1.8

（续）

规格代号	d		D		b		H	r
	公称尺寸	公差	公称尺寸	公差	公称尺寸	公差		
TJ2000	200	h9	220.5	H9	8.1	+0.2 0	10.25	1.8
TJ2000C			224.0		8.1		10.25	1.8
TJ2100	(210)		230.5		8.1		10.25	1.8
TJ2200	220		240.5		8.1		10.25	1.8
TJ2400	240		260.5		8.1		10.25	1.8
TJ2500	250		270.5		8.1		10.25	1.8
TJ2800	280		304.0		8.1		10.25	1.8
TJ2900	290		314.0		8.1		10.25	1.8
TJ3000	300		324.0		8.1		10.25	1.8
TJ3200	320		344.0		8.1		10.25	1.8
TJ3600	360		384.0		8.1		10.25	1.8
TJ4000	400		424.0		8.1		10.25	1.8
TJ4200	420		444.0		8.1		10.25	1.8
TJ4500	450		474.0		8.1		10.25	1.8
TJ4900	490		514.0		8.1		10.25	1.8
TJ5000	500		524.0		8.1		10.25	1.8
TJ5600	560		584.0		8.1		10.25	1.8
TJ6000	600		624.0		8.1		10.25	1.8
TJ7000	700		727.3		9.5		13.65	2.5
TJ8000	800		827.3		9.5		13.65	2.5

注：1. 规格代码应符合 GB/T 15242.1 的规定。规格代码后无字母标注者为标准规格代码；标注有字母“B”者为轻载型规格代码；标注有字母“C”者为重载型规格代码。

2. 带“（ ）”的活塞杆直径为非优先选用。

表 2-63 安装导入角的轴向长度（摘自 GB/T 15242.3—2021） （单位：mm）

H	L	H	L
2.45	≥2.0	11.50/12.0/12.25/12.50	≥7.0
3.65/3.75	≥2.50	13.65/14.0/15.0	≥8.0
5.35/5.50	≥3.0	17.50	≥10.0
7.0/7.50/7.55/7.75	≥4.50	20.0	≥11.0
10.0/12.25/10.50	≥5.50	—	—

（5）单边间隙 单边间隙 F 应符合表 2-64 的规定。

表 2-64 单边间隙（摘自 GB/T 15242.3—2021） （单位：mm）

H	F		
	$p \leqslant 10$MPa	10MPa$<p \leqslant 20$MPa	20MPa$<p \leqslant 40$MPa
2.45	≤0.3	≤0.20	≤0.15
3.65/3.75	≤0.4	≤0.25	≤0.15
5.35/5.50	≤0.4	≤0.25	≤0.20
7.0/7.50/7.55/7.75	≤0.5	≤0.30	≤0.20
10.0/12.25/10.50/11.50/12.0/12.25/12.50	≤0.6	≤0.35	≤0.25
13.65/14.0/15.0	≤0.7	≤0.50	≤0.30
17.50/20.0	≤1.0	≤0.75	≤0.50

注：GB/T 15242.3—2021 中“F”为“间隙”，现修改为“单边间隙”；“p”为系统压力，现修改为密封压力。

3. 企标 TPU 同轴密封件尺寸系列和公差

企标《液压缸密封系统用 TPU 同轴密封件尺寸系列和公差》适用于最高额定压力

≤35MPa、最高往复运动速度≤1m/s、工作温度范围为-30~100℃的，以液压油或性能相当的其他矿物油为传动介质的液压缸密封系统用TPU同轴密封件（以下简称TPU同轴密封件）。

TPU同轴密封件是由热塑性聚氨酯（TPU）材料制成的滑环与橡胶圈组合在一起，并全部由滑环作为摩擦密封面的组合密封件。

根据在JB/T 8241—1996《同轴密封件 词汇》中给出的术语“同轴密封件”的定义，如果不是以塑料圈作为摩擦密封面的则不能称为“同轴密封件”，但作者认为，以热塑性聚氨酯（TPU）材料制成滑环的也可称为“同轴密封件”。

（1）活塞密封系统用TPU同轴密封件 活塞密封系统用TPU同轴密封件及其密封结构型式如图2-55所示。

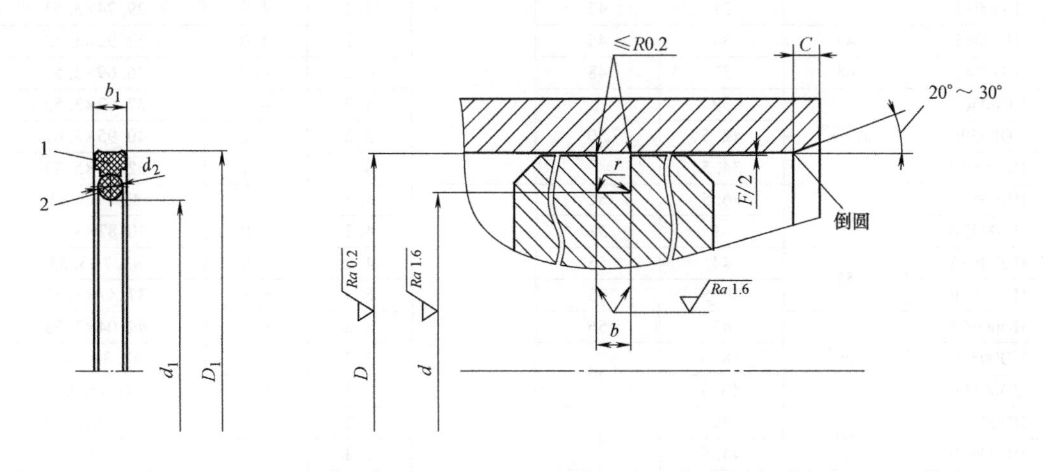

图2-55 活塞密封系统用TPU同轴密封件及其密封结构型式

1—活塞密封系统用TPU同轴密封件滑环 2—O形橡胶圈或方形（矩形）橡胶密封圈

注：C值见表2-67，F值见表2-68。

活塞密封系统用TPU同轴密封件尺寸系列和公差应符合表2-65的规定。

表2-65 活塞密封系统用TPU同轴密封件尺寸系列和公差 （单位：mm）

规格代码	D	d	D_1		$b^{+0.20}_{0}$	$b_1\pm0.1$	O形橡胶圈规格
	H9	h9	公称尺寸	公差			$d_1\times d_2$
HO0015	15	7.5	15	+0.63 +0.20	3.2	3.0	7.1×2.62
HO0016A	16[①②]	8.5	16		3.2	3.0	8.0×2.62
HO0016B		11.1			2.2	2.0	10.82×1.78
HO0018A	18	10.5	18		3.2	3.0	10.00×2.65
HO0018B		13.1	18		2.2	2.0	12.42×1.78
HO0020A	20[①②③]	12.5	20	+0.77 +0.26	3.2	3.0	12.37×2.62
HO0020B		15.1			2.2	2.0	15.00×1.8
HO0022	22	14.5	22		3.2	3.0	13.95×2.62
HO0024	24	16.5	24		3.2	3.0	15.54×2.62
HO0025A	25[①②③]	20.1	25		2.2	2.0	20.00×1.8
HO0025B		17.5			3.2	3.0	17.12×2.62
HO0025C		14			4.2	4.0	13.87×3.53
HO0028	28	20.5	28		3.2	3.0	20.29×2.62
HO0030	30	22.5	30		3.2	3.0	21.89×2.62

（续）

规格代码	D	d	D_1		$b^{+0.20}_{0}$	b_1±0.1	O形橡胶圈规格 $d_1 \times d_2$
	H9	h9	公称尺寸	公差			
HO0032A		24.5			3.2	3.0	23.47×2.62
HO0032B	32①②	27.1	32		2.2	2.0	26.7×1.78
HO0032C		21			4.2	4.0	20.22×3.53
HO0035	35	27.5	35		3.2	3.0	26.65×2.62
HO0036	36②	28.5	36		3.2	3.0	28.25×2.62
HO0039	39	31.5	39		3.2	3.0	31.42×2.62
HO0040A	40①②③	29	40	+0.92 +0.30	4.2	4.0	28.17×3.53
HO0040B		32.5			3.2	3.0	31.42×2.62
HO0042	42	31	42		4.2	4.0	29.74×3.53
HO0045	45	34	45		4.2	4.0	32.92×3.53
HO0048	48	37	48		4.2	4.0	36.09×3.53
HO0050A		39			4.2	4.0	37.67×3.53
HO0050B	50①②③	42.5	50		3.2	3.0	40.95×2.62
HO0050C		34.5			6.3	6.1	32.69×5.33
HO0052A	52	36.5	52		6.3	6.1	37.7×5.33
HO0052B		41	52		4.2	4.0	40.87×3.53
HO0055A	55	44	55		4.2	4.0	43.7×3.53
HO0055B		39.5	55		6.3	6.1	37.47×5.33
HO0056A		45	56		4.2	4.0	44.04×3.53
HO0056B	56②③	48.5	56		3.2	3.0	47.3×2.62
HO0056C		40.5			6.3	6.1	40×5.33
HO0060A	60	49	60		4.2	4.0	47.22×3.53
HO0060B		44.5			6.3	6.1	43.82×5.33
HO0063A		52			4.2	4.0	50.39×3.53
HO0063B	63①②③	55.5	63		3.2	3.0	53.64×2.62
HO0063C		47.5			6.3	6.1	46.99×5.33
HO0065A		54		+1.09 +0.35	4.2	4.0	53.57×3.53
HO0065B	65	49.5	65		6.3	6.1	48.7×5.33
HO0065C		52			6.3	6.1	④
HO0070A		59			4.2	4.0	58×3.53
HO0070B	70②③	62.5	70		3.2	3.0	61.6×2.62
HO0070C		54.5			6.3	6.1	53.34×5.33
HO0070D		55			7.5	7.2	④
HO0075A	75	64	75		4.2	4.0	63.09×3.53
HO0075B		59.5			6.3	6.1	59.69×5.3
HO0080A		64.5			6.3	6.1	62.87×5.33
HO0080B	80①②③	69	80		4.2	4.0	66.27×3.55
HO0080C		59			8.1	7.9	58×6.99
HO0080D		60			10	9.6	④
HO0085	85	69.5	85		6.3	6.1	69.22×5.33
HO0090	90①③	74.5	90		6.3	6.1	72.39×5.33
HO0095	95	79.5	95		6.3	6.1	78.74×5.33
HO0100A		84.5		+1.27 +0.40	6.3	6.1	81.92×5.33
HO0100B	100①②③	89	100		4.2	4.0	88.49×3.53
HO0100C		79			8.1	7.9	78.74×6.99
HO0100D		80			10	9.6	④
HO0105	105	89.5	105		6.3	6.1	88.27×5.33

（续）

规格代码	D	d	D_1		$b^{+0.20}_{0}$	$b_1\pm0.1$	O形橡胶圈规格
	H9	h9	公称尺寸	公差			$d_1\times d_2$
HO0110A	110①②③	94.5	110	+1.27 +0.40	6.3	6.1	91.44×5.33
HO0110B		99			4.2	4.0	98.02×3.53
HO0110D		90			10	9.6	④
HO0115A	115	99.5	115	+1.45 +0.45	6.3	6.1	97.79×5.33
HO0115B		94	115		8.1	7.9	91.44×6.99
HO0120A	120	104.5	120		6.3	6.1	100.97×5.33
HO0120B		99	120		8.1	7.9	97.79×6.99
HO0125A	125①②③	109.5	125		6.3	6.1	107.32×5.33
HO0125B		114			4.2	4.0	110.72×3.53
HO0125C		104			8.1	7.9	100.97×6.99
HO0125D		105	125		10	9.6	④
HO0130A	130	114.5	130		6.3	6.1	113.67×5.33
HO0130B		109			8.1	7.9	107.32×6.99
HO0135	135	114	135		8.1	7.9	113.67×6.99
HO0140A	140①②③	119	140		8.1	7.9	118×6.99
HO0140B		124.5			6.3	6.1	123.19×5.33
HO0140D		120			10	9.6	④
HO0145	145	124	145		8.1	7.9	123.19×6.99
HO0150	150	129	150		8.1	7.9	126.37×6.99
HO0155	155	134	155		8.1	7.9	132.72×6.99
HO0160A	160①②③	139	160		8.1	7.9	135.89×6.99
HO0160B		144.5			6.3	6.1	142.24×5.33
HO0160D		135			12.5	12.1	④
HO0165	165	144	165		8.1	7.9	142.24×6.99
HO0170	170	149	170		8.1	7.9	148.59×6.99
HO0175	175	154	175		8.1	7.9	151.77×6.99
HO0180A	180①②③	159	180		8.1	7.9	158.12×6.99
HO0180B		164.5			6.3	6.1	164.47×5.33
HO0180D		155			12.5	12.1	④
HO0185	185	164	185	+1.65 +0.50	8.1	7.9	164.47×6.99
HO0190	190	169	190		8.1	7.9	164.47×6.99
HO0195	195	174	195		8.1	7.9	170.82×6.99
HO0200A	200①②③	179	200		8.1	7.9	177.17×6.99
HO0200B		184.5			6.3	6.1	183.52×5.33
HO0200D		175			12.5	12.1	④
HO0205	205	184	205		8.1	7.9	183.52×6.99
HO0210	210	189	210		8.1	7.9	185×6.99
HO0220A	220①	199	220		8.1	7.9	196.22×6.99
HO0220B		204.5			6.3	6.1	202.57×5.33
HO0220D		195			12.5	12.1	④
HO0225	225	204	225		8.1	7.9	202.57×6.99
HO0230	230③	209	230		8.1	7.9	206×6.99
HO0240	240	219	240		8.1	7.9	215.27×6.99
HO0250A	250①②③	229	250		8.1	7.9	227.97×6.99
HO0250C		225.5			8.1	7.9	215.27×6.99
HO0250D		220			15	14.5	④
HO0260	260	239	260	+1.85 +0.75	8.1	7.9	236×6.99
HO0270	270	249	270		8.1	7.9	243×6.99

（续）

规格代码	D	d	D_1		$b^{+0.20}_{0}$	b_1±0.1	O形橡胶圈规格
	H9	h9	公称尺寸	公差			$d_1 \times d_2$
HO0280A	280①②	259	280	+1.85 +0.75	8.1	7.9	258×6.99
HO0280C		255.5			8.1	7.9	253.37×6.99
HO0280D		250			15	14.5	④
HO0290	290	269	290		8.1	7.9	266.06×6.99
HO0300A	300②	279	300		8.1	7.9	278.77×6.99
HO0300C		275.5			8.1	7.9	266.06×6.99
HO0300D		270			15	14.5	④

注：1. 方形或矩形橡胶圈规格尺寸由用户和生产厂家协商确定。

2. 配套弹性体为O形圈的r尺寸按GB/T 3452.3—2005中"沟槽底圆角半径r_1"选取；配套弹性体为方形或矩形圈的由用户与生产厂家协商确定。

① 符合GB/T 2348—2018规定的缸内径。

② 符合GB/T 15242.1—2017规定的液压缸缸径。

③ 符合GB/T 36520.1—2018规定的液压缸缸径。

④ 表示弹性体截面为矩形圈，具体尺寸咨询制造商。

（2）活塞杆密封系统用TPU同轴密封件　活塞杆密封系统用TPU同轴密封件及其密封结构型式如图2-56所示。

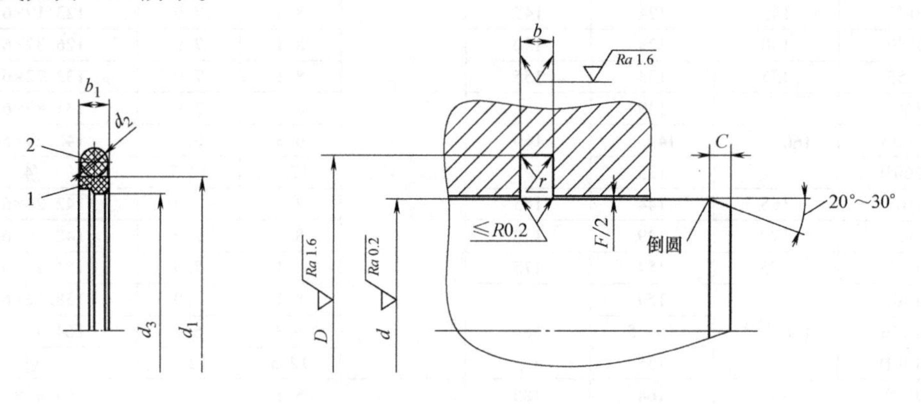

图2-56　活塞杆密封系统用TPU同轴密封件及其密封结构型式

1—活塞杆密封系统用TPU同轴密封件滑环　2—O形橡胶圈或方形（矩形）橡胶密封圈

注：C值见表2-67，F值见表2-69。

活塞杆密封系统用TPU同轴密封件尺寸系列和公差应符合表2-66的规定。

表2-66　活塞杆密封系统用TPU同轴密封件尺寸系列和公差　（单位：mm）

规格代码	d	D	d_3		$b^{+0.20}_{0}$	b_1±0.1	O形橡胶圈规格
	f8	H9	公称尺寸	公差			$d_1 \times d_2$
GO0004	4①	8.9	4	−0.15 −0.45	2.2	2.0	6.07×1.78
GO0005	5①	9.9	5		2.2	2.0	7.65×1.78
GO0006	6①②	10.9	6		2.2	2.0	7.65×1.78
GO0007	7	11.9	7	−0.15 −0.51	2.2	2.0	9.13×1.78
GO0008A	8①②	15.3	8		3.2	3.0	10.77×2.62
GO0008B		12.9			2.2	2.0	10.82×1.78
GO0010A	10①②	17.3	10		3.2	3.0	13.94×2.62
GO0010B		14.9			2.2	2.0	12.42×1.78

（续）

规格代码	d	D	d_3		$b^{+0.20}_{0}$	b_1±0.1	O形橡胶圈规格
	f8	H9	公称尺寸	公差			$d_1 \times d_2$
GO0012A	12①②	19.3	12	-0.20 -0.63	3.2	3.0	15.6×2.62
GO0012B		16.9			2.2	2.0	14×1.78
GO0014A	14①②③	21.3	14		3.2	3.0	17.12×2.62
GO0014B		18.9			2.2	2	15.6×1.78
GO0015	15	22.3	15		3.2	3.0	17.12×2.62
GO0016A	16①②③	23.3	16		3.2	3.0	18.72×2.62
GO0016B		20.9			2.2	2	17.17×1.78
GO0018A	18①②③	25.3	18		3.2	3.0	20.29×2.62
GO0018B		22.9			2.2	2	19×1.78
GO0020A	20①②③	30.7	20	-0.25 -0.77	4.2	4.0	23.4×3.53
GO0020B		27.3			3.2	3.0	21.89×2.62
GO0022A	22①②③	32.7	22		4.2	4.0	26.57×3.53
GO0022B		29.3			3.2	3.0	25.07×2.62
GO0024	24	34.7	24		4.2	4.0	26.57×3.53
GO0025A	25①②③	35.7	25		4.2	4.0	29.74×3.53
GO0025B		32.3			3.2	3.0	26.65×2.62
GO0026	26	36.7	26		4.2	4.0	29.74×3.53
GO0028A	28①②③	38.7	28		4.2	4.0	32.92×3.53
GO0028B		35.3			3.2	3.0	30×2.62
GO0030A	30②③	40.7	30		4.2	4.0	34.52×3.53
GO0030B		37.3			3.2	3.0	33×2.62
GO0032A	32①②③	42.7	32	-0.30 -0.92	4.2	4.0	36.09×3.53
GO0032B		39.3			3.2	3.0	34.6×2.62
GO0035	35③	45.7	35		4.2	4.0	37.69×3.53
GO0036A	36①②③	46.7	36		4.2	4.0	40.87×3.53
GO0036B		43.3			3.2	3.0	39.35×2.62
GO0037	37	47.7	37		4.2	4.0	40.87×3.53
GO0038	38③	53.1	38		6.3	6.1	43.82×5.33
GO0040A	40①②③	55.1	40		6.3	6.1	38.82×5.33
GO0040B		50.7			4.2	4.0	44.04×3.53
GO0042	42	57.1	42		6.3	6.1	46.99×5.33
GO0045A	45①②③	60.1	45		6.3	6.1	50.17×5.33
GO0045B		55.7			4.2	4.0	50.39×3.53
GO0048	48	63.1	48		6.3	6.1	53.34×5.33
GO0050	50①②③	65.1	50		6.3	6.1	56.52×5.33
GO0050		60.7			4.2	4.0	53.57×3.53
GO0052	52	67.1	52	-0.35 -1.09	6.3	6.1	56.52×5.33
GO0055	55③	70.1	55		6.3	6.1	59.69×5.33
GO0056A	56①②③	71.1	56		6.3	6.1	62.87×5.33
GO0056B		66.7			4.2	4.0	59.92×3.53
GO0060A	60②③	75.1	60		6.3	6.1	66.04×5.33
GO0060B		70.7			4.2	4.0	63.09×3.53
GO0063A	63①②③	78.1	63		6.3	6.1	69.22×5.33
GO0063B		73.7			4.2	4.0	66.27×3.53
GO0065	65③	80.1	65		6.3	6.1	69.22×5.33
GO0070A	70①②③	85.1	70		6.3	6.1	75.57×5.33
GO0070B		80.7			4.2	4.0	75.8×3.53

（续）

规格代码	d	D	d_3		$b^{+0.20}_{0}$	b_1±0.1	O形橡胶圈规格
	f8	H9	公称尺寸	公差			$d_1 \times d_2$
GO0075	75③	90.1	75	-0.35 -1.09	6.3	6.1	81.92×5.33
GO0080A	80①②③	95.1	80		6.3	6.1	85.09×5.33
GO0080B		90.7			4.2	4.0	85.32×3.53
GO0085	85③	100.1	85	-0.40 -1.27	6.3	6.1	91.44×5.33
GO0090A	90①②③	105.1	90		6.3	6.1	94.62×5.33
GO0090B		100.7			4.2	4.0	94.84×3.53
GO0090C		110.5			8.1	7.7	97.79×6.99
GO0095	95③	110.1	95		6.3	6.1	100.97×5.33
GO0100A	100①②③	115.1	100		6.3	6.1	107.32×5.33
GO0100B		110.7			4.2	4.0	104.37×3.53
GO0100C		120.5			8.1	7.7	107.32×6.99
GO0110A	110①②③	125.1	110		6.3	6.1	116.84×5.3
GO0110B		120.7			4.2	4.0	115×3.55
GO0110C		130.5			8.1	7.7	116.84×6.99
GO0120A	120②③	135.1	120		6.3	6.1	126.37×5.33
GO0120B		130.7			4.2	4.0	126.6×3.53
GO0120C		140.5			8.1	7.7	129.54×6.99
GO0125A	125①②③	140.1	125	-0.45 -1.45	6.3	6.1	129.54×5.33
GO0125B		135.7			4.2	4.0	129.77×3.53
GO0125C		145.5			8.1	7.7	132.72×6.99
GO0130A	130②③	145.1	130		6.3	6.1	135.89×5.33
GO0130B		140.7			4.2	4.0	136.12×3.53
GO0130C		150.5			8.1	7.7	139.07×6.99
GO0140A	140①②③	155.1	140		6.3	6.1	145.42×5.33
GO0140B		150.7			4.2	4.0	145.64×3.53
GO0140C		160.5			8.1	7.7	148.59×6.99
GO0150A	150②③	165.1	150		6.3	6.1	158.12×5.33
GO0150C		170.5			8.1	7.7	158.12×6.99
GO0155	155	170.1	155		6.3	6.1	158.12×5.33
GO0160A	160①②③	175.1	160		6.3	6.1	164.47×5.33
GO0160C		180.5			8.1	7.7	170.82×6.99
GO0170A	170②③	185.1	170		6.3	6.1	177.17×5.33
GO0170C		190.5			8.1	7.7	177.17×6.99
GO0175	175	190.1	175		6.3	6.1	183.52×5.33
GO0180A	180①②③	195.1	180		6.3	6.1	183.52×5.33
GO0180C		200.5			8.1	7.7	189.87×6.99
GO0185	185③	200.1	185	-0.50 -1.65	6.3	6.1	189.87×5.33
GO0190A	190②③	205.1	190		6.3	6.1	196.22×5.33
GO0190C	190②③	210.5		-0.50 -1.65	8.1	7.7	196.22×6.99
GO0195	195	210.1	195		6.3	6.1	196.22×5.33
GO0200A	200①②③	220.5	200		8.1	7.7	202.57×6.99
GO0200C		224			8.1	7.7	208.92×6.99
GO0210	210②③	230.5	210		8.1	7.7	215.27×6.99
GO0220	220①②③	240.5	220		8.1	7.7	227.97×6.99
GO0225	225	245.5	225		8.1	7.7	227.97×6.99
GO0230	230③	250.5	230		8.1	7.7	240.67×6.99
GO0240	240②③	260.5	240		8.1	7.7	253.37×6.99

（续）

规格代码	d	D	d_3		$b^{+0.20}_{0}$	$b_1 \pm 0.1$	O形橡胶圈规格
	f8	H9	公称尺寸	公差			$d_1 \times d_2$
GO0250	250①②③	270.5	250	−0.50 −1.65	8.1	7.7	253.37×6.99
GO0260	260③	284	260	−0.55 −1.85	8.1	7.7	266.06×6.99
GO0270	270	294	270		8.1	7.7	278.77×6.99
GO0280	280①②③	304	280		8.1	7.7	291.47×6.99
GO0290	290②③	314	290		8.1	7.7	304.17×6.99
GO0300	300②③	324	300		8.1	7.7	316.87×6.99

注：配套弹性体为O形圈的r尺寸按GB/T 3452.3—2005中“沟槽底圆角半径r_1”选取。

① 符合GB/T 2348—1993规定的活塞杆直径。

② 符合GB/T 15242.1—2017规定的活塞杆直径。

③ 符合GB/T 36520.2—2018规定的活塞杆直径。

（3）TPU同轴密封件的安装条件　如果缺乏对影响液压缸密封系统安装和运行条件的控制，则PTU同轴密封件的使用效果将具有不可预测性。图2-55和图2-56所示安装导入角的轴向长度C、配合间隙F都是应严格控制的安装条件。

安装导入角的轴向长度C不得小于表2-67的规定。

表2-67　安装导入角的轴向长度C　（单位：mm）

$D-d$	4.9	7.3	10.7	15.1	20.5	24
		7.5	11	15.5	21	
C	2.5	4	5.5	8	11	14

选择在GB/T 2346中规定的压力35MPa、20MPa、10MPa作为分档依据，配合间隙F按密封的工作介质压力的高低分为F_1、F_2和F_3三档或F_1和F_2两档。

活塞密封系统用时配合间隙F应符合表2-68的规定。

表2-68　活塞密封系统用时配合间隙F　（单位：mm）

D	F		
H9	F_1(>0~10MPa)	F_2(>10~20MPa)	F_3(>20~35MPa)
15~30	1.6~0.8	0.8~0.3	0.4~0.1
32~65	1.7~0.9	0.9~0.4	0.4~0.1
70~135	2.0~1.0	1.0~0.4	0.4~0.2
140~300	2.2~1.1	1.1~0.5	0.5~0.2

活塞杆密封系统用时配合间隙F应符合表2-69的规定。

表2-69　活塞杆密封系统用时配合间隙F　（单位：mm）

d	F	
f8	F_1(>0~10MPa)	F_2(>10~35MPa)
4~18	0.6~0.3	0.3~0.1
20~38	0.6~0.3	0.3~0.2
40~195	0.8~0.4	0.4~0.2
200~300	1.0~0.6	0.6~0.4

4. 企标孔用阶梯形同轴密封件

企标《液压缸密封系统孔用阶梯形同轴密封件尺寸系列和公差》适用于最高额定压力≤40MPa、最高往复运动速度≤1.5m/s、工作温度范围为−30~100℃的，以液压油或性能相当的其他矿物油为传动介质的液压缸密封系统孔用阶梯形同轴密封件（以下简称孔用阶梯形同轴密封件）。

孔用阶梯形同轴密封件是滑环截面为阶梯形，弹性体密封圈为O形圈的活塞用组合密封件。该孔用阶梯形同轴密封件是一种单作用密封件，也可作为活塞缓冲密封件。

（1）孔用阶梯形同轴密封件　活塞密封系统孔用阶梯形同轴密封件及其密封结构型式见图2-57。

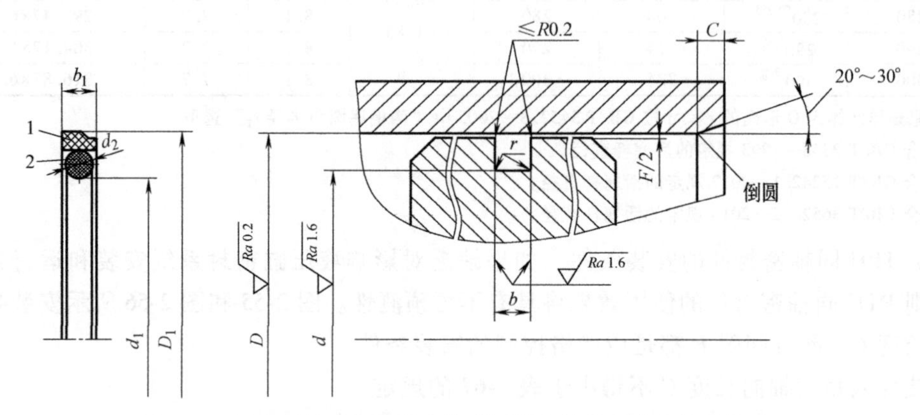

图2-57　活塞密封系统孔用阶梯形同轴密封件及其密封结构型式

1—孔用阶梯形同轴密封件滑环　2—O形橡胶圈或方（矩）形橡胶密封圈

注：C值见表2-71，F值见表2-72。

孔用阶梯形同轴密封件尺寸系列和公差应符合表2-70的规定。

表2-70　孔用阶梯形同轴密封件尺寸系列和公差　（单位：mm）

规格代码	D	d	D_1		$b^{+0.2}_{0}$	$b_1\pm0.1$	配套弹性体规格
	H9	h9	公称尺寸	公差			$d_1\times d_2$
HJ0160	16	8.5	16	+0.63 +0.20	3.2	3.0	8.0×2.65
HJ0160B		11.1			2.2	2.0	10.6×1.8
HJ0200	20	12.5	20	+0.77 +0.25	3.2	3.0	12.5×2.65
HJ0200B		15.1			2.2	2.0	15×1.8
HJ0250	25	17.5	25		2.3	3.0	17×2.65
HJ0250B		20.1			2.2	2.0	20×1.8
HJ0250C		14.0			4.2	4.0	14×3.55
HJ0320	32	24.5	32	+0.92 +0.30	3.2	3.0	24.3×2.65
HJ0320B		27.1			2.2	2.0	26.5×1.8
HJ0320C		21.0			4.4	4.0	20.6×3.55
HJ0400	40	29.0	40		4.2	4.0	28×3.55
HJ0400B		32.5			3.2	3.0	32.5×2.65
HJ0500	50	39.0	50		4.2	4.0	38.7×3.55
HJ0500B		42.5			3.2	3.0	42.5×2.65
HJ0500C		34.5			6.3	5.9	34.5×5.3
HJ0560	56	45.0	56	+1.09 +0.35	4.2	4.0	45×3.55
HJ0560B		48.5			3.2	3.0	47.5×2.65
HJ0560C		40.5			6.3	5.9	40×5.3
HJ0630	63	52.0	63		4.2	4.0	51.5×3.55
HJ0630B		55.5			3.3	3.0	54.5×2.65
HJ0630C		47.5			6.3	5.9	47.5×5.3

（续）

规格代码	D	d	D_1		$b^{+0.2}_{0}$	$b_1 \pm 0.1$	配套弹性体规格
	H9	h9	公称尺寸	公差			$d_1 \times d_2$
HJ0700	70	59.0	70	+1.09 +0.35	4.2	4.0	58×3.55
HJ0700B		62.5			3.2	3.0	61.5×2.65
HJ0700C		54.5			6.3	5.9	54.5×5.3
HJ0800	80	64.5	80		6.3	5.9	63×5.3
HJ0800B		69.0			4.2	4.0	69×3.55
HJ0800C		59.0			8.1	7.7	58×7
HJ1000	100	84.5	100	+1.27 +0.40	6.3	5.9	82.5×5.3
HJ1000B		89.0			4.2	4.0	87.5×3.55
HJ1000C		79.0			8.1	7.7	77.5×7
HJ1100	110	94.5	110		6.3	5.9	92.5×5.3
HJ1250	125	109.5	125	+1.45 +0.45	6.3	5.9	109×5.3
HJ1250B		114.0			4.2	4.0	112×3.55
HJ1250C		104.0			8.1	7.7	103×7
HJ1400	140	119.0	140		8.1	7.7	118×7
HJ1400B		124.5			6.3	5.9	122×5.3
HJ1600	160	139.0	160		8.1	7.7	136×7
HJ1600B		144.4			6.3	5.9	142.5×5.3
HJ1800	180	159.0	180		8.1	7.7	157.5×7
HJ1800B		164.5			6.3	5.9	162.5×5.3
HJ2000	200	179.0	200	+1.65 +0.50	8.1	7.7	177.5×7
HJ2000B		184.5			6.3	5.9	182.5×5.3
HJ2200	220	199.0	220		8.1	7.7	195×7
HJ2200B		204.5			6.3	5.9	203×5.3
HJ2500	250	229.0	250		8.1	7.7	227×7
HJ2500B		225.6			8.1	7.7	224×7
HJ2800	280	259.0	280	+1.85 +0.55	8.1	7.7	258×7
HJ2800C		255.5			8.1	7.7	254×7
HJ3000	300	279.0	300		8.1	7.7	276×7
HJ3000C		275.5			8.1	7.7	272×7
HJ3200	320	299.0	320	+2.00 +0.60	8.1	7.7	295×7
HJ3200C		295.5			8.1	7.7	295×7
HJ3600	360	335.5	360		8.1	7.7	335×7
HJ3600B		229.0			8.1	7.7	335×7
HJ4000	400	375.5	400		8.1	7.7	375×7
HJ4500	450	425.5	450	+2.20 +0.65	8.1	7.7	425×7
HJ5000	500	475.5	500		8.1	7.7	475×7
HJ5500	550	525.5	550	+2.45 +0.70	8.1	7.7	523×7
HJ6000	600	575.5	600		8.1	7.7	570×7
HJ6600	660	635.5	660	+2.75 +0.75	8.1	7.7	630×7
HJ7000	700	672.0	700		9.5	9.0	670×8.4
HJ8000	800	772.0	800		9.5	9.0	770×8.4

注：配套弹性体为O形圈的r尺寸按GB/T 3452.3—2005中“沟槽底圆角半径r_1”选取。

（2）孔用阶梯形同轴密封件的安装条件　如果缺乏对影响液压缸密封系统安装和运行条件的控制，则孔用阶梯形同轴密封件的使用效果将具有不可预测性。图2-57所示安装导入角的轴向长度C、配合间隙F都是应严格控制的安装条件。

安装导入角的轴向长度C不得小于表2-71的规定。

表 2-71　安装导入角的轴向长度 C　（单位：mm）

$D-d$	4.9	7.3 7.5	10.7 11	15.1 15.5	20.5 21	24
C	4.0	5.0	6.0	9.0	11	14

选择在 GB/T 2346 中规定的压力 40MPa、20MPa、10MPa 作为分档依据，配合间隙 F 按密封工作介质压力的高低分为 F_1、F_2 和 F_3 三档。

活塞密封系统用时配合间隙 F 不得大于表 2-72 的规定。

表 2-72　活塞密封系统用时配合间隙 F　（单位：mm）

$D-d$	F		
	F_1(>0~10MPa)	F_2(>10~20MPa)	F_3(>20~40MPa)
4.9	0.30	0.20	0.15
7.3、7.5	0.40	0.25	0.15
10.7、11	0.40	0.25	0.20
15.1、15.5	0.50	0.30	0.20
20.5、21	0.60	0.35	0.25
24	0.60	0.35	0.25

5. 某同轴密封件制造商产品介绍

因同轴密封件中有我国自主知识产权系列产品，现将国内某同轴密封件制造商相关产品列于表 2-73～表 2-75。

表 2-73　国内某制造商活塞杆用同轴密封件（仅供参考）

序号	密封件名称	密封材料	尺寸范围/mm	作用	温度范围/℃	速度/(m/s)	压力/MPa
1	直角组合密封件	填充 PTFE+NBR/FKM	8～670 (10～1000)	单	-55～260	6	60 (60)
2	脚型组合密封件	填充 PTFE+NBR/FKM	8～670 (8～1000) (8～500)	单	-55～260	6	100 (100) (200)
3	齿形组合密封件	填充 PTFE+NBR/FKM	8～650	单	-55～260	6	70
4	C 形组合密封件	填充 PTFE+NBR/FKM	8～670 (6～1200)	双	-55～260	6	70 (70)
5	加强直角组合密封件	填充 PTFE+NBR/FKM	5～670 (8～1200)	单	-55～260	6	200 (200)
6	阶梯形组合密封件	填充 PTFE+NBR/FKM	4～800	单	-55～260	5	40
7	帽形组合密封件	填充 PTFE+NBR/FKM	3～400	双	-55～60	5	20
8	轴用格来圈	填充 PTFE+NBR/FKM	4～800	双	-55～260	5	40

注：1. 以括号示出的为型号不同的同名密封件，下同。
　　2. 参考了徐州柯诺密封科技有限公司产品样本。

表 2-74　国内某制造商活塞用同轴密封件（仅供参考）

序号	密封件名称	密封材料	尺寸范围/mm	作用	温度范围/℃	速度/(m/s)	压力/MPa
1	直角组合密封件	填充 PTFE+NBR/FKM	13～690 (13～1200)	单	-55～260	6	60 (60)
2	脚型组合密封件	填充 PTFE+NBR/FKM	13～500 (28～500)	单	-55～260	6	100 (100)

（续）

序号	密封件名称	密封材料	尺寸范围/mm	作用	温度范围/℃	速度/(m/s)	压力/MPa
3	齿形组合密封件	填充 PTFE+NBR/FKM	15~700	单	-55~260	6	70
4	C形组合密封件	填充 PTFE+NBR/FKM	24~690 (14~1000)	双	-55~260	6	70 (70)
5	加强直角组合密封件	填充 PTFE+NBR/FKM	13~800 (12~1200)	单	-55~260	6	200 (200)
6	方形组合密封件	填充 PTFE+NBR/FKM	8~800	双	-55~260	5	40
7	帽形组合密封件	填充 PTFE+NBR/FKM	6~420	双	-55~260	5	20
8	孔用斯特封	填充 PTFE+NBR/FKM	8~800	单	-55~260	5	40

注：参考了徐州柯诺密封科技有限公司产品样本。

表 2-75 国内某制造商防尘密封圈（仅供参考）

序号	密封件名称	密封材料	尺寸范围/mm	作用	温度范围/℃	速度/(m/s)	压力/MPa
1	双唇组合防尘密封件	填充 PTFE+NBR/FKM	20~1000 (6~900)	双	-55~260	5	—

注：参考了徐州柯诺密封科技有限公司产品样本。

2.10 几种非典型密封件及其沟槽

2.10.1 带挡圈的活塞杆组合密封圈（缓冲环）

带挡圈的活塞杆组合密封圈（以下简称活塞杆组合圈）是由两种材料分别制成的密封圈和挡圈组合而成的密封件。

如图 2-58 所示，活塞杆组合圈是一种唇形密封件，密封圈由聚氨酯橡胶制成（硬度为93Shore A)，其截面形状近似三叉戟；挡圈是由塑料制成，硬度高于密封圈。

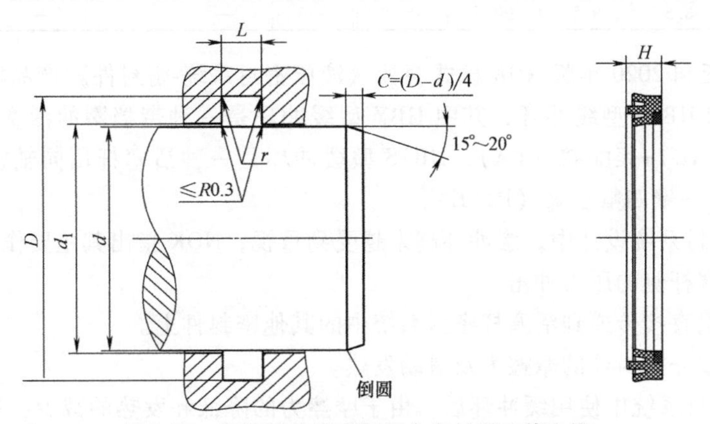

图 2-58 带挡圈的活塞杆组合密封圈及其沟槽

其主要优点在于：

1）耐磨性特好。

2）耐冲击。

3）抗挤出。

4）受介质压力轴向压缩变形小。

5）能适应最恶劣（苛刻）工况。

6）可以在整体式（闭式）密封沟槽内安装。

7）结构紧凑，适用于国际标准沟槽安装。

活塞杆组合圈适用于矿物液压油，其工作温度范围为-35～110℃，最高工作压力可达50MPa（压力峰值可达100MPa），最高速度为0.5m/s。

这种具有特殊结构的活塞杆组合密封圈主要用于行走机械液压缸的密封。其运用在建筑机械液压缸密封系统中，主要用作主密封前的缓冲密封，使液压缸内最高工作压力不能直接作用于主密封。

活塞杆组合圈密封沟槽公称尺寸（含活塞杆组合圈长度）见表2-76。

表2-76　活塞杆组合圈密封沟槽公称尺寸　（单位：mm）

d f8	D H11	H	$L^{+0.20}_{0}$	$d_1{}^{+0.10}_{0}$	r ≤	d f8	D H11	H	$L^{+0.20}_{0}$	$d_1{}^{+0.10}_{0}$	r ≤
55	70	8.5	9.5	55.5	0.5	90	105.5	6.1	6.3	90.5	0.9
56	71	8.5	9.5	56.5		95	110.5	6.1	6.3	95.5	
60	75	6.1	6.3	60.5		100	115.5	6.1	6.3	100.4	
60	75	8.5	9.5	60.5		100	120	11.4	12.5	100.6	
63	78.1	6.1	6.3	63.4		110	125.5	6.1	6.3	110.4	
65	80.5	6.1	6.3	65.4	0.9	110	130	11.4	12.5	110.6	
70	85	8.5	9.5	70.5		120	140	11.4	12.5	120.6	
70	85.1	6.1	6.3	70.5		130	150	14.5	16	130.6	
70	85.5	6.1	6.3	70.5		140	160	14.5	16	140.6	
75	90	8.5	9.5	75.5		150	170	14.5	16	150.6	
75	90.5	6.1	6.3	75.5		160	180	14.5	16	160.6	
80	95	8.5	9.5	80.5		180	205	14.5	16	180.8	
80	95.1	6.1	6.3	80.5		200	225	14.5	16	200.8	
80	95.5	6.1	6.3	80.4		220	250	18.2	20	220.8	
85	100.5	6.1	6.3	85.4		250	280	18.2	20	250.8	
90	105	8.5	9.5	90.5		—	—	—	—	—	—

在2006年版和2020年版NOK株式会社《液压密封系统-密封件》产品样本中都介绍了HBY型缓冲环和HBTS型缓冲环，其中HBY型缓冲环是一种带挡圈的活塞杆组合密封圈，材料为聚氨酯（AU）+聚酰胺（PA）；HBTS型缓冲环是一种活塞杆用同轴密封件，材料为丁腈橡胶（NBR）+聚四氟乙烯（PTFE）。

在活塞杆密封系统设计中，缓冲环越来越受到重视，NOK指出其主要作用为：

1）缓冲活塞杆侧的压力冲击。

2）阻隔高温直接传递到活塞杆密封系统中的其他密封件上。

3）降低活塞杆密封件的摩擦力及滑动发热。

在活塞杆密封系统中使用缓冲环后，由于摩擦力的降低和发热的减少，活塞杆密封系统中其他密封件的使用寿命得以提高，尤其在行程极短时，防止了其他密封件的异常磨损。

2.10.2　带挡环的活塞单向密封圈及其沟槽

带挡环的活塞单向密封圈（以下简称活塞组合圈）是由不同硬度的一种材料分别制成的密封圈和挡环组合而成的密封件。

如图 2-59 所示，活塞组合圈是一种唇形密封件，密封圈由夹布橡胶制成，硬度稍低，其截面形状近似三叉戟；挡环也是由夹布橡胶制成，硬度高于密封圈。

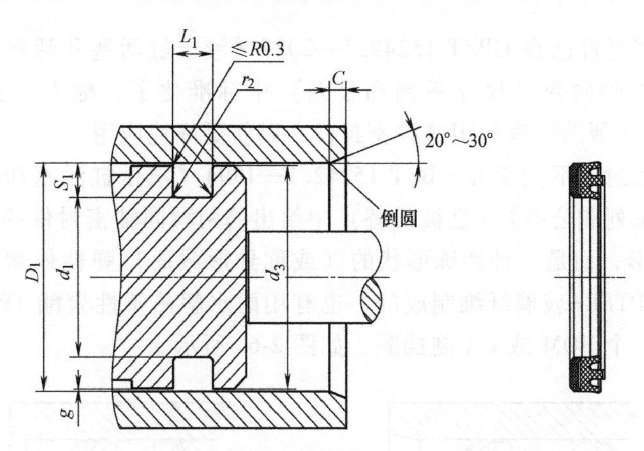

图 2-59 带挡环的活塞单向密封圈及其沟槽

活塞组合密封圈背靠背安装可用于双作用液压缸的活塞密封，因其密封材料和结构型式能够满足恶劣工况，如有压力冲击、振动和偏心等场合要求，最高压力可达 60MPa。

其突出的性能特点是，挡环既可以防挤出，又可以在高压时一同产生密封作用，即可以形成第二道密封，因此适用于重载工况。

现将活塞组合圈技术参数见表 2-77。

表 2-77 活塞组合圈技术参数

技术条件		最高压力/MPa	最大速度/(m/s)	温度范围/℃	行程
		60	0.8	-30~100	—
公称压力/MPa		16	25	40	60
对应公称压力下的最大挤出间隙 g/mm		0.35	0.3	0.2	0.1
沟槽深度 S/mm	≤5.0	≤7.5	≤10.0	≤12.5	≤15.0
最小倒角长度 C/mm	2.5	4.0	5.0	6.5	7.5
沟槽底圆角半径 r_2/mm	≤0.8	≤0.8	≤0.8	≤1.2	≤1.6
沟槽棱圆角半径/mm	≤0.3	≤0.3	≤0.3	≤0.3	≤0.3
表面粗糙度 Ra/μm		缸内径	沟槽槽底直径	沟槽侧面	倒角表面
		0.1~0.4	1.6	3.2	3.2
公差/mm		D_1H9	d_1h11	$d_{3\ -0.30}$	$L_1^{+0.3}$

现将活塞组合圈沟槽公称尺寸列于表 2-78。

表 2-78 活塞组合圈沟槽公称尺寸 (单位：mm)

D_1	d_1	d_3	L_1	D_1	d_1	d_3	L_1
25	15	24	6.3	100	80	98.5	12.5
32	22	31	6.3	110	90	108.5	13
40	30	39	6.3	125	100	123.5	16
45	30	44	10	140	115	138.5	16.2
50	35	49	9.5	160	135	158	16
63	48	62	9.5	180	150	178	19.8
70	59	68.5	13	200	170	198	20
80	60	78.5	12.5	250	220	248	20
90	70	88.5	13	—	—	—	—

2.10.3　带挡圈的同轴密封件

带挡圈的同轴密封件已在 GB/T 15242.1—2017《液压缸活塞和活塞杆动密封装置尺寸系列　第1部分：同轴密封件尺寸系列和公差》中标准化了，称为“孔用组合同轴密封件”。以下内容有助于帮助读者认识这种密封件，以便更好地应用。

带挡圈的同轴密封件不同于在 GB/T 15242.1—1994《液压缸活塞和活塞杆动密封装置用同轴密封件尺寸系列和公差》（已被代替）中给出的两种同轴密封件的结构型式，其弹性体截面形状不是 O 形，而是一种特殊形状的（或称异形截面）弹性体赋能元件；其滑环既有用 PTFE+青铜或 PTFE+玻璃纤维制成的，也有用耐水解热塑性聚酯 TPE 制成的，并且滑环两侧还各加装了一个 POM 或 PA 制挡圈，如图 2-60 所示。

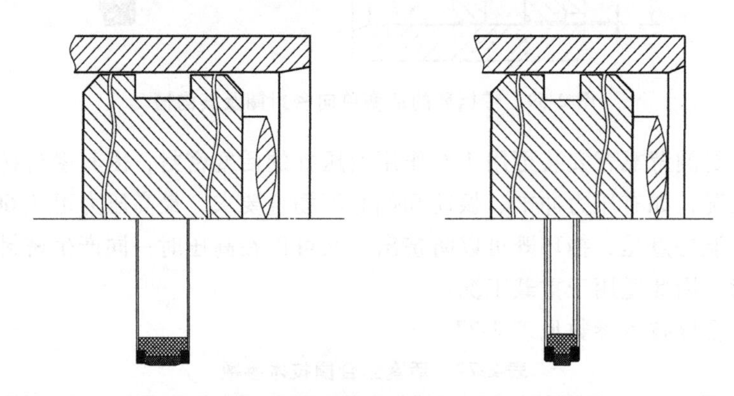

图 2-60　带挡圈的同轴密封件及其沟槽

特殊形状的弹性体比 O 形圈具有对滑环更大的挤压（赋能）能力；滑环两侧加装的 POM 挡圈既可增强滑环抗挤出能力，也可减小压力冲击，因其具有一定刮污和纳污能力，还对滑环和弹性体起到一定的保护作用。

这种结构型式的同轴密封件主要用于中、重载荷工况下使用的液压缸活塞密封，组合Ⅲ带挡圈的同轴密封件适合在水基乳化液工作介质中使用，如煤矿液压支架用液压缸。

带挡圈的同轴密封件在工程机械上的应用请参见本书第 3.2.2 节“1.（2）带挡圈的同轴密封件活塞密封系统”，但各密封件制造商技术参数可能有所不同。

带挡圈的同轴密封件技术参数见表 2-79。

表 2-79　带挡圈的同轴密封件技术参数

带挡圈的同轴密封件	滑环	弹性体	挡圈	最高工作压力/MPa	工作温度范围/℃	最高速度/(m/s)
组合Ⅰ	填充40%青铜 PTFE	NBR	PA6/二硫化钼	50	-30~120	1.5
组合Ⅱ	填充15%玻璃纤维、5%二硫化钼 PTFE	NBR	PA6/二硫化钼	50	-30~120	1.5
组合Ⅲ	TPE	NBR	POM	70	-30~120	0.3

需要说明的是，带挡圈的同轴密封件安装时一般需要使用安装工具。

2.10.4　低泄漏同轴密封件

一般常见的同轴密封件的弹性体为一个 O 形圈，与配合件偶合面接触并起密封作用的摩擦密封面是塑料环，而低泄漏同轴密封件的弹性体为两个O形圈，与配合件偶合面接触并起密封作用的摩擦密封面不只是塑料环，还有X形（橡胶密封）圈，如图2-61所示。

这种型式的同轴密封件因在金属、塑料摩擦密封面中增加了橡胶密封件，所以其动密封性能更好；同时，因采用两个O形圈将滑环压靠在偶合面上，其对滑环的赋能能力更强，所以初始密封（静密封）性能更好。

为了不使O形圈与塑料环间可能产生的困油干扰O形圈对滑环的赋能（挤压），通常在塑料滑环侧面开有泄压槽。

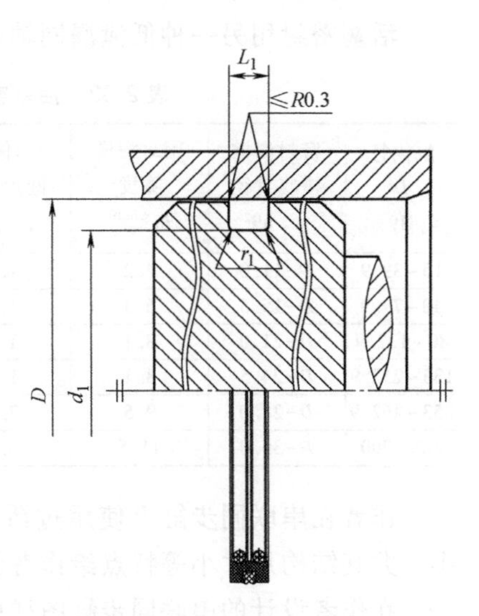

图2-61　低泄漏同轴密封件及其沟槽

低泄漏同轴密封件的主要特点：

1）动、静密封性能俱佳。

2）兼有滑环式组合密封和X密封优点。

3）密封压力高、泄漏量小。

4）结构尺寸小、安全可靠。

5）低摩擦、无爬行、高寿命。

因其具有以上特点，低泄漏同轴密封件主要用于活塞式蓄能器、同步控制液压缸，以及锁紧、定位、支撑、悬挂、伺服、数字液压缸等，随着人们对其了解、认识的深入，低泄漏同轴密封件将在中、重载荷工况下使用的各种液压缸上得以应用。

活塞密封用低泄漏同轴密封件的使用工况见表2-80。

表2-80　活塞密封用低泄漏同轴密封件使用工况

低泄漏同轴密封件	塑料滑环	O形圈	X形圈	适配偶合件材料	最高工作压力/MPa	工作温度范围/℃	最高速度/(m/s)
组合Ⅰ	填充青铜PTFE	NBR	NBR	钢、淬火钢、铸铁	60	-30~100	3
		FKM	FKM			-10~200	
组合Ⅱ	填充碳纤维PTFE	NBR	NBR	钢、铸铁、不锈钢、铝、青铜	25	-30~100	
		FKM	FKM			-10~200	
		EPDM	EPDM			-45~145	
组合Ⅲ	填充石墨PTFE	NBR	NBR	钢、不锈钢	60	-30~100	
		FKM	FKM			-10~200	
		EPDM	EPDM			-45~145	

注：EPDM不适合（应）在矿物液压油中使用。

活塞密封用低泄漏同轴密封件产品规格见表2-81。

表2-81　活塞密封用低泄漏同轴密封件产品规格　　（单位：mm）

缸内径 D H9	密封沟槽槽底直径 d_1 h9	密封沟槽宽度 $L_1{}^{+0.10}_{0}$	沟槽底圆角半径 r_1	最大沟槽棱圆角半径 r_2	最大径向间隙 S			O形圈截面直径 d_2（2件）	X形圈截面尺寸
					10MPa	20MPa	40MPa		
40~79.9	D-10.0	6.0	0.6	0.3	0.30	0.20	0.15	2.62	1.78
80~132.9	D-13.0	8.3	1.0		0.40	0.30	0.15	3.53	2.62
133~462.9	D-18.0	12.3	1.3		0.40	0.30	0.20	5.33	3.53
463~700	D-31.0	16.3	1.8		0.50	0.40	0.30	7.00	5.33

活塞密封用另一种低泄漏同轴密封件产品规格见表 2-82。

表 2-82　活塞密封用另一种低泄漏同轴密封件产品规格　（单位：mm）

缸内径 D H9	密封沟槽槽底直径 d_1 h9	密封沟槽宽度 $L_1{}^{+0.10}_{0}$	沟槽底圆角半径 r_1	最大沟槽棱圆角半径 r_2	最大径向间隙 S			O 形圈截面直径 d_2（1 件）	X 形圈截面尺寸
					10MPa	20MPa	40MPa		
15~39.9	D-11.0	4.2	1.0	0.3	0.25	0.15	0.10	3.53	1.78
40~79.9	D-15.5	6.3	1.3		0.30	0.20	0.15	5.33	1.78
80~132.9	D-21.0	8.1	1.8		0.30	0.20	0.15	7.00	2.62
133~252.9	D-24.5	8.1	1.8		0.30	0.20	0.15	7.00	2.62
253~462.9	D-28.0	9.5	2.5		0.45	0.30	0.25	8.40	3.53
463~700	D-35.0	11.5	3.0		0.55	0.40	0.35	10.00	5.33

作者在串联同步缸上使用过活塞密封用低泄漏同轴密封件。其起动压力低、内泄漏量小，尤其结构尺寸小等特点给作者留下了深刻印象。

在作者设计的串联同步缸图样中给出的密封沟槽表面粗糙度列于表 2-83 中，供读者参考使用。

表 2-83　活塞密封用低泄漏同轴密封件密封沟槽表面粗糙度　（单位：μm）

配合件偶合面	沟槽底面	沟槽侧面
Ra0.2(Rz0.8)	Ra0.4(Rz1.6)	Ra0.8(Rz3.2)

活塞密封用低泄漏同轴密封件的密封性能与活塞及活塞杆支承环的支承、导向性能密切相关，为了保证发挥其优良的密封性能，必须采用优质支承环和较为精密的支承环安装沟槽。

2.11　防尘密封圈及其沟槽

2.11.1　标准橡胶防尘密封圈及其沟槽

标准橡胶防尘密封圈指在 JB/T 10205—2010《液压缸》及其他液压缸产品标准中被引用的 GB/T 6578—2008《液压缸活塞杆用防尘圈沟槽型式、尺寸和公差》所适配的橡胶防尘密封圈（或可简称为防尘圈）。

现在，GB/T 36520.3—2019《液压传动　聚氨酯密封件尺寸系列　第 3 部分：防尘圈的尺寸和公差》规定了液压传动系统中聚氨酯防尘圈的结构型式、尺寸和公差，适用于安装在液压缸导向套上起防尘作用的聚氨酯密封圈（简称防尘圈）。

防尘圈是起擦拭（刮除）作用以防止污染物侵入的密封件或用于往复运动的活塞杆（柱塞杆）上防止污染物侵入的装置。在 GB/T 10708.3—2000《往复运动橡胶密封圈尺寸系列　第 3 部分：橡胶防尘密封圈》中规定了往复运动用橡胶防尘圈的类型、尺寸和公差。

该标准规定的防尘圈按其结构和用途分三种基本类型：A 型防尘圈，是一种单唇无骨架橡胶密封圈，适于在 A 型密封结构型式内安装，起防尘作用；B 型防尘圈，是一种单唇带骨架橡胶密封圈，适于在 B 型密封结构型式内安装，起防尘作用；C 型防尘圈，是一种双唇橡胶密封圈，适于在 C 型密封结构型式内安装，起防尘和辅助密封作用。

1. A 型防尘密封圈及其沟槽

A 型防尘圈如图 2-62 所示，A 型防尘圈用沟槽如图 2-63 所示。

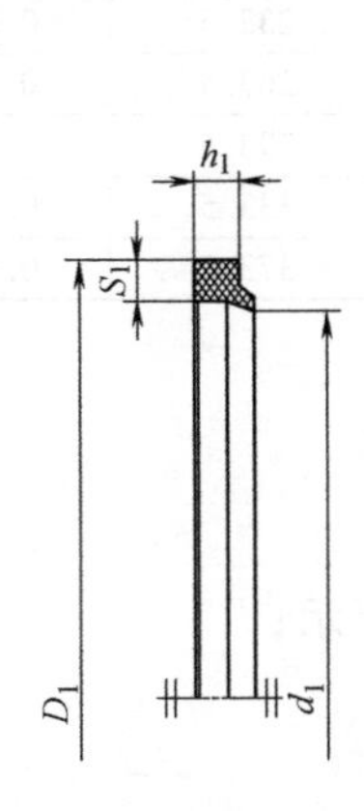

图 2-62　A 型防尘圈

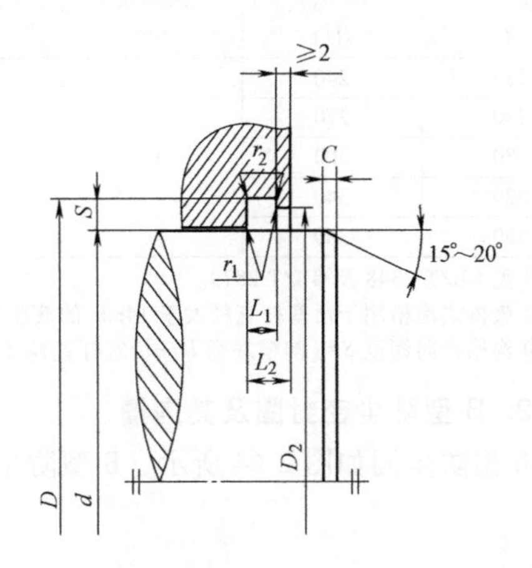

图 2-63　A 型防尘圈用沟槽（未注棱角倒圆）

A 型防尘圈用沟槽的尺寸和公差见表 2-84。

表 2-84　A 型防尘圈用沟槽的尺寸和公差（摘自 GB/T 6578—2008，推荐用于 16MPa 中型系列和 25MPa 系列结构型式的单杆液压缸）　（单位：mm）

活塞杆直径[1][2] d	沟槽底径 $D(D_1)$ H11	沟槽径向深度 S[3]	沟槽宽度 L_1	防尘圈长度 L_2 max	沟槽端部孔径 D_2 H11	r_1 max	r_2 max
14	22	4	$5^{+0.20}_{0}$	8	19.5	0.3	0.5
16	24			8	21.5	0.3	0.5
18	26			8	23.5	0.3	0.5
20	28			8	25.5	0.3	0.5
22	30			8	27.5	0.3	0.5
25	33			8	30.5	0.3	0.5
28	36			8	33.5	0.3	0.5
32	40			8	37.5	0.3	0.5
36	44			8	41.5	0.3	0.5
40	48			8	45.5	0.3	0.5
45	53			8	50.5	0.3	0.5
50	58			8	55.5	0.3	0.5
56	66	5	$6.3^{+0.20}_{0}$	10	63	0.4	0.5
63	73			10	70	0.4	0.5
70	80			10	77	0.4	0.5
80	90			10	87	0.4	0.5
90	100			10	97	0.4	0.5
100	115	7.5	$9.5^{+0.30}_{0}$	14	110	0.6	0.5
110	125			14	120	0.6	0.5
125	140			14	135	0.6	0.5
140	155			14	150	0.6	0.5
160	175			14	170	0.6	0.5
180	195			14	190	0.6	0.5
200	215			14	210	0.6	0.5

（续）

活塞杆直径①② d	沟槽底径 $D(D_1)$ H11	沟槽径向深度 S③	沟槽宽度 L_1	防尘圈长度 L_2 max	沟槽端部孔径 D_2 H11	r_1 max	r_2 max
220	240	10	$12.5^{+0.30}_{0}$	18	233.5	0.8	0.9
250	270			18	263.5	0.8	0.9
280	300			18	293.5	0.8	0.9
320	340			18	333.5	0.8	0.9
360	380			18	373.5	0.8	0.9

① 见 GB/T 2348 及 GB/T 2879。
② 整体式沟槽用于活塞杆直径大于 14mm 的液压缸。
③ 沟槽径向深度 S=（沟槽底径 D_1-活塞杆直径 d）/2。

2. B 型防尘密封圈及其沟槽

B 型防尘圈如图 2-64 所示，B 型防尘圈用沟槽如图 2-65 所示；

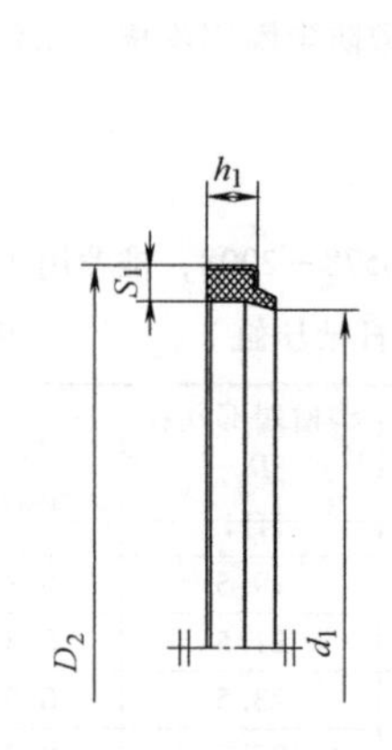

图 2-64　B 型防尘圈

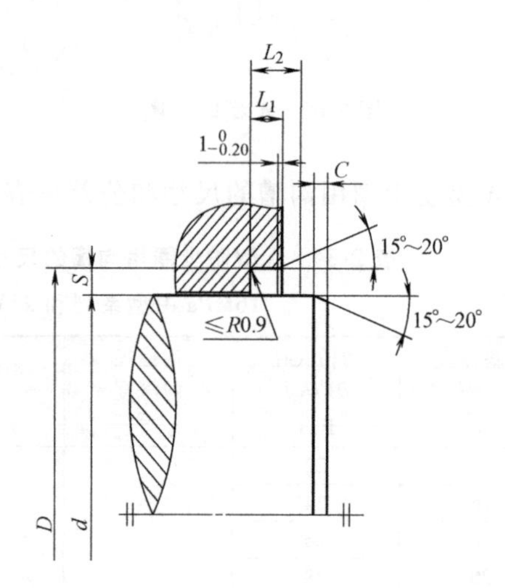

图 2-65　B 型防尘圈用沟槽（未注棱角倒圆）

B 型防尘圈用沟槽的尺寸和公差见表 2-85。

表 2-85　B 型防尘圈用沟槽的尺寸和公差（摘自 GB/T 6578—2008，推荐用于16MPa 中型系列和 25MPa 系列结构型式的单杆液压缸）　（单位：mm）

活塞杆直径① d	沟槽径向深度 S	沟槽底径 $D(D_2)$ H11	沟槽宽度 $L_1{}^{+0.50}_{0}$	防尘圈长度 L_2 max
14	5	24	7	11
16	5	26	7	11
18	5	28	7	11
20	5	30	7	11
22	5	32	7	11
25	5	35	7	11
28	5	38	7	11
32	5	42	7	11
36	5	46	7	11
40	5	50	7	11
45	5	55	7	11
50	5	60	7	11

（续）

活塞杆直径[①] d	沟槽径向深度 S	沟槽底径 $D(D_2)$ H11	沟槽宽度 $L_1{}^{+0.50}_{0}$	防尘圈长度 L_2 max
56	5	66	7	11
63	5	73	7	11
70	5	80	7	11
80	5	90	7	11
90	5	100	7	11
100	7.5	115	9	13
110	7.5	125	9	13
125	7.5	140	9	13
140	7.5	155	9	13
160	7.5	175	9	13
180	7.5	195	9	13
200	7.5	215	9	13
220	10	240	12	16
250	10	270	12	16
280	10	300	12	16
320	10	340	12	16
360	10	380	12	16

① 见 GB/T 2348 及 GB/T 2879。

3. C 型防尘密封圈及其沟槽

C 型防尘圈如图 2-66 所示，C 型防尘圈用沟槽如图 2-67 所示。

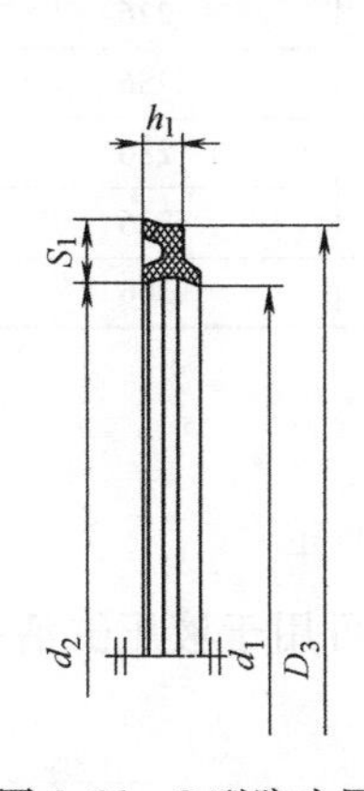

图 2-66　C 型防尘圈

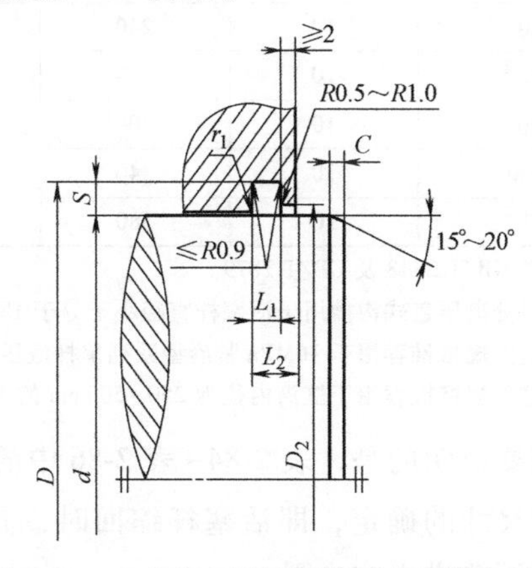

图 2-67　C 型防尘圈用沟槽（未注棱角倒圆）

C 型防尘圈用沟槽的尺寸和公差见表 2-86。

表 2-86　C 型防尘圈用沟槽的尺寸和公差（摘自 GB/T 6578—2008，适用于 16MPa 紧凑型系列和 10MPa 系列结构型式的单杆液压缸）　（单位：mm）

活塞杆直径[①②] d	沟槽径向深度 S	沟槽底径 $D(D_3)$ H11	沟槽宽度 L_1	防尘圈长度 L_2 max	沟槽端部孔径 D_2 H11	r_1 max
14[③]	3	20	$4^{+0.20}_{0}$	7	16.5	0.3
16	3	22		7	18.5	0.3
18[③]	3	24		7	20.5	0.3
20	3	26		7	22.5	0.3
22[③]	3	28		7	24.5	0.3
25	3	31		7	27.5	0.3

（续）

活塞杆直径[1][2] d	沟槽径向深度 S	沟槽底径 $D(D_3)$ H11	沟槽宽度 L_1	防尘圈长度 L_2 max	沟槽端部孔径 D_2 H11	r_1 max
28[3]	4	36	$5^{+0.20}_{0}$	8	31	0.3
32	4	40		8	35	0.3
36[3]	4	41		8	39	0.3
40	4	48		8	43	0.3
45[3]	4	53		8	48	0.3
50	4	58		8	53	0.3
56	5	66	$6^{+0.20}_{0}$	9.7	59	0.3
63	5	73		9.7	66	0.3
70[3]	5	80		9.7	73	0.3
80	5	90		9.7	83	0.3
90[3]	5	100		9.7	93	0.3
100	5	110		9.7	103	0.4
110[3]	7.5	125	$8.5^{+0.30}_{0}$	13.0	114	0.4
125	7.5	140		13.0	129	0.4
140[3][4]	7.5	155		13.0	144	0.4
160	7.5	17		13.0	164	0.4
180[4]	7.5	195		13.0	184	0.4
200	7.5	215		13.0	204	0.4
220[4]	10	240	$12^{+0.30}_{0}$	18	226	0.6
250[4]	10	270		18	256	0.6
280[4]	10	300		18	286	0.6
320	10	340		18	326	0.6
360[4]	10	380		18	366	0.6

① 见 GB/T 2348 及 GB/T 2879。

② 可分离压盖式沟槽用于活塞杆直径小于等于 18mm 的液压缸。

③ 这些规格推荐用于 16MPa 紧凑型系列单杆液压缸和 10MPa 系列的液压缸。

④ 这些规格推荐用于缸筒内径为 250~500mm 的 16MPa 紧凑型系列的单杆液压缸。

需要说明的是，表 2-84~表 2-86 中的防尘圈长度 L_2 尺寸可用于液压缸活塞杆密封设计中装配尺寸的确定，即活塞杆缩回时，其活塞杆的导入倒角不能进入防尘圈。

根据液压缸设计的相关标准，其设计准则应为各表所列尺寸 $\geqslant L_2+2$mm，具体可参考 JB/T 10205 中表 9。对于其他型式的防尘圈沟槽，该尺寸也应按上述准则设计。

此外，GB/T 6578—2008《液压缸活塞杆用防尘圈沟槽型式、尺寸和公差》还给出了 D 型沟槽，但在 GB/T 10708.3—2000 中未规定 D 型防尘圈的结构型式。

4. D 型防尘密封圈沟槽

D 型防尘圈用沟槽如图 2-68 所示。

D 型防尘圈用沟槽的尺寸和公差见表 2-87。

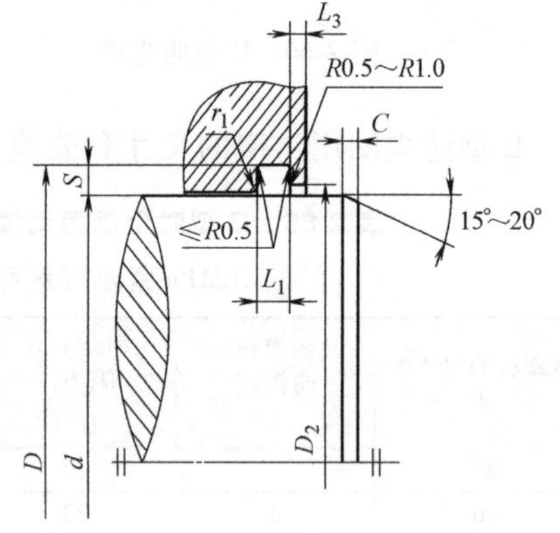

图 2-68　D 型防尘圈用沟槽
（未注棱角倒圆）

表 2-87 D 型防尘圈用沟槽的尺寸和公差（D 型防尘圈沟槽推荐用于所有适用规格的液压缸）

（单位：mm）

活塞杆直径[1][2] d	沟槽径向深度 S	沟槽底径 D H9	沟槽宽度 $L_{1}{}^{+0.20}_{0}$	沟槽端部孔径 D_2 H11	沟槽端部宽度 L_3 min	r_1 max
14	3.4	20.8	5	15.5	2	0.8
16	3.4	22.8	5	17.5	2	0.8
18	3.4	24.8	5	19.5	2	0.8
20	3.4	26.8	5	21.5	2	0.8
22	3.4	28.8	5	23.5	2	0.8
25	3.4	31.8	5	26.5	2	0.8
28	3.4	34.8	5	29.5	2	0.8
32	3.4	38.8	5	33.5	2	0.8
36	3.4	42.8	5	37.5	2	0.8
40[3]	3.4	46.8	5	41.5	2	0.8
	4.4	48.8	6.3	41.5	3	0.8
45	3.4	51.8	5	46.5	2	0.8
	4.4	53.8	6.3	46.5	3	0.8
50	3.4	56.8	5	51.5	2	0.8
	4.4	58.8	6.3	51.5	3	0.8
56	3.4	62.8	5	57.5	2	0.8
	4.4	64.8	6.3	57.5	3	0.8
63	3.4	69.8	5	64.5	2	0.8
	4.4	71.8	6.3	64.5	3	0.8
70	4.4	78.8	6.3	71.5	3	1
	6.1	82.8	8.1	72	4	1
80	4.4	88.8	6.3	81.5	3	1
	6.1	92.8	8.1	82	4	1
90	4.4	98.8	6.3	91.5	3	1
	6.1	102.8	8.1	92	4	1
100	4.4	108.8	6.3	101.5	3	1
	6.1	112.8	8.1	102	4	1
110	4.4	118.8	6.3	111.5	3	1
	6.1	122.2	8.1	112	4	1
125	4.4	133.8	6.3	126.5	3	1
	6.1	137.2	8.1	127	4	1
140	6.1	152.2	8.1	142	4	1
	8	156	9.5	142.5	5	1
160	6.1	172.2	8.1	162	4	1
	8	176	9.5	162.5	5	1.5
180	6.1	192.2	8.1	182	4	1
	8	196	9.5	182.5	5	1.5
200	6.1	212.2	8.1	202	4	1
	8	216	9.5	202.5	5	1.5
220	6.1	232.2	8.1	222	4	1
	8	236	9.5	222.5	5	1.5
250	6.1	262.2	8.1	252	4	1
	8	266	9.5	252.5	5	1.5
280	6.1	292.2	8.1	282	4	1
	8	296	9.5	282.5	5	1.5

（续）

活塞杆直径①② d	沟槽径向深度 S	沟槽底径 D H9	沟槽宽度 $L_1{}^{+0.20}_{0}$	沟槽端部孔径 D_2 H11	沟槽端部宽度 L_3 min	r_1 max
320	6.1	332.2	8.1	322	4	1
	8	336	9.5	322.5	5	1.5
360	6.1	372.2	8.1	362	4	1
	8	376	9.5	362.5	5	1.5

① 见 GB/T 2348 和 GB/T 2879。
② 可分离盖式沟槽用于活塞杆直径小于等于 18mm 的液压缸。
③ 活塞杆直径大于 40mm 的规格，轻型系列（径向深度较小）推荐用于固定液压设备，重型系列（径向深度较大）推荐用于行走液压设备。

5. 聚氨酯防尘圈及其沟槽

聚氨酯防尘圈及其密封结构型式如图 2-69 所示。

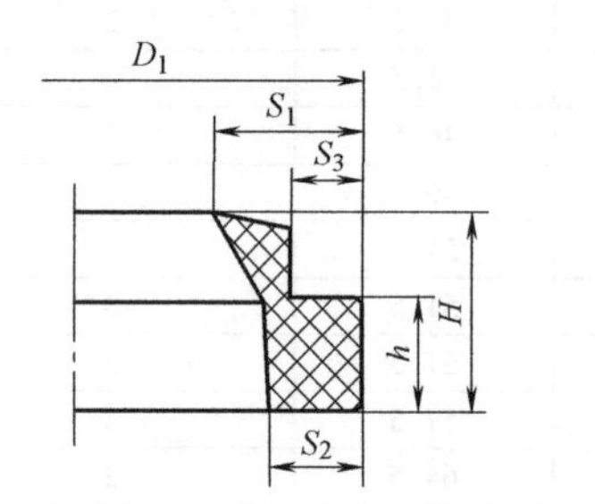

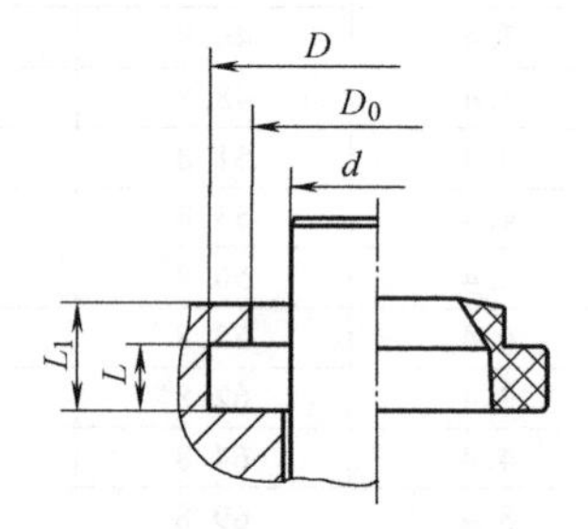

图 2-69　聚氨酯防尘圈及其密封结构型式

聚氨酯防尘圈的尺寸系列分为Ⅰ、Ⅱ、Ⅲ、Ⅳ、Ⅴ五个系列，Ⅰ、Ⅱ系列聚氨酯防尘圈适用于煤炭行业液压支架的密封沟槽；Ⅲ、Ⅳ、Ⅴ系列聚氨酯防尘圈适用于工程机械或其他行业液压缸的密封沟槽。

Ⅲ、Ⅳ、Ⅴ系列聚氨酯防尘圈的尺寸和极限偏差见表 2-88～表 2-90。

表 2-88　Ⅲ系列聚氨酯防尘圈的尺寸和极限偏差（摘自 GB/T 36520.3—2019）

（单位：mm）

密封沟槽公称尺寸					尺寸和极限偏差											
d	D	D_0	L	L_1	D_1		S_1		S_2		S_3		h		H	
					尺寸	极限偏差	尺寸	极限偏差	尺寸	极限偏差	尺寸	极限偏差	尺寸	极限偏差	尺寸	极限偏差
16	24	19.5	6	8	24.20	±0.15	4.40	±0.10	3.50	±0.10	2.60	±0.10	5.80	±0.15	8.50	±0.15
18	26	21.5	6	8	26.20											
20	28	23.5	6	8	28.20											
22	30	25.5	6	8	30.20											
25	33	28.5	6	8	33.20											
28	36	31.5	6	8	36.20											
30	38	33.5	6	8	38.20											
35	43	38.5	6	8	43.20											
40	48	43.5	6	8	48.50	±0.30	4.60									
45	53	48.5	6	8	53.50											
50	58	53.5	6	8	58.50											
55	63	58.5	6	8	63.50											
60	68	63.5	6	8	68.50											

（续）

密封沟槽公称尺寸					尺寸和极限偏差											
					D_1		S_1		S_2		S_3		h		H	
d	D	D_0	L	L_1	尺寸	极限偏差	尺寸	极限偏差	尺寸	极限偏差	尺寸	极限偏差	尺寸	极限偏差	尺寸	极限偏差
63	71	66.5	6	8	71.50	±0.30	4.60	±0.10	3.50	±0.10	2.60	±0.10	5.80	±0.15	8.50	±0.15
65	73	68.5	6	8	73.80											
70	78	73.5	6	8	78.80											
75	83	78.5	6	8	83.80											
80	88	83.5	6	8	88.80											
85	93	88.8	6	8	93.80											
90	98	93.5	6	8	98.80											
100	108	103.5	6	8	109.00											
105	117	110	8.2	11.2	118.00	±0.45	6.90	±0.15	5.30	±0.15	3.90		8.0		11.80	±0.20
110	122	115	8.2	11.2	123.00											
115	127	120	8.2	11.2	128.00											
120	132	125	8.2	11.2	133.00											
125	137	130	8.2	11.2	138.00											
130	142	135	8.2	11.2	143.00											
140	152	145	8.2	11.2	153.00											
150	162	155	8.2	11.2	162.00											
160	172	165	8.2	11.2	173.00											
170	182	175	8.2	11.2	183.20	±0.65	7.0									
180	192	185	8.2	11.2	193.20											
190	202	195	8.2	11.2	203.20											
200	212	205	8.2	11.2	213.20											
220	235	227	9.5	12.5	236.20		8.70		6.50		4.50				13.50	
240	255	247	9.5	12.5	248.50											
260	275	267	9.5	12.5	276.50											
280	295	287	9.5	12.5	296.50											
300	315	307	9.5	12.5	316.80	±0.90					4.80	±0.15	9.30		13.5	
310	325	317	9.5	12.5	326.80											
320	335	327	9.5	12.5	336.80											
340	355	347	9.5	12.5	356.80											
360	375	367	9.5	12.5	376.80											
380	395	387	9.5	12.5	396.80											
400	415	407	9.5	12.5	417.00											
420	435	427	9.5	12.5	437.00											
425	440	432	9.5	12.5	442.00											
440	455	447	9.5	12.5	457.00	±1.20										
450	465	457	9.5	12.5	467.00											
460	475	467	9.5	12.5	477.00											
480	495	487	9.5	12.5	497.00											
500	515	507	9.5	12.5	517.50		8.90				5.10					
540	555	547	9.5	12.5	557.50											
550	565	557	9.5	12.5	567.50											
560	575	567	9.5	12.5	577.50											
580	595	587	9.5	12.5	597.50											
600	615	607	9.5	12.5	618.00	±1.50	9.10				5.40					
630	645	637	9.5	12.5	648.00											
650	665	657	9.5	12.5	668.00											

（续）

密封沟槽公称尺寸					尺寸和极限偏差											
					D_1		S_1		S_2		S_3		h		H	
d	D	D_0	L	L_1	尺寸	极限偏差	尺寸	极限偏差	尺寸	极限偏差	尺寸	极限偏差	尺寸	极限偏差	尺寸	极限偏差
660	675	667	9.5	12.5	678.00	±1.50	9.10	±0.15	6.50	±0.15	5.40	±0.15	9.30	±0.15	13.5	±0.20
680	695	687	9.5	12.5	689.00											
710	725	717	9.5	12.5	728.00											
750	765	757	9.5	12.5	768.00											
800	815	807	9.5	12.5	818.00											
900	915	907	9.5	12.5	918.50											

表 2-89　Ⅳ系列聚氨酯防尘圈的尺寸和极限偏差（摘自 GB/T 36520.3—2019）　（单位：mm）

密封沟槽公称尺寸					尺寸和极限偏差											
					D_1		S_1		S_2		S_3		h		H	
d	D	D_0	L	L_1	尺寸	极限偏差	尺寸	极限偏差	尺寸	极限偏差	尺寸	极限偏差	尺寸	极限偏差	尺寸	极限偏差
4	8.8	5.5	3.7	5.7	9.0	±0.15	2.70	±0.10	2.10	±0.10	1.80	±0.10	3.50	±0.15	6.00	±0.20
5	9.8	6.5	3.7	5.7	10.0											
6	10.8	7.5	3.7	5.7	11.0											
8	12.8	9.5	3.7	5.7	13.0											
10	14.8	11.5	3.7	5.7	15.0											
12	18.8	13.5	5	7	19.0		3.80		3.00		2.80		4.80		7.20	
14	20.8	15.5	5	7	21.0											
16	22.8	17.5	5	7	23.0											
18	24.8	19.5	5	7	25.0											
20	26.8	21.5	5	7	27.0											
22	28.8	23.5	5	7	29.0											
25	31.8	26.5	5	7	32.0											
28	34.8	29.5	5	7	35.0											
32	38.8	33.5	5	7	39.0											
36	42.8	37.5	5	7	43.0											
40	46.8	41.5	5	7	47.0	±0.30										
45	51.8	46.5	5	7	52.0											
50	56.8	51.5	5	7	57.0											
56	62.8	57.5	5	7	63.0											
63	69.8	64.5	5	7	70.0											
70	78.8	71.5	6.3	9.3	79.30		5.00	±0.15	3.80		4.00		6.10		9.50	
80	88.9	81.5	6.3	9.3	89.30											
90	98.8	91.5	6.3	9.3	99.30	±0.45										
100	108.8	101.5	6.3	9.3	109.30											
110	118.8	111.5	6.3	9.3	119.30											
125	133.8	126.5	6.3	9.3	134.30											
140	152.2	142	8.1	12.1	153.9		7.10		5.40	±0.15	5.80		7.90		12.50	
160	172.2	162	8.1	12.1	173.0											
180	192.2	182	8.1	12.1	193.0											
200	212.2	202	8.1	12.1	213.0	±0.60										
220	232.2	222	8.1	12.1	233.0											
250	262.2	252	8.1	12.1	263.0											
280	292.2	282	8.1	12.1	293.0											
320	332.2	322	8.1	12.1	333.0	±0.90										
360	272.2	362	8.1	12.1	373.0											

表 2-90 V系列聚氨酯防尘圈的尺寸和极限偏差（摘自 GB/T 36520.3—2019）（单位：mm）

密封沟槽公称尺寸					尺寸和极限偏差											
d	D	D_0	L	L_1	D_1		S_1		S_2		S_3		h		H	
					尺寸	极限偏差	尺寸	极限偏差	尺寸	极限偏差	尺寸	极限偏差	尺寸	极限偏差	尺寸	极限偏差
40	48.8	41.5	6.3	9.3	49.0	±0.30	5.10	±0.15	4.0	±0.15	4.10	±0.15	6.10	±0.15	9.50	±0.20
45	53.8	46.5	6.3	9.3	54.0											
50	58.8	51.5	6.3	9.3	59.0											
56	64.8	57.5	6.3	9.3	65.0											
63	71.8	64.5	6.3	9.3	72.0											
70	82.2	72	8.1	12.1	82.7		7.0		5.40		5.80		7.90		12.50	
80	92.2	82	8.1	12.1	92.7											
90	102.2	92	8.1	12.1	102.7	±0.45										
100	112.2	102	8.1	12.1	112.7											
110	122.2	112	8.1	12.1	122.7											
125	137.2	127	8.1	12.1	137.7											
140	156	142.5	9.5	14.5	156.8		9.0		7.10		7.20		9.30		15.00	
160	176	162.5	9.5	14.5	176.8											
180	196	182.5	9.5	14.5	196.8											
200	216	202.5	9.5	14.5	216.8	±0.60										
220	236	222.5	9.5	14.5	236.8											
250	266	252.5	9.5	14.5	266.8											
280	296	282.5	9.5	14.5	296.8											
320	336	322.5	9.5	14.5	336.8	±0.90										
360	376	362.5	9.5	14.5	376.8											

2.11.2 其他防尘密封圈及其沟槽

除上述在 GB/T 10708.3—2000《往复运动橡胶密封圈尺寸系列 第 3 部分：橡胶防尘密封圈》中规定的往复运动用橡胶防尘圈类型，实际应用中还有很多类型的防尘圈，如双唇带骨架防尘密封圈、同轴密封件类型防尘密封圈、带“侧翼”的防尘密封圈等。

如图 2-70 所示，因双唇带骨架防尘圈在低温下有较小的直径收缩百分比，所以实际中经常采用。

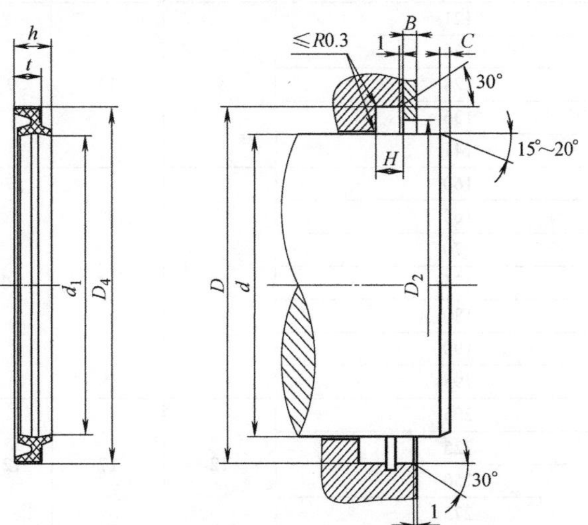

图 2-70 双唇带骨架防尘圈及其沟槽（未注棱角倒圆）

某公司 DKB 型往复运动用双唇带骨架防尘密封圈公称尺寸及沟槽尺寸见表 2-91。

表 2-91　双唇带骨架防尘密封圈公称尺寸及沟槽尺寸　　（单位：mm）

活塞杆直径 d f8	沟槽底面直径 $D(D_4)$ H8	t	h	H	D_2	B
14	24	5	7	$5^{+0.5}_{+0.3}$	19	4
16	26				21	
18	30	6	9	$6^{+0.5}_{+0.3}$	25	
20	32				27	
22	34				29	
22.4	34.4				29	
25	37				32	
28	40				35	
30	42				37	
31.5	44	7	10	$7^{+0.5}_{+0.3}$	38.5	
32	44				39	
35	47				42	
35.5	47.5				42.5	
36	48				43	
40	52				47	
45	57				52	
50	62				57	
55	69	8	11	$8^{+0.6}_{+0.4}$	62	
56	70				63	
60	74				67	
63	77				70	
65	79				72	
70	84				77	
75	89				82	
80	94				87	
85	99				92	
90	104				97	
95	109				102	
100	114				107	
105	121	9	12	$9^{+0.6}_{+0.4}$	113	5
110	126				118	
112	128				120	
120	136				128	
125	141				133	
140	160	10	14	$10^{+0.6}_{+0.4}$	150	
145	165				155	
150	170				160	
155	175				165	
160	180				170	
170	190				180	
175	195				185	
180	205	12	17	$12^{+0.7}_{+0.5}$	191	
200	225				212	6
225	250				237	
250	275				262	

注：密封材料为 NBR。

2.12　支承环及其沟槽

2.12.1　支承环的名称和作用

在 GB/T 17446—2012 中没有支承环或导向环（带）这样的术语和定义。在 GB/T 15242.2—2017《液压缸活塞和活塞杆动密封装置尺寸系列　第 2 部分：支承环尺寸系列和公差》中给出了术语“支承环”的定义，即对液压缸的活塞或活塞杆起支撑作用，避免相对运动的金属之间的接触，并提供径向支撑力的有切口的环形非金属导向元件。在 JB/T 8241—1996 中也定义了“支承环”，即抗磨的塑料材料制成的环，用以避免活塞与缸体碰撞，起支承及导向作用。

对液压缸活塞和活塞杆的往复运动都必须进行导向，尽管活塞往复运动名义上被缸体（筒）内径导向、活塞杆往复运动名义上被导向套（或缸盖）内孔导向，但在液压缸中，与缸筒或活塞杆接触的一般都是导向环（带）。因导向环在偶合件（缸筒或活塞杆）表面做往复运动，所以要求其必须耐磨，因此也有将其称为耐磨环（带）的。

关于支承环名称，在一些国内外密封件制造商的产品样本中，称其为支承环的较少，而称其为导向环（带）、耐磨环的居多，还有称其为支撑环的。

有参考文献是这样划分的，装在液压缸活塞上的称为支承环；用于活塞杆上的称为导向环（带）。这样划分既不符合 GB/T 15242.2 的规定（活塞用、活塞杆用都称为支承环），也与实际工作中的称谓不符［活塞用、活塞杆用一般都称为导向环（带）］。作者认为，称其为“导向支承环（带）”应该是最没有异议的。应该将其定义为用于往复运动液压缸密封装置中对活塞和活塞杆起支承及导向作用的塑料圈（带）。

支承环和导向环是同一种密封件的两个称谓，这对于液压缸密封设计有实际意义。作者在审核液压缸设计图纸中发现，有在活塞密封设计中既安装了一组山形圈，同时在山形圈两侧又各安装了一个导向环，这是因为此图纸设计者认为山形圈中的塑料支承环不能导向。

对于山形圈组成中将挡圈和导向环制成一体结构的，称其为“导向支承环”更为准确。但因“导向支承环”还没有被现行标准定义，所以本书叙述仍采用“支承环”。

塑料支承环在一定意义上可认为其为非金属轴承，这也是附录中包括了一些“轴承”内容的原因。

支承环设计时可参考 GB/T 39743—2021《滑动轴承　热塑性塑料轴套　尺寸与公差》等标准，如支承环内表面与外表面的同轴度公差、表面粗糙度和公差等级等。

在液压缸密封装置或系统中，支承环具有如下作用：

1）起支承作用，将活塞或活塞杆支承起来，并将其与有相对往复运动的金属面隔开。

2）起导向作用，对活塞和活塞杆往复运动进行导向并抵抗侧向力。

3）安装在密封圈前面有抗冲击和去污防污作用。

4）有对中和抑制（吸收）机械振动作用。

5）整体和止口式支承环具有一定的密封作用。

2.12.2　标准支承环及其沟槽

1. 标准支承环尺寸系列和公差

GB/T 15242.2—2017 规定了液压缸活塞和活塞杆动密封装置用支承环的尺寸系列和公差，适用于以水基或油基为传动介质的液压缸密封装置中采用的聚甲醛支承环、酚醛树脂夹织物支承环和填充聚四氟乙烯（PTFE）支承环，使用温度范围分别为-30～100℃、-60～120℃、-60～150℃。

GB/T 15242.2—2017 仅规定了支承环的尺寸和公差，没有规定支承环的几何公差和表面粗糙度等，使用该标准检测支承环产品时，甲乙双方宜事先做好一些约定，如支承环内、外表面的同轴度公差，宽端面的圆跳动公差，内表面、外表面和宽端面的表面粗糙度等。

（1）活塞用支承环尺寸系列和公差　活塞用支承环及安装沟槽如图 2-71 所示。

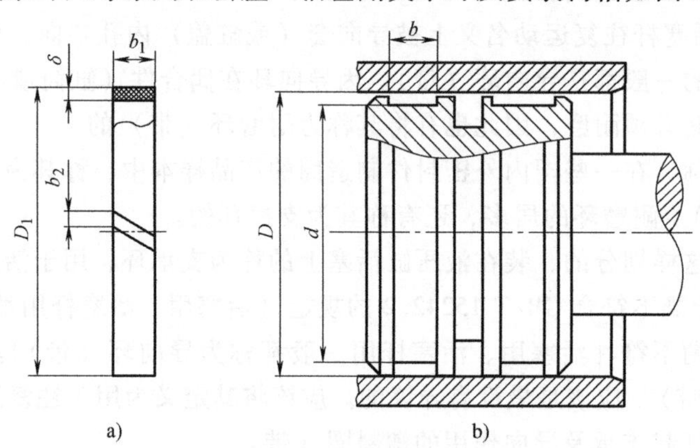

图 2-71　活塞用支承环及安装沟槽

a）活塞用支承环　b）安装沟槽

活塞用支承环的规格代号采用系列号及活塞直径表示，其尺寸系列和公差见表 2-92。

表 2-92　活塞用支承环尺寸系列和公差（摘自 GB/T 15242.2—2017）（单位：mm）

规格代号	D H9	d h8	$b^{+0.2}_{0}$	D_1	$b_{1}{}^{0}_{-0.15}$	$\delta^{0}_{-0.05}$	b_2
SD0250008	8	4.9	2.5	8	2.4	1.55	1.0～1.5
SD0250010	10	6.9	2.5	10	2.4		
SD0400012	12	8.9	4.0	12	3.8		
SD0400016	16	12.9	4.0	16	3.8		
SD0560016		11.0	5.6		5.4	2.5	
SD0400020	20	16.9	4.0	16	3.8	1.55	
SD0560020		15	5.6		5.4	2.5	
SD0400025	25	21.9	4.0	25	3.8	1.55	
SD0560025		20	5.6		5.4	2.5	
SD0630025			6.3		6.1		
SD0400032	32	28.9	4.0	32	3.8	1.55	1.5～2.0
SD0560032		27	5.6		5.4	2.5	
SD0630032			6.3		6.1		
SD0970032			9.7		9.5		

（续）

规格代号	D H9	d h8	$b^{+0.2}_{0}$	D_1	$b_{1}{}^{0}_{-0.15}$	$\delta^{0}_{-0.05}$	b_2
SD0400040	40	36.9	4.0	40	3.8	1.55	1.5~2.0
SD0560040	40	35	5.6	40	5.4	2.5	1.5~2.0
SD0630040	40	35	6.3	40	6.1	2.5	1.5~2.0
SD0810040	40	35	8.1	40	7.9	2.5	1.5~2.0
SD0970040	40	35	9.7	40	9.5	2.5	1.5~2.0
SD0400050	50	46.9	4.0	50	3.8	1.55	2.0~3.5
SD0560050	50	45	5.6	50	5.4	2.5	2.0~3.5
SD0630050	50	45	6.3	50	6.1	2.5	2.0~3.5
SD0810050	50	45	8.1	50	7.9	2.5	2.0~3.5
SD0970050	50	45	9.7	50	9.5	2.5	2.0~3.5
SD0560060	60	55	5.6	60	5.4	2.5	2.0~3.5
SD0970060	60	55	9.7	60	9.5	2.5	2.0~3.5
SD1500060	60	55	15.0	60	14.8	2.5	2.0~3.5
SD097A0060	60	54	9.7	60	9.5	3.0	2.0~3.5
SD0560063	63	58	5.6	63	5.4	2.5	2.0~3.5
SD0630063	63	58	6.3	63	6.1	2.5	2.0~3.5
SD0810063	63	58	8.1	63	7.9	2.5	2.0~3.5
SD0970063	63	58	9.7	63	9.5	2.5	2.0~3.5
SD1500063	63	58	15.0	63	14.8	2.5	2.0~3.5
SD097A0063	63	57	9.7	63	9.5	3.0	2.0~3.5
SD0630070	(70)	65	6.3	70	6.1	2.5	2.0~3.5
SD0810070	(70)	65	8.1	70	7.9	2.5	2.0~3.5
SD0970070	(70)	65	9.7	70	9.5	2.5	2.0~3.5
SD0560080	80	75	5.6	80	5.4	2.5	2.0~3.5
SD0630080	80	75	6.3	80	6.1	2.5	2.0~3.5
SD0810080	80	75	8.1	80	7.9	2.5	2.0~3.5
SD0970080	80	75	9.7	80	9.5	2.5	2.0~3.5
SD1500080	80	75	15.0	80	14.8	2.5	2.0~3.5
SD097A0080	80	74	9.7	80	9.5	3.0	2.0~3.5
SD0560085	(85)	80	5.6	85	5.4	2.5	2.0~3.5
SD0630085	(85)	80	6.3	85	6.1	2.5	2.0~3.5
SD0810085	(85)	80	8.1	85	7.9	2.5	2.0~3.5
SD0970085	(85)	80	9.7	85	9.5	2.5	2.0~3.5
SD1500085	(85)	80	15.0	85	14.8	2.5	2.0~3.5
SD097A0085	(85)	79	9.7	85	9.5	3.0	2.0~3.5
SD0560090	(90)	85	5.6	90	5.4	2.5	3.5~5.0
SD0810090	(90)	85	8.1	90	7.9	2.5	3.5~5.0
SD0970090	(90)	85	9.7	90	9.5	2.5	3.5~5.0
SD1500090	(90)	85	15.0	90	14.8	2.5	3.5~5.0
SD097A0090	(90)	84	9.7	90	9.5	3.0	3.5~5.0
SD150A0090	(90)	84	15.0	90	14.8	3.0	3.5~5.0
SD0560100	100	95	5.6	100	5.4	2.5	3.5~5.0
SD0810100	100	95	8.1	100	7.9	2.5	3.5~5.0
SD0970100	100	95	9.7	100	9.5	2.5	3.5~5.0
SD1500100	100	95	15.0	100	14.8	2.5	3.5~5.0
SD097A0100	100	94	9.7	100	9.5	3.0	3.5~5.0
SD150A0100	100	94	15.0	100	14.8	3.0	3.5~5.0
SD0560110	110	105	5.6	110	5.4	2.5	3.5~5.0

（续）

规格代号	D H9	d h8	$b^{+0.2}_{0}$	D_1	$b_{1}{}^{0}_{-0.15}$	$\delta^{0}_{-0.05}$	b_2
SD0810110	110	105	8.1	110	7.9	2.5	3.5~5.0
SD0970110			9.7		9.5		
SD1500110			15.0		14.8		
SD097A0110		104	9.7		9.5	3.0	
SD150A0110			15.0		14.8		
SD0560115	115	110	5.6	115	5.4	2.5	
SD0810115			8.1		7.9		
SD0970115			9.7		9.5		
SD1500115			15.0		14.8		
SD097A0115		109	9.7		9.5	3.0	
SD150A0115			15.0		14.8		
SD0810125	125	120	8.1	125	7.9		
SD0970125			9.7		9.5		
SD1500125			15.0		14.8		
SD2000125			20.0		19.5		
SD2500125			25.0		24.5		
SD097A0125		119	9.7		9.5		
SD150A0125			15.0		14.8		
SD200A0125			20.0		19.5		
SD0810135	135	130	8.1	135	7.9	2.5	
SD0970135			9.7		9.5		
SD1500135			15.0		14.8		
SD2000135			20.0		19.5		
SD2500135			25.0		24.5		
SD097A0135		129	9.7		9.5	3.0	
SD150A0135			15.0		14.8		
SD200A0135			20.0		19.5		
SD0810140	(140)	135	8.1	140	7.9	2.5	
SD0970140			9.7		9.5		
SD1500140			15.0		14.8		
SD2000140			20.0		19.5		
SD2500140			25.0		24.5		
SD097A0140		134	9.7		9.5	3.0	
SD150A0140			15.0		14.8		
SD200A0140			20.0		19.5		
SD0810145	145	140	8.1	145	7.9	2.5	
SD0970145			9.7		9.5		
SD1500145			15.0		14.8		
SD2000145			20.5		19.5		
SD2500145			25.0		24.5		
SD097A0145		139	9.7		9.5	3.0	
SD150A0145			15.0		14.8		
SD200A0145			20.0		19.5		
SD0810160	160	155	8.1	160	7.9	2.5	
SD0970160			9.7		9.5		
SD1500160			15.0		14.8		
SD2000160			20.0		19.5		
SD2500160			25.0		24.5		

（续）

规格代号	D H9	d h8	$b^{+0.2}_{0}$	D_1	$b_{1}{}^{0}_{-0.15}$	$\delta^{0}_{-0.05}$	b_2
SD097A0160	160	154	9.7	160	9.5	3.0	3.5~5.0
SD150A0160			15.0		14.8		
SD200A0160			20.0		19.5		
SD0810180	180	175	8.1	180	7.9	2.5	
SD0970180			9.7		9.5		
SD1500180			15.0		14.8		
SD2000180			20.0		19.5		
SD2500180			25.0		24.5		
SD097A0180		174	9.7		9.5	3.0	
SD150A0180			15.0		14.8		
SD200A0180			20.0		19.5		
SD0810200	200	195	8.1	200	7.9	2.5	
SD0970200			9.7		9.5		
SD1500200			15.0		14.8		
SD2000200			20.0		19.5		
SD2500200			25.0		24.5		
SD097A0200		194	9.7		9.5	3.0	
SD150A0200			15.0		14.8		
SD200A0200			20.0		19.5		
SD0810220	(220)	215	8.1	220	7.9	2.5	
SD0970220			9.7		9.5		
SD1500220			15.0		14.8		
SD2000220			20.0		19.5		
SD2500220			25.0		24.5		
SD097A0220		214	9.7		9.5	3.0	
SD150A0220			15.0		14.8		
SD200A0220			20.0		19.5		
SD0810250	250	245	8.1	250	7.9	2.5	
SD0970250			9.7		9.5		
SD1500250			15.0		14.8		
SD2000250			20.0		19.5		
SD2500250			25.0		24.5		
SD097A0250		244	9.7		9.5	3.0	
SD150A0250			15.0		14.8		
SD200A0250			20.0		19.5		
SD0810270	270	265	8.1	270	7.9	2.5	5.0~6.0
SD0970270			9.7		9.5		
SD1500270			15.0		14.8		
SD2000270			20.0		19.5		
SD2500270			25.0		24.5		
SD097A0270		264	9.7		9.5	3.0	
SD150A0270			15.0		14.8		
SD200A0270			20.0		19.5		
SD0810280	(280)	275	8.1	280	7.9	2.5	
SD1500280			15.0		14.8		
SD2000280			20.0		19.5		
SD2500280			25.0		24.5		
SD150A0280		274	15.0		14.8	3.0	

（续）

规格代号	D H9	d h8	$b^{+0.2}_{0}$	D_1	$b_{1\,-0.15}^{\;0}$	$\delta_{-0.05}^{\;0}$	b_2
SD200A0280	(280)	274	20.0	280	19.5	3.0	5.0~6.0
SD200B0280		272	20.0		19.5	4.0	
SD250B0280			25.0		24.5		
SD0810290	290	285	8.1	290	7.9	2.5	
SD1500290			15.0		14.8		
SD2000290			20.0		19.5		
SD2500290			25.0		24.5		
SD150A0290		284	15.0		14.8	3.0	
SD200A0290			20.0		19.5		
SD200B0290		282	20.0		19.5	4.0	
SD250B0290			25.0		24.5		
SD0810300	300	295	8.1	300	7.9	2.5	
SD1500300			15.0		14.8		
SD2000300			20.0		19.5		
SD2500300			25.0		24.5		
SD150A0300		294	15.0		14.8	3.0	
SD200A0300			20.0		19.5		
SD200B0300		292	20.0		19.5	4.0	
SD250B0300			25.0		24.5		
SD1500320	320	315	15.0	320	14.8	2.5	
SD2000320			20.0		19.5		
SD2500320			25.0		24.5		
SD150A0320		314	15.0		14.8	3.0	
SD200A0320			20.0		19.5		
SD200B0320		312	20.0		19.5	4.0	
SD250B0320			25.0		24.5		
SD1500350	350	345	15.0	350	14.8	2.5	6.0~8.0
SD2000350			20.0		19.5		
SD2500350			25.0		24.5		
SD150A0350		344	15.0		14.8	3.0	
SD200A0350			20.0		19.5		
SD200B0350		342	20.0		19.5	4.0	
SD250B0350			25.0		24.5		
SD1500360	360	355	15.0	360	14.8	2.5	
SD2000360			20.0		19.5		
SD2500360			25.0		24.5		
SD3000360			30.0		29.5		
SD150A0360		354	15.0		14.8	3.0	
SD200A0360			20.0		19.5		
SD200B0360		352	20.0		19.5	4.0	
SD250B0360			25.0		24.5		
SD300B0360			30.0		29.5		
SD1500400	400	395	15.0	400	14.8	2.5	
SD2000400			20.0		19.5		
SD2500400			25.0		24.5		
SD3000400			30.0		29.5		
SD150A0400		394	15.0		14.8	3.0	
SD200A0400			20.0		19.5		

（续）

规格代号	D H9	d h8	$b^{+0.2}_{0}$	D_1	$b_{1\,-0.15}^{\ 0}$	$\delta^{\ 0}_{-0.05}$	b_2
SD200B0400	400	392	20.0	400	19.5	4.0	6.0~8.0
SD250B0400			25.0		24.5		
SD300B0400			30.0		29.5		
SD1500450	(450)	445	15.0	450	14.8	2.5	
SD2000450			20.0		19.5		
SD2500450			25.0		24.5		
SD3000450			30.0		29.5		
SD150A0450		444	15.0		14.8	3.0	
SD200A0450			20.0		19.5		
SD200B0450		442	20.0		19.5	4.0	
SD250B0450			25.0		24.5		
SD300B0450			30.0		29.5		
SD1500500	500	495	15.0	500	14.8	2.5	
SD2000500			20.0		19.5		
SD2500500			25.0		24.5		
SD3000500			30.0		29.5		
SD150A0500		494	15.0		14.8	3.0	
SD200A0500			20.0		19.5		
SD200B0500		492	20.0		19.5	4.0	
SD250B0500			25.0		24.5		
SD300B0500			30.0		29.5		
SD2000540	(540)	535	20.0	540	19.5	2.5	
SD2500540			25.0		24.5		
SD3000540			30.0		29.5		
SD200A0540		534	20.0		19.5	3.0	
SD200B0540		532	20.0		19.5	4.0	
SD250B0540			25.0		24.5		
SD300B0540			30.0		29.5		
SD2000560	(560)	555	20.0	560	19.5	2.5	
SD2500560			25.0		24.5		
SD3000560			30.0		29.5		
SD200A0560		554	20.0		19.5	3.0	
SD200B0560		552	20.0		19.5	4.0	
SD250B0560			25.0		24.5		
SD300B0560			30.0		29.5		
SD2000600	(600)	595	20.0	600	19.5	2.5	
SD2500600			25.0		24.5		
SD3000600			30.0		29.5		
SD200A0600		594	20.0		19.5	3.0	
SD200B0600		592	20.0		19.5	4.0	
SD250B0600			25.0		24.5		
SD300B0600			30.0		29.5		
SD2000620	(620)	615	20.0	620	19.5	2.5	
SD2500620			25.0		24.5		
SD3000620			30.0		29.5		
SD200A0620		614	20.0		19.5	3.0	
SD200B0620		612	20.0		19.5	4.0	
SD250B0620			25.0		24.5		

（续）

规格代号	D H9	d h8	$b^{+0.2}_{0}$	D_1	$b_{1}{}^{0}_{-0.15}$	$\delta^{0}_{-0.05}$	b_2
SD300B0620	(620)	612	30.0	620	29.5	4.0	6.0~8.0
SD2000850			20.0		19.5		
SD2500850		845	25.0		24.5	2.5	
SD3000850			30.0		29.5		
SD200A0850	(850)	844	20.0	850	19.5	3.0	8.0~10.0
SD200B0850			20.0		19.5		
SD250B0850		842	25.0		24.5	4.0	
SD300B0850			30.0		29.5		
SD2501000	1000	995	25.0	1000	24.5		
SD2501700	1700	1695	25.0	1700	24.5	2.5	10~15
SD2503200	3200	3195	25.0	3200	24.5		

注：带“( )”的缸径为非优先选用。

（2）活塞杆用支承环尺寸系列和公差　活塞杆用支承环及安装沟槽如图2-72所示。

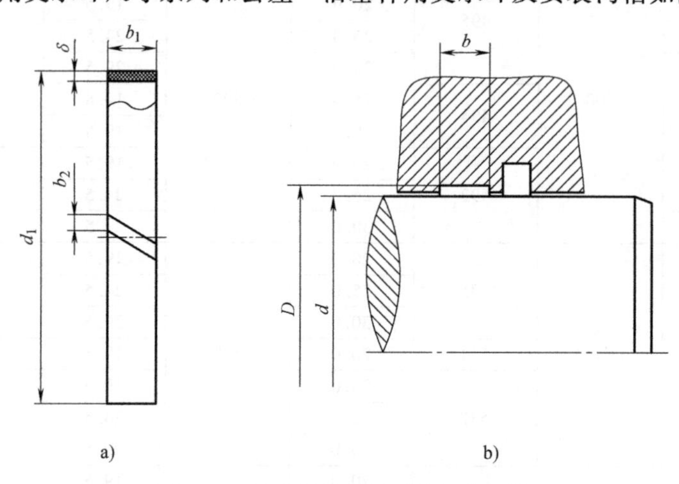

图2-72　活塞杆用支承环及安装沟槽

a）活塞杆用支承环　b）安装沟槽

活塞杆用支承环的规格代号采用系列号及活塞杆直径表示，其尺寸系列和公差见表2-93。

表2-93　活塞杆用支承环尺寸系列和公差（摘自GB/T 15242.2—2017）（单位：mm）

规格代号	d f8	D H8	$b^{+0.2}_{0}$	d_1	$b_{1}{}^{0}_{-0.15}$	$\delta^{0}_{-0.05}$	b_2
GD0250004	4	7.1		4			
GD0250005	5	8.1		5			
GD0250006	6	9.1	2.5	6	2.4		
GD0250008	8	11.1		8			
GD0250010	10	13.1		10		1.55	1.0~1.5
GD0400012	12	15.1		12			
GD0400014	14	17.1		14			
GD0400016	16	19.1	4.0	16	3.8		
GD0400018	18	21.1		18			
GD0400020	20	23.1		20			

（续）

规格代号	d f8	D H8	$b^{+0.2}_{0}$	d_1	$b_{1\ -0.15}^{\ 0}$	$\delta_{-0.05}^{\ 0}$	b_2
GD0400022	22	25.1	4.0	22	3.8	1.55	1.5~2.0
GD0560022		27	5.6		5.4	2.5	
GD0620022			6.3		6.1		
GD0400025	25	28.1	4.0	25	3.8	2.5	
GD0560025		30	5.6		5.4		
GD0630025			6.3		6.1		
GD0970025			9.7		9.5		
GD0400028	28	31.1	4.0	28	3.8	1.55	
GD0560028		33	5.6		5.4	2.5	
GD0630028			6.3		6.1		
GD0970028			9.7		9.5		
GD0560030	(30)	35	5.6	30	5.4		
GD0630030			6.3		6.1		
GD0970030			9.7		9.5		
GD1500030			15.0		14.8		
GD0560032	32	37	5.6	32	5.4		
GD0630032			6.3		6.1		
GD0970032			9.7		9.5		
GD1500032			15.0		14.8		
GD0560036	36	41	5.6	36	5.4		2.0~3.5
GD0630036			6.3		6.1		
GD0970036			9.7		9.5		
GD1500036			15.0		14.8		
GD0560040	40	45	5.6	40	5.4		
GD0810040			8.1		7.9		
GD0970040			9.7		9.5		
GD1500040			15.0		14.8		
GD0560045	45	50	5.6	45	5.4		
GD0810045			8.1		7.9		
GD0970045			9.7		9.5		
GD1500045			15.0		14.8		
GD0560050	50	55	5.6	50	5.4		
GD0810050			8.1		7.9		
GD0970050			9.7		9.5		
GD1500050			15.0		14.8		
GD097A0050		56	9.7		9.5	3.0	
GD150A0050			15.0		14.8		
GD0560056	56	61	5.6	56	5.4	2.5	
GD0810056			8.1		7.9		
GD0970056			9.7		9.5		
GD1500056			15.0		14.8		
GD097A0056		62	9.7		9.5	3.0	
GD150A0056			15.0		14.8		
GD0810060	(60)	65	8.1	60	7.9	2.5	
GD0970060			9.7		9.5		
GD0560063	63	68	5.6	63	5.4	2.5	
GD0810063			8.1		7.9		
GD0970063			9.7		9.5		

（续）

规格代号	d f8	D H8	$b^{+0.2}_{0}$	d_1	$b_{1\,-0.15}^{\;\;0}$	$\delta^{\;\;0}_{-0.05}$	b_2
GD1500063	63	68	15.0	63	14.8	2.5	2.0~3.5
GD097A0063		69	9.7		9.5	3.0	
GD150A0063			15.0		14.8		
GD0560070	70	75	5.6	70	5.4	2.5	
GD0810070			8.1		7.9		
GD0970070			9.7		9.5		
GD1500070			15.0		14.5		
GD097A0070		76	9.7		9.5	3.0	
GD150A0070			15.0		14.8		
GD0810080	80	85	8.1	80	7.9	2.5	3.5~5.0
GD0970080			9.7		9.5		
GD1500080			15.0		14.8		
GD2000080			20.0		19.5		
GD2500080			25.0		24.5		
GD097A0080		86	9.7		9.5	3.0	
GD150A0080			15.0		14.8		
GD200A0080			20.0		19.5		
GD0810090	90	95	8.1	90	7.9	2.5	
GD0970090			9.7		9.5		
GD1500090			15.0		14.8		
GD2000090			20.0		19.5		
GD2500090			25.0		24.5		
GD097A0090		96	9.7		9.5	3.0	
GD150A0090			15.0		14.8		
GD200A0090			20.0		19.5		
GD0810100	100	105	8.1	100	7.9	2.5	
GD0970100			9.7		9.5		
GD1500100			15.0		14.8		
GD2000100			20.0		19.5		
GD2500100			25.0		24.5		
GD097A0100		106	9.7		9.5	3.0	
GD150A0100			15.0		14.8		
GD200A0100			20.0		19.5		
GD0810110	110	115	8.1	110	7.9	2.5	
GD0970110			9.7		9.5		
GD1500110			15.0		14.8		
GD2000110			20.0		19.5		
GD2500110			25.0		24.5		
GD097A0110		116	9.7		9.5	3.0	
GD150A0110			15.0		14.8		
GD200A0110			20.0		19.5		
GD0810120	(120)	125	8.1	120	7.9	2.5	
GD0970120			9.7		9.5		
GD1500120			15.0		14.8		
GD2000120			20.0		19.5		
GD2500120			25.0		24.5		
GD097A0120		126	9.7		9.5	3.0	
GD150A0120			15.0		14.8		

（续）

规格代号	d f8	D H8	$b^{+0.2}_{0}$	d_1	$b_{1\ -0.15}^{\ 0}$	$\delta^{\ 0}_{-0.05}$	b_2
GD200A0120	(120)	126	20.0	120	19.5	3.0	3.5~5.0
GD0810125	125	130	8.1	125	7.9	2.5	
GD0970125			9.7		9.5		
GD1500125			15.0		14.8		
GD2000125			20.0		19.5		
GD2500125			25.0		24.5		
GD097A0125		131	9.7		9.5	3.0	
GD150A0125			15.0		14.8		
GD200A0125			20.0		19.5		
GD0810130	130	135	8.1	130	7.9	2.5	
GD0970130			9.7		9.5		
GD1500130			15.0		14.8		
GD2000130			20.0		19.5		
GD2500130			25.0		24.5		
GD097A0130		136	9.7		9.5	3.0	
GD150A0130			15.0		14.8		
GD200A0130			20.0		19.5		
GD0810140	140	145	8.1	140	7.9	2.5	
GD0970140			9.7		9.5		
GD1500140			15.0		14.8		
GD2000140			20.0		19.5		
GD2500140			25.0		24.5		
GD097A0140		146	9.7		9.5	3.0	
GD150A0140			15.0		14.8		
GD200A0140			20.0		19.5		
GD0810150	150	155	8.1	150	7.9	2.5	
GD0970150			9.7		9.5		
GD1500150			15.0		14.8		
GD2000150			20.0		19.5		
GD2500150			25.0		24.5		
GD097A0150		156	9.7		9.5	3.0	
GD150A0150			15.0		14.8		
GD200A0150			20.0		19.5		
GD0810160	160	165	8.1	160	7.9	2.5	
GD0970160			9.7		9.5		
GD1500160			15.0		14.8		
GD2000160			20.0		19.5		
GD2500160			25.0		24.5		
GD097A0160		166	9.7		9.5	3.0	
GD150A0160			15.0		14.8		
GD200A0160			20.0		19.5		
GD0810170	170	175	8.1	170	7.9	2.5	
GD0970170			9.7		9.5		
GD1500170			15.0		14.8		
GD2000170			20.0		19.5		
GD2500170			25.0		24.5		
GD097A0170		176	9.7		9.5	3.0	
GD150A0170			15.0		14.8		

（续）

规格代号	d f8	D H8	$b^{+0.2}_{0}$	d_1	$b_{1\ -0.15}^{\ 0}$	$\delta^{\ 0}_{-0.05}$	b_2
GD200A0170	170	176	20.0	170	19.5	3.0	3.5~5.0
GD0810180	180	185	8.1	180	7.9	2.5	
GD0970180			9.7		9.5		
GD1500180			15.0		14.8		
GD2000180			20.0		19.5		
GD2500180			25.0		24.5		
GD097A0180		186	9.7		9.5	3.0	
GD150A0180			15.0		14.8		
GD200A0180			20.0		19.5		
GD0810190	190	195	8.1	190	7.9	2.5	
GD0970190			9.7		9.5		
GD1500190			15.0		14.8		
GD2000190			20.0		19.5		
GD2500190			25.0		24.5		
GD097A0190		196	9.7		9.5	3.0	
GD150A0190			15.0		14.8		
GD200A0190			20.0		19.5		
GD0810200	200	205	8.1	200	7.9	2.5	
GD0970200			9.7		9.5		
GD1500200			15.0		14.8		
GD2000200			20.0		19.5		
GD2500200			25.0		24.5		
GD097A0200		206	9.7		9.5	3.0	
GD150A0200			15.0		14.8		
GD200A0200			20.0		19.5		
GD0810210	(210)	215	8.1	210	7.9	2.5	
GD0970210			9.7		9.5		
GD1500210			15.0		14.8		
GD2000210			20.0		19.5		
GD2500210			25.0		24.5		
GD097A0210		216	9.7		9.5	3.0	
GD150A0210			15.0		14.8		
GD200A0210			20.0		19.5		
GD0810220	220	225	8.1	220	7.9	2.5	
GD0970220			9.7		9.5		
GD1500220			15.0		14.8		
GD2000220			20.0		19.5		
GD2500220			25.0		24.5		
GD097A0220		226	9.7		9.5	3.0	
GD150A0220			15.0		14.8		
GD200A0220			20.0		19.5		
GD0810240	240	245	8.1	240	7.9	2.5	
GD0970240			9.7		9.5		
GD1500240			15.0		14.8		
GD2000240			20.0		19.5		
GD2500240			25.0		24.5		
GD097A0240		246	9.7		9.5	3.0	
GD150A0240			15.0		14.8		

（续）

规格代号	d f8	D H8	$b^{+0.2}_{0}$	d_1	$b_{1\ -0.15}^{\ 0}$	$\delta^{\ 0}_{-0.05}$	b_2
GD200A0240	240	246	20.0	240	19.5	3.0	3.5~5.0
GD0810250	250	255	8.1	250	7.9	2.5	
GD0970250			9.7		9.5		
GD1500250			15.0		14.8		
GD2000250			20.0		19.5		
GD2500250			25.0		24.5		
GD097A0250		256	9.7		9.5	3.0	
GD150A0250			15.0		14.8		
GD200A0250			20.0		19.5		
GD0810280	280	285	8.1	280	7.9	2.5	5.0~6.0
GD0970280			9.7		9.5		
GD1500280			15.0		14.8		
GD2000280			20.0		19.5		
GD2500280			25.0		24.5		
GD097A0280		286	9.7		9.5	3.0	
GD150A0280			15.0		14.8		
GD200A0280			20.0		19.5		
GD200B0280		288	20.0		19.5	4.0	
GD250B0280			25.0		24.5		
GD0970290	290	295	9.7	290	9.5	2.5	
GD1500290			15.0		14.8		
GD2000290			20.0		19.5		
GD2500290			25.0		24.5		
GD097A0290		296	9.7		9.5	3.0	
GD150A0290			15.0		14.8		
GD200A0290			20.0		19.5		
GD200B0290		298	20.0		19.5	4.0	
GD250B0290			25.0		24.5		
GD1500320	320	325	15.0	320	14.8	2.5	
GD2000320			20.0		19.5		
GD2500320			25.0		24.5		
GD150A0320		326	15.0		14.8	3.0	
GD200A0320			20.0		19.5		
GD200B0320		328	20.0		19.5	4.0	
GD250B0320			25.0		24.5		
GD1500360	360	365	15.0	360	14.8	2.5	
GD2000360			20.0		19.5		
GD2500360			25.0		24.5		
GD150A0360		366	15.0		14.8	3.0	
GD200A0360			20.0		19.5		
GD200B0360		368	20.0		19.5	4.0	
GD250B0360			25.0		24.5		
GD2500400	400	405	25.0	400	24.5	2.5	6.0~8.0
GD3000400			30.0		29.5		
GD250B0400		408	25.0		24.5	4.0	
GD300B0400			30.0		29.5		
GD2500450	450	455	25.0	450	24.5	2.5	
GD3000450			30.0		29.5		

（续）

规格代号	d f8	D H8	$b^{+0.2}_{0}$	d_1	$b_{1\,-0.15}^{\;0}$	$\delta_{-0.05}^{\;0}$	b_2
GD250B0450	450	458	25.0	450	24.5	4.0	6.0~8.0
GD300B0450			30.0		29.5		
GD2500490	(490)	495	25.0	490	24.5	2.5	
GD3000490			30.0		29.5		
GD250B0490		498	25.0		24.5	4.0	
GD300B0490			30.0		29.5		
GD2500500	500	505	25.0	500	24.5	2.5	
GD3000500			30.0		29.5		
GD250B0500		508	25.0		24.5	4.0	
GD300B0500			30.0		29.5		
GD2500800	800	805	25.0	800	24.5	2.5	8.0~10.0
GD3000800			30.0		29.5		
GD250B0800		808	25.0		24.5	4.0	
GD300B0800			30.0		29.5		
GD25001000	1000	1005	25.0	1000	24.5	2.5	
GD30001000			30.0		29.5		
GD250B01000		1008	25.0		24.5	4.0	
GD300B01000			30.0		29.5		
GD2502500	2500	2505	25.0	2500	24.5	2.5	
GD2503200	3200	3205	25.0	3200	24.5	2.5	10~15

注：带“（ ）”的活塞杆径为非优先选用。

（3）标准支承环的切口类型及切割长度的计算　在 GB/T 15242.2—2017 的附录 A（规范性附录）中规定了支承环的切口类型及切割长度的计算。支承环的切口类型分 A 型（斜切口）、B 型（直切口）和 C 型（搭接口），如图 2-73 所示。

活塞用支承环切割长度 L 按式（2-3）计算

$$L=\pi(D-\delta)-b_2 \tag{2-3}$$

活塞杆用支承环切割长度 L 按式（2-4）计算

$$L=\pi(D+\delta)-b_2 \tag{2-4}$$

式中　L——支承环切割长度；

D——液压缸缸径或活塞杆支承环沟槽底径；

δ——支承环的截面厚度；

b_2——支承环的切开宽度。

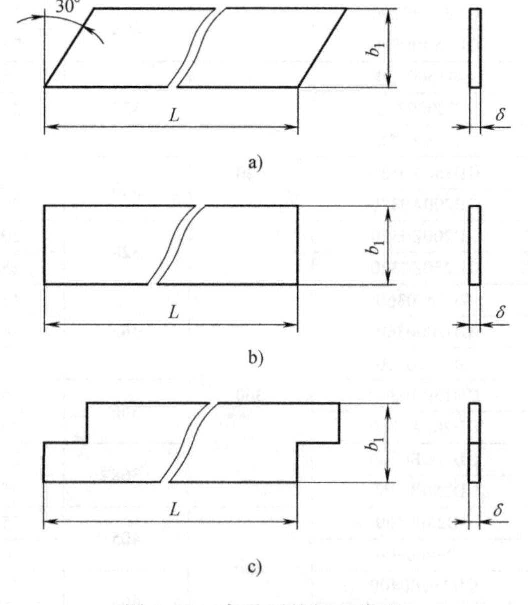

图 2-73　支承环的切口类型
a）A 型（斜切口）　b）B 型（直切口）　c）C 型（搭接口）

2. 标准支承环安装沟槽尺寸系列和公差

GB/T 15242.4—2021《液压缸活塞和活塞杆动密封装置尺寸系列　第 4 部分：支承环安装沟槽尺寸系列和公差》规定了液压缸活塞和活塞杆动密封装置用支承环安装沟槽的尺寸系列和公差。该标准的规范性引用文件中包括了 GB/T 15242.2—2017《液压缸活塞和活塞杆动密封装置尺寸系列 第 2 部分：支承环尺寸系列和公差》，说明 GB/T 15242.2—2017 规定的支承环对应的沟槽为 GB/T 15242.4—2021 规定的安装沟槽。

（1）活塞用支承环沟槽型式、尺寸系列和公差 活塞用支承环及沟槽型式如图 2-74 所示。

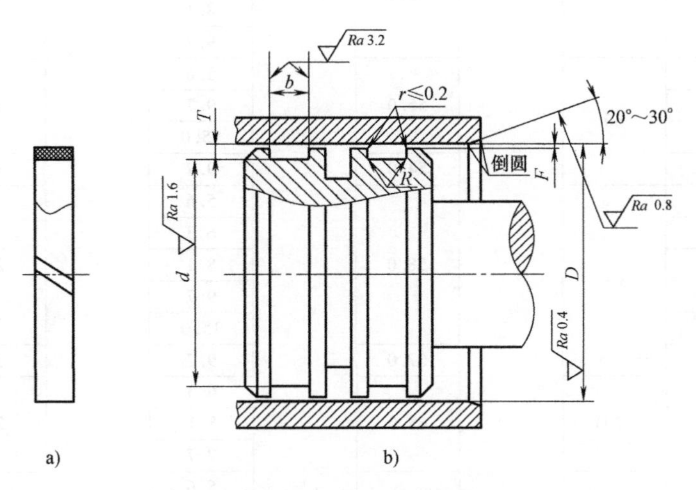

图 2-74 活塞用支承环及沟槽型式

a）活塞用支承环 b）沟槽型式

注：F 值的选择见表 2-96。

活塞用支承环沟槽尺寸系列和公差应符合表 2-94 的规定。

表 2-94 活塞用支承环沟槽尺寸系列和公差（摘自 GB/T 15242.4—2021）

（单位：mm）

规格代号	D		d		b		T	R
	尺寸	公差	尺寸	公差	尺寸	公差		
SD0250008	8	H9	4.9	h8	2.5	+0.2 0	1.55	≤0.2
SD0250010	10		6.9		2.5		1.55	
SD0400012	12		8.9		4.0		1.55	
SD0400016	16		12.9		4.0		1.55	
SD0560016			11.0		5.6		2.50	
SD0400020	20		16.9		4.0		1.55	
SD0560020			15.0		5.6		2.50	
SD0400025	25		21.9		4.0		1.55	
SD0560025			20.0		5.6		2.50	
SD0630025					6.3			
SD0400032	32		28.9		4.0		1.55	
SD0560032			27.0		5.6		2.50	
SD0630032					6.3			
SD0970032					9.7			
SD0400040	40		36.9		4.0		1.55	
SD0560040			35.0		5.6		2.50	
SD0630040					6.3			
SD0810040					8.1			
SD0970040					9.7			

（续）

规格代号	D		d		b		T	R
	尺寸	公差	尺寸	公差	尺寸	公差		
SD0400050	50	H9	46.9	h8	4.0	+0.2 0	1.55	≤0.2
SD0560050			45.0		5.6		2.50	
SD0630050					6.3			
SD0810050					8.1			
SD0970050					9.7			
SD0560060	60		55.0		5.6		2.50	
SD0970060					9.7			
SD1500060					15.0			
SD097A0060			54.0		9.7		3.00	
SD0560063	63		58.0		5.6		2.50	
SD0630063					6.3			
SD0810063					8.1			
SD0970063					9.7			
SD1500063					15.0			
SD097A0063			57.0		9.7		3.00	
SD0630070	（70）		65.0		6.3		2.50	
SD0810070					8.1			
SD0970070					9.7			
SD0560080	80		75.0		5.6		2.50	
SD0630080					6.3			
SD0810080					8.1			
SD0970080					9.7		2.50	
SD1500080					15.0			
SD097A0080			74.0		9.7		3.00	
SD0560085	（85）		80.0		5.6		2.50	
SD0630085					6.3			
SD0810085					8.1			
SD0970085					9.7			
SD1500085					15.0			
SD097A0085			79.0		9.7		3.00	
SD0560090	90		85.0		5.6		2.50	
SD0810090					8.1			
SD0970090					9.7			
SD1500090					15.0			
SD097A0090			84.0		9.7		3.00	
SD150A0090					15.0			
SD0560100	100		95.0		5.6		2.50	
SD0810100					8.1			
SD0970100					9.7			
SD1500100					15.0			
SD097A0100			94.0		9.7		3.00	
SD150A0100					15.0			
SD0560110	（110）		105.0		5.6		2.50	
SD0810110					8.1			
SD0970110					9.7			
SD1500110					15.0			
SD097A0110			104.0		9.7		3.00	
SD150A0110					15.0			

（续）

规格代号	D		d		b		T	R
	尺寸	公差	尺寸	公差	尺寸	公差		
SD0560115	115	H9	110.0	h8	5.6	+0.2 0	2.50	≤0.2
SD0810115					8.1			
SD0970115					9.7			
SD1500115					15.0			
SD097A0115			109.0		9.7		3.00	
SD150A0115					15.0			
SD0810125	125		120.0		8.1		2.50	
SD0970125					9.7			
SD1500125					15.0			
SD2000125					20.0			
SD2500125					25.0			
SD097A0125			119.0		9.7		3.00	
SD150A0125					15.0			
SD200A0125					20.0			
SD0810135	135		130.0		8.1		2.50	
SD0970135					9.7			
SD1500135					15.0		2.50	
SD2000135					20.0			
SD2500135					25.0			
SD097A0135			129.0		9.7		3.00	
SD150A0135					15.0			
SD200A0135					20.0			
SD0810140	140		135.0		8.1		2.50	
SD0970140					9.7			
SD1500140					15.0			
SD2000140					20.0			
SD2500140					25.0			
SD097A0140			134.0		9.7		3.00	
SD150A0140					15.0			
SD200A0140					20.0			
SD0810145	145		140.0		8.1		2.50	
SD0970145					9.7			
SD1500145					15.0			
SD2000145					20.0			
SD2500145					25.0			
SD097A0145			139.0		9.7		3.00	
SD150A0145					15.0			
SD200A0145					20.0			
SD0810160	160		155.0		8.1		2.50	
SD0970160					9.7			
SD1500160					15.0			
SD2000160					20.0			
SD2500160					25.0			
SD097A0160			154.0		9.7		3.00	
SD150A0160					15.0			
SD200A0160					20.0			
SD0810180	180		175.0		8.1		2.50	
SD0970180					9.7			

（续）

规格代号	D		d		b		T	R
	尺寸	公差	尺寸	公差	尺寸	公差		
SD1500180	180	H9	175.0	h8	15.0	+0.2 0	2.50	≤0.2
SD2000180					20.0			
SD2500180					25.0			
SD097A0180			174.0		9.7		3.00	
SD150A0180					15.0			
SD200A0180					20.0			
SD0810200	200		195.0		8.1		2.50	
SD0970200					9.7			
SD1500200					15.0			
SD2000200					20.0			
SD2500200					25.0			
SD097A0200			194.0		9.7		3.00	
SD150A0200					15.0			
SD200A0200					20.0			
SD0810220	220		215.0		8.1		2.50	
SD0970220					9.7			
SD1500220					15.0			
SD2000220					20.0			
SD2500220					25.0			
SD097A0220			214.0		9.7		3.00	
SD150A0220					15.0			
SD200A0220					20.0			
SD0810250	250		245.0		8.1		2.50	
SD0970250					9.7			
SD1500250					15.0			
SD2000250					20.0			
SD2500250					25.0			
SD097A0250			244.0		9.7		3.00	
SD150A0250					15.0			
SD200A0250					20.0			
SD0810270	270		265.0		8.1		2.50	≤0.4
SD0970270					9.7			
SD1500270					15.0			
SD2000270					20.0			
SD2500270					25.0			
SD097A0270			264.0		9.7		3.00	
SD150A0270					15.0			
SD200A0270					20.0			
SD0810280	280		275.0		8.1		2.50	
SD1500280					15.0			
SD2000280					20.0			
SD2500280					25.0			
SD150A0280			274.0		15.0		3.00	
SD200A0280					20.0			
SD200B0280			272.0		20.0		4.00	
SD250B0280					25.0			
SD0810290	290		285.0		8.1		2.50	
SD1500290					15.0			

（续）

规格代号	D		d		b		T	R
	尺寸	公差	尺寸	公差	尺寸	公差		
SD2000290	290	H9	285.0	h8	20.0	$^{+0.2}_{0}$	2.50	≤0.4
SD2500290					25.0			
SD150A0290			284.0		15.0		3.00	
SD200A0290					20.0			
SD200B0290			282.0		20.0		4.00	
SD250B0290					25.0			
SD0810300	300		295.0		8.1		2.50	
SD1500300					15.0			
SD2000300					20.0			
SD2500300					25.0			
SD150A0300			294.0		15.0		3.00	
SD200A0300					20.0			
SD200B0300			292.0		20.0		4.00	
SD250B0300					25.0			
SD1500320	320		315.0		15.0		2.50	
SD2000320					20.0			
SD2500320					25.0			
SD150A0320			314.0		15.0		3.00	
SD200A0320					20.0			
SD200B0320			312.0		20.0		4.00	
SD250B0320					25.0			
SD1500350	350		345.0		15.0		2.50	
SD2000350					20.0			
SD2500350					25.0			
SD150A0350			344.0		15.0		3.00	
SD200A0350					20.0			
SD200B0350			342.0		20.0		4.00	
SD250B0350					25.0			
SD1500360	360		355.0		15.0		2.50	
SD2000360					20.0			
SD2500360					25.0			
SD3000360					30.0			
SD150A0360			354.0		15.0		3.00	
SD200A0360					20.0			
SD200B0360			352.0		20.0		4.00	
SD250B0360					25.0			
SD300B0360					30.0			
SD1500400	400		395.0		15.0		2.50	
SD2000400					20.0			
SD2500400					25.0			
SD3000400					30.0			
SD150A0400			394.0		15.0		3.00	
SD200A0400					20.0			
SD200B0400			392.0		20.0		4.00	
SD250B0400					25.0			
SD300B0400					30.0			
SD1500450	(450)		445.0		15.0		2.50	
SD2000450					20.0			

（续）

规格代号	D		d		b		T	R
	尺寸	公差	尺寸	公差	尺寸	公差		
SD2500450	(450)	H9	445.0	h8	25.0	+0.2 0	2.50	≤0.4
SD3000450					30.0		2.50	
SD150A0450			444.0		15.0		3.00	
SD200A0450					20.0			
SD200B0450			442.0		20.0		4.00	
SD250B0450					25.0			
SD300B0450					30.0			
SD1500500	500		495.0		15.0		2.50	
SD2000500					20.0			
SD2500500					25.0			
SD3000500					30.0			
SD150A0500			494.0		15.0		3.00	
SD200A0500					20.0			
SD200B0500			492.0		20.0		4.00	
SD250B0500					25.0			
SD300B0500					30.0			
SD2000540	(540)		535.0		20.0		2.50	
SD2500540					25.0			
SD3000540					30.0			
SD200A0540			534.0		20.0		3.00	
SD200B0540			532.0		20.0		4.00	
SD250B0540					25.0			
SD300B0540					30.0			
SD2000560	(560)		555.0		20.0		2.50	
SD2500560					25.0			
SD3000560					30.0			
SD200A0560			554.0		20.0		3.00	
SD200B0560			552.0		20.0		4.00	
SD250B0560					25.0			
SD300B0560					30.0			
SD2000600	(600)		595.0		20.0		2.50	
SD2500600					25.0			
SD3000600					30.0			
SD200A0600			594.0		20.0		3.00	
SD200B0600			592.0		20.0		4.00	
SD250B0600					25.0			
SD300B0600					30.0			
SD2000620	(620)		615.0		20.0		2.50	
SD2500620					25.0			
SD3000620					30.0			
SD200A0620			614.0		20.0		3.00	
SD200B0620			612.0		20.0		4.00	
SD250B0620					25.0			
SD300B0620					30.0			
SD2000850	(850)		845		20.0		2.50	
SD2500850					25.0			
SD3000850					30.0			

（续）

规格代号	D		d		b		T	R
	尺寸	公差	尺寸	公差	尺寸	公差		
SD200A0850	(850)	H9	844	h8	20.0	+0.2 0	3.00	≤0.4
SD200B0850			842		20.0		4.00	
SD250B0850					25.0			
SD300B0850					30.0			
SD2501000	1000		995		25.0		2.50	
SD2501700	1700		1695		25.0			
SD2503200	3200		3195		25.0			

注：1. 规格代码应符合 GB/T 15242.2 的规格代码。

2. 带“(　)”的缸径为非优先选用，但与 GB/T 15242.2—2017 的规定不同。

(2) 活塞杆用支承环沟槽型式、尺寸系列和公差　活塞杆用支承环及沟槽型式如图 2-75 所示。

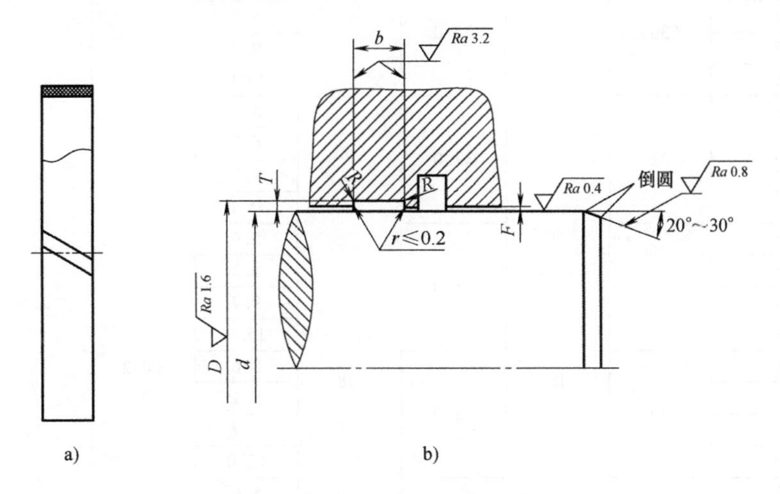

图 2-75　活塞杆用支承环及沟槽型式

a) 活塞杆用支承环　b) 沟槽型式

注：F 值的选择见表 2-96。

活塞杆用支承环沟槽尺寸系列和公差应符合表 2-95 的规定。

表 2-95　活塞杆用支承环沟槽尺寸系列和公差（摘自 GB/T 15242.4—2021）

（单位：mm）

规格代号	d		D		b		T	R
	尺寸	公差	尺寸	公差	尺寸	公差		
GD0250004	4	f8	7.1	H8	2.5	+0.2 0	1.55	≤0.2
GD0250005	5		8.1					
GD0250006	6		9.1					
GD0250008	8		11.1					
GD0250010	10		13.1					
GD0400012	12		15.1		4.0			
GD0400014	14		17.1					
GD0400016	16		19.1					
GD0400018	18		21.1					
GD0400020	20		23.1					

（续）

规格代号	d		D		b		T	R
	尺寸	公差	尺寸	公差	尺寸	公差		
GD0400022	22	f8	25.1	H8	4.0	$^{+0.2}_{0}$	1.55	≤0.2
GD0560022			27.0		5.6		2.50	
GD0620022					6.3			
GD0400025	25		28.1		4.0		1.55	
GD0560025			30.0		5.6		2.50	
GD0630025					6.3			
GD0970025					9.7			
GD0400028	28		31.1		4.0		1.55	
GD0560028			33.0		5.6		2.50	
GD0630028					6.3			
GD0970028					9.7			
GD0560030	(30)		35.0		5.6			
GD0630030					6.3			
GD0970030					9.7			
GD1500030					15.0			
GD0560032	32		37.0		5.6			
GD0630032					6.3			
GD0970032					9.7			
GD1500032					15.0			
GD0560036	36		41.0		5.6			
GD0630036					6.3			
GD0970036					9.7			
GD1500036					15.0			
GD0560040	40		45.0		5.6			
GD0810040					8.1			
GD0970040					9.7			
GD1500040					15.0			
GD0560045	45		50.0		5.6			
GD0810045					8.1			
GD0970045					9.7			
GD1500045					15.0			
GD0560050	50		55.0		5.6			
GD0810050					8.1			
GD0970050					9.7			
GD1500050					15.0			
GD097A0050			56.0		9.7		3.00	
GD150A0050					15.0			
GD0560056	56		61.0		5.6		2.50	
GD0810056					8.1			
GD0970056					9.7			
GD1500056					15.0			
GD097A0056			62.0		9.7		3.00	
GD150A0056					15.0			
GD0810060	(60)		65.0		8.1		2.50	
GD0970060					9.7			
GD0560063	63		68.0		5.6			
GD0810063					8.1			
GD0970063					9.7			

（续）

规格代号	d		D		b		T	R
	尺寸	公差	尺寸	公差	尺寸	公差		
GD1500063	63	f8	68.0	H8	15.0	+0.2 0	2.50	≤0.2
GD097A0063			69.0		9.7		3.00	
GD150A0063					15.0			
GD0560070	70		75.0		5.6		2.50	
GD0810070					8.1			
GD0970070					9.7			
GD1500070					15.0			
GD097A0070			76.0		9.7		3.00	
GD150A0070					15.0			
GD0810080	80		85.0		8.1		2.50	
GD0970080					9.7			
GD1500080					15.0			
GD2000080					20.0			
GD2500080					25.0			
GD097A0080			86.0		9.7		3.0	
GD150A0080					15.0			
GD200A0080					20.0			
GD0810090	90		95.0		8.1		2.50	
GD0970090					9.7			
GD1500090					15.0			
GD2000090					20.0			
GD2500090					25.0			
GD097A0090			96.0		9.7		3.0	
GD150A0090					15.0			
GD200A0090					20.0			
GD0810100	100		105.0		8.1		2.50	
GD0970100					9.7			
GD1500100					15.0			
GD2000100					20.0			
GD2500100					25.0			
GD097A0100			106.0		9.7		3.0	
GD150A0100					15.0			
GD200A0100					20.0			
GD0810110	110		115.0		8.1		2.50	
GD0970110					9.7			
GD1500110					15.0			
GD2000110					20.0			
GD2500110					25.0			
GD097A0110			116.0		9.7		3.0	
GD150A0110					15.0			
GD200A0110					20.0			
GD0810120	120		125.0		8.1		2.50	
GD0970120					9.7			
GD1500120					15.0			
GD2000120					20.0			
GD2500120					25.0			
GD097A0120			126.0		9.7		3.00	
GD150A0120					15.0			

（续）

规格代号	d		D		b		T	R
	尺寸	公差	尺寸	公差	尺寸	公差		
GD200A0120	120		126.0		20.0		3.00	
GD0810125	125		130.0		8.1		2.50	
GD0970125					9.7			
GD1500125					15.0			
GD2000125					20.0			
GD2500125					25.0			
GD097A0125			131.0		9.7		3.00	
GD150A0125					15.0			
GD200A0125					20.0			
GD0810130	130		135.0		8.1		2.50	
GD0970130					9.7			
GD1500130					15.0			
GD2000130					20.0			
GD2500130					25.0			
GD097A0130			136.0		9.7		3.00	
GD150A0130					15.0			
GD200A0130					20.0			
GD0810140	140		145.0		8.1		2.50	
GD0970140					9.7			
GD1500140					15.0			
GD2000140					20.0			
GD2500140					25.0			
GD097A0140			146.0		9.7		3.00	
GD150A0140		f8		H8	15.0	$^{+0.2}_{0}$		≤0.2
GD200A0140					20.0			
GD0810150	150		155.0		8.1		2.50	
GD0970150					9.7			
GD1500150					15.0			
GD2000150					20.0			
GD2500150					25.0			
GD097A0150			156.0		9.7		3.00	
GD150A0150					15.0			
GD200A0150					20.0			
GD0810160	160		165.0		8.1		2.50	
GD0970160					9.7			
GD1500160					15.0			
GD2000160					20.0			
GD2500160					25.0			
GD097A0160			166.0		9.7		3.00	
GD150A0160					15.0			
GD200A0160					20.0			
GD0810170	170		175.0		8.1		2.50	
GD0970170					9.7			
GD1500170					15.0			
GD2000170					20.0			
GD2500170					25.0			
GD097A0170			176.0		9.7		3.00	
GD150A0170					15.0			

（续）

规格代号	d		D		b		T	R
	尺寸	公差	尺寸	公差	尺寸	公差		
GD200A0170	170	f8	176.0	H8	20.0	+0.2 0	3.00	≤0.2
GD0810180	180		185.0		8.1		2.50	
GD0970180					9.7			
GD1500180					15.0			
GD2000180					20.0			
GD2500180					25.0			
GD097A0180			186.0		9.7		3.00	
GD150A0180					15.0			
GD200A0180					20.0			
GD0810190	190		195.0		8.1		2.50	
GD0970190					9.7			
GD1500190					15.0			
GD2000190					20.0			
GD2500190					25.0			
GD097A0190			196.0		9.7		3.00	
GD150A0190					15.0			
GD200A0190					20.0			
GD0810200	200		205.0		8.1		2.50	
GD0970200					9.7			
GD1500200					15.0			
GD2000200					20.0			
GD2500200					25.0			
GD097A0200			206.0		9.7		3.00	
GD150A0200					15.0			
GD200A0200					20.0			
GD0810210	(210)		215.0		8.1		2.50	
GD0970210					9.7			
GD1500210					15.0			
GD2000210					20.0			
GD2500210					25.0			
GD097A0210			216.0		9.7		3.00	
GD150A0210					15.0			
GD200A0210					20.0			
GD0810220	220		225.0		8.1		2.50	
GD0970220					9.7			
GD1500220					15.0			
GD2000220					20.0			
GD2500220					25.0			
GD097A0220			226.0		9.7		3.00	
GD150A0220					15.0			
GD200A0220					20.0			
GD0810240	240		245.0		8.1		2.50	
GD0970240					9.7			
GD1500240					15.0			
GD2000240					20.0			
GD2500240					25.0			
GD097A0240			246.0		9.7		3.00	
GD150A0240					15.0			

（续）

规格代号	d		D		b		T	R
	尺寸	公差	尺寸	公差	尺寸	公差		
GD200A0240	240	f8	246.0	H8	20.0	+0.2 0	3.00	≤0.2
GD0810250	250		255.0		8.1		2.50	
GD0970250					9.7			
GD1500250					15.0			
GD2000250					20.0			
GD2500250					25.0			
GD097A0250			256.0		9.7		3.00	
GD150A0250					15.0			
GD200A0250					20.0			
GD0810280	280		285.0		8.1		2.50	≤0.4
GD0970280					9.7			
GD1500280					15.0			
GD2000280					20.0			
GD2500280					25.0			
GD097A0280			286.0		9.7		3.00	
GD150A0280					15.0			
GD200A0280					20.0			
GD200B0280			288.0		20.0		4.00	
GD250B0280					25.0			
GD0970290	290		295.0		9.7		2.50	
GD1500290					15.0			
GD2000290					20.0			
GD2500290					25.0			
GD097A0290			296.0		9.7		3.00	
GD150A0290					15.0			
GD200A0290					20.0			
GD200B0290			298.0		20.0		4.00	
GD250B0290					25.0			
GD1500320	320		325.0		15.0		2.50	
GD2000320					20.0			
GD2500320					25.0			
GD150A0320			326.0		15.0		3.00	
GD200A0320					20.0			
GD200B0320			328.0		20.0		4.00	
GD250B0320					25.0			
GD1500360	360		365.0		15.0		2.50	
GD2000360					20.0			
GD2500360					25.0			
GD150A0360			366.0		15.0		3.00	
GD200A0360					20.0			
GD200B0360			368.0		20.0		4.00	
GD250B0360					25.0			
GD2500400	400		405.0		25.0		2.50	
GD3000400					30.0			
GD250B0400			408.0		25.0		4.00	
GD300B0400					30.0			
GD2500450	450		455.0		25.0		2.50	
GD3000450					30.0			

（续）

规格代号	d		D		b		T	R
	尺寸	公差	尺寸	公差	尺寸	公差		
GD250B0450	450	f8	458.0	H8	25.0	$^{+0.2}_{0}$	4.00	≤0.4
GD300B0450					30.0			
GD2500490	(490)		495.0		25.0		2.50	
GD3000490					30.0			
GD250B0490			498.0		25.0		4.00	
GD300B0490					30.0			
GD2500500	500		505.0		25.0		2.50	
GD3000500					30.0			
GD250B0500			508.0		25.0		4.00	
GD300B0500					30.0			
GD2500800	800		805.0		25.0		2.50	
GD3000800					30.0			
GD250B0800			808.0		25.0		4.00	
GD300B0800					30.0			
GD25001000	1000		1005.0		25.0		2.50	
GD30001000					30.0			
GD250B01000			1008.0		25.0		4.00	
GD300B01000					30.0			
GD2502500	2500		2505.0		25.0		2.50	
GD2503200	3200		3205.0		25.0			

注：1. 规格代码应符合 GB/T 15242.2 的规格代码。

2. 带“（　）”的缸径为非优先选用。

（3）单边间隙　在 GB/T 15242.4—2021 中规定了活塞及活塞杆安装（单边）间隙 F［$F=(D-d-2T')/2$］（T'为沟槽径向深度），而 GB/T 15242.4—1994 则没有这样的规定。因 $T=F+T'$，活塞或活塞杆安装（单边）间隙 F 越大，则沟槽径向深度越浅，沟槽径向深度浅，支承环有窜出沟槽的风险，所以必须规定。

活塞及活塞杆安装（单边）间隙 F 应符合表 2-96 的规定。

表 2-96　活塞及活塞杆安装（单边）间隙（摘自 GB/T 15242.4—2021）（单位：mm）

缸径 D/活塞杆直径 d	F	缸径 D/活塞杆直径 d	F
8~20	0.20~0.30	251~500	0.40~0.80
21~100	0.25~0.40	501~1000	0.50~1.10
101~250	0.30~0.60	>1001	0.60~1.20

2.12.3　支承环（导向带）及其沟槽选择与设计

1. 支承环及其选择

现在常见的用于制造支承环的材料有聚四氟乙烯+青铜（或加二硫化钼、石墨等）、玻璃纤维增强聚甲醛、玻璃纤维增强聚酰胺、夹织物（布）聚甲醛、夹织物（布）聚酰胺、酚醛树脂夹织物等，它们的工作温度范围除了 GB/T 15242.2—2017 中提到的填充聚四氟乙烯（PTFE）是-60~150℃，其他的使用温度没有那么高，具体采用时请读者仔细阅读支承环制造商产品样本，但像有的支承环制造商推荐的支承环的使用温度为-180~250℃，读者若想采用请仔细斟酌。

作者提示：

1）酚醛树脂分“热固性酚醛树脂”和“热塑性酚醛树脂”，NOK 导向环所用的“夹布酚醛树脂”是热固性的。另外，NOK 介绍其代号为 05ZF 和 08GF 聚四氟乙烯材料的抗磨环（导向环）的容许温度范围为-55~220℃。

2）超高分子量聚乙烯材料制造的耐磨环可在医药和食品行业应用，其可与有陶瓷涂层的表面相配合，也可应用于水液压。

有可能发生爬行现象时，使用聚四氟乙烯+青铜材料制造的支承环比较合适；在低速重载工况下使用夹织物聚甲醛、酚醛树脂夹织物支承环材料制造的支承环比较合适。GB/T 15242.4—2021 中给出的 T 尺寸公差（未注公差）不尽合理，对材料的溶胀、热胀（如线性热膨胀）等考虑不周，应该根据使用温度范围分别给出 T 尺寸公差。尽管制造导向支承环（带）的材料都是选择了摩擦因数小的材料，但如果 T 尺寸公差给的不合理，一种情况是导向不好，更多的情况是配合太紧。液压缸制造厂一般做液压缸出厂试验时根本不做 GB/T 15622—2005 中规定的“6.8 高温试验 在额定压力下，向被试液压缸输入 90℃ 的工作油液，全行程往复运行 1h。”高温试验，甚至试验油温连 50℃ 也不会达到。因为液压试验台用油一般加不起温，也没那个时间。所以，有的液压缸在现场安装后就会出现一开始正常运行，但运行一段时间后液压缸运动速度变慢、爬行（抖动），拆开检查时会发现是导向支承环被挤严重或磨损严重。GB/T 15242.2—2017 中给出的导向支承环截面厚度有 1.55mm、2.5mm、3.0mm、4.0mm 四种规格，但现在使用的还有 2.0mm、3.5mm 等，使用时请读者认真查阅支承环制造商的产品样本。

根据液压缸的应用及工况条件，对支承环做出初步设计（选型），见表 2-97。

表 2-97 支承环的应用领域及初步设计

材料	应用领域（载荷）	适配表面材料	工作温度范围/℃	最高速度/（m/s）	最大承载能力/（N/mm²）
PTFE+青铜	轻、中型	钢、铸铁	-60~150	15	在 25℃ 时为 15 在 80℃ 时为 12 在 120℃ 时为 8
PTFE+石墨	轻、中型	钢、不锈钢、铝、青铜			
碳纤维增强 PTFE	轻型	钢、不锈钢、铝、青铜			
玻璃纤维增强 POM	轻、中型	钢、铸铁	-40~110	0.8	在 25℃ 时为 40 在>60℃ 时为 25
玻璃纤维增强 PA	轻、中、重	钢、铸铁	-40~130	1.0	在≤60℃ 时为 75 在>60℃ 时为 40
玻璃纤维增强 PA+PTFE	轻、中、重	钢、铸铁			
夹织物 POM	轻、中、重	钢、铸铁、不锈钢	-60~120		在 25℃ 时为 100 在>60℃ 时为 50
夹织物 PA	轻、中、重	钢、铸铁、不锈钢			
棉纤维增强酚醛	轻、中、重	钢、铸铁、不锈钢			

注：在 GB/T 15242.2—2017 中规定的支承环使用温度与表 2-97 所列有出入，具体选用时请咨询支承环制造商。

2. 支承环宽度的计算

假定如下计算条件：

1）径向载荷 F 沿支承宽度 T（累计，非单条，即多条总和宽度）均匀作用。

2）径向载荷增加，支承环与被支承的活塞（D）或活塞杆（d）接触面积增加。

3）径向载荷 F 沿接触面圆周呈抛物线分布。

4）支承环最大间隙（因配合件及沟槽尺寸公差、支承环厚度公差及加压变形和磨损等造成的径向间隙）小于密封装置要求的最大密封间隙。

有参考资料给出了如下计算公式：

$$T=\frac{F\times n}{d(D)\times p} \tag{2-5}$$

式中 T——支承环总和宽度（mm）；

F——径向载荷（N）；

$d(D)$——活塞杆直径或活塞直径（mm）；

p——在使用温度下的支承环最大承载力（N/mm^2）；

n——安全系数，一般取 $n\geqslant2$。

注：参考了特瑞堡密封系统（中国）有限公司2012版的直线往复运动液压密封件。

3. 支承与导向设计

支承环在液压缸密封系统中占有重要地位，在初步选型后，其相对各密封圈位置（含间距，即布置）、采用数量、不同材料的支承环搭配等都需进一步设计。

（1）活塞上支承与导向设计　对采用双向密封圈的活塞密封系统，应在密封圈两侧各布置一道支承环，更好的布置是在密封圈两侧布置的夹织物POM、夹织物PA或棉纤维增强酚醛制支承环外再各加一道填充聚四氟乙烯支承环；对于采用单向密封圈的活塞密封系统，应在两密封圈间布置一道较宽的支承环，更好的布置是在两密封圈外各再布置填充聚四氟乙烯支承环。

增加的填充聚四氟乙烯支承环对可能损害密封圈和其他导向环的液压工作介质中的固体颗粒污染物有吸收（嵌入）作用或称纳污作用，并且增加了导向长度，因此这些密封系统更加合理，如图2-76所示。在本书第3.2.2节“1.（1）同轴密封件活塞密封系统”中还有较为详细的说明。

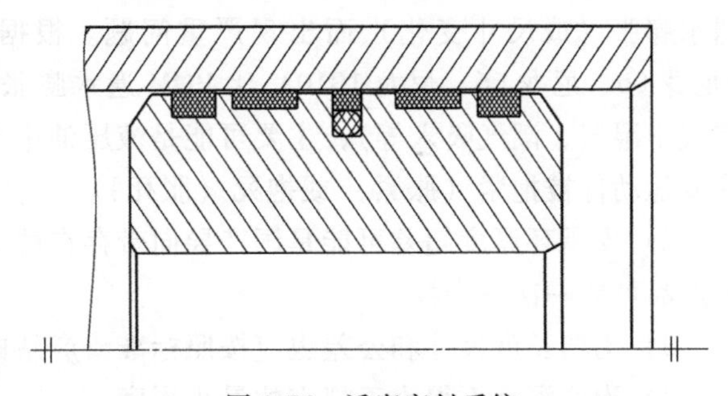

图2-76　活塞密封系统

有参考文献称这种支承环为防污染密封件，并且因在其滑动表面上开有油槽，因此称其还具有防止因空气绝热压缩“烧毁”密封圈的作用。

（2）活塞杆导向套上支承与导向设计　对于布置在导向套（或端盖）上的活塞杆密封系统，当采用同轴密封件+唇形密封圈+防尘密封圈组合的密封系统时，一般应在同轴密封件两侧布置支承环，更好的布置是在同轴密封件前面的夹织物POM、夹织物PA或棉纤维增强酚醛制支承环前再布置一道填充聚四氟乙烯支承环或填充聚四氟乙烯支承环+同轴密封件+夹织物POM、夹织物PA或棉纤维增强酚醛制支承环+唇形密封圈+夹织物POM、夹织物PA或棉纤维增强酚醛制+防尘密封圈。

填充聚四氟乙烯支承环布置在夹织物POM、夹织物PA或棉纤维增强酚醛制支承环前面（液压缸工作介质作用侧），作用同上，而在同轴密封件前只布置一道填充聚四氟乙烯支承环（共三道支承环）的活塞杆密封系统，因液压缸运动部件（包括活塞和活塞杆）的支承长度更长，所以更加合理，如图2-77所示。更为详尽的技术参数可参见本书第3.2.2节“2.（1）同轴密封件+唇形密封圈活塞杆密封系统。”

4. 沟槽设计

支承环安装沟槽设计原则如下：

1）沟槽径向深度尽量浅，因为只有这样，才能尽量将活塞或活塞杆与相对往复运动的金属表面隔开，避免碰撞。必要时应采用较厚的支承环。

2）在活塞或导向套（缸盖）长（宽）度允许情况下，尽量采用宽的支承环。

3）沟槽底尺寸公差应比密封系统中其他密封圈（不含防尘圈）密封沟槽槽底尺寸公差等级高一级。

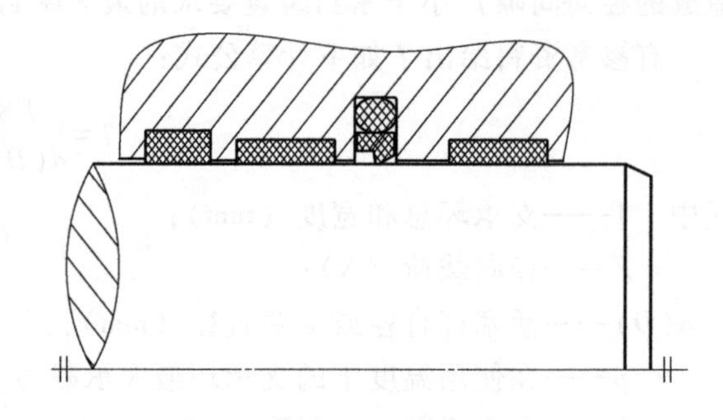

图 2-77 活塞杆密封系统

4）沟槽侧面要垂直沟槽底面且槽底圆角不能大于规定值，防止此处“扛劲”，使支承环边缘处与配合件抱紧或抱死。

5）多道支承环的沟槽底面必须同轴，其中一道沟槽底面可作为其他密封件沟槽底面同轴度基准。

6）相邻两道支承环间距应大于其沟槽深度；与其他密封件相邻的间距应大于此密封件沟槽深度。

支承环安装沟槽设计的注意事项如下：

1）POM 和 PA 材料都有吸水膨胀问题，在加工、保存、装配及使用过程中，都可能因遇水膨胀（或尺寸变化）而出现严重问题。根据作者实践经验，PA06、PA66 和 PA1010（尼龙 06、尼龙 66、尼龙 1010）比 POM 遇水膨胀问题更严重，除装配前遇水（包括水洗、空气中湿气、潮气吸入等），主要可能是液压油中含水量过高造成的。导致的问题就是相对往复运动件被抱紧（胀紧）或抱死（胀死）。

2）支承环厚度超差可能是国产导向带存在的主要问题之一，而且同一制造商不同批次的产品可能一次一个样。

3）沟槽长度尺寸和公差也应按照标准或产品样本规定设计制造。

4）沟槽深度不得小于规定的最小深度。

5. 导向带及其沟槽选择与设计

塑料导向带是现在最常用的一种制作开式（切口型）导向环的材料，其截面形状为矩形，并具有圆角或倒角边缘。相对闭式（整体型）导向环，开式导向环具有很多优点，尤其是可以成卷购买，任意选取长度，安装简单、容易等。

导向带与上述导向环材料基本相同，但因导向带在制造工艺上更容易将其表面处理成较理想的表面结构，如网纹结构，使其润滑性能更好，更加耐磨，静、动摩擦因数小，液压缸可低速运行而无爬行现象等。

切口型导向环在市场上有三种供货形式，加工好的管状材料开口成型圆环、螺旋状和扁平卷导向带；切口型式一般也有三种，即斜切式（A 型）、直切式（B 型）和止口式（C 型），但不管何种切口型式导向环，都必须留有足够的切口间隙 Z。

非兼具密封的支承环必须留有足够切口间 Z 隙（Z_1）的原因：

1）在液压缸工作时油温会升高，有标准规定液压缸工作温度可以≤80℃，而且液压缸高温试验也要求液压油温度在 90 ℃输入液压缸且全程往复运行 1h，因为温度升高，塑料制支承环会伸长，即线性热膨胀可能将往复运动件抱住（摩擦力增大，油温急升）甚至抱死。

2）若安装在活塞杆唇形密封圈前的支承环不能对“困油”泄压，可能将支承环（或唇形密封圈）挤出，所以要求支承环能承受液压工作介质轴向作用力以达到平衡，同时保证密封圈（主要是唇形密封圈）及其沟槽内的空气排出顺畅。

现将某公司产品样本中的导向带（耐磨环）列于表 2-98 和表 2-99 中，供参考。

表 2-98　活塞用支承环（夹织物塑料导向带）　　　　（单位：mm）

缸内径范围 DH9	沟槽直径 d h8	沟槽长度 $L^{+0.20}_{0}$	间隙最大值 S_1	支承环厚度 δ	支承环厚度极限偏差	支承环间隙 Z_1
16~50	D-3.1	4.0	0.50	1.55		1~3
16~125	D-5.0	5.6		2.50		2~6
25~250	D-5.0	9.7		2.50		2~9
80~500	D-5.0	15.0	0.90	2.50	0	4~17
125~1000	D-5.0	25.0		2.50	-0.08	6~33
>1000~1500	D-5.0	25.0		2.50		33~48
280~1000	D-8.0	25.0	1.50	4.00		10~33
>1000~1500	D-8.0	25.0		4.00		33~48

表 2-99　活塞杆用支承环（夹织物塑料导向带）　　　　（单位：mm）

活塞杆直径范围 d f8/h9	沟槽直径 D H8	沟槽长度 $L^{+0.20}_{0}$	间隙最大值 S_1	支承环厚度 δ	支承环厚度极限偏差	支承环间隙 Z_1
8~50	d+3.1	4.0	0.50	1.55		1~3
16~125	d+5.0	5.6		2.50		2~6
25~250	d+5.0	9.7		2.50		2~9
75~500	d+5.0	15.0	0.90	2.50	0	4~17
120~1000	d+5.0	25.0		2.50	-0.08	5~33
>1000~1500	d+5.0	25.0		2.50		33~49
280~1000	d+8.0	25.0	1.50	4.00		10~33
>1000~1500	d+8.0	25.0		4.00		33~48

2.13　挡环（圈）及其沟槽

2.13.1　O 形圈用抗挤压环（挡环）及其沟槽

O 形圈加装抗挤压环（挡环或挡圈）是为了提高 O 形圈的使用压力和使用寿命，实践证明效果显著。挡圈可防止 O 形圈被挤入低压侧间隙中，在压力进一步加大的情况下，O 形圈可能从配合间隙处挤出而破坏，加装了挡圈的 O 形圈密封压力大大提高，静密封可达 63MPa，动密封可达 35MPa。当动密封压力超过 10MPa 时（静密封压力超过 16MPa 时）就应加装挡圈；根据 O 形圈受压力情况决定加装数量，单向受压力加装一个挡圈，挡圈加装在 O 形圈可能被挤出侧；双向受压力加装两个挡圈，将 O 形圈夹装在两个挡圈中间。作者曾在液压翻转机中使用的两组 8 台齿轮齿条液压缸因缸底处密封采用单个 O 形圈，其密封几乎全部在试机中失效，改制缸底密封沟槽并加装了挡圈，此问题得以解决。最常用的加工挡圈材料是聚四氟乙烯，也可用尼龙 6 或尼龙 1010。一般认为，O 形圈用挡圈与偶合件接触，当 O 形圈用于动密封时，加装挡圈有可能使摩擦力增大，甚至在液压机用液压缸上可能造成与液压缸相连的滑块无法快下等问题。

再次强调，O 形圈是否需要加装挡圈，除了应考虑液压缸的公称压力（额定压力），还应考虑液压缸上 O 形圈处的（最高）工作温度、偶合件配合间隙或单边（最大）间隙（挤出间隙）等。

O 形圈用挡圈［标准中称为抗挤压环（挡环）］尺寸系列及其公差现在已有标准，可与 O 形圈配套采购，国内液压缸制造商也有自行设计制作挡圈的。

在 GB/T 3452.4—2020《液压气动用 O 形橡胶密封圈　第 4 部分：抗挤压环（挡环）》中规定了适用于 GB/T 3452.1 中规定的 O 形圈的抗挤压环、GB/T 3452.3—2005 中规定的沟槽用活塞和活塞杆动密封 O 形圈的抗挤压环，以及径向静密封 O 形圈的抗挤压环（以下简称挡环）。

在 GB/T 3452.3—2005 中规定，工作压力超过 10MPa 时，需采用带挡圈的结构型式。在 GB/T 3452.3—2005 和 GB/T 17446—2012 中没有“抗挤压环（挡环）”这样称谓（术语）。

1. 各类型挡环的特点及使用场合

在 GB/T 3452.4—2020 中规定了以下 5 种类型的挡环。

1）螺旋型挡环（T1）；结构型式如图 2-78 所示。

2）矩形切口型挡环（T2）；结构型式如图 2-79 所示。

3）矩形整体型挡环（T3）；结构型式如图 2-80 所示。

4）凹面切口型挡环（T4）；结构型式如图 2-81 所示。

5）凹面整体型挡环（T5）；结构型式如图 2-82 所示。

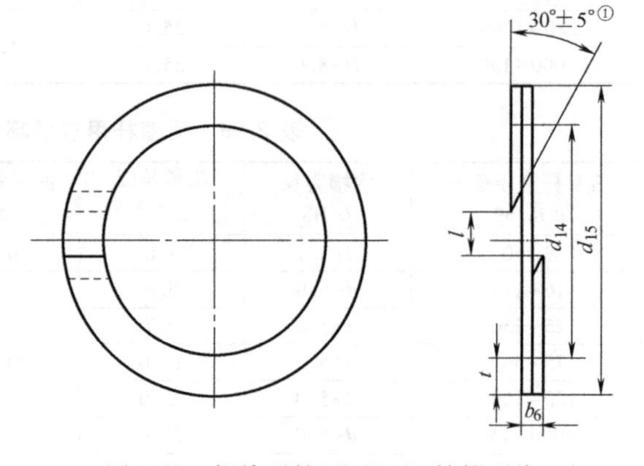

图 2-78　螺旋型挡环（T1）结构型式

注：螺旋的方向是可选择的。

① 当 d_{14} 小于 7.0mm 时，该角度可增加到 45°±5°。

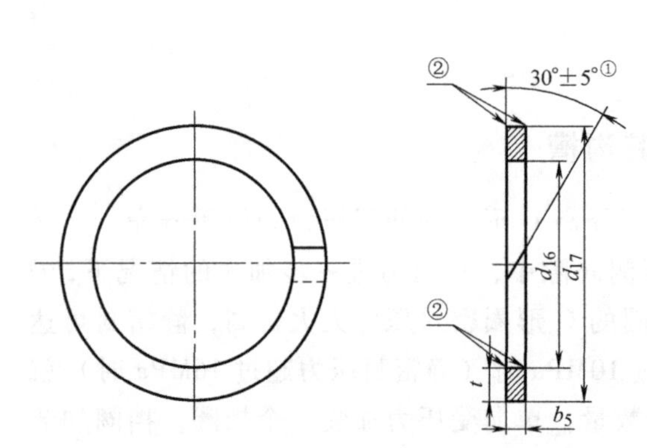

图 2-79　矩形切口型挡环（T2）结构型式

注：切口的方向是可选择的。

① 当 d_{16} 小于 10.0mm 时，该角度可增加到 45°±5°。

② 此尖角 0.2mm 范围内不应有毛刺。

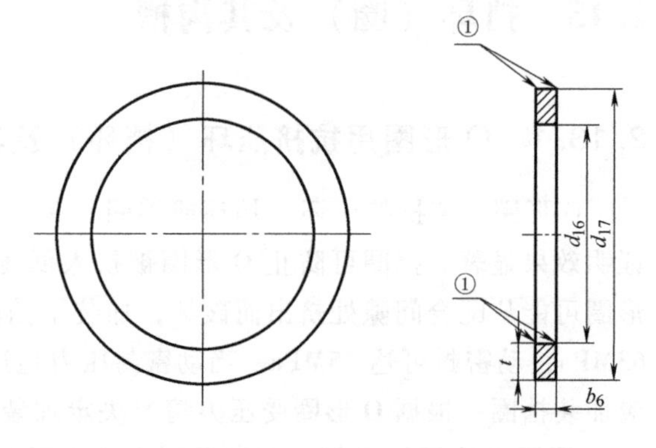

图 2-80　矩形整体型挡环（T3）结构型式

① 此尖角 0.2mm 范围内不应有毛刺。

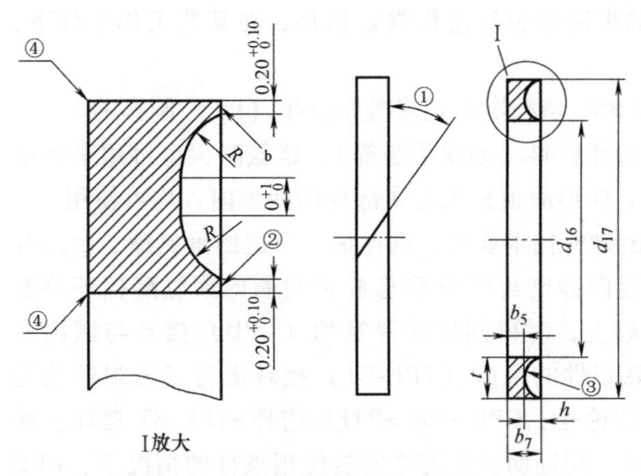

图 2-81　凹面切口型挡环（T4）结构型式

注：切口的方向是可选择的。

① 角度一般为 30°±5°，当 d_{16} 小于 10.0mm 时，该角度可增加到 45°±5°。

② 该区域不应有毛刺。

③ 凹面为放置 O 形圈的位置。

④ 此尖角 0.2mm 范围内不应有毛刺。

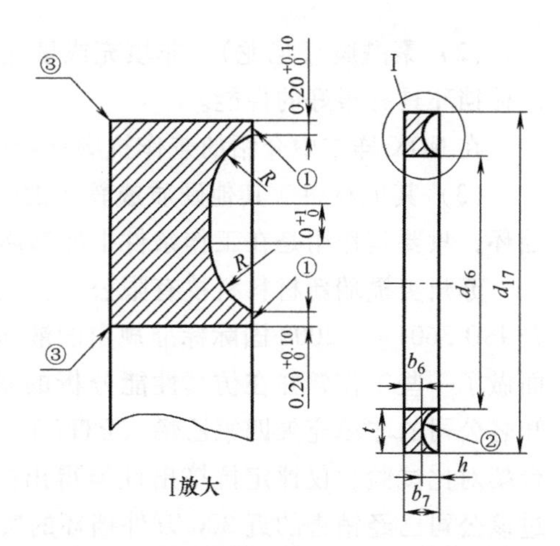

图 2-82　凹面整体型挡环（T5）结构型式

① 该区域不应有毛刺。

② 凹面为放置 O 形圈的位置。

③ 此尖角 0.2mm 范围内不应有毛刺。

在超过 100℃ 的温度下，即使（密封）压力低于 10MPa，也有必要使用挡环。在一些特定的工作条件下，无论温度和压力是多少，都需要使用挡环。这种工作条件宜由密封件的使用者（密封装置或系统设计者）和供应商在设计阶段进行研讨，各种类型挡环的特点及使用场合见表 2-100。

表 2-100　各种类型挡环的特点及使用场合

挡环类型	特点及使用场合
螺旋型(T1)	通常用于封闭的沟槽或因沟槽尺寸过小不便于安装且密封压力在 10~20MPa
矩形切口型(T2)	矩形切口型挡环(T2)比矩形整体型挡环(T3)易于安装，密封压力在 15~20MPa 的范围内，能够对 O 形圈提供较好的保护，甚至密封压力在 20MPa 以上，也能对 O 形圈提供较好的保护，因此矩形切开型挡环(T2)的应用最为广泛
矩形整体型(T3)	在尺寸较小或是封闭沟槽中安装困难，但在任何温度和压力下都能够对 O 形圈提供保护，在密封压力超过 25MPa 和温度高于 135℃ 时，应选择矩形整体型挡环(T3)
凹面切口型(T4)	类似于矩形切口型挡环(T2)，具有一个容纳 O 形圈的凹面，在较高的压力下能够较好地保持 O 形圈的形状不变。在自动安装场合不宜使用这类挡环
凹面整体型(T5)	类似于矩形整体型挡环(T3)，具有一个容纳 O 形圈的凹面，在较高的压力下能够较好地保持 O 形圈的形状不变。在自动安装场合不宜使用这类挡环

注：1. 将 GB/T 3452.4—2020 表 B.1 中“系统压力”修改为“密封压力”。

2. 在 JB/T 10706—2007（2021）《机械密封用氟塑料全包覆橡胶 O 形圈》中规定，当工作压力超过 5MPa 时。应采用挡圈。

2. 挡环材料

（1）聚四氟乙烯及其填充材料　制造挡环最为常用的材料为非填充聚四氟乙烯（PTFE）。与其他塑料相比，聚四氟乙烯更为柔软，在（密封）压力的作用下，聚四氟乙烯受压变形将金属部件间的间隙封闭，从而防止 O 形圈被挤入间隙内。有时为了提高强度，也可在聚四氟乙烯中加入部分填充材料，如玻璃纤维（通常占材料质量的 15%）、石墨（通常占材料质量的 10%）、铜粉（通常占材料质量的 40%~60%）或其他填充材料。

（2）聚酰胺（尼龙）　非填充或填充的聚酰胺也被用作制造挡环，在某些工作条件下，这种挡环具有很好的性能。

在 NOK 样本中介绍的兼作抗磨环用的 BRL 型挡圈即是聚酰胺树脂（PA）制作的。

（3）其他材料　其他硬质或软质的热塑性材料（如聚甲醛等）、聚氨酯，也可用来制造挡环，只要其作用是在工作条件下能够防止 O 形圈被挤入金属部件的间隙内，均可使用。

苏州美福瑞新材料科技有限公司在提出材料技术要求、选择最为合适的聚氨酯、制造符合 ISO 3601-4：2008 国际标准规定的液压径向静密封用 O 形橡胶密封圈的聚氨酯挡环等方面做了一些工作，并在仿真性能分析的基础上，对研制出的聚氨酯（CPU）挡环与国内外知名公司的非填充聚四氟乙烯（PTFE）、热塑性共聚酯（TPE-ET）挡环进行了密封件性能台架对比试验，仅评定抗挤出性能得出的结论是：CPU 挡环>PTFE 挡环>TPE-ET 挡环。通过该公司已经销售的近 300 万件挡环的实际应用证明，在遵守安装使用条件的情况下，CPU 挡环抗挤出性能优良，耐久性好、可靠性高，具有重要的推广应用价值。

3. 挡环尺寸和公差

（1）螺旋型挡环（T1）的间隙 l　螺旋型挡环（T1）的间隙 l 的尺寸和极限偏差应符合表 2-101 的要求。

表 2-101　螺旋型挡环（T1）的间隙 l 的尺寸和极限偏差　（单位：mm）

O 形圈的截面直径 d_2	d_{14}	l	
		尺寸	极限偏差
1.80	$d_{14}\leqslant10$	1.20	±0.40
	$10<d_{14}\leqslant20$	1.40	±0.60
	$20<d_{14}\leqslant60$	1.80	±1.50
	$d_{14}>60$	3.00	±0.60
2.65	$d_{14}\leqslant20$	1.20	±0.40
	$20<d_{14}\leqslant39$	1.80	±0.60
	$39<d_{14}\leqslant170$	3.00	±1.50
	$d_{14}>170$	4.40	±2.0
3.55	$d_{14}\leqslant19$	1.20	±0.40
	$19<d_{14}\leqslant39$	1.40	±0.60
	$39<d_{14}\leqslant76$	3.20	±1.60
	$76<d_{14}\leqslant114$	4.40	±2.0
	$114<d_{14}\leqslant393$	6.40	±1.60
	$d_{14}>393$	6.40	±2.0
5.30	$d_{14}\leqslant26$	1.80	±0.60
	$26<d_{14}\leqslant35$	3.00	±1.50
	$35<d_{14}\leqslant60$	3.20	±1.60
	$60<d_{14}\leqslant280$	4.40	±2.0
	$d_{14}>280$	6.40	±2.0
7.00	$d_{14}>100$	6.40	±2.0

注：表 2-101 摘自 GB/T 3452.4—2020 中表 1。已确认，涂有底色的两公差有误。查对 ISO 3601-4：2008，其上下极限偏差颠倒了。

（2）轴向宽度　挡环的轴向宽度 b_5、b_6 及凹面挡环轴向总宽度 b_7，凹面部分的宽度 h 和凹面圆弧半径 R 的尺寸和公差均与 O 形圈的截面直径 d_2 有关，见表 2-102。

（3）径向宽度 t　挡环的径向宽度取决于沟槽的深度。液压用 O 形圈，动密封和静密封的沟槽深度是有差异的。液压动密封和静密封 O 形圈挡环的径向宽度 t 的尺寸和极限偏差见表 2-103。

表 2-102 挡环的轴向尺寸和公差 (单位：mm)

O 形圈的截面直径 d_2	轴向尺寸和公差				
	b_5	b_6	b_7	h	R
1.80	1.40±0.10	1.40±0.10	1.70±0.10	0.30	1.20
2.65	1.40±0.10	1.40±0.10	1.80±0.10	0.40	1.60
3.55	1.40±0.10	1.40±0.10	2.0±0.10	0.60	2.0
5.30	1.80±0.10	1.80±0.10	2.80±0.10	1.10	3.0
7.00	2.60±0.10	2.60±0.10	4.10±0.10	1.60	4.0

表 2-103 液压动密封和静密封 O 形圈挡环的径向宽度 t 的尺寸和极限偏差 (单位：mm)

O 形圈的截面直径 d_2	径向宽度 t			
	液压动密封		液压静密封	
	尺寸	极限偏差	尺寸	极限偏差
1.80	1.35	0 −0.10	1.30	0 −0.10
2.65	2.05		2.00	
3.55	2.83		2.70	
5.30	4.35		4.10	
7.00	5.85		5.50	

(4) 活塞用 O 形圈挡环的外径和公差 活塞用 O 形圈挡环的外径 d_{15} 或 d_{17} 应从 GB/T 3452.3—2005 的表 6“液压活塞动密封沟槽尺寸”或表 8“液压、气动活塞静密封沟槽尺寸”中给出的缸内径 d_4 中选取。

矩形切口型（T2）、矩形整体型（T3）、凹面切口型（T4）和凹面整体型（T5）的活塞用 O 形圈挡环外径 d_{17} 的尺寸和公差见表 2-104。其中，切口型挡环（T2 和 T4）外径 d_{17} 的公差指挡环在无屑切口之前的公差。

无法给出螺旋型（T1）活塞用 O 形圈挡环外径 d_{15} 的公差。

表 2-104 活塞用 O 形圈挡环的外径 d_{17} 的尺寸和公差 (单位：mm)

d_4	d_{17}	d_4	d_{17}
$d_4 \leqslant 50$	$d_{9\ -0.10}^{\ +0.05}$	$310<d_4 \leqslant 400$	$d_{9\ -0.44}^{\ +0.22}$
$50<d_4 \leqslant 120$	$d_{9\ -0.16}^{\ +0.08}$	$400<d_4 \leqslant 500$	$d_{9\ -0.60}^{\ +0.30}$
$120<d_4 \leqslant 180$	$d_{9\ -0.20}^{\ +0.10}$	$500<d_4 \leqslant 600$	$d_{9\ -0.76}^{\ +0.38}$
$180<d_4 \leqslant 250$	$d_{9\ -0.26}^{\ +0.13}$	$600<d_4 \leqslant 700$	$d_{9\ -0.96}^{\ +0.48}$
$250<d_4 \leqslant 310$	$d_{9\ -0.30}^{\ +0.15}$	—	—

注：在 GB/T 3452.3—2005 的表 6 中，缸内径 d_4 和活塞直径 d_9 公称尺寸相同。

(5) 活塞杆用 O 形圈挡环的内径 活塞杆用 O 形圈挡环的内径 d_{14} 或 d_{16} 应从 GB/T 3452.3—2005 的表 9“液压活塞杆动密封沟槽尺寸”或表 11“液压、气动活塞杆静密封沟槽尺寸”中给出的活塞杆直径 d_5 中选取。

矩形切口型（T2）、矩形整体型（T3）、凹面切口型（T4）和凹面整体型（T5）的活塞杆用 O 形圈挡环内径 d_{16} 的尺寸和公差见表 2-105。其中，切口型挡环（T2 和 T4）内径 d_{16} 的公差指挡环在无屑切口之前的公差。

无法给出螺旋型（T1）活塞杆用 O 形圈挡环内径 d_{14} 的公差。

表 2-105　活塞杆用 O 形圈挡环的内径 d_{16} 尺寸和公差　（单位：mm）

d_5	d_{16}	d_5	d_{16}
$d_5 \leqslant 50$	$d_{10}{}^{+0.10}_{-0.05}$	$310<d_5 \leqslant 400$	$d_{10}{}^{+0.44}_{-0.22}$
$50<d_5 \leqslant 120$	$d_{10}{}^{+0.16}_{-0.08}$	$400<d_5 \leqslant 500$	$d_{10}{}^{+0.60}_{-0.30}$
$120<d_5 \leqslant 180$	$d_{10}{}^{+0.20}_{-0.10}$	$500<d_5 \leqslant 600$	$d_{10}{}^{+0.76}_{-0.38}$
$180<d_5 \leqslant 250$	$d_{10}{}^{+0.26}_{-0.13}$	$600<d_5 \leqslant 700$	$d_{10}{}^{+0.96}_{-0.48}$
$250<d_5 \leqslant 310$	$d_{10}{}^{+0.30}_{-0.15}$	—	—

注：1. 在 GB/T 3452.3—2005 的表 9 中，活塞杆直径 d_5 和活塞杆配合孔直径 d_{10} 公称尺寸相同。

2. 在 GB/T 3452.4—2020 的表 5 中，当 $50<d_5 \leqslant 120$ 时，d_{16} 公差为 $d_{10}{}^{+0.08}_{-0.16}$ 可能有误。

作者特别强调以下几点：

1）当使用聚酰胺塑料 PA06、PA1010（尼龙 06、尼龙 1010）等制作挡圈时，可能因遇水或吸潮（湿）而挡圈尺寸发生变化，所以要求在加工、保存、装配及使用过程中防止挡圈遇水和吸潮（湿），甚至要求严格控制液压油的含水量。

2）对于用于动密封的聚酰胺塑料挡圈，因挡圈和/或沟槽的加工等问题，其内径或外径可能与配合偶合件接触，使运动件摩擦力增大，甚至抱死。

3）如图 2-83 所示，O 形圈挤压面（接触面）不得倒角（倒圆），而安装与沟槽槽底圆角接触处必须倒角或倒圆。挡圈倒角或倒圆尺寸见表 2-106。

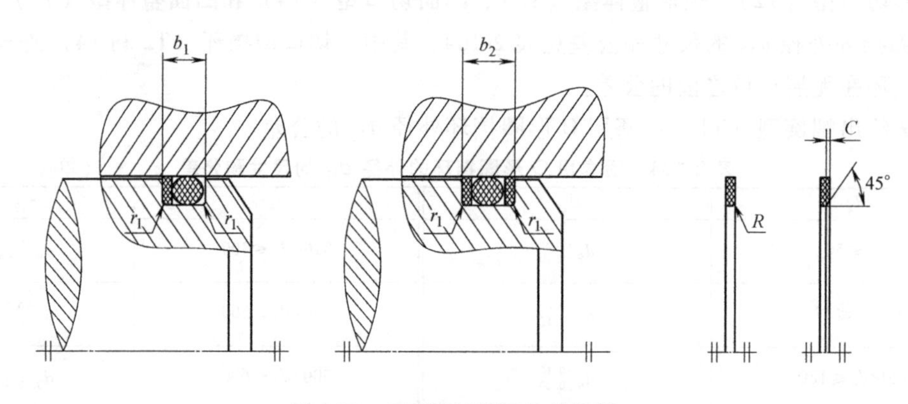

图 2-83　O 形圈用挡圈及其沟槽

表 2-106　挡圈倒角或倒圆尺寸（参考 GB/T 6403.4—2008）　（单位：mm）

沟槽底圆角半径 r_1	0.2	0.3	0.4	0.5	0.6	0.8	1.0	1.2
挡圈圆角半径 R	0.3	0.4	0.5	0.6	0.8	1.0	1.2	1.6
或 45°倒角 C	0.3	0.4	0.5	0.6	0.8	1.0	1.2	1.6

注：对于 GB/T 3452.4—2020 规定的 O 形圈用抗挤压环（挡环）也应倒角或倒圆。

4）按 22°~30°斜切挡圈时，切口为（0~0.15）mm，但绝对不可使与 O 形圈挤压面或挤出面上“缺肉”。

5）不同沟槽棱圆角半径对带挡圈的 O 形圈密封有较大影响，具体可参考相关论文。

2.13.2　U 形圈用挡圈及其沟槽

在一些密封件产品样本中，U 形圈用挡圈也被称为支承环，为了能与已被标准定义过的支承环加以区别，以下叙述中统称为U形圈用挡圈（或简称为挡圈）。

U形圈用挡圈一般是在往复运动中使用，可参照JB/ZQ 4264或JB/ZQ 4265中规定的挡圈型式与尺寸和公差设计制作。

U形圈用挡圈一般由聚四氟乙烯（或称氟塑料）、聚酰胺或聚甲醛塑料等工程材料制作，因其材料特性，在液压工作介质压力作用下容易压缩及变形，尽管对上述几种材料进行了改良，但按上述两标准设计的挡圈一定会与配偶件表面接触、摩擦。因此，要求挡圈材料具有低摩擦因数，高的耐挤压特性。一般地，聚酰胺比聚四氟乙烯具有更高的抗挤压能力，所以适用于更高压力。

挡圈常用几种工程塑料的摩擦因数可参见表2-107。

表2-107 挡圈常用几种工程塑料的摩擦因数

下试样为塑料	上试样为钢		摩擦副为45淬火-塑料的摩擦因数μ	
	静摩擦因数μ_s	动摩擦因数μ_k	无润滑	有润滑
聚甲醛	0.14	0.13	0.46	0.016
聚四氟乙烯	0.10	0.05	—	—
聚酰胺(尼龙)	0.37	0.34	0.48	0.023

注：参考了参考文献［56］第1卷表1-1-7和表1-1-8。

现将某密封件制造商产品样本中的挡圈材料特性及适用密封圈型号列于表2-108。

表2-108 挡圈材料特性及适用密封圈型号

材料	材料代号	特点	适用密封圈型号
聚四氟乙烯(或氟塑料)	10FF	纯PTEF	用于NBR或FKM材料的U形圈，如OUHR、UPH、USH、IUH等
	34WF	比纯PTEF性能好	
	31BF		
	19YF	在高压作用下具有高的抗挤出性能和耐磨性能	可用于包括上面的所有U形圈，如ODI、OSI、OUIS、UPI、USI、IDI、ISI、UNI、IUIS等
	49YF		
聚酰胺	80NP	高压挡圈用材料	
	12NM	高压挡圈用材料，吸水后尺寸变化小	

注：1. 参考了NOK株式会社2010年版产品样本。经查对，其与NOK株式会社《液压密封系统-密封件》2020年版产品样本有一些不同。

2. 总体上挡圈材料的耐压性由上至下越来越强，但在2020年版产品样本中，34WF材料耐压性强于31BF。

3. 聚酰胺的挡圈在吸湿后会产生尺寸变化，如需要防湿包装时请与供应商NOK公司联系。

U形圈用挡圈材料的选择原则如下：

1）最大挤出间隙是在发生最大偏心量时出现的，挡圈材料的极限抗挤出能力必须能满足最大挤出间隙要求。

2）一定型式的挡圈的极限抗挤出能力主要与最高工作压力、最高工作温度、工作时间等密切相关。

3）在表2-108中，其材料抗挤出能力由上至下依次递增，其中10FF、34WF和31BF挡圈材料主要用于NBR或FKM橡胶材料的U形圈。

一定型式的挡圈的极限抗挤出能力是以极限挤出间隙表示的，极限挤出间隙是在一定条件下通过理论计算和试验验证取得的。

当最大挤出间隙超出极限挤出间隙时，加装挡圈的U形圈也没有长的使用寿命。随着工作压力、工作温度升高和工作时间的延长，挡圈的最大抗挤出能力随之下降，使用寿命也随之缩短。

一般情况下，U 形圈的最大偏心量（允许偏心量）应小于 U 形圈密封沟槽对 U 形圈预压缩量的 20%；最大挤出间隙为单边最大配合间隙与最大偏心量之和。

为了发挥上述两种材料的各自特点，可以将其组合或配对使用，如图 2-84 所示。

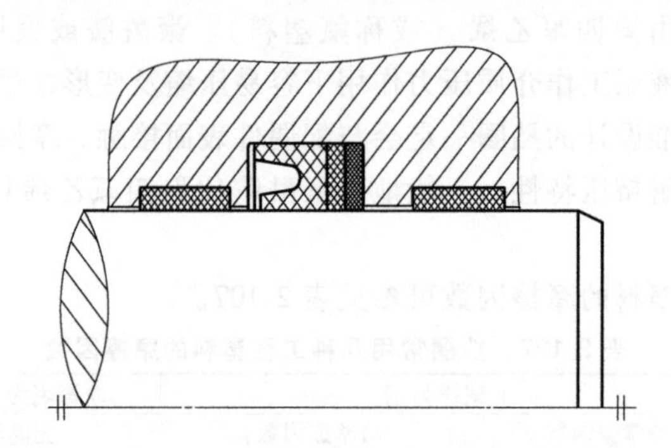

图 2-84　U 形圈用挡圈组合型式

2.14　密封垫圈及其沟槽

2.14.1　密封垫圈

1. 组合密封垫圈

液压缸油口密封也是液压缸密封设计内容之一。液压缸油口一般有螺纹油口和法兰油口两种型式，分别采用螺纹连接和法兰连接。根据 JB/T 10205—2010 中的相关规定，其中螺纹油口应符合 GB/T 2878.1—2011《液压传动连接　带米制螺纹和 O 形圈密封的油口和螺柱端　第 1 部分：油口》的相关规定。但在实际工作中，液压缸采用 GB/T 19674.1—2005《液压管接头用螺纹油口和柱端螺纹油口》中规定的螺纹油口更多。

在 JB/T 10205.1—××××《液压缸　第 1 部分：通用技术条件》中，拟将 GB/T 2878.1—2011 和 GB/T 19674.1—2005 都作为其规范性引用文件。

在 GB/T 3766—2015《液压传动　系统及其元件的通用规则和安全要求》中规定，当系统中使用一种以上标准类型的螺纹油口连接时，某些螺柱端系列与不同连接系列的油口之间可能不匹配，会引起泄漏和连接失效，使用时可依据油口和螺柱端的标记确认是否匹配。

用于连接液压缸油口的金属管接头有多种型式，其密封型式也有多种，而其中图 2-85 所示的组合密封垫圈型式最为常见。

在 JB 982—77[⊖]《组合密封垫圈》（已于 2017-05-12 作废）中规定，焊接、卡套、扩口管接头及螺塞密封用组合垫圈，公称压力 40MPa，工作温度 -25～80℃。组合密封圈材料：件 1——耐油橡胶Ⅰ—4；件 2——A2。组合密封垫圈尺寸见表 2-109。

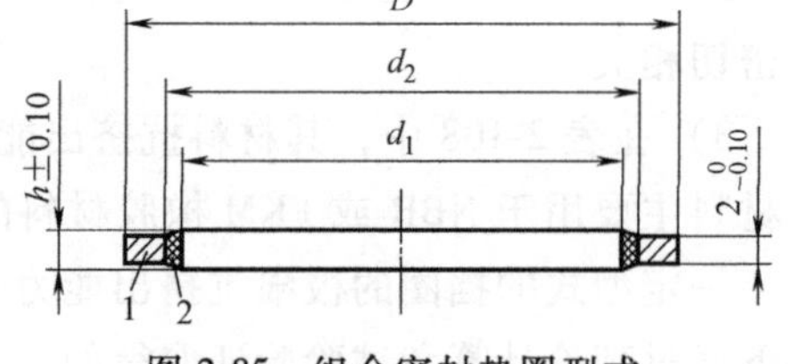

图 2-85　组合密封垫圈型式

⊖ JB 982—77《组合密封垫圈》才应是发布、实施时的标准号，但现在多见 JB/T 982—1977《组合密封垫圈》；JB 982—77 中公称压力单位为 kgf/cm^2。

在 GB/T 19674.2—2005《液压管接头用螺纹油口和柱端 填料密封柱端（A 型和 E 型)》中，“组合密封圈”被称为“重载（S 系列）A 型柱端用填料密封圈”。

表 2-109 组合密封垫圈（摘自 JB/T 982—1977） （单位：mm）

适用螺纹尺寸	垫圈内径 d_1	垫圈外径 D	垫圈厚度	适用螺纹尺寸	垫圈内径 d_1	垫圈外径 D	垫圈厚度
M8	8.4	14		M30	30.5	38	
M10(G1/8)	10.4	16		M33(G1)	33.5	42	
M12(G1/4)	12.4	18		M36	36.5	46	
M14(G1/4)	14.4	20		M39	39.6	50	
M16(G3/8)	16.4	22	$2_{-0.10}^{0}$	M42(G1 1/4)	42.6	53	$2_{-0.10}^{0}$
M18(G3/8)	18.4	25		M45	45.6	56	
M20(G1/2)	20.5	28		M48	47.7	60	
M22(G1/2)	22.5	30		M52	52.7	66	
M24	24.5	32		M60(G2)	60.7	75	
M27(G3/4)	27.5	35		—	—	—	

请注意 GB/T 19674《液压管接头用螺纹油口和柱端》系列标准。在 GB/T 19674.2—2005《液压管接头用螺纹油口和柱端 填料密封柱端（A 型和 E 型）》中规定了三种“填料密封圈”的型式和尺寸，分别为轻载（L 系列）A 型柱端填料密封圈、重载（S 系列）A 型柱端用填料密封圈和轻载（L 系列）E 型柱端用填料密封圈，其中重载（S 系列）A 型柱端用填料密封圈（适用螺纹规格 M10×1～M48×2）与已作废的 JB 982—77《组合密封垫圈》（适用螺纹尺寸 M8～M60）相应部分的型式和尺寸几乎完全一致。

也有密封件制造商将轻载（L 系列）E 型柱端用填料密封圈称为 ED 密封圈（流体接头密封圈）。

2. 垫圈 DQG

在 JB/T 966—2005《用于流体传动和一般用途的金属管接头 O 形圈平面密封接头》中规定了另一种图 16 所示的垫圈 DQG，其尺寸见表 2-110，材料为纯铜。

表 2-110 图 16 垫圈 DQG 尺寸表（摘自 JB/T 966—2005） （单位：mm）

管子外径	螺纹	d_9 尺寸	d_9 极限偏差	d_{10} 尺寸	d_{10} 极限偏差	l_{11}±0.1
6	M12×1.5	12.2	$^{+0.24}_{0}$	15.9	$^{0}_{-0.14}$	1.5
6	M14×1.5	14.2		17.9		1.5
8	M16×1.5	16.2		19.9		1.5
10	M18×1.5	18.2		22.9		2
12	M22×1.5	22.2		26.9		2
16	M27×1.5	27.2	$^{+0.28}_{0}$	31.9	$^{0}_{-0.28}$	2
20	M30×1.5	30.2		35.9		2
25	M36×2	36.2		41.9	$^{0}_{-0.34}$	2
28	M39×2	39.2		45.9		2
30	M42×2	42.2	$^{+0.34}_{0}$	48.9		2
35	M45×2	45.2		51.9		2
38	M52×2	52.2		59.9		2
42	M60×2	60.2		67.9		2
50	M64×2	64.2		71.9		2

尽管 JB/T 966—2005 代替了 JB 1002—77《密封垫圈》，但 JB 1002 规定的密封垫圈仍然在实际生产中大量使用。为了便于查对，现将 JB 1002—77《密封垫圈》摘录列于表

2-111。

JB 1002—77《密封垫圈》规定了焊接、卡套、扩口管接头及螺塞密封用垫圈。垫圈材料为纯铝、纯铜，退火后 32~45HBW。

作者认为，JB 1002—77《密封垫圈》才应是发布、实施时的标准号，但现在多见 JB/T 1007—1977《密封垫圈》，现被 JB/T 966—2005 代替。

表 2-111　密封垫圈（摘自 JB 1002—77）　　（单位：mm）

<table>
<tr><th rowspan="2">公称直径</th><th colspan="2">内径 d</th><th colspan="2">外径 D</th><th rowspan="2">厚度 H</th><th rowspan="2">允许偏心</th><th colspan="2">配用螺纹</th></tr>
<tr><th>尺寸</th><th>极限偏差</th><th>尺寸</th><th>极限偏差</th><th>螺栓上</th><th>螺孔内</th></tr>
<tr><td>4</td><td>4.2</td><td rowspan="11">+0.24
0</td><td>7.9</td><td rowspan="8">0
−0.14</td><td rowspan="16">1.5</td><td rowspan="10">0.10</td><td></td><td>M10×1</td></tr>
<tr><td>5</td><td>5.2</td><td>8.9</td><td></td><td>M12×1.25</td></tr>
<tr><td>7</td><td>7.2</td><td>10.9</td><td></td><td>M14×1.5</td></tr>
<tr><td>8</td><td>8.2</td><td>11.9</td><td>M8</td><td></td></tr>
<tr><td>10</td><td>10.2</td><td>13.9</td><td>M10</td><td></td></tr>
<tr><td>12</td><td>12.2</td><td>15.9</td><td></td><td>M18×1.5</td></tr>
<tr><td>13</td><td>13.2</td><td>16.9</td><td></td><td>M20×1.5</td></tr>
<tr><td>14</td><td>14.2</td><td>17.9</td><td>M14</td><td></td></tr>
<tr><td>15</td><td>15.2</td><td>18.9</td><td rowspan="6">0
−0.28</td><td></td><td>M27×2</td></tr>
<tr><td>16</td><td>16.2</td><td>19.9</td><td>M16</td><td></td></tr>
<tr><td>18</td><td>18.2</td><td>22.9</td><td rowspan="7">0.15</td><td></td><td>M33×2</td></tr>
<tr><td>20</td><td>20.2</td><td rowspan="5">+0.28
0</td><td>24.9</td><td>M20</td><td></td></tr>
<tr><td>22</td><td>22.2</td><td>26.9</td><td>M22</td><td></td></tr>
<tr><td>24</td><td>24.2</td><td>28.9</td><td></td><td>M42×2</td></tr>
<tr><td>27</td><td>27.2</td><td>31.9</td><td rowspan="8">0
−0.34</td><td>M27</td><td></td></tr>
<tr><td>30</td><td>30.2</td><td>35.9</td><td>M30</td><td></td></tr>
<tr><td>32</td><td>32.2</td><td rowspan="8">+0.34
0</td><td>37.9</td><td rowspan="10">2</td><td></td><td>M60×2</td></tr>
<tr><td>33</td><td>33.2</td><td>38.9</td><td rowspan="5">0.20</td><td>M33</td><td></td></tr>
<tr><td>36</td><td>36.2</td><td>41.9</td><td>M36</td><td>M48×2</td></tr>
<tr><td>39</td><td>39.2</td><td>45.9</td><td>M39</td><td></td></tr>
<tr><td>40</td><td>40.2</td><td>46.9</td><td>M40</td><td></td></tr>
<tr><td>42</td><td>42.2</td><td>48.9</td><td>M42</td><td></td></tr>
<tr><td>45</td><td>45.2</td><td>51.9</td><td rowspan="4">0
−0.40</td><td rowspan="4">0.25</td><td>M45</td><td></td></tr>
<tr><td>48</td><td>48.2</td><td>54.9</td><td>M48</td><td>M60×2</td></tr>
<tr><td>52</td><td>52.2</td><td rowspan="2">+0.40
0</td><td>59.9</td><td>M52</td><td></td></tr>
<tr><td>60</td><td>60.2</td><td>67.9</td><td>M60</td><td></td></tr>
</table>

另外，汽车行业标准 QC/T 638—2000《密封垫圈》也规定了铝 1070A0（GB/T 8544，已被 GB/T 3880.1—2006 代替）、软钢纸（QB/T 365，已转化为 QB/T 2200—1996）、铜 T3M（GB/T 2040，已被 GB/T 2040—2017 代替）材料的密封垫圈。

2.14.2　密封垫圈沟槽

在前文中列出的三种密封垫圈中，以代替 JB 966—77《焊接式端直通管接头》的 JB/T 966—2005《用于流体传动和一般用途的金属管接头　O 形圈平面密封接头》为例，其图 17（柱端直通接头 ZZJ）及图 24（固定柱端）所示的柱端接头用于密封垫圈密封固定柱端尺寸及垫圈和油口端密封沟槽尺寸见表 2-112。

由表 2-112 可知，图 16（垫圈 DQG）并没有能够完全取代 JB 1002—77 规定的密封垫圈，至少其中缺少规格。

表 2-112 柱端直通接头 ZZJ 密封垫圈密封固定柱端尺寸及垫圈和油口端密封沟槽尺寸（摘自 JB/T 966—2005） （单位：mm）

JB/T 966—2005					JB 982—77	GB/T 2878.1—2011	GB/T 19674.1—2005
图 17(柱端直通接头 ZZJ)、图 24(固定柱端)				图 16（垫圈 DQG）	组合密封垫圈	油口端密封沟槽	螺纹油口密封沟槽
螺纹 D_1	密封凸台直径 $d_{19}\pm0.20$	密封凸台厚度 $l_{28}\pm0.10$	S_4	$d_{10}\times l_{11}$	$D\times h'$	直径×深度 $d_{2min}\times L_{3max}$	直径×深度 $d_{4min}\times L_{1max}$
M10×1	13.8	2.5	14	—	16×2	20、16×1	15×1
M12×1.5	16.8	2.5	17	15.9×1.5	18×2	23、19×1.5	18×1.5
M14×1.5	18.8	2.5	18	17.9×1.5	20×2	25、21×1.5	20×1.5
M16×1.5	21.8	2.5	22	19.9×1.5	22×2	28、24×1.5	23×1.5
M18×1.5	23.8	2.5	24	22.9×2	25×2	30、26×2	25×2
M22×1.5	26.8	2.5	30	26.9×2	30×2	33、29×2	28×2.5
M27×2	31.8	2.5	32	31.9×2	35×2	40、34×2	33×2.5
M33×2	40.8	3	41	—	42×2	49、43×2.5	41×2.5
M42×2	49.8	3	50	48.9×2	53×2	58、52×2.5	51×2.5
M48×2	54.8	3	55	—	60×2	63、57×2.5	56×2.5
M60×2	64.8	3	65	67.9×2	75×2	74、67×2.5	—

图 17（柱端直通接头 ZZJ）采用 JB 982—77 规定的组合密封圈密封时，并不全部适用，如垫圈 60 JB 982—77 中件 2（件 2—A2）尺寸为 $\phi75\times\phi64\times2$（mm），而图 17（柱端直通接头 ZZJ）的密封凸台直径为 $\phi64.8$mm，一定会密封失效。

油口直径、深度也是液压缸油口连接密封中经常出现问题的地方，因油口直径小了（如达到最小尺寸）、油口深了（如达到最大尺寸），都可能导致油口无法密封。

关于液压缸油口连接问题后文还有应用实例，具体请见本书第 6.6 节“液压缸油口连接密封技术现场应用”。

2.15 耐高温、低温、高压密封圈

液压缸是能量转换装置，必定会有一部分能量损失，而这部分损失的能量大都转化成了热能（量）。（超）高压液压缸在相同体积重量下可以转换更高（多）的能量，因此现在的液压系统和元件都在追求高压或超高压。高压在很多情况下伴随着高温，为了降低液压系统及元件的最高工作温度，一般需要采用冷却系统，但这同样需要能量。

如果液压系统和元件都允许在一定高温、高压下运行，那么至少可以节约冷却系统部分能量。液压缸作为执行元件，不仅是因为自身产生热量，还可能因所驱动的负载传递及周围环境热能辐射造成温度高于系统温度，所以液压缸密封设计必须要预判工作温度范围。

现在，在最高工作温度为 150℃、最高工作压力为 35MPa 下工作的液压缸密封系统设计已日臻成熟，但对更高的温度、压力下的液压缸密封系统设计必须慎重。

在本书第 3.2.2 节中所介绍的一种非典型 U 形圈（嵌装金属弹簧）活塞密封系统中，其工作温度范围可能为-60~150℃。

2.15.1　密封材料的最高、最低工作温度

在 HG/T 2579—2008《普通液压系统用 O 形橡胶密封圈材料》中分别规定了工作温度范围为-40～100℃和-25～125℃的 O 形橡胶密封圈材料。

在 HG/T 2021—2014《耐高温润滑油 O 形橡胶密封圈材料》中规定的密封材料按不同介质分为Ⅰ、Ⅱ、Ⅲ、Ⅳ四类，Ⅰ类是以丁腈橡胶（NBR）为代表，适用于石油基滑油，工作温度范围一般为-25～125℃，短期可达 150℃；Ⅱ类是以低压缩变形氟橡胶（FKM）为代表，适用于合成脂类滑油，工作温度范围一般为-15℃～+200℃，短期可达 250℃；Ⅲ类是以丙烯酸酯橡胶（ACM）和乙烯丙烯酸酯橡胶（AEM）为代表，适用于石油基润滑油，工作温度范围一般为-20～150℃，短期可达 175℃；Ⅳ类是以氢化丁腈橡胶（HNBR）为代表，适用于石油基润滑，工作温度范围一般为-25～150℃，短期可达 160℃。

在 HG/T 2810—2008《往复运动橡胶密封圈材料》中规定的密封材料分为 A、B 两类，A 类为丁腈橡胶，工作温度范围为-30～100℃；B 类为浇注型聚氨酯，工作温度范围为-40～80℃。

上述标准中规定的密封材料的最高工作温度与现在各密封件制造商产品样本中标称的有些出入，作者根据实践经验判断，现行标准应该是没有能够及时反映技术进步，具体可参考表 1-3“制造 O 形圈常用的弹性体材料的使用温度和所耐液体”。

2.15.2　密封圈的最高、最低工作温度

根据 JB/T 10205—2010《液压缸》中高温试验的规定，在额定压力下，向被试液压缸输入 90℃的工作油液，全程往复运行 1h，应符合由客户与制造商商定的高温性能要求。同时规定，一般情况下，液压缸工作的环境温度应在-20～50℃范围，工作介质温度应在-20～80℃范围。

在 GB/T 7935—2005《液压元件　通用技术条件》中规定，试验油液除特殊规定外，试验时油液温度应为 50℃ [(A 级±1.0)℃、(B 级±2.0)℃、(C 级±4.0)℃]。在 GB/T 15622—2005《液压缸试验方法》中规定：除特殊规定外，型式试验应在（50±2）℃下进行，出厂试验应在（50±4）℃下进行。

在 GB/T 3452.1—2005《液压气动用 O 形橡胶密封圈　第 1 部分：尺寸系列及公差》中未对工作温度进行规定。

在 JB/T 7757—2020《机械密封用 O 形橡胶圈》中规定了丁腈橡胶 O 形圈的工作温度范围为-30～120℃；氟橡胶的工作温度范围为-20～200℃。

在 JB/T 10706—2007（2022）《机械密封用氟塑料包覆橡胶 O 形圈》中规定的工作温度范围为-60～200℃（以氟塑料 FEP 包覆氟橡胶为-20～180℃、硅橡胶为-60～180℃，以氟塑料 PFA 包覆氟橡胶为-20～200℃、硅橡胶为-60～200℃）。

在 GB/T 15242.1—1994《液压缸活塞和活塞杆动密封装置用同轴密封件尺寸系列和公差》（已被 GB/T 15242.1—2017 代替，但其中未规定适用温度范围）中规定的工作温度范围为-40～200℃。

在 GB/T 15242.2—1994《液压缸活塞和活塞杆动密封装置用支承环尺寸系列和公差》（已被 GB/T 15242.2—2017 代替）中规定的工作温度范围为-40～200℃。

在 GB/T 10708.1—2000《往复运动橡胶密封圈结构尺寸系列 第1部分：单向密封橡胶密封圈》、GB/T 10708.2—2000《往复运动橡胶密封圈结构尺寸系列 第2部分：双向密封橡胶密封圈》和 GB/T 10708.3—2000《往复运动橡胶密封圈结构尺寸系列 第3部分：橡胶防尘密封圈》等标准中未对工作温度做出规定。

在 JB/ZQ 4264—2006《孔用 Yx 密封圈》和 JB/ZQ 4265—2006《轴用 Yx 密封圈》中规定的工作温度范围为-40（-20）~80℃。

作者提示，JB/ZQ 4264—2006 和 JB/ZQ 4264—2006 两项标准中的最低工作温度值得商榷。

在 JB/T 982—1977《组合密封垫圈》（已作废，仅供参考）中规定的工作温度范围为-25~80℃。

在 MT/T 985—2006《煤矿用立柱和千斤顶聚氨酯密封圈技术条件》中规定的密封圈适应工作温度范围为-20~60℃。

在 YB/T 028—2021《冶金设备用液压缸》中规定了适用于环境和介质温度为-20~80℃的冶金设备用液压缸。

2.15.3 密封圈的最高工作压力

根据 JB/T 10205—2010《液压缸》中耐压试验的规定：将被试液压缸活塞分别停在形成的两端（单作用液压缸处于行程极限位置），分别向工作腔施加 1.5 倍公称压力的油液，型式试验保压 2min，出厂试验保压 10s，应不得有外泄漏及零件损坏等形象。

JB/T 10205—2010《液压缸》适用于公称压力在 31.5MPa 以下，以液压油或性能相当的其他矿物油为工作介质的单、双作用液压缸。也就是说，其中的密封圈可能承受的最高工作压力为 1.5×31.5MPa=47.25MPa。

在 GB/T 3452.1—2005《液压气动用 O 形橡胶密封圈 第1部分：尺寸系列及公差》中未对最高工作压力做出规定。

在 GB/T 15242.1—1994《液压缸活塞和活塞杆动密封装置用同轴密封件尺寸系列和公差》（已被 GB/T 15242.1—2017 代替，但其中未规定适用压力）中规定的最高工作压力为 40MPa。

在 GB/T 10708.1—2000《往复运动橡胶密封圈结构尺寸系列 第1部分：单向密封橡胶密封圈》中规定了 Y 形圈的最高工作压力为 25MPa、蕾形圈的最高工作为 50MPa 及 V 形组合圈的最高工作压力 60MPa。

GB/T 10708.2—2000《往复运动橡胶密封圈结构尺寸系列 第2部分：双向密封橡胶密封圈》中规定了鼓形圈的最高工作压力为 70MPa、山形圈的最高工作压力为 35MPa。

在 JB/ZQ 4264—2006《孔用 Yx 密封圈》和 JB/ZQ 4265—2006《轴用 Yx 密封圈》中规定的最高工作压力为 31.5MPa。

在 JB/T 982—1977《组合密封垫圈》（已作废，仅供参考）中规定的最高工作压力为 40MPa。

在 MT/T 985—2006《煤矿用立柱和千斤顶聚氨酯密封圈技术条件》中规定了双向密封圈的最高工作压力为 60MPa、单向密封圈的最高工作压力为 40MPa。

根据 YB/T 028—2021《冶金设备用液压缸》中“耐压性”的规定，液压缸应能承受其公称压力的 1.5 倍的压力，…… YB/T 028—2021《冶金设备用液压缸》适用于公称压力 PN≤40MPa 的冶金设备用液压缸。也就是说，其中的密封圈可能承受的最高工作压力为 1.5×40MPa=60MPa。

2.15.4　耐高温、低温、高压密封圈产品

根据液压缸密封相关标准及现有密封件（圈）的材料、结构型式、使用工况等，将最高工作温度高于 90℃、最高工作压力大于 31.5MPa 的静密封圈（如 O 形圈）、往复运动密封圈（件）等定义为耐高温或耐热、（超）高压密封圈。

工作温度低于-20℃的暂定义为耐低温密封圈或耐寒用密封件。

对密封圈耐高温、低温、高压密封性能的判预比较困难，主要是其不仅与密封材料、结构型式相关，而且还与使用工况等相关，如密封圈的挤出间隙（含偏心量的最大挤出间隙）就很难在设计时准确判定，因此任何一台液压缸密封设计都必须在实际工况下通过检验（实机密封性能检验）。

在 NOK 株式会社《液压密封系统-密封件》2020 年版产品样本中给出的缸的适用温度范围为，标准规格-20～80℃、耐热规格-10～120℃、耐寒规格-55～60℃，仅供参考。

1. 耐高温、高压 O 形圈

如图 2-86 所示，耐高温、高压静密封用 O 形圈必须加装挡圈，双向密封在 O 形圈两侧各加装一个（含配对式）或两个挡圈（组合式），单向密封在 O 形圈可能被挤出侧加装一个（含配对式）或两个挡圈（组合式）。

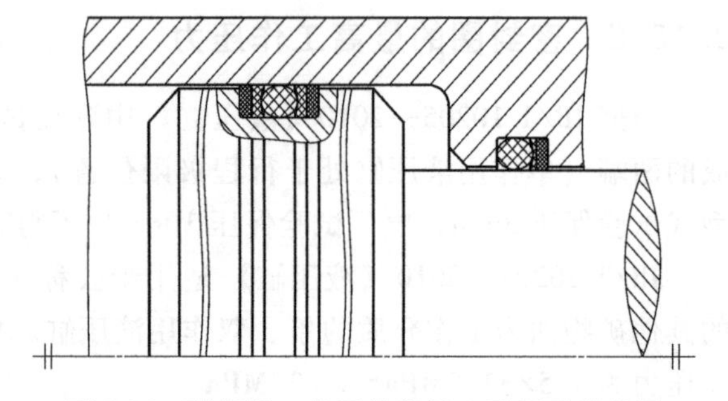

图 2-86　耐高温、高压静密封 O 形圈及其挡圈

O 形圈密封材料应根据使用工况按表 2-113 选取。

表 2-113　高温下静密封用 O 形圈密封材料

密封材料	NBRⅠ	NBRⅡ	HNBR	FKM	FFKM
最高工作温度/℃	100	125	150	200	260

注：参考了德克迈特德氏封密封（上海）有限公司的静密封产品样本。

O 形圈用挡圈请参阅本书第 2.13.1 节“O 形圈的抗挤压环（挡环）及其沟槽”。

有参考文献介绍，O 形圈可以密封的最高工作压力为 200MPa。作者只在公称压力 125MPa 情况下使用过 O 形橡胶圈密封，对更高压力下使用 O 形橡胶圈密封没有实践经验。

表 2-114 列出了某密封件厂家 O 形橡胶密封圈产品性能（使用工况）。

表 2-114　O 形橡胶密封圈使用工况

密封材料	最高工作压力/MPa	工作温度范围/℃	最高速度/(m/s)	应用场合
弹性体	200	-60～200	0.5	双向静、动(往复、旋转、螺旋运动)密封

注：参考了特瑞堡 2011 版的工业密封产品目录。

参考文献［35］曾指出：“根据密封系统的压力，应分别设计不同硬度的 O 形密封圈胶料，以适应不同压力的需要。”“密封压力在 30～60MPa 的范围，密封件的胶料硬度要求在

85~90Shore A 的范围内。”

2. 其他耐高温、高压形圈

(1) 同轴密封件 尽管在 GB/T 15242.1—1994《液压缸活塞和活塞杆动密封装置用同轴密封件尺寸系列和公差》(已被 GB/T 15242.1—2017 代替) 中规定了适用于以液压油为工作介质、压力≤40MPa，速度≤5m/s、工作温度范围为-40~200℃的往复运动液压缸活塞和活塞杆的密封，但对同轴密封件中塑料滑环和弹性体材料组号并未规定（材料组号由用户与生产厂协商而定），而其他标准中也没有相应规定，如在 HG/T 2579—2008《普通液压系统用 O 形橡胶密封圈材料》中仅规定了Ⅰ、Ⅱ两类（每类分为四个硬度等级）的 O 形橡胶密封圈材料，其最高工作温度只有 125℃，因此给液压缸密封设计带来困难。

在 GB/T 15242.1—1994（已被 GB/T 15242.1—2017 代替）中规定的工作温度范围为-40~200℃，这不是一套密封装置能够达到的，根据现行标准起码应该是三套，见表 2-115。

表 2-115 同轴密封件适用工况

同轴密封件Ⅰ	同轴密封件Ⅱ	同轴密封件Ⅲ
-40~100℃	-25~125℃	-20~200℃
PTEF+NBRⅠ	PTEF+NBRⅡ	PTEF+FKM

更严重的问题还在于，有国内密封件制造商将同轴密封件工作温度范围标定为-55~260℃，可能需要更多套密封件以适应上述温度。因此，读者在设计、使用同轴密封件时必须注意。

在液压挖掘机中，耐热规格的液压缸的使用条件为 0~34MPa、-30~120℃；当活塞用组合密封件 SPG 的橡胶圈采用氢化丁腈橡胶（G928）时，可以在高温中使用。

(2) 唇形密封圈 尽管聚氨酯唇形密封圈在各标准、产品样本中标定的工作温度范围不同（表 2-116 摘自 NOK 株式会社《液压密封系统-密封件》2020 年版产品样本），但一般用于最高工作温度高于 90℃、最高工作压力大于 31.5MPa 的液压缸往复运动密封还是有危险的。

表 2-116 往复运动用聚氨酯密封件最高工作温度 （单位：℃）

密封件型号	ODI	OSI	OUIS	IDI	ISI	IUIS	UPI	USI
最高工作温度	100	100	100/110	100	100/110	100/110	100	80

在加热装配聚氨酯唇形密封圈时，可参考表 2-116 中所列的最高加热温度，但作者认为，对于最高工作温度为 100℃的加热温度也不宜高于 90℃。

氟橡胶唇形密封圈加装挡圈可用于液压缸的高温、高压密封，但有些规格品种需向密封件制造商特殊订购。

某公司的氟橡胶唇形（含 V 形）高温、高压密封圈见表 2-117。

其他如全氟橡胶（FFKM）、氟硅橡胶（FVQM）等耐高温密封材料的唇形密封圈几乎全部需要特殊订购。

在液压挖掘机中，耐热规格的液压缸的使用条件为 0~34MPa、-30~120℃。在活塞杆密封系统中，除了采用 HBY 缓冲环抑制密封件的滑动发热，唇形密封圈 IUH 则使用了氢化丁腈橡胶（G928）和挡圈，以适应高温和高压的工况。

(3) 防尘密封圈 在液压缸密封系统中，防尘密封圈不单具有防尘作用，还可能具有辅助密封作用；加之金属零部件热传导作用，在高温液压缸上防尘圈也一样要承受高温。

表 2-117　氟橡胶唇形（含 V 形）高温、高压密封圈

密封件类型		密封材料	工作温度范围/℃	最高工作压力/MPa	使用速度/(m/s)	备注
活塞密封	UHP+挡圈	FKM+PTEF(PA)	-10~150	34.3	0.04~1.0	标型
	UNP+挡圈					特订
	MLP+挡圈					标型
	组合 VNF	夹布 FKM		58.8	0.1~1.5	标型
活塞杆密封	UHR+挡圈	FKM+PTEF(PA)		34.3	0.04~1.0	标型
	UNR+挡圈					特订
	MLR+挡圈					标型
	UHS+挡圈					标型
	UNS+挡圈					特订
	组合 VNF	夹布 FKM		58.8	0.1~1.5	标型
	组合 MV	夹布 FKM		34.3		标型

注：参考了华尔卡（上海）贸易有限公司 2012 版的液压用密封圈。

在 GB/T 10708.3—2000 中规定的橡胶防尘密封圈因其密封材料（一般为丁腈橡胶或聚氨酯橡胶）的性能，通常无法满足高温、高压液压缸使用工况要求。

如图 2-87 所示，与同轴密封件原理相同的另一类型防尘密封圈可以满足高温、高压液压缸使用工况要求，这一类型防尘圈也是由塑料滑环和弹性体（O 形圈）组成，塑料滑环起防尘和密封作用，O 形圈对塑料环施压（赋能），其原理与同轴密封件相同，具体请参见本书第 2.9.3 节“同轴密封件产品及其沟槽”。这一类型防尘密封圈或可命名为滑环式（同轴）组合防尘密封圈（简称滑环式防尘圈）。

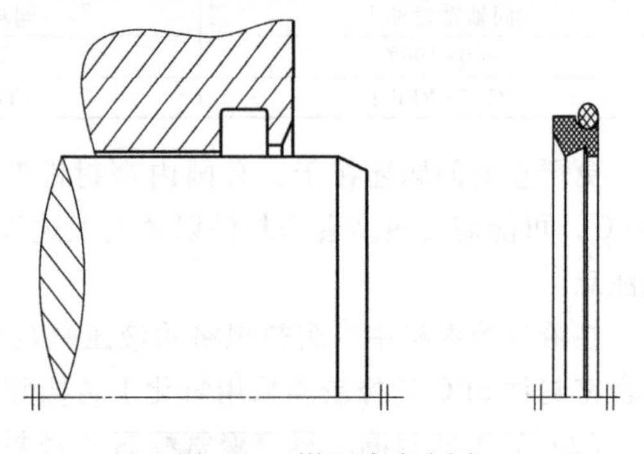

图 2-87　滑环式防尘圈

表 2-118 列出了某公司几种滑环式防尘圈的适用工况。

表 2-118　几种滑环式防尘圈适用工况

滑环式组合防尘圈	尺寸范围/mm	密封材料	工作温度范围/℃	最高速度/(m/s)	作用	应用场合
防尘圈Ⅰ	4~2600	PTEF+FKM	-10~200	15	双	轻、中、重型
防尘圈Ⅱ	20~2600	PTEF+FKM	-10~200	15	双	轻、中、重型
防尘圈Ⅲ	19~1000	PTEF+FKM	-10~200	15	双	轻、中、重型
防尘圈Ⅳ	100~1000	PTEF+FKM	-10~200	5	双	轻、中、重型

注：1. 参考了特瑞堡 2011 版的工业密封产品目录。
2. 参考了特瑞堡密封系统（中国）有限公司 2012 版的直线往复运动液压密封件。

3. 耐低温密封圈

在低温范围内工作的密封件，因橡胶的弹性降低，密封性能变得不稳定，特别是密封唇口随活塞杆偏心运动的能力（即追随性）降低，因此当密封件用于-30℃以下的低温场合时，请将活塞杆的偏心量减到最小，并使用耐寒用密封件。

注：在 NOK 株式会社《液压密封系统-密封件》2020 年版产品样本中提出，NOK 密封标准橡胶材料（材料代号 505、U801）的低温使用极限温度约为-30℃。

低温和偏心率对耐寒用U形密封圈密封性的影响见表2-119。

表2-119　低温和偏心率对耐寒用U形密封圈密封性的影响

型号尺寸	IUH　75　85　6					UHI　75　88　10				
材料	耐寒丁腈橡胶A567					聚氨酯U801+硅橡胶S813				
温度/℃	-40	-45	-50	-55	-60	-40	-45	-50	-55	-60
偏心量/mm	对密封性的影响程度					对密封性的影响程度				
0.15	○	○	○	○	△	○	○	○	○	△
0.30	○	○	○	○	△	○	○	△	△	●
0.45	○	○	△	△	●	△	△	△	●	●

注：1. ○—表示无漏油；△—表示滑动时漏油；●—表示静止时漏油。
2. 参考了NOK株式会社《液压密封系统-密封件》2020年版产品样本。
3. 在该样本中介绍，UHI特征为适用于低温、高压环境，使用的主要流体为通用石油系液压油、低温用石油系液压油。硅橡胶S813是否与石油系液压油相容，请用户再次与密封件供应商确认。

2.16　旋转轴唇形密封圈及其腔体

旋转轴唇形密封圈是具有可变形截面，通常有金属骨架支撑，靠密封刃口施加的径向力来防止流体泄漏的密封圈。

旋转轴唇形密封圈是在使用旋转轴的设备上用于密封流体或润滑脂的。在有些情况下，轴是静止的而腔体旋转。低压差的唇形密封圈的密封通常是因为在设计时轴和柔性密封件间有过盈配合，过盈量通常由紧箍弹簧配合施加。密封圈外表面和腔体内孔表面之间的过盈量合适，则能保持密封圈在腔体内并防止在外缘处的泄漏。

在一般液压缸密封中，旋转轴唇形密封圈很少使用，只是在一些特殊（专用）液压缸，如数字液压缸（电动步进液压缸）或可调行程液压缸上偶有使用。但因旋转轴唇形密封圈标准较为齐全，这不仅对旋转轴唇形密封圈的设计、安装、使用、贮存及检验提供了规范，而且对其他唇形密封圈也有借鉴、参考价值。

2.16.1　旋转轴唇形密封圈相关标准

有关旋转轴唇形密封圈的标准如下：

1）GB/T 5719—2006《橡胶密封制品　词汇》

2）GB/T 9877—2008《液压传动　旋转轴唇形密封圈设计规范》

3）GB/T 13871.1—2022《密封元件为弹性体材料的旋转轴唇形密封圈　第1部分：基本尺寸和公差》

4）GB/T 13871.2—2015《密封元件为弹性体材料的旋转轴唇形密封圈　第2部分：词汇》

5）GB/T 13871.3—2008《密封元件为弹性体材料的旋转轴唇形密封圈　第3部分：贮存、搬运和安装》

6）GB/T 13871.4—2007《密封元件为弹性体材料的旋转轴唇形密封圈　第4部分：性能试验程序》

7）GB/T 13871.5—2015《密封元件为弹性体材料的旋转轴唇形密封圈　第5部分：外观缺陷的识别》

8）GB/T 13871.6—2022《密封元件为弹性体材料的旋转轴唇形密封圈　第6部分：弹

性体材料规范》。

9）GB/T 15326—1994《旋转轴唇形密封圈外观质量》

10）HG/T 2811—1996《旋转轴唇形密封圈橡胶材料》

在 GB/T 13871.1—2007 中规定，本部分适用于轴径为6~400mm，以及相配合的腔体为16~440mm 的旋转轴唇形密封圈，不适用于较高的压力（>0.05MPa）下使用的旋转轴唇形密封圈。

这里作者提示：

1）以上不包括 GB/T 21283《密封元件为热塑性材料的旋转轴唇形密封圈》（共 6 个部分）系列标准。该标准规定的是密封元件为热塑性材料的旋转轴唇形密封圈，密封元件是以热塑性材料，如聚四氟乙烯（PTFE）为基，经适当配合制成的（见 GB/T 21283.2—2007《密封元件为热塑性材料的旋转轴唇形密封圈　第 2 部分：词汇》中的"范围"）。

2）在 GB/T 17446—2012 中给出的术语"聚四氟乙烯"的定义为"一种热塑性聚合物，……。"而本书参考文献［4］、［17］、［46］等都未明确其是"热塑性的"，作者也认为它不是常规的热塑性材料（有标准称其为"特殊类型的热塑性塑料"），因其"难以用热塑性塑料加工方法成型。"这涉及绿色制造。

3）另外，在参考文献［44］概论中将聚四氟乙烯分类到热塑性塑料，但在"Bn　有机氟树脂及塑料　2　聚四氟乙烯"中再无它是"热塑性塑料"的表述，并且在"2　聚四氟乙烯"中指出，"PTFE 的一个缺点是它很难用模塑或挤出来加工，常用的加工方法是以粉料烧结或加压模塑。"

2.16.2　旋转轴唇形密封圈的密封机理

旋转轴唇形密封圈的基本结构由装配支撑部、骨架、弹簧、主唇、副唇（无防尘要求可无副唇）等组成，如图 2-88 所示。

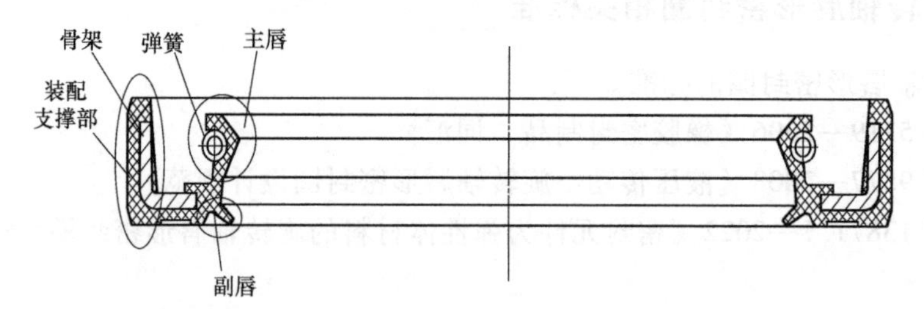

图 2-88　旋转轴唇形密封圈基本结构型式

基本结构分类有六种基本类型：

1）带副唇内包骨架型。

2）带副唇外露骨架型。

3）带副唇装配型。

4）无副唇内包骨架型。

5）无副唇外漏骨架型。

6）无骨架装配型。

在 GB/T 4459.9—2009《机械制图　动密封圈　第 2 部分：特征简化表示法》中规定了旋转轴唇形密封圈的详细的简化表示法，如图 2-89 所示。

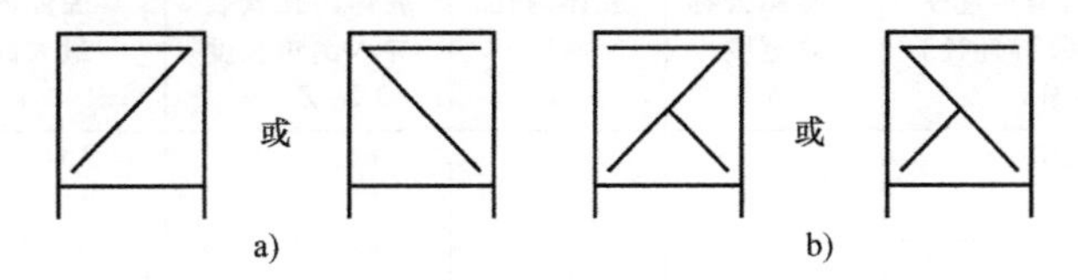

图 2-89　旋转轴唇形密封圈的详细的简化表示法
a）无副唇旋转轴唇形密封圈　b）带副唇旋转轴唇形密封圈

旋转轴唇形密封圈适于安装在设备中的旋转轴端，对密封腔压力不大于 0.05MPa 的液压油液或润滑脂起密封（或兼具有防尘）作用。

在旋转轴唇形密封圈上，对旋转轴起密封作用的为主唇；在设计时，密封刃（唇）口（密封唇内径）与轴有一定的过盈量；在安装后，密封刃口与轴形成密封接触区，旋转轴唇形密封圈因截面变形对轴产生接触应力，加之弹簧配合施压，旋转轴唇形密封圈刃口在旋转轴上形成一定的刃口接触宽度，实现对旋转轴的密封。

旋转轴唇形密封是动密封，密封接触区油膜厚度直接关系到密封性能，油膜过厚，可能导致泄漏；油膜过薄，可能处于干摩擦，导致唇口磨损加剧，降低使用寿命，直至造成泄漏。因此，在密封接触区存有和保持一定厚度的油膜，是旋转轴唇形密封圈密封的必要条件。对密封压力不大于 0.05MPa 的旋转轴唇形密封圈密封，适当厚度的油膜本身就具有密封能力。就此而言，带副唇型旋转轴唇形密封圈存有和保持油膜情况稍好。

为了减小油膜厚度并改善密封性能，在旋转轴唇形密封圈主唇口的后表面可以设有回流纹（槽），进而改变了密封接触区接触状态，使被密封流体产生动压回流效应以减少泄漏，即有流体动力型旋转轴唇形密封圈。

副唇的防尘作用与防尘圈相似。

2.16.3　旋转轴唇形密封圈的腔体

如图 2-90 所示，旋转轴唇形密封圈（安装）腔体内孔及旋转轴轴端应符合 GB/T 1387.1—2007 中的相关规定。

旋转轴唇形密封圈（安装）腔体及旋转轴轴端公称尺寸见表 2-120。

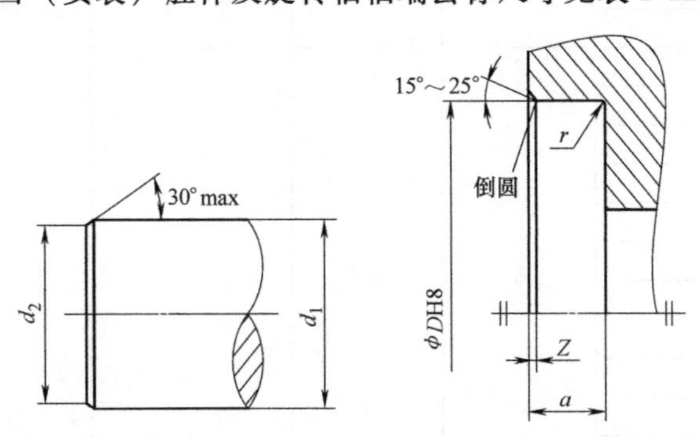

图 2-90　旋转轴唇形密封圈（安装）的腔体内孔及旋转轴轴端

表 2-120 旋转轴唇形密封圈（安装）腔体及旋转轴轴端公称尺寸（摘自 GB/T 13871.1—2007）

（单位：mm）

旋转轴公称直径 d_1（不低于 h11）	腔体内孔基本直径（密封圈公称外径）D H8	密封圈公称总宽度 b	腔体内孔深度 a	腔体内孔安装导入倒角长度 Z	腔体内孔最大圆角 r	旋转轴安装导入角 d_1-d_2
6	16	7	7.9	0.70~1.00	0.50	1.5
	22					
7	22					
8	22					
	24					
9	22					
10	22					
	25					
12	24					2.0
	25					
	30					
15	26					
	30					
	35					
16	30					
	35					
18	30					
	35					
20	35					
	40					
	45					
22	35					2.5
	40					
	47					
25	40					
	47					
	52					
28	40					
	47					
	52					
30	42					
	47					
	50					
	52					
32	45	8	8.9			3.0
	47					
	52					
35	50					
	52					
	55					
38	55					
	58					
	62					
40	55					
	60					
	62					

（续）

旋转轴公称直径 d_1（不低于 h11）	腔体内孔基本直径（密封圈公称外径）D H8	密封圈公称总宽度 b	腔体内孔深度 a	腔体内孔安装导入倒角长度 Z	腔体内孔最大圆角 r	旋转轴安装导入角 d_1-d_2
42	55	8	8.9	0.70~1.00	0.50	3.5
	62					
45	62					
	65					
50	68					
	70					
	72					
55	72					4.0
	75					
	80					
60	80					
	85					
65	85	10	10.9			
	90					
70	90					
	95					
75	95					4.5
	100					
80	100					
	110					
85	110	12	13.2	1.20~1.50	0.75	
	120					
90	115					
	120					
95	120					
100	125					5.5
105	130					
110	140					
120	150					
130	160					
140	170	15	16.2			7.0
150	180					
160	190					
170	200					
180	210					
190	220					
200	230					
220	250					
240	270					
250	290					11.0
260	300	20	21.2			
280	320					
300	340					
320	360					
340	380					
360	400					
380	420					
400	440					

2.16.4　旋转轴唇形密封圈的应用

旋转轴唇形密封圈尽管结构并不复杂，并具有腔体简单、密封性能稳定等优点，但在设计、应用过程中还是有很多应该注意的事项。

1. 橡胶材料选择

根据被密封液体（或润滑脂）选择密封材料。

在 HG/T 2811—1996《旋转轴唇形密封圈橡胶材料》中规定了 A、B、C、D 四类橡胶材料：

1）A 类是以丁腈橡胶为基的三种材料。

2）B 类是以丙烯酸酯橡胶为基的一种材料。

3）C 类是以硅橡胶为基的一种材料。

4）D 类是以氟橡胶为基的两种材料。

在 GB/T 13871.6—2022《密封元件为弹性体材料的旋转轴唇形密封圈　第 6 部分：弹性体材料规范》中规定，制造旋转轴唇形密封圈常用的弹性体材料见表 2-121。

表 2-121　制造旋转轴唇形密封圈常用的弹性体材料

弹性体材料	材料代号	硬度级别,IRHD
丁腈橡胶	NBR	70A①、70、80
氢化丁腈橡胶	HNBR	60、70、80
丙烯酸酯橡胶	ACM	70
氟橡胶	FKM	70、80
硅橡胶	VMQ	70

注：弹性体的材料代号符合 GB/T 5576。

① 为耐高温性能较好的丁腈橡胶材料。

2. 旋转轴唇形密封圈安装

（1）安装方向　一般常用正向安装，如图 2-91 所示；反向安装如图 2-92 所示。

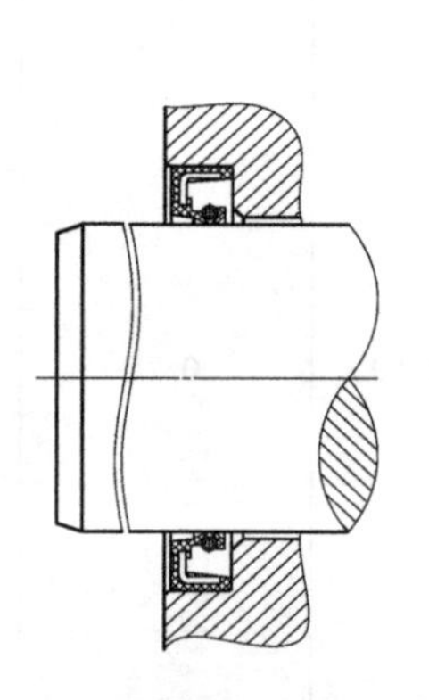

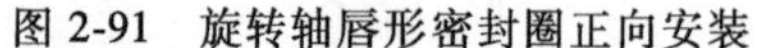

图 2-91　旋转轴唇形密封圈正向安装

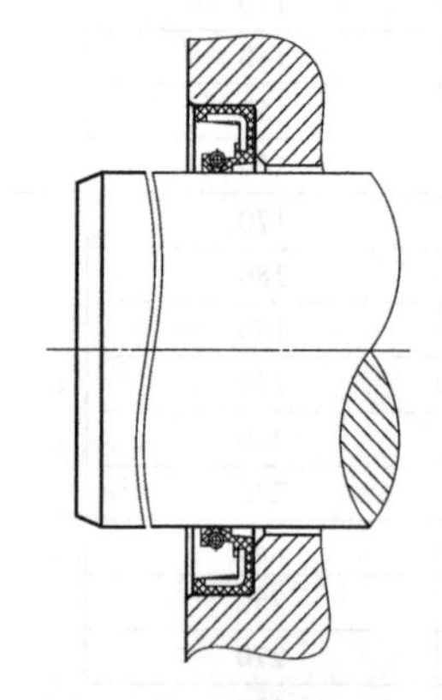

图 2-92　旋转轴唇形密封圈反向安装

旋转轴唇形密封圈采用反向安装是为了防止旋转轴端流体侵入腔体内部，一般很少采用。实际中见到的反向安装大部分是安装错误造成的。

（2）旋转轴唇形密封圈润滑　旋转轴唇形密封圈唇口及支撑面应在安装前涂敷少量润滑脂，但此润滑脂必须合适、清洁。

(3) 安装工具　旋转轴唇形密封圈必须使用安装工具，保证旋转轴唇形密封圈不变形、损坏；旋转轴和腔体不磕碰、损伤。

(4) 安装温度　不能在过低温度下安装旋转轴唇形密封圈。若现场温度过低（如在≤0℃以下），可采取适当方式给旋转轴唇形密封圈加热后安装。

(5) 旋转轴唇形密封圈更换　旋转轴唇形密封圈拆下即废，应重新更换新的密封圈。重新安装时，应将唇口密封接触区向腔体内部移动，具体实现方法应在设计腔体时一并考虑。

3. 旋转轴唇形密封圈橡胶材料技术要求

1）每批材料应有合格证，标明材料名称或代号、批号、标记、质量、制造日期、承制方名称及承制方质检部门合格章。

2）每个内包装中应附有标签，标签上应表明材料名称或代号、批号、制造日期及承制方名称。

3）每个包装的外部应有明显的标志，表面应有材料名称或代号、出厂日期及承制方名称。此外，应有防晒、防潮及严禁与腐蚀物质接触的标志。

4）应采用对橡胶无损害、无污染的材料包装，再装入包装箱中，每箱不超过25kg。包装箱的质量应保证材料在运输过程和贮存期间免受损坏。

5）材料应贮存在温度为0~28℃，相对湿度为80%，无尘及适当通风的环境中，距热源至少1m。

6）材料在贮存期间不允许与酸、碱、油类及各种溶剂接触，避免日光、电弧光、紫外线及其他射线照射。

7）材料的贮存期不应超过六个月。超过贮存期的材料，应按相关标准进行全项性能检验，合格后方可使用。

2.17　液压设备中其他旋转密封

在此不讨论机械密封或端面（动）密封。除了旋转轴唇形密封（圈），以液压元件中常见的其他旋转密封（件）为例，首先是旋转密封件，即用在具有相对旋转运动的零件之间的密封装置，品种少、适用压力低，其次是旋转密封设计水平低。

以上文所述的在GB/T 13871.1—2007（2022）中规定的密封元件为弹性体材料的旋转轴唇形密封圈为例，其规定，“不适用于较高的压力（>0.05MPa）下使用的旋转轴唇形密封圈。”在JB/T 6994—2007《V_D形橡胶密封圈》中规定了适用于工作介质为油、水、空气，回转轴圆周速度不大于19m/s的机械设备，起端面密封和防尘作用的V_D形橡胶密封圈，但未规定适用压力，且鲜见于在液压元件中使用；其他标准规定的密封件（圈）再也没有适用于旋转密封的。

作者为了设计《伺服电机直驱数控行程精确定位液压缸》（ZL 2014 2 0336713.0），需要有一种适用于公称压力小于31.5MPa，转速小于100r/min，密封性能可靠并具有一定使用寿命的旋转轴密封，为此查阅了大量国内外密封件制造商产品样本，也与一些高端密封设计技术人员进行了交流，结论是国内旋转密封设计比往复运动密封设计水平更低。

2.17.1　旋转密封件产品概述

查阅了收集到的各密封件制造商产品样本，除了 O 形圈，现有的用于旋转密封的密封件见表 2-122。

表 2-122　用于旋转密封的密封件

序号	名称	简要说明
1	特康旋转格来圈	有轴用和孔用两种，称谓都是格来圈
2	X(星)形密封圈	星形密封圈用于旋转密封场合，一般建议为轴用
3	BNS 回转密封	孔用
4	BRS 回转密封	轴用
5	中心回转用的密封件 CSI	NOK 的 CSI 与 Hallite80 型式相近或相同
6	XRB 旋转四氟组合圈	轴用
7	YRB 旋转四氟组合圈	孔用
8	聚氨酯回转密封件	有轴用和孔用两种，各密封件制造商名称各异
9	轴用旋转密封 HXn	轴用
10	孔用回转方形圈 GNS	孔用
11	轴用回转方形圈 GRS	轴用
12	OR 型(双作用)PTFE 旋转密封件	轴用
13	OQ 型(双作用)PTFE 旋转密封件	孔用
14	RS 型旋转密封件	推荐用于内密封
15	RT 系列旋转密封	其中以 RT03 旋转密封较为特殊，双作用，带有支承环
16	WDI 旋转四氟组合圈	轴用
17	WDA 旋转四氟组合圈	孔用

尽管各密封件制造商的旋转密封件名称各异，但主要为同轴密封件型式的旋转密封件（以下称为轴用或孔用旋转密封组合圈）和实心异形截面 O 形圈。

一般同轴密封件型式的旋转密封件，如特康旋转格莱圈，其在旋转速度（圆周速度，下同）为 1.0m/s 时的密封压力为 30MPa，在旋转速度为 2.0m/s 时的密封压力为 20MPa，其他密封件制造商标称的密封压力可达到 50MPa 或更高，则需要进一步验证。

实心异形截面 O 形圈，如 X（星）形密封圈用于旋转密封时，其在旋转速度为 0.2m/s 时的密封压力为 5MPa，加装挡圈后的密封压力可达到 15MPa。其他实心截面 O 形圈，如赫莱特 80 旋转压力密封应用于回转接头时，在最大速度为 0.1m/s 时的最大压力可达 35MPa。

RT03 旋转密封因带支承环，其在旋转速度为 0.2m/s 时的密封压力可达 40MPa。

2.17.2　旋转轴密封件的应用及特点

在此以轴用旋转密封组合圈和 X 形密封圈为例，介绍旋转轴密封件的应用及特点。

1. 轴用旋转组合圈的应用及特点

如图 2-93a 所示，轴用旋转密封组合圈用于密封有旋转或摆动的杆、轴、销、回转接头等处，它是一种可以承受两侧压力或交变压力作用的双向作用旋转密封圈。其结构型式与同轴密封件相同，也有一件与旋转轴表面接触的作摩擦密封面的塑料环和一件为塑料环提供密封压力（赋能）并对其磨损起补偿作用的橡胶密封圈。归纳起来，旋转密封组合圈有如下特点：

1）是一种塑料环和 O 形圈（或矩形圈）组合的旋转密封件，即是一种具有两种或多种不同材料单元的密封装置。

2）摩擦密封面轮廓经过专门设计以适应高压和低速，较大规格的密封件开设于摩擦密封面上的环形沟槽提高了密封面比压，进而提高了密封效果，同时形成了润滑油腔，降低了摩擦力。

3）塑料环侧面开设有径向沟槽，保证O形圈受力正常。

4）塑料环接触O形圈侧设计成凹弧形，增加了与O形圈的接触面积，防止塑料环与旋转轴一起转动。

根据密封件制造商产品样本，轴用旋转组合圈的使用条件为：

1）当旋转速度为1m/s时，密封压力≤30MPa；当旋转速度为2m/s时，密封压力≤20MPa；最高可达50MPa。

2）温度范围为-54~200℃，其取决于O形圈材料。

3）最高旋转速度可达5m/s（有参考资料介绍最高速度应限定在0.5m/s内）。

4）工作介质为液压油、液压液、水、空气等，其取决于O形圈材料。

在此提请读者注意，当轴用旋转密封组合圈在60℃以上连续运转时，工作压力必须降低，并且最高压力、最高速度应通过试验验证取得。

2. X形密封圈的应用及特点

X（星）形密封圈主要应用于动密封场合，适用于往复运动的活塞、活塞杆等，并且也能在摆动、螺旋和旋转状况下用于轴（心轴）等。

其具有如下特点：

1）星形密封圈是有4个唇的密封圈，在往复运动中使用，其在沟槽中位置稳定，不宜翻滚、扭曲。

2）一般需径向（预）压缩量小，采用1%的压缩率即可达到密封，故接触压力小，摩擦力也小，但因此不宜用于静密封场合，所以一般表述为“但也可用于静密封”。

3）因密封面双唇密封且接触压力比较均匀，故泄漏小。

4）模压制造星形密封圈时可将分型面设计在两唇口之间，星形密封圈唇口质量好，密封效果好。

然而，旋转场合用的X（星）形密封圈仅见于旋转轴密封（轴用或称内周密封），可能的原因是：当X形密封圈用于外周密封（孔用）时，因外圆周摩擦面积大于内圆周面积，与孔接触密封面摩擦力大于与密封件沟槽摩擦力，可能导致X形密封圈相对沟槽旋转。

2.17.3 旋转轴密封的沟槽设计

在查阅的大量旋转轴密封件产品样本中，真正可以选择应用的品种很少，原因之一就是样本中可能只有名称及使用条件介绍，甚至只有一个目录名称，其密封件及其沟槽型式、尺寸缺失。

结合各密封件产品样本及作者设计经验，现对旋转轴密封沟槽做一简要介绍，供设计时参考。

1. 轴用旋转密封组合圈及沟槽

轴用旋转密封组合圈及沟槽如图2-93所示，轴用旋转密封组合圈沟槽尺寸及O形圈截面直径见表2-123。

表 2-123　轴用旋转密封组合圈沟槽尺寸及 O 形圈截面直径　（单位：mm）

孔径 D H8	沟槽直径 D_1 H9	沟槽宽度 $b^{+0.2}_{0}$	沟槽底圆角半径 R_1	O 形圈截面直径 d_2	摩擦密封面槽数/个
6~18	D+4.9mm	2.2	0.40	1.80	0
20~36	D+7.5mm	3.2	0.50	2.65	1
40~190	D+11.0mm	4.2	1.00	3.55	1
200~250	D+15.5mm	6.3	1.30	5.30	2

注：旋转轴轴径基本尺寸与表中孔径尺寸一致。

孔、轴配合宜选择 H8/f8 或 H8/f7，沟槽表面粗糙度可按 GB/T 3452.3—2005《液压气动用 O 形橡胶密封圈　沟槽尺寸》规定选取，但旋转轴密封接触区的表面粗糙度值不应大于 $Ra0.4\mu m$，一般应为 $Ra0.4 \sim 0.1\mu m$，并且应抛光或研磨。

2. 轴用旋转密封 X 形圈及沟槽

轴用旋转密封 X 形圈及沟槽如图 2-94 所示，轴用旋转密封 X（星）形圈沟槽及轴用旋转密封 X（星）形圈截面尺寸见表 2-124。

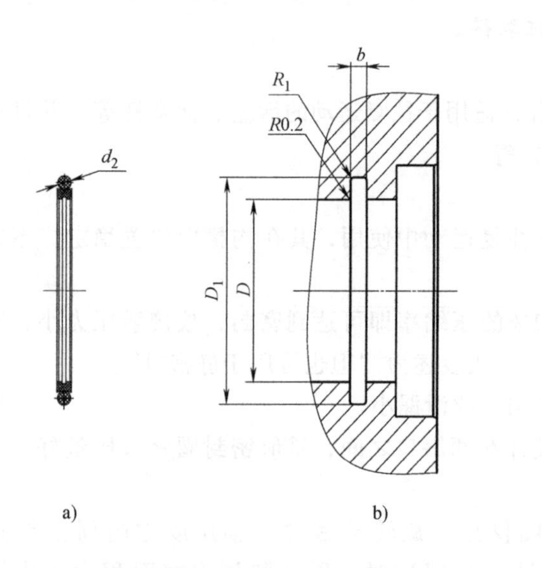

图 2-93　轴用旋转密封组合圈及沟槽
a）轴用旋转密封组合圈　b）轴用旋转密封组合圈沟槽

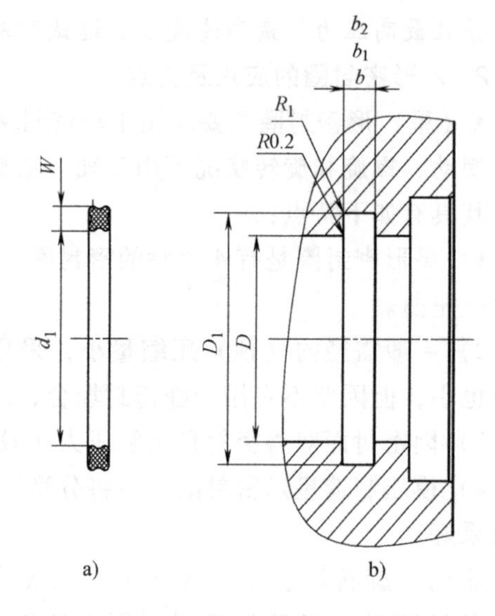

图 2-94　轴用旋转密封 X（星）形圈及沟槽
a）轴用旋转密封 X（星）形圈　b）轴用旋转密封 X（星）形圈沟槽

表 2-124　轴用旋转密封 X（星）形圈沟槽尺寸及轴用旋转 X（星）形圈截面尺寸

（单位：mm）

孔径 D H8	沟槽直径 D_1 H9	沟槽宽度 $b^{+0.2}_{0}$	沟槽宽度 $b_1{}^{+0.2}_{0}$	沟槽宽度 $b_2{}^{+0.2}_{0}$	沟槽底圆角半径 R_1	X 形密封圈截面尺寸 d_1×W
4~8	D+3.2mm	2.0	3.2	4.4	0.20	(D+Δd_1)×1.80
10~18	D+4.8mm	2.8	4.0	5.2	0.30	(D+Δd_1)×2.65
20~36	D+6.7mm	3.8	5.4	7.0	0.40	(D+Δd_1)×3.55
40~105	D+9.9mm	6.0	8.0	10.0	0.40	(D+Δd_1)×5.30
110~200	D+13.3mm	7.7	10.2	12.7	0.60	(D+Δd_1)×7.00

注：1. Δd_1 根据产品型号及试验确定，但应 $\Delta d_1>0$。
2. b、b_1、b_2 分别为无挡圈、带一个挡圈、带两个挡圈的沟槽宽（长）度，而且旋转密封用挡圈应为整体式。
3. 旋转轴轴径基本尺寸与表中孔径尺寸一致。

孔、轴配合宜选择 H8/f7，沟槽表面粗糙度可按 GB/T 3452.3—2005 规定选取，但旋转轴密封接触区的表面粗糙度值不应大于 *Ra* 0.4μm，一般应为 *Ra* 0.4~0.1μm，并且应抛光或研磨。

2.18 评定液压往复运动密封件性能的试验方法

在 GB/T 32217—2015《液压传动 密封装置 评定液压往复运动密封件性能的试验方法》中规定了评定液压往复运动密封件性能的试验条件和方法，适用于以液压油液为传动介质的液压往复运动密封件性能的评定。

为了获得往复密封性能的对比数据，为密封件的设计和选用提供依据，液压往复运动密封件性能的试验应严格控制影响密封性能的因素，这些因素包括：

（1）安装

1）密封系统，如支承环、密封件和防尘圈的设计。

2）安装公差，包括密封沟槽、活塞杆和支承环、挤出间隙。

3）活塞杆的材质和硬度。

4）活塞杆表面粗糙度，在 *Ra* 0.08~0.15μm 之外或大于 *Rt* 1.5μm 都会严重影响密封的性能。最佳表面粗糙度的选择随着密封件材料的不同而不同。

5）沟槽的表面粗糙度，为了避免静态泄漏和压力循环时密封件的磨损，表面粗糙度应小于 *Ra* 0.8μm。

6）支承环的材质，包括对活塞杆纹理和边界层的影响。

（2）运行

1）流体介质，如黏度、润滑性、与密封材料及添加剂的相容性，以及污染等级。

2）压力，包括压力循环。

3）速度，特别是速度循环。

4）速度/压力循环，如起动-停止条件。

5）行程，特别是会阻止油膜形成的短行程（密封接触宽度的 2 倍及以下宽度）。

6）温度，如对黏度和密封材料性能的影响。

7）外部环境。

当应用密封件标准试验结果预测密封件实际应用的性能时，需要考虑以上所有因素及它们对密封件性能的潜在影响。

需要说明的是，如果缺乏对影响往复运动密封件、装置或系统安装和运行因素的控制，则往复运动密封的试验结果将具有不可预测性，也是不可用于性能对比的；密封的可靠性应使用平均失效前时间（MTTF）和 B_{10} 寿命来表示，具体请见本书第 4.4 节。

1. 试验装置

（1）概述

1）试验装置如图 2-95 所示，装配要求如图 2-96 所示。

2）支承环沟槽和隔离套应满足图 2-97 和图 2-98 要求，支承环槽体材料为钢材，隔离套材料为磷青铜。支承环材料为聚酯织物/聚酯材料，不应含有玻璃、陶瓷、金属或其他会造成磨损的填料，支承环应符合 GB/T 15242.2 的要求。

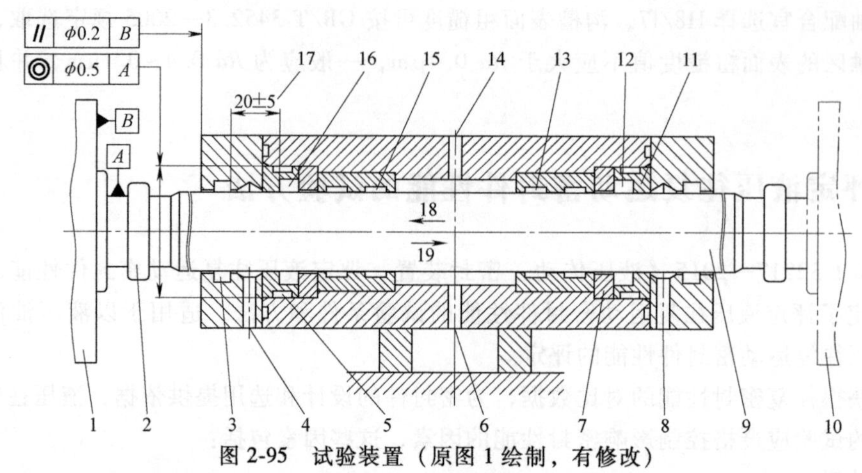

图 2-95　试验装置（原图 1 绘制，有修改）

1—线性驱动器　2—测力传感器　3—防尘圈　4—泄漏测量口Ⅰ　5—静密封 O 形圈和挡圈　6—流体入口　7—隔离套　8—泄漏测量口Ⅱ　9—试验活塞杆　10—可选的驱动器和测力传感器位置　11—试验密封件槽体　12—试验密封件 B　13、15—支承环　14—流体出口　16—试验密封件 A　17—泄漏收集区（见图 2-99）　18—前进行程　19—返回行程

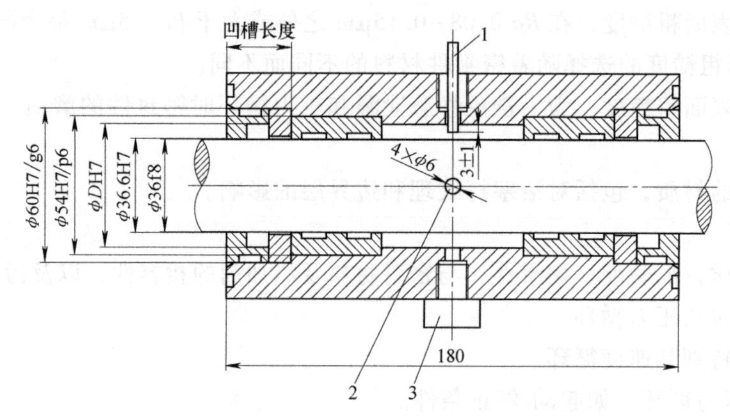

图 2-96　装配要求（按原图 2 绘制，有修改）

1—热电偶　2—试验油的底部入口和顶部出口　3—压力传感器

注：凹槽长度 = 密封件槽体长度 + 隔离套长度，极限偏差为 $^{0}_{-0.2}$mm。

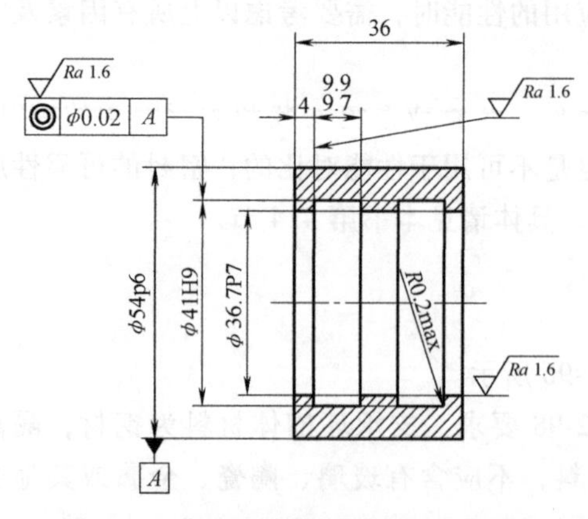

图 2-97　支承环沟槽（按原图 3 绘制）

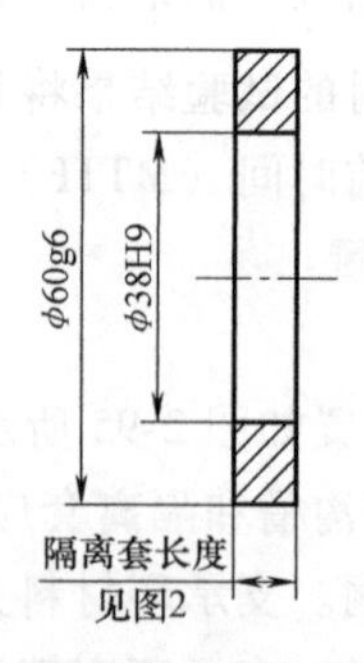

图 2-98　隔离套（按原图 4 绘制）

3）试验回路应能提供循环压力，并按表 2-125 要求控制循环参数；新的试验油液应使用新的过滤器循环 5h 后才能开始试验。

表 2-125　循环要求

参数	要求	参数	要求
流量/(L/min)	4~10	滤芯的更换	每试验 1000h 更换一次
过滤精度/μm	10	试验油的更换	每试验 3000h 更换一次
储油罐/L	20~50		

（2）装置要求

1）试验用活塞杆。试验用活塞杆应满足表 2-126 的要求。

表 2-126　试验用活塞杆的要求

参数	要　求
直(外)径	Φ36 mm,公差 f8(见 GB/T 1800.2—2009)(已被 GB/T 1800.2—2020 代替)
材质	活塞杆的材质为一般工程用钢,感应淬火后镀 0.015~0.03mm 厚硬铬
(表面)粗糙度	研磨、抛光到 Ra0.08~0.15μm,按 6.(1)1)测量

2）行程。行程应控制在（500±20）mm。

3）试验密封件沟槽。试验密封件沟槽尺寸应符合图 2-96 的要求，槽体材料为磷青铜，沟槽表面粗糙度应小于 Ra 0.8μm。

4）漏油的收集和排出。

① 活塞杆密封（见图 2-95 和图 2-96）：试验密封件的空气侧，在防尘圈和试验密封件之间设有一个（20±5）mm 长的泄漏收集区（见图 2-99）。收集并测量泄漏收集区内的所有泄漏油［见 1.（2）4）②］。防尘圈由丁腈橡胶（NBR）制成，硬度在 70~75IRHD 之间，尺寸应符合图 2-100 要求。每次试验需使用新的防尘圈。

② 漏油的排出：漏油的排出孔应不小于 ϕ6mm。

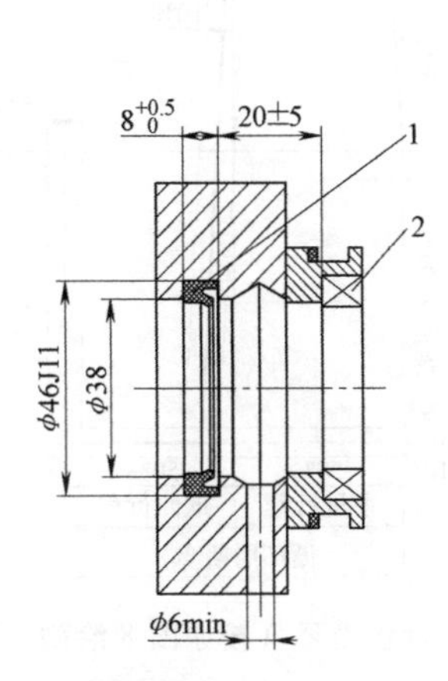

图 2-99　泄漏收集区（按原图 5 绘制）

1—防尘圈　2—试验密封件

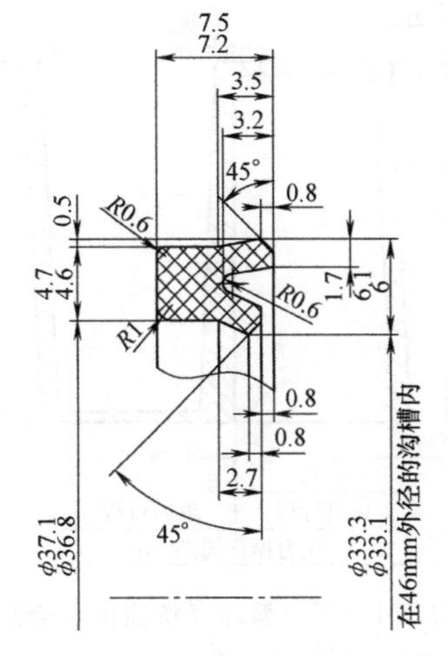

图 2-100　防尘圈（按原图 6 绘制）

2. 试验参数

（1）试验介质　试验介质应是符合 GB/T 7631.2—2003 规定的 ISO-L-HS 32 合成烃型液压油液。

在 JB/T 10607—2006 中定义了“合成烃型液压油”这一术语，即使用通过化学合成获得的基础油（其成分多数并不直接存在于石油中）调配成的液压油。

（2）试验介质温度　在试验过程中，试验介质温度应保持在 60~65℃，测量试验温度的热电偶安装位置如图 2-96 所示。

提请读者注意，试验介质温度在 GB/T 32217—2015 中没有给出所谓“系列标准值”，即只能在一个温度下进行试验，且与一些标准的规定不一致，如 JB/T 10205—2010 规定，除特殊规定，（液压缸）型式试验应在（50±2)℃下进行；出厂试验应在（50±4)℃下进行。

（3）支承环　支承环应符合 1.（1）2）要求，其沟槽应满足图 2-97 的要求。

（4）试验压力　试验压力 p_1 选择如下，误差控制在±2%（以内）：

1）6.3MPa（63bar）。

2）16MPa（160bar）。

3）31.5MPa（315bar）。

（5）线性驱动器速度　线性驱动器速度（v）选择如下，误差控制在±5%（以内）：

1）0.05m/s。

2）0.15m/s。

3）0.5m/s。

（6）动态试验　试验压力和行程应按如下方式循环：

1）在恒定压力 p_1 下的前进行程。

2）在恒定压力 p_2 下的返回行程。

压力循环应满足图 2-101 要求，行程循环应满足图 2-102 要求。

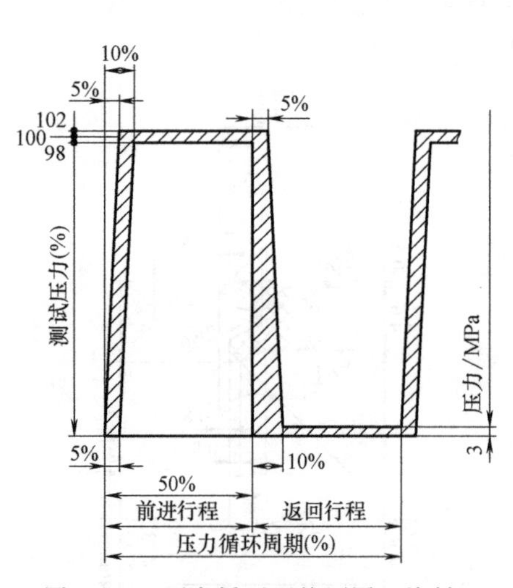

图 2-101　压力循环（按原图 7 绘制）

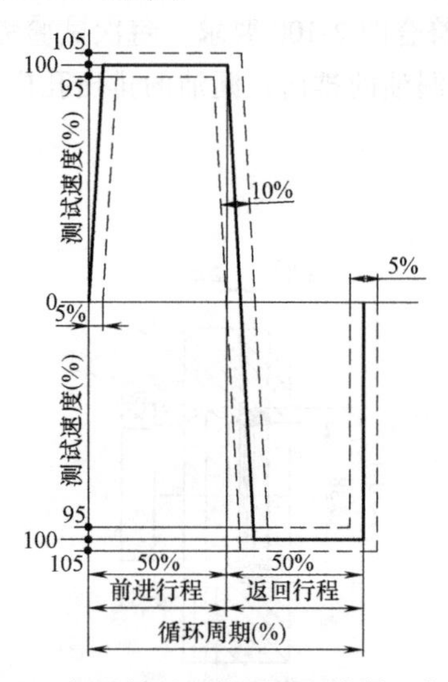

图 2-102　行程循环（按原图 8 绘制，有修改）

这里作者请读者注意，GB/T 32217—2015 中给出的图（以原图号注出）有一些问题，如缺少活塞密封试验装置，原图 1 中基准 A 选择有问题，其所示结构难以保证同轴，与零件图（原图 2）不一致，图下说明中缺少支承环槽体（或支承环沟槽，见原图 3）；原图 2 中尺寸配合 ϕ54H7/p6 选择不合适、凹槽长度公差值 $^{0}_{-0.20}$ 有问题；原图 4 中标示为隔离套长度/见图 2，而原图 2 上没有具体尺寸；原图 6 的名称与结构型式不符（与现行标准规定的防尘圈结构不符或就不是防尘圈），尺寸 ϕ33.3/ϕ33.1 注释“在 46 mm 外径的沟槽内”不知何意；原图 7 纵坐标单位问题；原图 3 中的 ϕ41H9 与 GB/T 15242.2—2017 中 ϕ41H8 不一致等。

3. 密封件安装

试验的密封件可以是单一的密封件或组合密封件。按密封件生产商提供的说明将密封件安装在密封沟槽内。安装前，应在试验活塞杆和密封件上稍微抹些试验油；安装后，应从试验活塞杆上擦掉多余的油，以避免造成泄漏量测量的偏差和额外的润滑。

4. 测量方法与仪器

（1）泄漏　每次试验前，应准备一个量程为 10mL、精度为 0.1mL 的量杯。如果试验泄漏量超过 10mL，则应准备更大量程的精度为 1mL 的量杯。

（2）摩擦力

1）测力传感器。测力传感器应安装在试验装置的线性驱动器和试验活塞杆之间，用于测量因密封件摩擦产生的拉力和压力。测力传感器应连接到一个合适的调节装置和图表记录仪上，以便保留摩擦力记录。图表记录仪应有适当的频率响应，能够测定摩擦力的振幅。

2）动摩擦力的测量。

① 每次试验开始，应测量滑动支承环及防尘密封圈的固有摩擦力 F_1。

② 从图表记录仪的曲线（见 GB/T 32217—2015 中图 2-9 和图 2-10）计算试验密封件的平均摩擦力，见式（2-6）

$$F_s=\frac{F_t-F_i}{4} \tag{2-6}$$

式中　F_s——单个试验密封件的前进中程和返回中程摩擦力平均值；

F_i——试验装置前进中程和返回中程固有摩擦力之和；

F_t——两个试验密封件及试验装置的前进中程和返回中程摩擦力总和。

注：F_s 是平均值，不能作为单个密封件指定行程的实际摩擦力。

3）测量起动摩擦力的步骤。

① 设定试验回路压力，开始静态试验周期（如 16h）。

② 完成静态试验周期后，将驱动回路压力调整为零。

③ 设定试验速度。

④ 设定活塞杆运动方向，相对试验密封件 A 做前进行程。

⑤ 起动图表记录仪，见 4.（2）1）。

⑥ 逐渐增加驱动回路压力使活塞杆开始移动。

⑦ 记录活塞杆开始移动瞬间的摩擦力，见 GB/T 32217—2015 中图 10。

⑧ 增加驱动回路压力以克服运动时的摩擦力，并进行动态试验。

（3）压力测量

1）压力表。应安装一个量程合适的压力表，并确保在循环压力条件下是可靠的。

2）压力传感器。选择一个合适的压力传感器，按图 2-96 所示的要求安装，记录试验压力循环。压力传感器应有温度补偿功能，保证在 65℃时的测量误差在±0.5%（以）内。

（4）表面粗糙度　表面粗糙度测量应符合 GB/T 6062—2009《产品几何技术规范（GPS）　表面结构　轮廓法　接触（触针）式仪器的标称特性》，并配备一个滤波器。

（5）温度测量　热电偶应按图 2-96 所示的要求安装，并能承受最大回路压力。热电偶应校正至±0.25℃。

5. 校准

用来完成试验的仪器和测量设备应按可追溯的国家标准每年进行校准，相关校准证书和数据应记录在所有试验数据表上，需校准的试验仪器和测量设备如下：

1）试验温度热电偶。

2）试验压力表。

3）试验压力传感器。

4）试验摩擦力测力传感器。

5）表面粗糙度测量仪。

任何与国家标准不一致的最新校准结果都应记录在试验数据表上。

6. 试验程序

（1）试验步骤

1）按 GB/T 10610—2009《产品几何技术规范（GPS）表面结构　轮廓法　评定表面结构的规则和方法》沿着活塞杆轴向测量活塞杆表面粗糙度 Ra 和 Rt，每次取样长度 0.8mm，评定长度 4mm。

2）使用分辨率为 0.02mm 的非接触测量仪器测量新试验密封件尺寸：d_1、d_2、S_1、S_2 和 h。

3）安装新试验密封件和两个新的泄漏集油防尘圈。

4）将油温升到试验温度。

5）试验装置以线速度 v、稳定介质压力 p_1 往复运动 1h。

6）在往复运动结束前，记录至少一个循环的摩擦力曲线，并记录摩擦力 F_t。

7）停止往复运动，维持试验压力 p_1 和试验温度 16h。

8）按 4.（2）3）测量起动摩擦力。

9）试验装置继续以线速度 v 按 2.（6）的循环要求往复运动，压力在前进行程 p_1 和返回行程 p_2 之间交替。

10）完成 20 万次不间断循环（线速度为 0.05m/s 时，完成 6 万次循环）。如果循环中断，忽略重新起动至达到平稳状态时的泄漏。

11）在不间断循环过程中，每试验 24h 后和完成 20 万次循环后，收集、测量并记录每个密封件的泄漏量。

12）完成不间断循环后，按 6.（2）5）和 6.（2）6）测量恒定压力下的摩擦力。

13）继续按 6.（2）9）的要求进行往复运动。

14）不间断完成总计 30 万次循环。速度为 0.05m/s 时完成总计 10 万次循环。

15）完成不间断循环后，按 6.（2）5）和 6.（2）6）测量恒定压力下的摩擦力。

16）按 6.（2）7）和 6.（2）8）再次测量起动摩擦力。

17）停止试验。

18）按 6.（2）2）测量拆下的试验密封件，并对密封件的状况进行拍照和记录。

（2）试验次数　为了获得合理的数据，每一类型密封件应至少进行 6 次试验。

7. 试验记录

对按 6.（1）得到的每次试验结果应按如下方式进行记录：

1）应记录密封件和密封件沟槽的尺寸，见 GB/T 32217—2015 附录 A 的表 A.1 和表 A.2。

2）应记录每个密封件的试验结果，见 GB/T 32217—2015 附录 B 的表 B.1。

3）每种类型密封件的试验报告应按 GB/T 32217—2015 附录 C 进行编制。

作者注：本节涉及的代号、定义和单位见 GB/T 32217—2015 中表 1。

8. 几点说明

GB/T 32217—2015《液压传动　密封装置　评定液压往复运动密封件性能的试验方法》于 2015-12-10 发布，2017-01-01 实施以来，作者对其进行了多次解读和研讨，也曾使用该标准对国内某密封件公司的密封件性能试验台进行过评价，除在各作者注中已指出该标准中存在的一些问题，有必要对以下问题进一步加以说明：

1）液压往复运动密封件或密封装置包括液压缸活塞动密封装置和液压缸活塞杆动密封装置是毫无疑问的，从该标准规范性引用文件即可证明，因为它引用了 GB/T 15242.2—2017《液压缸活塞和活塞杆动密封装置尺寸系列　第 2 部分：支承环尺寸系列和公差》。在 GB/T 32217—2015 中仅给出了液压缸活塞杆动密封试验装置示意图（见原图 1），而没有给出液压缸活塞动密封试验装置示意图，即缺少评定液压缸活塞动密封装置（或密封件）的试验装置，即该标准缺少了评定液压往复运动活塞密封件部分所应有的内容。因此，《液压传动　密封装置　评定液压往复运动密封件性能的试验方法》这个标准名称不够严谨，建议各方加紧研究，给出液压缸活塞动密封装置（或密封件）的试验装置及试验方法。

2）在 GB/T 32217—2015 中规定的试验介质温度仅有一个温度，而且与一些液压缸标准不一致，这将导致按此标准得出的试验结果不能在液压缸实际应用该种密封件时作为参考，也就失去了该试验所应具有的工程意义，即该试验不能“为密封件的设计与选用提供依据”。建议同其他试验参数一样，试验温度也给出“系列标准值”，而其中至少有一个试验温度值应与现行液压缸标准相适应。

3）在 GB/T 32217—2015 中规定的起动摩擦力试验与一般标准规定的液压缸起动压力特性试验还有不同之处，如在 JB/T 10205—2010 中规定，“使无杆腔（双杆液压缸，两腔均可）压力逐渐升高，至液压缸起动时，记录下的起动压力即为最低起动压力”，其密封件受到了逐渐增大的压力作用，而不是“维持试验压力 p_1”测量起动摩擦力。在 JB/T 10205—2010 中规定的“起动压力特性”试验与液压缸实际应用的工况基本相同，而在 GB/T 32217—2015 中规定的由外力驱动的“测量起动摩擦力的步骤”与液压缸的实际工况不符，而且两者试验结果的一致性无法评价，其试验也可能无法“为密封件的设计与选用提供依据”。

4）由在 GB/T 32217—2015 中给出的原图 5 可以确定，所谓防尘圈 1（见原图 6）根本不具有“用在往复运动杆上防止污染物侵入的装置”的结构特征，因为它没有防止污染物侵入的密封唇，其结构形状与现行标准规定的 Y 形或 U 形一致；更为严重的问题是，一般液压缸都应具有防尘装置，不含有防尘密封圈的活塞杆密封系统或装置不具有实际应用价值。另外，不具有防尘装置的试验装置在试验中也是很危险的，况且该标准也没有对试验环境的清洁度作出规定。建议采用双唇防尘圈（如 C 型防尘圈），这样可起到防尘和辅助密封作用。

5）从在 GB/T 32217—2015 中规定的试验步骤来看，有一些问题会影响试验的具体操作。

① 在“试验装置以线速度 v，稳定介质压力 p_1 往复运动 1h。”中没有规定 v 和 p_1 的具体数值，因此不好操作，也容易产生争议。

② 根据在 GB/T 32217—2015 中规定的试验步骤，试验主要分为三段：往复运动 1h 和维持试验压力 p_1 和试验温度 16h，测量起动摩擦力为第一段；完成 20 万次不间断循环（线速度为 0.05 m/s 时，完成 6 万次循环）为第二段；不间断完成总计 30 万次循环（线速度为 0.05m/s 时，完成 10 万次循环）为第三段。这里存在一个问题，除了线速度 0.05m/s，速度系列标准值中还有 0.15m/s 和 0.5m/s，在后两段试验中应如何选择速度是个问题。

③ 在以上三段试验中都分别记录或测量了（恒定压力下的）摩擦力，但这三个摩擦力值究竟应该如何处理，在 GB/T 32217—2015 附录 B（规范性附录）试验结果中也没有明确规定。

④ 同样，在第一段、第三段试验中都进行了“起动摩擦力”测量，这两个起动摩擦力值究竟应该如何处理是个问题。

6）该标准中还有一些说法、算法或做法值得商榷。

① 在该标准引言中提出了“关键变量”，并且要求“密封件的试验应严格控制这些关键变量，”但下文中却没有给出什么是关键变量。

② 在“每次试验开始，应测量滑动支承环及防尘密封圈的固有摩擦力 F_1”中的“滑动支承环”“固有摩擦力 F_1”不知出于哪项标准，其中如何测量固有摩擦力 F_1 也不清楚。

③ 因“固有摩擦力 F_1”的问题，试验密封件的平均摩擦力计算式（2-5）也就有问题了。当然，计算结果（试验密封件的平均摩擦力）就值得商榷了。

④ 在“F_s——单个试验密封件的前进中程和返回中程摩擦力平均值”中的“前进中程”和“返回中程”不知出于哪项标准，也不清楚具体含义。

⑤ 在“测量起动摩擦力的步骤”中的“驱动回路压力”不知所指，因为在试验装置示意图（原图 1）中没有驱动回路，仅有“线性驱动器”。

⑥ 因该标准中有“起动摩擦力”和“动摩擦力”，所以原式（1）应是计算试验件的平均动摩擦力，而不应是“计算试验件的平均摩擦力”。其他地方也有“动摩擦力”与“摩擦力”混用情况。

作者对评定液压往复运动密封件性能试验方法标准进行了研究，并设计出了“一种评定液压往复运动密封件性能的试验装置”（ZL201920937236.6）。

第3章　液压缸密封系统设计与制造

3.1　液压缸密封技术要求

在现行各液压缸标准中，液压缸密封技术要求是其重要的组成部分，液压缸密封设计与制造就是要满足这些技术要求。下文所列各标准中的液压缸密封技术要求尽管表述各不相同，但主要是对液压缸静密封和动密封性能的要求。

在规定条件下，液压缸密封的耐压性包括耐高压性和耐低压性、额定压力（或公称压力）下的密封性能、耐久性，以及与液压缸密封相关的其他性能，如（最低）起动压力、最低（稳定或设计）速度等。在液压缸密封设计与制造中，一般都必须保证这些性能。

以作者现在对液压缸密封技术的认知水平，在下列各液压缸标准中有不尽合理的或错误的技术要求，如外泄漏指标、内泄漏指标、最低速度要求及试验压力（公称压力或额定压力）等规定，敬请读者在确定液压缸密封技术要求（条件）时予以注意。

液压缸密封是液压密封中技术要求比较苛刻的，活塞杆、柱塞或套筒密封基本上可以代表液压往复运动密封。处于“润滑摩擦”中的活塞杆、柱塞或套筒密封系统在耐久性试验后本应以不能有液滴滴下（更为严苛的要求是“不足以成滴”）为产品合格标准，但在JB/T 10205—2010《液压缸》中却没有要求，况且现在很多液压缸产品也是无法达到的。

另外，各液压缸相关标准及参考文献中经常使用“渗漏”这一术语描述液压缸泄漏，但作者认为并不一定妥当。例如，在GB/T 241—2007《金属管　液压试验方法》中给出的术语“渗漏”的定义为，“在试验压力下，金属管基体的外表面或焊缝有压力传递介质出现的现象。”在GB/T 7528—2019《橡胶和塑料软管及软管组合件　术语》中给出的术语“渗漏”的定义为，“气体或液体透过软管壁渗出和渗透或扩散的过程。”这两种定义并不包括液压工作介质窜（穿或串）过密封装置或密封件这种现象或状态特征。

在作者查阅过的液压缸设计、制造相关标准中，除了GB/T 241—2007和GB/T 7528—2019，GB/T 30206.2—2013《航空航天流体系统词汇　第2部分：流量相关的通用术语和定义》中给出了术语“渗漏/密封泄漏”的定义，“附件表面非常少量的流体外漏，通常是由于密封件承受周期性压力载荷出现压缩膨胀现象造成的。对于液体，将在附件外表面形成一层薄的油膜，但规定时间内观察不应形成液滴。”该标准是将术语“渗漏”和“密封泄漏”作为同义词，而“密封泄漏”的后果也不一定仅是造成“附件表面少量的流体外漏”。该标准还同时给出了术语“渗出”“外泄漏”“渗漏”和定义。

其他的，如GB 25974.1—2010《煤矿用液压支架　第1部分：通用技术条件》和JB/T 13141—2017《拖拉机　转向液压缸》中定义了“外渗漏”，分别为“液压元件的外渗漏处，平均每5min内工作液渗出多于一滴的渗漏 。”和“油液在一定压力和黏度下，从液压缸内部泄漏到大气的现象。”也有将“渗”与“漏”油分开定义的，如在 JB/T 13566—2018《建筑施工机械与设备　液压打桩锤》中规定，“10min 内渗漏超过一滴油的为漏油，不足一滴的为渗油。”

3.1.1　液压缸密封的一般技术要求

1. GB/T 13342—2007《船用往复式液压缸通用技术条件》

GB/T 13342—2007 对船用往复式液压缸密封的技术要求如下：

1）液压缸中的密封件应能耐高温、耐腐蚀、耐老化、耐水解、密封性能好，既能满足油液的密封，又能满足海洋性空气环境的要求。

2）各密封圈及沟槽的设计制造应符合下列要求：

① O 形橡胶密封圈尺寸应符合 GB/T 3452.1 的要求。

② O 形橡胶密封圈外观应符合 GB/T 3452.2 的要求。

③ O 形橡胶密封圈沟槽尺寸应符合 GB/T 3452.3 的要求。

④ 液压缸活塞和活塞杆动密封沟槽尺寸和公差应符合 GB/T 2879 的要求。

⑤ 液压缸活塞和活塞杆窄断面动密封沟槽尺寸系列和公差应符合 GB 2880 的要求。

⑥ 液压缸活塞用带支承环密封沟槽型式、尺寸和公差应符合 GB/T 6577 的要求。

⑦ 液压缸活塞杆用防尘圈沟槽型式、尺寸和公差应符合 GB/T 6578 的要求。

⑧ 其他类型的密封圈及沟槽宜优先采用国家标准，所选密封件的型号应是经鉴定过的产品。

3）非举重用途的液压缸，其（动）密封推荐采用支撑环加动密封件的密封结构，支撑材料推荐采用填充青铜粉聚四氟乙烯或采用长分子链的增强聚甲醛。

4）举重用途的液压缸，对于油液泄漏会造成重物下降的油腔，其动密封宜采用橡胶夹织物 V 形密封圈。

5）环境温度为-25～65℃时，液压缸应能正常工作。

所谓正常工作（状态）指液压缸在规定的工作条件下，其各性能参数（值）变化均在预定范围内的工作（状态）。

6）工作介质温度为-15℃时，液压缸应无卡滞现象。

7）工作介质温度为 70℃时，液压缸各结合面应无泄漏。

8）液压缸腔体内工作介质的固体颗粒污染度等级代号应不高于 GB/T 14039—2002 中规定的-/19/16（以“固体颗粒污染等级代号应不劣于 GB/T 14039—2002 中规定的—/19/16”规定此项要求，不易产生歧义。下同）。

9）液压缸在承受 1.5 倍公称压力下，所有零件不应有破坏和永久性变形现象，密封垫片、焊缝处不应有渗漏。

10）液压缸在承受 1.25 倍公称压力下，缸筒与活塞之间内泄漏量，应符合表 3-1 的规定值，其余结合面处应无外漏。

11）双作用活塞式液压缸的内泄漏量不应大于表 3-1 的规定值。

请读者注意，当检验“内泄漏量”时，在被试液压缸工作腔输入的是“公称压力”的油液，而不是“1.25 倍公称压力”的油液，但要求的内泄漏量却是一样的。

12）液压缸各密封处和运动时，不应渗漏。

表 3-1 双作用活塞式液压缸内泄漏量

液压缸内径/mm	内泄漏量/(mL/min)	液压缸内径/mm	内泄漏量/(mL/min)
25	0.02	200	0.70
32	0.025	250	1.10
40	0.03	320	1.80
50	0.05	400	2.80
63	0.08	500	4.20
80	0.13	630	5.30
100	0.20	720	6.00
125	0.28	800	6.80
160	0.50	—	—

注：在 GB/T 13342—2007 中表 2（即表 3-1）给出的是“5 要求 5.7 密封性”规定值。

13）双作用活塞式液压缸，活塞全行程换向 5 万次，活塞杆处外渗漏应不成滴。换向 5 万次后，活塞每移动 100m，当活塞杆直径 $d \leqslant 50$mm 时，外渗漏量应不大于 0.01mL；当活塞杆直径 $d>50$mm 时，外渗漏量应不大于 $0.0002d$（mL）。

14）柱塞式液压缸，柱塞全行程换向 2.5 万次，柱塞杆处外渗漏应不成滴。换向 2.5 万次后，柱塞每移动 100m 时，当柱塞杆直径 $d \leqslant 50$mm 时，外渗漏量应不大于 0.01mL；当柱塞杆直径 $d>50$mm 时，外泄漏量应不大于 $0.0002d$（mL）。

15）柱塞式液压缸的最低起动压力应不大于表 3-2 的规定值。

表 3-2 柱塞式液压缸的最低起动压力① （单位：MPa）

公称压力 PN	柱塞杆密封型式	
	V 形除外	V 形
≤16	0.4	0.5
>16	0.03PN	0.04PN

① 在 GB/T 17446—2012《流体传动系统及元件 词汇》中给出的术语为“起动压力”。以下同。

16）双作用活塞式液压缸最低起动压力应不大于表 3-3 的规定值。

表 3-3 双作用活塞式液压缸的最低起动压力 （单位：MPa）

公称压力 PN	活塞密封型式	活塞杆密封型式	
		V 形除外	V 形
≤16	V 形	0.5	0.75
	O、U、Y、X、组合密封	0.3	0.45
	活塞环	0.1	0.15
>16	V 形	0.04PN	0.06PN
	O、U、Y、X、组合密封	0.03PN	0.04PN
	活塞环	0.01PN	0.016PN

注：表中以外的密封型式，液压缸的最低起动压力参照 O、U、Y、X、组合密封。

17）当液压缸内径 $D \leqslant 200$mm 时，液压缸的最低稳定速度为 4mm/s；当液压缸内径 $D>200$mm 时，液压缸的最低稳定速度为 5mm/s。

18）液压缸的负载效率应不低于 90%。

作者提示，在 GB/T 17446—2012《流体传动系统及元件 词汇》中给出的术语为“缸输出力效率”。

19）双作用活塞式液压缸，当有下列情况之一时，液压缸的内泄漏时（量）的增加值应不大于表 3-1 规定值的 2 倍，外泄漏量应不大于 13）规定值的 2 倍：

① 活塞行程不大于 500mm 时，累计行程不少于 100km。

② 活塞行程大于500mm时，累计换向次数不少于20万次。

20）柱塞式液压缸，当有下列情况之一时，液压缸的外泄漏量应不大于14）规定值的2倍：

① 行程不大于500mm时，累计行程不少于75km。

② 行程大于500mm时，累计换向次数不少于15万次。

这里提请读者注意：

1）GB/T 13342—2007与GB/T 13342—1992相比，降低了内泄漏量和外泄漏量；最低稳定速度分别由8mm/s、10mm/s修改至4mm/s、5mm/s。

2）GB/T 13342—2007与CB 1374—2004中的“外泄漏量”单位不同。另外，“液压缸各密封处和运动时，不应有（外）渗漏。”这样的技术要求也不尽合理。

3）在参考文献［65］中指出，漏与不漏（或零泄漏）是相对于某些泄漏检测仪器的灵敏度范围而言的。不同的测量方法和仪器有不同的灵敏度范围。不漏的含义是指容器泄漏率小于所用泄漏检测仪器可以分辨的最低泄漏率。因此，泄漏只是一个相对的概念。

2. GB/T 24946—2010《船用数字液压缸》

GB/T 24946—2010对船用数字液压缸密封的技术要求如下：

1）数字缸中的密封件应能耐高温、耐腐蚀、耐老化、耐水解、密封性能好，既能满足油液的密封，又能满足海洋性空气环境的要求。

2）数字缸的各密封件及沟槽的设计制造应符合下列要求：

① O形橡胶密封圈尺寸及公差应符合GB/T 3452.1的要求。

② O形橡胶密封圈外观质量应符合GB/T 3452.2的要求。

③ O形橡胶密封圈沟槽尺寸及设计应符合GB/T 3452.3的要求。

作者提示，参考GB/T 13342—2007，并根据GB/T 3452.3—2005规定的“液压气动一般应用的O形橡胶密封圈的沟槽尺寸和公差”，此项应这样规定，即③O形橡胶密封圈沟槽尺寸和公差应符合GB/T 3452.3的要求。

④ 数字缸活塞和活塞杆动密封沟槽尺寸和公差应符合GB/T 2879的要求。

⑤ 数字缸活塞和活塞杆窄断面动密封沟槽尺寸系列和公差应符合GB/T 2880的要求。

⑥ 数字缸活塞用带支承环密封沟槽型式、尺寸和公差应符合GB/T 6577的要求。

⑦ 数字缸活塞杆用防尘圈沟槽型式、尺寸和公差应符合GB/T 6578的要求。

⑧ 其他类型的密封圈及沟槽宜优先采用国家标准，所选密封件的型号应是经鉴定过的产品。

3）数字缸在环境温度为-25~65℃范围内应能正常工作。

4）数字缸在表3-4规定的倾斜、摇摆条件下应能正常工作。

表3-4　倾斜、摇摆角

横倾/(°)	纵倾/(°)	横摇	纵摇
		角度/(°)	角度/(°)
±15	±5	±22.5	±7.5

5）数字缸在振动频率2.0~10Hz时，位移振幅值为（1.0±0.01）mm；或者频率10~100Hz时加速度幅值为（7±0.1）m/s^{2}条件下应能正常工作。

6）数字缸在GB/T 3783—2008（2019）《船用低压电器基本要求》规定的盐雾性能条

件下，应能正常工作。

7）数字缸腔体内工作介质的固体颗粒污染度等级应不高于 GB/T 14039—2002 中规定的—/19/16。

8）数字缸在承受 1.5 倍公称压力下，所有零件不应有破坏或永久性变形现象，焊缝处不应有渗漏。

9）数字缸在 1.25 倍公称压力下，所有结合面处应无外渗漏。

10）数字缸的最低起动压力为 0.5MPa。

作者提示：

1）数字缸的最低稳定速度、最高速度、耐久性等性能也涉及对数字缸密封的要求，但具体要求不明确。

2）因数字缸有动态特性要求，在 GB/T 24946—2010 中给出的各密封圈及沟槽不一定完全适用，所有只能作为参考。

3. GB 25974.2—2010《煤矿用液压支架 第 2 部分：立柱和千斤顶技术条件》

GB 25974.2—2010 对立柱和千斤顶密封的技术要求如下：

1）承受液体压力的焊缝应能承受液压缸 200%的额定工作压力，试验 5min 不应渗漏。

2）O 形密封圈和沟槽尺寸应符合 GB/T 3452.1、GB/T 3452.3 的规定。

3）液压缸工作液应符合 MT 76—2002《液压支架（柱）用乳化油、浓缩物及其高含水液压液》（已被 MT 76—2011《液压支架用乳化油、浓缩油及其高含水液压液》代替）的规定。

4）装配时，零件配合表面不应损伤，所有螺纹应涂螺纹防锈脂；应仔细检查液压缸密封件有无老化、咬边、压痕等缺陷，并严格注意密封圈在液压缸沟槽内有无挤出和撕裂等现象，如有上述现象，应立即更换；液压缸装配完毕，应将其缩至最短状态，并应将所有进、回液口用塑料堵封严。

5）试验合格后的液压缸应拆卸清洗，清洗后杂质含量应不大于表 3-5、表 3-6 或表 3-7 所列值。

表 3-5 单伸缩（包括机械加长段）立柱杂质含量

缸径/mm	立柱长度/mm	杂质含量/mg
<200	最大长度<2000	40
	2000≤最大长度<4000	45
	最大长度≥4000	50
≥200	最大长度<2000	45
	2000≤最大长度<4000	50
	最大长度≥4000	55

表 3-6 双伸缩立柱杂质含量

缸径/mm	立柱长度/mm	杂质含量/mg
<200	最大长度<2000	60
	2000≤最大长度<4000	65
	最大长度≥4000	70
≥200	最大长度<2000	65
	2000≤最大长度<4000	70
	最大长度≥4000	75

表 3-7　千斤顶和支撑千斤顶杂质含量

缸径/mm	千斤顶长度/mm	杂质含量/mg
≤100	最大长度≤1000	25
	1000<最大长度≤4000	30
>100	最大长度≤1000	30
	1000<最大长度≤4000	40

6）底阀开启时，立柱不应出现啃声、振动或爬行现象。

7）液压缸加载密封试验时，闭锁压力腔，压力腔压力在最初 1min 内下降不应超过 10%或液压缸长度变化小于 1%，之后的 5min 内压力或长度不变，接下来的 5min 内压力下降不应超过 0.5%或长度变化不超过 0.05%。

8）液压缸空载，全行程伸缩不应有涩滞、爬行和外渗漏。

9）立柱在空载无背压工况下，活塞腔起动压力应小于 3.5MPa，活塞杆腔起动压力应小于 7.5MPa。千斤顶在空载无背压工况下，活塞腔和活塞杆腔的起动压力应小于 3.5MPa。

10）液压缸活塞杆腔在 2MPa 和 1.1 倍供液压力下，不应外泄漏。

11）立柱（包括加长段）和支撑千斤顶应在承受 1.5 倍的额定力的静载荷和由机械冲击动载荷达到 1.5 倍的额定工作压力时，不出现功能失效，缸筒扩径残余变形量小于缸径 0.02%；未经受机械冲击动载荷作用的立柱和支撑千斤顶应能承受 2 倍额定力的静载压力。加载试验之后，不再考虑立柱和支撑千斤顶的功能，但基体材料不应产生裂纹，也不应产生焊缝裂纹；未经受机械冲击动载荷作用的支撑千斤顶应能承受 2 倍的额定力的静载拉力；完全缩回状态的立柱和支撑千斤顶应能够承受 2 倍的额定力，试验后应无塑性变形；千斤顶用 1.5 倍的额定拉力或额定工作压力加载时不应出现功能失效。

12）立柱（包括加长段）和支撑千斤顶在 21000 次加载循环之后，不应出现功能失效。千斤顶在 10000 次加载循环之后，不应出现功能失效。

4. CB 1374—2004《舰船用往复式液压缸规范》

CB 1374—2004 对舰船用往复式液压缸密封的技术要求如下：

1）零件不允许有毛刺、碰伤、划痕、锈蚀等缺陷，镀层应无起皮、空泡，密封沟槽应按 4）中的要求严格控制形位、尺寸公差及表面粗糙度。

2）密封圈形状应完整，不应有飞边、切边、缺口等缺陷。

3）液压缸中的密封件应能耐高温、耐腐蚀、耐老化、耐水解、密封性能好，既能满足油液的密封，又能满足海洋性空气环境的要求。

4）各密封圈及沟槽的设计制造应符合下列要求：

① O 形密封圈尺寸应符合 GB/T 3452.1。

② O 形密封圈外观质量应符合 GB/T 3452.2。

③ O 形密封圈沟槽尺寸应符合 GB/T 3452.3。

④ 其他类型的密封圈及沟槽，可按密封件厂的推荐设计，所选密封件的型号应是经鉴定过的产品。

⑤ 密封件的胶料各批次应保持一致。

5）非举重用途的液压缸，其动密封推荐采用支撑环加动密封件的密封结构，支撑材料推荐采用填充青铜粉聚四氟乙烯或采用长分子链的增强聚甲醛。

6）举重用途的液压缸，对于油液泄漏会造成重物下降的油腔，其动密封宜采用橡胶夹织物V形密封圈。

7）液压缸腔体内的油液固体颗粒污染度等级代号应不高于GB/T 14039—2002中规定的—/19/16。

8）液压缸在承受1.5倍的公称压力下，所有零件不应有破坏和永久性变形现象，密封垫片、焊缝处不应有渗漏。

9）柱塞式液压缸的最低起动压力应不大于表3-8的规定。

表3-8 柱塞式液压缸的最低起动压力 （单位：MPa）

公称压力	柱塞杆密封型式	
	V形除外	V形
≤16	0.4	0.5
>16	0.03倍公称压力	0.04倍公称压力

10）双作用活塞式液压缸最低起动压力应不大于表3-9的规定。

表3-9 双作用活塞式液压缸的最低起动压力 （单位：MPa）

公称压力	活塞密封型式	活塞杆密封型式	
		V形除外	V形
≤16	V形	0.5	0.75
	O、U、Y、X、组合密封	0.3	0.45
	活塞环	0.1	0.15
>16	V形	0.04倍公称压力	0.06倍公称压力
	O、U、Y、X、组合密封	0.03倍公称压力	0.04倍公称压力
	活塞环	0.01倍公称压力	0.016倍公称压力

注：表中以外的密封型式，液压缸的最低起动压力参照O、U、Y、X、组合密封。

11）双作用活塞式液压缸的内（泄）漏量应不大于表3-10的规定值。

表3-10 双作用活塞式液压缸内（泄）漏量

液压缸内径/mm	内(泄)漏量/(mL/min)	液压缸内径/mm	内(泄)漏量/(mL/min)
40	0.03	160	0.50
50	0.05	200	0.70
63	0.08	250	1.10
80	0.13	320	1.80
100	0.20	400	2.80
125	0.28	500	4.20

注：采用活塞环密封的液压缸，内（泄）漏量由供需双方商定。

12）各静密封处和动密封处静止时，不应有渗漏。

13）柱塞式液压缸换向1万次后，柱塞杆动密封处外渗漏应不成滴。

14）双作用活塞式液压缸，当换向1万次后，每移动100m，对活塞杆直径$d \leqslant 50$mm的，外漏量不大于0.01mL/min；对活塞杆直径$d>50$mm的，外漏量不大于$0.0002d$(mL/min)。

15）液压缸在承受1.25倍的公称压力下应能正常动作，缸筒与活塞之间的内泄漏量，应符合表3-10的规定值，其余结合面处应无外漏。

16）当液压缸内径$D \leqslant 200$mm时，液压缸的最低稳定速度为4mm/s；当液压缸内径$D>200$mm时，液压缸的最低稳定速度为5mm/s。

17）当液压缸的进口油液温度为70℃时，液压缸在1h内应能持续工作，各结合面应无外漏。

18）液压缸的总效率应不低于90%。

19）环境温度为-28~65℃；空气相对湿度大于95%，有凝露；有盐雾。

20）液压缸的倾斜、摇摆应符合表3-11的要求。

表3-11 倾斜、摇摆数值

舰船类型	横倾/(°)	纵倾/(°)	横摇		纵摇	
			角度/(°)	周期/s	角度/(°)	周期/s
水面舰艇	±15	±5	±45	3~14	±10	4~10
潜艇	±15	±10	±45	3~14	±10	4~10

21）双作用液压缸，当活塞行程 L 不大于500mm时，累计行程应不小于100km；当活塞行程 L 大于500mm时，累计换向次数应不小于20万次。柱塞缸，当柱塞行程 L 不大于500mm时，累计行程应不小于75km；当柱塞行程 L 大于500mm时，累计换向次数应不小于15万次。经以上试验或使用后，(双作用液压缸）内（泄）漏量增加值应不大于表3-10规定值的2倍，外漏应符合12）和14）或12）和13）规定。零件不应有异常的磨损、失效或破坏。

22）液压缸的平均修复时间MTTR为2h。

23）对举重用途的液压缸，如果某一油腔排出液体会使重物下降，则该油腔的油口处应设置液压锁，液压锁锁定应可靠，只有操作力使液压锁打开的情况下，才能使该腔液体流出，且该油口与该液压锁之间不应通过软管连接。通过该液压锁的泄漏量应小于0.03mL/min。

24）液压缸同一型号、同一规格的零件应能互换。

5. CB/T 3812—2013《船用舱口盖液压缸》

CB/T 3812—2013对船用舱口盖液压缸密封的技术要求如下：

1）在无负荷工况下，液压缸应全行程往复运动5次以上，排除空气后，确保液压缸试运行平稳，无异常现象。

2）液压缸最低起动压力按表3-12的规定。

表3-12 液压缸最低起动压力 （单位：MPa）

活塞密封圈型式①	公称压力PN≤16	公称压力PN>16
O、U、Yx	<0.3	<0.04PN
V	<0.5	<0.06PN

① 当活塞杆密封也采用V形密封时，表中数值应增加50%（按无杆腔压力规定）。

3）当液压缸内径 $D\leqslant 200$mm时，液压缸最低稳定速度为8mm/s；当液压缸内径 $D>200$mm时，液压缸最低稳定速度为10mm/s。

4）液压缸内泄漏量应符合表3-13的要求。

表3-13 液压缸内泄漏量

液压缸内径/mm	内泄漏量/(mL/min)	液压缸内径/mm	内泄漏量/(mL/min)
100	0.26	(220)	1.30
120	0.36	(225)	1.40
125	0.40	250	1.63
(140)	0.54	(260)	1.80
150	0.62	280	2.05
160	0.67	300	2.25
(180)	1.04	(320)	2.68
200	1.04		

注：将缸径180mm和缸径200mm的液压缸内泄漏量规定为同一数值，不一定合理。

5）液压缸负载效率应不低于90%。

6）液压缸装配后需进行耐压试验。耐压试验的压力为公称压力的1.5倍，在保压时间（5min）内其液压缸应无泄漏。

7）各静密封处和动密封处静止时，不应有泄漏。

8）活塞杆动密封处换向1万次后，外泄漏不成滴；每移动100m，对活塞杆直径$d\leqslant$50mm，外泄漏量应不大于0.05mL/min；对活塞杆直径$d>50$mm，外泄漏量不大于0.001d（mL/min）。

作者提示，参考GB/T 13342—2007，将原“每移动100mm”修改为“每移动100m”；在CB/T 3812—2013中活塞杆动密封处外泄漏量的规定值与GB/T 13342—2007中的规定不一致。

9）在公称压力下，连续往复运动5000次无故障。

10）试验完毕，液压缸外形尺寸及缸筒内径、活塞外径、导向塞外径、活塞杆直径、密封件等应无异常损伤，其尺寸在公差允许范围内。

11）液压缸内腔的污染颗粒重量按CB/T 3812—2013中表13规定。

12）环境温度等应符合GB/T 13342的有关规定。

6. JB/T 6134—2006《冶金设备用液压缸（PN≤25MPa）》

JB/T 6134—2006对冶金设备用液压缸（PN≤25MPa）密封的技术要求如下：

1）本标准适用于公称压力PN≤25MPa、环境温度为-20~80℃的冶金设备用液压缸。

2）被试液压缸在无载工况下，全行程进行五次试运转，活塞的运动应平稳，最低起动压力应不大于表3-14的规定。

表3-14 起动压力 （单位：MPa）

公称压力 PN	活塞杆密封型式	活塞密封型式	
		V形	其他
≤10	V形	0.75	0.5
	其他	0.45	0.3
>10	V形	0.09PN	0.06PN
	其他	0.06PN	0.04PN

3）把试验回路压力设定为公称压力施加负载，以（设计的）最低及最高速度，分别在全行程动作五次以上，当被试缸的行程特别长时，可改变加载缸的位置，在全行程上依次分段进行有载试运转。活塞的运动应平稳，不得有爬行等不正常现象。

4）将被试缸的活塞分别固定在行程两端（当行程大于1m时，还须固定在中间），在活塞的一侧施加公称压力，测量活塞另一侧的内泄漏量。液压缸内泄漏应不大于表3-15的规定。

表3-15 液压缸内泄漏量

液压缸内径/mm	内泄漏量/(mL/min)	液压缸内径/mm	内泄漏量/(mL/min)
40	0.03	140	0.30
50	0.05	160	0.50
63	0.08	200	0.70
80	0.13	220	0.10
100	0.20	250	0.11
125	0.23	320	0.13

注：JB/T 6134—2006中表12给出的（表3-15中三处涂有底色的）液压缸内泄漏量规定值或有问题。

5）当进行空载运转、有载运转、内泄漏、耐压试验、耐久试验时，活塞移动距离为100m时，活塞杆防尘圈处漏油总量应不大于0.002d（mL）（d为活塞杆直径，单位为mm），而其他部分不得漏油。

作者提示，在JB/T 6134—2006的“有载运转”和“耐久试验”中规定，“……，以（JB/T 6134—2006中）表11的最低及最高速度，……。”和“……，使活塞以表11规定的最高速度±10%连续运转，……。”但在JB/T 6134—2006中，表11为“最低起动压力”规定值，即该标准没有规定“最低及最高速度”。

6）液压缸的负载效率不小于90%。

7）在被试缸无杆侧和有杆侧分别施加公称（压）力PN的1.5倍（当PN>16MPa时，应为1.25倍），将活塞分别停在行程的两端，保压2min进行试验，不得产生松动、永久变形、零件损坏等异常现象。

8）被试缸在满载工况下，通入90℃±3℃的油液，连续运转1h以上进行试验，液压缸应能正常工作。

9）被试缸在满载工况下，活塞以（设计的）最高速度±10%连续运转，一次连续运转时间不得小于8h。活塞移动距离为150km，在试验中不得调整被试缸的各个零件。不得产生松动、永久变形、异常损坏等现象。

10）同一制造厂生产的同一种缸径的各种零件，必须具有互换性，不得因为更换零件使性能出现明显变化。

11）液压缸的加工质量应符合JB/T 5000的有关规定。缸筒内径和活塞杆直径尺寸应符合GB/T 2348的规定，其精加工尺寸公差和圆柱度应符合表3-16的规定，并分别按GB/T 1801（已被GB/T 1800.1—2020代替）、GB/T 1184选取。

表3-16　尺寸公差和圆柱度

项　目	精加工尺寸公差	圆柱度
缸筒内径	H8	8级
活塞杆直径	f8	8级

12）缸筒内表面、活塞杆、导向套滑动面的表面粗糙度应符合表3-17的规定。

表3-17　表面粗糙度　（单位：μm）

项　目	表面粗糙度 Ra	项　目	表面粗糙度 Ra
缸筒内表面	0.4	活塞滑动面	0.8
活塞杆滑动面	0.2	导向套滑动面	0.8

13）活塞杆调质硬度为241～286HBW，滑动表面淬火硬度为42～45HRC，其滑动表面镀铬厚度为0.03～0.05mm，镀层硬度为800～1000HV。镀层必须光滑细致，不得有起皮、脱落或起泡等缺陷。

14）液压缸的装配质量应符合JB/T 5000的有关规定。各零件装配前应清除毛刺，并仔细清洗，各防尘圈密封件不允许有划伤、扭曲、卷边或脱出等异常现象。

15）液压缸内部清洁度必须小于JB/T 6134—2006中表16的规定。

7. JB/T 9834—2014《农用双作用油缸　技术条件》

JB/T 9834—2014对农用双作用油缸密封的技术要求如下：

1）本标准适用于额定压力不大于20MPa的农用双作用油缸（以下简称油缸）。

2）试验用油推荐采用N100D拖拉机传动、液压两用油或黏度相当的矿物油。油液在40℃时的运动黏度应为90~110mm²/s，或者在65℃时的运动黏度应为25~35mm²/s。

3）除另有规定，型式试验油温为65℃±2℃，出厂试验油温为65℃±4℃。

4）试验系统中油液的固体颗粒污染等级不得高于GB/T 14039—2002中规定的—/19/16。

5）在试运转试验中，活塞运动均匀，不得有爬行、外渗漏等不正常现象。

6）起动压力应不大于0.3MPa。

7）在耐压性试验中，活塞分别位于油缸两端，向空腔供油，在油压为试验压力的1.5倍的工作压力下，保压2min，不得有外渗漏、机械零件损坏或永久变形等现象。

8）在内泄漏试验中，在试验压力下，10min内由内泄漏引起的活塞移动量不大于1mm。

9）在外渗漏试验中，活塞移动100m，活塞杆处泄漏量不大于0.008d（mL）（d为活塞杆直径，单位为mm）。其他部分不得漏油。

10）负载效率≥90%。

11）在高温性能试验中，当油温为90~95℃时，液压缸能正常运行，活塞杆处漏油量不大于9）规定值的2倍，其他部位无外漏现象。

12）在低温性能试验中，环境温度在-25~-20℃时，液压缸能正常运行。

13）液压缸耐久试验后，内外泄漏油量不得大于8）和9）规定值的2.5倍。零件不得有损坏现象。

14）超过有效使用期限的密封件不应用于装配。

15）油缸应具有活塞杆除（防）尘装置。

16）全部密封件、除尘件不得有任何损伤。

17）装配时，在缸筒、活塞、活塞杆和导向套的工作表面和密封件上涂清洁机油。

18）油缸内部清洁度指标按JB/T 9834—2014中6.3.8条规定。

19）油缸外露油口应盖以耐油防尘盖。

8. JB/T 10205—2010《液压缸》

JB/T 10205—2010对液压缸密封的技术要求如下：

1）本标准适用于公称压力在31.5MPa以下，以液压油或性能相当的其他矿物油为工作介质的单、双作用液压缸。

2）密封沟槽应符合GB/T 2879、GB/T 2880、GB/T 6577、GB/T 6578的规定。

3）一般情况下，液压缸工作的环境温度应在-20~50℃范围，工作介质温度应在-20~80℃范围。

4）双作用液压缸的最低起动压力不得大于表3-18的规定。

表3-18 双作用液压缸的最低起动压力 （单位：MPa）

公称压力	活塞密封型式	活塞杆密封型式	
		V形除外	V形
≤16	V形	0.5	0.75
	O、U、Y、X形、组合密封	0.3	0.45
>16	V形	公称压力×6%	公称压力×9%
	O、U、Y、X形、组合密封	公称压力×4%	公称压力×6%

注：活塞密封型式为活塞环的最低起动压力要求由制造商与用户协商确定。

5）活塞式单作用液压缸的最低起动压力不得大于表3-19的规定；柱塞式单作用液压缸的最低起动压力不得大于表3-20的规定。

表3-19　活塞式单作用液压缸的最低起动压力　（单位：MPa）

公称压力	活塞密封型式	活塞杆密封型式	
		V形除外	V形
≤16	V形	0.5	0.75
	V形除外	0.35	0.50
>16	V形	公称压力×3.5%	公称压力×9%
	V形除外	公称压力×3.4%	公称压力×6%

表3-20　柱塞式单作用液压缸的最低起动压力　（单位：MPa）

公称压力	柱塞杆密封型式	
	O、Y形	V形
≤16	0.4	0.5
>16	公称压力×3.5%	公称压力×6%

6）多级套筒式单、双作用液压缸的最低起动压力不得大于表3-21的规定。

表3-21　多级套筒式单、双作用液压缸的最低起动压力　（单位：MPa）

公称压力	柱塞杆密封型式	
	O、Y形	V形
≤16	公称压力×3.5%	公称压力×5%
>16	公称压力×4%	公称压力×6%

7）双作用液压缸的内泄漏量不得大于表3-22的规定。

表3-22　双作用液压缸的内泄漏量

液压缸内径 D/mm	内泄漏量 q_v/(mL/min)	液压缸内径 D/mm	内泄漏量 q_v/(mL/min)
40	0.03(0.0421)	180	0.63(0.6359)
50	0.05(0.0491)	200	0.70(0.7854)
63	0.08(0.0779)	220	1.00(0.9503)
80	0.13(0.1256)	250	1.10(1.2266)
90	0.15(0.1590)	280	1.40(1.5386)
100	0.20(0.1963)	320	1.80(2.0106)
110	0.22(0.2376)	360	2.36(2.5434)
125	0.28(0.3067)	400	2.80(3.1416)
140	0.30(0.38465)	500	4.20(4.9063)
160	0.50(0.5024)	—	—

注：1. 使用滑环式组合密封时，允许泄漏量为规定值的2倍。
2. 液压缸采用活塞环密封时的内泄漏量要求由制造商与用户协商确定。
3. 圆括号内的值为作者按（缸回程方向）沉降量为0.025mm/min计算的内泄漏量。

8）活塞式单作用液压缸的内泄漏量不得大于表3-23的规定。

表3-23　活塞式单作用液压缸的内泄漏量

液压缸内径 D/mm	内泄漏量 q_v/(mL/min)	液压缸内径 D/mm	内泄漏量 q_v/(mL/min)
40	0.06(0.0628)	110	0.50(0.4749)
50	0.10(0.0981)	125	0.64(0.6132)
63	0.18(0.1558)	140	0.84(0.7693)
80	0.26(0.2512)	160	1.20(1.0048)
90	0.32(0.3179)	180	1.40(1.2717)
100	0.40(0.3925)	200	1.80(1.5708)

注：1. 使用滑环式组合密封时，允许内泄漏量为规定值的2倍。
2. 液压缸采用活塞环密封时的内泄漏量要求由制造商与用户协商确定。
3. 采用沉降量检查内泄漏时，沉降量不超过0.05mm/min。
4. 括号内的值为作者按（缸回程方向）沉降量为0.05mm/min计算的内泄漏量。
5. 在JB/T 10205—2010中7所列活塞式单作用液压缸的内泄漏（数值）不尽合理。

9）除活塞杆（柱塞杆）处，其他各部位不得有渗漏。

10）活塞杆（柱塞杆）静止时不得有渗漏。

11）双作用液压缸：当行程 $L\leqslant500$mm 时，活塞换向 5 万次；当行程 $L>500$mm 时，允许按行程 500mm 换向，活塞换向 5 万次，活塞杆处外渗漏不成滴。换向 5 万次后，活塞每移动 100m，当活塞杆直径 $d\leqslant50$mm 时，外渗漏量 $q_v\leqslant0.05$mL；当活塞杆直径 $d>50$mm 时，外渗漏量 $q_v<0.001d$（mL）。

12）活塞式单作用液压缸：当行程 $L\leqslant500$mm 时，活塞换向 4 万次；当行程 $L>500$mm 时，允许按行程 500mm 换向，活塞换向 4 万次，活塞杆处外渗漏不成滴。换向 4 万次后，活塞每移动 80m，当活塞杆直径 $d\leqslant50$mm 时，外渗漏量 $q_v\leqslant0.05$mL；当柱塞直径 $d>50$mm 时，外渗漏量 $q_v<0.001d$（mL）。

13）柱塞式单作用液压缸：当行程 $L\leqslant500$mm 时，柱塞换向 2.5 万次；当行程 $L>500$mm 时，允许按行程 500mm 换向，柱塞换向 2.5 万次，柱塞杆处外渗漏不成滴。换向 2.5 万次后，柱塞每移动 65m，当柱塞直径 $d\leqslant50$mm 时，外渗漏量 $q_v\leqslant0.05$mL；当柱塞直径 $d>50$mm 时，外渗漏量 $q_v<0.001d$（mL）。

14）多级套筒式单、双作用液压缸：当行程 $L\leqslant500$mm 时，套筒换向 1.6 万次；当行程 $L>500$mm 时，允许按行程 500mm 换向，套筒换向 1.6 万次，套筒处外渗漏不成滴。换向 1.6 万次后，套筒每移动 50m，当套筒直径 $D\leqslant70$mm 时，外渗漏量 $q_v\leqslant0.05$mL；当套筒直径 $D>70$mm 时，外渗漏量 $q_v<0.001D$（mL）。

注：多级套筒式单、双作用液压缸，直径 D 为最终一级柱塞直径和各级套筒外径之和的平均值。

15）液压缸在低压试验过程中，观测：液压缸应无振动或爬行；活塞杆密封处（应）无油液泄漏，试验结束时，活塞杆上的油膜应不足以形成油滴或油环；所有静密封处及焊接处无油液泄漏；液压缸安装的节流和/或缓冲元件无油液泄漏。

16）液压缸的负载效率不得低于 90%。

17）耐久性试验后，内泄漏量增加值不得大于规定值的 2 倍，零件不应有异常磨损和其他形式的损坏。

请读者注意，JB/T 10205—2010 对耐久性试验后液压缸的外泄漏量没有要求。

18）液压缸的缸体应能承受公称压力 1.5 倍的压力，不得有外渗漏及零件损坏等现象。

19）在额定压力下，向被试液压缸输入 90℃的工作油液，全行程往复运行 1h，应符合与用户商定的性能要求。

20）所有零部件从制造到安装过程的清洁度控制应参照 GB/Z 19848 的要求，液压缸清洁度指标值应符合 JB/T 10205—2010 中表 8 的规定。采用“颗粒计数法”检测时，液压缸缸体内部油液固体颗粒污染等级不得高于 GB/T 14039—2002 规定的—/19/16。

9. JB/T 11588—2013《大型液压油缸》

JB/T 11588—2013 对大型液压油缸密封的技术要求如下：

1）本标准适用于内径不小于 630mm 的大型液压油缸。矿物油、抗燃油、水-乙二醇、磷酸酯工作介质可根据需要选取。

2）密封应符合工作介质和工况的要求。

3）内部清洁度应不得高于 GB/T 14039—2002 规定的/19/15 或—/19/15。

4）液压油缸的最低起动压力应不超过表 3-24 的规定。

表 3-24　液压油缸的最低起动压力　（单位：MPa）

活塞密封型式	活塞杆密封型式		
	V 型	M 型	T 型
V 型	0.6	0.5	0.5
M 型	0.5	0.3	0.3
T 型	0.5	0.3	0.15

注：V 型为 V 形组合密封，M 型为标准密封，T 型为低摩擦密封。

5）液压油缸的内泄漏量不应超过表 3-25 的规定。

表 3-25　液压油缸的内泄漏量

缸内径/mm	ϕ630	ϕ710	ϕ800	ϕ900	ϕ950	ϕ1000	ϕ1120	ϕ1250	ϕ1500	ϕ2000
漏油量/（mL/min）	3.0	4.0	5.0	6.0	6.5	7.8	9.0	12.0	16.0	31.4

注：特殊规格液压油缸内泄漏量按照无杆腔加压 0.01mm/min 位移量计算。

6）在公称压力下，活塞分别停于液压油缸的两端，保压 30min，不得有外部渗漏。

7）使被试液压油缸活塞分别停在行程的两端，分别向工作腔施加 1.5 倍的公称压力，型式试验保压 2min，出厂试验保压 10s，不得有外渗漏、永久变形或零件损坏等现象。

8）在最低起动压力下，使液压油缸全行程往复运动 3 次以上，每次在行程端部停留至少 10s。在试验过程进行下列检测：

① 检查运动过程中液压油缸是否振动或爬行。

② 观察活塞杆密封处是否有油液泄漏。当试验结束时，出现在活塞杆上的油膜不足以形成油滴或油环。

③ 检查所有静密封处是否有油液泄漏。

④ 检查液压油缸安装的节流和/或缓冲元件是否有油液泄漏。

⑤ 如果液压油缸是焊接结构，应检查焊缝处是否有油液泄漏。

9）液压油缸动负荷试验在用户现场进行，观察动作是否平稳、灵活。

10. JB/T 13141—2017《拖拉机　转向液压缸》

JB/T 13141—2017 对拖拉机转向液压缸密封的技术要求如下：

1）本标准适用于公称压力不大于 20MPa、以液压油或性能相当的其他矿物油为工作介质的单、双作用转向液压缸。

注意，在 JB/T 13141—2017 中给出了术语“公称压力”的定义，即为便于表示和标识液压缸的压力系列，而对其指定的压力值。即在规定条件下连续运行，并能保证设计寿命的工作压力。其与 GB/T 17446—2012 中给出的术语“公称压力”的定义不同。

2）在额定试验条件下，活塞运动应均匀，无爬行、外泄漏等不正常现象。

3）当液压缸内径 $D<75$mm 时，起动压力≤0.3MPa；当液压缸内径 $D\geqslant75$mm 时，起动压力≤0.6MPa。

4）在 1.5 倍公称压力下，液压缸应无外泄漏及零件损坏现象。

5）在被试液压缸一腔输入油液，加压至公称压力，测定经活塞泄漏至未加压腔的油液泄漏量（或采用其他位移或压力等间接测量方法），10min 内泄漏量应不大于较小腔容积的 1/500。

6）活塞往复运动100m，活塞杆处漏油量不大于0.008d（mL）（d为活塞杆直径，单位为mm）。其他部分不允许漏油。

7）负载效率≥90%。

8）耐久性试验后，内外漏油量应不大于5）和6）规定值的2.5倍，零件应无损坏现象。

9）在90~95℃温度范围内能正常运行，活塞杆处漏油量不大于6）规定值的2倍，其他部位无外漏现象。

10）在-25~-20℃温度范围内能正常运行。

11）耐泥水性试验后，内外漏油量应不大于5）和6）规定值的5倍，零件应无损坏现象。

12）按照GB/T 10125的规定对活塞杆外表面进行96h中性盐雾试验，无红锈现象。

13）在液压缸1/2行程处固定住活塞杆，在公称压力下进行往复冲击试验20万次循环。试验完毕后检测内外漏油量，其值应不大于5）和6）规定值的3倍。

14）所有零部件从制造到安装过程的清洁度控制应符合GB/Z 19848的要求，清洁度限值应符合JB/T 13141—2017中表3的规定。

15）液压缸出厂检验合格后应将油放出，对油口进行密封，以防尘、防漏。

11. MT/T 900—2000《采掘机械液压缸技术条件》

MT/T 900—2000对采掘机械液压缸密封的技术要求如下：

1）本标准适用于以液压油为工作介质，额定压力不高于31.5MPa的采掘机械用液压缸。

2）活塞及活塞杆密封沟槽尺寸和公差应符合GB/T 2879、GB/T 2880及GB/T 15242.3的规定；活塞用支承环尺寸和公差应符合GB/T 6577及GB/T 15242.4的规定；活塞杆用防尘圈沟槽型式和尺寸公差应符合GB/T 6578的规定。

3）密封圈不允许有划痕、扭曲、卷边、脱出等现象。

4）液压缸的（合格品和一等品）最低起动压力应符合表3-26的规定。

表3-26 最低起动压力 （单位：MPa）

公称压力	活塞密封型式	活塞杆密封型式	
		其他型	V型
≤16	V型	0.5	0.75
	组合密封	0.3	0.45
	活塞环	0.1	0.15
>16	V型	p_n×6%	p_n×9%
	组合密封	p_n×4%	p_n×6%
	活塞环	p_n×1.5%	p_n×2.5%

注：在MT/T 900—2000中，合格品与一等品（质量分等）的“最低起动压力”指标相同。

5）在额定压力下，液压油缸的（合格品和一等品）内泄漏量应符合表3-27的规定。

6）在额定压力下，液压缸的合格品的负载效率≥90%；一等品的负载效率≥92%。

7）除活塞杆处，不得有外渗漏。

8）活塞杆静止时不得有外渗漏。

9）活塞换向5万次活塞杆处外渗漏不成滴，换向5万次后，活塞每移动100m（合格品）或200m（一等品），当活塞杆径d≤50mm时，外泄漏量q_v≤0.05mL；当活塞杆径d>50mm时，外泄漏量q_v<0.001d（mL）。

表 3-27　液压缸的内泄漏量

液压缸内径 D/mm	内泄漏量 q_v/(mL/min)	液压缸内径 D/mm	内泄漏量 q_v/(mL/min)
40	0.03	125	0.28
50	0.05	140	0.30
63	0.08	160	0.50
80	0.13	180	0.63
90	0.15	200	0.70
100	0.20	220	1.00
110	0.22	250	1.10

注：在 MT/T 900—2000 中，合格品与一等品（质量分等）“内泄漏量”指标相同。

10）将被试液压缸的活塞分别停在行程两端（不能接触缸盖）。当额定压力小于等于 16MPa 时，调节溢流阀使工作腔的压力为额定压力 1.5 倍；当额定压力大于 16MPa 时，调节溢流阀使工作腔的压力为额定压力的 1.25 倍；均保压 5 min，全部零件均不得有破坏或永久变形等异常现象。

11）被试液压缸在额定压力下，通入 90℃ 的油液，连续运转 1h 以上。在高温性能试验过程中不得有异常现象。

12）在额定压力下，液压缸的耐久性应符合以下规定。

可靠性或耐久性质量分等：

① 当活塞行程 L<500mm 时，累计行程≥100km；当活塞行程 L≥500mm 时，累计换向次数大于等于 20 万次，为合格品。

② 当活塞行程 L<500mm 时，累计行程≥150km；当活塞行程 L≥500mm 时，累计换向次数大于等于 30 万次，为一等品。

13）液压缸内部清洁度指标应符合 MT/T 900—2000 中表 1 的规定。

12. QC/T 460—2010《自卸汽车液压缸技术条件》

QC/T 460—2010 对自卸汽车液压缸密封的技术要求如下：

1）本标准适用于以液压油为工作介质的自卸汽车举升系统用单作用活塞式液压缸、双作用单活塞杆液压缸、单作用柱塞式液压缸、单作用伸缩式套筒液压缸、末级双作用伸缩式套筒液压缸。

2）液压缸内液压油固体污染度限值应符合 QC/T 29104—1992《专用汽车液压系统液压油固体污染度限值》（已被 QC/T 29104—2013《专用汽车液压系统液压油固体颗粒污染度的限值》代替）的规定。

3）液压缸使用环境温度应为-20～40℃。

4）进行试运转试验时，液压缸的运动必须平稳，不得有外渗漏等不正常现象，且应符合表 3-28 规定的起动压力。

表 3-28　起动压力　（单位：MPa）

活塞密封型式	活塞杆(柱塞、套筒)密封型式			
	额定压力小于 16		额定压力大于或等于 16	
	V 形之外	V 形	V 形之外	V 形
V 形	≤0.5	≤0.75	≤额定压力×6%	≤额定压力×9%
V 形之外	≤0.3	≤0.45	≤额定压力×4%	≤额定压力×6%

5）耐压试验按 QC/T 460—2010 中表 9 的规定进行。液压缸在进行耐压试验时，不得

产生松动、永久变形、零件损坏和外渗漏等异常现象；液压缸在进行耐压试验后，应不得出现脱节、失效现象。

6）在进行外渗漏试验时，结合面处不得有外渗漏现象；在进行内泄漏试验及耐压试验时，液压缸不得有外泄漏现象。

7）在额定压力下，活塞式液压缸的内泄漏量应符合表3-29或表3-30的规定。

表3-29 密封圈密封内泄漏量允许值

液压缸内径/mm	密封圈密封的内泄漏量允许值/(mL/min)	
	带限位阀	不带限位阀
63	≤0.9	≤0.3
80	≤1.5	≤0.5
100	≤2.4	≤0.8
125	≤3.3	≤1.1
160	≤6.0	≤2.0
180	≤7.8	≤2.8
200	≤9.4	≤3.1
220	≤11.4	≤3.8
250	≤14.7	≤5.0

表3-30 活塞环密封的内泄漏量允许值

液压缸内径/mm	额定压力/MPa				
	6.3	10	16	20	25
	活塞环密封的内泄漏量允许值/(mL/min)				
63	≤50	≤65	≤80	≤90	≤100
80	≤65	≤80	≤100	≤115	≤130
100	≤80	≤100	≤125	≤145	≤160
125	≤100	≤125	≤160	≤180	≤200
160	≤130	≤160	≤200	≤230	≤255
180	≤145	≤180	≤230	≤255	≤285
200	≤160	≤200	≤255	≤285	≤320
220	≤175	≤220	≤280	≤315	≤350
250	≤200	≤250	≤320	≤355	≤395

8）在额定压力下，液压缸的负载效率 η 应大于或等于90%。

9）在额定压力下，液压缸能全行程往复运行5万次或全行程往复移动50km。液压缸全行程往复运动1万次或全行程往复移动10km之前，不得有外渗漏，此后每往复运动100次或全行程往复移动100m，对活塞杆、柱塞及套筒直径小于或等于50mm的液压缸，外渗漏量应小于或等于0.1mL；对活塞杆、柱塞及套筒直径大于50mm的液压缸，外渗漏量应小于或等于0.002d（mL）（d 为直径，单位为mm）。进行试验时，液压缸各部位不得产生松动、永久变形、异常磨损等现象。

13. QJ 1098—1986《地面设备液压缸通用技术条件》

QJ 1098—1986对航天地面设备中以液压油为介质的液压缸密封的技术要求如下：

1）当额定工作压力小于等于16MPa时，其耐压值为额定工作压力的1.5倍；当额定工作压力大于16MPa时，其耐压值为额定工作压力的1.25倍，不得有外部泄漏和永久变形。

2）最低起动压力不得大于额定压力的4%。

3）最低稳定速度为0.5mm/s时，不得有爬行等不正常现象。

4）内外泄漏不允许成滴。

5）液压缸在环境温度为-40~50℃，油温为-40~70℃条件下不得有外泄漏、变形等不正常现象。

6）液压缸全行程往复动作20万次，其内外泄漏应不超过专用技术条件的规定。

7）经过试验合格的液压缸，所有外露油口应用耐油塞子封口（禁止用纸张、棉纱、木塞等杂物）。

作者认为，现在看来，QJ 1098—1986中的一些规定，如橡胶件用乙醇清洗，并立即用洁净的压缩空气吹干；试验合格的液压缸，腔内应充满液压油，并不一定适用。

14. YB/T 028—2021《冶金设备用液压缸》

YB/T 028—2021对冶金设备用液压缸密封的技术要求如下：

1）本文件适用于以矿物油、合成液压液、抗燃液压液为工作介质，公称压力PN≤40MPa、环境和介质温度为-20~80℃的冶金设备用液压缸。本文件不适用于伺服液压缸。

2）活塞杆运动速度应大于或等于20mm/s，且不大于1000mm/s。

3）密封采用结构简单、耐压性能好并可满足使用要求的材料。密封件材料应与工作温度、工作介质相适应。

4）密封沟槽应符合GB/T 2879、GB/T 2880、GB/T 6577、GB/T 6578的规定。

5）一般情况下，液压缸工作环境和介质温度应在-20~80℃的范围内，超出时应在产品标记中注明。

6）一般情况下，液压缸的工作介质应为矿物油，采用其他工作介质时，应在产品标记中注明介质型号。

7）完全排除液压缸内的空气后，活塞杆以20mm/s的最低速度往返运行，液压缸应无振动、爬行和异响。

8）双作用缸最低起动压力不得大于表3-31的规定。

表3-31　双作用缸最低起动压力　（单位：MPa）

活塞密封型式	PN≤16		PN>16	
	活塞杆密封型式		活塞杆密封型式	
	V形以外	V形	V形以外	V形
V	0.5	0.75	PN×6%	PN×9%
O、U、Yx、X、Y	0.3	0.45	PN×4%	PN×6%
活塞环	0.1	0.15	PN×1.5%	PN×2.5%

注：1. 有特殊要求者，其值的变更由供需双方商定。
2. 表3-31中缺少现在液压缸常用的一些活塞密封型式，如同轴密封件等。

9）活塞式单作用缸的最低起动压力按表3-31的规定。柱塞式单作用缸最低起动压力按照表3-31数据的2/3。

10）液压缸应能承受其公称压力1.5倍的压力，不得有外渗漏及零件损坏等现象。

11）双作用缸活塞部分内泄漏量允许值不得大于表3-32的规定。

表3-32　双作用缸内泄漏量

缸径/mm	40	50	63	80	90	100	110	125	140	160
内泄漏量/(mL/min)	0.03	0.05	0.08	0.13	0.15	0.20	0.22	0.28	0.30	0.50

（续）

缸径/mm	180	200	220	250	280	320	360	400	500	630
内泄漏量/(mL/min)	0.63	0.70	1.00	1.10	1.40	1.80	2.36	2.80	4.20	7.00

注：1. 使用滑环式组合密封时，允许内泄漏量为规定值的2倍。

2. 使用活塞环密封时，内泄漏量由制造商和用户协商确定。

3. 除缸径为630mm的内泄漏量为7.00mL/min，其他数据与JB/T 10205—2010中表6所列双作用液压缸内泄漏量相同。

12）活塞式单作用缸的内泄漏量为表3-32数据的2倍。

作者提示，就此“活塞式单作用缸的内泄漏量为表3-32（双作用缸内泄漏量）数据的2倍。”问题，作者向该标准主要起草人提出过异议。

13）活塞杆运行时，活塞杆处外渗漏应不足以形成油滴或油环，液压缸其余各处不应有渗漏。

14）活塞杆静止时，活塞杆处不应有渗漏。

15）当活塞行程<500mm时，累计行程≥150km；当活塞行程≥500mm时，允许按行程500mm换向，累计换向次数≥30万次；活塞换向5万次，活塞杆处外渗漏不成滴；活塞换向5万次以后，活塞每移动200m：

① 当活塞杆直径d≤50mm时，外泄漏量≤0.05mL。

② 当活塞杆直径d>50mm时，外泄漏量≤0.001d（mL）。

耐久性试验后，内泄漏量增加值不得大于表3-32规定值的2倍，零件不应有异常磨损和其他形式的损坏。

16）液压缸负载效率应大于或等于90%。

17）液压缸内腔清洗出的污染颗粒重量不得超过YB/T 028—2021中表7的规定。采用“颗粒计数法”检测时，液压缸缸体内部油液固体颗粒污染等级不得高于GB/T 14039—2002规定的—/19/16。

18）进出油口要有耐油塞封口。

3.1.2 液压缸密封的特殊技术要求

液压缸密封除了上述各标准中规定的一般要求，还有一些特殊要求：

1）活塞杆在动、静密封状态下最好都能达到“零”泄漏，为此活塞杆密封系统中的各密封件不但要适用于往复运动密封动密封，还要适用于静密封。

2）当使用唇形密封圈背靠背安装用于活塞往复运动密封时，必须解决“困油”问题。

3）在液压缸密封系统设计中需要有“冗余设计”。此处只是借用了“冗余设计”概念，其不同在于密封系统冗余设计为各密封件串联配置。

4）数字和伺服液压缸密封系统应满足其动特性技术要求，其中伺服液压缸尤其要满足其最低起动压力的要求。

5）要避免游离空气绝热压缩“烧伤”密封圈等一些其他特殊要求。“特殊（技术）要求”一词见于JB/T 10205—2010和DB44/T 1169.1—2013（已作废）等标准中。

1. 活塞密封系统“冗余设计”技术要求

在JB/T 10205—2010《液压缸》中规定的“（活塞式）双作用液压缸（的）内泄漏量”与

“活塞式单作用液压缸的内泄漏量”相差一倍左右；在 YB/T 028—2021《冶金设备用液压缸》中也规定，活塞式单作用缸的内泄漏量为双作用缸活塞内泄漏量的 2 倍。如果“活塞式单作用液压缸的内泄漏量”是正确的，则活塞式双作用液压缸的活塞密封装置或系统应是“冗余设计”。

经查，JB/T 10205—2010 中“表 7　活塞式单作用液压缸的内泄漏量”只能追溯到 JB/T 10205—2000《液压缸技术条件》，而 JB/JQ 20301—1988《中高压液压缸产品质量分等（试行）》中没有。

2. 数字液压缸的动特性技术要求

由电脉冲信号控制的位置、速度和方向的数字液压缸或电液步进液压缸，除了应满足与其他液压缸相同的技术要求，其脉冲当量、最低稳定速度、最高速度、重复定位精度、分辨率、死区和脉冲频率等技术要求也与液压缸密封相关。

主要由步进电动机、控制阀和液压缸组成的数字液压缸，其动态特性，如频率响应、阶跃响应等都需要明确规定在标准中。

在 DB44/T 1169. 1—2013《伺服液压缸　第 1 部分：技术条件》（已作废，仅供参考）中规定，4. 2. 7　频率响应　在振幅 0. 1mm 时，频率响应应大于 5Hz 或满足设计要求。4. 2. 8　阶跃响应　在振幅 0. 1mm 时，阶跃响应应小于 50ms 或满足设计要求。

数字液压缸或伺服液压缸的动特性都与摩擦力（或负载）有关，摩擦与密封是一个问题的两个方面且相互制约，如果要求有很好的密封性，其摩擦力就可能大。

作者提示，“山形多件组合圈”和“齿形多件组合圈”等术语中的“摩擦密封面”是上文的最好诠释。

3. 伺服液压缸最低起动压力技术要求

根据 DB44/T 1169. 1—2013《伺服液压缸　第 1 部分：技术条件》（已作废，仅供参考），活塞式单作用伺服液压缸的最低起动压力不得大于表 3-33 的规定。

表 3-33　活塞式单作用伺服液压缸的最低起动压力　（单位：MPa）

公称压力	活塞式密封型式	最低起动压力	
		活塞杆有密封	活塞杆无密封
≤40	组合密封	0. 05	0. 03
	间隙密封	0. 04	0. 03
	活塞式无密封	0. 04	0. 03

表 3-33 中的活塞式单作用液压缸组合密封的最低起动压力规定值比其他标准中的规定值低了 10 倍左右（计），如果其他标准的最低起动压力规定值正确，如 JB/T 10205—2010《液压缸》规定，活塞式单作用液压缸的最低起动压力不得大于表 3-34 的规定。

表 3-34　活塞式单作用液压缸最低起动压力　（单位：MPa）

公称压力	活塞式密封型式	活塞杆密封型式	
		V 形除外	V 形
≤16	V 形	0. 5	0. 75
	V 形除外	0. 35	0. 50
>16	V 形	公称压力×3. 5%	公称压力×9%
	V 形除外	公称压力×3. 4%	公称压力×6%

则伺服液压缸如此低的“最低起动压力”所要求的液压缸密封装置或系统，将是液压缸密封设计和制造中一个难题。

作者无意评价各项标准中规定值的正确与否，在此提出上述问题，仅为提醒各位读者注意其对液压缸密封的特殊技术要求。

3.1.3　液压缸密封工况的初步确定

液压缸密封工况是液压缸在实现其密封功能时经历的一组特性值。液压缸在试验和运行中的密封性能要满足规定工况，其中额定工况是保证液压缸密封有足够寿命的设计依据。

液压缸密封设计首先就需要确定规定工况，液压缸密封的允许泄漏量也是在规定工况下给出的，但液压缸的实际使用工况在一般情况下很难确定，即规定工况与实际工况不同。

其一般原因在于液压缸密封的极端（限）工况很难预判，如活塞和活塞杆运动的瞬间极限速度，液压工作介质和环境温度及状况的突发变化，外部负载尤其极端侧向载荷（偏载）及压力峰值的剧烈变化，环境变化可能造成的污染等，这些极端工况可能发生时间很短，且不可重复，但确实可能会造成液压缸密封失效，甚至演变成事故。

任何一个密封装置或密封系统都存在泄漏的可能且不可能适应各种工况，所以规定工况在液压缸密封设计中十分重要。

科德宝密封技术公司在其《流体动力密封》第 11 卷中指出，密封效果并非完全取决于密封件本身。在实际具体应用中，密封效果还取决于其他参数，如安装位置、接触面积、系统压力、运行温度、密封介质、润滑状态、振动影响及任何灰尘的介入情况。这些及其他任何未知因素都可能在实际应用中对密封件造成巨大影响。

1. 规定工况

规定工况是液压缸在运行或试验期间要满足的工况。

（1）JB/T 10205—2010 中的规定工况　JB/T 10205—2010《液压缸》适用于在 31.5MPa 以下，以液压油或性能相当的其他矿物油为工作介质的单、双作用液压缸。

液压缸的基本参数包括缸内径、活塞杆直径、公称压力、缸行程、安装尺寸等。

1）压力。

① 液压缸的公称压力应符合 GB/T 2346 的规定。

② 将被试液压缸活塞分别停在行程的两端（单作用液压缸处于行程极限位置），分别向工作腔施加 1.5 倍公称压力的油液，型式试验保压 2min，出厂试验保压 10s，应不得有外泄漏及零件损坏等现象。

③ 当液压缸缸内径大于 32mm 时，在最低压力为 0.5MPa 下；当液压缸缸内径小于或等于 32mm 时，在 1MPa 压力下，使液压缸全行程往复运动三次以上，每次在行程端部停留 10s。试验过程中，应符合：

a. 液压缸应无振动或爬行。

b. 活塞杆密封处无油液泄漏，试验结束时，活塞杆上的油膜应不足以形成油滴或油环。

c. 所有静密封处及焊接处无油液泄漏。

d. 液压缸安装的节流和/或缓冲元件无油液泄漏。

2）油液黏度。油温在 40℃ 时的运动黏度应为 29～74mm^2/s。

3）工作介质温度。

① 一般情况下，工作介质温度应在-20～80℃ 范围。

② 在公称压力下，向液压缸输入 90℃ 的工作油液，全行程往复运行 1h，应符合制造商与用户间的商定。

4）环境温度。一般情况下，液压缸的工作环境温度应在-20~50℃范围。

5）速度。在公称压力下，液压缸以设计要求的最高速度连续运行，速度误差±10%，每次连续运行8h以上。在试验期间，液压缸的零部件均不得进行调整，记录累计行程或换向次数。试验后各项要求应符合液压缸的耐久性要求。

（2）各密封件标准中的规定工况　JB/T 10205—2010《液压缸》的规范性引用文件有GB/T 2879—2005《液压缸活塞和活塞杆动密封沟槽尺寸和公差》、GB 2880—1981《液压缸活塞和活塞杆窄断面动密封沟槽尺寸系列和公差》、GB 6577—1986《液压缸活塞用带支承环密封沟槽型式、尺寸和公差》、GB/T 6578—2008《液压缸活塞杆用防尘圈沟槽型式、尺寸和公差》。

在JB/T 10205—2010《液压缸》中规定，密封沟槽应符合GB/T 2879、GB 2880、GB/T 6577、GB/T 6578的规定。

1）GB/T 10708.1—2000中规定的密封圈使用条件。在GB/T 2879—2005《液压缸活塞和活塞杆动密封沟槽尺寸和公差》中规定的密封件沟槽适用于安装GB/T 10708.1—2000《往复运动橡胶密封圈结构尺寸系列　第1部分：单向密封橡胶密封圈》中规定的密封圈。

单向密封橡胶密封圈使用条件见表3-35。

表3-35　单向密封橡胶密封圈使用条件

<table>
<tr><th>密封圈结构型式</th><th>往复运动速度/(m/s)</th><th>间隙f/mm</th><th>工作压力范围/MPa</th></tr>
<tr><td rowspan="4">Y形橡胶密封圈</td><td rowspan="2">0.5</td><td>0.2</td><td>0~15</td></tr>
<tr><td>0.1</td><td rowspan="2">0~20</td></tr>
<tr><td rowspan="2">0.15</td><td>0.2</td></tr>
<tr><td>0.1</td><td rowspan="2">0~25</td></tr>
<tr><td rowspan="4">蕾形橡胶密封圈</td><td rowspan="2">0.5</td><td>0.3</td></tr>
<tr><td>0.1</td><td>0~45</td></tr>
<tr><td rowspan="2">0.15</td><td>0.3</td><td>0~30</td></tr>
<tr><td>0.1</td><td>0~50</td></tr>
<tr><td rowspan="4">V形组合密封圈</td><td rowspan="2">0.5</td><td>0.3</td><td>0~20</td></tr>
<tr><td>0.1</td><td>0~40</td></tr>
<tr><td rowspan="2">0.15</td><td>0.3</td><td>0~25</td></tr>
<tr><td>0.1</td><td>0~60</td></tr>
</table>

2）GB/T 10708.2—2000中规定的密封圈使用条件。在GB 6577—1986《液压缸活塞用带支承环密封沟槽型式、尺寸和公差》（已被GB/T 6577—2021代替）中规定的密封件沟槽适用于安装GB/T 10708.2—2000《往复运动橡胶密封圈结构尺寸系列　第2部分：双向密封橡胶密封圈》中规定的密封圈。

双向密封橡胶密封圈使用条件见表3-36。

表3-36　双向密封橡胶密封圈使用条件

<table>
<tr><th>密封圈结构型式</th><th>往复运动速度/(m/s)</th><th>工作压力范围/MPa</th></tr>
<tr><td rowspan="2">鼓形橡胶密封圈</td><td>0.5</td><td>0.10~40</td></tr>
<tr><td>0.15</td><td>0.10~70</td></tr>
<tr><td rowspan="2">山形橡胶密封圈</td><td>0.5</td><td>0~20</td></tr>
<tr><td>0.15</td><td>0~35</td></tr>
</table>

2. 液压缸密封极端工况

极限工况是假设元件、配管或系统在规定应用的极端情况下满意地运行一个给定时间，其所允许的运行工况的最大和/或最小值。例如，液压缸耐压试验，即“分别向工作腔施加

1.5 倍公称压力的油液，出厂试验保压 10s，不得有外泄漏及零件损坏等现象”就属于极限工况。

由于在耐压试验时也可能出现超压情况，一般超压≤10%。为了描述这种情况，暂且将在极端情况下瞬间发生的运行工况称为极端工况。

极端工况应包括：

1）压力峰值。超过其响应的稳态压力，甚至超过最高压力的压力脉冲。

2）增压。由于活塞面积差引起的增压超过额定压力极限。

3）重力加速度。以自由落体（重力）加速度 $g_n = 9.80665 m/s^2$ 运行的极端加速度。

4）超低速。当液压缸内径 $D \leqslant 200$mm 时，液压缸的最低稳定速度<4mm/s；当液压缸内径 $D > 200$mm 时，液压缸的最低稳定速度<5mm/s。

5）行程中超内泄漏。超过 1m 行程的液压缸除了在行程两端内泄漏较大，最大内泄漏处可能发生在行程中间位置。

6）低压超泄漏。当工作压力低于 0.5MPa（或 1MPa）时，低压泄漏可能超标。

7）超工作温度范围。当工作温度低于-30℃或高于 90℃时。

8）超载。在遇到超载或其他外部负载的应用场合，液压缸的设计和安装要考虑的最大的预期负载或压力峰值。

9）侧向或弯曲载荷。由于结构设计或安装和找正等原因造成液压缸结构的过度变形。

10）冲击和振动。液压缸本身或其连接件有规定工况以外的冲击和振动。

3. 液压缸密封额定工况的初步确定

额定工况是通过试验确定的，以基本特性的最高值和最低值（必要时）表示的工况。元件或配管按此工况设计以保证足够的使用寿命，但实际上，有些工况特别是极端工况不可重复，因此也无法试验；况且在实际应用中还可能出现各种未知因素，也无法通过试验确定。

液压缸密封设计必须给出规定工况，这也是液压缸设计的一部分。但规定工况是一个较为理想的工况，实际设计中几乎无法给出。因额定工况还可以根据试验逐步修正，尽管有些工况，如极端工况无法试验，但不规定出液压缸密封工况，其液压缸就无法设计。因此，作者根据多年液压缸设计实践经验，参考相关标准、文献及大量密封件制造商产品样本，设计了表 3-37，供液压缸密封设计者在确定液压缸密封额定工况时参考使用。

表 3-37 液压缸密封设计额定工况汇总

序号	工(状)况	名称	规定值	额定值	备注
1	工作介质	牌号及黏度			
		温度/℃	-20~80		JB/T 10205
		污染度等级			GB/T 14039
2	密封件与密封材料	密封件 1 名称			包括密封圈(件)、防尘密封圈、挡圈(环)、支承环、防尘堵(帽)、防护罩及密封辅助件(装置)等
		密封(件)材料			
		往复运动速度范围			
		间隙			
		工作压力范围			
		工作温度范围			
		密封件 2 名称			
		……			
3	压力/MPa	公称压力	p_n		JB/T 10205
		耐压试验压力	$1.5 \times p_n$		JB/T 10205
		最高(额定)压力	$1.5 \times p_n$		

（续）

序号	工(状)况	名称	规定值	额定值	备注
3	压力/MPa	额定压力	$p_e=1.2p_n$ 或 $p_e=p_n$		当 $p_e\geq 20$ 或 当 $p_e<20$
		最低额定压力	0.5 或 1.0		JB/T 10205
		压力循环			
		压力峰值≤	$1.1\times1.5\times p_n$		
		缓冲压力峰值≤	$1.5\times p_n$		
4	工作介质温度/℃	温度范围	−20~80		JB/T 10205
		极端最高温度			
		极端最低温度			
5	环境温度范围/℃	环境温度	−20~50		JB/T 10205
		极端最高温度			
		极端最低温度			
6	速度/(mm/s)	缸进程速度范围			
		缸回程速度范围			
		速度循环			
		极端高速			
		极端低速			
7	换向频率/Hz 或其他				
8	工作制/(h/d)				
9	缸行程/mm	最大(或极限)行程			
		(全)行程			
		(最)短行程			
		可调(或定位)行程			
		公称力行程			
10	载荷状况/kN	额定载荷			
		超载			
		侧向或弯曲载荷			
		冲击和振动			
11	使用状况	地点			
		室内或室外			
		周围环境			
		起动-停止条件			
		全行程占比			
		短行程占比			
12	其他工况	不稳定工况			
		间歇工况			
		防尘(圈)对象			
		水、泥浆、冰			
		其他环境污染物			
		环境试验规定工况			

注：1. 应进一步明确以下情况，①主机（厂）名称、类型；②液压缸类型（液压缸编号）；③合同规定双方应遵照的液压缸及密封相关标准；④合同规定的密封件制造商。

2. 因各标准间相互矛盾，当额定压力选择条件有交集时，一般公称压力大于 16MPa 的，以额定压力按 1.2 倍的公称压力计算，但建议仅用于设计而非试验和运行。

3. 表中“最高额定压力”更准确的术语是“最高压力”，“最高压力”和“压力峰值”一样，属于系统术语而非元件术语。

4. 表中“全行程”或“行程”更为确切的含义分别是“缸行程范围”或“缸工作行程范围”。

5. 压力峰值即为极端压力之一，可能出现在耐压试验中，应尽量避免。

6. 在 JB/T 2162、JB/T 6134 和 YB/T 028—2021 等标准中使用符号 PN 表示液压缸的公称压力。

液压缸密封件（装置）的使用条件还应包括偶合件的材料、热处理、偶合面加工方法、耦合面涂镀层性质与状况、尺寸和公差、几何公差、表面结构质量（表面粗糙度及其选择），以及液压缸安装型式与姿态，行程末端液压缸内部和/或外部借以减速的手段和状态等，同时密封系统设计对液压缸密封的可靠性和耐久性（寿命）也至关重要。

派克汉尼汾公司在其2021版《派克液压密封件》样本中指出，由于诸多工作参数会影响流体传动系统及密封元件，这些设备的制造商必须在实际工作条件下测试、验证并批准密封系统的功能与可靠性。此外，对于不断出现的新的介质（液压油、润滑脂、清洗剂等），用户（应）特别注意它们与目前所用的密封件弹性体材料的兼（相）容性。我们建议，用户在大批量应用之前，在厂内或现场先做密封材料的兼（相）容性能测试，作为密封产品与系统供应商，我们建议用户遵循我们的这些建议。原则上来说，因受限于我们所处的条件，不可能完全模拟最终用户的全部或部分工作状况，也无法获知所有的工作介质和清洁（洗）剂状况。

3.2 液压缸密封系统设计

3.2.1 液压缸密封系统的定义

液压缸密封及其设计中经常使用密封件、组合密封件、复合密封圈、密封装置等专业术语或词汇，现在国内外密封件产品样本中经常使用液压缸“密封系统”这一术语，而至今这一术语也未见在国内任何一个标准中被定义。

作者认为，定义这一术语对液压缸密封及其设计有着积极的意义，这在前文已有论述，主要是可以进一步推动设计观念的进步。液压缸密封及其设计必须有整体观念，不能顾此失彼，应着眼于液压缸整体性能，注意各密封件或密封装置间协调、统一配置，这是液压缸密封及其设计应遵守的核心理念。

作者尝试对“液压缸密封系统”这一术语给出如下定义，即产生密封、控制泄漏和/或污染的一组按液压缸密封要求串联排列的密封件的配置。

这个定义符合GB/T 1.1—2020《标准化工作导则　第1部分：标准化文件的结构和起草规则》的规定，即“定义宜采取内涵定义的形式，其优选结构为：‘定义=用于区分所定义的概念同其他并列概念间的区别特征+上位概念。’”

需要说明的是，此处密封件特指在液压缸上使用的密封圈、挡圈、导向环和防尘圈等装置的总称，即密封装置，它是由一个或多个密封件和配套件（例如挡圈、弹簧、金属壳）加上导向环、支承环、支撑环等组合而成的装置。

密封件或密封装置都是安装在一个（密封）沟槽内的元件，而非安装在一组（密封）沟槽内的两个或两个以上的元件。

“液压缸密封系统”这一术语有其确定的内涵与外延，其内涵为：

1）必须是两个或两个以上密封件的配置，单个密封件不能称为密封系统。

2）用于密封同一个泄漏间隙（或称间隙、配合间隙）的两个或两个以上密封件只能是串联排列（配置），而如背对背布置的活塞密封，严格来讲不能称为密封系统，但为了表述方便，本书中有时也将其归类到活塞密封系统中。

3）液压缸密封系统一般由活塞密封系统和活塞杆密封系统两个子密封系统组成。

4）液压缸密封系统必须满足液压缸密封（性能）要求。

5）液压缸密封系统强调的（特征）是各密封件间协调、统一配置。

其外延为：适用于液压缸的密封。

为了在液压缸密封及其设计中表述密封系统，确定如下表示方法：

1）活塞密封系统按离液压缸无杆腔油口、活塞杆密封系统按离（有杆腔）液压缸油口最近的一个密封件开始表述。

2）双杆缸活塞密封系统按离图样左端油口最近的密封件开始表述。

3）有定义（符号）的密封件按定义表示，无定义（符号）密封件用汉字表示，串联配置用“+”表示。

4）装配在一个零（部）件上的密封件一般在一个密封系统中表述。

5）密封系统适用工况暂定为：最高工作压力或工作压力范围、最高工作温度或工作温度范围、最高往复运动速度或往复运动速度范围。密封系统适用工况可进一步参见表 3-37。

6）液压缸的液压工作介质一般为液压油或性能相当的其他矿物油，若采用其他工作介质，如水-乙二醇、磷酸酯难燃液压液等，需特别注明。

3.2.2　液压缸密封系统工程应用设计

1. 液压缸活塞密封系统设计

(1) 同轴密封件活塞密封系统　同轴密封件活塞密封系统如图 3-1 所示。

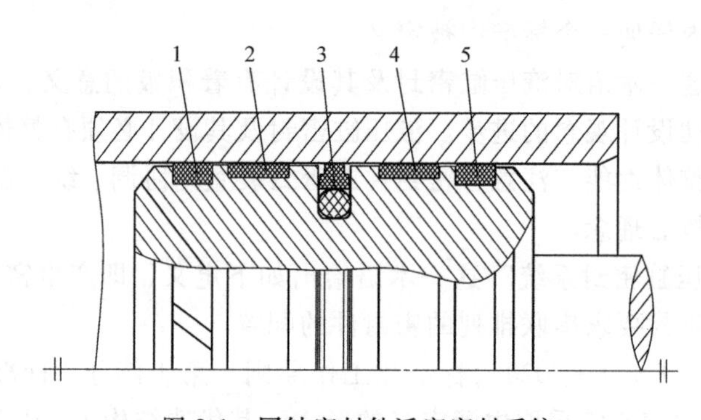

图 3-1　同轴密封件活塞密封系统

同轴密封件活塞密封系统的组成及密封件材料见表 3-38。

表 3-38　同轴密封件活塞密封系统的组成及密封件材料

排序	1	2	3	4	5
密封件名称	支承环Ⅰ	支承环Ⅱ	同轴密封件	支承环Ⅱ	支承环Ⅰ
材料	填充 PTFE	增强 POM	组合	增强 POM	填充 PTFE

注：在 NOK 株式会社《液压密封系统-密封件》2020 年版产品样本中，常见同轴密封件为组合密封件 SPGW，最高工作压力可到 34MPa。

同轴密封件活塞密封系统适用工况见表 3-39。

表 3-39　同轴密封件活塞密封系统适用工况

最高工作压力/MPa	工作温度范围/℃	最高速度/(m/s)	耐压力冲击/MPa
31.5	-40~100	1.0	50

注：可以选用不同的弹性体材料，以适应高、低温工况。

同轴密封件活塞密封系统具有如下特点：

1）支承环Ⅰ材料允许颗粒状物质嵌入，即有清洁、纳污能力。

2）支承环Ⅰ+支承Ⅱ组合可以减小压力冲击对同轴密封件的影响。

在 NOK 株式会社《液压密封系统-密封件》2020 年版产品样本中，支承环Ⅰ也称为 KZT 型抗污环，安装在建设机械用长寿命活塞密封系统中具有这样的特征，即不但可去除油中异物，也可利用 PTFE 的塑性变形性把异物埋藏起来，抑制活塞密封件部的异物介入。

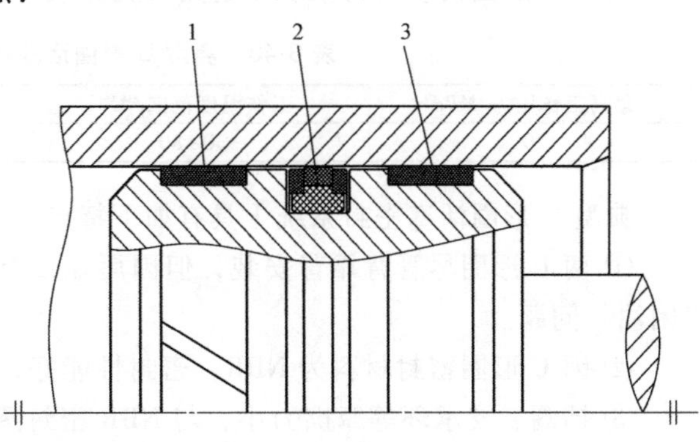

图 3-2 带挡圈的同轴密封件活塞密封系统

应用实例有工程机械挖斗、转臂或悬臂液压缸等。

（2）带挡圈的同轴密封件活塞密封系统 带挡圈的同轴密封件活塞密封系统如图 3-2 所示。

带挡圈的同轴密封件活塞密封系统的组成及密封件材料见表 3-40。

表 3-40 带挡圈的同轴密封件活塞密封系统的组成及密封件材料

排序	1	2	3
密封件名称	支承环Ⅰ	带挡圈的同轴密封件	支承环Ⅰ
材料	POM	组合	POM

注：在 NOK 株式会社《液压密封系统-密封件》2020 年版产品样本中，常见的带挡圈的同轴密封件为组合密封件 SPGW。

带挡圈的同轴密封件活塞密封系统适用工况见表 3-41。

表 3-41 带挡圈的同轴密封件活塞密封系统适用工况

最高工作压力/MPa	工作温度范围/℃	最高速度/(m/s)	耐压力冲击/MPa
40	-35～110	0.5	60

注：采用不同的密封材料，最高速度可达 1.5m/s。

带挡圈的同轴密封件活塞密封系统具有如下特点：

1）带挡圈的同轴密封件滑环由聚氨酯制成，加之由丁腈橡胶制成的特殊截面形状（T形）的橡胶圈预挤压施力（赋能），初始密封性能好。

2）带挡圈的同轴密封件的两个挡圈由 POM 制成，抗挤出，同时可减小压力冲击并可能具有一定抗污染能力。

3）因带挡圈的同轴密封件本身不具有支承和导向作用，所以需要加装支承环。

应用实例有工程机械，如挖掘机、重型液压缸等。

（3）典型 U 形圈活塞密封系统

1）典型 U 形圈活塞密封系统Ⅰ如图 3-3 所示。

典型 U 形圈活塞密封系统Ⅰ的组成及密封件材料见表 3-42。

表 3-42 典型 U 形圈活塞密封系统Ⅰ的组成及密封件材料

排序	1	2	3	4	5
密封件名称	U 形圈Ⅰ	挡圈	支承环	挡圈	U 形圈Ⅰ
材料	NBR	PTFE	填充 PTFE	PTFE	NBR

典型U形圈活塞密封系统Ⅰ适用工况见表3-43。

表3-43　典型U形圈活塞密封系统Ⅰ适用工况

最高工作压力/MPa	工作温度范围/℃	最高速度/(m/s)	耐压力冲击/MPa
20	-30~80	0.5	—

典型U形圈活塞密封系统Ⅰ具有如下特点：

① 两U形圈尽管背靠背安装，但因唇端设有泄压通道（缺口），因此不会产生严重的“困油”问题。

② 因U形圈密封材料为NBR，密封性能好，可用于支撑、悬臂或定位等。

③ 挡圈、支承环等摩擦力小，与NBR密封圈组合可防止低速爬行。

④ U形圈加装挡圈后耐压能力提高，密封性能可靠。

应用实例有升降机等。

2）典型U形圈活塞密封系统Ⅱ如图3-4所示。

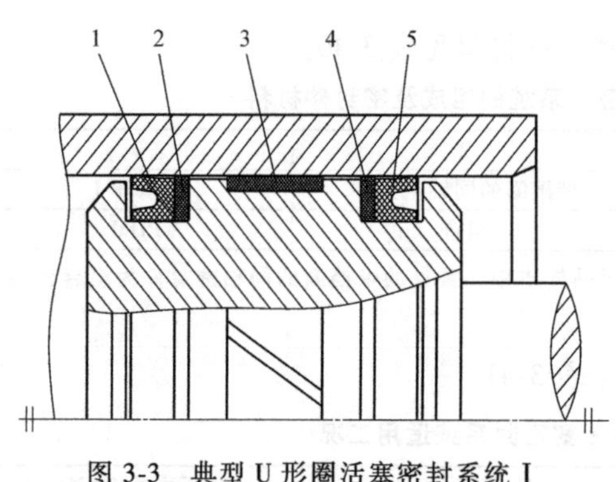

图3-3　典型U形圈活塞密封系统Ⅰ

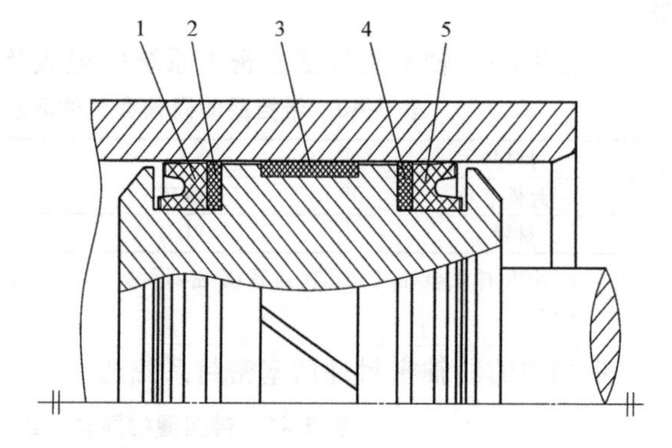

图3-4　典型U形圈活塞密封系统Ⅱ

典型U形圈活塞密封系统Ⅱ的组成及密封件材料见表3-44。

表3-44　典型U形圈活塞密封系统Ⅱ的组成及密封件材料

排序	1	2	3	4	5
密封件名称	U形圈Ⅱ	挡圈	支承环	挡圈	U形圈Ⅱ
材料	AU	PA	PA	PA	AU

典型U形圈活塞密封系统Ⅱ适用工况见表3-45。

表3-45　典型U形圈活塞密封系统Ⅱ适用工况

最高工作压力/MPa	工作温度范围/℃	最高速度/(m/s)	耐压力冲击/MPa
35	-30~100	1.0	70

典型U形圈活塞密封系统Ⅱ具有如下特点：

① 两U形圈尽管背靠背安装，但可选用唇端设有泄压通道（缺口）U形圈，因此不会产生严重的“困油”问题。

② 因U形圈密封材料为AU，耐磨、耐撕裂，密封性能好。

③ 挡圈抗挤出能力强，支承环耐磨、抗偏载能力强，因此密封压力高。

④ U形圈加装挡圈后耐压能力提高，密封性能可靠。

应用实例有通用液压缸等。

3）典型U形圈活塞密封Ⅲ如图3-5所示。

典型U形圈活塞密封Ⅲ的组成及密封件材料见表3-46。

表3-46 典型U形圈活塞密封Ⅲ的组成及密封件材料

排序	1	2	3	4	5	6	7
密封件名称	支承环Ⅰ	U形圈Ⅱ	挡圈	支承环Ⅱ	挡圈	U形圈Ⅱ	支承环Ⅰ
材料	填充PTFE	AU	PA	PA	PA	AU	填充PTFE

典型U形圈活塞密封Ⅲ适用工况见表3-47。

表3-47 典型U形圈活塞密封Ⅲ适用工况

最高工作压力/MPa	工作温度范围/℃	最高速度/(m/s)	耐压力冲击/MPa
35	-30~100	1.0	70

该密封系统除了具有典型U形圈活塞密封系统Ⅱ的特点，因在U形圈前加装了支承环Ⅰ（有文献称其为防污染密封件或抗污环），所以此密封能在苛刻条件下工作。

应用实例有工程机械、举重液压缸等。

(4) 非典型U形圈（嵌装金属弹簧）活塞密封系统　非典型U形圈（嵌装金属弹簧）活塞密封系统如图3-6所示。

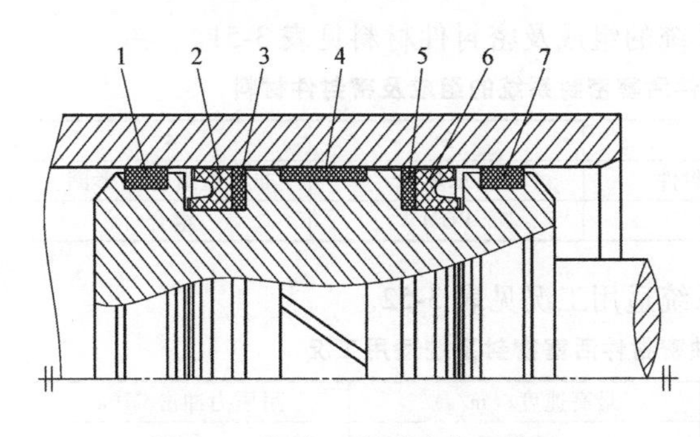

图3-5 典型U形圈活塞密封Ⅲ

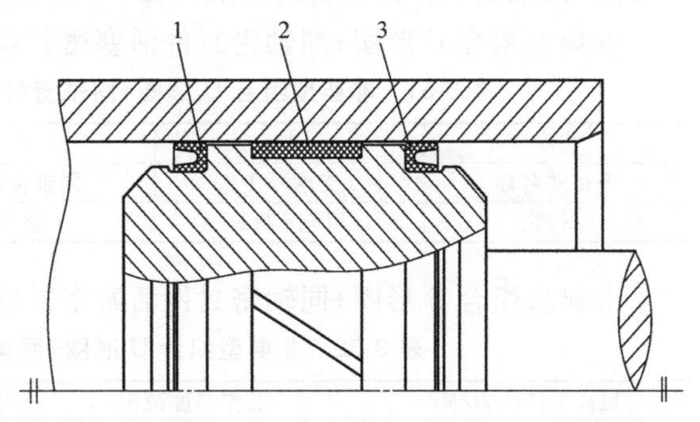

图3-6 非典型U形圈（嵌装金属弹簧）活塞密封系统

非典型U形圈（嵌装金属弹簧）活塞密封系统的组成及密封件材料见表3-48。

表3-48 非典型U形圈（嵌装金属弹簧）活塞密封系统的组成及密封件材料

排序	1	2	3
密封件名称	非典型U形圈Ⅰ	支承环	非典型U形圈Ⅰ
材料	PTFE+不锈钢	填充PTFE	PTFE+不锈钢

非典型U形圈（嵌装金属弹簧）活塞密封系统适用工况见表3-49。

表3-49 非典型U形圈（嵌装金属弹簧）活塞密封系统适用工况

最高工作压力/MPa	工作温度范围/℃	最高速度/(m/s)	耐压力冲击/MPa
30	-60~150	15	45

注：有参考资料介绍，该系统的最高工作温度可达250℃。

非典型U形圈（嵌装金属弹簧）活塞密封系统具有如下特点：

1）因U形圈凹口内嵌装了金属弹簧，其初始密封性能好，高压密封可靠。

2）摩擦力小，没有爬行，且耐磨性好。

3）贮存寿命长，使用寿命长。

4）适用范围广。

应用实例有食品、医药及其他腐蚀性介质，极端温度条件下使用的液压缸；在轧钢机械液压缸上也有应用。

说明：

1）另一应用实例是用于食品灌装机液压缸，不同之处在于，U 形金属弹簧凹口空腔内预先填满了硅胶，可避免液体中含有的固体颗粒物进入而影响密封性能。

2）液压缸采用上述非典型 U 形圈（嵌装金属弹簧）活塞密封系统时，应在活塞杆密封系统中同时采用非典型 U 形圈（嵌装金属弹簧）活塞杆密封系统。

非典型 U 形圈（嵌装金属弹簧）活塞杆密封系统的组成及密封件材料见表 3-50。

表 3-50 非典型 U 形圈（嵌装金属弹簧）活塞杆密封系统的组成及密封件材料

排序	1	2	3
密封件名称	支承环	非典型 U 形圈Ⅱ	单唇防尘圈（同轴密封件）
材料	填充 PTFE	PTFE+不锈钢	PTFE+橡胶

注：同轴密封件类型的防尘圈工作温度范围为-45～200℃。

（5）非典型组合 U 形圈+同轴密封件活塞密封系统（其为作者首先设计） 非典型组合 U 形圈+同轴密封件活塞密封系统如图 3-7 所示。

非典型组合 U 形圈+同轴密封件活塞密封系统的组成及密封件材料见表 3-51。

表 3-51 非典型组合 U 形圈+同轴密封件活塞密封系统的组成及密封件材料

排序	1	2	3	4
密封件名称	支承环Ⅰ	同轴密封件	支承环Ⅱ	非典型组合 U 形圈
材料	填充 PTFE	组合	POM	组合

非典型组合 U 形圈+同轴密封件活塞密封系统适用工况见表 3-52。

表 3-52 非典型组合 U 形圈+同轴密封件活塞密封系统适用工况

最高工作压力/MPa	工作温度范围/℃	最高速度/(m/s)	耐压力冲击/MPa
35	-45～110	1.0	50

非典型组合 U 形圈+同轴密封件活塞密封系统具有如下特点：

1）适用于高压、高压力冲击的重载液压缸。

2）非典型组合 U 形圈动、静密封性能优异，适用于长时间单向保压。

3）支承环Ⅰ为防污染密封件，活塞密封系统抗污染能力强。

4）密封性能可靠，使用寿命长。

应用实例有液压机用液压缸等。

2. 液压缸活塞杆密封系统设计

（1）同轴密封件+唇形密封圈活塞杆密封系统 同轴密封件+唇形密封圈活塞杆密封系统如图 3-8 所示。

同轴密封件+唇形密封圈活塞杆密封系统的组成及密封件材料见表 3-53。

同轴密封件+唇形密封圈活塞杆密封系统适用工况见表 3-54。

同轴密封件+唇形密封圈活塞杆密封系统具有如下特点：

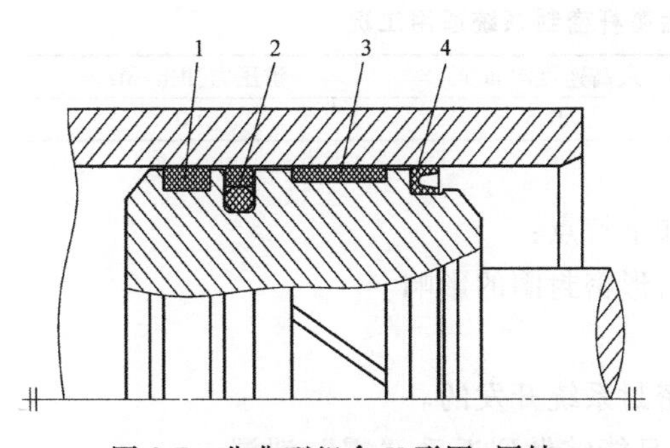

图 3-7　非典型组合 U 形圈+同轴密封件活塞密封系统

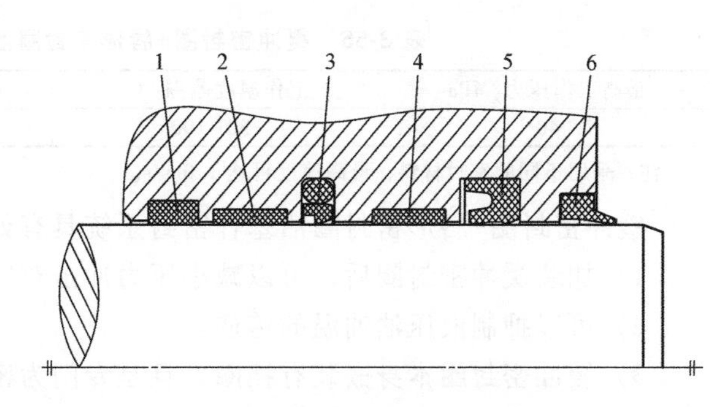

图 3-8　同轴密封件+唇形密封圈活塞杆密封系统

表 3-53　同轴密封件+唇形密封圈活塞杆密封系统的组成及密封件材料

排序	1	2	3	4	5	6
密封件名称	支承环Ⅰ	支承环Ⅱ	同轴密封件	支承环Ⅱ	唇形密封圈	防尘圈
材料	填充 PTFE	增强 POM	组合	增强 POM	AU	AU

表 3-54　同轴密封件+唇形密封圈活塞杆密封系统适用工况

最高工作压力/MPa	工作温度范围/℃	最高速度/(m/s)	耐压力冲击/MPa
31.5	-40~100	1.0	50

1）支承环Ⅰ材料允许颗粒状物质嵌入，即有清洁、纳污能力。

2）支承环Ⅰ+支承Ⅱ组合可以减小压力冲击对同轴密封件的影响。

3）同轴密封件+唇形密封圈组合能够做到近乎“零”泄漏。

4）使用单唇带骨架防尘密封圈（注意，骨架与标准规定的型式不同）。

采用不同（或相异）的密封结构（原理）的密封件或密封装置串联配置，如同轴密封件+唇形密封圈，可以获得密封性能良好且使用寿命长的活塞杆密封系统。这或是采用了相异技术的结果。

应用实例有工程机械吊杆、挖斗或悬臂液压缸等。

（2）缓冲密封圈+唇形密封圈活塞杆密封系统　缓冲密封圈+唇形密封圈活塞杆密封系统如图 3-9 所示。

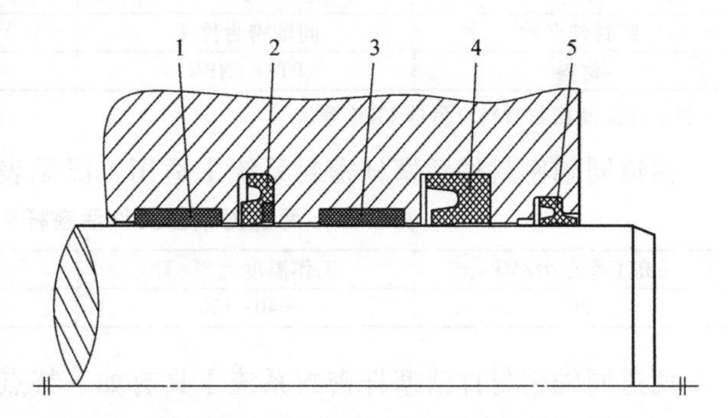

图 3-9　缓冲密封圈+唇形密封圈活塞杆密封系统

缓冲密封圈+唇形密封圈活塞杆密封系统的组成及密封件材料见表 3-55。

表 3-55　缓冲密封圈+唇形密封圈活塞杆密封系统的组成及密封件材料

排序	1	2	3	4	5
密封件名称	支承环Ⅰ	缓冲密封圈	支承环Ⅰ	唇形密封圈	防尘圈
材料	POM	组合	POM	AU	AU

注：在 NOK 株式会社《液压密封系统-密封件》2020 年版产品样本中指出，近几年为了提高性能，延长寿命，活塞杆密封件慢慢转为采用丁腈橡胶。因此，该密封系统的唇形密封圈也可为丁腈橡胶的，包括丁腈橡胶 A506、A567 和氢化丁腈橡胶 G928。

缓冲密封圈+唇形密封圈活塞杆密封系统适用工况见表 3-56。

表 3-56　缓冲密封圈+唇形密封圈活塞杆密封系统适用工况

最高工作压力/MPa	工作温度范围/℃	最高速度/(m/s)	耐压力冲击/MPa
40	-30~100	0.5	60

注：采用不同的密封材料，最高速度可达 1.0m/s。

缓冲密封圈+唇形密封圈活塞杆密封系统具有如下特点：

1）加装缓冲密封圈后，可以减小压力冲击对唇形密封圈的影响。

2）可以抑制液压油油温的传递。

3）缓冲密封圈本身嵌装有挡圈，且是专门为密封系统开发的。

4）缓冲密封圈+唇形密封圈组合使用寿命长，且能够做到近乎“零”泄漏。

5）一般使用双唇防尘密封圈。

应用实例有工程机械，如挖掘机液压缸、重型液压缸等。

（3）两道同轴密封件活塞杆密封系统

在 NOK 株式会社《液压密封系统-密封件》2020 年版产品样本“各机型应用举例”中，值得注意的是都没有“两道同轴密封件”这样的活塞杆密封系统。

1）两道同轴密封件活塞杆密封系统 I 如图 3-10 所示。

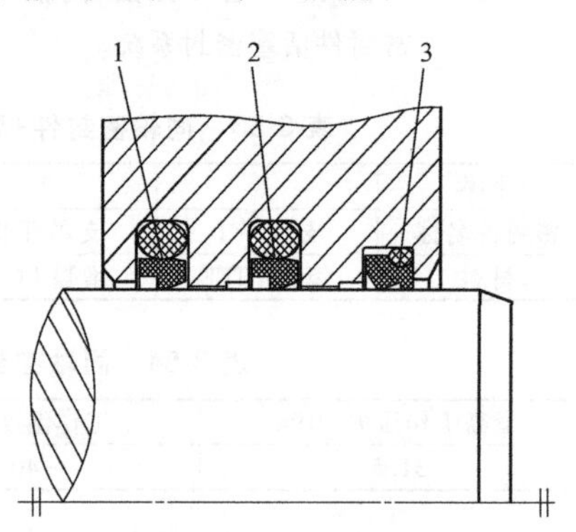

图 3-10　两道同轴密封件活塞杆密封系统 I

两道同轴密封件活塞杆密封系统 I 的组成及密封件材料见表 3-57。

表 3-57　两道同轴密封件活塞杆密封系统 I 的组成及密封件材料

排序	1	2	3
密封件名称	同轴密封件 I	同轴密封件 I	防尘圈(同轴密封件)
材料	PTFE+NBR	PTFE+NBR	PTFE+NBR

注：O 形圈密封材料可另选 FKM 等。

两道同轴密封件活塞杆密封系统 I 适用工况见表 3-58。

表 3-58　两道同轴密封件活塞杆密封系统 I 适用工况

最高工作压力/MPa	工作温度范围/℃	最高速度/(m/s)	耐压力冲击/MPa
20	-40~130	15	60

两道同轴密封件活塞杆密封系统 I 具有如下特点：

① 相同同轴密封件两道排列以适应高速、高冲击压力。

② 低摩擦、无爬行。

③ 耐磨性好、寿命长。

④ 使用同轴密封件类型的双唇防尘密封圈。

应用实例有液压锤等。

2）两道同轴密封件活塞杆密封系统 Ⅱ 如图 3-11 所示。

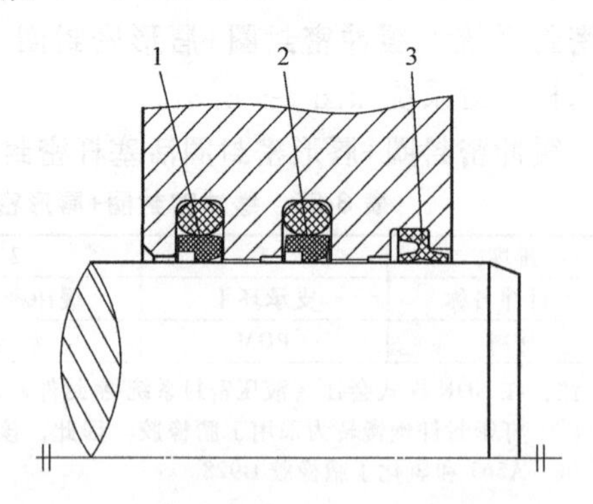

图 3-11　两道同轴密封件活塞杆密封系统 Ⅱ

两道同轴密封件活塞杆密封系统 Ⅱ 的组成及密封件材料见表 3-59。

表 3-59 两道同轴密封件活塞杆密封系统Ⅱ的组成及密封件材料

排序	1	2	3
密封件名称	同轴密封件Ⅰ	同轴密封件Ⅱ	防尘圈
材料	PTFE+NBR	AU+NBR	AU

注：O 形圈密封材料可另选 FKM 等。

两道同轴密封件活塞杆密封系统Ⅱ适用工况见表 3-60。

表 3-60 两道同轴密封件活塞杆密封系统Ⅱ适用工况

最高工作压力/MPa	工作温度范围/℃	最高速度/(m/s)	耐压力冲击/MPa
25	-40~130	1.0	60

两道同轴密封件活塞杆密封系统Ⅱ具有如下特点：

① 不同同轴密封件两道排列以适应高压、高冲击压力。

② 静、动密封性能好，因具有“杆带回”功能，可做到“零”泄漏。

③ 耐磨性好、寿命长。

④ 使用双唇防尘密封圈。

应用实例，因无支承环，仅适用于特定液压缸。

3）两道同轴密封件活塞杆密封系统Ⅲ如图 3-12 所示。

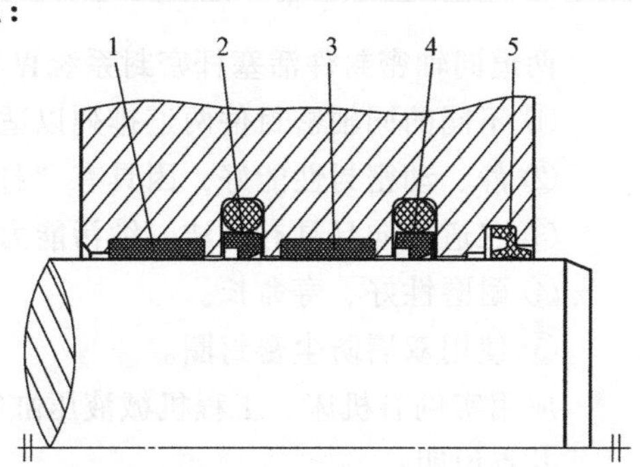

图 3-12 两道同轴密封件活塞杆密封系统Ⅲ

两道同轴密封件活塞杆密封系统Ⅲ的组成及密封件材料见表 3-61。

表 3-61 两道同轴密封件活塞杆密封系统Ⅲ的组成及密封件材料

排序	1	2	3	4	5
密封件名称	支承环Ⅰ	同轴密封件Ⅰ	支承环Ⅰ	同轴密封件Ⅱ	防尘圈
材料	夹织物 PA	PTFE+NBR	夹织物 PA	AU+NBR	AU

注：O 形圈材料可另选 FKM 等。

两道同轴密封件活塞杆密封系统Ⅲ适用工况见表 3-62。

表 3-62 两道同轴密封件活塞杆密封系统Ⅲ适用工况

最高工作压力/MPa	工作温度范围/℃	最高速度/(m/s)	耐压力冲击/MPa
25	-40~130	1.0	60

两道同轴密封件活塞杆密封系统Ⅲ具有如下特点：

① 不同的同轴密封件两道排列以适应高压、高冲击压力。

② 静、动密封性能好，因具有“杆带回”功能，可做到“零”泄漏。

③ 耐磨性好、寿命长。

④ 使用双唇防尘密封圈。

应用实例有通用液压缸，如汽车、机床、注塑机和工程机械液压缸等。

4）两道同轴密封件活塞杆密封系统Ⅳ如图 3-13 所示。

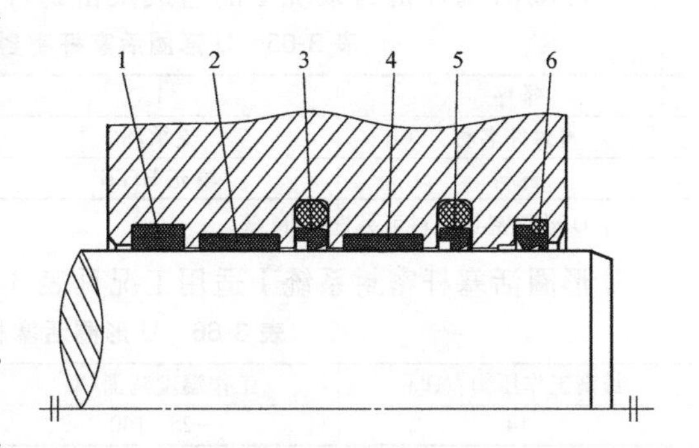

图 3-13 两道同轴密封件活塞杆密封系统Ⅳ

两道同轴密封件活塞杆密封系统Ⅳ的组成及密封件材料见表3-63。

表3-63　两道同轴密封件活塞杆密封系统Ⅳ的组成及密封件材料

排序	1	2	3	4	5	6
密封件名称	支承环Ⅰ	支承环Ⅱ	同轴密封件Ⅰ	支承环Ⅱ	同轴密封件Ⅱ	防尘圈(同轴密封件)
材料	填充PTFE	夹织物PA	PTFE+NBR	夹织物PA	AU+NBR	PTFE+NBR

注：O形圈密封材料可另选FKM等。

两道同轴密封件活塞杆密封系统Ⅳ适用工况见表3-64。

表3-64　两道同轴密封件活塞杆密封系统Ⅳ适用工况

最高工作压力/MPa	工作温度范围/℃	最高速度/(m/s)	耐压力冲击/MPa
25	-40~130	1.0	60

两道同轴密封件活塞杆密封系统Ⅳ具有如下特点：

① 不同的同轴密封件两道排列以适应高压、高冲击压力。

② 静、动密封性能好，因具有“杆带回”功能，可做到“零”泄漏。

③ 三道导向且具有清洁、纳污能力，抗偏载能力强。

④ 耐磨性好、寿命长。

⑤ 使用双唇防尘密封圈。

应用实例有机床、工程机械液压缸等。

几点说明：

① 使用两道同轴密封件及双唇防尘圈密封活塞杆时，两道同轴密封件间及与双唇防尘圈间应留有足够间距（空间），以利于“杆带回”功能发挥。

② 两道同轴密封件材料采用硬+软配置、三道支承环材料采用软+硬+硬配置比较合理。

③ 没有支承环导向或轴承材料制成的导向套导向的活塞杆密封系统使用寿命短，除非内部或外部结构可以提供这种导向，如液压锤。

（4）U形圈活塞杆密封系统

1）U形圈活塞杆密封系统Ⅰ如图3-14所示。

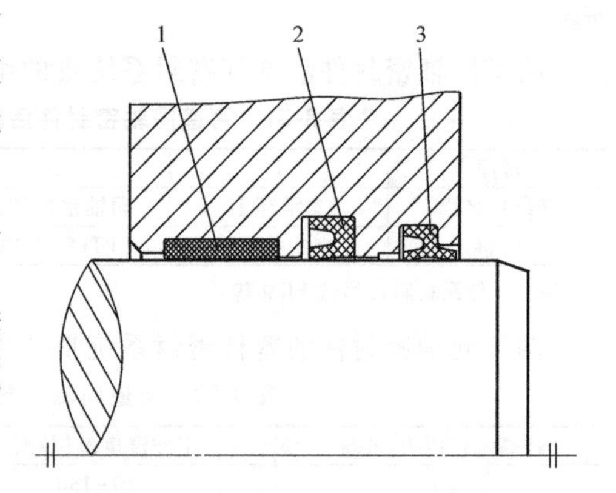

图3-14　U形圈活塞杆密封系统Ⅰ

U形圈活塞杆密封系统Ⅰ的组成及密封件材料见表3-65。

表3-65　U形圈活塞杆密封系统Ⅰ的组成及密封件材料

排序	1	2	3
密封件名称	支承环	U形圈	防尘圈
材料	填充PTFE	NBR	NBR

注：O形圈密封材料可另选FKM等。

U形圈活塞杆密封系统Ⅰ适用工况见表3-66。

表3-66　U形圈活塞杆密封系统Ⅰ适用工况

最高工作压力/MPa	工作温度范围/℃	最高速度/(m/s)	耐压力冲击/MPa
14	-25~100	1.0	—

U形圈活塞杆密封系统具有如下特点：

① 适用于中、低压液压缸。

② 简单。

应用实例有通用液压缸等。

2）U 形圈活塞杆密封系统Ⅱ如图 3-15 所示。

U 形圈活塞杆密封系统Ⅱ的组成及密封件材料见表 3-67。

表 3-67 U 形圈活塞杆密封系统Ⅱ的组成及密封件材料

排序	1	2	3
密封件名称	支承环	U 形圈	带骨架防尘密封圈
材料	填充 PTFE	低温 NBR	低温 NBR

注：O 形圈材料可另选 FKM 等。

U 形圈活塞杆密封系统Ⅱ适用工况见表 3-68。

表 3-68 U 形圈活塞杆密封系统Ⅱ适用工况

最高工作压力/MPa	工作温度范围/℃	最高速度/(m/s)	耐压力冲击/MPa
14	-55~80	1.0	—

U 形圈活塞杆密封系统Ⅱ具有如下特点：

① 适用于中、低压和低温液压缸。

② 低温工况条件下，采用带骨架防尘密封圈。

应用实例有低温通用液压缸。

3）U 形圈活塞杆密封系统Ⅲ如图 3-16 所示。

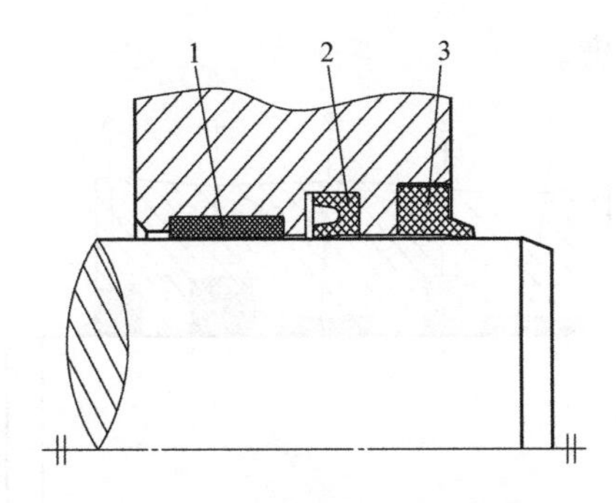

图 3-15 U 形圈活塞杆密封系统Ⅱ

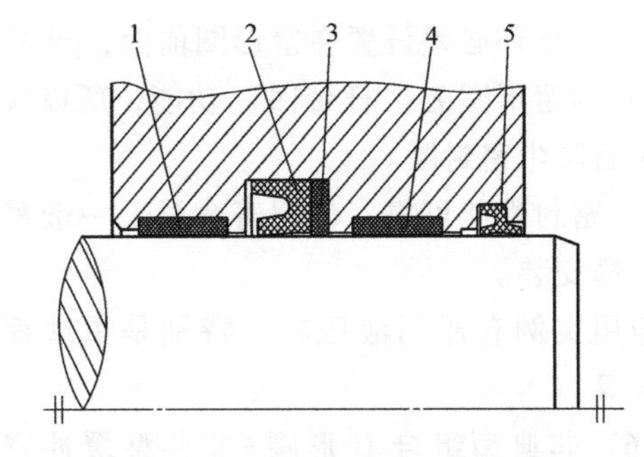

图 3-16 U 形圈活塞杆密封系统Ⅲ

U 形圈活塞杆密封系统Ⅲ的组成及密封件材料见表 3-69。

表 3-69 U 形圈活塞杆密封系统Ⅲ的组成及密封件材料

排序	1	2	3	4	5
密封件名称	支承环Ⅰ	U 形圈	挡圈	支承环Ⅰ	防尘圈
材料	PA	AU	PA	PA	NBR

注：防尘圈密封材料也可另选 AU。

U 形圈活塞杆密封系统Ⅲ适用工况见表 3-70。

表 3-70 U 形圈活塞杆密封系统Ⅲ适用工况

最高工作压力/MPa	工作温度范围/℃	最高速度/(m/s)	耐压力冲击/MPa
35	-30~100	1.0	60

U 形圈活塞杆密封系统Ⅲ具有如下特点：

① 适用于中、高压液压缸。

② 选用较大截面 U 形圈，使用寿命更长。

③ 使用 NBR 防尘密封圈一般不会产生异响。

应用实例有通用液压缸。

(5) 蕾形圈活塞杆密封系统　蕾形圈活塞杆密封系统如图 3-17 所示。

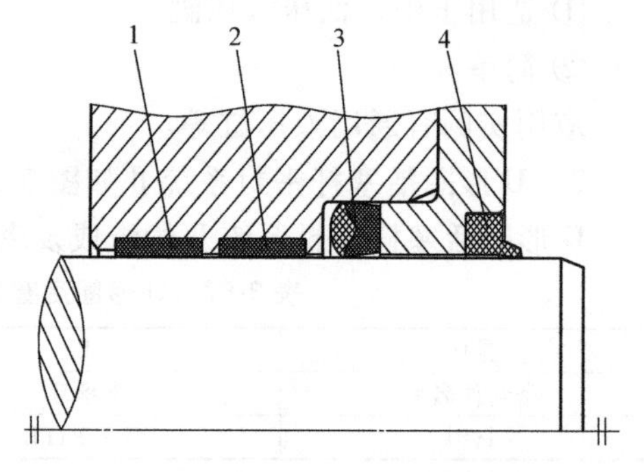

图 3-17　蕾形圈活塞杆密封系统

蕾形圈活塞杆密封系统的组成及密封件材料见表 3-71。

蕾形圈活塞杆密封系统适用工况见表 3-72。

蕾形圈活塞杆密封系统具有如下特点：

表 3-71　蕾形圈活塞杆密封系统的组成及密封件材料

排序	1	2	3	4
密封件名称	支承环Ⅰ	支承环Ⅰ	蕾形圈	单唇防尘圈
材料	PA	PA	加布橡胶+橡胶弹性体	NBR

表 3-72　蕾形圈活塞杆密封系统适用工况

最高工作压力/MPa	工作温度范围/℃	最高速度/(m/s)	耐压力冲击/MPa
35	-30~100	0.5	50

1) 适用于高压、重载液压缸。

2) 蕾形圈具有良好的动、静密封性能。

3) 支承环必须设置在蕾形圈前面，否则可能干磨。

4) 因蕾形圈无“杆带回”功能，所以应采用单唇防尘密封圈。

5) 密封性能可靠，使用寿命长，一般需开式沟槽安装。

应用实例有通用液压缸，特别是重载荷液压缸等。

(6) 非典型组合 U 形圈+非典型缓冲密封圈活塞杆密封系统　非典型组合 U 形圈+非典型缓冲密封圈活塞杆密封系统如图 3-18 所示。

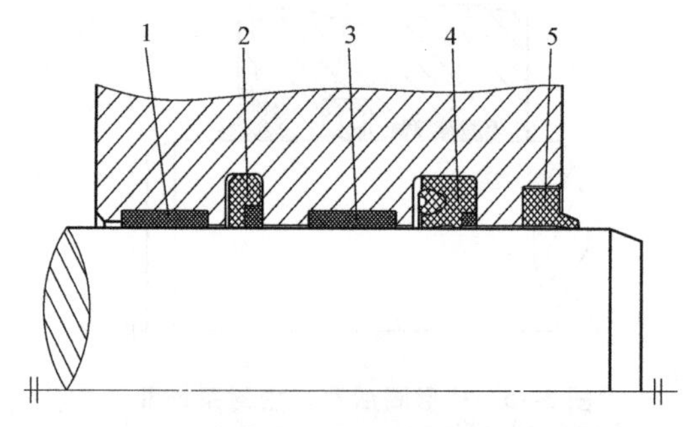

图 3-18　非典型组合 U 形圈+非典型缓冲密封圈活塞杆密封系统

非典型组合 U 形圈+非典型缓冲密封圈活塞杆密封系统的组成及密封件材料见表 3-73。

表 3-73　非典型组合 U 形圈+非典型缓冲密封圈活塞杆密封系统的组成及密封件材料

排序	1	2	3	4	5
密封件名称	支承环Ⅰ	非典型缓冲密封圈	支承环Ⅰ	非典型组合 U 形圈	防尘圈
材料	POM	组合	POM	组合	聚氨酯

非典型组合 U 形圈+非典型缓冲密封圈活塞杆密封系统适用工况见表 3-74。

表 3-74　非典型组合 U 形圈+非典型缓冲密封圈活塞杆密封系统适用工况

最高工作压力/MPa	工作温度范围/℃	最高速度/(m/s)	耐压力冲击/MPa
35	-45~110	1.0	70

非典型组合U形圈+非典型缓冲密封圈活塞杆密封系统具有如下特点：

1）适用于高压、高压力冲击的重载液压缸。

2）非典型组合U形圈动、静密封性能优异。

3）非典型缓冲密封圈是一种高性能的缓冲密封件，因其特殊结构型式，具有减少缓冲圈与U形圈之间"困油"作用，同时其密封面也与常见缓冲圈不同。

4）非典型组合U形圈无"杆带回"功能，所以应采用单唇防尘密封圈。

5）密封性能可靠，使用寿命长。

应用实例有采矿设备液压缸等。

3. 液压缸中旋转轴密封系统设计

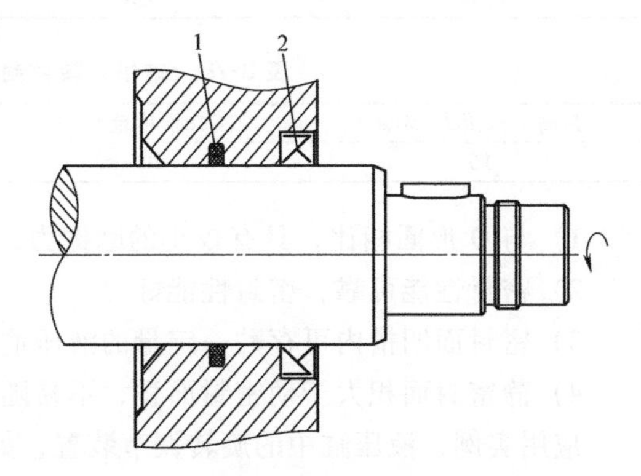

图3-19　轴用旋转密封组合圈密封系统

（1）轴用旋转密封组合圈密封系统　轴用旋转密封组合圈密封系统如图3-19所示。

轴用旋转密封组合圈密封系统的组成及密封件材料见表3-75。

表3-75　轴用旋转密封组合圈密封系统的组成及密封件材料

排序	1	2
密封件名称	轴用旋转密封组合圈	旋转轴唇形密封圈
材料	PTFE+NBR	NBR

轴用旋转密封组合圈密封系统适用工况见表3-76。

表3-76　轴用旋转密封组合圈密封系统适用工况

最高工作压力/MPa	工作温度范围/℃	旋转轴最高转速/(r/min)	耐压力冲击/MPa
31.5	-20~80	200	35

轴用旋转密封组合圈密封系统具有如下特点：

1）密封压力高，可用于中、高压液压缸中的旋转密封。

2）摩擦力小，起动时不爬行，动特性好。

3）一般摩擦密封面上都开有沟槽，可以充分润滑，使用寿命长。

4）沟槽简单，尺寸小。

5）可耐一定压力冲击。

应用实例，可调行程缸行程调节装置，如液压板料折弯机用可调行程液压缸，或者用于数字液压缸及其他特种结构液压缸。

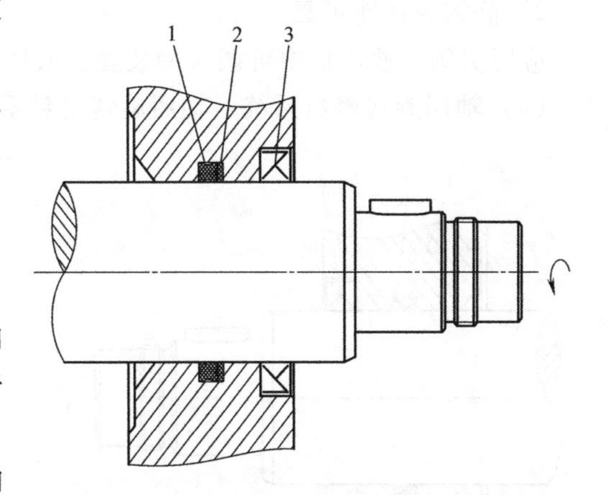

图3-20　轴用旋转密封X形圈密封系统

（2）轴用旋转密封X形圈密封系统　轴用旋转密封X形圈密封系统如图3-20所示。

轴用旋转密封X形圈密封系统的组成及密封件材料见表3-77。

轴用旋转密封X形圈密封系统适用工况见表3-78。

轴用旋转密封X形圈密封系统具有如下特点：

表 3-77　轴用旋转密封 X 形圈密封系统的组成及密封件材料

排序	1	2	3
密封件名称	轴用旋转密封 X 形圈	整体式挡圈	旋转轴唇形密封圈
材料	NBR	PTFE	NBR

表 3-78　轴用旋转密封 X 形圈密封系统适用工况

最高工作压力/MPa	工作温度范围/℃	旋转轴最高转速/(r/min)	耐压力冲击/MPa
16	-20~80	100	20

1）与 O 形圈相比，具有较小的摩擦力，起动阻力小。

2）密封性能可靠，密封性能好。

3）密封面凹槽内可存贮一定量的液压油，润滑好，使用寿命相对较长。

4）静密封面积大于动密封面积，不易随旋转轴旋转。

应用实例，液压缸中的旋转调节装置，如液压缸内置撞（挡）块调节装置。

（3）轴用旋转密封 O 形圈密封系统　轴用旋转密封 O 形圈密封系统如图 3-21 所示。轴用旋转密封 O 形圈密封系统的组成及密封件材料见表 3-79。

表 3-79　轴用旋转密封 O 形圈密封系统的组成及密封件材料

排序	1	2	3
密封件名称	O 形圈	整体式挡圈	旋转轴唇形密封圈
材料	NBR 或 AU	PTFE	NBR

轴用旋转密封 O 形圈密封系统适用工况见表 3-80。

表 3-80　轴用旋转密封 O 形圈密封系统适用工况

最高工作压力/MPa	工作温度范围/℃	旋转轴最高转速/(r/min)	耐压力冲击/MPa
16	-20~80	100	20

轴用旋转密封 O 形圈密封系统具有如下特点：

1）简单、廉价、易购。

2）静密封性能可靠。

应用实例，液压缸中可调缓冲装置、低压低速下的旋转调节装置等。

（4）轴用旋转密封系统　轴用旋转密封系统如图 3-22 所示。

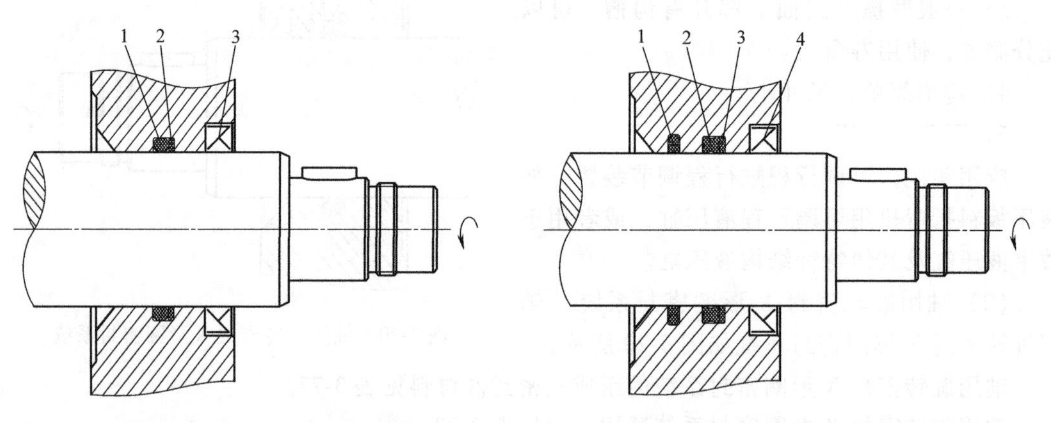

图 3-21　轴用旋转密封 O 形圈密封系统　　图 3-22　轴用旋转密封系统

轴用旋转密封系统的组成及密封件材料见表 3-81。

表 3-81　轴用旋转密封系统的组成及密封件材料

排序	1	2	3	4
密封件名称	轴用旋转密封组合圈	轴用旋转密封 X 形圈	整体式挡圈	旋转轴唇形密封圈
材料	PTFE+NBR	NBR	PTFE	NBR

轴用旋转密封系统适用工况见表 3-82。

表 3-82　轴用旋转密封系统适用工况

最高工作压力/MPa	工作温度范围/℃	旋转轴最高转速/(r/min)	耐压力冲击/MPa
31.5	-20~80	100	35

轴用旋转密封系统具有如下特点：

1）耐高压，甚至耐超高压。

2）起动阻力小，阻力均匀，无爬行。

3）密封性能可靠。

4）使用寿命长。

应用实例，在作者专利设计的“伺服电机直驱数控行程精确定位液压缸”上使用。

3.2.3　液压缸密封系统工程应用设计中的几个具体问题

1. 沟槽间距

确定（密封）沟槽间最小距离是液压缸密封系统设计经常遇到的问题。合理设计沟槽间距，可以在保证密封可靠的前提下，获得液压缸最佳结构尺寸，进而达到液压缸密封系统结构的优化设计。液压缸密封系统设计不但包括各密封件的排列（配置），还包括各密封件间距确定，只有保证各（密封）沟槽尺寸合理、形状稳定，才能保证活塞密封系统或活塞杆密封系统的密封性能。

沟槽侧面零件机体一般称为边墙，边墙强度、刚度不够，沟槽侧面就可能产生弯曲，甚至边墙被剪切，导致密封失效。

在液压缸活塞杆密封系统设计中，两道同轴密封件活塞杆密封系统（见图 3-23）的密封件间（含防尘圈）密封沟槽间距一般不应小于其中最深的沟槽深度。

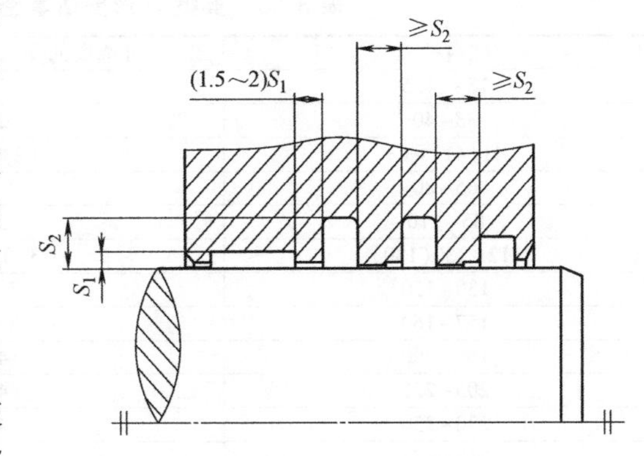

图 3-23　两道同轴密封件活塞杆密封系统

缓冲密封圈与其他密封件间间距应更大。

在液压缸活塞密封系统设计中，因受交变压力作用，密封件间沟槽间距应大于 1.5 倍的其中最深的沟槽深度。

支承环与其他密封件间沟槽间距一般为支承环安装沟槽深度的 1.5~2 倍。

特殊情况下应对边墙进行必要的强度验算。

2. 支承环的宽度与布置

(1) 支承环匹配

一般情况下，以采用宽、厚的支承环为好，但因结构、安装、成本等一系列问题，不可能也不允许按现有支承环（导向带）产品极限尺寸选取。表 3-83～表 3-86 列出了不同密封系统用支承环的尺寸范围，供读者在设计液压缸密封系统时参考。

表 3-83　同轴密封件活塞密封系统用支承环尺寸范围　（单位：mm）

缸内径 D	可选取的支承环截面厚度 δ	可选取的支承环宽度 b
18～63	2	8
33～80	2	10
41～130	2.5	15
65～160	2.5	20
85～225	2.5	25
112～250	2.5	30
132～300	2.5	35
150～350	2.5	40
165～400	2.5	45
205～450	3	50
230～500	3	55
260～600	3	60
290～1000	3	70

注：支承环材料为填充聚四氟乙烯。

表 3-84　带挡圈的同轴密封件活塞密封系统支承环尺寸范围　（单位：mm）

缸内径 D	可选取的支承环截面厚度 δ	可选取的支承环宽度 b
30～40	2	8
45～63	2.5	8
65～80	2.5	10
85～130(130)	3(3.5)	15
140～160	3.5	20
170～225	4	25
230～250	4	30

注：支承环材料为酚醛塑料。带括号的缸内径与带括号的支承环截面厚度是对应的。下同。

表 3-85　典型 U 形圈活塞密封系统用支承环尺寸范围　（单位：mm）

缸内径 D	可选取的支承环截面厚度 δ	可选取的支承环宽度 b
18～31.5	2	8
33～40	2	10
41(41)～63	(2)2.5	15
65～80	2.5	20
85～110	3	25
112～130(130)	3(3.5)	30
130～150	3.5	35
157～160	3.5	40
165～200	4	45
205～225	4	50
230～250	4	55
260～275	4	60
290～332	4	70

注：支承环材料为夹布酚醛塑料。

表 3-86　两道同轴密封件活塞杆密封系统用支承环尺寸范围　（单位：mm）

活塞杆直径 d	可选取的支承环截面名义厚度 δ	可选取的支承环名义宽度 b
8～50	1.5	4
16～120	2.5	6
25～250	2.5	10

（续）

活塞杆直径 d	可选取的支承环截面名义厚度 δ	可选取的支承环名义宽度 b
75～500	2.5	15
120～1000	2.5	25
>1000～1500	2.5	25
280～1000	4	25
>1000～1500	4	25

注：1. 实际尺寸可能与名义尺寸不同。
2. 支承环材料为夹布酚醛塑料等。

（2）支承环布置

液压缸密封系统设计强调整体观念，注重各密封件或密封装置间协调、统一配置，其中就包括支承环布置。

无论是活塞密封系统，还是活塞杆密封系统，都不能单纯考虑自身的导向和支承，而应把液压缸作为一个整体统一考虑（设计）。

支承环布置一般应遵循以下原则：

1）活塞密封系统或活塞杆密封系统自身应有最大导向和支承。

2）活塞与活塞杆必须有最大导向和支承。

3）密封介质最好应经过（防污）支承环再作用于其他密封件。

4）缓冲密封圈前最好也应有支承环。

5）其他密封件间最好有支承环，包括防尘圈与其他密封件间。

6）支承环串联排列时，材料硬度低的应首先受到密封介质作用，即排在前面。

3. 泄漏通道的开设

在 NOK 株式会社《液压密封系统-密封件》2020 年版产品样本“各机型应用示例”中，有两处列举了一个相同的活塞杆密封系统，即组合密封件（SPN）+U 形密封件（IUIS）+挡圈（BRT2）+防尘密封件（DKBR），其中在组合密封件（SPN）+U 形密封件（IUIS）之间开设了泄漏通道，并分别进行了说明：“为了切断高压的冲击压力而作为缓冲环使用 SPN。漏出的油（油膜）请通过排油口返回油箱。”“为了切断高压的冲击压力，缓冲环使用 SPN。将漏出的油（油膜）返回油箱。”在该产品样本中，组合密封件（SPN）为 SPN 型活塞杆密封专用密封件，而非缓冲环；在该活塞杆密封系统中缺少支承和导向，泄漏通道开设在组合密封件（SPN）+U 形密封件（IUIS）之间，防尘密封件（DKBR）极有可能处于“干摩擦”状态。

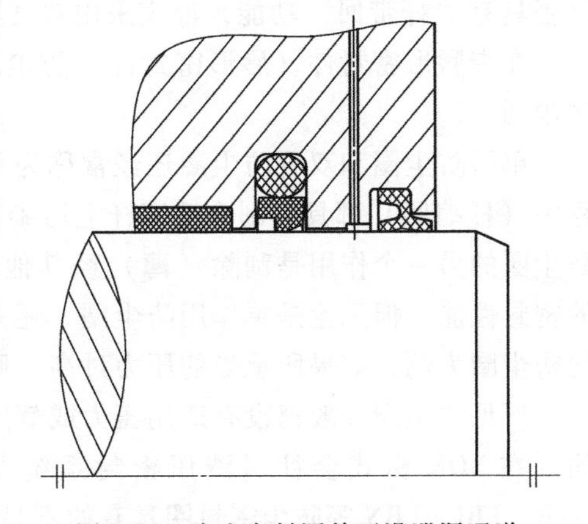

图 3-24　防尘密封圈前开设泄漏通道

如图 3-24 所示，如果可能，最好在防尘密封圈前开设泄漏通道。

理由如下：

1）JB/T 10205—2010《液压缸》中的 6.2.3.1 规定：“除活塞杆处外，其他各部位不得有泄漏”而在 6.2.3.2 条文中又规定：“活塞杆静止时不得有泄漏”此两处规定本身即存在着矛盾。

2）JB/T 10205—2010 中引用的 GB/T 2879—2005《液压缸活塞和活塞杆动密封沟槽尺寸和公差》、GB 2880—1981《液压缸活塞和活塞杆窄断面动密封沟槽尺寸系列和公差》、GB 6577—1986《液压缸活塞用带支承环密封沟槽型式、尺寸和公差》、GB/T 6578—2008《液压缸活塞杆用防尘圈沟槽型式、尺寸和公差》等的沟槽，其所对应的密封圈全部适用于“往复运动”，而没有规定适用于静密封。

3）单唇橡胶防尘密封圈只具有防尘作用，而不具有辅助密封作用。

4）即使采用双唇橡胶防尘密封圈，要达到“零”泄漏也非常困难。

5）即使在某一特定工况下液压缸的外泄漏为“零”，一旦工况发生变化（如油温升高），就可能产生外泄漏，只是泄漏量多少的问题。

所以，只有将防尘密封圈前的“泄漏油”通过泄漏通道直接引入开式油箱或其他开式容器，防尘密封圈始终密封“零”压力的液压油，其密封性能才可以较为长久地得以保持，活塞杆处的外泄漏才能在工况变化下保证为最小或为“零”。

如果在防尘密封圈前开设泄漏通道，所采用的防尘密封圈应为双唇丁腈橡胶密封圈。

请读者注意，NOK 株式会社《液压密封系统-密封件》2020 年版产品样本给出的防止爬行的措施之一就是“在密封件和防尘密封之间填充润滑脂”，其填充通道就在密封件和防尘密封之间。

4. 单、双唇防尘密封圈的选用

防尘密封圈是活塞杆密封系统中的重要组成部分，应该得到足够的重视。

在 GB/T 10708. 3—2000《往复运动橡胶密封圈结构尺寸系列　第 3 部分：橡胶防尘密封圈》中规定了三种基本型式的防尘圈，其中两种为单唇防尘圈，一种是双唇防尘圈。

在活塞杆密封系统中，无论是单唇防尘圈，还是双唇防尘圈，要达到活塞杆处“零”泄漏都是非常困难的，只是单唇防尘圈可能一直在泄漏，而双唇防尘圈偶尔会出现一次较大量的泄漏。

在带同轴密封件（同轴密封件与防尘圈相靠）的活塞杆密封系统中，无论同轴密封件是否具有“杆带回”功能，都应采用双唇防尘圈。

在带唇形密封件（唇形密封件与防尘圈相靠）的活塞杆密封系统中，一般应采用单唇防尘圈。

单唇防尘圈和双唇防尘圈还经常称为单作用防尘圈和双作用防尘圈。防尘圈在缸回程过程中（杆缩回）都具有刮除活塞杆上污染物，如泥浆、灰尘和凝露（水）等作用；双作用防尘圈的另一个作用是刮除（薄）经其他密封件密封后泄漏的油膜，进一步优化密封系统的密封性能。但无论是单作用防尘圈，还是双作用防尘圈，以 GB/T 10708. 3—2000 中规定的防尘圈为例，如果所承受的压力过高，则可能被挤出沟槽。

所见防尘圈一般都没有适用压力或额定压力的规定，即使是双作用防尘圈，也主要是刮油（在 NOK 株式会社《液压密封系统-密封件》2020 年版产品样本中，DKBI、DKBZ、DKB、LBI、LBN 等防尘密封圈具有的不是“防刮油”，而是具有“刮油”功能）而非密封，或者称具有辅助密封作用。

常用的丁腈橡胶防尘圈和聚氨酯橡胶防尘圈都需要润滑。滑环式防尘圈因滑环材料可能为填充聚四氟乙烯，所以对润滑要求不太严格。缺少润滑的防尘圈使用寿命短，尤其是聚氨酯防尘圈，还可能在活塞杆复运动中发出异响。

关于防止防尘圈被挤出和防尘圈刮冰都有专门的结构（包括材料）设计。

3.2.4 液压缸密封系统设计禁忌

液压缸设计禁忌，包括液压缸密封系统的设计禁忌指在液压缸的广义制造中，使用不应（或不得、不准许）、不宜（或不推荐、不建议）、不必（或无须、不需要）、不能（或不能够）、不可能（或没有可能）等所表述的禁止、危险、不赞成、不允许、不能够或没有可能的型（形）式、行为（动）、方法、步骤、能力、性能或效果。禁忌的行为或事物实质是对液压缸各项相关标准中所包含的相关要素要求、验证方法、规则、规程或指南中的规定、推荐或建议的违背。

在 GB/T 3766—2015 附录 A 中列出的重大危险，只要适合的且可能造成的，都是液压缸，包括液压缸密封系统的设计、制造、安装和维护禁忌。

1. 密封沟槽设计禁忌

不应选择已声明遵守的液压缸产品标准或 JB/T 10205—2010《液压缸》规定之外的密封沟槽进行液压缸产品设计。

一般而言，不应选择表 3-87 所列标准之外的密封沟槽进行液压缸产品设计。

表 3-87 液压缸标准规定的密封沟槽目录

序号	标 准
1	GB/T 2879—2005《液压缸活塞和活塞杆动密封沟槽尺寸和公差》（计划修订）
2	GB 2880—1981《液压缸活塞和活塞杆窄断面动密封沟槽尺寸系列和公差》
3	GB 6577—1986《液压缸活塞用带支承环密封沟槽型式、尺寸和公差》（已被 GB/T 6577—2021《液压缸活塞用带支承环密封沟槽型式、尺寸和公差》代替）
4	GB/T 6578—2008《液压缸活塞杆用防尘圈沟槽型式、尺寸和公差》（计划修订）

作者注：1. 表 3-87 摘自 JB/T 10205—2010《液压缸》（正在修订中）。

2. 一般液压缸设计中还应有静密封沟槽，如液压气动用 O 形橡胶密封圈沟槽，但在 JB/T 10205—2010 中缺失。

3. 现未查找到有密封圈（件）标准引用 GB 2880—81（原标准号）规定的沟槽。

以现行标准而论，因 JB/T 10205—2010 中给出的密封沟槽无法满足大部分液压缸密封及其设计的需要，若采用这些产品标准之外的密封沟槽，则该液压缸将无法声明符合某一产品标准，包括 JB/T 10205—2010《液压缸》，进而所设计的液压缸产品将是无标产品。

综上所述，为了避免设计、制造无标产品，参考在 GB/T 13342—2007《船用往复式液压缸通用技术条件》中关于密封圈及沟槽选择的规定，密封沟槽设计禁忌应这样表述：宜优先选用国家标准规定的密封圈及沟槽进行液压缸产品设计，不宜选用非标，即无现行标准的密封圈及沟槽进行液压缸产品设计。

设计为非标密封沟槽的液压缸很可能选择不到适配的密封圈。选择应用非标规定的密封圈，则其密封性能无法保证；自行设计、制造密封圈，在不计成本的情况下，其密封性能，包括可靠性和耐久性也可能有问题；自制密封圈因不能超长时间贮存，一旦急需维修更换密封圈，也可能面临无密封圈可换的情况。

一些密封材料无法或难以通过车制加工密封圈，也不推荐首选车制密封圈。

各种型式的标准沟槽是由各种几何要素，如尺寸与公差要素、几何公差要素和表面结构要素等组成的，符合这些沟槽组成要素且在沟槽适用范围内的沟槽即为标准沟槽。对各要素的超高要求也可能导致非标沟槽设计，如对尺寸公差不切实际地减小到原公差的 1/5 或 1/10 等。

非标密封沟槽不是指因调整密封圈压缩率、适应密封材料溶胀值和加装较厚的挡圈等而修改的标准密封沟槽。

密封件、沟槽的标准目录请参见附录表 A-3 和表 A-4。

2. 密封材料选择禁忌

不应选择与工作介质不相容的液压缸密封件或装置。

一般液压缸可选的工作介质见表 3-88。

表 3-88　一般液压缸可选的工作介质

名称	常用品种牌号与黏度等级	标　准
矿物油	品种代号 L-HL 抗氧防锈液压油 L-HM 抗磨液压油(高压、普通) L-HV 低温液压油 黏度等级:32、46、68	GB/T 7631.2—2003《润滑剂、工业用油和相关产品(L类)的分类　第2部分:H组(液压系统)》和 GB 11118.1—2011《液压油(L-HL、L-HM、L-HV、L-HS、L-HG)》
磷酸酯抗燃油 磷酸酯液压液(液压油)	VG32、VG46	参考 DL/T 571—2014《电厂用磷酸酯抗燃油运行与维护导则》
水-乙二醇型难燃液压液	黏度等级:22、32、46、68	GB/T 21449—2008《水-乙二醇型难燃液压液》
高含水液压液(含乳化液)	乳化型(HFAE)、溶液型高水基液压液	MT 76—2011《液压支架用乳化油、浓缩液及其高含水液压液》

注：1. JB/T 11588—2013《大型液压油缸》中规定，矿物油、抗燃油、水乙二醇、磷酸酯工作介质可根据需要选取。
2. JB/T 10205—2010《液压缸》中规定了试验用油液黏度，即油温在 40℃时的运动黏度应为 29~74mm²/s。
3. JB/T 9834—2014《农用双作用油缸　技术条件》中规定了试验用油品种，即试验时推荐用 N100D 拖拉机传动、液压两用油或黏度相当的矿物油。

特别指出，以磷酸酯抗燃油、磷酸酯液压液（油）为工作介质的液压缸不应使用氯丁橡胶、丁腈橡胶等密封材料制作的密封圈。在 DL/T 571—2014《电厂用磷酸酯抗燃油运行与维护导则》中推荐使用硅橡胶、(三元）乙丙橡胶、氟橡胶等密封材料制作的密封圈。

另外，禁忌在易生霉菌环境中选择聚氨酯材料的防尘密封圈，因为某些聚氨酯类（如聚酯和某些聚醚）是非抗霉材料。

一些密封件制造商给出的“耐油数据”可能是参考值，并不是保证值，使用时请仔细核对，如“NOK 橡胶材料的耐油性和耐化学性”。

3. 密封件（圈）结构型式选择禁忌

现在的液压缸密封系统中绝大多数都含有聚氨酯的 Y 形圈或 U 形圈，但随着液压缸密封技术的进步和客户对产品质量要求的提高，其局限性（或缺陷）也日益凸显。

从材料特性考虑，与 NBR 比较，聚氨酯 Y 形圈或 U 形圈具有如下局限性：

1）压缩永久性变形大。在高温下，聚氨酯 Y 形圈或 U 形圈的压缩永久性变形是 NBR 橡胶密封圈的 1~2 倍。

2）高温下水解严重。液压油液在使用过程受到水（如湿气、潮气侵入）污染一般是不可避免的，水分的增加、油温的升高，对一般聚氨酯 Y 形圈或 U 形圈的水解作用将更为严重，并且这种水解是不可逆也是致命的损伤，而耐水解的聚氨酯材料因为回弹性差，又很少用于制作 Y 形圈或 U 形圈。

3）低压或高速工况下泄漏量大。

现在，在选择聚氨酯材料制作Y形圈或U形圈时，各密封件制造商普遍存在：

1）耐高温的聚氨酯材料往往不耐低温。

2）材料硬度选择高了密封圈回弹性差，材料硬度选择低了密封圈挤出严重。

3）回弹性高的聚氨酯材料耐高温差。

4）耐水解的聚氨酯材料回弹和耐低温又成了问题。

因此，各密封件制造商常常处于顾此失彼、进退两难的境地。

从结构型式考虑，聚氨酯Y形圈或U形圈具有如下缺陷：

1）与NBR橡胶相比，其顺应性和低温追随性差。

2）接触面大导致摩擦力大。

3）易产生爬行和异响问题。

4）唇口端凹槽内容易困气，从而导致烧伤密封唇口。

5）材料硬度不够导致密封圈根部挤出。

6）两个唇形密封圈背向安装，产生的背压可能导致密封圈唇口损伤。

7）大截面密封圈摩擦力大，安装困难，而且成本较高。

8）小截面的密封圈易翻转，而且耐压性能差。

由于聚氨酯Y形圈或U形圈的上述局限性（缺陷），导致现在液压缸密封系统出现的问题大都集中地反映在了它们身上，为此试提出如下禁忌（不宜）：

1）液压缸密封系统禁忌优先选择聚氨酯Y形圈或U形圈。

2）不宜在高温或湿热环境下选择聚氨酯Y形圈或U形圈。

3）不宜在低压和/或高速工况下选择聚氨酯Y形圈或U形圈。

4）有低摩擦（或动态特性）要求的液压缸不宜选择聚氨酯Y形圈或U形圈。

5）当两个唇形密封圈背向安装时，禁止选择不带泄压槽的聚氨酯Y形圈或U形圈。

上述的主要观点得到了苏州美福瑞新材料科技有限公司所做的大量的液压缸密封性能台架对比试验的证明。

4. 密封工况确定禁忌

不应选择、设计不符合标准规定的环境温度、工作介质温度、往复运动速度、密封间隙、工作压力范围、工作温度范围的液压缸密封装置或系统。

一般而言，往复运动速度、密封间隙、工作压力范围、工作温度范围是液压缸密封件（圈）、装置或系统的性能参数，都应含有高（大）和/或低（小），或者最高（大）和/或最低（小）（值）所表述的一个范围。

最低环境温度或环境温度的最低值与最低工作介质温度或工作介质温度最低值应相等。

在各现行标准中，对所属液压系统或输入液压缸的液压油液温度最高值规定各不相同，现在表3-89中进行部分摘录，以避免触犯液压缸密封装置（系统）设计禁忌。

表3-89 各标准规定的工作介质温度最高值

序号	工作介质温度最高值（高温性能试验时）/℃	标　准
1	65(70)	GB/T 24946—2010《船用数字液压缸》
2	60	JB/T 1829—2014《锻压机械　通用技术条件》
3	60	JB/T 3818—2014《液压机　技术条件》

（续）

序号	工作介质温度最高值（高温性能试验时）/℃	标　　准
4	（90）	JB/T 6134—2006《冶金设备液压缸（PN≤25MPa）》
5	80（90）	JB/T 10205—2010《液压缸》
6	（70）	JB/T 13342—2007《船用往复式液压缸通用技术条件》
7	80	YB/T 028—2021《冶金设备用液压缸》

注：HG/T 2810—2008《往复运动橡胶密封圈材料》中规定，A类为丁腈橡胶材料，分为三个硬度级，五种胶料，工作温度范围为-30~100℃；B类为浇注型聚氨酯橡胶材料，分为四个硬度等级，四种胶料，工作温度范围-40~80℃。

特别指出，一般密封圈使用条件中都应包括所适用的密封间隙大小及变化情况；某一特定的密封系统中所选择的各密封件（装置）的使用条件，包括密封间隙应一致。

5. 基于密封性能的液压缸密封设计禁忌

1）不应选择、设计致使液压缸在静止时可能产生外泄漏的液压缸密封装置或系统。一般没有标准规定及未经证实的往复运动用密封件（密封装置）不能用于液压缸静密封。实践中，作者不但见过在JB/T 10205—2010《液压缸》中规定的适配密封件（圈）用于静密封，而且还见过旋转（轴）密封件用于静密封的。

特别指出，在JB/T 6612—2008《静密封、填料密封　术语》中规定的唇形填料（型式多样，如V、U、L、Y形等）密封不适用液压缸静密封，这不仅是该标准适用范围中没有明确包括液压缸密封，更是其中规定的密封圈型式与密封机理及适用范围（举例为L形填料环气缸活塞密封）更接近往复运动密封，而不是静密封。

2）不应选择、设计致使液压缸的内泄漏量不符合标准规定的液压缸密封装置或系统。JB/T 10205—2010《液压缸》规定的“（活塞式）双作用液压缸（的）内泄漏量”与“活塞式单作用液压缸的内泄漏量”相差一倍左右，如果“活塞式单作用液压缸的内泄漏量”是准确的，则活塞式双作用液压缸的活塞密封装置或系统应是“冗余设计”。

3）不应选择、设计致使液压缸活塞杆在标准规定的累计行程或换向次数下，外泄漏量不符合标准规定的液压缸密封装置或系统。液压缸密封的耐久性在一定程度上决定了液压缸的耐久性。在条件允许的情况下，应选用、设计使用寿命（预期使用寿命）长的密封件、密封装置或系统，即应遵守液压缸密封系统设计准则，避免密封件（装置）的错误排列、组合，致使密封系统使用寿命缩短。

4）不应选择、设计致使液压缸活塞及活塞杆不能支承和导向的液压缸密封装置或系统。活塞和/或活塞杆运动应有支承和导向，不能期望没有支承和导向的液压缸也能有好的、稳定的、长久的密封性能。

不能将一般活塞间隙密封的单作用液压缸理解为无支承和导向的液压缸，单就活塞而言，其在运行中大多数情况是活塞外圆表面与缸筒内孔表面间有局部接触的。

更不能在设计中将唇形密封圈作为具有导向和支承作用的结构使用。

5）不应选择、设计致使污染物可能侵入液压缸内部的液压缸密封装置或系统。不应设计没有防尘密封圈的液压缸，也不应选择、设计防尘密封圈不适用于规定工况的液压缸，同样也不应设计各油口没有盖以防尘堵（帽）的液压缸，再进一步，不应设计活塞杆应加装防护罩（套）而不加装的液压缸。

设计不带防尘密封圈的液压缸是不安全的。

当缸回程到极限位置时，活塞杆端的密封件安装导入倒角（圆锥面）缩入防尘密封圈内，也是防尘密封设计的禁忌之一。

6）不应选择、设计致使液压缸在低压（温）下、耐压性和耐久性试验（时）后、缓冲试验时、高温性能试验后（外）泄漏（或泄漏量超标）等不符合标准规定的液压缸密封装置或系统。

液压缸出厂试验项目包括必检项目和抽检项目。在这些试验项目中，低温、耐久性、缓冲（在JB/T 10205—2010中规定“缓冲试验”为必检项目）、高温等试验一般为抽检项目，一般进行过上述抽检项目的液压缸，即使没有外泄漏或泄漏量超标，也应对其进行拆检并更换新的密封件（圈），至少每批次首台进行过上述抽检项目的液压缸，应进行拆检并更换新的密封件（圈）。

液压缸外泄漏检验包括在所有试验中，其密封装置（系统）设计禁忌也包括在这些密封性能要求中。

6. 基于带载动摩擦力的液压缸密封设计禁忌

液压缸在带载往复运动过程中，由于支承环和各处动密封装置与配（偶）合件的摩擦，甚至包括活塞杆与导向套（缸盖）、活塞与缸筒间金属摩擦所造成摩擦阻力，致使缸输出力效率降低、液压油液的温度升高及缸零件的磨损等，除了以金属（如锡青铜等）作为导向环或支承环，其他缸零件间在液压缸往复运动中应尽力避免金属摩擦。

1）不应选择、设计致使液压缸的（最低）起动压力不符合标准规定的液压缸密封装置或系统。应选择、设计合适的密封装置或系统，尤其是有“动态特性”要求的液压缸，如数字液压缸和伺服液压缸等。尽管有标准规定在举重用途的液压缸（见GB/T 13342—2007）上使用V形密封圈，但在选择、设计含有V形密封圈的密封装置或系统时，应预估其（最低）起动压力是否超标。不得过度地进行密封系统“冗余设计”，包括过度的支承和导向。

2）不应选择、设计致使液压缸活塞及活塞杆导向与支承不足的液压缸密封装置或系统。在活塞杆伸出，尤其是在长行程液压缸活塞杆接近极限伸出时驱动负载，液压缸活塞杆可能出现弯曲或失稳，如果液压缸活塞及活塞杆的支承长度或导向长度不足，则活塞杆发生弯曲或失稳的可能性更大。

液压缸驱动的负载可能存在侧向分力，在这种情况下，如果液压缸活塞及活塞杆的支承长度或导向长度不足，则可能发生严重的缸零件磨损；还可能致使液压缸偏摆量增大，造成缸零件的局部磨损。

以上这些情况，都可能不同程度地增大液压缸带载动摩擦力。

3）不应选择、设计致使液压缸的缸输出力效率（负载效率）不符合标准规定的液压缸密封装置或系统。带载动摩擦力直接降低了缸输出力效率。根据缸输出力效率的定义及计算公式，如果被试液压缸在不同压力下保持匀速运动状态检测（验）缸输出力效率，则式 $pA=W+F_2+F_3$ 一定成立。式中，pA 是缸理论输出力；W 是缸的实际输出力；F_2 是摩擦产生的摩擦阻力；F_3 是背压产生的阻力。

根据JB/T 10205—2010《液压缸》的规定，缸输出力效率 $\eta=\dfrac{W}{pA}$，应≥90%，如果限定或忽略背压，则摩擦产生的摩擦阻力都将被限定。

7. 基于液压缸运行性能的液压缸密封设计禁忌

1）不应选择、设计致使液压缸出现振动、卡滞或爬行的液压缸密封装置或系统。致使液压缸出现振动、卡滞或爬行的因素很多，即使出厂试验检验合格的液压缸在使用过程中也可能出现上述情况，但密封系统“冗余设计”和过紧配合的密封圈、支承环或挡圈设计可能产生上述情况的概率很高。

2）在往复运动密封系统中，不应选择、设计动静摩擦因数相差过大的密封装置或系统。

液压缸中的密封装置或系统的动静摩擦因数相差太大，可能导致液压缸（最低）起动压力超标、爬行或液压缸起动时突窜（瞬间跳动），产生这种情况的可能原因有：

① 选用了不适当的密封材料，包括支承环和导向环材料。

② 密封材料使用中出现问题，如聚酰胺遇水变形等。

③ 液压缸工作的环境温度超出了密封件允许使用温度。

④ 密封系统设计或安装不合理，出现干摩擦。

⑤ 密封件，包括支承环选择不合理或本身质量有问题。

⑥ 密封沟槽设计不合理。

⑦ 配偶件表面粗糙度选择不合适或没有退磁。

⑧ 配偶件表面粗糙度或表面硬度不一致。

⑨ 其他原因包括液压缸结构设计不合理、缓冲装置设计或调整不合理、活塞杆弯曲或失稳、工作介质含气、活塞密封泄漏等。

3）不应选择、设计致使液压缸的动特性不符合标准规定的液压缸密封装置或系统。JB/T 10205—2010《液压缸》中对装配质量的技术要求之一为“装配后应保证液压缸运动自如”，而数字液压缸和伺服液压缸对动特性（动态指标）有进一步要求，如伺服液压缸动态指标包括阶跃响应、频率响应等。仅以 DB44/T 1169. 1—2013《伺服液压缸　第 1 部分：技术条件》（已作废）而论，其所要求的“最低起动压力”规定值太小，不可能仅靠提高装配质量水平就能达到，而首先应该是所选择、设计的液压缸密封装置或系统具有（具备）符合相关标准规定的性能。

3.3　液压缸密封沟槽的设计

因沟槽或密封（件）沟槽是容纳（安装）密封件的空腔或沟槽（槽穴），不包括相对配（偶）合面，所以在液压缸密封中只考虑密封沟槽不够全面，应该按密封腔体设计密封。

液压缸密封腔体是安装密封件的空间，包括配（偶）合面（件）。

现在液压缸密封一般都采用矩形密封沟槽，下面主要阐述矩形密封沟槽及其配（偶）合件相对应配（偶）合面设计。

密封沟槽或密封腔体有很多细节需要设计，如密封沟槽密封件支承面棱（边）角处需去除所有棱角及毛刺并倒圆（钝）等。

如果液压缸有高温或低温性能要求，则下述的沟槽尺寸与公差还应做相应的调整。

3.3.1　矩形密封沟槽的尺寸和公差

1. 径向深度

如图 3-25 所示，还以 O 形圈径向密封沟槽为例，说明沟槽的径向深度。

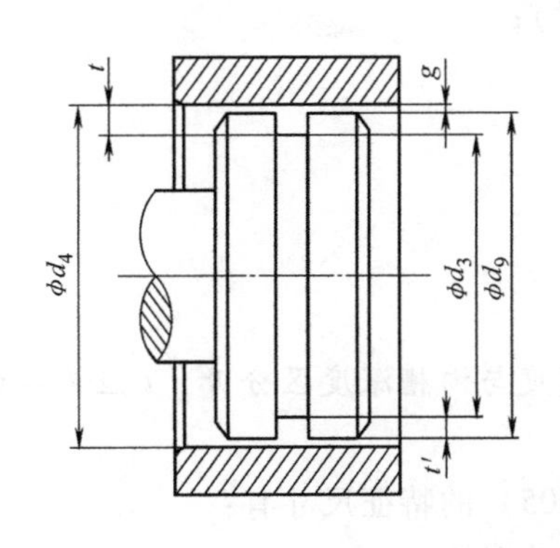

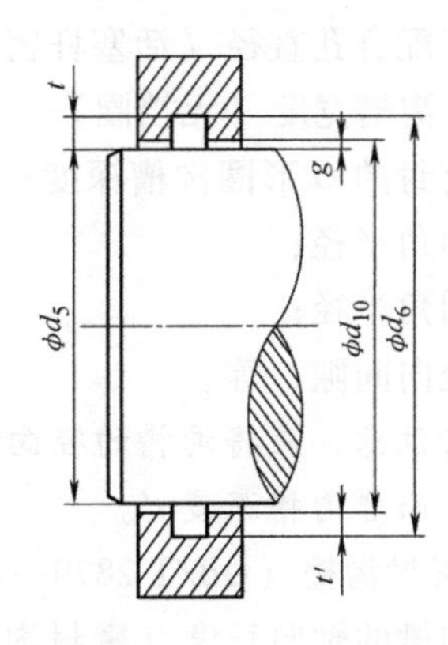

图 3-25 O 形圈径向密封沟槽

密封沟槽（或沟槽）的径向深度（沟槽深度或径向密封空间）指配合偶件（或偶合件、配合件、配偶件）表面到沟槽底面的距离。若配合偶件直径为 d_4（缸内径）或 d_5（活塞杆直径），活塞密封的沟槽槽底直径为 d_3，活塞杆密封的沟槽槽底直径为 d_6，则沟槽深度 $t=(d_4-d_3)/2$ 或 $t=(d_6-d_5)/2$。而 $t=t'+g$，其中 t' 是活塞外表面或活塞杆配合孔（活塞杆导向套内孔或缸盖内孔）内表面到沟槽底面距离；g 是活塞外表面与缸内径单边间隙或活塞杆外表面与配合孔内表面单边间隙，即装配间隙（密封件装配后，密封装置中配偶件之间的间隙）的二分之一。在 GB/T 1800. 1—2020《产品几何技术规范（GPS） 线性尺寸公差 ISO 代号体系 第 1 部分：公差、偏差和配合的基础》中给出的术语"间隙"的定义为：当轴的直径小于孔的直径时，孔和轴的尺寸之差。

因径向深度包含装配间隙，所以在活塞或导向套（或缸盖）上无法直接测量，即对活塞和导向套（或缸盖）这种单个液压缸零件来说，径向间隙（尺寸）没有实际指处。

在其他标准中，沟槽径向深度还有用 S 等符号表示的。

若活塞直径为 d_9，活塞杆导向套内孔直径为 d_{10}，则 $t'=(d_9-d_3)/2$ 或 $t'=(d_6-d_{10})/2$。

装配间隙（$2g$）为 d_4-d_9 或 $d_{10}-d_5$，其为密封圈使用条件之一。装配间隙在其他标准中还有用 F、f 等符号表示的（作者提示，在 GB/T 15242. 3—2021《液压缸活塞和活塞杆动密封装置尺寸系列 第 3 部分：同轴密封件沟槽尺寸系列和公差》中规定，活塞密封沟槽两侧肩部直径 $d_1=D-2F$；活塞杆密封沟槽两侧肩部直径 $d_2=d+2F$；F 为间隙是不对的）。

在公称压力高的场合应选择径向深度较大的密封沟槽，即应该使用截面尺寸较大的密封圈。

2. 尺寸

矩形密封沟槽与配合偶件一起组成一个环形密封腔体（安装密封件的空间），但此密封腔体本身是非密闭的，其两边缝隙可能相同也可能不同，因此每种型式的密封沟槽都有其一组特征尺寸。

例如，O 形圈沟槽（GB/T 3452. 3—2005）的特征尺寸有：

d_3——活塞密封的沟槽槽底直径；

d_4——缸内径；

d_5——活塞杆直径；

d_6——活塞杆密封的沟槽槽底直径；

d_9——活塞直径（活塞密封）；

d_{10}——活塞杆配合孔直径（活塞杆密封）；

b——O 形圈沟槽宽度（无挡圈）；

t——径向密封的 O 形圈沟槽深度；

r_1——槽底圆角半径；

r_2——槽棱圆角半径；

g——单边径向间隙；等。

需要提醒读者注意，应将沟槽的径向深度与沟槽深度区分开，t 应为径向密封的 O 形圈沟槽的径向深度，而非沟槽深度 t'。

再如 Y 形圈密封沟槽（GB/T 2879—2005）的特征尺寸有：

L——密封沟槽的轴向长度（密封沟槽底长度）；

d——密封沟槽内径（活塞杆直径）；

D——活塞沟槽外径（缸孔直径）；

d_3——活塞配合直径；

d_4——活塞杆密封沟槽配合直径；

d_5——活塞杆配合直径；

S——密封沟槽径向深度（截面），$S=(D-d)/2$；

r——（圆角）半径。

这里提请读者注意以下几点：

1）因密封沟槽底长度一般无法测量，所以 L 不应是密封沟槽底长度。

2）活塞杆密封沟槽配合直径 d_4 是计算密封圈挤出间隙（或间隙）使用的，是密封圈使用条件之一；活塞杆配合直径 d_5 主要是起活塞杆导向和支承作用的，现在采用支承环的可能就没有活塞杆配合直径这一尺寸，同样也可能没有活塞配合直径这一尺寸。

3）此沟槽缺少槽棱圆角半径。

3. 尺寸和公差的一般要求

为了叙述简单、方便和明了，下面表述做如下假设：

1）矩形密封沟槽与配合偶件两边缝隙相同。

2）配合制采用基孔制配合，即基准孔的下极限偏差为零。

3）所有配合的、偶合的、配偶的件都是以基本（公称）尺寸一致（相同）为前提的。

4）除配合间隙和装配间隙，其他如间隙、单边间隙、挤出间隙等都为 GB/T 1800.1—2020《产品几何技术规范（GPS） 线性尺寸公差 ISO 代号体系　第 1 部分：公差、偏差和配合的基础》中规定的间隙一半。

5）暂不考虑采用支承环导向和支承的结构。

尺寸和公差的一般要求如下：

1）活塞密封的沟槽槽底直径 d_3 为非配合尺寸，公差带为 h9。

2）缸内径 d_4 为配合尺寸，一般为基准孔，公差带为 H8、H9。

3）活塞杆直径 d_5 为配合尺寸，公差带为 f7。在 JB/T 10205.3—2020《液压缸　第 3 部分：活塞杆技术条件》中规定，活塞杆直径公差宜采用 GB/T 1800.2 规定的 f7～f9 公差带。

4）活塞杆密封的沟槽槽底直径 d_6 为非配合尺寸，公差带为 H9。

5）活塞直径（活塞密封，主要是静密封）d_9 为配合尺寸，公差带为 f7。

6）活塞杆配合孔直径（活塞杆密封，主要是静密封）d_{10} 为配合尺寸，公差带为 H8。

7）沟槽宽度（无挡圈）b 为非配合尺寸，公差带一般为 H13。

8）径向密封的沟槽（径向）深度 t 为非密封沟槽尺寸，但 $t=t'+g$，t 决定密封圈的压缩率，是密封设计的重要内容。

9）槽底圆角半径 r_1 因密封圈不同而不同，一般不标注公差。

10）除特殊密封圈，一般密封圈槽棱圆角半径 $r_2 \leqslant 0.3$mm，一般也不标注公差。

11）单边径向间隙 g 为间隙的一半，其最大单边径向间隙和将（最大）偏心量计入后的最大间隙是判定密封圈适用范围的重要判据之一。

在 GB/T 2879—2005 中给出了一个密封沟槽径向深度公差，现列于表 3-90 供读者参考。

表 3-90　密封沟槽径向深度及其极限偏差　　（单位：mm）

径向深度公称尺寸 $S(t)$	极限偏差	径向深度公称尺寸 $S(t)$	极限偏差
3.5	+0.15 -0.05	10	+0.25 -0.10
4	+0.15 -0.05	12.5	+0.30 -0.15
5	+0.15 -0.10	15	+0.35 -0.20
7.5	+0.20 -0.10	20	+0.40 -0.20

需要说明的是密封沟槽的径向深度可以按上面给出的公差计算，如相对配合面为 H9，沟槽槽底面为 f8 的活塞密封或相对配合面 f8，沟槽槽底面为 H9 的活塞杆密封，其密封沟槽径向深度公差计算结果可能在 h10 或 H10 以内，但与表 3-90 给出的公差不符。密封沟槽径向深度公差对于 O 形圈静密封比唇形密封圈重要，在设计 O 形圈静密封沟槽时应按 GB/T 3452.3—2005 标准规定，但作者认为该标准中有多处不妥。

4. 其他密封件的静密封沟槽尺寸和公差

除 O 形圈和缸口密封圈可用于静密封，现在国内现行标准中只有在 MT/T 1165—2011《液压支架立柱、千斤顶密封件　第 2 部分：沟槽型式、尺寸和公差》中列出的蕾形密封圈和 Y 形密封圈可用于静密封。

但作者认为，根据 Y 形密封圈的密封机理，Y 形密封圈并不很适用于静密封，所以下面只对（外）蕾形密封圈沟槽尺寸和公差进行讨论。

用于静密封的蕾形圈及其沟槽如图 3-26 所示。

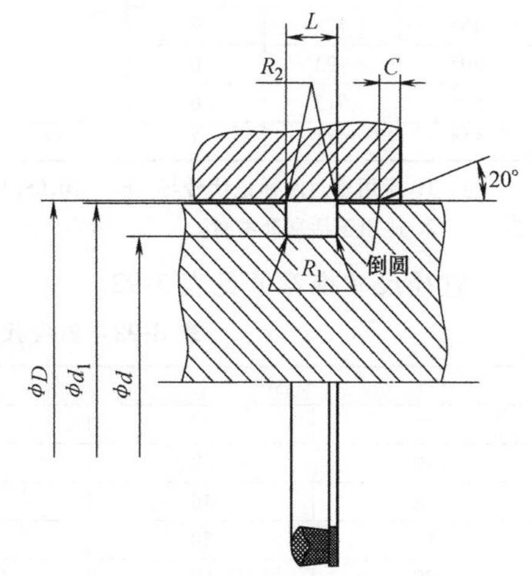

图 3-26　用于静密封的蕾形圈及其沟槽

在 MT/T 1165—2011 中规定了（外）蕾形密封圈的沟槽尺寸和公差，见表 3-91。

由表 3-91 可以看出，其尺寸系列中缺失很多尺寸。根据 JB/T 11718—2013《液压缸　缸筒技术条件》（将代替 JB/T 11718—2013 的标准 JB/T 10205.2—××××《液压缸　第 2 部分：缸筒技术条件》正在制定中）中缸径尺寸推荐值，只有缸径 280mm、360mm、400mm 三种规格的液压缸筒可以采用上述标准规定的（外）蕾形密封圈。

表 3-91 （外）蕾形密封圈的沟槽尺寸和公差 （单位：mm）

D(H9)	d(f8)	t	L		d_1(f8)	R_1	R_2	C
			基本尺寸	极限偏差				
208	196	6	13	+0.20 0	208	0.5	0.2	≥5
215	203	6			215			
230	218	6			230			
240	228	6			240			
260	248	6			260			
265	253	6			265			
275	263	6			275			
280	268	6			280			
290	278	6			290			
300	288	6			300			
310	298	6			310			
330	318	6			330			
340	328	6			340			
350	338	6	13.5		350		0.3	
360	348	6			360			
370	358	6			370			
375	363	6			375			
395	383	6			395			
400	388	6			400			
405	393	6			405			
415	403	6			415			
425	413	6			425			
445	433	6			445			
465	453	6			465			
485	473	6			485			
505	493	6			505			
525	513	6			525			
555	541	7	16		555			≥6

注：1. 所用密封圈标记代号与 GB/T 10708.1—2000 中的一致。

2. 适用于活塞静密封。

缸径尺寸推荐值见表 3-92。

表 3-92 缸径尺寸推荐值（摘自 GB/T 2348—2018） （单位：mm）

AL					
8	25	63	125	220	400
10	32	80	140	250	(450)
12	40	90	160	280	500
16	50	100	(180)	320	—
20	60	(110)	200	(360)	—

注：1. 未列出的数值可按照 GB/T 321 中优选数系列扩展（数值小于 100 按 R10 系列扩展，数值大于 100 按 R20 系列扩展）。

2. 圆括号内为非优先选用值。

3. AL 为 GB/T 2348—2018 中规定的缸径符号。

在 MT/T 1164—2011《液压支架立柱、千斤顶密封件 第 1 部分：分类》中，（外）蕾形密封圈被分类为：

1）密封件按相对运动方式分属于静密封件。

2）密封件按使用部位分属于缸口静密封件。其原文“活塞杆（缸口）密封件”错误，应参考按 GB/T 3452.3 中“活塞静密封”分类。

3）密封件按其结构型式分属于单体密封件结构。

4）单体密封圈按其截面形态分属于蕾形（外蕾）形。

根据 MT/T 985—2006《煤矿用立柱和千斤顶聚氨酯密封圈技术条件》中规定的单体密封圈（由聚氨酯单一材料组成的密封圈），（外）蕾形密封圈材料应为聚氨酯。

5. 密封沟槽的一般公差（未注公差）

在 MT/T 1165—2011《液压支架立柱、千斤顶密封件 第 2 部分：沟槽型式、尺寸和公差》中给出了密封沟槽未注公差（有修改）：

1）沟槽未注线性尺寸公差应符合 GB/T 1804—2000 中的 m 级的规定，无装配关系的应符合 GB/T 1804—2000 中 c 级的规定。

2）沟槽未注角度尺寸公差应符合 GB/T 1804—2000 中的 c 级的规定。

3.3.2 矩形密封沟槽的几何公差

1. 密封沟槽基准

因液压缸各零件只能单独设计、制造、检测，其密封沟槽基准不一定与装配后的基准重合，如活塞杆导向套上的各密封沟槽同轴度。

1）导向套外表面［与缸体（筒）的配合部分］圆柱面中心线对导向套内孔（相当于导向套的部分）轴线的同轴度公差应不低于 GB/T 1184—1996 中的 7 级。

2）导向套内孔处各密封沟槽底（圆柱）面中心线对导向套内孔轴线的同轴度公差应不低于 GB/T 1184—1996 中的 7 级。

3）导向套外表面圆柱面与缸体（筒）内孔（缸内径）配合后，导向套内孔各密封沟槽槽底（圆柱）面中心线对缸体（筒）轴线的同轴度应不低于 GB/T 1184—1996 中的 8 级。

4）在 GB/T 3452.3—2005 中规定，活塞杆配合孔直径 d_{10} 和活塞杆密封沟槽槽底直径 d_6、活塞直径 d_9 和活塞密封沟槽槽底直径 d_3 的同轴度公差应满足下列要求：（活塞杆）直径小于或等于 50mm 时，不得大于 $\phi0.025$mm；直径大于 50mm，不得大 $\phi0.050$mm。

据此，应将活塞杆配合孔（导向套内孔与活塞杆配合部分）轴线确定为部装基准要素，而液压缸缸体（筒）内孔轴线仍为总装基准要素。

2. 几何公差组

可能用于密封沟槽槽底面几何公差检测的一组几何公差类型见表 3-93。

表 3-93 对密封沟槽槽底面几何公差要求的公差类型

公差类型	几何特征	基准情况	公差类型	几何特征	基准情况
形状公差	圆度	无基准	位置公差	同轴度	有基准
	圆柱度		跳动公差	圆跳动或全跳动	

3. 密封沟槽几何公差的一般要求

（1）活塞 活塞密封沟槽槽底面（含支承环沟槽槽底面）对活塞内孔轴线（或活塞杆轴线）的同轴度公差应不低于 GB/T 1184—1996 中的 8 级；缸体（筒）与活塞配合为 H8/f8 或 H9/f9 的沟槽槽底面对活塞内孔轴线（或活塞杆轴线）同轴度公差按 GB/T 1184—1996

规定的7级。

（2）导向套（缸盖） 活塞杆密封沟槽槽底面（含支承环沟槽槽底面）对活塞杆配合孔（导向套内孔）的同轴度公差按GB/T 1184—1996规定的7级。

导向套与缸径静密封沟槽槽底面对活塞杆配合孔（导向套内孔）的同轴度公差应不低于按GB/T 1184—1996规定的8级；采用O形圈密封的按GB/T 3452.3—2005中相关规定。

（3）部装 活塞、活塞杆和导向套及支承环部装前后，以导向套内孔为基准，要求在导向套内孔≤360mm时，活塞杆密封沟槽槽底面和活塞密封沟槽槽底面（全部包含支承环沟槽底面）对导向套内孔（活塞杆配合孔）同轴度公差应不低于按GB/T 1184—1996规定的8级。

（4）未注几何公差 沟槽未注几何公差应符合GB/T 1184—1996规定的K级。

3.3.3 矩形密封沟槽的表面粗糙度

表面粗糙度指零件在加工过程中，由于不同的加工方法、机床和工具的精度、振动及磨损等因素在加工表面形成的具有较小间距和较小峰、谷的微观不平状况，属于微观几何形状误差。它影响着零件的摩擦因数、密封性、耐蚀性、疲劳强度及接触刚度等。

更简要地讲，表面粗糙度指加工表面上具有的较小间距和峰谷组成的微观几何形状特性，一般由所采取的加工方法和/或其他因素形成。

密封的可靠性和使用寿命很大程度上取决于配（偶）合件和密封沟槽的表面质量及表面粗糙度，任何表面擦伤、划伤、可见刀痕，如螺旋纹、颤刀纹等都是不允许的。

1. 表面粗糙度术语、参数及定义

GB/T 3505—2009《产品几何技术规范（GPS） 表面结构 轮廓法 术语、定义及表面结构参数》中规定了用轮廓法确定表面结构（粗糙度轮廓、波纹度轮廓和原始轮廓）的术语、定义和参数。

该标准所代替标准的历次版本有GB/T 3505—1983和GB/T 3505—2000。

因现行标准及各密封件厂家样本中仍可能在使用GB/T 3505—1983标准中规定的符号，所以在表3-94表面结构参数及定义中仍被列入。

表3-94 表面结构参数及定义

参数	2009版本	1983版本	定义
最大轮廓谷深	*Rv*	R_m	在一个取样长度内最大的轮廓谷深
轮廓最大高度	*Rz*	R_y	在一个取样长度内，最大轮廓峰高与最大轮廓谷深之和
轮廓总高度	*Rt*	—	在评定长度内最大轮廓峰高与最大轮廓谷深之和
评定轮廓的算数平均偏差	*Ra*	R_a	在一个取样长度内纵坐标值 $Z_c(x)$ 绝对值的算术平均值
相对支承长度率	*Rmr*	t_p	在给定水平截面高度 c 上轮廓的实体材料长度 $Ml(c)$ 与评价长度比率

注：在规定的三个轮廓参数中，表中只列出了粗糙度轮廓参数，其他两个参数，如 *Pa*（原始轮廓）和 *Wa*（波纹度轮廓）未列出。

2. 各标准中密封沟槽的表面粗糙度

1）在JB/T 10205—2010《液压缸》中规定的（密封）沟槽表面粗糙度应分别满足下列标准：

① GB/T 2879—2005《液压缸活塞和活塞杆动密封沟槽尺寸和公差》。

② GB 2880—1981《液压缸活塞和活塞杆窄断面动密封沟槽尺寸系列和公差》。

③ GB 6577—1986《液压缸活塞用带支承环密封沟槽型式、尺寸和公差》（已被代替）。

④ GB/T 6578—2008《液压缸活塞杆用防尘圈沟槽型式、尺寸和公差》。

2）在 GB/T 2879 和 GB/T 6578 中规定的沟槽表面粗糙度要求：与密封件（防尘圈）接触的元件的表面粗糙度取决于应用场合和对密封件（防尘圈）寿命的要求，宜由制造商与用户协商据决定。

3）在 GB 2880 和 GB 6577 中规定的密封沟槽表面粗糙度参数为评定轮廓的算数平均偏差 *Ra*。

4）在 GB/T 13342—2007《船用往复式液压缸通用技术条件》中规定的密封沟槽，除包括 JB/T 10205—2010 中的（密封）沟槽，还包括 GB/T 3452.3—2005《液压气动用 O 形橡胶密封圈 沟槽尺寸》中规定的沟槽，其表面粗糙度参数为评定轮廓的算数平均偏差 *Ra* 和轮廓最大高度 *Rz*。

5）其他规定沟槽表面粗糙度的标准如下：

① GB/T 15242.3—1994《液压缸活塞和活塞杆动密封装置用同轴密封件安装沟槽尺寸系列和公差》（已被代替）。

② GB/T 15242.4—1994《液压缸活塞和活塞杆动密封装置用支承环安装沟槽尺寸系列和公差》（已被代替）。

③ JB/ZQ 4264—2006《孔用 Yx 密封圈》。

④ JB/ZQ 4265—2006《轴用 Yx 密封圈》。

在 GB/T 15242.3、GB/T 15242.4、JB/ZQ 4264 和 JB/ZQ 4265 中规定的沟槽表面粗糙度参数为评定轮廓的算数平均偏差 *Ra*。

3. 几种密封件产品样本中的轮廓参数

1）密封件产品样本 1 沟槽各面表面粗糙度参数为最大轮廓谷深 *Rm*、轮廓最大高度 *Rz* 和评定轮廓的算数平均偏差 *Ra*，配偶件表面粗糙度参数为最大轮廓谷深 *Rm*、轮廓最大高度 *Rz*、评定轮廓的算数平均偏差 *Ra* 和相对支承长度率 *Rmr*。

2）密封件产品样本 2 沟槽各面表面粗糙度参数为轮廓最大高度 *Rz*、（在原始轮廓上计算所得的）轮廓总高度 *Pt* 和评定轮廓的算数平均偏差 *Ra*，配偶件表面粗糙度参数为轮廓最大高度 *Rz* 和评定轮廓的算数平均偏差 *Rz*。

3）密封件产品样本 3 密封沟槽各面表面粗糙度参数为轮廓总高度 *Rt* 和评定轮廓的算数平均偏差 *Ra*，配偶件表面粗糙度参数为轮廓总高度 *Rt* 和评定轮廓的算数平均偏差 *Ra*。

4）密封件产品样本 4 沟槽各面表面粗糙度参数为轮廓总高度 *Rt*、评定轮廓的算数平均偏差 *Ra* 和相对支承长度率 *Rmr*，配偶件表面粗糙度参数为轮廓总高度 *Rt*、评定轮廓的算数平均偏差 *Ra* 和相对支承长度率 *Rmr*。

5）在芬纳集团的《HALLITE 流体动力密封件》2019 年版产品样本中给出的密封件安装沟槽和配（偶）合件的表面粗糙度参数为评定轮廓的算数平均偏差 *Ra*、轮廓最大高度 *Rz* 和轮廓总高度 *Rt*。

6）在 NOK 株式会社《液压密封系统-密封件》2020 年版产品样本中给出的密封件安装沟槽的表面粗糙度参数为轮廓最大高度 *Rz* 和轮廓总高度 *Pt*，配（偶）合件的表面粗糙度参

数为轮廓最大高度 *Rz* 和评定轮廓的算数平均偏差 *Ra*。

在 NOK 样本中的表述为，油缸内表面应当有 *Rz*0.4~*Rz*3.2μm（*Ra*0.1~*Ra*0.8μm）的挤光（RLB）或珩磨（GH），但在恶劣的润滑条件下更需要抛光；活塞杆表面应当有 *Rz*0.8~*Rz*1.6μm（*Ra*0.2~*Ra*0.4μm）的抛光（SPBF）。

4. 密封沟槽的表面粗糙度

（1）O 形圈密封沟槽的表面粗糙度　根据 GB/T 3452.3—2005《液压气动用 O 形橡胶密封圈　沟槽尺寸》中的规定，O 形密封圈沟槽和配合偶件表面的表面粗糙度应符合表 3-95 的规定。

表 3-95　O 形密封圈沟槽和配合偶件表面的表面粗糙度　（单位：μm）

表面	应用情况	压力状况	表面粗糙度		
			Ra	*Rz*	*Rmr*
沟槽的底面和侧面	静密封	无交变、无脉冲	3.2(1.6)	12.5(6.3)	
		交变或脉冲	1.6	6.3	
	动密封		1.6(0.8)	6.3(3.2)	≥60%(底面)
配合偶件表面	静密封	无交变、无脉冲	1.6(0.8)	6.3(3.2)	≥60%
		交变或脉冲	0.8	3.2	≥70%
	动密封		0.4	1.6	≥80%
导入倒角表面			3.2	12.5	

注：1. 括号内数值为要求精度较高的场合应用。
2. 配合偶件表面的相对支承长度率 *Rmr* 为作者添加。

（2）唇形密封圈沟槽的表面粗糙度　根据相关标准及作者实践经验，唇形密封圈沟槽和配合偶件表面的表面粗糙度宜按表 3-96 选取。

表 3-96　唇形密封圈沟槽和配合偶件表面的表面粗糙度　（单位：μm）

表面	应用情况	表面粗糙度			
		Ra	*Rz*	*Rmr*	*Pt*
沟槽底面	往复运动密封	1.6(0.8)	6.3(3.2)	≥70%	与 *Rz* 值相同
沟槽侧面		3.2	12.5		
配合偶件表面		0.2(0.1)~0.8(0.4)	0.8(0.4)~3.2(1.6)	≥80%	
导入倒角表面		3.2(1.6)	12.5(6.3)		

注：1. 括号内数值为要求精度较高的场合应用。
2. 根据 GB/T 3505—2009 的规定，由于轮廓总高度 *Pt*、*Rt*、*Wt* 是在评定长度上而不是在取样长度上定义的，所以 *Pt*≥*Pz*、*Rt*≥*Rz*、*Wt*≥*Wz* 关系对任何轮廓都成立；在未规定的情况下，轮廓最大高度 *Pz* 和 *Pt* 是相等的，此时建议采用 *Pt*。

（3）同轴密封件沟槽的表面粗糙度　根据相关标准及作者实践经验，同轴密封件沟槽和配合偶件表面的表面粗糙度宜按表 3-97 选取。

表 3-97　同轴密封件沟槽和配合偶件表面的表面粗糙度　（单位：μm）

表面	应用情况	表面粗糙度			
		Ra	*Rz*	*Rmr*	*Pt*
沟槽底面	往复运动密封	1.6(0.8)	6.3(3.2)	≥70%	与 *Rz* 值相同
沟槽侧面		3.2	12.5		
配合偶件表面		0.2(0.1)~0.8(0.4)	0.8(0.4)~3.2(1.6)	≥80%	
导入倒角表面		1.6(0.8)	6.3(3.2)		

注：1. 括号内数值为要求精度较高的场合应用。
2. 在 GB/T 15242.3—2021 中规定的安装导入角圆锥表面的表面粗糙度为 *Ra*0.8μm，安装导入角处应（倒圆，使其）平滑，不应有毛刺、尖角。

（4）防尘密封圈沟槽的表面粗糙度 根据相关标准及作者实践经验，防尘密封圈沟槽和配合偶件表面的表面粗糙度宜按表3-98选取。

表3-98 防尘密封圈沟槽和配合偶件表面的表面粗糙度 （单位：μm）

表面	应用情况	表面粗糙度			
		Ra	*Rz*	*Rmr*	*Pt*
沟槽底面	往复运动密封	1.6(0.8)	6.3(3.2)	≥60%	与*Rz*值相同
沟槽侧面		3.2	12.5	—	
配合偶件表面		0.2(0.1)~0.8(0.4)	0.8(0.4)~3.2(1.6)	≥70%	
导入倒角表面		3.2(1.6)	12.5(6.3)	—	

注：括号内数值为要求精度较高的场合应用。

（5）支承环沟槽的表面粗糙度 根据相关标准及作者实践经验，支承环沟槽和配合偶件表面的表面粗糙度宜按表3-99选取。

表3-99 支承环沟槽和配合偶件表面的表面粗糙度 （单位：μm）

表面	应用情况	表面粗糙度			
		Ra	*Rz*	*Rmr*	*Pt*
沟槽底面	往复运动密封	1.6(0.8)	6.3(3.2)	≥50%	与*Rz*值相同
沟槽侧面		3.2	12.5	—	
配合偶件表面		0.2(0.1)~0.8(0.4)	0.8(0.4)~3.2(1.6)	≥70%	
导入倒角表面		3.2(1.6)	12.5(6.3)	—	

注：1. 括号内数值为要求精度较高的场合应用。
2. 在GB/T 15242.4—2021中对安装导入角圆锥表面的表面粗糙度没有给出要求。

5. 表面粗糙度与尺寸公差关系

在设计时，单一表面的尺寸公差应与表面粗糙度要求相协调，表3-100列出了常用公差等级与表面粗糙度之间的关系，供读者参考使用。

表3-100 常用公差等级与表面粗糙度之间的关系

公差等级	轴		孔	
	基本尺寸/mm	表面粗糙度/μm	基本尺寸/mm	表面粗糙度/μm
IT6	>10~80	*Ra*0.4	≤50	*Ra*0.4
	>80~250	*Ra*0.8	>50~250	*Ra*0.8
	>250~500	*Ra*1.6	>250~500	*Ra*1.6
IT7	>6~120	*Ra*0.8	>6~80	*Ra*0.8
	>120~500	*Ra*1.6	>80~500	*Ra*1.6
IT8	>3~50	*Ra*0.8	>30~250	*Ra*1.6
	>50~500	*Ra*1.6	>250~500	*Ra*3.2
IT9	>6~120	*Ra*1.6	>6~120	*Ra*1.6
	>120~400	*Ra*3.2	>120~400	*Ra*3.2
	>400~500	*Ra*6.3	>400~500	*Ra*6.3

3.4 液压缸密封沟槽的机械加工工艺

以现在常见的矩形密封沟槽为例，作者试给出一种液压缸活塞和导向套密封件沟槽的机械加工工艺，其中包括密封圈密封沟槽和支承环沟槽。

沟槽机械加工工艺与图样及技术要求、生产纲领及类型、加工设备及生产条件等密切相关，因此下面所述的沟槽机械加工工艺仅供参考。

3.4.1 活塞密封沟槽的加工

活塞的结构型式有整体式和组合式，与活塞杆连接也有多种型式，其中还包括焊接式。如图 3-27 所示，整体式活塞密封系统为支承环+同轴密封件+U 形密封圈+支撑环。

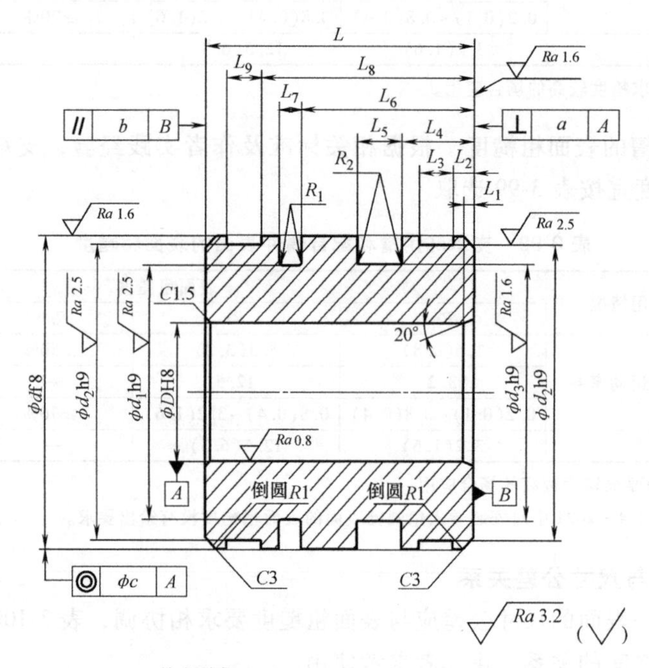

技术要求

1. 各沟槽未注槽底圆角、槽棱圆角≤$R0.3$mm。
2. 各沟槽槽底面对基准A的同轴度公差不低于GB/T 1184—1996中规定的8级。
3. 表面发蓝处理。

图 3-27　整体式活塞

活塞材料为 45 钢，调质处理硬度为 28~32HRC。活塞设计、加工时，以活塞内孔轴线为基准要素。要求同一制造厂生产的型号相同的液压缸的活塞，必须具有互换性。

1. 工艺过程设计

1）精基准选定为活塞内孔轴线，也可将活塞一个端面选定为辅助基准。

2）自定心卡盘夹紧定位毛坯外圆。

3）粗车、半精车各部。

4）精车各部。

5）调头车余部。

6）或需以辅助基准面定位，平磨另一端面。

2. 工序设计

沟槽的工序间加工余量和切削用量的参考值见表 3-101~表 3-103。

表 3-101 沟槽槽底直径工序的加工余量 （单位：mm）

活塞名义外径	直径加工余量				
	半精车				精车
	未经热处理钢		热处理钢		
	活塞厚度				
	≤200	>200~400	≤200	>200~400	
>50~80	1.5	1.8	1.8	2.0	0.2
>80~120	1.5	1.8	1.8	2.0	0.3
>120~180	1.8	2.0	2.0	2.3	0.4
>180~250	2.0	2.3	2.3	2.5	0.5
>250~315	2.0	2.3	2.3	2.5	0.6
>315~500	2.2	2.5	2.5	2.8	0.8

表 3-102 硬质合金外圆车刀半精车的进给量

材料	表面粗糙度/μm	切削速度范围/(m/min)	刀尖圆弧半径/mm		
			0.5	1.0	2.0
			进给量/(mm/r)		
碳素钢及合金钢	Ra3.2	<50	0.18~0.25	0.25~0.30	0.30~0.40
		>50	0.25~0.30	0.30~0.35	0.35~0.50
	Ra1.6	<50	0.10	0.11~0.15	0.15~0.22
		50~100	0.11~0.16	0.16~0.25	0.25~0.35
		>100	0.16~0.20	0.20~0.25	0.25~0.35

表 3-103 精切车刀刀尖圆弧半径与进给量的对应关系

表面粗糙度/μm		刀尖圆弧半径/mm				
Ra	Rz	0.4	0.8	1.2	1.6	2.4
		进给量/(mm/r)				
0.63	1.6	0.07	0.10	0.12	0.14	0.17
1.6	4	0.11	0.15	0.19	0.22	0.26
3.2	10	0.17	0.24	0.29	0.34	0.42

比较实用的办法是根据轮廓最大高度 Rz 确定精车最后一刀背吃刀量（切削深度）。

在这里作者提示读者，如果液压缸要求活塞密封（系统）泄漏量小且/或一致，如串联缸（同步缸）、有动态特性要求的伺服缸、数字缸等，活塞的（密封）沟槽各面，尤其底面还可以磨削加工。

3.4.2 导向套密封沟槽的加工

导向套的结构型式有轴套式和与缸盖制成一（整）体结构式，一般导向套内、外圆柱面上都加工有密封沟槽，用于（相当于）活塞静密封和活塞杆动密封及活塞杆防尘。

对于钢制导向套，其内孔还必须加工有支承环安装沟槽，用于活塞杆导向和支承。

如图 3-28 所示，轴套式导向套活塞杆密封系统为支承环+同轴密封件+支撑环+U 形密封圈+防尘密封圈；导向套与缸筒间的密封：静密封为 O 形圈+挡圈。

导向套材料为 45 钢，调质处理硬度为 28~32HRC。导向套设计、加工时，以导向套内孔轴线为基准要素。要求同一制造厂生产的型号相同的液压缸的导向套，必须具有互换性。

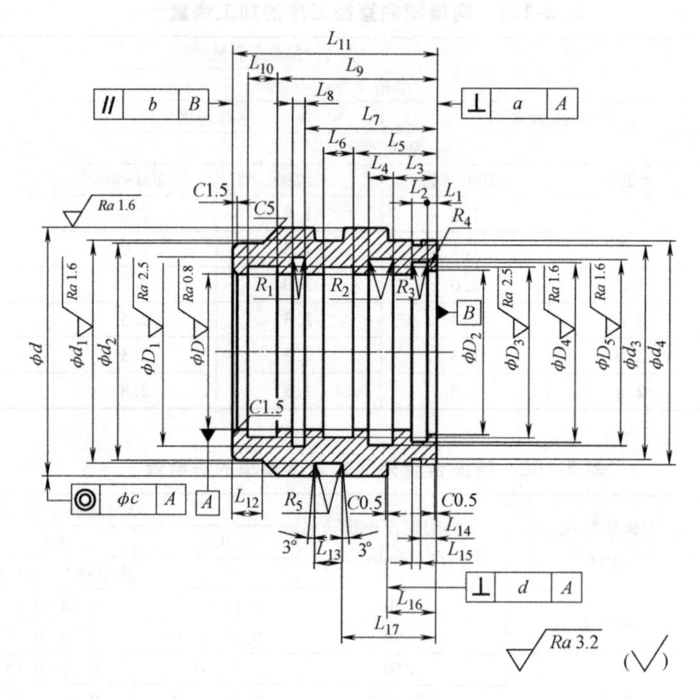

图 3-28 轴套式导向套

1. 工艺过程设计

1）精基准选定为导向套内孔轴线，也可将导向套一个端面选定为辅助基准。

2）自定心卡盘定位夹紧定位毛坯外圆。

3）粗车、半精车各部。

4）精车各部。

5）调头车余部。

2. 工序设计

精车内孔沟槽的工序间的加工余量应比精车外圆稍大，一般可按在表 3-101 中规定的加工余量上加 0.3~0.5mm；进给量一般为 0.08~0.15mm/r。

3. 工艺规程设计

下面主要是对 O 形橡胶密封圈沟槽机械加工工艺装备（刀具）进行一些讨论。

O 形圈沟槽与其他密封圈（件）沟槽相比，其沟槽宽度较窄、深度较浅，因此一般采用成形车刀加工。尽管现在普遍采用数控车床加工导向套，但采用成形车刀精车仍是一种选择。

在 GB/T 3452.3—2005 中，根据径向密封的活塞（活塞杆）密封沟槽型式，其沟槽侧面与沟槽底（圆柱）面（轴线）有 0°~5°偏角。

根据实践经验，正是密封沟槽允许有这一偏角，在制作成形刀具时，可以在车刀上做出

3°左右的主偏角，因此在车削密封沟槽时车刀不产生震颤，沟槽槽底没有颤刀纹。从另一个角度讲，O形密封圈沟槽标准制定时考虑了机械加工工艺性，而其他密封圈（件）沟槽标准却很少顾及机械加工工艺性。

成形车刀在加工内、外圆（沟槽底面）时，其加工精度可达IT8～IT9，表面粗糙度*Ra*为1.6～2.5μm，可以满足O形圈静密封要求；若需更好的表面质量（低表面粗糙度数值），可再采取抛光加工。

工艺规程的其他内容按一般机械加工工艺规程即可。

3.5 液压缸密封件装配工艺

密封件的功能是阻止泄漏或使泄漏量符合设计要求，合理的装配工艺和方法，可以保障密封件的可靠性和耐久性（寿命）。

3.5.1 密封件装配的一般技术要求

1）按图样检查各零部件，尤其各处倒（导）角、倒圆（钝），不得有毛刺、飞边等，各配（偶）合件及密封件沟槽表面不得留有刀痕（如垂直、射线或螺旋纹及颤刀纹等）、划伤、磕碰伤、锈蚀等。

2）装配前，必须对各零部件进行认真、仔细地清洗，并吹干或擦干，尤其各密封件沟槽内不得留有清洗液（油）和其他残留物。

3）各零部件清洗后应及时装配；若不能及时装配，应使用塑料布（膜）包裹或覆盖。

4）按图样抽查密封件规格、尺寸及表面质量，并按要求数量一次取够；表面污染（如有油污、杂质、灰尘或沙土等）的密封件不可直接用于装配。

5）装拆或使用过的密封件一般不得再次用于装配，尤其如O形圈、同轴密封件、防尘密封圈，以及支承环（进行预装配除外）、挡圈等。

6）各配（偶）合表面在装配前应涂敷适量的润滑油（脂）。

7）装配时涂敷的润滑油（脂）不得含有固体颗粒或机械杂质，包括石墨、二硫化钼润滑脂，最好使用密封件制造商指定的专用润滑油（脂）。

8）橡胶密封件最好在（23±2）～（27±2）℃温度下进行装配；低温贮存的密封件必须达到室温后才能进行装配；需要加热装配的密封件（或含沟槽零件）应采用不超过90℃液压油加热，并且应在恢复到室温并冷却收缩定型后进行装配。

9）各种密封件在装配时都不得过度拉伸，也不可滚动套装，或者采取局部强拉、强压，扭曲（转）、折叠、强缩（挤）等装配密封件。

10）对零部件表面损伤的修复不允许使用砂纸（布）打磨，可采用细油石研磨，并在修复后清理干净。

11）不得漏装、多装密封件，密封件安装方向、位置要正确，安装好的各零部件要及时进行总装。

12）总装时，若活塞或缸盖（导向套）等需通过油（流）道口、键槽、螺纹、退刀槽等，必须采取防护措施，以保护密封（零）件免受损伤。

13）总装后，应采用防尘堵（帽）封堵元件各油口，并要清点密封件、安装工具，包括专用工具及其他低值易耗品，如机布等。

14）对于再制造液压缸及其密封件的装配，可参照GB/T 40727—2021《再制造　机械产品装配技术规范》的规定。在JB/T 13791—2020《土方机械　液压元件再制造通用技术规范》中规定，已使用过的密封件应判定为弃用件。

3.5.2　O形密封圈装配的技术要求

1）应保证配合偶件的轴和孔有较好的同轴度，使圆周上的间隙均匀一致。

2）在装配过程中，应防止O形圈擦伤、划伤、刮伤；当装入孔口或轴端时，应有足够长的导锥（导入倒角），锥面与圆柱面相交处倒圆并要光滑过渡。

3）O形圈装配时若需要通过油孔、螺纹、退刀槽、弹性挡圈沟槽或其他密封沟槽等可能将其划伤、切伤、挤伤等部位时，应采用必要的防护措施，如塞堵、填平、遮挡、隔离等，以保证O形圈在装配过程中不受损伤。必要时应设计、制作、使用专门的装配工具。

4）应先在沟槽中涂敷适量润滑脂，再将O形圈装入。装配前，各配（偶）合面应涂敷适量的润滑油（脂）；装配后，配合件应能活动自如，并防止O形圈扭曲、翻滚。

5）拉伸或压缩状态下安装的O形圈，为使其预拉伸或预压缩后截面恢复成圆形，在O形圈装入沟槽后，应放置适当时间再将配（偶）合件装合。

6）O形圈装拆时应使用装拆工具。装拆工具的材料和式样应选用适当，端部和刃口要修钝，禁止使用钢针类或尖而硬的工具挑动O形圈，避免使其表面受伤。

7）装拆或使用过的O形圈和挡圈不得再次用于装配。

8）保证O形圈用挡圈与O形圈相对位置正确。

9）装配时可参考JB/T 10706—2007（2022）《机械密封用氟塑料全包覆橡胶O形圈》中规定的“安装注意事项”；也可进一步参考参考文献［58］中给出的10条“O形圈安装禁忌”。

3.5.3　唇形密封圈装配的技术要求

1）检查密封圈的规格、尺寸及表面质量，尤其是各唇口（密封刃口）不得有损伤等缺陷，同时检查各零部件的尺寸和公差、表面粗糙度、各处倒（导）角、圆角，不得有毛刺、飞边等。

特别强调，应区分清楚活塞和活塞杆密封圈，尤其是孔用Yx形密封圈和轴用Yx密封圈。

2）在装配唇形密封圈时，必须保证方向正确；对使用挡圈的唇形密封圈，应保证挡圈与密封圈相对位置正确。

3）安装前，配（偶）合件表面应涂敷适量润滑油（脂），密封件沟槽中应涂敷适量润滑脂，同时唇形密封件唇口端凹槽内也应填装润滑脂，并排净空气。

4）安装唇形密封圈一般需采用特殊工具，拆装可按密封件制造商推荐型式制作。若唇形密封圈安装需通过油孔、螺纹、退刀槽或其他密封件沟槽时，必须采取专门措施，以保护密封圈免受损伤。通常的做法是，在通过处先套装上一个专门的套筒，或者在密封件沟槽内加装3（4）瓣卡快。

5）对需要加热装配的唇形密封圈（或含沟槽零件），应采用不超过90℃液压油加热，且应在恢复到室温并冷却收缩定型后与配（偶）合件进行装配；不能使用水加热唇形密封圈，尤其是聚氨酯和聚酰胺材料的密封件。

6）V形密封圈的压环、V形圈（夹布或不夹布）、支撑环（弹性密封圈）一定要排列组合正确，并且在初始调整时不可调整得太紧。

7）一般应在只安装支承环后进行一次预装配，检验配（偶）合件同轴度和支承环装配情况，并在有条件的情况下，检查活塞和活塞杆的运动情况，避免出现刚性干涉情况。

8）装配后，活塞和活塞杆全行程往复运动时，应无卡滞和阻力大小不匀等现象。

3.5.4 同轴密封件装配的技术要求

同轴密封件是塑料圈与橡胶圈组合在一起并全部由塑料圈作摩擦密封面的组合密封件，所以需要分步装配。

其中的橡胶圈需首先装配，具体请参照3.5.2节的O形密封圈装配的技术要求。

1）用于活塞密封的同轴密封件塑料圈一般需要加热装配，宜采用不超过90℃的液压油加热到塑料圈有较大弹性和可延伸性时为止，而且有可能需要将活塞一同加热，这样有利于塑料环的冷却收缩定型。

2）用于活塞密封的同轴密封件塑料圈装配一般需要专用安装工具和收缩定型工具，其可按密封件制造商推荐型式制作使用。

若需经过其他密封件沟槽、退刀槽等，最好在安装工具上一并考虑。

塑料圈定型工具与塑料圈接触表面的表面粗糙度要与配偶件表面粗糙度相当。

3）加热后装配的同轴密封件必须同活塞一起冷却至室温后才能与缸体（筒）进行装配；若活塞杆用同轴密封采用了加热安装，也必须冷却至室温后才能与活塞杆进行装配。

4）用于活塞杆密封的同轴密封件塑料圈也可加热后装配，但装配前需将塑料圈弯曲长凹形，装配后一般需采用锥芯轴定型工具定型。应注意经常出现的问题是，首先漏装橡胶圈，其次是塑料圈安装方向错误，如阶梯形同轴密封件是单向密封圈，安装时有方向要求。

5）活塞装入缸体（筒）、活塞杆装入导向套或缸盖前，必须检查缸体（筒）和活塞杆端导入倒角的角度和长度，其锥面与圆柱面相交处必须倒圆并要光滑过渡，并且达到图样要求的表面粗糙度。

6）在一组密封件中，一般首先安装同轴密封件。

7）注意润滑，严禁干装配。

3.5.5 支承环装配的技术要求

现在经常使用的支承环是抗磨的塑料材料制成的环，对液压缸的活塞或活塞杆起支承作用，避免相对运动的金属之间的接触、碰撞，起径向支承及（轴向）导向作用。

支承环在一定意义上可认为是非金属轴承。

1）按图样检查沟槽尺寸和公差，尤其是槽底和槽棱圆角；有条件的情况下应进行预装配，检验各零部件同轴度及运动情况。

若液压缸端部设有缓冲装置，必须检查缓冲柱塞是否与缓冲孔发生干涉、碰撞。

2）切口类型支承环需按GB/T 15242.2—2017规范性附录A切口并取长，但支承环的切口宽度一般不能小于规定值。

3）批量产品应制作支承环预定型工具。

4）在一组密封件中，一般最后安装支承环；一组密封件中若有几个支承环，其切口位置应错开安装。

5）当采用在沟槽内涂敷适量润滑脂办法粘接固定支承环时，注意涂敷过量的润滑脂反而不利于粘接固定支承环。

6）活塞装入缸体（筒）前，必须检查缸体（筒）端导入倒角的角度和长度，其锥面与圆柱面相交处必须倒圆并要光滑过渡，并且达到图样要求的表面粗糙度。否则，在安装活塞时，最有可能的是支承环首先脱出沟槽。

7）应该按照安装轴承的精细程度安装支承环，并且不可采用锤击、挤压或砂纸（布）磨削等方法减薄支承环厚度，或者采取在沟槽底面与支承环间夹持薄片（膜）减小配（偶）合间隙。

8）除用于进行预装配，其他情况下使用过的支承环不可再次用于装配。

3.6 液压缸密封性能试验

除有产品标准的液压缸，其他液压缸（包括有特殊技术要求和特殊结构的液压缸）可据此进行密封性能试验。对各产品标准中缺少的密封性能试验项目，也可参照本方法和规则进行试验。

GB/T 15622—××××《液压缸试验方法》/ISO 10100：2020，MOD 正在修订中，其与 GB/T 15622—2005《液压缸试验方法》/ISO 10100：2001，MOD 相比，液压缸的试运行、耐压试验、内泄漏（测试）、外泄漏（测试）等仍为其试验（测试）项目，最有可能修改的是以“额定压力”代替“公称压力”，用“偏移法”测量内泄漏，增加了静态摩擦力和动态摩擦力测试。因 GB/T 15622—××××《液压缸试验方法》还没有完成报批稿，本书此次修订仍按 GB/T 15622—2005《液压缸试验方法》进行介绍。

3.6.1 液压缸密封性能试验项目、条件与试验装置

1. 试验项目与条件

液压缸密封性能试验应符合 GB/T 15622—2005《液压缸试验方法》、JB/T 10205—2010《液压缸》及其他现行液压缸相关标准的要求。

出厂试验指液压缸出厂前为检验液压缸质量所进行的试验。表 3-104 所列的液压缸密封性能试验属于液压缸出厂试验，且必须逐台进行试验；其所列的试验项目分必试（必检）和抽试（抽检），其抽检项目应按相关标准规定或定期抽测。

表 3-104 液压缸密封性能试验项目

序号	项　目	要求	备　注
1	试运行	必试	在 JB/T 10205 中规定的必检项目“7.31 试运行”
2	低压、低速试验	必试	在 JB/T 10205 中规定的必检项目“7.3.2 起动压力特性试验”和“7.3.5.3 低压下的泄漏”
3	高速试验	抽试	在 JB/T 10205 中规定的抽检项目“7.3.4 耐久性试验”
4	耐压试验	必试	在 JB/T 10205 中规定的必检项目“7.3.3 耐压试验”
5	内泄漏试验	必试	在 JB/T 10205 中规定的必检项目“7.3.5.1 泄漏试验”
6	高温试验	抽试	在 JB/T 10205 中规定的抽检项目“7.3.8 高温试验”
7	缓冲试验	抽试	在 JB/T 10205 中规定的抽检项目“7.3.6 缓冲试验”
8	动特性试验	抽试	在 JB/T 10205 中无规定
9	外泄漏试验	必试	在 JB/T 10205 中规定的必检项目，包括上述所有试验项目

除 JB/T 9834—2014 规定的农用双作用液压缸、JB/T 11588—2013 规定的大型液压油缸和 JB/T 13141—2017 规定的拖拉机转向液压缸，其他液压缸试验时，试验台液压油油温在 40℃时的运动黏度应为 29~74mm^2/s，并且宜与用户协商一致。

需要说明的是，试验用油液品种牌号与黏度等级宜与用户协商确认，并达成一致。在 GB/T 7935—2005 中规定了试验用油液黏度：油液在 40℃时的运动黏度应为 42~74mm^2/s（特殊要求另作规定）；在 JB/T 13141—2017 中规定了试验用油液黏度：油液在 40℃时的运动黏度应为 90~110mm^2/s，或者在 65℃时的运动黏度为 25~35mm^2/s。

除特殊规定，出厂试验应在液压油油温（50±4)℃下进行。出厂试验允许降低油温，但在油温低于（50±4)℃下所取得的试验测量值经换算后一般不太准确。

关于试验用液压油油温，JB/T 13141—2017 中规定，除另行规定外，油温在型式检验时为（65±2)℃，在出厂检验时为（65±4)℃。GB/T 15622—××××《液压缸试验方法》（草案）中规定，在测试期间流体温度应维持在 35~55℃。

试验用液压油应与被试液压缸的材料，主要是密封件的密封材料相容，并且试验液压系统油液的固体颗粒污染等级代号不得高于 GB/T 14039—2002 规定的 19/15 或—/19/15。

关于固体颗粒污染度等级，JB/T 13141—2017 中规定，试验液压系统用油液固体颗粒污染度等级应不高于 GB/T 14039—2002 规定的—/19/16。GB/T 15622—××××《液压缸试验方法》（草案）中规定，流体的清洁度等级为 19/16 或 19/16/13，或者更低（依据 GB/T 14039）。对于那些要求更高流体清洁度的应用，如带有伺服阀或对污染敏感的密封件的缸，流体清洁度应为 16/13 或 16/13/10（依据 GB/T 14039）。

试验中各参量应在稳态工况下测量并记录，出厂试验测量准确度可采用 C 级。在 JB/T 10205—2010 中规定的被控参量平均显示值允许变化范围见表 3-105，测量系统允许系统误差见表 3-106。

液压缸（型式）试验时的安装和连接及放置方式宜与实际使用工况一致。

表 3-105 被控参量平均显示值允许变化范围（摘自 JB/T 10205—2010）

被控参量		平均显示值允许变化范围	
		B级	C级
压力	在小于 0.2 MPa 表压时/kPa	±3.0	±5.0
	在等于或大于 0.2 MPa 表压时(%)	±1.5	±2.5
温度/℃		±2.0	±4.0
流量(%)		±1.5	±2.5

注：表 3-105 GB/T 15622—2005 中的表 3 相同。

在试验中，试验系统各被控参量平均显示值在表 3-105 规定的范围内变化时为稳定工况。

表 3-106 测量系统允许系统误差（摘自 JB/T 10205—2010）

测量参量		测量系统的允许系统误差	
		B级	C级
压力	在小于 0.2 MPa 表压时/kPa	±3.0	±5.0
	在等于或大于 0.2 MPa 表压时(%)	±1.5	±2.5
温度/℃		±1.0	±2.0
力(%)		±1.0	±1.5
流量(%)		±1.5	±2.5

注：表 3-106 与 GB/T 15622—2005 中的表 2 相同。

2. 试验装置

液压缸密封性能出厂试验装置一般由加载试验装置和液压缸试验操作台（含液压系统、检测仪器、仪表、装置和/或电气控制、操作装置及其他控制装置等）组成。

（1）试验装置性能要求　根据液压缸试验相关标准，液压缸密封性能出厂试验装置应具备以下性能：

1）应具有对被试液压缸施加外负载装置，并且应使该负载作用沿液压缸的中心线发生，其作用能使被试液压缸各工作腔产生大于或等于1.5倍公称压力的压力，并可作为被试液压缸在行程各个位置，包括液压缸行程的两个极限位置（即所谓行程两端）的实际限位器，还可设置对被试液压缸施加侧向力（负载）装置。液压缸（型式）试验时的安装和连接及放置方式宜与实际使用工况一致。

2）液压系统应设置溢流阀来防止被试液压缸承受超过1.1×1.5×公称压力的压力，尤其应防止液压缸有杆腔由于活塞面积差引起的增压超过上述压力；应设置被试液压缸各腔手动卸压装置；应设置必要的安全装置，采用可取的保护办法、防护措施来保证设备和人员安全。

3）液压系统应能对被试液压缸施加0~1.5倍公称压力或以上的压力；应能使液压缸以公称压力（或额定压力）、0~最高设计速度连续（换向）稳定运行；应能对被试液压缸施加0.2MPa的背压；应能使油箱内及输入液压缸油口的油液温度达到并保持（50±4)℃或(90±4)℃；应能使油箱内及输入液压缸油口的油液的固体颗粒污染等级代号不得高于GB/T 14039规定的19/15或—/19/15。

4）被试液压缸两腔（油口）应能既可与系统连接，也可与系统截止，还可在与系统截止后直通大气；压力测量点应设置在距被试液压缸油口$2d$~$4d$处（d为连接管路内径），温度测量点应设置在距测压点$2d$~$4d$处（d与上同）。

5）测量系统允许系统误差及被控参量平均显示值允许变化范围应符合相关标准规定。应能检测0.03 MPa（伺服液压缸最低起动压力）直至1.1×1.5×公称压力的压力，并且（压力表）量程一般应为（1.5~2.0)×1.5×公称压力；应能检测0.02mL/min直至使被试液压缸能以设计最高速度运行的输入流量；应能检测大于或等于被试液压缸理论输出力的力；应能检测一般被试缸液压缸的行程及偏差，或者能精确检测有特殊技术要求或特殊结构的被试液压缸的缸行程定位精度和行程重复定位精度等。

还应能自动累计换向次数（计数）、计时、环境温度测量等。液压缸的倾斜、摇摆、振动及偏摆的测量按相关标准规定进行。

6）电气控制电压宜采用DC24V，并配有可靠的接地连接。电气操作装置（台）宜独立设置且可移动。试验装置安装场地的环境污染程度、背景噪声级别、电源容量及质量、消防设施、安全防护措施等都应符合相关标准规定。

（2）有待解决的问题　以GB/T 15622—2005《液压缸试验方法》给出的“图3　出厂试验液压系统原理图”（见图3-29）为例，根据JB/T 10205—2010《液压缸》规定的液压缸出厂必检项目、规则（方法或步骤）及所对应的液压缸密封性能必试项目及规则，上述“图3　出厂试验液压系统原理图”中有如下一些问题有待解决：

1）油箱。由于原标准图3所示油箱内没有设计、安装热交换器，油箱内及输入液压缸油口的油液温度无法保证达到并保持规定的温度及变化范围允许值，因此在 JB/T 10205—2010 中规定的所有必检项目及在液压缸密封性能试验中规定的所有必试项目都无法取得准确的试验测量值及换算值，即不符合在 JB/T 10205—2010 中所规定的试验条件。

2）过滤器。由于液压泵吸油管路上只允许用粗滤器，因此原标准图 3 所示过滤器只能是一台粗滤器。经粗滤器过滤的油液无法保证符合 JB/T 10205—2010 中规定的及液压缸密封性能试验中规定的试验用油污染度等级，即输入液压缸油口的油液的固体颗粒污染等级代号不得高于 GB/T 14039—2002 规定的 19/15 或—/19/15，即不符合在 JB/T 10205—2010 中所规定的试验条件。

3）液压泵。由于原标准图 3 所示只有一台定量液压泵、一台溢流阀，并且为回油节流、无旁路节流调速系统，因此该系统无法实现（取得）在无负载工况下低压、低速的稳定运行（工况），即无法进行在 JB/T 10205—2010 中规定的必检项目及在液压缸密封性能试验中规定的必试项目“试运行”，亦即“起动压力特性试验”，或者还无法进行“低压、低速试验”和“低压下的泄漏”试验项目。

4）溢流阀。由于原标准图 3 所示只有一台溢流阀，若要将液压系统在小于 0.3MPa（或 0.03MPa）与大于或等于 1.5×31.5MPa（或 1.1×1.5×公称压力）之间都能调整出稳定的压力工况，以现有溢流阀的性能（如调压范围）而言，这几乎是不可能的。况且，为防止被试液压缸有杆腔由于活塞面积差引起的增压，无杆腔应设置溢流阀。

5）加载装置。因原标准图 3 所示没有加载装置，而原标准图 4 所示“型式试验液压系统原理图”中有加载装置，所以判断，原标准图 3 所示的“出厂试验液压系统原理图”没有加装装置。

没有加载装置不但无法检验沉降量，而且在 JB/T 10205—2010 中规定的必检项目“7.3.3　耐压试验”可能也无法进行。因为不是所有被试液压缸都允许活塞分别停在行程两端（极限位置）（单作用液压缸处于行程进行位置）对其施加耐压压力，如果被试液压缸有如上要求，则液压系统将无法加压至耐压压力，进而无法向工作腔施加 1.5 倍公称压力（或额定压力）的油液，所以也就无法进行耐压试验。同样，没有加载装置，也无法进行缸出力效率或负载效率试验。

6）压力表与流量计及其他。压力表与流量计问题与上述溢流阀问题相似，主要是单一一只（台）压力表或流量计的量程和精度无法达到相关标准的规定要求。

温度测量点也不能只设在油箱上，相关标准规定温度测量点应设在压力测量点附近。

由于在原标准图 3 所示液压系统中没有旁路节流调速（回路），该系统很难满足被试缸试验时的各种速度要求，如设计的最高速度。

现行标准没有要求所有液压缸都应设置排（放）气装置，因此液压系统应设置排（放）气装置，以使尽量少的空气进入管路、元件及附件（如油箱）。

（3）改进的出厂试验装置

其他一些问题在此不再一一讨论，因原标准图 3 存在上述问题，所以有必要给出一种液压缸密封性能出厂试验装置液压系统原理图，如图 3-29 所示。

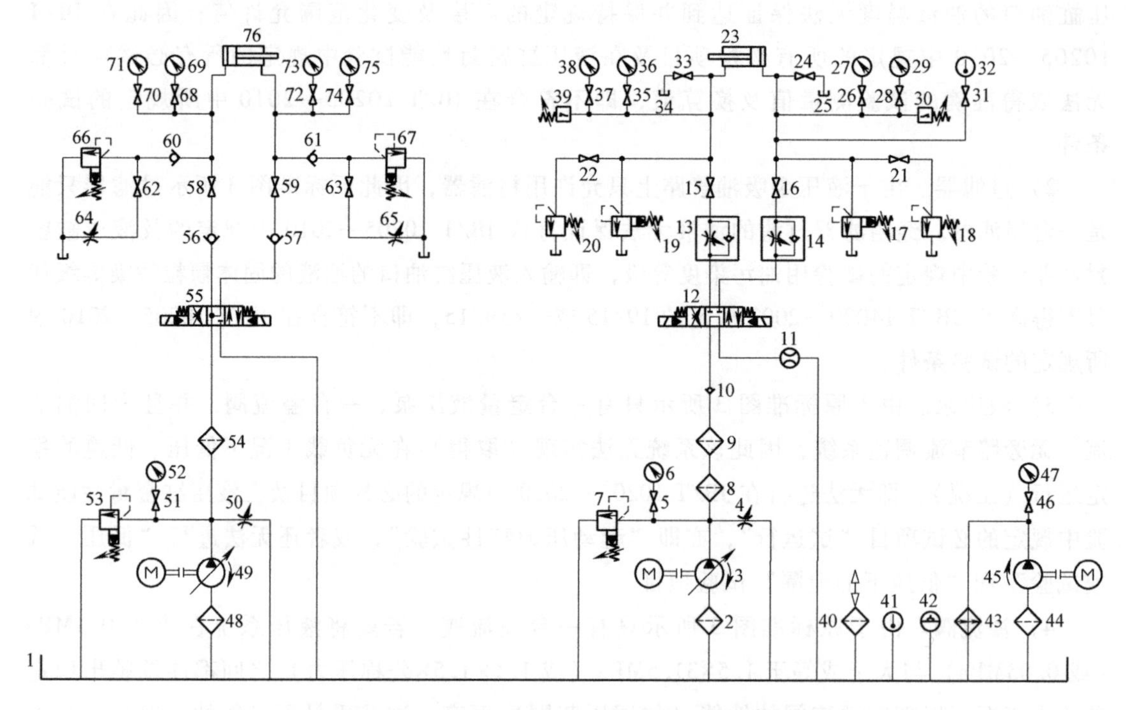

图 3-29　液压缸密封性能出厂试验装置液压系统原理图

1—油箱　2、8、9、44、48、54—滤油器　3、49—变量液压泵　4、50、64、65—节流阀　5、26、28、35、37、46、51、68、70、72、74—压力表开关　6、27、29、36、38、47、52、69、71、73、75—压力表　7、17、18、19、20、53、66、67—溢流阀　10、56、57、60、61—单向阀　11—流量计　12、55—电液换向阀　13、14—单向节流阀　23—被试液压缸　15、16、21、22、24、33、58、59、62、63—截止阀　25、34—接油箱　30、39—压力继电器　31—温度计截止阀　32、41—温度计　40—空气滤清器　42—液位计　43—温度调节器　45—定量液压泵　76—加载液压缸

说明：

1）图 3-29 所示的液压系统原理图，没有包括侧向力加载装置液压回路。

2）油箱 1 为带盖油箱（图中未示出油箱盖），其他未给出序号的油箱都为此油箱。

3）滤油器分粗滤器（滤网）、粗过滤器和精过滤器。

4）泄漏油路在图 3-29 中未示出。

5）压力表（或电接点压力表）量程及精度等级各有不同。

6）节流阀可以采用其他更为精密的流量调节阀，如调速阀；单向节流阀也可如此。

7）流量计在一些情况下可考虑不安装，如可采用量筒计量。

8）各截止阀都为高压截止阀，并且要求性能良好，能够完全截止。

9）压力、温度测量点位置按相关标准规定（按文中所述）。

10）接油箱 25、34 一般为液压缸试验操作台前油箱，也可另外选用容量足够的清洁容器，但应对油液喷射、飞溅等采取必要的防范措施。

11）没有设计排（放）气装置的液压缸应首选采用通过截止阀 24 或 33 排（放）气。

12）溢流阀 17、19、66 和 67 应安装限制挡圈，限定其可调节的最高压力值。

13）由 43、44、45、46、47 等元件组成的油温控制装置，现在已有商品。

14）各滤油器旁路及报警、电液换向阀控制、各仪表电接点等在图 3-29 中没有进一步示出。

3.6.2　液压缸密封性能试验方法与检验规则

1. 液压缸密封性能技术要求

1）在下述所有试验中，不应有零部件（包括密封件）损坏现象。

2）在下述所有试验中，除活塞杆密封处，其他各处都不应有外泄漏或渗漏；活塞杆处在液压缸静止时不应有外泄漏；液压缸缸体（筒）外表面不应有渗漏。

3）在低压、低速试验和内泄漏试验中，内泄漏量不应超过标准规定值。

4）采用沉降量法检查（测）内泄漏量时，其沉降量不应超过标准规定值。

5）运行中，液压缸不应有振动、异响、突窜、卡滞和爬行等现象。

6）必要情况下，建议进行环境适应性试验。

这里应注意，运行工况一般应包括高低压下、高低温下和高低速下及它们的组合；有偏摆性能要求的液压缸，其偏摆值不应大于规定值；关于液压缸起动、运行状态（况）描述还可参见《液压缸手册》。

2. 液压缸密封性能出厂试验方法

（1）试运行（必试）　液压缸在无负载工况下起动，并全行程往复运动数次，完全排出液压缸内的空气。

（2）低压、低速试验（必试）

1）压力调整范围：0~0.5MPa或0~1.0MPa。

2）速度调整范围：0~4.0（8.0）mm/s或0~5.0（10.0）mm/s。

对于压力和速度，最后选择压力为0.5MPa或1.0MPa和速度为4.0（5.0）mm/s或5.0（10.0）mm/s，应全行程往复运动至少3次（6次），每次在行程端部停留至少10s。

作者提示，最低稳定速度指标宜与用户协议确定，且应订立在合同中。另外，两组最低速度指标分别见于GB/T 13342和CB/T 3812。

（3）高速试验（抽试）　在公称压力下，液压缸以设计要求（规定工况或额定工况下）的最高速度连续运行，速度误差±10%，每次应连续运行8h以上。最高速度指标宜与用户协议确定，且应订立在合同中。

上述试验亦称耐久性试验。

（4）耐压试验（必试）

除了技术要求明确规定不得以缸零件做实际的限位器的液压缸，对其他液压缸进行耐压试验时，应将液压缸活塞分别停在行程的两端（单作用液压缸处于行程极限位置），分别向工作腔施加1.5倍或1.25倍公称压力的油液，出厂试验应保压10s。

（5）内泄漏试验（必试）　液压缸应分别停在行程的两端或应分别停在离行程端部（终点）10mm处，分别向工作腔施加公称压力（或额定压力）的油液进行试验。

行程超过1m的液压缸，除应进行上述试验，还应使液压缸停在一半行程处，进行上述试验。

建议通过制造商与用户协商确定，内泄漏试验压力采用“额定压力”。

（6）高温试验（抽试）　在公称压力下，向液压缸输入90℃的工作油液，应全行程往复运行1h。

作者提示，仅当对产品有高温性能要求时，才应对液压缸进行此项试验。试验后，是否进行拆检及更换密封件，应由制造商与用户协商确定。

(7) 缓冲试验（抽试）　在公称压力的50%的压力或最高工作压力下，液压缸应以设计要求（规定工况或额定工况下）的最高速度运行数次。

作者提示，仅当对产品有缓冲性能要求时，才应对液压缸进行此项试验。此试验主要检验在“缓冲压力”或“缓冲压力峰值”作用下液压缸的密封性能。

(8) 动特性试验（抽试）　对有动特性要求的液压缸，动特性试验按其产品标准规定，如数字液压缸和伺服液压缸。对没有产品标准规定的液压缸，若有动特性要求的，至少应按制造商与用户商定的（特殊）技术要求（条件或指标）进行检验。

建议制造商根据产品起草、制订产品企业标准。

作者提示，动特性试验时可能有超出规定工况的极限工况出现。

(9) 外泄漏试验（必试）　外泄漏试验包含在上述所有试验中；在上述试验结束时，出现在活塞杆上的油膜应不足以形成油滴或油环。

对没有进行抽试项目的液压缸，应在公称压力（或额定压力）下，全行程往复运动20次以上，检查外泄漏量，要求同上。

液压缸的进出油口、排（放）气（阀）装置、缓冲（阀）装置、行程调节装置（机构）、输入装置（含减速装置和驱动装置等）、液压阀或油路块、检测和监测等仪器仪表、传感器的安装处（面）不应有外泄漏。

3. 液压缸密封性能出厂试验检验规则

液压缸出厂时必须逐台进行液压缸密封性能出厂试验，其必检（试）项目和与用户已商定的抽检（试）项目的检验结果（试验测量值）应符合相关标准规定。

经过型式试验的已定型或批量生产的液压缸，其抽检（试）项目也应定期进行。

3.6.3　液压缸密封性能试验注意事项

1）液压缸密封性能试验应由经过技术培训、具有专业知识的专门人员操作。

2）液压缸密封性能试验时存在危险，如可能造成缸体断裂、连接（包括焊接）失效、活塞杆脱节（射出）和密封装置（系统）失效等事故，应采取必要的防护措施，包括安装、使用防护罩等，以避免高压和/或高温油液飞溅、喷射可能对人身造成的伤害。

3）对设计了排（放）气装置的液压缸，试运行时应使用其完全排出液压缸内的空气，并应避免排出油液飞溅、喷射对人员造成危险。

4）对没有排（放）气装置的液压缸（包括试验系统），试运行时应全行程往复运动数次，完全排出液压缸内的空气，并应停置一段时间再进行其他项目试验，以便使混入空气在油箱内从油液中析出。

5）液压缸密封性能试验用油液宜与其所配套的液压系统或主机的工作介质品种牌号和黏度等级一致，否则可能造成产品批量不合格。

6）除高、低温试验，其他液压缸密封性能检验宜在工作腔内工作介质温度为（52±4)℃（考虑了测量系统允许系统误差）下进行，否则可能造成产品批量不合格。

7）在JB/T 10205—2010中规定的活塞式单作用液压缸的沉降量指无杆腔油液通过活塞密封装置（系统）向有杆腔的泄漏所造成的缸（活塞及活塞杆）回程方向上位移量，而安装在主机上的（活塞式）双作用液压缸的沉降（量），既可能是缸回程方向上的位移

（量），也可能是缸进程方向上的位移（量）。因此，应注意双作用液压缸缸进程方向上的沉降量与内泄漏量的换算关系，同时应注意液压缸的沉降量是外部加载造成的，无加载试验装置的液压缸试验台无法检测该项目。

8）在试验时，应缓慢、逐级地对液压缸进行加载（加压）和卸载（卸压）。进行耐压试验时，不应超过标准规定的保压时间（如出厂试验保压 10s）。

9）在 JB/T 10205—2010 中规定的双作用液压缸内（的）泄漏量（规定值）与活塞式单作用液压缸的内泄漏量（规定值）至少有一组值得商榷，试验前应与用户进一步协商确定。

10）以目视检查活塞杆处外泄漏时，宜在试运行后再次擦拭干净后检查，以避免假“泄漏”被误判为泄漏。

11）对渗漏或外渗漏检查，可使用贴敷干净吸水纸（对固定缸零件表面，如缸体表面）或沿程铺设白纸（对移动缸零件沿程，如活塞杆往复运动沿程）的办法检查，以纸面上有无油迹或油点判断有无渗漏或外泄漏。

12）所有抽检项目试验都可能对液压缸密封造成一定损伤，建议首台进行了抽检项目试验的液压缸在试验后进行拆检。

作者提示，在 GB/T 15622—××××《液压缸试验方法》（讨论稿）/ISO 10100：2020，MOD 中“11　摩擦力测试”中规定，“被试缸应水平安装，不应任何额外的移动质量。”“如果应用需要或另有约定，测试可垂直安装，但计算摩擦力时应考虑重力。”

3.7　金属承压壳体（液压缸）的疲劳压力试验方法

由于疲劳失效模式与液压元件的安全功能和工作寿命密切相关，所以对于液压元件的制造商和客户，掌握液压元件的可靠性数据就显得非常重要。

作者提示：在 GB/T 19934.1—2021 的引言中提到了“疲劳失效模式”，但对液压缸等而言没有具体规定。

在 GB/T 19934.1—2021/ISO 10771-1：2015《液压传动　金属承压壳体的疲劳压力试验　第 1 部分：试验方法》中规定了在连续稳定且具有周期性的内部压力载荷下，对液压元件金属承压壳体进行疲劳试验的方法。

该试验方法仅适用于用金属制造、在不产生蠕变和低温脆化的温度下工作、仅承受（内部）压力引起的应力、不存在由于腐蚀或其他化学作用引起的强度降低的液压元件承压壳体。承压壳体可以包括垫片、密封件和其他非金属零件，但这些零件在试验中不作为被试液压元件承压件壳体的组成部分。

该试验方法不适用于 ISO 4413 中规定的管路元件（如管接头、软管、硬管等）。管路元件的疲劳试验方法见 ISO 6803 和 ISO 6605。

试验压力由用户确定，评价方法见 ISO /TR 10771-2。

1. 试验条件

1）试验开始前，应对被试元件和回路排（防）气。

2）被试元件内的油液温度应在 15~80℃之间。被试元件的温度应不低于 15℃。

2. 试验规程

（1）循环压力试验　试验循环次数应在 $10^5 \sim 10^7$ 范围内。

（2）一般要求

1）利用非破坏性的试验方法验证所有被试元件与其制造说明书的一致性。

2）如有需要，可在被试元件内部放置金属球或其他类似等效的松散填充物，以减少压力油液的体积，但要保证放置的物体不妨碍压力达到所有试验区域，且不影响该元件的疲劳寿命（如喷丸强化）。

3）当液压元件因设计存在多个腔室且承压能力不同时，腔室之间的隔离部分应作为承压壳体的一部分进行机械疲劳特性测试。

3. 失效准则

以下情况判定为失效：

1）由疲劳引起的任何外部泄漏。

2）由疲劳引起的任何内部泄漏。

3）材料破裂（如裂缝等）。

在 GB/T 19934.1—2021 规定的“失效准则”中，如何区分和判定“由疲劳引起的任何内部泄漏”是个问题。如果无法区分和判定，则液压缸等在疲劳试验前即可能被认为已经失效。

4. 液压缸的特殊要求

（1）概述

1）GB/T 19934.1—2021/ISO 10771-1：2015 附录 B 规定了液压缸承压壳体进行疲劳压力试验的方法，适用于按照 ISO 标准（如 ISO 6020-1）设计的、缸径 200mm 以内的以下各类型液压缸：①拉杆型；②螺钉（栓）型；③焊接型；④其他紧固连接类型。

2）该试验方法不适用于以下情况：①在活塞杆上施加侧向负载；②由负载/应力引起活塞杆挠性变形。

3）液压缸的承压壳体包含：①缸体；②缸的前、后端盖；③密封件沟槽；④活塞；⑤活塞和活塞杆的连接；⑥任何承压元件（如缓冲节流阀、单向阀、排气塞（阀）、堵头等）；⑦用于前端盖、后端盖、密封沟槽、活塞和固定环的紧固件（如弹簧挡圈、螺栓、拉杆、螺母等）。

其他部分，如底板、安装附件和缓冲件，不作为承压壳体的元件部分；虽然底板不是承压件，但可利用该试验方法对其做耐久性的疲劳试验。

（2）常规液压缸承压壳体的试验装置

液压缸的行程应至少为图 3-30 确定的长度。

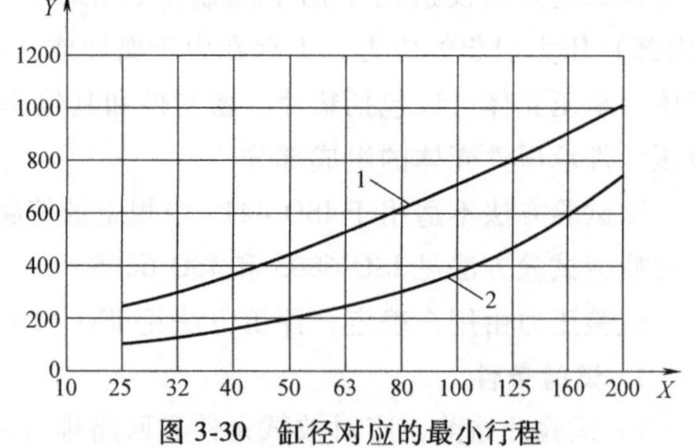

图 3-30　缸径对应的最小行程

1—拉杆型液压缸　2—其他类型液压缸　X—缸径　Y—行程

使用该试验装置将活塞杆端头固定且保持与活塞杆同轴（为满足要求，可修改活塞杆伸出端）。该试验装置应确定活塞的大致位置，对于拉杆型液压缸，应使活塞距后端盖的距离 L（见图 3-31）在 3～

6mm 之间；对于非拉杆型液压缸，应使活塞大致位于缸体的中间。

为减少壳体内受压容积，可在承压壳体内放置一些填充物（如钢球、隔板等）。但是，填充物不应影响对被试元件加压。

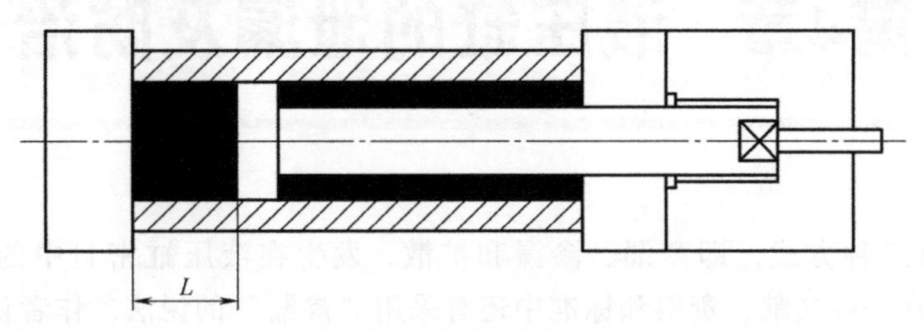

图 3-31　液压缸试验装置

（3）试验压力的施加　液压缸的前、后两端宜有两组油口，一个连接压力源，另一个连接测压装置。

首先以高于循环试验高压下限值（p_U）的试验压力施加于活塞的一侧，以低于循环试验低压上限值（p_L）的试验压力施加于活塞的另一侧，然后交换这两个压力，产生一个压力循环，如图 3-32 所示。

活塞未增压一侧的时间段 T_2 应比 T_1 长。为此，活塞任一侧的时间段 T_1 不应在另一侧压力降低到 p_L 以下之前开始。活塞任一侧的时间段 T_1 应在另一侧压力上升到 p_U 以上之前结束。

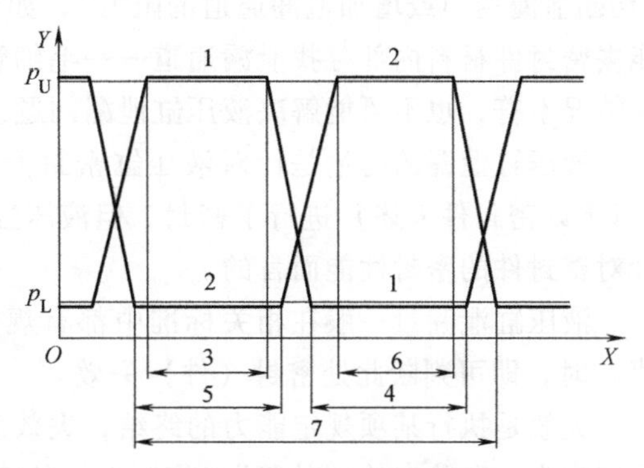

图 3-32　试验压力波形

1—侧面 1　2—侧面 2　3—侧面 1 的 T_1　4—侧面 1 的 T_2　5—侧面 2 的 T_2　6—侧面 2 的 T_1　7—一个循环　X—时间　Y—压力

加压波形可是任何形状。

作者暂未查到“疲劳压力”“疲劳压力试验”的定义。在 GB/T 10623—2008《金属材料　力学性能试验术语》中给出的术语“疲劳试验”的定义为，“在试样上通过施加重复的试验力或变形，或施加变化的力或变形，而得到的疲劳寿命、给定寿命的疲劳强度等结果的试验。”在 GB/T 10623—2008 和 GB/T 24176—2009《金属材料　疲劳试验　数据统计方案与分析方法》等中给出的术语“疲劳寿命”“疲劳极限”“疲劳强度”的定义或可参考。

第4章 液压缸的泄漏及防治

泄漏通常有三种方式，即窜漏、渗漏和扩散，发生在液压缸密封中的泄漏主要是窜（穿或串）漏，在一些文献、资料和标准中还有采用“渗漏”的说法。作者认为，因为渗漏的特征是分子通过毛细管的泄漏，且应通过密封件本（基）体，液压缸密封产生的泄漏一般不具有以上特征，所以“发生在液压缸密封中的泄漏主要是窜漏”的说法较为准确。

根据 GB/T 241—2007《金属管 液压试验方法》中给出的术语“渗漏”的定义，即“在试验压力作用下，金属管基体的外表面或焊缝有压力传递介质出现的现象。”可以进一步证明上述说法是正确的。

泄漏方式的区分、认定是液压缸密封及其设计的前提和基础，因为密封的基本含义就是“切断泄漏通道或增加泄漏通道的阻力”，如果认定液压缸泄漏方式是“渗漏”，那么我们只能去密封件材料内部寻找泄漏通道——毛细管，并将其切断或变少、变细。这与工程中的实际情况不符，也不可能解决液压缸泄漏问题。

液压缸泄漏的防治是针对液压缸密封而言的，即已采用密封件或密封装置或密封系统（以下以密封件表述）进行了密封，但液压缸仍有泄漏。更进一步讲，液压缸泄漏的防治是针对密封件的密封性能而言的。

液压缸泄漏量一般在相关标准中都有规定，当其泄漏量超过标准规定值（泄漏量允许值）时，即可判断此处密封（件）失效。

失效是执行某项规定能力的终结，失效后，该功能项有故障。“失效”是一个事件，而区别作为一种状态的“故障”。实际上，故障和失效这两个术语经常作同位语用。

故障是不能执行某规定功能的一种特征状态。它不包括在预防性维护和其他有计划的行动期间，以及因缺乏外部资源条件下不能执行规定功能。

作者提示，为了区别“渗漏”，一些参考文献使用“穿漏”描述液压缸密封泄漏，但“穿漏”有刺穿或通过孔泄漏的含义，这与液压缸泄漏的实际情况不完全不符。本书倾向使用“窜漏”，但仍以“穿漏”“串漏”作为其同义词使用。

4.1 液压缸密封失效的危害

液压缸出现外泄漏和内泄漏量超标都是危险的和有害的，也都会相应产生一定的危害。这种危害可能是突发的或缓慢的，但都能造成人身或物的伤害或损坏，只是这种危害有轻重之分。

4.1.1 液压缸外泄漏的危害

在现行标准中，液压缸按相应标准规定所做耐压试验时，要求液压缸外泄漏为“零”；

在液压缸耐久性等试验时，液压缸活塞杆密封处的泄漏量不得超过规定值，其他如各静密封处、结合面处、焊缝处和可调节机构处等，要求外泄漏为“零”。

一旦已声明该液压缸遵守某项标准，但其外泄漏（量）不符合或超过这项标准的规定(值)，即可判定该液压缸密封失效。

若出现上述情况，意味着液压缸密封（含各连接处密封）功能完全或部分丧失，相应也会产生一定的危害。

1. 污染环境

液压系统包括液压缸的外泄漏仍是当前液压传动中存在的主要问题之一。即使在规定的使用期限内液压缸密封没有失效，一旦超过规定的使用期限而没有及时进行检修，液压缸迟早也会出现外泄漏。

当液压缸出现外泄漏时，或多或少地会有工作介质进入周围环境中，周围环境因此可能会被污染。以液压油或性能相当的其他矿物油为工作介质的液压缸出现外泄漏，它可能造成的危害并不是最严重的，但如果使用的是其他工作介质，如磷酸酯抗燃油等，对环境甚至人身造成的危（伤）害就可能更大，因为有资料介绍磷酸酯抗燃油的毒性为中等。

工作场地污染后一般很难处理，泄漏的工作介质一般也不能直接回油箱。对于不能集中收集的泄漏的液压油液，现在通常采用棉纱擦拭和锯末汲取收集。

外泄漏的液压油液所污染的可能不止是设备和工作场地，还可能会污染周围土壤、水和空气，尤其以喷射的油雾所污染的区域最大，造成的危害也最重。

2. 浪费资源

液压缸外泄漏有时尽管只是点点滴滴，但这点点滴滴长年累月地汇聚起来就可能是一个惊人的数量。作者曾目睹过一台液压缸活塞杆密封处的外泄漏，因没有及时维修而造成整桶整桶液压油外泄漏。

液压缸外泄漏一旦成滴，如按每20滴约为1mL计算，一班的泄漏量也是挺可观的。

尽管在各参考资料中都有一些相关因泄漏造成损失的介绍，但究竟一年因使用液压缸造成多少工作介质的跑、冒、滴、漏尚无一个准确数字。根据作者经验判断，现在液压缸未达到预期（规定）使用寿命而出现外泄漏的约占其总数的10%以上。

3. 火灾危险

液压缸使用的液压油等工作介质是有闪点或（自）燃点的。其闪点是在规定的条件下，试验火焰引起试样蒸气着火，并使火焰蔓延至液体表面的最低温度，而燃点则是试验火焰引起着火且至少持续燃烧5s时的最低温度。

以常用的L-HM抗磨液压油为例，表4-1给出其闪点指标，供读者参考。

表4-1 L-HM抗磨液压油（高压、普通）的闪点指标（摘自GB 11118.1—2011）

项目	指标								
	L-HM(高压)				L-HM(普通)				
黏度等级	32	46	68	100	22	32	46	68	100
闪点/℃ 开口 不低于	175	185	195	205	165	175	185	195	205

需要强调的是，一些耐燃或抗燃液压油液，不是不燃，而是在一定条件下也可燃烧，只是相对而言难燃或抗燃而已。例如，在DL/T 571中规定的新磷酸酯抗燃油闪点指标为≥240℃，自燃点指标为≥530℃，而且使用过的磷酸酯抗燃油闪点可能会有所降低。

若液压缸外泄漏是以油雾状喷射出，其发生火灾的危险将更大，甚至遇明火可能产生爆炸。作者曾参加过液压系统喷射油雾引发爆炸的事故仲裁，其灾难后果是非常可怕的。

另外，用于汲取、收集液压外泄漏工作介质的棉纱、锯末等要及时从工作现场清除、处理，否则将可能产生、增大火灾危险。

最后请读者注意，GB 11118.1—2011 中给出的警告："如果不遵守适当的防范措施，本标准所属产品在生产、贮运和使用等过程中可能存在危险。"

4. 其他危险

液压缸活塞杆或油口密封失效都能造成高压流体喷射危险，若该流体高温，即可能导致接触人员烧伤或灼伤。

用于支撑（承）滑块的液压缸因外泄漏而突然失压，可能造成滑块无法停止，进一步可能造成滑块由于自重产生的意外下落。

参考文献［65］也指出："它（泄漏失效）是直接引发设备燃烧、爆炸、中毒和环境污染等事故的必要条件。"

4.1.2　液压缸内泄漏的危害

液压缸的内泄漏量从理论上讲就不可能为"零"。声明遵守某项液压缸标准的液压缸，其内泄漏量超过该标准的规定值（或允许值），即可判定该液压缸密封失效。

液压缸内泄漏量不管是多还是少都会产生一定危害，只是失效后可能发生事故，其危害更大而已。

1. 工作介质温升

工作介质在压差（压力）作用下通过缝隙流动，就会使工作介质温度有所升高。液压缸内泄漏处是液压系统内工作介质温升的发热源之一。

如果液压缸活塞密封已经失效，其发热更快。此时液压缸局部甚至整体表面温度会比环境温度明显高。

液压缸内泄漏造成的发热量一般在液压系统设计时很少被计入，所以一旦液压缸内泄漏超标，该液压系统工作介质的温度也会明显升高，其危害是不言而喻的。

2. 磨损增大

除了间隙密封，一般液压缸活塞上都设置有密封装置或密封系统。当工作介质通过其泄漏时，工作介质中污染物或多或少地会淤积或嵌入在各密封件密封处（包括支承环支承处）；当活塞往复运动时，这些污染物的一部分或大部分将同活塞一起做往复运动。这些污染物中可能有坚硬颗粒，其对密封件（含支承环）和缸体（筒）内径等产生磨损，轻微的磨损是所谓的密封件对缸体的抛光，但如内泄漏量增大，淤积或嵌入污染物增多，其磨损将增大，甚至可能产生重度磨损。

进一步还可能发生冲蚀磨损，其对泄漏通道周围的零部件磨损将更大。

3. 效率降低

在液压系统中，液压缸是将液压能转换成机械功（能）的执行元件。任何一种能量转换过程中都会产生能量损失，液压缸也不例外。液压缸的能量损失主要是因摩擦和泄漏产生的，其中内泄漏产生的能量损失在液压缸使用期内会越来越大。

内泄漏会直接降低液压缸的运行速度、（输）出力（推力和/或拉力）及其他性能，失效的活塞密封（系统）甚至能够造成液压缸不能完成往复运动，此时的液压缸效率为0%。

液压缸内泄漏量超标的直观反映是液压缸沉降量超标和保压性能降低；如果是双作用液压缸，其液压介质将有明显的“窜（串）腔”。

液压缸内泄漏量超标可能发生在对其密封装置或密封系统施加高压时，也可能发生在施加低压时。

有保压要求的液压缸因内泄漏或内泄漏超标而需要补压，进一步整体降低了液压系统或装置的能量转换效率。

4. 精度下降

液压缸内泄漏或内泄漏超标能使其运动速度及停止位置不准。

对于同步回路控制的各液压缸，如果内泄漏量超标或相差很大，则各液压缸的同步精度将很难控制，而且同步精度一定不高。

伺服液压缸一般有定位精度要求，为了达到目标点并得以保持，对于内泄漏超标的液压缸，需要伺服阀频繁动作来加以控制，从而造成无法达到所要求的定位精度和重复定位精度。

数字缸也可能存在同样问题，死区增大，响应变慢，重复定位精度降低。

对于有沉降量要求的液压缸，若内泄漏超标，其沉降量也相应一定超标。严重的内泄漏（量）超标，还可能造成液压缸所带动的滑块由于自重而产生的意外下落。

4.2 液压缸失效模式与风险评价

液压缸失效是执行要求的能力丧失。失效原因可来源于产品规范、设计、制造、安装、运行或维修等。根据其后果的严酷度可用灾难的、致命的、严重的、轻度的、微小的和无关紧要的修饰词进行失效分类，严酷度的选择和定义取决于应用的领域。

液压缸失效是导致液压缸故障的一次事件，液压缸的故障是内在的状况丧失按要求执行的能力。液压缸的故障产生于产品自身的失效，或者由寿命周期早期阶段，如产品规范、设计、制造或维护的不足引致的失效。可用产品规范、设计、制造、维护或误用等修饰词指明故障的原因。

故障类型可与相应的失效类型关联，如耗损故障与耗损失效关联；形容词“有故障的”表明液压缸有一个或多个故障。

故障是不能按要求执行某规定功能的一种特征状态，它不包括在预防性维护和其他有计划的行动期间，以及因缺乏外部资源条件下不能执行规定的功能。

失效通常是可靠性设计中研究的问题，是可靠的反义词，如工程中液压缸密封件失去原有设计所规定的密封功能称为密封失效。

失效包括完全丧失原定功能、功能降低或有严重损伤或隐患，继续使用会失去可靠性及安全性。

判断失效的模式，查找失效原因和机理，提出预防再失效的对策的技术活动和管理活动称为失效分析。

失效分析是一门新兴发展中的学科，在提高产品质量，技术开发、改进，产品修复及仲裁失效事故等方面具有重要的现实意义。

1. 缸体的失效模式

（1）在额定静态压力下出现的失效模式：

1）结构断裂、材料分离。

2）因内部静态压力作用而产生的任何裂纹。

3）因变形而引起密封处的过大泄漏。

4）产生有碍压力容腔体正常工作的永久变形。

额定静态压力验证准则：被试压力容腔不得出现如上任何一种失效模式。

（2）在额定疲劳压力下出现的失效模式：

1）结构断裂、材料分离。

2）在循环试验压力作用下，因疲劳产生的任何裂纹。

3）因变形而引起密封处的过大泄漏。

额定疲劳压力验证准则：被试压力容腔不得出现如上任何一种失效模式。

具体可参考 GB/T 19934.1—2021 或本书第 3.7 节。

2. 活塞杆失效模式

一般情况下，活塞杆出现的失效模式：

1）冲击损坏。

2）压凹、磕碰、刮伤和腐蚀等损坏。

3）弯曲或失稳。

4）因变形而造成活塞杆表面镀层损坏。

活塞杆失效判定准则：活塞杆不得出现如上任何一种失效模式。

3. 液压缸密封系统失效模式

为了配合 GB/T 35023—2018 标准的实施，应明确（单独）规定液压缸密封系统失效类型（模式）。下面试给出液压缸密封系统失效类型（模式），供读者参考使用。

（1）液压缸静态泄漏

1）内部的静态包括低压、额定或公称压力、高温下及耐压性试验中、耐久性试验后的泄漏量超过规定值。

2）外部的包括油口的，静态包括低压、额定或公称压力、高温下及耐压性试验中、耐久性试验后的泄漏量超过规定值。

（2）液压缸动态泄漏

1）内部的动态泄漏量大。

2）外部的包括油口的，动态泄漏量大或超过规定值。

（3）液压缸密封性能的改变

1）试运行时和/或低压、高温下出现振动、异响、突窜、卡滞或爬行。

2）起动压力超过规定值。

3）动摩擦力或带载动摩擦力超过规定值。

4）比例或伺服液压缸动态特性超过规定值。

5）液压缸输出力效率超过规定值。

6）液压缸湿容积内液压油液污染度超过规定值。

当然，密封耦合件密封面、密封件及其沟槽的损坏也是一种液压缸密封系统的失效模式。

另外，作为一种液压缸密封（系统）失效模式，液压缸内部（如活塞密封）的动态泄漏量检测方法现在还没有可执行的标准。

4. 一般液压缸失效模式

除了上述液压缸缸体、活塞杆失效模式，一般液压缸的主要失效模式有：

1）液压缸安装或连接结构变形或断裂。

2）液压缸附件结构变形或断裂。

3）弯曲或失稳。

4）缸零件压凹、磕碰、刮伤和腐蚀等损坏。

5）有活塞杆密封处之外的外泄漏或渗漏。

6）内泄漏大，活塞杆密封处外泄漏大。

7）规定的高温或低温、低压下，内和/或外泄漏大。

8）外部污染物（含空气）进入液压缸内部。

9）起动压力大。

10）活塞和活塞杆运动时出现振动、异响、爬行、偏摆或卡滞等异常现象。

11）金属、橡胶、塑料等缸零件出现不正常磨损，工作介质被重度污染。

12）缸零件间连接松脱、接合面分离。

13）（最大）缸行程变化或行程定位不准。

14）排气装置无法排出或排净液压缸各容腔内的空气。

15）组成液压缸容腔的缸零件气蚀。

16）活塞或活塞头与其他缸零件过分撞击。

17）油口损坏。

作者提示，在HG/T 20580—2020《钢制化工容器设计基础规范》附录A（资料性）中规定的“压力容器常见的失效模式”分为“短期失效模式、长期失效模式和循环失效模式。”“在压力容器设计时，并不要求考虑所有失效模式，但应考虑下列失效模式：①脆性断裂；②韧性断裂（包括超量局部应变引起的裂纹形成或韧性撕裂）；③超量变形引起的接头泄漏；④弹性失稳或弹塑性失稳（屈曲）。”可以参考。

5. 风险评价

风险是伤害发生概率和伤害发生的严重程度的综合。在所有情况下，液压缸应该这样设计、选择、应用、安装和调整，即在发生失效时，应首先考虑人员的安全性，其次应考虑防止对液压系统和环境的危害。

在设计液压缸时，应考虑所有可能发生的失效（包括控制部分的失效）。

风险评价是包括风险分析和风险评定在内的全过程，是以系统方法对与机械相关的风险进行分析和评定的一系列逻辑步骤。目的是为了消除危险或减小风险，如通过风险评价，对存在起火危险之处的液压缸，应考虑使用难燃液压液。

风险评定是以风险分析为基础和前提的，进而最终对是否需要减少风险做出判断。

风险分析包括：

1）机械限制的确定。

2）危险识别。

3）风险评估。

风险评价信息包括：

1）有关机械的描述。

2）相关法规、标准和其他适用文件。

3）相关的使用经验。

4）相关人类工效学原则。

其中，用户液压缸使用（技术）说明书、液压缸预期使用寿命说明（描述）、失效模式、相关标准等，对液压缸设计与制造都非常重要。

另外，单个液压缸可以正常承受的压力与其额定疲劳压力和额定静态压力有一定的关系。这种关系可以进行估算，并且可作为液压缸在单独使用场合下寿命期望值的评估基础。这种评估必须由用户做出，用户在使用时还必须对冲击、热量和误用等因素做出判断。

在 JB/T 8779—2014 中规定，需方应制定压机超高压零部件的定期检修、更换和压机报废制度，以确保压机的工作安全。

4.3　液压缸密封失效的判据

因为失效与故障有所不同，所以判断失效与故障的判据也不同。规定密封失效判据的意义在于可以预防密封失效，以及密封失效后密封故障的发生，这对于重要场合或特殊场合使用的液压缸及其液压缸密封具有特殊重要的意义。

规定液压缸密封失效判据的依据来源于相关标准中的技术要求、技术条件和安全技术条件等，归纳起来有如下相对一般而言较为严格的液压缸密封失效的判据：

1）密封功能完全丧失，不但泄漏量超过规定值，而且液压缸的负载效率低于 90%。

2）密封功能部分丧失，虽然泄漏量超过规定值，但液压缸的负载效率不低于 90%。

3）液压缸及其密封发生规定工况以外的情况，存在有严重损伤和安全隐患。

4）密封件超过规定的有效使用期限，应进行预防性更换。

总之，液压缸密封及其设计是以保证安全性为首要安全技术要求的，即使发生泄漏的泄漏量没有超过相关标准规定的允许泄漏量，但也应保证泄漏不至于引起危险。

4.4　液压元件（液压缸）可靠性评估方法

在 GB/T 35023—2018《液压元件可靠性评估方法》中规定了适用于 GB/T 17446 中定义的液压元件（指缸、泵、马达、阀、过滤器等液压元件）的可靠性评估方法：

1）失效或中止的实验室试验分析。

2）现场数据分析。

3）实证性试验分析。

适用于液压元件无维修条件下的首次失效。

作者提示，《液压元件可靠性评估方法　第 3 部分：液压缸》正在预研中。

1. 可靠性的一般要求

1）可靠性可通过下面“评估可靠性的方法”给出的三种方法求得。

2）应使用平均失效前时间（MTTF）和 B_{10} 寿命来表示。

3）应将可靠性结果关联置信区间。

4）应给出表示失效分布的可能区间。

5）确定可靠性之前，应先定义“失效”，规定元件失效模式。

6）分析方法和试验参数应确定阈值水平，通常包括：

①动态泄漏（包括内部和外部的动态泄漏）。

②静态泄漏（包括内部和外部的静态泄漏）。

③性能特征的改变（如失稳、最小工作压力增大、流量减少、响应时间增加、电气特征改变、污染和附件故障导致性能衰退等）。

注：除了上述阈值水平，失效也可能源自突发性事件，如爆炸、破坏或特定功能丧失等。

2. 评估可靠性的方法

通过失效或中止的实验室试验分析、现场数据分析和实证性试验分析来评估液压元件的可靠性。而无论采用哪种方法，其环境条件都会对评估结果产生影响。因此，评估时应遵循每种方法对环境条件的规定。

3. 失效或中止的实验室试验分析

（1）概述

1）进行环境条件和参数高于额定值的加速试验，应明确定义加速试验方法的目的和目标。

2）元件的失效模式或失效机理不应与非加速试验时的预期结果冲突或不同。

3）试验台应能在计划的环境下可靠地运行，其布局不应对被试元件的试验结果产生影响。在可靠性试验过程中，参数的测量误差应在指定范围内。

4）为使获得的结果能准确预测元件在指定条件下的可靠性，应进行恰当的试验规划。

（2）试验基本要求　试验应按照标准适用的被评估元件相关部分的条款进行，并应包括：

1）使用的统计分析方法。

2）可靠性试验中应测试的参数及各参数的阈值水平，部分参数适用于所有元件，阈值水平也可按组分类。

3）测量误差要求按照 JB/T 7033—2007《液压传动　测量技术通则》（新标准正在起草中）的规定。

4）试验的样本数，可根据实用方法（如经验或成本）或统计方法（如分析）来确定，样本应具有代表性并应是随机选择的。

5）具备基准测量所需的所有的初步测量或台架试验条件。

6）可靠性试验的条件（如供油压力、周期率、负载、工作周期、油液污染度、环境条件、元件安装定位等）。

7）试验参数测量的频率（如特定时间间隔或持续监测）。

8）当样本失效与测量参数无关时的应对措施。

9）达到终止循环计数所需的最小样本比例（如 50%）。

10）试验停止前允许的最大样本中止数，明确是否有必要规定最小周期数（只有规定了最小周期数，才可将样本归类为中止样本或不计数样本）。

11）试验结束后，对样本做最终检查，并检查试验仪器，明确这些检查对试验数据的影响，给出试验通过或失败的结论，确保试验数据的有效性（如一个失效的电磁铁在循环试验期间可能不会被观测到，只有单独检查时才能发现，或者裂纹可能不会被观测到，除非单独检查）。

（3）数据分析方法

1）应对试验结果数据进行评估。可采用威布尔分析方法进行统计分析。

2）应按照下列步骤进行数据分析：

① 记录样本中任何一个参数首次达到阈值的循环计数，作为该样本的终止循环计数。若需其他参数，该样本可继续试验，但该数据不应用于后续的可靠性分析。

② 根据试验数据绘制统计分布图。若采用威布尔分析方法，则用中位秩。若试验包含截尾数据，则可用修正的 Johnson 公式和 Bernard 公式确定绘图的位置。数据分析示例参见 GB/T 35023—2018 附录 A。

③ 对试验数据进行曲线拟合，确定概率分布的特征值。若采用威布尔分析方法，则包括最小寿命 t_0、斜率 β 和特征寿命 η。此外，使用 1 型 Fisher 矩阵确定 B_{10} 寿命的置信区间。

注：可使用商业软件绘制曲线。

4. 现场数据分析

（1）概述

1）对正在运行产品采集现场数据，失效数据是可靠性评估依据。失效发生的原因包括设计缺陷、制造偏差、产品过度使用、累计磨损和退化，以及随机事件。产品误用、运行环境、操作不当、安装和维护情况等因素直接影响产品的寿命。应采集现场数据以评估这些因素的影响，记录产品的详细信息，如批号代码、日期、编码和特定的运行环境等。

2）数据采集应采用一种正式的结构化流程和格式，以便于分配职能、识别所需数据和制定流程，并进行分析和汇报。可根据事件或检测（监测）的时间间隔采集可靠性数据。

3）数据采集系统的设计应尽量减小人为偏差。

4）在开发上述数据采集系统时，应考虑个人的职位、经验和客观性。

5）应根据用于评估或估计的性能指标类型选择所要收集的数据。数据收集系统至少应提供：

① 基本的产品识别信息，包括工作单元的总数。

② 设备环境级别。

③ 环境条件。

④ 运行条件。

⑤ 性能测量。

⑥ 维护条件。

⑦ 失效描述。

⑧ 系统失效后的变更。

⑨ 更换或修理的纠正措施和具体细节。

⑩ 每次失效的日期、时间和（或）周期。

6）在记录数据前，应检查数据的有效性。在将数据录入数据库之前，数据应通过验证和一致性检查。

7）为了数据来源的保密性，应将用作检索的数据结构化。

8）可通过以下三个原则性方法识别数据特定分布类型：

① 工程判断，根据对生成数据物理过程的分析。

② 使用特殊图表的绘图法，形成数据图解表［见 GB/T 4091—2001《常规控制图》（已被 GB/T 17989.2—2020《控制图 第2部分：常规控制图》代替）］。

③ 衡量给出样本的统计试验和假定分布之间的偏差；GB/T 5080.6—1996《设备可靠性试验 恒定失效率假设的有效性检验》给出了一个呈指数分布的此类试验。

9）分析现场可靠性数据的方法可用：

① 帕累托图。

② 饼图。

③ 柱状图。

④ 时间序列图。

⑤ 自定义图表。

⑥ 非参数统计法。

⑦ 累计概率图。

⑧ 统计法和概率分布函数。

⑨ 威布尔分析法。

⑩ 极值概率法。

注：许多商业软件包支持现场可靠性数据的分析。

（2）现场调查数据的可靠性估计方法 计算现场数据平均失效前时间（MTTF）或平均失效前次数（MCTF）的方法，应与处理实验室数据的方法相同。使用3.（3）给出的方法，示例参见 GB/T 35023—2018 附录 A，补充信息参见 GB/T 35023—2018 附录 B。

5. 实证性试验分析

（1）概述

1）实证性试验应采用威布尔法，它是基于统计方法的实证性试验方法，分为零失效和零/单失效试验方案。通过使用有效历史数据定义失效分布，是验证小样本可靠性的一种高效方法。

2）实证性试验方法可验证与现有样本类似的新样本的最低可靠性水平，但不能给出可靠性的确切值。若新样本通过了实证性试验，则证明该样本的可靠性大于或等于试验目标。

3）试验过程中，首先选择威布尔的斜率 β；然后计算支持实证性试验所需的试验时间（历史数据已表明，对于一种特定的失效模式，β 趋向于一致）；最后对新样本进行小样本试验。如果试验成功，则证实了可靠度的下限。

注：GB/T 35023—2018 的参考文献［2］介绍了韩国机械与材料研究所提供液压元件的斜率值 β。

4）在零失效试验过程中，若试验期间没有失效发生，则可得到特定的 B_i 寿命。

注：i 表示累计失效的百分比的下标变量，如对于 B_{10} 寿命，$i=10$。

5）除了在试验过程中允许一次失效，零/单失效试验方案和零失效试验方案类似。零/单失效试验的成本更高（更多试验导致），但可降低设计被驳回的风险。零/单失效试验方案的优势之一在于：当样本进行分组试验时（如试验容量的限制），若所有样本均没有失效，则最后一个样本无须进行试验。该假设认为，当有一个样本发生失效时，仍可验证设计满足可靠性的要求。

（2）零失效方法

1）根据已知的历史数据，对所要试验的元件选择一个威布尔斜率值。

2）根据式（4-1）确定试验时间或根据式（4-2）确定样本数（推导过程见 GB/T 35023—2018 附录 C）

$$t=t_i\left[\frac{\ln(1-C)}{n\times\ln(R_i)}\right]^{1/\beta}=t_i\left[\left(\frac{1}{n}\right)\frac{\ln(1-C)}{\ln R_i}\right]^{1/\beta}=t_i\left(\frac{A}{n}\right)^{1/\beta} \tag{4-1}$$

$$n=A\left(\frac{t_i}{t}\right)^{\beta} \tag{4-2}$$

式中　t——试验的持续时间，以时间、周期或时间间隔表示；

t_i——可靠性试验指标，以时间、周期或时间间隔表示；

β——威布尔斜率，从历史数据中获取；

R_i——可靠度 $(100-i)/100$；

i——累计失效百分比的下标变量（如对于 B_{10} 寿命，$i=10$）；

n——样本数；

C——试验的置信度；

A——查表 4-2 或根据式（4-1）计算。

表 4-2　A 值

$C(\%)$	R_i				
	R_1	R_5	R_{10}	R_{20}	R_{30}
95	298.1	58.40	28.43	13.425	8.399
90	229.1	44.89	21.85	10.319	6.456
80	160.1	31.38	15.28	7.213	4.512
70	119.8	23.47	11.43	5.396	3.376
60	91.2	17.86	8.70	4.106	2.569

3）开展样本试验，试验时间为式（4-1）定义的 t，所有样本均应通过试验。

4）若试验成功，则元件的可靠性可阐述如下：元件的 B_i 寿命已完成实证性试验。试验表明，根据零失效威布尔方法，在置信度 C 下，该元件的最小寿命至少可达到 t_i（如循环、小时或公里）。

（3）零/单失效方法

1）根据已知的历史数据，确定被试元件的威布尔斜率值 β。

2）根据式（4-3）确定试验时间（参见 GB/T 35023—2018 附录 C）。

$$t_1=t_j\left(\frac{\ln R_0}{\ln R_j}\right)^{1/\beta} \tag{4-3}$$

式中　t_1——试验的持续时间，以时间、周期或时间间隔表示；

t_j——可靠性试验指标，以时间、周期或时间间隔表示；

β——威布尔斜率，从历史数据中获取；

R_j——可靠度（100-j）/100；

R_0——零（单）失效的可靠度根值（见表4-3）。

j——累计失效率百分比的下标变量（如对于 B_{10} 寿命，$j=10$）。

表4-3　R_0 值

C(%)	n								
	2	3	4	5	6	7	8	9	10
95	0.0253	0.1353	0.2486	0.3425	0.4182	0.4793	0.5293	0.5708	0.6058
90	0.0513	0.1958	0.3205	0.4161	0.4897	0.5474	0.5938	0.6316	0.6631
80	0.1056	0.2871	0.4176	0.5098	0.5775	0.6291	0.6696	0.7022	0.7290
70	0.1634	0.3632	0.4916	0.5780	0.6397	0.6857	0.7214	0.7498	0.7730
60	0.2254	0.4329	0.5555	0.6350	0.6905	0.7315	0.7629	0.7877	0.8079

3）样本试验的时间 t_1 由式（4-3）确定，在试验中最多只能有一个样本失效。当不能同时对所有样本进行试验时，若最后一个样本以外的所有样本均试验成功，则最后一个样本无需试验。

4）若试验成功，则元件的可靠性可阐述如下：元件的 B_i 寿命已完成实证性试验。试验表明，根据零/单失效威布尔方法，在置信度 C 下，该元件的最小寿命至少可达到 t_j（单位为循环、小时或公里）。

6. 试验报告

试验报告应包含以下数据：

1）相关元件的定义。

2）试验报告时间。

3）元件描述（制造商、型号、名称、序列号）。

4）样本数量。

5）测试条件（工作压力、额定流量、温度、油液污染度、频率、负载等）。

6）阈值水平。

7）各样本的失效类型。

8）中位秩和95%单侧置信区间下的 B_{10} 寿命。

9）特征寿命 η。

10）失效数量。

11）威布尔分布计算方法（如极大似然法、回归分析、Fisher 矩阵）。

12）其他备注。

7. 标注说明

当遵循 GB/T 35023—2018 标准时，在试验报告、产品样本和销售文件中作下述说明："液压元件可靠性测试和试验符合 GB/T 35023《液压元件可靠性评估方法》的规定"。

几点说明：

液压元件可靠性评估越来越受到重视，《液压元件可靠性评估方法　第3部分：液压缸》标准正在预研中。在 GB/T 17446—2012《流体传动系统及元件　词汇》中"密封件"也是元件，将来"密封件"或也有一项可靠性评估方法标准。现在遵守 GB/T 35023—2018 对液压元件、液压缸、密封件进行可靠性评估，有些问题需进一步加以说明：

1）GB/T 35023—2018《液压元件可靠性评估方法》于2018-05-14发布、2018-12-01实施。而其中规范性引用文件GB/T 2900.13—2008《电工术语　可信性与服务质量》已于2017-07-01废止（2016年12月13日公告）。

2）在该标准术语和定义中又对“元件”这一术语进行了定义，但经与GB/T 17446—2012中术语“元件”定义的比对，其应属于改写（重新编排词语），但改写得有问题。另外，该标准中“可靠性”“失效”、“平均失效前时间”等术语也与部分代替GB/T 2900.13—2008的GB/T 2900.99—2016《电工术语　可信性》中给出的术语和定义不一致，或者可能涉及该标准的理论基础，具体可参见GB/T 2900.99—2016。

3）该标准第1章“范围”内的可靠性评估方法与第6章“评估可靠性的方法”中的内容重复。

4）JB/T 5924—1991《液压元件压力容腔体的额定疲劳压力和额定静态压力验证方法》于2017-05-12废止后，液压缸的失效模式如何确定是个问题。在GB/T 19934.1—2021《液压传动　金属承压壳体的疲劳压力试验　第1部分：试验方法》中也没有具体给出液压缸的失效模式。

5）“动态泄漏”“静态泄漏”“附件”等都不是GB/T 17446—2012界定的术语。

在GB/T 35023—2018的“术语和定义”中规定，GB/T 2900.13、GB/T 3358.1、GB/T 17446界定的以及下列术语和定义适用于本文件。而GB/T 2900.99—2016《电工术语　可信性》部分代替了GB/T 2900.13—2008。

6）该标准表述不一致，如“(如循环、小时或公里)”“(单位为循环、小时或公里)”且“公里”不是GB 3100—1993中规定的法定计量单位。

7）在该标准中缺少“试验准则”的（详细）规定。这不但可能在样本数的选取上出现问题，而且究竟是由元件制造商还有由用户提出进行该试验确实是个大问题，况且试验结果的权威性究竟由哪个单位来确认也是个问题。

8）试验报告中以“工作压力”为测试条件，可能有问题。

在参考文献［45］中给出了可靠性设计基本概念，包括“可靠性”“可靠度”和“失效率”，在其表21-2-7中给出了“液压元件失效率”，其中液压缸的“失效次数/10^6h”为“0.12（上限）、0.008（平均）、0.005（下限）”，O形密封圈的“失效次数/10^6h”为“0.03（上限）、0.02（平均）、0.01（下限）”，但没有给出这些数据的来源。

4.5　液压缸密封的在线监测与故障诊断

液压缸密封在线监测主要是利用安装在机器和/或液压缸上、液压系统上的仪器仪表或装置对液压缸各容腔的压力、温度，内泄漏量、工作介质污染度（清洁度），活塞杆（活塞）运动速度、位置等进行监测。

一般液压机上的液压缸密封主要是进行压力（压力降）、内泄漏量（沉降量）和温度监（检）测。

4.5.1　压力的在线监测

液压缸密封在线监测压力或压力降，经常使用的是一般压力表、电接点压力表、数字压力表等仪表。其中，数字压力表必须配有压力传感器或压力模块等感压元件一同使用。

一般压力表只能目视监测。永久安装的压力表，应利用压力限制器（压力表阻尼器）或压力表开关来保护，并且压力表开关关闭时须能完全截止。压力表量程的上限至少宜超过液压缸（液压系统）公称压力的1.75倍左右。

电接点压力表和数字压力表可进一步通过检测到的压力并控制其他元件，限定或调节（整）液压缸（液压系统）的压力。

用于检测液压缸压力的压力表（或压力传感器）测量点位置宜位于离液压缸油口2~4倍连接管路内径处。

因在线监测到的压力降一般还包括液压系统中其他液压元件（如单向阀或支承阀）和管路的压力降，所以当监测到液压缸压力降超标时，应采用排除法进一步检（监）测。

4.5.2 内泄漏的在线监测

在线监测液压缸内泄漏（量）主要采用沉降（量）法。

对于有行程定位和重复定位精度要求的液压缸，一般在液压缸内或外设置位移传感器（如磁致伸缩位移传感器），或者在液压缸活塞杆（或其连接件，如滑块）上安装或连接位移传感器（如拉杆式、滑块式传感器），其中在液压机上采用最多的是光栅位移传感器，即光栅尺。

对于安装有位移传感器的液压机或液压缸，利用控制系统的监视功能，即可对液压缸的沉降量进行在线监（检）测，但同样存在上述问题，即可能包含其他液压元件和管路的泄漏（量）问题。

对于没有安装位移传感器的液压机，只能采用定时测量液压缸活动件上某一点位置轴向变化值的办法来监（检）测沉降量。

4.5.3 温度的在线监测

液压缸在线温度监测装置一般应安装在油箱内。为了控制工作介质的温度范围，一般液压系统上都设计有冷却器和/或加热器（统称热交换器）。

最简单的温度监测装置是安装在油箱上的液位液温计，它只能用于目视监测。

液压温度计或控制器既可用于油箱温度检测，有可用于热交换器控制。

在液压缸出厂检验时，一般要求用于检测液压缸温度的测量点位置应位于液压缸油口4~8倍连接管路内径处。

4.5.4 液压缸密封故障诊断

因液压缸密封失效后，液压缸密封功能项有故障，所以可根据液压缸失效模式，对液压缸密封故障进行诊断。

液压缸密封故障不仅表现为在规定的条件下及规定的时间内，不能完成规定的密封功能，而且还可能表现为在规定的条件下及规定的时间内，其他一个和几个性能指标超标，或者液压缸零部件损坏（包括卡死）。

本节所列故障不包括因液压控制系统和/或液压缸驱动件（如滑块）非正常情况而造成的液压缸密封故障或故障假象。

液压缸密封常见故障及诊断见表4-4。

表4-4　液压缸密封常见故障及诊断

<table>
<tr><th>序号</th><th>故　障</th><th>诊　断</th></tr>
<tr><td>1</td><td>有活塞杆密封处以外的外泄漏</td><td>1)静密封的设计、制造有问题
2)漏装、装错密封件(含挡圈)
3)缸零件受压变形或膨胀
4)密封件损伤,主要可能是安装时损伤
5)沟槽和/或配合偶件(表面)有问题
6)超高温、超低温下运行
7)缸体结构、材料、热处理等有问题,表面会出现渗漏
8)若在焊接结构的缸体焊缝处泄漏,则焊接质量差</td></tr>
<tr><td>2</td><td>活塞杆密封处外泄漏量大</td><td>1)活塞杆密封(系统)设计不合理
2)漏装、装反(错)、少装了密封圈
3)活塞杆超高速下运行
4)超高温、长时间下运行
5)超低温下运行
6)活塞杆变形,尤其是局部弯曲
7)活塞杆几何精度有问题
8)活塞杆表面(含镀层)质量有问题
9)导向套或缸盖变形
10)活塞杆磨损
11)密封圈磨损
12)活塞杆密封系统因内、外部原因损坏</td></tr>
<tr><td>3</td><td>内泄漏量大</td><td>1)活塞密封(系统)设计不合理
2)密封件沟槽制造质量差
3)缸内径几何精度、表面质量差
4)缸内径与导向套(缸盖)内孔同轴度有问题
5)超过1m行程的液压缸缸筒中部受压膨胀
6)密封件破损
7)缸内径、密封件磨损
8)液压缸受偏载作用
9)超高压、超低压、超高温、超低温
10)工作介质(严重)污染
11)可能长期闲置或超期贮存,密封件性能降低
12)活塞往复运动速度太快</td></tr>
<tr><td>4</td><td>高温下,有活塞杆密封处以外的外泄漏</td><td rowspan="3">1)设计时对高温这一因素欠考虑,主要是热膨胀问题
2)密封件沟槽设计、密封件选型、工作介质选择等有问题
3)对密封件预期寿命设定过高</td></tr>
<tr><td>5</td><td>高温下,活塞杆密封处外泄漏量大</td></tr>
<tr><td>6</td><td>高温下,内泄漏量大</td></tr>
<tr><td>7</td><td>低温下,有活塞杆密封处以外的外泄漏</td><td rowspan="3">1)设计时对低温这一因素欠考虑,主要是冷收缩问题
2)密封件沟槽设计、密封件选型、工作介质选择等有问题
3)对密封件预期寿命设定过高</td></tr>
<tr><td>8</td><td>低温下,活塞杆密封处外泄漏量大</td></tr>
<tr><td>9</td><td>低温下,内泄漏量大</td></tr>
</table>

（续）

序号	故　障	诊　断
10	外部污染物（含空气）进入液压缸内部	1）没有设计、安装防尘密封圈 2）防尘密封圈被内压破坏（撕裂）或顶出 3）防尘密封圈被外部尖锐物体刺穿 4）防尘密封圈被冰损坏或飞溅焊渣烧坏 5）防尘密封圈磨损 6）防尘密封圈被外部水、水蒸气、盐雾或其他损坏 7）防尘密封圈在超低温、超高温下损坏 8）防尘密封圈被损坏的活塞杆表面损坏 9）防尘密封圈被连接件或活塞杆附件损坏 10）防尘密封圈被重度环境污染损坏（包括泥浆等） 11）防尘密封圈被臭氧、紫外线、热辐射等损坏 12）液压缸吸空时，混入空气从液体相分离
11	活塞和活塞杆无法起动	1）长期闲置且保护不当，活塞和/或活塞杆锈死 2）密封件与金属件黏附或对金属件腐蚀 3）活塞密封损坏或无密封（无缸回程） 4）密封圈压缩率过大或溶胀 5）聚酰胺等材料密封件吸潮（湿）后尺寸变化 6）金属件间烧结、粘连或咬粘 7）缸零件变形，尤其可能是活塞杆弯曲 8）异物进入液压缸内部 9）装配质量问题，尤其可能是配合尺寸问题
12	（最低）起动压力大	1）密封沟槽设计不合理 2）密封圈压缩率过大或溶胀 3）聚酰胺等材料密封件吸潮（湿）后尺寸变化 4）密封“冗余设计” 5）缸零件表面质量、几何精度有问题 6）支承环沟槽设计、加工有问题，或支承环尺寸有问题
13	活塞和活塞杆运动时出现振动、爬行、偏摆或卡滞等异常	1）容腔内空气无法排出或未排净 2）工作介质混入空气 3）缸径几何精度有问题 4）缸径或导向套同轴度有问题 5）缸径和/或导向套内孔表面质量有问题 6）活塞杆弯曲或纵弯 7）活塞杆直径几何精度有问题 8）活塞杆表面质量有问题 9）活塞和/或活塞杆密封有问题 10）缸径和/或活塞杆局部磨损 11）液压缸装配质量问题 12）液压缸安装和/或连接问题
14	缸输出效率低或实际输出力小	1）设计时活塞尺寸圆整不合理 2）摩擦力过大，包括密封圈压缩率过大 3）活塞密封泄漏量大 4）油温过高，内泄漏加大 5）系统背压过高 6）系统溢流阀设定压力低

（续）

序号	故　障	诊　断
15	金属、橡胶等缸零件快速或重度磨损	1)缸零件配合的选择有问题 2)相对运动件表面质量差,表面硬度低或硬度差不对 3)工作介质(严重)污染或劣化 4)高温或低温下零件尺寸(形状)变化 5)加工工艺选择不合理,如选择滚压还是珩磨做精加工 6)零件及零件间几何精度有问题 7)装配质量有问题 8)缸安装和连接有问题 9)缸零件变形,尤其是活塞杆弯曲或纵弯 10)已达到使用寿命
16	工作介质污染	1)使用劣质油液试验液压缸 2)液压缸及液压系统其他部分的清洁度组装前不达标 3)加注工作介质时没有过滤 4)油箱设计不合理或加注劣质油液 5)拆解、安装液压缸或其他元件和管路等带入污染物 6)外泄漏油液直回油箱 7)防尘密封圈破损,液压缸缸回程带入污染物 8)过滤器滤芯没有及时清理或更换 9)液压元件(含密封件)(严重)磨损 10)工作介质超过换油期

4.6　液压缸密封失效的原因

一般而言，密封失效是液压缸密封泄漏量超标的一种表述，特指密封件或密封装置或密封系统的密封性能低于（设计）规定值。

密封失效主要是密封件失效。静密封用O形橡胶密封圈的失效原因见表4-5。

表4-5　静密封用O形橡胶密封圈的失效原因

外　观			原　因
现象	状　态		
硬化	难弯曲并有龟裂		1)贮存或放置时间过长或不当 2)长时间置于高温工作介质中 3)工作介质温度过高
软化溶胀	整体软化,体积膨胀		1)密封材料与工作介质不相容 2)密封材料与清洗液不相容 3)工作介质中混入其他物质,如轻油、溶剂等 4)长时间处于高温下
变形	截面变形且无法恢复、扭曲变形		1)沟槽设计不合理,压缩量过大 2)安装错位、扭曲、翻滚 3)长时间处于高温下 4)工作介质劣化 5)密封圈质量有问题
挤出	圆周内或外圈被挤出一圈或一部分		1)压力超高 2)挤出间隙过大或挡圈尺寸有问题 3)温度超高 4)偏心量超标 5)密封件结构型式选择错误 6)密封材料有问题 7)O形圈溶胀

（续）

外观		原因
现象	状态	
挤裂撕裂	圆周内或外圈被切去一圈或挖掉一块	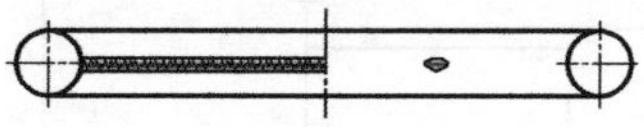 1)安装导入倒角有问题 2)零部件倒角、圆角有问题 3)野蛮安装或未使用安装工具 4)沟槽尺寸有问题
裂纹	表面产生龟裂	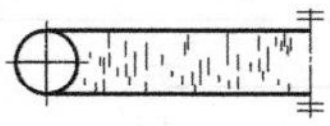 1)超期贮存或贮存不当接触臭氧等 2)拉伸状态长期暴露在空气中 3)工作介质温度过高
划伤	圆周内或外圈有局部划裂伤	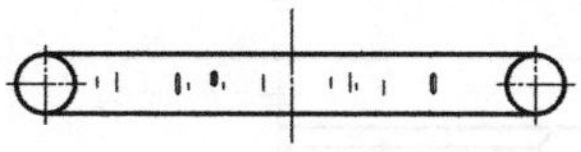 1)有可能是安装时通过螺纹划裂伤 2)有可能是安装工具造成的 3)零部件有毛刺、边角未倒圆 4)配合件偶合面表面粗糙度有问题
磨损	接触部位磨损	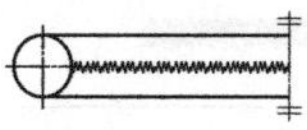 1)配合件偶合面表面粗糙度有问题 2)工作介质污染

往复运动用橡胶唇形密封圈的失效原因见表4-6。

表4-6 往复运动用橡胶唇形密封圈的失效原因

外观		原因
现象	状态	
挤出	密封圈滑动面根部局部或全部位移、缺损、撕裂	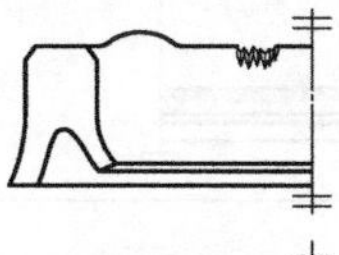 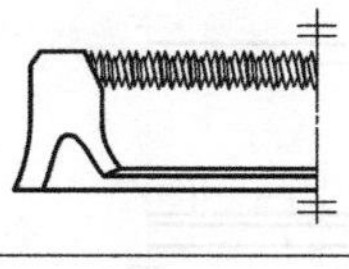 1)压力超高 2)挤出间隙过大或挡圈尺寸有问题 3)温度超高 4)偏心量超标 5)密封件结构型式选择错误 6)密封材料有问题
	密封圈静密封面根部撕裂	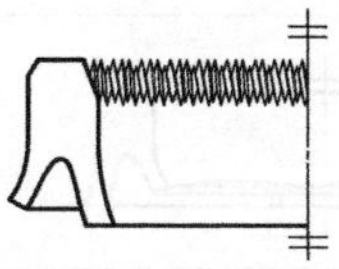 1)沟槽结构设计有问题 2)开式沟槽受压变形 3)挡圈有问题
	密封圈根部侧面挤出	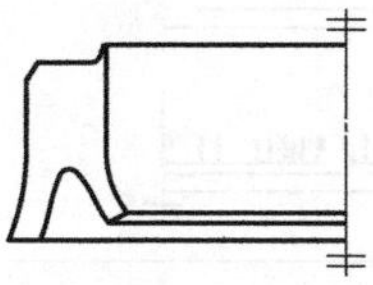 1)挡圈材料选择有问题 2)挡圈尺寸有问题 3)挡圈斜切口有问题 4)超高温、高压或高速下运行
破损	密封圈动密封唇口全部破损	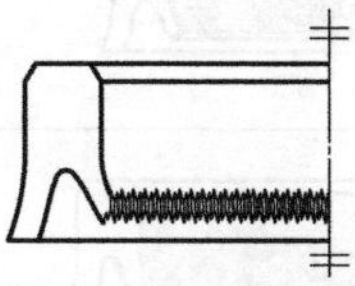 1)密封材料老化 2)工作介质劣化 3)工作温度范围超出规定工况 4)配合件偶合面有问题 5)液压缸结构设计有问题

（续）

外观			原因
现象	状态		
破损	密封圈动密封唇口局部破损	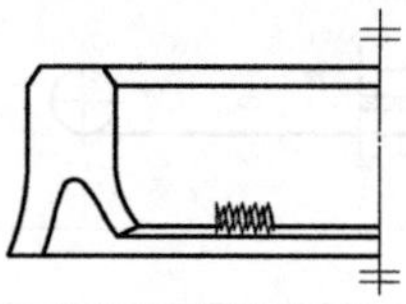	1)配合件偶合面拉伤 2)安装时破坏 3)有异物进入液压缸
	密封圈唇口端凹口内破裂	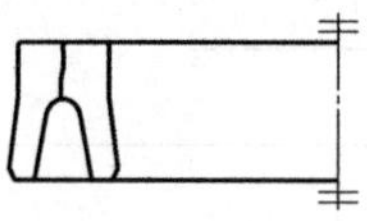	1)压力超高、压力冲击过大 2)密封圈疲劳失效 3)低温下起动、运行 4)密封圈质量有问题
	密封圈静密封唇口破损	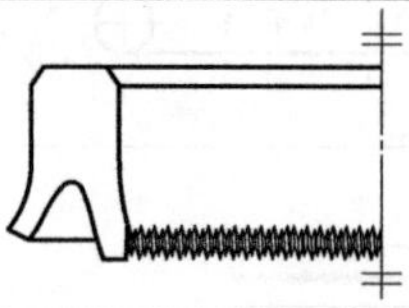	1)安装时破坏 2)开式沟槽有问题 3)"困油"或背压反向挤压唇口
撕裂	密封圈月牙形撕裂	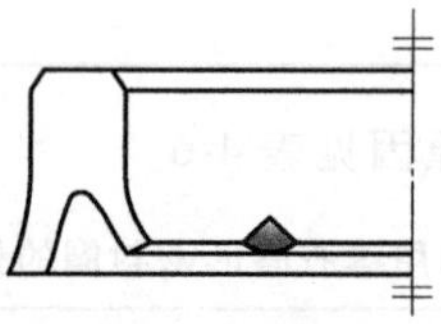	1)安装导角有问题 2)安装时出现错误 3)安装时通过未处理好的油道孔 4)液压缸结构设计不合理
磨损	密封圈动密封面磨的光亮	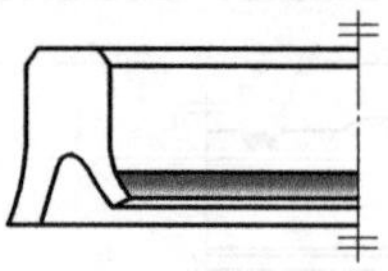	1)经常干摩擦(如短行程) 2)配合件偶合面的表面粗糙度不合适(表面太光滑)
	密封圈动密封有条纹磨损	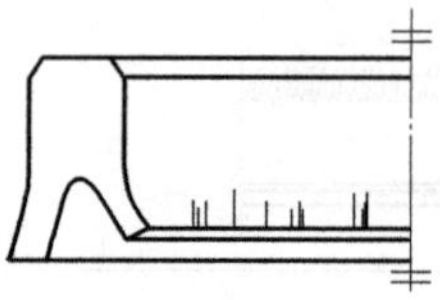	1)工作介质污染 2)安装时涂敷的润滑脂内有固体颗粒物或使用错误润滑脂,如二硫化钼润滑脂 3)配合件偶合面的表面粗糙度有问题
	密封圈动密封面接触面大小对称局部磨损	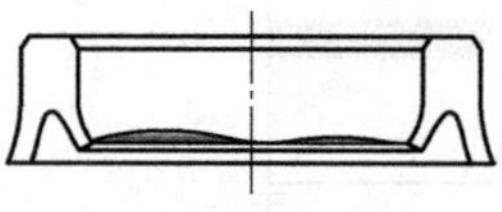	1)液压缸零部件几何公差有问题 2)液压缸连接有问题 3)支承环布置有问题 4)有规律地受径向力作用
	密封圈动密封面局部带状磨损	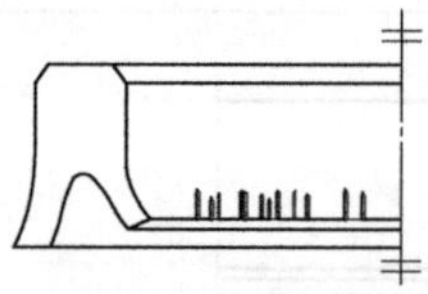	1)支承环的支承和导向作用有问题 2)径向负载过大 3)偏心量过大
硬化	密封圈滑动面硬化严重,光滑且弯曲变形后可见裂纹	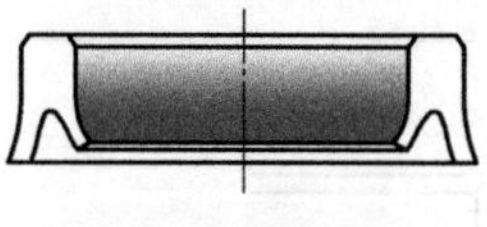	1)高速摩擦发热 2)工作介质温度过高 3)沟槽设计不合理,密封圈压缩量过大
	密封圈整体硬化,截面形状改变,弯曲变形后可见裂纹	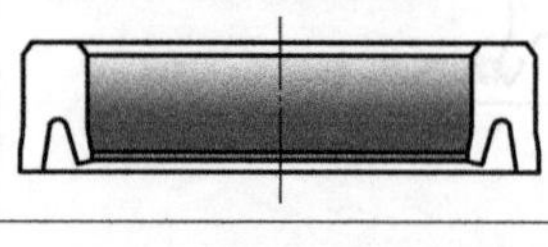	1)贮存或放置时间过长 2)长时间置于高温工作介质中 3)密封材料与工作介质不相容 4)工作介质劣化

（续）

外观		原　因
现象	状　态	
硬化	整体密封圈表面都有小裂纹	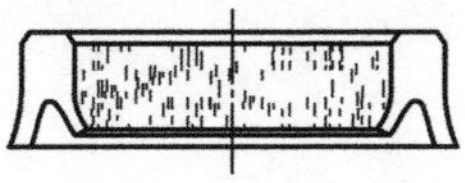 1)接触臭氧等造成龟裂 2)安装后长期放置
软化溶胀	密封圈整体软化、体积膨胀	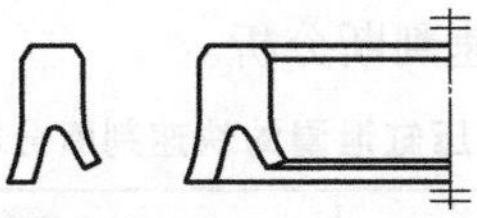 1)密封材料与工作介质不相容 2)密封材料与清洗液不相容 3)工作介质中混入其他物质，如轻油、溶剂等
变形	自然状态下密封圈无法恢复原来基本形状	1)密封圈贮存不当 2)安装或工作中错位、扭曲、翻滚 3)低温下野蛮安装造成永久变形
变形	密封圈唇口失去挠性并回凹口	1)沟槽设计不合理，压缩量过大 2)长时间处于高温下 3)工作介质劣化 4)密封圈质量有问题
划伤	密封圈动密封面有局部或全部划伤	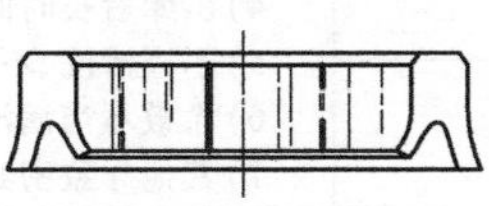 1)零部件圆角、倒角、安装导入角处没有处理好，安装时造成局部划伤 2)安装工具有问题 3)零部件没有清洗干净 4)工作介质污染 5)配合件偶合面拉伤
凹痕	密封圈动密封面有小的凹坑	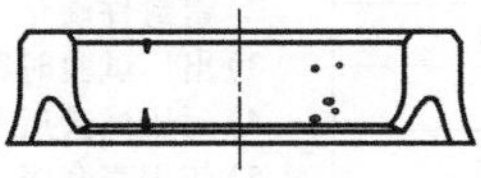 1)贮存不当，如在钢丝或钉子上悬挂等 2)表面黏附（过）物质（颗粒） 3)工作介质污染
烧伤	唇口端局部有碳化、融化等烧痕	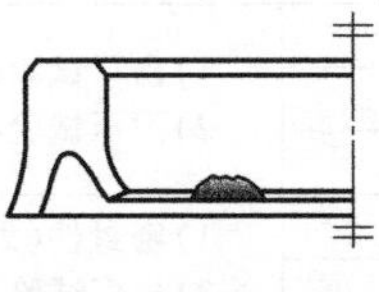 1)唇口端因空气绝热压缩产生高温而烧伤 2)空气未完全排出而高速、高压下试运行 3)混入空气从液体相分离后高速高压运行

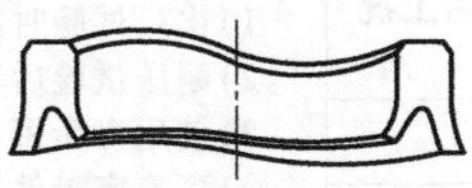

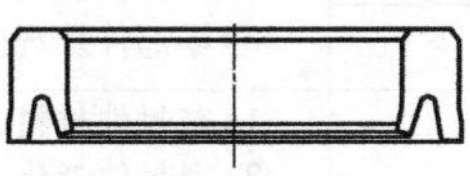

还要强调的是，不管是静密封用O形橡胶密封圈还是往复运动用橡胶唇形密封圈，其密封材料都必须与工作介质相容，否则密封极可能快速失效。

为了引起读者的足够重视，在表4-7中给出了磷酸酯抗燃油及矿物油对密封材料（含塑料）的相容性。

表4-7　磷酸酯抗燃油及矿物油对密封材料的相容性

密封材料	磷酸酯抗燃油	矿物油	密封材料	磷酸酯抗燃油	矿物油
氯丁橡胶	不适应	适应	乙丙橡胶	适应	不适应
丁腈橡胶	不适应	适应	氟橡胶	适应	适应
皮革	不适应	适应	聚四氟乙烯	适应	适应
橡胶石棉垫	不适应	适应	聚乙烯	适应	适应
硅橡胶	适应	适应	聚丙烯	适应	适应

作者注：1. 摘自DL/T 571—2014《电厂用磷酸酯抗燃油运行与维护导则》中表A.1。
2. GB/T 3452.5—2022规定硅橡胶（VMQ）不耐油。

4.7　液压缸泄漏的检测与防治

4.7.1　液压缸泄漏的分析

液压缸超标泄漏一定是有原因的，只是能否尽快准确判断并加以解决。为了达到这一目的，在表4-8中给出了液压缸泄漏的快速判断分析。

表4-8　液压缸泄漏的快速判断分析

分类	问　题	密封系统或密封件异常现象
密封系统设计	规定工况确定不合理或与实际工况不符	1)出厂试验时液压缸密封性能不合格 2)耐压试验后其他密封性能不合格 3)使用寿命短 4)更换密封件后,密封性能无法恢复 5)密封件挤出,且可以同挡圈一同挤出 6)零部件发现变形
	密封件材料、选型错误	
	密封件配置错误	
	金属零部件强度、刚度有问题	
密封件	密封件质量有问题	1)密封件材料、规格等与标签不符 2)密封件老化,变硬或变软,表面龟裂、裂纹 3)表面污染有灰尘或黏附物质(颗粒) 4)出库后长时间未进行装配 5)不当清洗、不当润滑(包括浸泡密封件) 6)涂敷不当润滑脂 7)其他导致密封件损伤和密封性能下降的行为
	贮存有问题	
	装配前准备有问题	
金属零部件	沟槽尺寸、形状及公差问题	1)密封件(划)损伤、裂纹、撕裂、挤出等 2)密封件硬化、变形、异常磨损等 3)出厂试验时密封性能不合格 4)耐压试验后其他密封性能不合格 5)使用寿命短
	几何公差有问题	
	沟槽及配合件表面粗糙度问题	
	各处配合尺寸和公差有问题	
	倒角、圆角、安装导入角有问题	
	去毛刺、清洗有问题	
液压缸装配	漏装密封件	1)出厂试验时液压缸密封性能异常 2)耐压试验不合格
	密封件排列错误	
	单向密封件安装方向错误	
	安装工具、装具有问题	1)密封件(划)损伤、裂纹、撕裂、挤出等 2)出厂试验时液压缸密封性能不合格 3)耐压试验密封性能不合格 4)更换密封件后密封性能可能恢复
	安装时密封件损伤	
	沟槽或偶合面损伤	
	安装时异物侵入	
使用条件	工作介质与设计不同或污染	1)密封件溶胀或变软、变硬、表面龟裂等 2)密封件间隙挤出、破损、裂纹等 3)密封件异常磨损、损坏,包括对称点磨损、局部磨损和划伤等 4)密封系统使用寿命短但可能有规律 5)摩擦力异常增大,抱紧或抱死活塞或活塞杆
	最高工作压力超高	
	工作温度范围超出规定工况	
	工作速度范围超出规定工况	
	环境污染超出规定工况	
	连接与规定工况不符	
运行或维修	试运行违反规定	1)密封件"烧伤" 2)密封早期失效 3)活塞杆密封系统密封失效 4)液压缸爬行、振动、卡滞和异响等 5)使用寿命短 6)支承环划伤、局部挤压、磨损 7)防尘密封圈破损 8)缸筒或导向套内孔表面划(拉)伤
	变更使用工况	
	连接松动	
	磕碰划伤(含电灼伤)活塞杆	
	活塞杆表面镀层问题	
	防尘圈损伤(含刮冰损伤)	
	液压缸或活塞杆弯曲变形	
	现场维修污染液压缸内部	

还可参考表4-4，做进一步分析判断。

液压缸密封在其设计时就应进行故障模式影响及危害度分析（简称FMECA），通过对现有设计方案的分析，应能预判到液压缸密封的可靠性和安全性。

FMECA方法是用归纳逻辑对（密封）系统的可靠性和安全性进行定性分析的方法。密封系统经FMECA，可以评估各种潜在的故障对密封功能、可靠性、维修性及安全性等的影响，进而在设计过程中就应采取措施、防止或减轻事故危害。

现在，如果液压缸密封系统设计进行过FMECA，即可再次使用FMECA对泄漏进行分析，并有针对性地排出预判中所确定的故障点。

4.7.2 液压缸泄漏量的在线检测

液压缸出厂试验时，必须逐台检验液压缸的外泄漏和内泄漏（量），具体请读者按声明遵守的液压缸产品标准执行。

除了可在试验台上检验液压缸内、外泄漏（量），也可在现场对液压缸的内、外泄漏（量）进行检验或检测，只是其检测精度可能等于或低于试验台上的检测精度。

通常现场检验（测）液压缸泄漏采用的方法有目视法、沉降法、保压法和量杯测量法。

影响现场检测精度的因素除了试验方法，还有压力表精度及安装位置、工作介质及温度、外部负载（包括侧向力）作用，以及主机液压系统关联影响等。但一般情况下，根据相关标准或协议按此精度检测是甲乙双方都可以接受的。

1. 目视法

在NB/T 47013.7—2012（JB/T 4730.7）《承压设备无损检测　第7部分：目视检测》中给出了术语“目视检测”的定义，即观察、分析和评价被检件状况的一种无损检测方法，它仅指用人的眼睛或借助于某种目视辅助器材对被检件进行的检测。

在JB/T 10205—2010《液压缸》中，对活塞杆（柱塞杆）处的外渗漏量，如“不成滴”“活塞杆上的油膜应不足以形成油滴或油环”等都是采用“目视检验”的，但没有将活塞杆、柱塞或套筒处的外泄漏分级。

在参考文献［21］中给出了“表1-1　泄漏的分级与定义”，它是“有时出于按泄漏率大小对密封件进行质量评定的需要，例如对于法兰连接用的垫片密封，采用目测的分级准则如表1-1所示，它基本是定性的方法。”表4-9（即参考文献［21］中表1-1）可供参考。

表4-9　泄漏分级与定义

泄漏级别	定　义
0	无泄漏迹象
1	可目视或手感湿气（冒汗），但没有形成滴珠
2	局部有滴珠形成
3	沿整个活塞杆圆周有滴珠形成
4	形成滴珠以5min或更长时间滴漏1滴
5	以5min或更短时间滴漏1滴
6	形成流线状滴漏

注：1滴液体的体积约为0.05mL，即形成1mL大约需要20滴液体。

作者在此提请读者注意：1）有修改。表4-9描述的是在观察期间内目视的液压缸活塞杆处的外泄漏状态。为了确认是否出现了流体，现在有在试验介质中添加“着色剂”或

“荧光剂”的，可参考 NB/T 47013.5—2015《承压设备无损检测　第 5 部分：渗透检测》、GB/T 12604.3—2013《无损检测　术语　渗透检测》等标准。

2）在参考文献［65］中介绍，为评定密封件质量，美国压力容器研究委员会（PVRC）对螺栓法兰连接接头定义了五个级别的紧密性水平，即经济、标准、紧密、严密和极密，每级相差 10^{-2} 数量级。标准紧密度是单位垫片直径（外直径 150mm）的质量泄漏率为 0.002mg/(s·mm)。

2. 沉降法

沉降（量）法是一种常用于检测安装在主机上的液压缸内泄漏的试验方法，它要求在规定的工作介质及温度、外负载作用下，对已伸出或缩回的活塞杆在规定时间内的行程变动量（或活塞移动量）进行检测。因作用于活塞杆上的外负载来源于活塞杆连接件或连接件和加载物的重力，各种不同位置安装的液压缸已伸出或缩回的活塞杆总被此重力作用缩回或伸出，所以此种试验方法被称为沉降法或沉降量法。

在现场试验中，沉降法一般不能用于精确测量液压缸的内泄漏（量），除非在液压缸工作介质受压油口处安装了性能优良的截止阀。这是因为液压缸活塞杆伸出或缩回并被支撑（承）在该处必须靠液压阀来完成，一般支撑（承）阀、液控单向阀或换向阀本身即有可能泄漏，测得的活塞杆行程变动量（或称沉降量）是液压缸内泄漏和相关液压阀（内）泄漏共同造成的。所以，若在现场采用沉降法检测液压缸内泄漏，甲乙双方必须事先商定共同遵守的相关标准或采用的试验方法及指标，否则其试验结果可能与在试验台上测得的结果相差很大。

另外，不同的液压缸在试验台上采用沉降量检验内泄漏量的性能要求也不同，而且差别很大，见表 4-10。

表 4-10　几种液压缸的沉降量允许值

标　准	沉降量允许值/(mm/min)
GB 25974.2—2010《煤矿用液压支架　第 2 部分：立柱和千斤顶技术条件》	见下面“保压法”中相应规定
JB/T 9834—2014《农用双作用油缸　技术条件》	≤0.10
JB/T 10205—2010《液压缸》	≤0.05
JB/T 11588—2013《大型液压油缸》	≤0.01
DB44/T 1169.1—2013《伺服液压缸　第 1 部分：技术条件》(已作废)	≤0.05

注：1. 表中沉降量允许值分别是 JB/T 9834 中规定的农用双作用油缸、JB/T 10205 中规定的活塞式单作用液压缸、JB/T 11588 中规定的大型液压油缸和 DB44/T 1169.1 中规定缸内径为 40~500mm 的单作用伺服液压缸的性能要求或内泄漏量规定值。

2. 在原标准 JB 2146—1977《液压元件出厂试验技术指标》中规定，内泄漏量允许值是按油缸 0.5mm/min 沉降量来计算。

3. 在 GB/T 15622—××××《液压缸试验方法》（讨论稿）/ISO 10100：2020，MOD 中规定了“偏移法”测量内泄漏的试验方法，但将被试缸置于水平位置。

在 JB/T 9834—2014《农用双作用油缸　技术条件》中规定的油缸内泄漏试验方法和性能要求见表 4-11，供读者在现场试验时参考。

表 4-11　油缸出厂试验项目和方法及性能要求

试验项目	试 验 方 法	性能要求
内泄漏	分别向被试油缸两腔供油，关闭供油腔截止阀。用加载油缸使供油腔油压达到试验压力，1min 后进行测量 本试验非供油腔油压为 0	10min 内由内泄漏引起的活塞位移量不大于 1mm

在几种土方机械技术条件中，如 GB/T 14782—2021《土方机械　平地机　技术条件》规定了平地机铲刀的油缸沉降量应 30min 内不应大于 6mm（试验方法按 GB/T 8506—2008《平地机　试验方法》）；GB/T 35213—2017《土方机械　履带式推土机　技术条件》规定了推土机铲刀 15min 内自然沉降量应不大于 120mm（试验方法按 GB/T 35202—2017《土方机械　履带式推土机　试验方法》）；GB/T 35199—2017《土方机械　轮胎式装载机　技术条件》规定的装载机的液压缸沉降量应符合表 4-12 的规定（试验方法按 GB/T 35198—2017《土方机械　轮胎式装载机　试验方法》）。

表 4-12　液压缸沉降量　（单位：mm/h）

静态测试 3h 的平均值	铲斗液压缸	提升液压缸
	≤20	≤50

3. 保压法

保压（或压降）法也是检测液压缸内泄漏的一种试验方法。在现场试验中，除非在液压缸工作介质受压油口处安装了性能优良的截止阀，其他因为与沉降法存在着同样的问题，所以测试结果不够准确。

若在现场采用保压法检测液压缸内泄漏，甲乙双方必须事先商定共同遵守的相关标准或采用的试验方法及指标，否则其试验结果也同样可能与在试验台上测得的结果相差很大。

在 GB 25974.2—2010《煤矿用液压支架　第 2 部分：立柱和千斤顶技术条件》中规定，液压缸加载密封试验时，闭锁压力腔，压力腔压力在最初 1min 内下降不应超过 10%或液压缸长度变化小于 1%，之后的 5min 内压力或长度不变，接下来的 5min 内压力下降不应超过 0.5%或长度变化不超过 0.05%。

下面引述 DB44/T 1169.1—2013 中的相关规定，供读者在现场试验时参考。

“4.2.2.3　缸内径大于 500mm 的双作用或单作用伺服液压缸的内泄漏，当调节伺服液压缸系统压力至伺服液压缸的额定工作压力，在无杆腔施加额定工作压力，打开有杆腔油口，保压 5min 后，压降应为 0.8MPa 以下。

注：4.2.2.3 不适用于活塞式间隙密封伺服液压缸及柱塞式单作用伺服液压缸。”

注意，甲乙双方必须商定是采用“额定工作压力”还是“公称压力”。

表 4-13 所列是 JB/T 3818—2014 中规定的以单向阀为主实现保压功能的液压机所要求的保压性能，供读者参考、使用。

表 4-13　液压机（含液压缸）保压性能

额定压力/MPa	公称力/kN	保压 10min 时压力降/MPa
≤20	≤1000	≤3.43
	>1000~2500	≤2.45
	>2500	≤1.96
>20	≤1000	≤3.92
	>1000~2500	≤2.94
	>2500	≤2.45

注：GB/T 28241—2012《液压机　安全技术条件》中规定，支撑阀与油缸连接的部分不能安装手动截止阀。

在 NB/T 47013.8—2012（JB/T 4730.8）《承压设备无损检测　第 8 部分：泄漏检测》的附录 I（规范性附录）中给出了一种（气体）压力变化泄漏检测技术，它是测定密封承压设备部件或系统在特定的压力或真空条件下的泄漏率的方法，可供参考。

NB/T 47013.8—2012（JB/T 4730.8）适用于在制和在用承压设备的泄漏检测，可以用来确定泄漏部位和测量泄漏率。

4. 量杯测量法

采用量杯测量法检测（验）液压缸内泄漏是试验台检验或现场检测的常用方法，只是在现场检测时，向液压缸工作腔输入、加压油液的不是试验台液压系统，而是主机的液压系统；承受液压缸加载的不是加载试验装置，而是液压设备的机身。

将液压缸活塞分别停在行程的两端或分别停在离行程端部（终点）10mm 处，分别向两工作腔施加公称压力（或额定压力）的油液，检验其内泄漏量。这种在用户现场检测液压缸密封性（能）的试验方法是一种“试验台模拟法”，但因需要拆卸管路，一般称为现场检测，而不称为在线检测，其是有特殊技术要求和特殊结构的液压缸及大型液压油缸验收时的常用试验方法。

现在有参考文献中提出“量杯检测法”精度低，认为：

1）量杯精度不高（最高精度为 0.2mL）。

2）时间的计算上会造成一定的测量误差。其最大的测量误差为 0.05mL。

作者认为，现场检测比较实际可行的办法是加长检测时间。

以检测 JB/T 10205—2010 中规定的缸内径为 40mm 的活塞式单作用液压缸为例，该标准规定其允许内泄漏量 $q_v \leqslant 0.06$mL/min。

采用 GB/T 12803—2015《实验室玻璃仪器　量杯》规定的标称容量为 5mL 的量杯一般可检测 80min 以上，按其容量允差为±0.2mL，在其他条件完全符合标准规定的情况下，则检测误差为±0.2mL/80min=±0.0025mL/min，完全可以满足试验台检验或现场检测（包括验收）的精度要求，况且 GB/T 32217—2015《液压传动　密封装置　评定液压往复运动密封件性能的试验方法》测量泄漏量也是如此，即每次试验前，应准备一个量程 10mL 精度为 0.1mL 的量杯。

注意，GB/T 12803—2015 规定的标称容量为 10mL 的普通实验室使用量杯，在任意分度线的容量允差不应超过±0.4mL。

4.7.3 液压缸泄漏的防治

从技术和管理上对液压缸泄漏的防治应按产品质量问题归零的工作要求，参考 GB/T 29076—2021《航天产品质量问题归零实施要求》等标准，对已发生的液压缸泄漏，从技术、管理上分析产生泄漏的原因、机理，并采取纠正措施、预防措施，以从根本上消除泄漏问题，避免问题重复发生。

1. 液压缸静密封用 O 形圈泄漏的防治

表 4-14 列出了液压缸静密封用 O 形圈泄漏现场防治办法。

表 4-14　液压缸静密封用 O 形圈泄漏现场防治办法

O 形圈状态	对　策	办　法
硬化龟裂	1)更换新的 O 形圈 2)更换 O 形圈密封材料 3)降低液压工作介质温度 4)涂敷合适润滑脂、密封液压缸油口	1)更换 O 形圈 ①O 形圈耐高温:FKM(氟橡胶)>Ⅱ类 NBR(丁腈橡胶)>Ⅰ类 NBR ②O 形圈耐高压、耐挤出:88>80>70(IRHD 或邵尔 A)

（续）

O 形圈状态	对　策	办　法
软化溶胀	1)更换液压工作介质 2)更换 O 形圈密封材料	③O 形圈耐介质:FKM>NBR ④耐老化:FKM>NBR ⑤密封性能:哑铃形圈>X 形圈>O 形圈 ⑥抗撕裂:聚氨酯 O 形圈>丁腈橡胶 O 形圈 2)更换工作介质 ①性能(包括黏温性):L-HV >L-HM(抗磨)>L-HL ②黏度:32(低温用)<46<68(高温用) 3)更换 O 形圈用挡圈 PA(尼龙)>PTFE(聚四氟乙烯) 4)清洗 使用肥皂水清洗 NBR 材料 O 形圈,避光处晾干后安装
变形	1)更换新的 O 形圈 2)更换新规格的 O 形圈 3)更换 O 形圈密封材料 4)降低液压工作介质温度	
挤出	1)沟槽槽棱倒圆 2)更换硬度更高的 O 形圈 3)更换 O 形圈密封材料 4)更换 O 形圈用挡圈材料 5)更换哑铃形圈或 X 形圈 6)更换液压工作介质	
磨损	1)抛光密封沟槽及配合件偶合面 2)紧固连接	
破损	1)修整金属零部件 2)更换新的 O 形圈,使用安装工具安装 3)涂敷合适润滑脂	
污染	1)更换新的 O 形圈 2)清洗	

注：参考文献［35］下册中“表 1-14　O 形圈密封失效及其改进措施”可以参考，但其将常见失效模式分为“泄漏”“大泄漏”值得商榷。

使用原有静密封用 O 形圈沟槽，通过选用 JB/T 7757—2020《机械密封用 O 形橡胶圈》中截面直径尺寸更大一点的 O 形圈，加大 O 形圈压缩率，提高密封能力，但同时也可能因压缩量过大（超过 30%），缩短 O 形圈使用寿命。具体见表 4-15，供参考选用。

表 4-15　机械密封用 O 形橡胶圈截面直径及极限偏差　　（单位：mm）

JB/T 7757—2020	GB/T 3452.1—2005	GB/T 3452.3—2005	GB/T 3452.3—2005
截面直径及极限偏差 d_2	截面直径尺寸和公差 d_2	活塞静密封沟槽 d_4H8(d_9f7)—d_3h11	活塞杆静密封沟槽 d_6H11—d_5f7(d_{10}H8)
1.60±0.08	—	—	—
1.80±0.08	1.80±0.08	2×1.3	2×1.3
2.10±0.08	—	—	—
2.65±0.09	2.65±0.09	2×2	2×2
3.10±0.10	—	—	—
3.55±0.10	3.55±0.10	2×2.7	2×2.7
4.10±0.10	—	—	—
4.30±0.10	—	—	—
4.50±0.10	—	—	—
4.70±0.10	—	—	—
5.00±0.10	—	—	—
5.30±0.10	5.30±0.10	2×4.1	2×4.1
5.70±0.10	—	—	—
6.00±0.15	—	—	—
6.40±0.15	—	—	—
7.00±0.15	7.00±0.15	2×5.5	2×4.1
8.40±0.15	—	—	—
10.0±0.30	—	—	—

注：表 4-15 中截面直径 d_2 的公称值及其极限偏差摘自 JB/T 7757—2020 中的表 1。

使用原有静密封用O形圈沟槽内安装X形圈，一般情况下密封性能有所提高。

如果可以修改O形圈密封沟槽，将其沟槽宽度加大和/或径向深度加深，则还有一些液压缸静密封用O形圈泄漏防治办法，如：

1）用聚氨酯O形圈替代丁腈橡胶O形圈。

2）加装O形圈用挡圈。

3）改装截面直径尺寸更大的O形圈。

4）改装其他型式密封圈代替静密封O形圈，如哑铃形圈、蕾形密封圈等。

某公司聚氨酯O形圈尺寸见表4-16，适用于压力≤60MPa，温度在-35~110℃范围内的场合。

表4-16　聚氨酯O形圈尺寸　（单位：mm）

内径	截面直径	内径	截面直径	内径	截面直径	内径	截面直径
1.78	1.7	7.5	2	12.3	2	18	2
2.5	1.2	7.59	2.65	12.3	2.4	18.2	3
2.9	1.8	7.65	1.78	12.37	2.65	18.4	2.7
3	1.5	8	1	12.42	1.78	18.64	3.53
3.2	1.8	8	1.65	13	1	18.72	2.62
3.4	1.9	8	2	13	1.5	18.7	1.78
3.5	1.2	8	2.5	13	2	19	2
3.75	2.2	8.73	1.78	13	3	19	2.5
4	1.5	8.9	1.5	13.3	2.4	19.2	3
4	2	8.9	1.9	13.3	2.5	19.3	2.4
4.2	1.9	9	1.5	13.94	2.65	19.4	2.1
4.47	1.78	9	2	14	1.78	20	2
4.6	2	9.19	2.65	14	2	20	2.5
5	1	9.25	1.78	14	3	20	3
5	1.5	9.3	2.4	14.03	2.61	20.29	2.62
5	2	10	1	14.5	2.4	20.3	2.4
5	2.5	10	2	15	2	20.35	1.78
5.1	1.6	10	2.5	15	3	21	3.53
5.28	1.78	10	3	15.3	2.4	21.3	2.4
5.3	2.4	10.3	2.4	15.54	2.65	21.3	3.6
5.7	1.9	10.72	1.78	15.6	1.78	21.7	3.5
6	1	10.77	2.62	16	2	21.82	3.53
6	2	10.82	1.78	16	3	21.89	2.62
6.02	2.62	11	2	16.2	2	21.95	1.78
6.07	1.78	11	3	16.3	2.4	22	1.5
6.3	2.4	11.11	1.78	16.4	2	22	2
6.4	2	11.3	2.4	16.9	2.7	22.2	3
6.7	2	11.3	2.5	17	2	23	2
6.75	1.78	12	2	17	3	23	2.5
7	2	12	2.5	17.12	2.62	23	3
7	2.4	12	3	17.17	1.78	23.47	2.62
7	2.4	12.1	2.7	18	1.5	23.52	1.78

（续）

内径	截面直径	内径	截面直径	内径	截面直径	内径	截面直径
24	2	34.2	3	50.2	3	95	5
24	2.5	34.59	2.62	53.34	5.33	97	4
24.99	3.53	34.52	4.53	54	3	100	5.33
25	2	34.65	2.78	55	4	100.97	5.33
25.2	3	35	2	56	3	107.28	5.33
26	2	35	3	56.52	5.33	110	5
26.64	2.62	35.2	3	56	6	110.49	5.33
26.2	3	36	2	59	3.53	112	6
28	2	36	3.53	60	3	114.6	5.7
28	3	36.17	2.62	60	4	116.84	6.99
28	4	37	4	60	5	120	4
28.17	3.53	37.69	3.53	64	3	120	5
28.24	2.62	37.77	2.62	65	5	120.02	5.33
28.3	1.78	38	2	66	5.33	121	5
29.2	3	39	2	68	5.53	129.77	3.53
29.74	2.95	39.2	3	69.21	5.33	124.6	5.7
29.87	1.78	39.34	2.62	69.52	2.65	129.54	5.33
29.82	2.62	40	2	70	3	130	5.33
30	2	40.2	3	70	5	135	5
30.3	2.4	40.64	5.33	75	3	151.77	6.99
31.54	3.53	44	3	75.8	3.53	152	5
32	2	45	3	80	3	158	5.7
32	3	46.99	5.33	80	5	177.17	6.99
32	4	48.9	2.62	82.14	3.53	178	5.7
33	2	50	2	85	5	202.57	6.99
33	2.62	50	3	90	5	225	5
33	3.5	50.16	5.33	91.4	5.33		

注：1. 参考派克汉尼汾公司 2021 版《派克液压密封件》样本。

2. 标准材料 P5008 是邵氏硬度 A 约为 93 度的聚氨酯。与市面上其他聚氨酯材料相比，P5008 耐热性能更好，压缩永久变形更小。对于含水介质，密封件制造商推荐使用耐水解材料 P5000。还有其他聚氨酯材料可选。

如图 4-1 所示，有些尺寸的哑铃形圈是静密封用 O 形圈的理想替换品，由于其非常耐挤出（压），并且一般情况下（间隙 0.2mm 以下）不用加装挡圈，最高工作压力可达 50MPa。

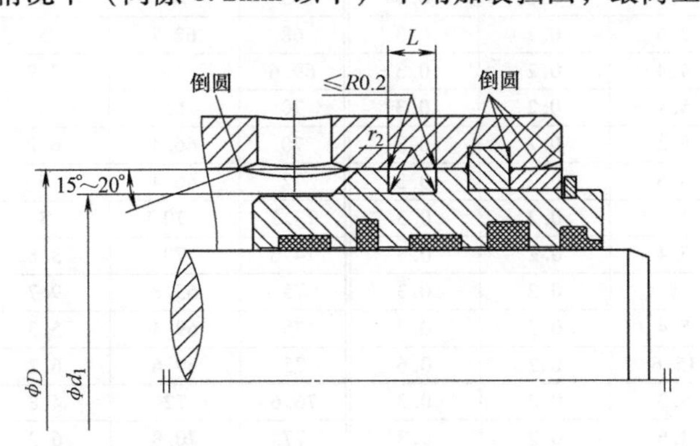

图 4-1 哑铃形密封圈用沟槽

静密封用哑铃形密封圈沟槽尺寸见表4-17，读者可参考选用。

表4-17　静密封用哑铃形密封圈沟槽尺寸　（单位：mm）

缸内径 D H8	沟槽底面直径 d_1 h9	沟槽宽度 $L^{+0.20}_{0}$	槽棱圆角半径 $r_1 \leqslant$	槽底圆角半径 $r_2 \leqslant$	缸内径 D H8	沟槽底面直径 d_1 h9	沟槽宽度 $L^{+0.20}_{0}$	槽棱圆角半径 $r_1 \leqslant$	槽底圆角半径 $r_2 \leqslant$
6	4.6	2.4	0.2	0.3	35.5	30.9	5	0.2	0.3
10	7.6	3.6	0.2	0.3	36	32	6.2	0.2	0.3
11	8.6	2.6	0.2	0.3	38	32.4	5.3	0.2	0.3
12	9.6	3.6	0.2	0.3	40	35.2	5.4	0.2	0.3
13.8	9.2	3.1	0.2	0.3	40	35.4	5.4	0.2	0.3
15	12.6	3.6	0.2	0.3	42.8	38	6.8	0.2	0.3
15.5	13.1	3.6	0.2	0.3	43.4	37.8	6.2	0.2	0.3
16	13.6	3.6	0.2	0.3	45	35.8	9.7	0.2	0.3
16.6	12	3.2	0.2	0.3	45	40	5.4	0.2	0.3
17	14.6	2.6	0.2	0.3	50	40.8	9.7	0.2	0.6
17	14.6	3.6	0.2	0.3	50	43.8	5.6	0.2	0.3
17.5	15.1	2.6	0.2	0.3	50	44.6	6.2	0.2	0.3
17.5	15.1	3.6	0.2	0.3	50	45.4	5.4	0.2	0.3
18	14	5.8	0.2	0.3	50	45.4	3.9	0.2	0.3
18	15.6	3.6	0.2	0.3	55	45.8	9.8	0.2	0.3
19	15.6	4.4	0.2	0.3	55	49.6	6.2	0.2	0.3
19	15.6	3.6	0.2	0.3	55	49.9	5.3	0.2	0.3
19	16.6	2.6	0.2	0.3	55	50	6.7	0.2	0.3
19	16.6	3.6	0.2	0.3	55	51	3.6	0.2	0.3
20	16	5.8	0.2	0.3	57	52.2	4.1	0.2	0.3
20	16.6	4.4	0.2	0.3	58	50	9	0.2	0.3
20	16.6	3.6	0.2	0.3	60	50.8	9.7	0.2	0.6
20	17.6	3.6	0.2	0.3	60	54.4	5.8	0.2	0.3
20.5	17.2	5	0.2	0.3	60	54.6	6.2	0.2	0.3
21	17.6	4.4	0.2	0.3	63	53.8	9.7	0.2	0.3
21	18.6	3.6	0.2	0.3	63	56.6	6.4	0.2	0.3
21.5	18.1	4.4	0.2	0.3	63	57.4	4.8	0.2	0.3
21.5	19.1	2.6	0.2	0.3	63	57.6	6.2	0.2	0.3
22	19.6	3.6	0.2	0.3	63	58.4	5.4	0.2	0.3
23	19.6	4.4	0.2	0.3	65	59.4	5	0.2	0.3
23	20.6	3.6	0.2	0.3	65	59.6	6.2	0.2	0.3
24	20	4.8	0.2	0.3	65	60	5	0.2	0.3
24	21.6	3.6	0.2	0.3	68	62.7	5	0.2	0.3
26	22	4.4	0.2	0.3	69.6	65	3.9	0.2	0.3
26.8	22	5.4	0.2	0.3	70	65	5	0.2	0.3
28	23.8	5.3	0.2	0.3	70	66.4	6.2	0.2	0.3
28.6	25.6	3.6	0.2	0.3	72	66.4	5	0.2	0.3
30	25.1	4.4	0.2	0.3	73.5	70	5	0.2	0.3
30	25.4	5.4	0.2	0.3	74.6	70	3.8	0.2	0.3
31	26.4	5	0.2	0.3	75	65.8	9.7	0.2	0.6
32	27.4	5.4	0.2	0.3	75	69.4	5.3	0.2	0.3
33	20	15.6	0.2	0.6	75	69.6	6.2	0.2	0.4
34	28.4	5.3	0.2	0.3	76.6	72	4.8	0.2	0.3
34	31.1	3.6	0.2	0.3	77	70.8	6.2	0.2	0.3
35	30.4	5	0.2	0.3	78	73	5	0.2	0.3

（续）

缸内径 D H8	沟槽底面直径 d_1 h9	沟槽宽度 $L_{0}^{+0.20}$	槽棱圆角半径 $r_1 \leqslant$	槽底圆角半径 $r_2 \leqslant$	缸内径 D H8	沟槽底面直径 d_1 h9	沟槽宽度 $L_{0}^{+0.20}$	槽棱圆角半径 $r_1 \leqslant$	槽底圆角半径 $r_2 \leqslant$
80	70.8	9	0.2	0.6	125	116.6	8.6	0.2	0.3
80	70.8	9.7	0.2	0.6	140	128.4	12.3	0.2	0.6
80	73.6	6.4	0.2	0.3	140	130.8	9.7	0.2	0.6
80	73.8	6.9	0.2	0.3	140	131.6	8.6	0.2	0.3
80	74.4	5.3	0.2	0.3	150	138.4	12.3	0.2	0.6
80	75.4	5.4	0.2	0.3	150	140.8	9.7	0.2	0.6
80	76	3.6	0.2	0.3	150	141.6	8.6	0.2	0.3
85	79.4	5.3	0.2	0.3	160	148.4	12.3	0.2	0.6
85.1	85.5	3.9	0.2	0.3	160	150.8	9.7	0.2	0.6
90	81.4	9	0.2	0.3	165	153.4	12.3	0.2	0.6
90	83	6.5	0.2	0.3	165	155.8	9.7	0.2	0.6
90	84.4	4.8	0.2	0.3	165	156.6	8.6	0.2	0.3
93	87.4	5.3	0.2	0.3	170	158.4	12.3	0.2	0.6
95	89.4	6.2	0.2	0.3	170	160.8	9.7	0.2	0.6
97	91.4	4.8	0.2	0.3	180	168.4	12.3	0.2	0.6
100	90.8	9.7	0.2	0.3	180	170.8	9.7	0.2	0.6
100	91.4	9	0.2	0.3	180	171.6	8.6	0.2	0.3
100	91.6	8.6	0.2	0.3	190	178.4	12.3	0.2	0.6
100	93.8	6.9	0.2	0.3	200	188.4	12.3	0.2	0.6
102	95.8	6.2	0.2	0.3	200	190.8	9.7	0.2	0.6
105	96.4	9	0.2	0.3	200	191.6	8.6	0.2	0.3
110	100.8	9.7	0.2	0.6	225	213	10.9	0.2	0.6
110	101.4	9	0.2	0.3	250	238	10.9	0.2	0.6
114	107.8	6.2	0.2	0.3	250	238.4	12.3	0.2	0.6
115	106.6	8.6	0.2	0.6	250	240.8	9.7	0.2	0.6
125	115.8	9.7	0.2	0.6	270	259.4	12.3	0.2	0.6
125	116.4	9	0.2	0.3	280	268	10.9	0.2	0.6

作者注：1. 参考了特瑞堡密封系统（中国）有限公司的2012版密封选型指南。

2. 参考了阿思顿密封圈贸易（上海）有限公司的2021版密封系统总目录。

除上述静密封用哑铃形密封圈外，还有参考资料，如UTEC（优泰科）2014版密封产品及材料手册等介绍，可以提供安装在O形圈沟槽中其他可以代替O形圈的静密封产品，但作者没有使用过，读者如需应用请与各密封件制造商沟通、确认。

需要说明的是，作者在最新的UTEC《密封产品及材料手册》上没有查到出版日期；其第52页中有：“优泰科可以提供下列可以安装在标准O形圈沟槽中代替O形圈的静密封”。

2. 液压缸往复运动用唇形密封泄漏的防治

表4-18列出了液压缸往复运动用唇形密封圈泄漏现场防治办法。

表4-18 液压缸往复运动用唇形密封圈泄漏现场防治办法

<table>
<tr><th>密封圈状态</th><th>对　策</th><th>办　法</th></tr>
<tr><td>烧伤</td><td>1)唇端凹口内填充满合适润滑脂
2)低速起动、低速(压)运行排气</td><td rowspan="2">1)更换密封圈
①密封圈耐高温：NBR>AU/EU(聚氨酯橡胶/聚醚型聚氨酯橡胶)
②密封圈耐高压、耐挤出：88>80>70(IRHD或邵尔A)
③密封圈耐介质：FKM>NBR、AU/EU</td></tr>
<tr><td>硬化龟裂</td><td>1)更换新的密封圈
2)更换密封圈密封材料
3)降低液压工作介质温度
4)涂敷合适润滑脂、密封液压缸油口</td></tr>
</table>

（续）

<table>
<tr><th>密封圈状态</th><th>对　策</th><th>办　法</th></tr>
<tr><td>软化溶胀</td><td>1)更换液压工作介质
2)更换密封圈密封材料</td><td rowspan="7">④耐老化:FKM、AU/EU>NBR
⑤耐磨性:AU/EU>NBR
⑥抗撕裂:AU/EU>NBR
2)更换工作介质
①性能(包括黏温性):L-HV>L-HM(抗磨)>L-HL
②黏度:68(高温用)>46>32(低温用)
3)更换密封圈用挡圈
①抗挤出能力:POM(聚甲醛)、PA(聚酰胺)>PTFE
②吸水(潮、湿)尺寸变化:PA> POM>PTFE
4)清洗
使用肥皂水清洗 NBR 材料密封圈,避光处晾干后安装;聚氨酯橡胶(AU)一般不可水洗
5)金属零部件修整
按图样及技术要求修整</td></tr>
<tr><td>变形</td><td>1)更换新的密封圈
2)更换密封圈密封材料
3)更换密封圈用挡圈或密封材料
4)降低液压工作介质温度</td></tr>
<tr><td>挤出</td><td>1)沟槽槽棱倒圆
2)更换硬度更高的密封圈
3)更换密封圈密封材料
4)更换密封圈用挡圈材料
5)更换液压工作介质
6)紧固连接,调整导向,减小偏载
7)降低液压工作介质温度</td></tr>
<tr><td>磨损</td><td>1)抛光密封沟槽及配合件偶合面
2)紧固连接及更换已磨损的零部件</td></tr>
<tr><td>破损</td><td>1)修整金属零部件
2)使用安装工具安装密封圈
3)涂敷合适润滑脂
4)采用防“困油”密封圈
5)更换更耐温、耐油密封材料的密封圈</td></tr>
<tr><td>裂纹</td><td>1)避免低温下使用
2)更换密封圈密封材料
3)减小冲击压力</td></tr>
<tr><td>污染</td><td>1)更换密封圈
2)清洗
3)唇端凹口内填充橡胶</td></tr>
</table>

注：参考文献［46］给出了常用塑料吸水率，聚酰胺 PA6 为 1.8%、PA66 为 1.5%、PA1010 为 0.39%、PA11 为 0.4%、PA12 为 0.6%～1.5%，聚甲醛（POM）均聚 0.25%、共聚 0.22%，聚四氟乙烯（PTFE）普通级< 0.01%、20%玻璃纤维增强<0.01%。

液压缸泄漏现场防治（维修）有时是非常急迫的，因不允许或没有办法更改密封系统（如重新加工金属零部件各密封沟槽），可能需要采用非常规办法，如作者曾在现场采取过的刀割 U 形圈泄油通道、U 形圈下垫聚四氟乙烯环及在 U 形圈凹槽内加（嵌）装 O 形圈等。以在 U 形圈凹槽内加（嵌）装 O 形圈（或称为 O 形圈组合 U 形圈）为例，若能选择到合适的 O 形圈可直接加（嵌）装，但通常现场办不到，比较可行的办法是采用 O 形胶条。

表 4-19 列出了 NBR 材料的 O 形胶条截面直径尺寸系列，供参考使用。另外，在新产品研制、科学试验及一些其他特殊场合，作者也采用过这种 O 形胶条制作静密封用 O 形圈。

表 4-19　O 形胶条截面直径尺寸系列　（单位：mm）

d_2									
1.5	1.6	1.78	2.0	2.4	2.5	2.62	3.0	3.2	3.5
3.53	4.0	4.5	5.0	5.33	5.5	5.7	6.0	6.35	6.5
6.99	7.0	7.5	8.0	8.4	8.5	9.0	9.5	10	11
12	13	14	15	16	18	20	22	25	30

注：参考了德克迈特德氏封静密封 O 形圈。

如果 U 形圈破损（含裂纹）定期发生即使用寿命短，应该考虑更换其他型式的密封圈。

在活塞密封用U形圈背靠背安装中，因可能发生“困油”问题，建议采用具（带）有泄压通道（槽）的U形圈；而带挡圈的同轴密封件更抗挤出和耐冲击压力，具体可参见第2.10.3节，因此可能成为U形圈的替代品。

活塞密封用带挡圈的同轴密封件及其沟槽如图4-2所示，其尺寸见表4-20。

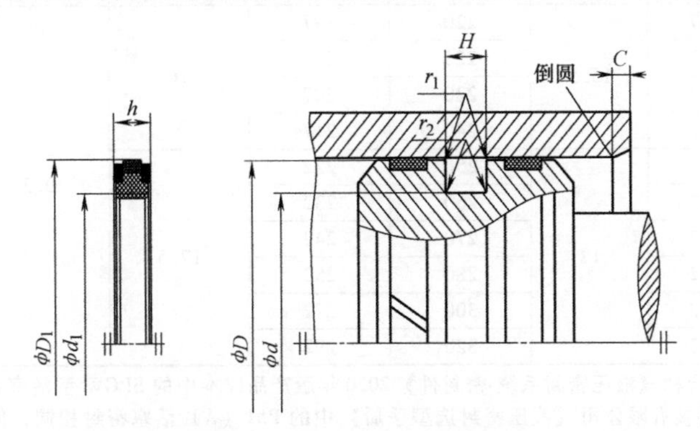

图4-2 活塞密封用带挡圈的同轴密封件及其沟槽

表4-20 活塞密封用带挡圈的同轴密封件外形及沟槽尺寸 （单位：mm）

缸内径 D H9	带挡圈的同轴密封件外形尺寸			沟槽尺寸					安装导角 C
	外径 D_1	内径 d_1	高度 h	活塞直径 D f8	沟槽底面直径 $d_{-0.20}^{0}$	沟槽宽度 $H_{0}^{+0.20}$	槽棱圆角半径 $r_1 \leqslant$	槽底圆角半径 $r_2 \leqslant$	
50	50	36	8.5	50	36	9	0.3	0.5	4
60	60	46		60	46				
65	65	50	10.5	65	50	11			5
70	70	55		70	55				
75	75	60		75	60				
80	80	65		80	65				
85	85	70		85	70				
90	90	75		90	75				
95	95	80		95	80				
100	100	85	12	100	85	12.5			
105	105	90		105	90				
110	110	95		110	95				
115	115	100		115	100				6
120	120	105		120	105				
125	125	102	15.5	125	102	16			
130	130	107		130	107				
135	135	112		135	112				
140	140	117		140	117				
145	145	122		145	122				
150	150	127		150	127				
160	160	137		160	137				
170	170	147		170	147				
180	180	157		180	157				
185	185	162		185	162				
190	190	167		190	167				
200	200	177		200	177				
210	210	187		210	187				

（续）

缸内径 D H9	带挡圈的同轴密封件外形尺寸			沟槽尺寸					安装导角 C
	外径 D_1	内径 d_1	高度 h	活塞直径 D f8	沟槽底面直径 $d_{-0.20}^{\ 0}$	沟槽宽度 $H_{\ 0}^{+0.20}$	槽棱圆角半径 $r_1 \leqslant$	槽底圆角半径 $r_2 \leqslant$	
220	220	197	15.5	220	197	16	0.3	0.5	6
225	225	202		225	202				
230	230	207		230	207				
240	240	217		240	217				
250	250	222	17	250	222	17.5			
260	260	232		260	232				7.5
270	270	242		270	242				
280	280	252		280	252				
300	300	272		300	272				
320	320	292		320	292				

注：参考了 NOK 株式会社《液压密封系统-密封件》2020 年版产品样本中的 SPGW 型活塞密封专用密封件，其与苏州美福瑞新材料科技有限公司《液压密封选型手册》中的 P51（A）活塞密封相同，但与 GB/T 15242.1—2017 中孔用组合同轴密封件（TZ）略有不同。

4.8　液压系统及液压缸污染的在线监测与防治

液压缸活塞杆（柱塞）往复运动密封处是外部污染物侵入液压缸及液压系统内部的主要途径之一。没有设计、安装防尘密封圈及防尘密封圈失效的液压缸，液压系统工作介质易被污染。污染的工作介质能使液压缸密封装置（系统）加速失效，进而引发液压系统及包括液压缸在内的液压元件故障，造成严重后果。

没有设计、安装防尘密封圈的液压缸是本质不安全的设计，是液压缸设计禁忌之一。

污染物侵入液压缸及液压系统内部的另一途径是新液压油液加注。污染物还可能是液压缸内部自生的，如各种磨损［滑动磨损、（液体）磨料磨损、黏着磨损、气穴磨损、疲劳（接触、表面）磨损、微动磨损和液体冲蚀等］产生的金属颗粒或非金属颗粒等。

在 GB/T 17754—2012《摩擦学术语》中，将在磨损过程中从参与摩擦的固体表面上脱落下来的细微颗粒称为“磨屑”。

控制、提高工作介质清洁度水平，对保证和提高液压系统及元件的产品质量，提高液压系统的工作可靠性，延长液压设备和工作介质的使用寿命具有重要意义。

4.8.1　工作介质污染度的在线监测

除大型、精密、贵重的液压设备，一般液压系统或液压设备上不安装工作介质污染度在线监测装置（如在线颗粒计数器）。

在线液压缸的污染度（清洁度）监测，不能采用 JB/T 7858—2006《液压元件清洁度评定方法与液压元件清洁度指标》中规定的方法，只能采用 GB/T 17489—1998《液压颗粒污染分析　从工作系统管路中提取液样》（新标准正在批准中）中规定的方法提取液（油）样，并进行离线检测。

为了较为准确地监测液压缸（湿）容腔内工作介质的污染度，应按上述标准及其他相关标准要求设置油样取样口（取样器）。

通常做法是采用液压缸一腔加压另一腔排油，从正在排油的油口（附近）处取样器取样。

从正在工作的液压系统油箱中取样只是一种备用方法，因其不能完全代表固体颗粒污染物流动情况，所以使用从油箱提取的油样所得检测结果不够准确。“一种从排液阀取样的液压油液颗粒污染度监测和检测装置”及方法或可参考。

应该强调的是，所取油样应是正在工作的且处于紊流状态下的液压系统工作介质。

油样污染度（清洁度）一般只能采用离线检测，测定方法可按 JB/T 9954—1999《锻压机械液压系统　清洁度》的规定。

但在 JB/T 11588—2013《大型液压油缸》中规定：“用油污染检测仪对液压油缸排出的油液进行检测。”

4.8.2　液压缸污染的在线防治

有参考文献介绍，现在使用的液压设备工作介质污染度普遍超标，使用的新油液固体颗粒污染等级也超出液压缸产品标准所规定的污染度。

除加注新油时应保证新油达到“清洁度等级必须与被（测）试元件（液压缸）的清洁度等级相同或更高”，实践中最为困难的是能否坚持定期监测清洁度（污染度），并在监测到液压系统及液压缸污染度有问题时能否及时处理。

液压系统及元件的清洁度指标应执行相应产品标准的规定，产品标准中未作规定的主要液压元件和附件清洁度指标应执行 JB/T 7858—2006《液压元件清洁度评定方法及液压元件清洁度指标》中的表 2 规定。液压油液的污染度（按 GB/T 14039 表示）应适合于系统中对污染最敏感的元件，如伺服控制液压缸上集成的电液伺服阀。有关《液压传动　系统　系统清洁度与构成该系统的元件清洁度和油液污染度理论关联法》的国家标准正在制定中。

根据液压系统及液压缸产品标准规定的清洁度（污染度）指标（见表 4-21～表 4-23），在线液压缸污染可采取以下措施防治。

表 4-21　满足运行液压系统高、中等清洁度要求的液压油液中固体颗粒污染等级的指南

液压系统压力	液压油液清洁度要求，按 GB/T 14039 表达	
	高	中等
≤16MPa(160bar)	17/15/12	19/17/14
>16MPa(160bar)	16/14/11	18/16/13

注：参考了 GB/T 25133—2010《液压系统总成　管路冲洗方法》中的表 A.1，以此划分液压系统高、中等清洁度应较为有根据。

表 4-22　重型机械液压系统清洁度指标

液压系统类型	ISO 4406、GB/T 14039　油液固体颗粒污染等级代号									
	12/9	13/10	14/11	15/12	16/13	17/14	18/15	19/16	20/17	21/18
	NAS 1638　分级									
	3	4	5	6	7	8	9	10	11	12
精密电液伺服系统	+	+	+							
伺服系统			+	+	+					
电液比例系统					+	+	+			
高压系统				+	+	+	+			
中压系统						+	+	+	+	

（续）

液压系统类型	ISO 4406、GB/T 14039　油液固体颗粒污染等级代号									
	12/9	13/10	14/11	15/12	16/13	17/14	18/15	19/16	20/17	21/18
	NAS 1638　分级									
	3	4	5	6	7	8	9	10	11	12
低压系统							+	+	+	+
一般机器液压系统						+	+	+	+	+
行走机械液压系统				+	+	+	+	+		
冶金轧制设备液压系统				+	+	+	+	+		
重型锻压设备液压系统				+	+	+	+	+		

注：1. 摘自 JB/T 6996—2007，其中“+”表示适用。

2. 经比对，此表与 GB/T 37400.16—2019 中表 2 的规定基本相同。

表 4-23　产品标准规定的液压缸统清洁度指标

标准	产品	缸体内部清洁度	试验用油液清洁度
GB/T 24946—2010	船用数字液压缸	不得高于—/19/16	不得高于—/19/16
JB/T 10205—2010	液压缸	不得高于—/19/16	不得高于—/19/15
JB/T 11588—2013	大型液压油缸	不得高于 19/15 或—/19/15	不得高于 19/15 或—/19/15
DB44/T 1169.1—2013	伺服液压缸	不得高于 13/12/10	不得高于 13/12/10

注：1. 用显微镜计数的代号中第一部分用符号“—”表示。

2. 伺服液压缸缸体内部清洁度见 DB44/T 1169.1—2013《伺服液压缸　第 1 部分：技术条件》（已于 2019-06-17 作废），仅供参考。

3. 有参考文献介绍，加拿大航空公司的技术报告说，其飞行模拟器上使用精细过滤，油液清洁度达到 PPC = 13/12/10，经过八年连续运行后检查伺服机构，没有出现磨损迹象。

4. 在 GB/T 15622—××××《液压缸试验方法》（讨论稿）/ISO 10100：2020，MOD 中规定，对于那些要求更高流体清洁度的应用，如带有伺服阀或对污染敏感的密封件的缸，流体的清洁度应为 16/13 或 16/13/10（依据 GB/T 14039）。

1）新液压系统及液压缸等应采用与正常使用时相同品种牌号与黏度等级的液压油液进行冲洗。

2）加注的新油应满足液压系统及液压缸的清洁度要求，新油其他项目指标，如运动黏度、酸值、水分、机械杂质等也应满足 GB/T 11118.1—2011《液压油（L-HL、L-HM、L-HV、L-HS、L-HG）》等相关标准要求。

3）及时或定期更换液压缸防尘密封圈。

4）除可在液压泵前使用吸油滤网或粗滤器，还应在压力管路上设计、安装粗、精滤油器（有标准规定其绝对过滤精度应在 3μm 以内），回油管路上设计、安装回油过滤器。

5）及时或定期清理、更换滤网、滤芯，还包括空气滤清器滤芯等。

6）及时或定期更换液压油液。

尽管及时或定期换油是最好的液压系统及液压污染防治办法，但实际操作很难。L-HM 液压油化验的主要项目、换油指标的技术要求和试验方法见表 4-24；冶金设备液压系统 L-HM 液压油换油指标技术限值和试验方法见表 4-25；运行中磷酸酯抗燃油的质量标准（指标）、油质指标异常极限值及试验方法见表 4-26。供读者在使用 L-HM 液压油过程中的质量监控。

另一种较好的液压系统及液压污染防治办法是采用旁路再生系统（装置）。该系统（装置）一般应具有以下一些功能：

表 4-24　L-HM 液压油化验的主要项目、换油指标的技术要求和试验方法（摘自 NB/SH/T 0599—2013）

主要项目		换油指标	试验方法
40℃运动黏度变化率(%)	超过	±10	GB/T 265 及本标准 3.2 条
水分(质量分数)(%)	大于	0.1	GB/T 260
色度增加/号	大于	2	GB/T 6540
酸值增加①/(mgKOH/g)	大于	0.3	GB/T 264、GB/T 7034
正戊烷不溶物②(%)	大于	0.1	GB/T 8926 A 法
铜片腐蚀(100℃,3h)/级	大于	2a	GB/T 5096
泡沫特性(24℃)(泡沫倾向 泡沫稳定性)/(mL/mL)	大于	450/10	GB/T 12579
清洁度③	大于	—/18/15 或 NAS9	GB/T 14039 或 NAS1638

注：该换油指标无法满足伺服液压缸的清洁度要求。

① 结果有争议时以 GB/T 7034 为仲裁方法。

② 允许采用 GB/T 511 方法，使用 60~90℃石油醚作溶剂，测定试样机械杂质。

③ 根据设备制造商的要求适当调整。

表 4-25　冶金设备液压系统 L-HM 液压油换油指标技术限值和试验方法

项目		限值			试验方法
40℃运动黏度变化率①(%)	超过	±10			GB/T 11137 GB/T 256 及本标准 3.2 条
水分②(质量分数)(%)	大于	0.10			GB/T 260 或 GB/T 11133
酸值增加③(以 KOH 计)/(mg/g)	大于	0.30			GB/T 7034 或 GB/T 264 及本标准 3.3 条
正戊烷不溶物④(%)	大于	0.20			GB/T 8926
铜片腐蚀(100 ℃,3h)/级	大于	2a			GB/T 5096
清洁度⑤/级	大于	NAS5 (伺服系统)	NAS7 (比例系统)	NAS9 (一般系统)	DL/T 432 或 GJB 380.4A

注：此表摘自 YB/T 4629—2017《冶金设备用液压油换油指南　L-HM 液压油》中表 1。在该标准的前言中指出，YB/T 4629—2017 是在 NB/SH/T 0599—2013《L-HM 液压油换油指标》和 SH/T 0476—1992（2003）《L-HL 液压油换油指标》的基础上，结合冶金设备特点制定的。

① 结果有争议时，以 GB/T 11137 为仲裁方法。

② 结果有争议时，以 GB/T 260 为仲裁方法。

③ 结果有争议时，以 GB/T 7034 为仲裁方法。

④ 允许采用 GB/T 511 方法测定油样机械杂质，结果有争议时，以 GB/T 8926 为仲裁方法。

⑤ 客户需要时，可提供 GB/T 14039 的分级结果，结果有争议时，以 DL/T 432 为仲裁方法，清洁度限值可根据设备制造商或用户要求适当调整。

表 4-26　运行中磷酸酯抗燃油质量标准油质指标异常极限值及试验方法（摘自 DL/T 571—2014）

序号	项目		指标	异常极限值	试验方法
1	外观		透明,无杂质或悬浮物	混浊、有悬浮物	DL/T 429.1
2	颜色		橘红	迅速加深	DL/T 429.2
3	密度(20℃)/(kg/m^3)		1130~1170	<1130 或>1170	GB/T 1884
4	运动黏度(40℃)/(mm^2/s)	ISO VG32	27.2~36.8	与新油牌号代表的运动黏度中心值相差超过±20%	GB/T 265
		ISO VG46	39.1~52.9		
5	倾点/℃		≤-18	>-15	GB/T 3535
6	闪点(开口)/℃		≥235	<220	GB/T 3536
7	自燃点/℃		≥530	<500	DL/T 706

（续）

序号	项　目		指　标	异常极限值	试验方法
8	颗粒污染度 SAE AS4059F/级		≤6	>6	DL/T432
9	水分/(mg/L)		≤1000	>1000	GB/T 7600
10	酸值/(mgKOH/g)		≤0.15	>0.15	GB/T 264
11	氯含量/(mg/kg)		≤100	>100	DL/T 433 或 DL/T 1206
12	泡沫特性/(mL/mL)	24℃	≤200/0	>250/50	GB/T 12579
		93.5℃	≤40/0	>50/10	
		后 24℃	≤200/0	>250/50	
13	电阻率(20℃)/Ω·cm		≥6×10^9	<6×10^9	DL/T 421
14	空气释放值(50℃)/min		≤10	>10	SH/T 0308
15	矿物油含量(%)(m/m)		≤0.5	>4	DL/T 571 附录 C

1）再生功能，靠吸附剂的吸附作用将油中的酸性成分和机型杂质除去。

2）脱水功能，靠吸水剂选择性地将油中水分吸附。

3）过滤功能：将油中的机械杂质过滤。

旁路再生系统（装置）可以与液压系统同时运行，除去液压系统及液压缸内的因液压油老化而生成的酸性物质、油泥、杂质颗粒及油中水分等有害物质。

第5章　液压缸密封技术工程应用设计实例

本章所涉及的液压缸密封技术工程应用设计实例，全部是作者十多年来设计、审核、批准、（再）制造、使用、试验、验收和维修过的液压缸。原图样全部为液压缸产品图样，现在只是根据相关要求，包括专利技术的保护进行了一些必要的删减。

因时间跨度较大，加之作者对液压缸及液压缸密封技术的认知、理解的变化，标准的更新，技术的进步，设计和制造水平的提高，以及经验的积累和总结，以现在的眼光审视这些图样，并非都尽善尽美。但作者设计、制造过的液压缸的实际使用寿命，包括液压缸密封的耐久性都已经过实机验证了。

本章只选取了一些常见的、有代表性的液压缸密封图样，对一些主要由专业制造商生产的产品没有选取，如作者制造过的汽车全液压转向器、煤矿用液压支架等。

本章重点在于描述液压缸密封系统，即描述按液压缸密封要求串联排列的密封件的配置，也就是液压缸活塞密封系统和活塞杆密封系统。其他如偶合件配合及间隙，沟槽型式、尺寸和公差及表面粗糙度，以及除液压缸基本参数的其他液压缸规定工况等都进行了省略，所有图样中的密封件都进行了简化处理，同时删除了液压缸的铭牌、标志等。

液压缸的密封系统表示方法按本书第 3.2.1 节的规定，但未严格将单个密封圈密封、密封圈背靠背安装的活塞密封等与密封系统加以区分，为叙述方便，包括液压缸中的旋转轴密封在内统称为密封系统或密封（系统）。

5.1　液压机用液压缸密封系统

5.1.1　8000kN 纤维增强复合材料液压机主液压缸密封系统

1. 液压缸基本参数

如图 5-1 所示，该液压缸为作者设计、制造的 8000kN 纤维增强复合材料液压机（JC/T 2486—2018）上液压主缸。

该液压缸为双作用液压缸，公称压力为 25MPa，缸径为 400mm，活塞杆直径为 340mm（非标），行程为 1200mm（图样的设计行程为 1230mm）。

该液压缸为上置式安装，有杆端缸体凸台止口与机身安装孔配合定位，由安装圆螺母锁紧在上横梁上；活塞杆端连接法兰与滑块连接。

2. 液压缸密封系统

如图 5-1 所示，活塞杆密封系统 2 为同轴密封件+唇形密封圈+防尘密封圈，缸盖 1 为球墨铸铁制造，其内孔与活塞杆直径配合支承、导向；缸盖 1 与缸体 4 间由 O 形圈+挡圈密封。活塞密封系统 5 为支承环Ⅰ（PTEF）+支承环Ⅱ+支承环Ⅱ+同轴密封件+支承环Ⅱ+唇形

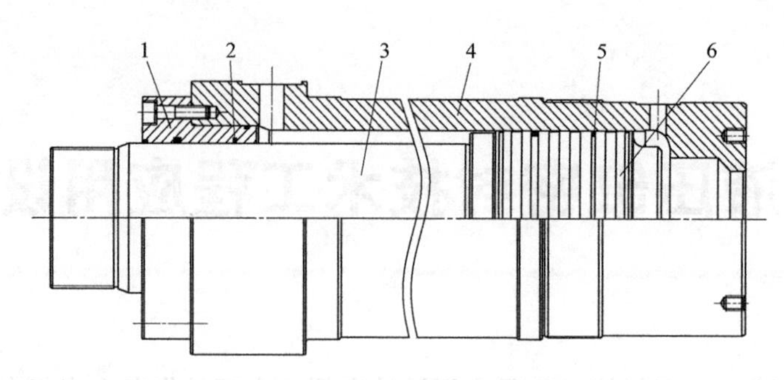

图 5-1　8000kN 纤维增强复合材料液压机的液压主缸

1—缸盖　2—活塞杆密封系统　3—活塞杆　4—缸体　5—活塞密封系统　6—活塞（与活塞杆为一体结构）

密封圈+支承环Ⅱ+支承环Ⅰ（PTEF），最大可能地保证了活塞和活塞杆的支承和导向，并防污染、耐冲击和减小沉降（量）。

该液压缸强度、刚度足够，安装、连接可靠，活塞和活塞杆的导向、支承能力强，可抗一定的偏载。

该液压缸不能在活塞与缸盖接触情况下，即缸进程端做耐压试验，也就是说不能在行程>1200mm 情况下使用和试验，也不能用缸盖做实际限位器使用。

5.1.2　1.0MN 平板硫化机修复用液压缸密封系统

1. 液压缸基本参数

如图 5-2 所示，原 1.0MN 平板硫化（液压）机（GB/T 25155—2010）的液压缸缸体与下横梁为一体铸造结构，因缸体泄漏，在橡胶密封件制造商自行采取了各种堵漏措施失败后，由作者提出了套装液压缸的修复方案并被采纳，为此设计、制造了一套柱塞式液压缸。

该液压缸为重力作用单作用缸，公称压力为 16MPa，活塞杆直径为 250mm，行程为 280mm。

该液压缸垂直安装；缸回程靠自重压回。

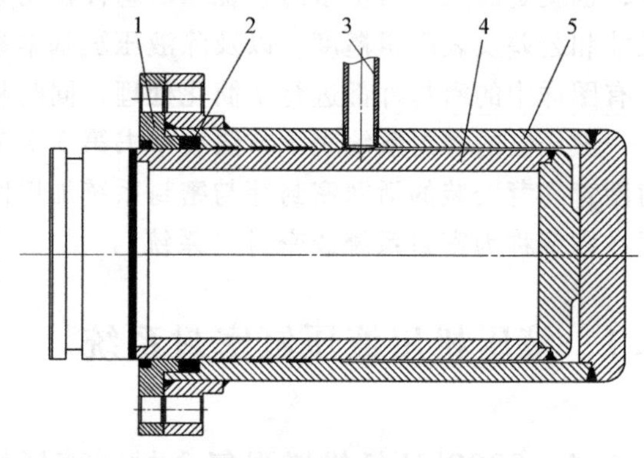

图 5-2　1.0MN 平板硫化机修复用液压缸

1—缸盖　2—活塞杆密封系统

3—直通锥端接头　4—活塞杆　5—缸筒

2. 液压缸密封系统

如图 5-2 所示，因缸盖 1、活塞杆 4 和缸筒 5 皆为钢制件，无法采用原导向、支承结构；现改为支承环导向、支承，密封型式未变，只是规格变小。活塞杆密封系统为支承环（三道）+唇形密封圈+单作用防尘密封圈。

与原结构比较，修复后的平板硫化机公称力减小了 0.2MN，滑块行程减小了 70mm，但可用于正常两班制生产作业，至今这台机器还在使用。

5.1.3　2000kN 成型液压机液压缸密封系统

1. 液压缸基本参数

如图 5-3 所示，该液压缸为双作用液压缸，公称压力为 21MPa（非标），缸径为 350mm

(非标)，活塞杆直径为240mm（非标），行程为550mm。

该液压缸为上置式安装，缸头法兰凸台止口与机身安装孔配合定位，由安装圆螺母锁紧在上横梁上；活塞杆端外圆与滑块安装孔配合定位，剖分式连接法兰由螺钉与滑块紧固。

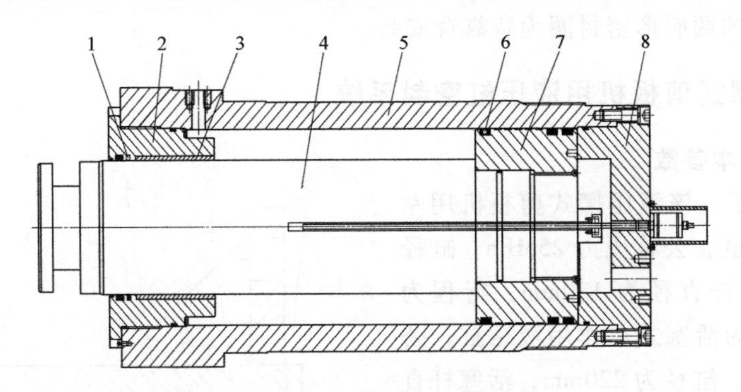

图 5-3 2000kN 成型液压机用液压缸

1—活塞杆密封系统 2—缸盖 3—金属支承环 4—活塞杆

5—缸筒 6—活塞密封系统 7—活塞 8—缸底

2. 液压缸密封系统

如图 5-3 所示，其活塞杆密封系统 1 为金属支承环 3+同轴密封件+唇形密封圈+挡圈+防尘密封圈；活塞密封系统 6 为唇形密封圈+挡圈+唇形密封圈+挡圈+支承环（五道)+挡圈+唇形密封件；所有静密封为 O 形圈+挡圈。

缸盖 2 内孔嵌装的金属支承环 3 的支承和导向作用更强，活塞密封系统 6 的“冗余设计”可提高使用寿命，尤其所有的密封圈皆加装了挡圈，进一步可提高液压缸的耐压能力。

5.2 液压剪板机、板料折弯机用液压缸密封系统

5.2.1 液压闸式剪板机用液压缸密封系统

1. 液压缸基本参数

如图 5-4 所示，该液压闸式剪板机主缸为双作用液压缸，公称压力为 25MPa，缸径为 180mm，活塞杆直径为 100mm，行程为 200mm（图样的设计行程为 205mm)。其副缸同为双作用液压缸，公称压力为 25MPa，缸径为 150mm（非标），活塞杆直径为 100mm，行程为 200mm。

该液压缸采用前端方法兰安装（安装孔图中未示出），活塞杆端部安装推力关节轴承，活塞杆端柱销连接。

该液压缸适配于可剪板厚 12mm、可剪板宽 4000mm 的液压闸式剪板机。

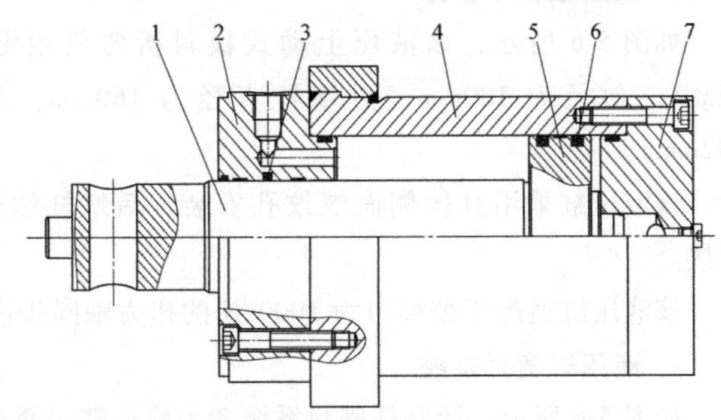

图 5-4 液压闸式剪板机主缸

1—活塞杆 2—缸盖 3—活塞杆密封系统 4—缸体

5—活塞（与活塞杆为一体结构） 6—活塞密封（系统） 7—缸底

2. 液压缸密封系统

如图 5-4 所示，活塞杆密封系统 3 为支承环+唇形密封圈+支承环+防尘密封圈；活塞密封（系统）6 为唇形密封圈+支承环+唇形密封圈；所有静密封为 O 形圈+挡圈。

活塞密封中的两唇形密封圈为背靠背安装。

5.2.2 液压摆式剪板机用液压缸密封系统

1. 液压缸基本参数

如图 5-5 所示，该液压摆式剪板机用左缸为双作用液压缸，公称压力 25MPa，缸径为 250mm，活塞杆直径为 120mm，行程为 270mm。其右缸为活塞式单作用液压缸，公称压力为 25MPa，缸径为 220mm，活塞杆直径为 120mm，行程为 270mm（图样的设计行程为 275mm）；回程缸为柱塞式气缸。这里只介绍其左液压缸。

该液压缸采用侧面底板安装，活塞杆端部安装推力关节轴承，通过球头座顶在刀架上。

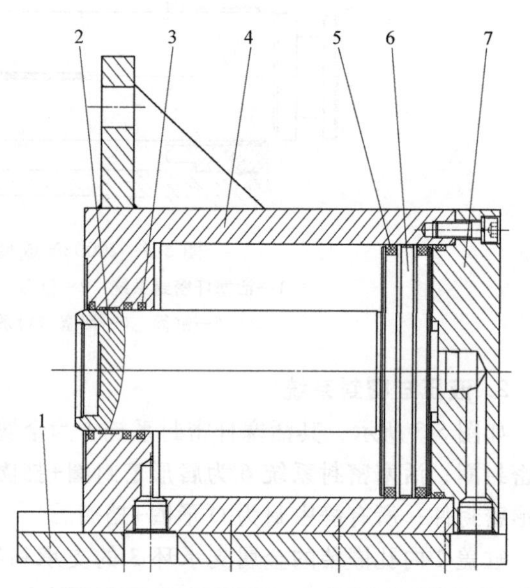

图 5-5 液压摆式剪板机用液压缸

1—底板 2—活塞杆 3—活塞杆密封系统 4—缸体 5—活塞密封（系统） 6—活塞（与活塞杆为一体焊接结构） 7—缸底

2. 液压缸密封系统

如图 5-5 所示，活塞杆密封系统 3 为唇形密封圈+唇形密封圈+支承环+防尘密封圈；活塞密封系统 5 为唇形密封圈+支承环+唇形密封圈；静密封为 O 形圈+挡圈。

活塞密封中的两件唇形密封圈为背靠背安装。

5.2.3 液压上动式板料折弯机用液压缸密封系统

1. 液压缸基本参数

如图 5-6 所示，该液压上动式板料折弯机用液压缸为双作用液压缸，公称压力为 25MPa，缸径为 180mm，活塞杆直径为 160mm，行程为 180mm（图样的设计行程为 182mm）。

该液压缸采用缸体侧面螺纹孔安装，活塞杆端垫球面垫螺钉连接或特殊销轴双螺钉连接。

该液压缸适配于公称力为 1000kN 的扭力轴同步液压上动式板料折弯机。

2. 液压缸密封系统

如图 5-6 所示，活塞杆密封系统 2 为唇形密封圈+支承环（2 道）+唇形密封圈+防尘密封圈；活塞密封（系统）5 为双向密封橡胶密封圈；静密封为 O 形圈+挡圈。

活塞杆密封系统 2、静密封及旋转轴密封 6 皆采用了“冗余设计”。

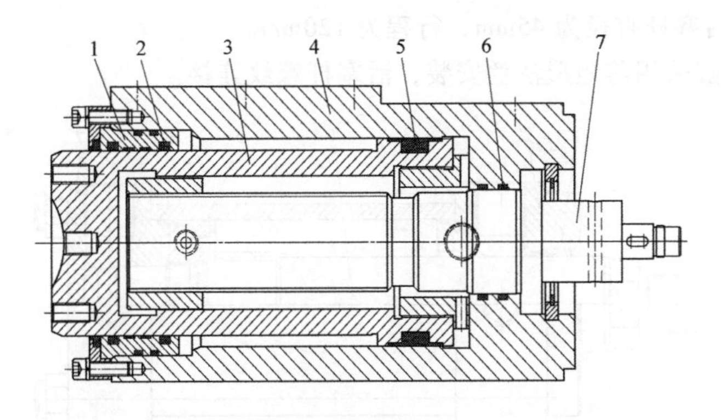

图 5-6 液压上动式板料折弯机用液压缸

1—缸盖 2—活塞杆密封系统 3—活塞杆 4—缸体 5—活塞密封（系统） 6—旋转轴密封 7—旋转轴

5.2.4 电液同步数控液压板料折弯机用液压缸密封系统

1. 液压缸基本参数

如图 5-7 所示，该电液同步数控液压板料折弯机用液压缸为双作用液压缸，公称压力为 28MPa（28MPa 不是 GB/T 2346—2003《流体传动系统及元件 公称压力系列》中规定的压力值，但在其他液压缸产品标准中规定了此压力值），缸径为 160mm，活塞杆直径为 150mm（非标），行程为 120mm（图样的设计行程为 125mm）。

该液压缸采用缸体侧面螺纹孔安装，活塞杆端垫球面垫螺钉连接或特殊销轴双螺钉连接。

该液压缸适配于公称力为 1000kN 的数控同步液压上动式板料折弯机。

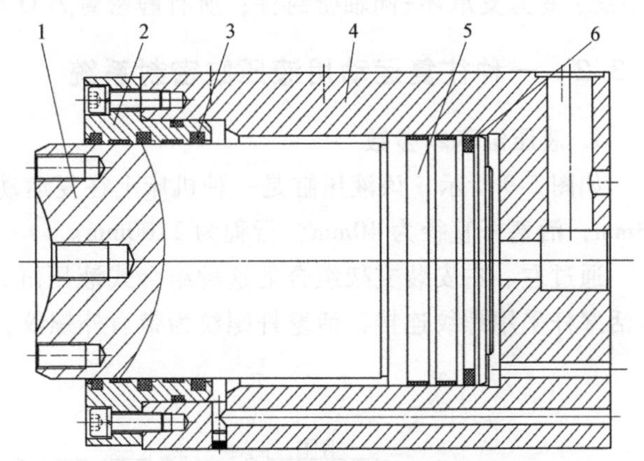

图 5-7 同步数控液压板料折弯机用液压缸

1—活塞杆 2—缸盖 3—活塞杆密封系统 4—缸体

5—活塞（与活塞杆为一体结构） 6—活塞密封（系统）

2. 液压缸密封系统

如图 5-7 所示，活塞杆密封系统 3 为唇形密封圈+支承环+唇形密封圈+支承环+防尘密封圈；活塞密封（系统）6 为同轴密封件+支承环（2 道）；静密封为 O 形圈+挡圈。

活塞杆密封系统采用了“冗余设计”。

5.3 机床和其他设备用液压缸密封系统

5.3.1 机床用拉杆式液压缸密封系统

1. 液压缸基本参数

如图 5-8 所示，该液压缸是机床上使用的一种拉杆式双作用液压缸，公称压力为 8MPa，缸内径为 80mm，活塞杆直径为 45mm，行程为 120mm。

该拉杆式液压缸采用前矩形法兰安装，活塞杆螺纹连接。

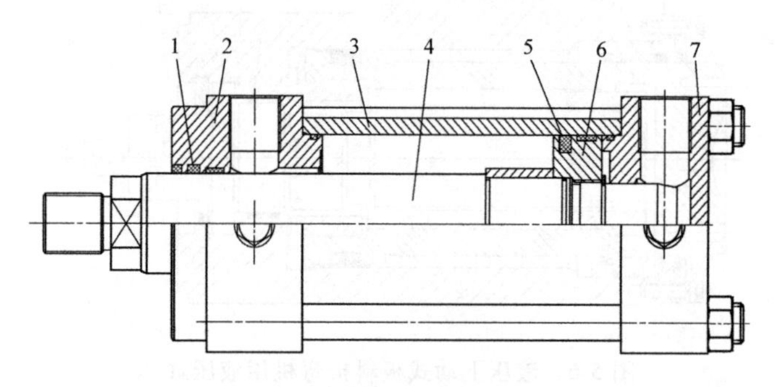

图 5-8　机床用拉杆式液压缸

1—活塞杆密封（系统）　2—前缸盖（缸头）　3—缸筒　4—活塞杆
5—活塞密封（系统）　6—活塞密封（系统）　7—后缸盖（缸底）

2. 液压缸密封系统

如图 5-8 所示，活塞杆密封（系统）1 为支承环+唇形密封圈+防尘密封圈；活塞密封（系统）6 为支承环+同轴密封件；所有静密封为 O 形圈密封。

5.3.2　一种往复运动用液压缸密封系统

1. 液压缸基本参数

如图 5-9 所示，该液压缸是一种机床上往复运动用液压缸，公称压力为 16MPa，缸径为 63mm，活塞杆直径为 40mm，行程为 1100mm。

通过左、右安装支架组合的这种组合式液压缸，其左、右安装支架用于安装滑台，左、右活塞杆采用螺纹连接，活塞杆螺纹为带肩外螺纹，其肩为配合台肩。

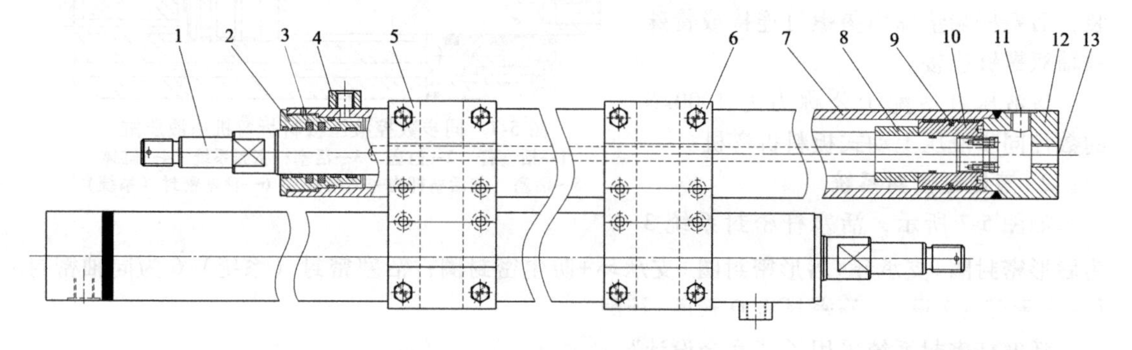

图 5-9　一种往复运动用液压缸

1—活塞杆　2—缸盖　3—活塞杆密封系统　4—有杆腔油口　5—左安装支架　6—右安装支架　7—缸筒
8—中隔套　9—活塞密封系统　10—活塞　11—无杆腔油口　12—缸底　13—位移传感器安装孔

2. 液压缸密封系统

如图 5-9 所示，活塞杆密封系统 3 为支承环+支承环+同轴密封件+同轴密封件+支承环+防尘密封圈；活塞密封系统 9 为支承环+同轴密封件+支承环；所有静密封为 O 形圈+挡圈（包括两个挡圈）。

5.3.3 组合机床动力滑台液压缸密封系统

1. 液压缸基本参数

如图 5-10 所示，该液压缸是一种组合机床动力滑台上使用的液压缸，用于驱动滑台（包括长台面型滑台）的往复运动。其公称压力为 6.3MPa（长台面型滑台为 4MPa），缸径为 100mm，活塞杆直径为 70mm，行程为 400mm。

该液压缸采用后端圆法兰安装，带螺纹的活塞杆端还带有平键键槽。

使用液压油或性能相当的矿物油作为工作介质。

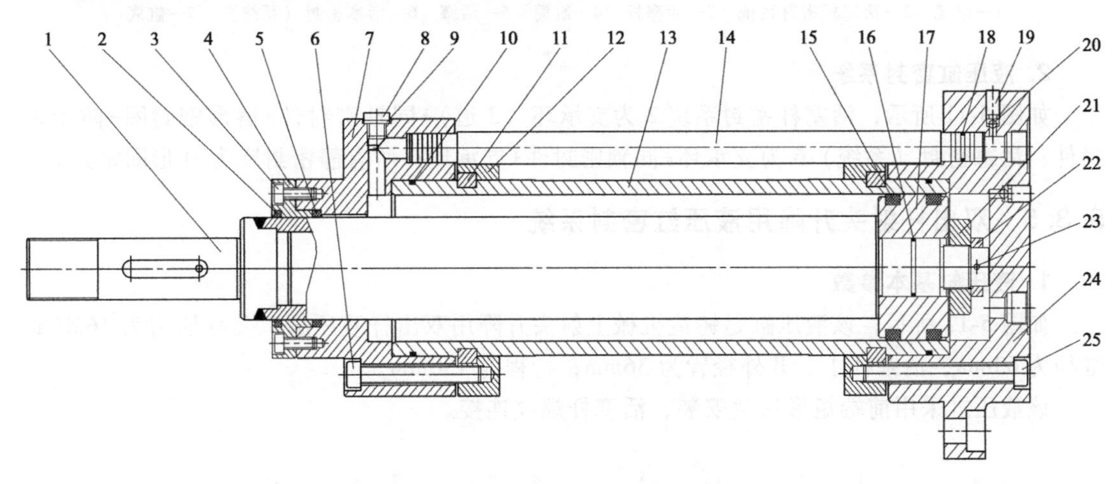

图 5-10 组合机床动力滑台液压缸

1—活塞杆 2—防尘密封圈 3、6、24—内六角圆柱头螺钉 4—压盖 5—活塞杆密封圈 7—前缸盖 8—内六角螺塞 9—组合垫圈 10—O 形圈（2 件） 11—半圆卡键（2 套） 12—螺母（2 件） 13—缸筒 14—硬管 15—活塞密封圈（2 件） 16—O 形圈 17—活塞 18—O 形圈（6 件） 19—内六角圆柱端紧定螺钉（2 件） 20—钢球（2 件） 21—锁紧螺母 22—防松套 23—销 25—后缸盖

2. 液压缸密封系统

如图 5-10 所示，活塞密封系统采用两件唇形密封圈背靠背安装组成双向密封；活塞杆密封系统采用唇形密封圈+防尘密封圈。其中，活塞杆密封沟槽为开式；对活塞杆起支承和导向的前缸盖 7 及压盖 4 的内孔粘接了 0.5mm 厚的低摩擦因数的环氧涂层。液压缸的两腔都设置有排（放）气阀；两油口都设置在后缸盖上。

在 1974 年出版的由大连工学院机械制造教研室编的《金属切削机床液压传动》一书中有如下描述：“图 4-8 是组合机床液压动力滑台油缸，在图 4-8 中活塞 1 的密封是采用两个 Y 形密封圈，它用尼龙三元共聚体加丁腈橡胶制成。这种密封圈耐油、耐磨、密封性较好、使用寿命较长。”其有助于对该种液压缸及其密封技术进步的了解。

5.3.4 一种设备倾斜用液压缸密封系统

1. 液压缸基本参数

如图 5-11 所示，该液压缸是一种驱动设备上部件倾斜用的双作用液压缸，公称压力为 16MPa，缸径为 80mm，活塞杆直径为 55mm（非标），行程为 550mm。

该液压缸采用缸底单耳环安装，活塞杆为外螺纹连接。

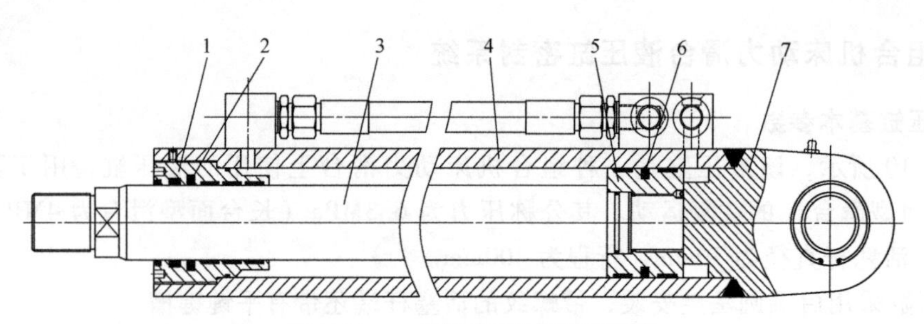

图 5-11　一种设备倾斜用液压缸

1—缸盖　2—活塞杆密封系统　3—活塞杆　4—缸筒　5—活塞　6—活塞密封（系统）　7—缸底

2. 液压缸密封系统

如图 5-11 所示，活塞杆密封系统 2 为支承环（3 道）+同轴密封件+唇形密封圈+防尘密封件；活塞密封（系统）6 为支承环+同轴密封件+支承环；所有静密封皆为 O 形圈密封。

5.3.5　双出杆射头升降用液压缸密封系统

1. 液压缸基本参数

如图 5-12 所示，该液压缸是铸造机械上射头升降用双出杆液压缸，公称压力为 16MPa，缸径为 63mm，活塞杆Ⅰ、Ⅱ外径皆为 36mm，行程为 150mm。

该液压缸采用前端矩形法兰安装，活塞杆螺纹连接。

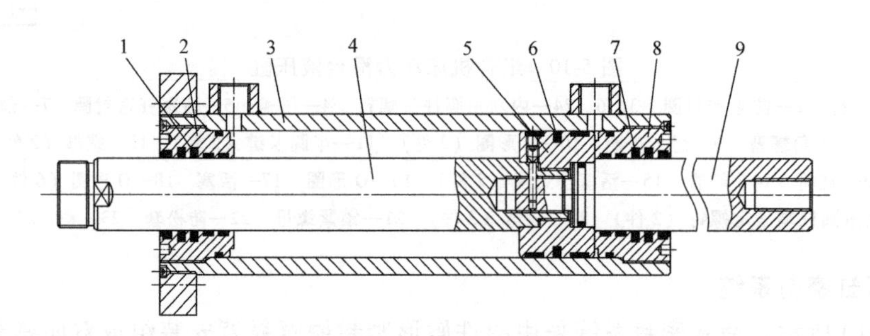

图 5-12　双出杆射头升降用液压缸

1—活塞杆Ⅰ密封系统　2—前缸盖　3—缸筒　4—活塞杆Ⅰ　5—活塞

6—活塞密封（系统）　7—活塞杆Ⅱ密封系统　8—后缸盖　9—活塞杆Ⅱ

2. 液压缸密封系统

如图 5-12 所示，活塞杆Ⅰ、Ⅱ密封系统 1、7 皆为支承环（两道）+同轴密封件+同轴密封件+防尘密封圈，以现在作者对液压缸密封的认知情况看，用于活塞杆密封系统的两个同轴密封件的滑环应是不同型式，才有可能保证活塞杆“零”外泄漏；活塞密封（系统）6 为支承环+同轴密封件+支承环；所用静密封采用 O 形圈密封。

5.3.6　一种设备用带泄漏通道的翻转液压缸密封系统

1. 液压缸基本参数

如图 5-13 所示，该液压缸是一种设备用带泄漏通道的翻转液压缸，工作介质为水-乙二醇，且两台一起使用。该液压缸的公称压力为14MPa，缸径为125mm，活塞杆直径为70mm，缸行程550mm（图样的设计行程为556mm）。

该液压缸采用后端固定单耳环安装，活塞杆螺纹连接。

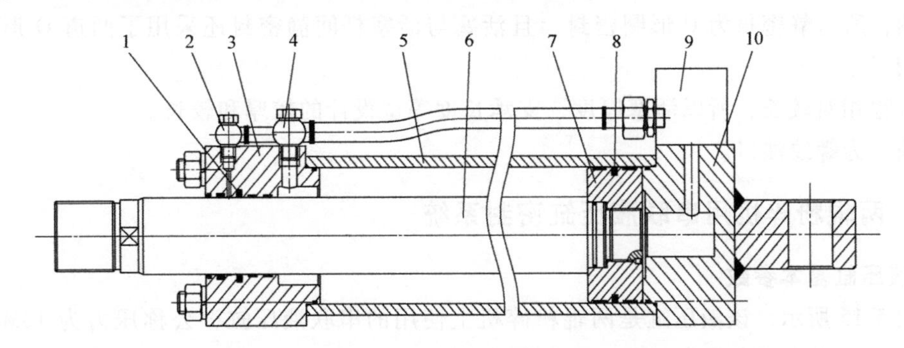

图5-13 一种设备用带泄漏通道的翻转液压缸

1—活塞杆密封系统 2—泄漏油口接头 3—前缸盖 4—有杆腔油口接头 5—缸筒
6—活塞杆 7—活塞 8—活塞密封（系统） 9—油路块 10—带单耳环后缸盖

2. 液压缸密封系统

如图5-13所示，活塞杆密封系统1为支承环（两道）+同轴密封件+唇形密封件+防尘密封圈；活塞密封（系统）8为支承环+同轴密封件+支承环；静密封皆为O形圈密封。因工作介质为水-乙二醇，所以密封材料为氟橡胶。

该液压缸活塞杆密封系统1在同轴密封件与唇形密封圈间开有泄漏通道，经过同轴密封件泄漏的工作介质可经过泄漏通道、泄漏油口（见泄漏油口管接头2处）、无缝钢管、油路块9等回油箱，可以保证在活塞杆密封处的外泄漏为“零”。

5.3.7 一种穿梭液压缸密封系统

1. 液压缸基本参数

如图5-14所示，该液压缸是一种设备上的穿梭液压缸，公称压力为21MPa，缸径为63mm，活塞杆直径为36mm，行程为1450mm。

该液压缸采用中部可调节中耳轴安装，活塞杆外螺纹连接。

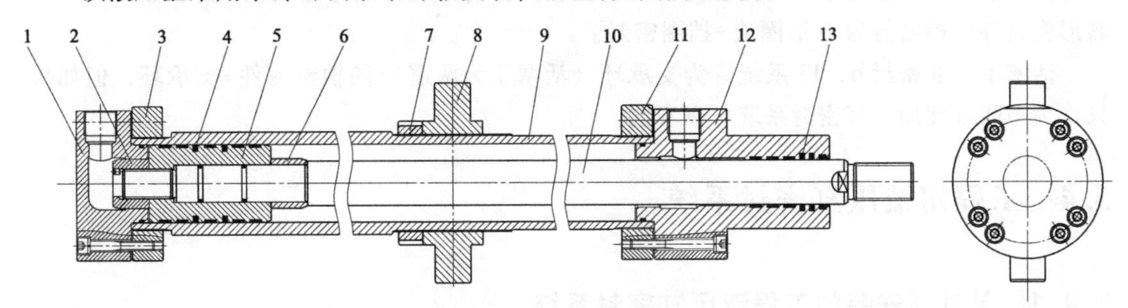

图5-14 一种穿梭液压缸

1—缸底 2—带螺纹的缓冲柱塞（套） 3—带螺纹法兰Ⅰ 4—活塞密封系统
5—活塞 6—缓冲柱塞（套） 7—圆螺母 8—中间可调节耳轴 9—缸筒
10—活塞杆 11—带螺纹法兰Ⅱ 12—缸头 13—活塞杆密封系统

2. 液压缸密封系统

如图 5-14 所示，活塞密封系统 4 为支承环+支承环+同轴密封件+支承环+同轴密封件+支承环+支承环；活塞杆密封系统 13 为支承环+支承环+支承环+同轴密封件+同轴密封件+防尘密封圈；所有静密封为 O 形圈密封，且活塞与活塞杆间静密封还采用了两道 O 形圈这种“冗余设计”。

因行程相对较长，所以活塞厚度、支承长度等也设计的较厚和较长。

两油口为螺纹油口。

5.3.8 两辊粉碎机用串联液压缸密封系统

1. 液压缸基本参数

如图 5-15 所示，该液压缸是两辊粉碎机上使用的串联液压缸，公称压力为 10MPa，缸径为 200mm，活塞杆直径为 125mm，行程为 180mm。

该液压缸采用前端圆法兰安装，活塞杆内螺纹连接。

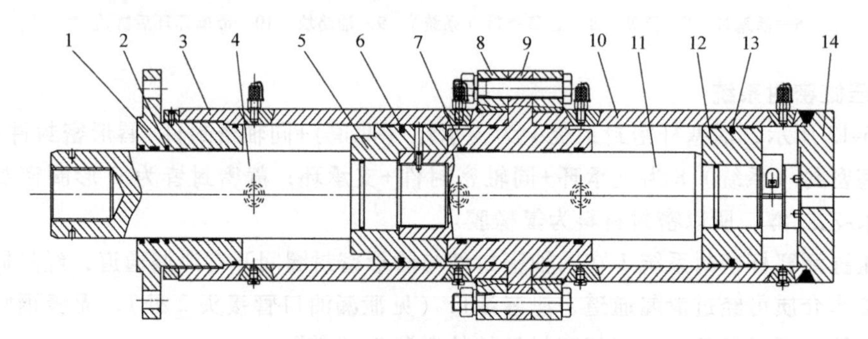

图 5-15 两辊粉碎机用串联液压缸

1—缸盖 2—活塞杆Ⅰ密封系统 3—缸筒Ⅰ 4—活塞杆Ⅰ 5—活塞Ⅰ 6—活塞Ⅰ密封（系统） 7—活塞杆Ⅱ密封系统 8—螺纹法兰（两件） 9—法兰缸套 10—缸筒Ⅱ 11—活塞杆Ⅱ 12—活塞Ⅱ 13—活塞Ⅱ密封（系统） 14—缸底

2. 液压缸密封系统

如图 5-15 所示，活塞杆Ⅰ密封系统 2 为支承环（4 道）+同轴密封件+唇形密封圈+防尘密封圈；活塞杆Ⅱ密封系统 7 是双向往复密封，其密封系统为唇形密封圈+支承环（4 道）+唇形密封件；静密封为 O 形圈或+挡圈密封。

活塞Ⅰ、Ⅱ密封 6、13 系统皆为支承环（活塞Ⅰ为两道）+同轴密封件+支承环，但如果只作为串联缸使用，其密封系统可以不同。

5.4 工程用液压缸密封系统

5.4.1 单耳环安装的工程液压缸密封系统

1. 液压缸基本参数

如图 5-16 所示，该液压缸是一种工程机械上使用的液压缸，公称压力为 16MPa，缸径为 80mm，活塞杆直径为 45mm，行程为 580mm。

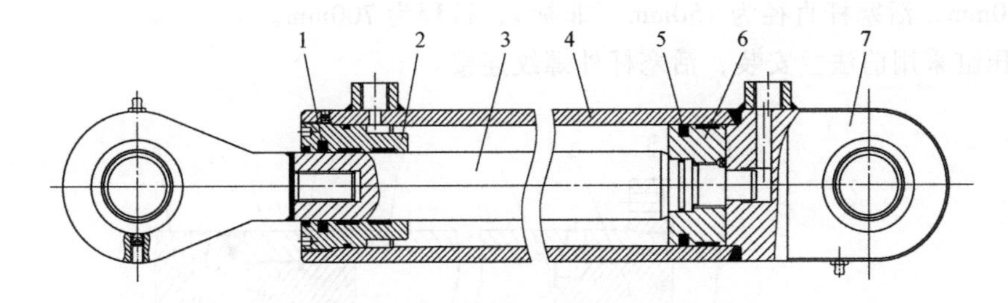

图 5-16　单耳环安装的工程液压缸

1—活塞杆密封系统　2—缸盖　3—活塞杆　4—缸筒　5—活塞密封（系统）　6—活塞　7—带单耳环缸底

该液压缸为单耳环安装和连接。

2. 液压缸密封系统

如图 5-16 所示，活塞杆密封系统 1 为支承环（2 道）+同轴密封件+防尘密封圈；活塞密封（系统）5 为支承环+同轴密封件；静密封为 O 形圈密封。

5.4.2　中耳轴安装的工程液压缸密封系统

1. 液压缸基本参数

如图 5-17 所示，该液压缸是一种工程机械上使用的液压缸，公称压力为 25MPa，缸径为 50mm，活塞杆直径为 32mm，行程为 170mm。

该液压缸采用中耳轴安装，活塞杆为螺纹连接。

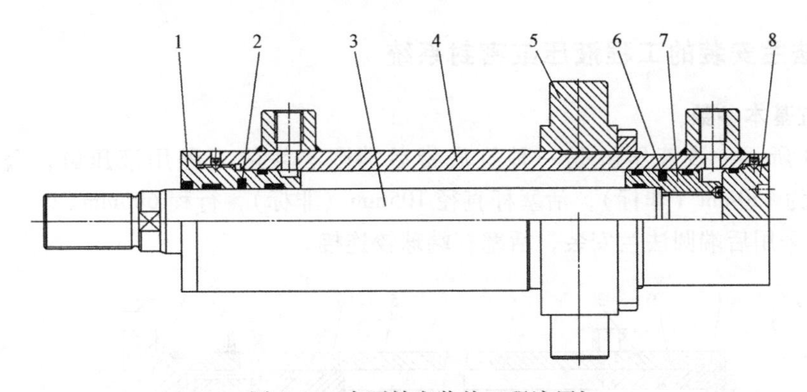

图 5-17　中耳轴安装的工程液压缸

1—缸盖　2—活塞杆密封（系统）　3—活塞杆　4—缸筒　5—中耳轴　6—活塞密封（系统）　7—活塞　8—缸底

2. 液压缸密封系统

如图 5-17 所示，活塞杆密封（系统）2 为支承环+同轴密封件+支承环+防尘密封圈；活塞密封（系统）6 为支承环+同轴密封件+支承环；静密封为 O 形圈+挡圈（其中活塞杆与活塞连接处静密封为挡圈 O 形圈+挡圈）。

5.4.3　前法兰安装的工程液压缸密封系统

1. 液压缸基本参数

如图 5-18 所示，该液压缸是一种结构较为典型的工程用液压缸，工程压力为 25MPa，缸径为280mm，活塞杆直径为150mm（非标），行程为700mm。

该液压缸采用前法兰安装，活塞杆外螺纹连接。

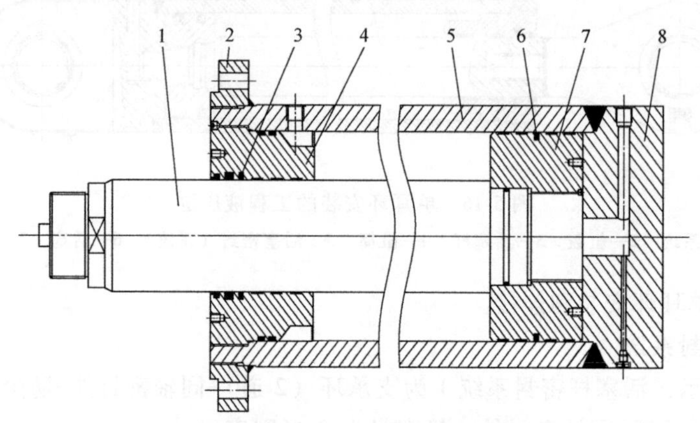

图5-18　前法兰安装的工程液压缸

1—活塞杆　2—前圆法兰　3—活塞杆密封系统　4—缸盖

5—缸筒　6—活塞密封（系统）　7—活塞　8—缸底

2. 液压缸密封系统

如图5-18所示，活塞杆密封系统3为支承环（三道）+同轴密封件+唇形密封圈+防尘密封圈；活塞密封（系统）6为支承环（两道）+同轴密封件+支承环（两道）；静密封为O形圈+挡圈。

5.4.4　后法兰安装的工程液压缸密封系统

1. 液压缸基本参数

如图5-19所示，该液压缸是一种缸底带后端圆法兰的工程用液压缸，公称压力为16MPa，缸径为150mm（非标），活塞杆直径105mm（非标），行程600mm。

该液压缸采用后端圆法兰安装，活塞杆端球铰连接。

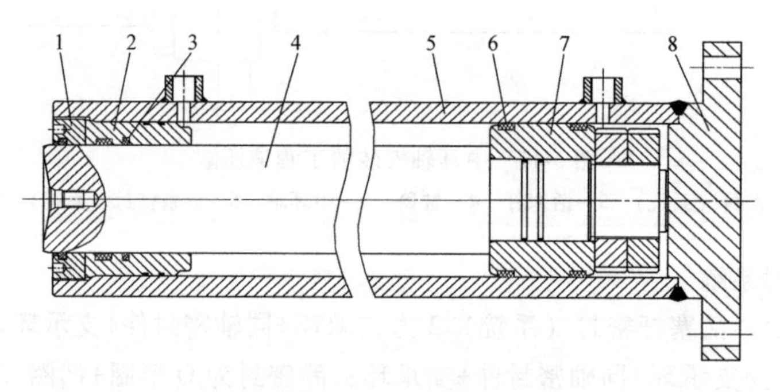

图5-19　后法兰安装的工程液压缸

1—螺纹端盖　2—导向套　3—活塞杆密封系统　4—活塞杆

5—缸筒　6—活塞密封（两件）　7—活塞　8—缸底

2. 液压缸密封系统

如图5-19所示，活塞杆密封系统3为同轴密封件+唇形密封圈+防尘密封圈，支承和导向由活塞杆4外径与导向套2内孔直接接触完成，但防尘密封圈沟槽却开设在螺纹端盖1上；活塞密封6为两件唇形密封圈背靠背安装，支承和导向由活塞7外径与缸筒5内径直接接触完成；所有静密封皆为O形圈密封，且采用“冗余设计”，即双道密封。

5.4.5　带支承阀的工程液压缸密封系统

1. 液压缸基本参数

如图5-20所示，该液压缸就是工程中经常使用的千斤顶，公称压力为31.5MPa，缸径为450mm，活塞杆直径为320mm，行程为200mm。

该千斤顶使用时需配备液压站，但该千斤顶自带了支承阀组。

2. 液压缸密封系统

如图5-20所示，活塞杆密封系统8为唇形密封圈+防尘密封圈，但防尘密封圈沟槽不是设置在导向套3上，而是设置在螺纹端盖4上；活塞密封11为金属支承环+同轴密封件+金属支承环；静密封为O形圈，其中缸底6处O形圈加装了挡圈。

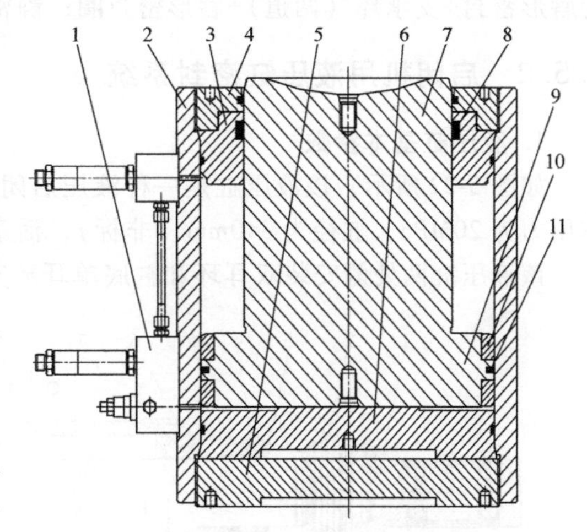

图5-20　带支承阀的工程液压缸

1—支承阀组　2—缸筒　3—导向套　4—螺纹端盖　5—螺纹底盖　6—缸底　7—活塞杆　8—活塞杆密封系统　9—活塞（与活塞杆为一体结构）　10—金属支承环（两件）　11—活塞密封

5.5　阀门、启闭机、升降机用液压缸密封系统

5.5.1　阀门开关用液压缸密封系统

1. 液压缸基本参数

如图5-21所示，该液压缸是一种阀门开关用双作用液压缸，公称压力为10MPa，缸径为63mm，活塞杆直径为45mm，行程1100mm。

该液压缸采用中耳轴安装，活塞杆外螺纹连接。

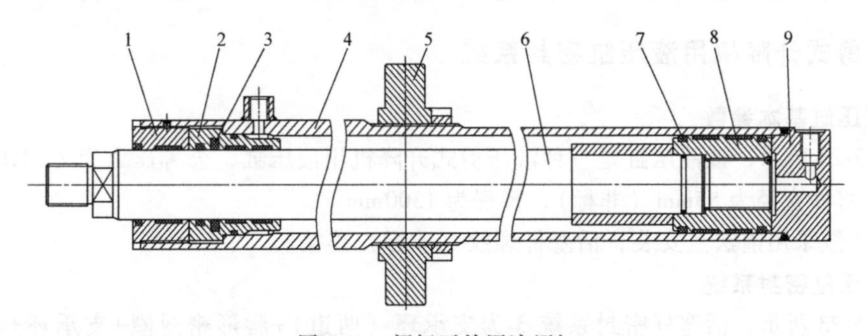

图5-21　阀门开关用液压缸

1—螺纹端盖　2—导向套　3—活塞杆密封系统　4—缸筒　5—中耳轴　6—活塞杆　7—活塞密封（系统）　8—活塞　9—缸底

2. 液压缸密封系统

如图 5-21 所示，活塞杆密封系统 3 为支承环（两道）+同轴密封件+唇形密封圈+支承环+防尘密封圈，其中支承环和防尘密封圈沟槽开设在螺纹端盖 1 上；活塞密封（系统）7 为唇形密封+支承环（两道）+唇形密封圈；静密封皆为 O 形圈密封。

5.5.2 启闭机用液压缸密封系统

1. 液压缸基本参数

如图 5-22 所示，该液压缸是一种液压启闭机用带支承阀的单作用液压缸，其有杆腔公称压力为 20MPa，缸径为 340mm（非标），活塞杆直径为 200mm，行程为 8300mm。

该液压缸两处侧安装双耳环和缸底单耳环安装，活塞杆端单耳环连接。

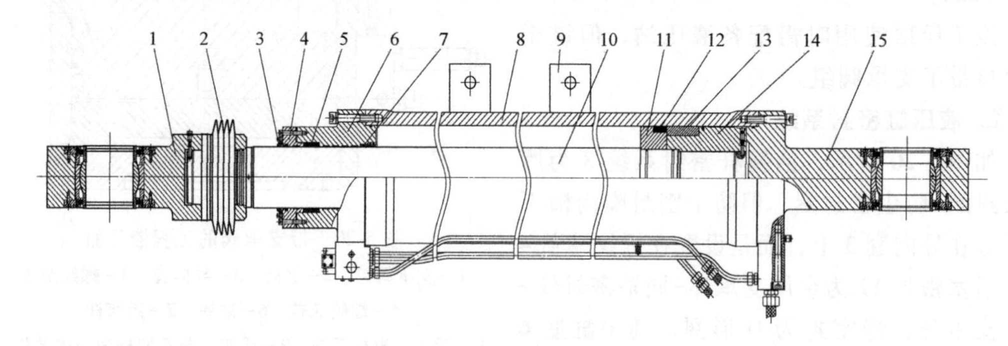

图 5-22 启闭机用液压缸

1—活塞杆单耳环 2—防尘罩 3—刮环 4—缸头压盖 5—活塞杆填料密封件 6—缸头 7—活塞杆金属支承环 8—缸筒 9—侧安装双耳环（两件） 10—活塞杆 11—活塞Ⅰ 12—活塞填料密封件 13—活塞金属支承环 14—活塞Ⅱ 15—带单耳环缸底

2. 液压缸密封系统

如图 5-22 所示，活塞杆密封系统为活塞杆金属支承环 7+支承环（三道）+活塞杆填料密封件 5+支承环+防尘密封圈+刮环 3+防尘罩 2；活塞密封系统为支承环（三道）+同轴密封件+活塞金属支承环 13+活塞填料密封件 12+支承环；静密封皆采用 O 形圈密封。

活塞杆单耳环 1 和带单耳环缸底 15 的两套向心关节轴承及销轴、活塞杆单耳环 1 与活塞杆 10 连接处皆设计了密封结构，并采用刮环 3 进一步保护活塞杆 10 及其密封。

活塞密封系统，包括活塞与活塞杆连接处的密封都采用了“冗余设计”。

5.5.3 剪式升降机用液压缸密封系统

1. 液压缸基本参数

如图 5-23 所示，该液压缸是一种液压剪式升降机用液压缸，公称压力为 2.5MPa 缸径为 80mm，活塞杆直径为 55mm（非标），行程为 1300mm。

该液压缸采用前法兰安装，活塞杆螺纹（非标）连接。

2. 液压缸密封系统

如图 5-23 所示，活塞杆密封系统 3 为支承环（两道）+唇形密封圈+支承环+防尘密封圈，其中一道支承环和防尘密封圈沟槽开设在前安装法兰 2 上；活塞密封（系统）7 为支承环+同轴密封件+支承环；静密封皆为 O 形圈密封。

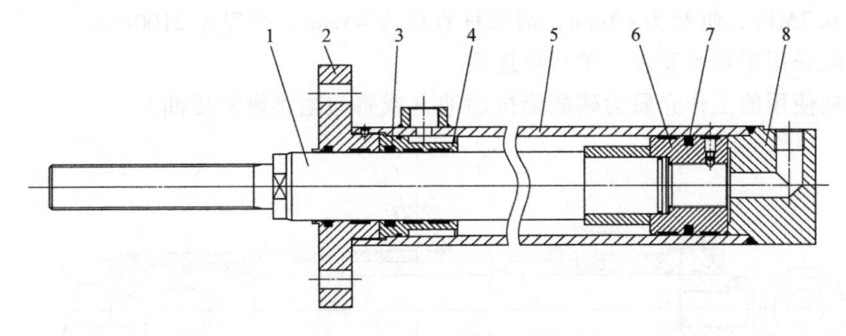

图 5-23 剪式升降机用液压缸

1—活塞杆 2—前安装法兰 3—活塞杆密封系统 4—导向套
5—缸筒 6—活塞 7—活塞密封（系统） 8—缸底

5.5.4 四导轨升降机用液压缸密封系统

1. 液压缸基本参数

如图 5-24 所示，该液压缸是一种四导轨升降机用液压缸，公称压力为 16MPa，缸径为 100mm，活塞杆直径为 70mm，行程为 1200mm。

该液压缸采用中部两侧安装脚架安装，活塞杆端带内螺纹连接。

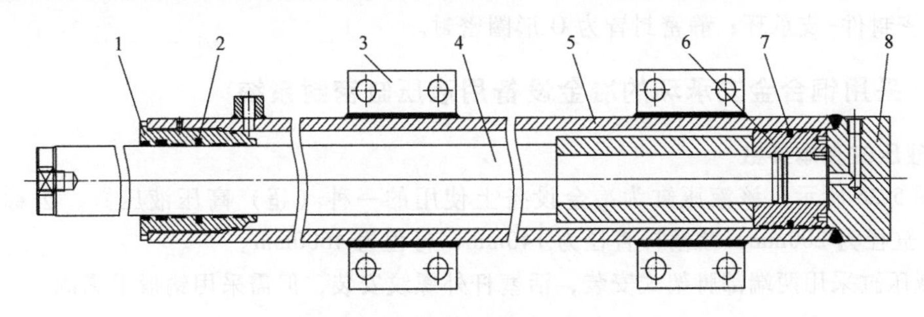

图 5-24 四导轨升降机用液压缸

1—缸盖 2—活塞杆密封系统 3—侧安装脚架（两件） 4—活塞杆
5—缸筒 6—活塞 7—活塞密封（系统） 8—缸盖

2. 液压缸密封系统

如图 5-24 所示，活塞杆密封系统 2 为支承环（两件）+同轴密封件+支承环+唇形密封圈+防尘密封圈；活塞密封（系统）7 为支承环（两件）+同轴密封件+支承环(两件)；静密封皆为 O 形圈+挡圈。以现在作者对液压缸密封及其设计的认知，此液压缸的活塞和活塞杆密封系统最外侧的支承环若采用的是聚四氟乙烯材料，则此密封系统的综合性能将更好。

5.6 钢铁、煤矿、石油机械用液压缸密封系统

5.6.1 使用磷酸酯抗燃油的冶金设备用液压缸密封系统

1. 液压缸基本参数

如图 5-25 所示，该液压缸是一种采用磷酸酯为工作介质的冶金设备上使用的液压缸，

公称压力为6.3MPa，缸径为63mm，活塞杆直径为45mm，行程为2100mm。

该液压缸采用中耳轴安装，单耳环连接。

该液压缸使用的工作介质为磷酸酯抗燃油（或磷酸酯难燃液压油）。

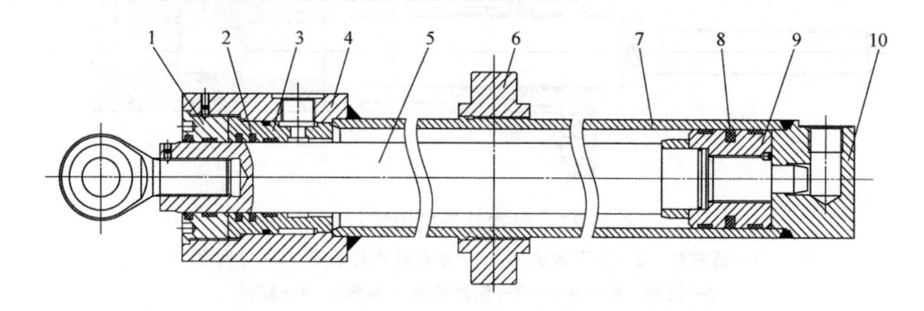

图5-25　使用磷酸酯抗燃油的冶金设备用液压缸

1—螺纹端盖　2—活塞杆密封系统　3—导向套　4—缸头　5—活塞杆
6—中耳轴　7—缸筒　8—活塞密封（系统）　9—活塞　10—缸底

2. 液压缸密封系统

如图5-25所示，活塞杆密封系统2为支承环+同轴密封件+同轴密封件+支承环+防尘密封圈，其中一道支承环+防尘密封圈沟槽开设在螺纹端盖1上；活塞密封（系统）8为支承环+同轴密封件+支承环；静密封皆为O形圈密封。

5.6.2　采用铜合金支承环的冶金设备用液压缸密封系统

1. 液压缸基本参数

如图5-26所示，该液压缸为冶金设备上使用的一种（超）高压液压缸，公称压力为35MPa，缸径为200mm，活塞杆直径为140mm，行程为4600mm。

该液压缸采用两端部脚架式安装，活塞杆外螺纹安装，但需采用钩扳手紧固。

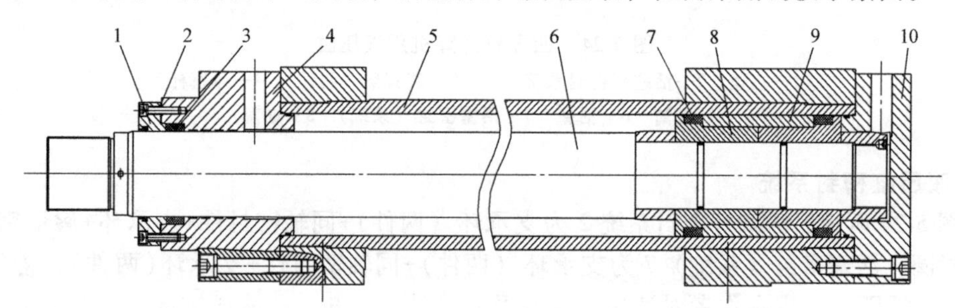

图5-26　采用铜合金支承环的冶金设备用液压缸

1—缸盖　2—调整垫片　3—活塞杆填充密封件　4—缸头　5—缸筒　6—活塞杆
7—活塞填充密封件（两件）　8—开式活塞（两件）　9—金属支承环　10—缸底

2. 液压缸密封系统

如图5-26所示，活塞杆密封（系统）为支承环（三道）+活塞杆填充密封件3+防尘密封圈；活塞密封（系统）为活塞填充密封件7+金属支承环9+活塞填充密封件7（另一件）；静密封为O形圈+挡圈。

在活塞密封系统中采用开式活塞8（两件），既能满足安装活塞填充密封件7（两件）

所需的开式沟槽，又能满足安装整体式金属支承环 9；采用整体长金属支承环 9，对活塞及活塞杆的支承和导向作用更大。

活塞杆填充密封件 3 可通过调整垫片 2 的调整，增减轴向压缩以获得有效径向密封；

5.6.3 辊盘式磨煤机用液压缸密封系统

1. 液压缸基本参数

如图 5-27 所示，该液压缸为一种辊盘式球磨机上使用的液压缸，公称压力为 16MPa，缸径为 200mm，活塞杆直径为 110mm，行程为 550mm。

该液压缸采用单耳环安装，活塞杆螺纹连接。

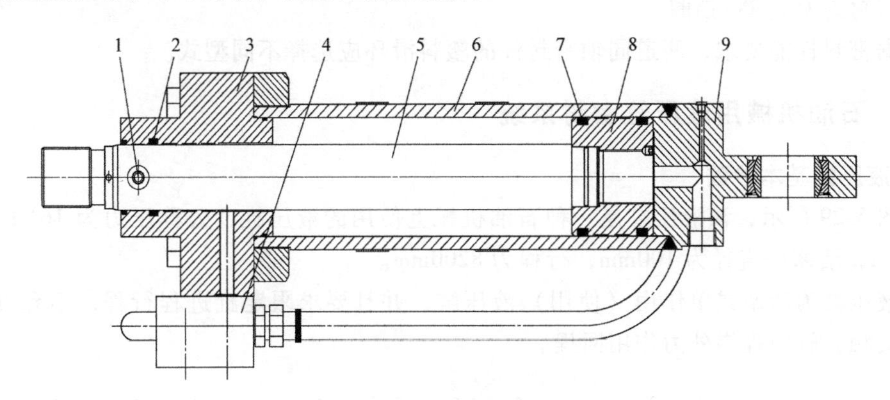

图 5-27 辊盘式磨煤机用液压缸

1—泄漏油口 2—活塞杆密封系统 3—缸头 4—油路块（含阀） 5—活塞 6—缸筒 7—活塞密封（系统） 8—活塞 9—带单耳环缸底

2. 液压缸密封系统

如图 5-27 所示，活塞杆密封系统 2 为支承环（三道）+组合唇形密封圈+防尘密封圈；活塞密封（系统）7 采用唇形密封圈背靠背安装，即为活塞唇形密封圈+支承环+活塞唇形密封圈；静密封皆为 O 形圈+挡圈。

这种组合唇形密封圈是一种在 U 形凹槽内嵌装或组合了 O 形圈的唇形密封圈，其在低压条件下密封性能比普通唇形密封圈更好；尽管组合唇形密封圈在磨损后有一定的补偿能力，但活塞杆密封系统 2 迟早也会或多或少地出现外泄漏。为防止出现外泄漏，该活塞杆密封系统 2 在组合唇形密封圈与防尘密封圈间开有泄漏通道，即通过泄漏油口 1 将通过组合唇形密封圈泄漏的工作介质（液压油液）直接接回开式油箱或开式容器。

5.6.4 双向式液压缸密封系统

1. 液压缸基本参数

如图 5-28 所示，该液压缸是一种双向式液压缸，公称压力为 25MPa，活塞杆直径为 125mm，行程为 70mm。

该液压缸结构对称，采用两端部脚架安装。

2. 液压缸密封系统

如图 5-28 所示，活塞杆密封系统 2 为支承环（六道）+同轴密封件（两道）+防尘密封

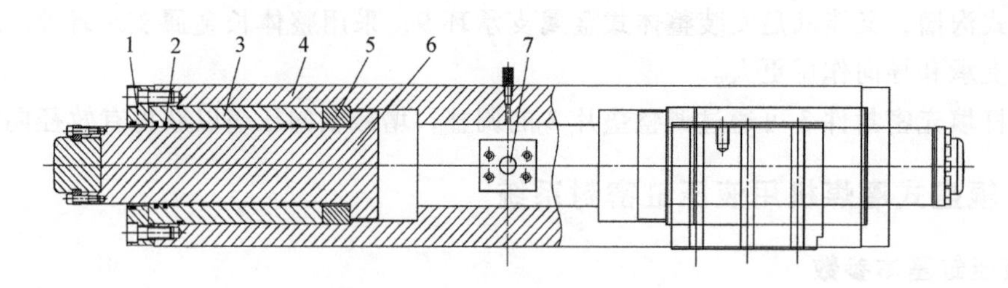

图 5-28　双向式液压缸

1—法兰缸盖　2—活塞杆密封系统　3—套　4—缸体　5—限位套　6—活塞杆　7—油口

圈；静密封为 O 形圈+挡圈。

根据密封性能要求，两道同轴密封件的塑料滑环应选择不同型式。

5.6.5　石油机械用液压缸密封系统

1. 液压缸基本参数

如图 5-29 所示，该液压缸是一种石油机械上使用的液压缸，公称压力为 16MPa，缸径为 110mm，活塞杆直径为 100mm，行程为 8200mm。

该液压缸为活塞式单作用（使用）液压缸，并且要求限定缸进程行程，不允许活塞与导向套接触。缸回程靠外力作用回程。

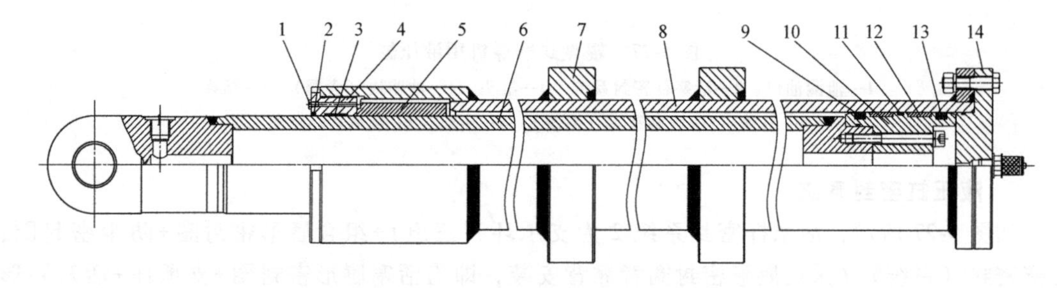

图 5-29　石油机械用液压缸

1—消声器　2—防尘密封圈　3—支承环　4—缸盖　5—活塞杆金属支承环　6—活塞杆　7—安装台（两件）　8—缸体　9—唇形密封圈Ⅱ　10—活塞　11—O 形圈　12—活塞对开金属支承环（两瓣一组，共两组）　13—唇形密封圈Ⅰ　14—法兰缸底

2. 液压缸密封系统

如图 5-29 所示，活塞密封（系统）为唇形密封件Ⅰ13+挡圈+活塞对开金属支承环 12（一组）+挡圈+O 形圈 11+挡圈+活塞对开金属支承环 12（另一组）+挡圈+唇形密封圈Ⅱ9；活塞杆密封（系统）为活塞杆金属支承环 5+支承环 3+防尘密封圈 2；静密封为 O 形圈密封。

该液压缸的活塞密封及其设计较为特殊，一般活塞式单作用液压缸不采用唇形密封圈背靠背安装进行双向密封，也不采用 O 形圈用于往复运动密封。其活塞杆密封（系统）只有防尘、导向和支承作用，而没有密封有杆腔工作介质的作用。

缸进程时，有杆腔空气通过消声器 1 排出；缸回程时，有杆腔空气通过消声器 1 吸入。

5.7 带位（置）移传感器的液压缸密封系统

5.7.1 带接近开关的拉杆式液压缸密封系统

1. 液压缸基本参数

如图 5-30 所示，该液压缸是一种带接近开关的拉杆式液压缸，公称压力为 6.3MPa，缸径为 80mm，活塞杆直径为 40mm，行程为 150mm。

该液压缸采用后端矩形法兰安装，活塞杆外螺纹连接。

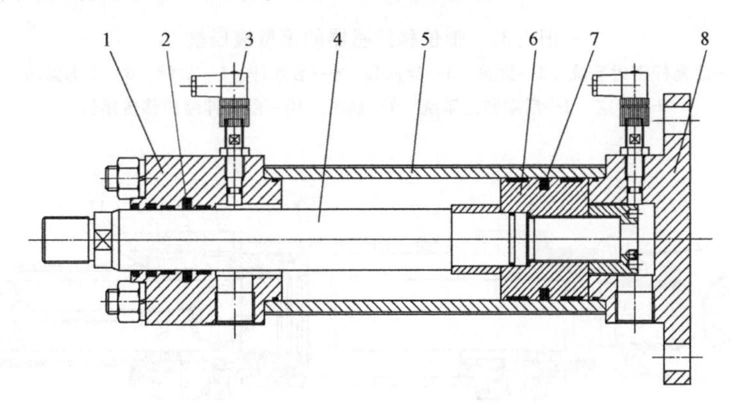

图 5-30 带接近开关的拉杆式液压缸

1—缸头 2—活塞杆密封（系统） 3—接近开关Ⅰ、Ⅱ 4—活塞杆
5—缸筒 6—活塞 7—活塞密封（系统） 8—缸底

2. 液压缸密封系统

如图 5-30 所示，活塞杆密封系统 2 为支承环+同轴密封件+支承环+唇形密封圈+防尘密封圈；活塞密封（系统）7 为支承环+同轴密封件+支承环；静密封皆为 O 形圈密封。

5.7.2 带位移传感器的重型液压缸密封系统

1. 液压缸基本参数

如图 5-31 所示，该液压缸是一种设备上使用的重型液压缸，公称压力为 25MPa，缸径为 420mm，活塞杆直径为 330mm（非标），行程为 900mm。

该液压缸采用中部圆法兰安装，单耳环连接。

2. 液压缸密封系统

如图 5-31 所示，活塞杆密封系统 1 为导向套 3 上活塞杆支承环（六件）+缸盖 2 上支承环（两件）+同轴密封件（两件）+防尘密封圈；活塞密封系统 8 为支承环（三件）+同轴密封件（两件）+支承环（三件）。

此液压缸的活塞和活塞杆密封系统都采用“冗余设计”。

5.7.3 带位移传感器的双出杆液压缸密封系统

1. 液压缸基本参数

如图 5-32 所示，该液压缸是一种带位移传感器的双出杆拉杆式液压缸，公称压力为

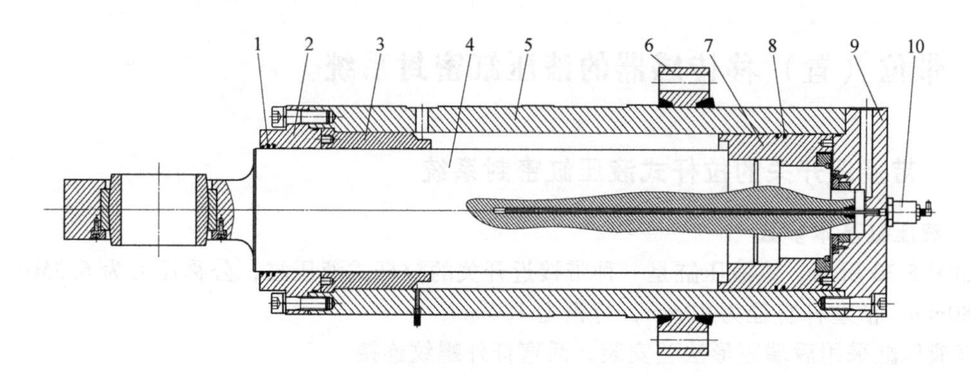

图 5-31 带位移传感器的重型液压缸

1—活塞杆密封系统 2—缸盖 3—导向套 4—活塞杆 5—缸筒 6—中部圆法兰 7—活塞 8—活塞密封系统 9—缸底 10—磁致伸缩位移传感器

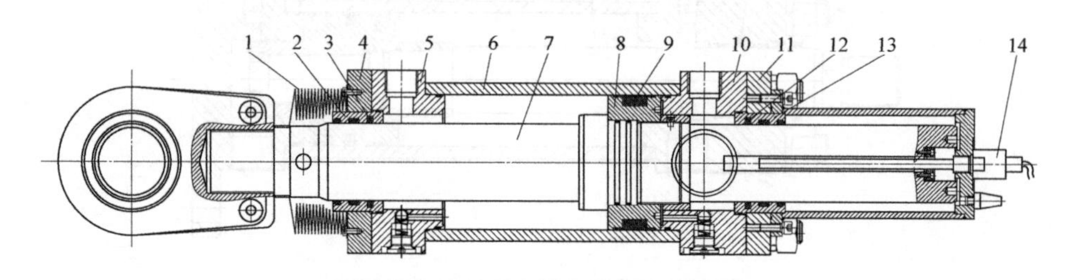

图 5-32 带位移传感器的双出杆液压缸

1—防尘罩 2—左出活塞杆导向套 3—左出活塞杆密封系统 4—左端盖 5—左缸盖 6—缸筒 7—活塞杆 8—活塞 9—双向密封橡胶密封圈 10—右缸盖 11—右端盖 12—右出活塞杆密封系统 13—右出活塞杆导向套 14—磁致伸缩位移传感器

16MPa，缸径为 140mm，活塞杆直径为 80mm，行程为 160mm。

该液压缸采用后端耳轴安装，单耳环连接。

2. 液压缸密封系统

如图 5-32 所示，其左、右出活塞杆密封系统 3、12 皆为唇形密封圈+同轴密封件+防尘密封圈；活塞 8 采用双向密封橡胶密封圈 9 密封；静密封为 O 形圈+挡圈，活塞杆 7 上还设计、安装了防尘罩 1。

左、右出活塞杆导向套 2、13 对活塞杆 7 及活塞 8 起导向和支承作用。

5.7.4 带位移传感器的串联液压缸密封系统

1. 液压缸基本参数

如图 5-33 所示，该液压缸是一种带传感器的拉杆式液压缸，公称压力为 16MPa，缸径为 60mm，活塞杆直径为 25mm，行程为 45mm。

该液压缸为前、后端部侧脚架安装，活塞杆外螺纹连接。

该液压缸使用航空煤油为工作介质。

2. 液压缸密封系统

如图 5-33 所示，活塞Ⅰ6 和活塞杆Ⅱ9 密封皆为唇形密封圈，活塞Ⅰ密封（系统）7 和

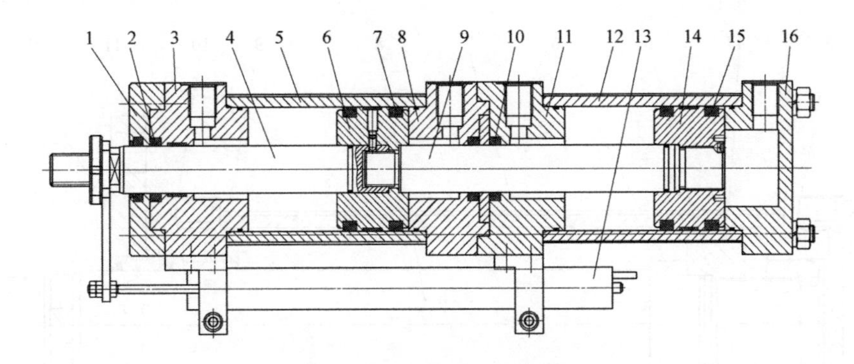

图 5-33　带位移传感器的串联液压缸

1—前压盖　2—活塞杆Ⅰ密封系统　3—前端盖　4—活塞杆Ⅰ　5—缸筒Ⅰ　6—活塞Ⅰ
7—活塞Ⅰ密封（系统）　8—中隔盖Ⅰ　9—活塞杆Ⅱ　10—活塞杆Ⅱ密封（系统）　11—中隔盖Ⅱ
12—缸筒Ⅱ　13—直流差动变压器式位移传感器　14—活塞Ⅱ　15—活塞Ⅱ密封（系统）　16—后端盖
注：图示为非实际安装型式。

活塞Ⅱ密封（系统）15 中的唇形密封圈皆为背靠背安装，并且各夹装了一件支承环；活塞杆Ⅰ密封系统 2 为支承环+唇形密封圈+防尘密封圈；活塞杆Ⅱ9 密封为唇形密封圈，活塞杆Ⅱ密封（系统）中的唇形密封圈为背靠背安装；所有静密封为 O 形圈密封。

5.8　带缓冲装置的液压缸密封系统

5.8.1　两端带缓冲装置的拉杆式液压缸密封系统

1. 液压缸基本参数

如图 5-34 所示，该液压缸是一种两端带缓冲装置的拉杆式液压缸，公称压力为 14MPa，缸径为 160mm，活塞杆直径为 90mm，行程为 400mm。

该液压缸采用矩形前盖式安装，活塞杆外螺纹连接。

2. 液压缸密封系统

如图 5-34 所示，活塞密封（系统）4 为支承环+同轴密封件+支承环；活塞杆密封（系统）10 为唇形密封圈+金属导向套 12+防尘密封圈；静密封为 O 形圈密封。

该液压缸金属导向套 12 采用球墨铸铁，直接用于活塞杆的导向和支承；缸行程两端设有固定式缓冲装置，其组成中各含有外置（外部可拆卸）单向阀 13，可避免缸起动时可能产生的诸多问题。

尽管缓冲是运动件（如活塞）趋近其运动终点时借以减速的手段，但还应兼顾液压缸起动性能，不可使液压缸（最低）起动压力超过相关标准的规定，且应避免活塞在起动或离开缓冲区时出现迟动或窜动（异动）、异响等异常情况，其中以设计、安装进油单向阀（油口进油时通，回油时止）为常见手段之一。

5.8.2　单耳环安装两端带缓冲装置的液压缸密封系统

1. 液压缸基本参数

如图 5-35 所示，该液压缸是一种缸行程两端带缓冲装置的液压缸，公称压力为 25MPa，

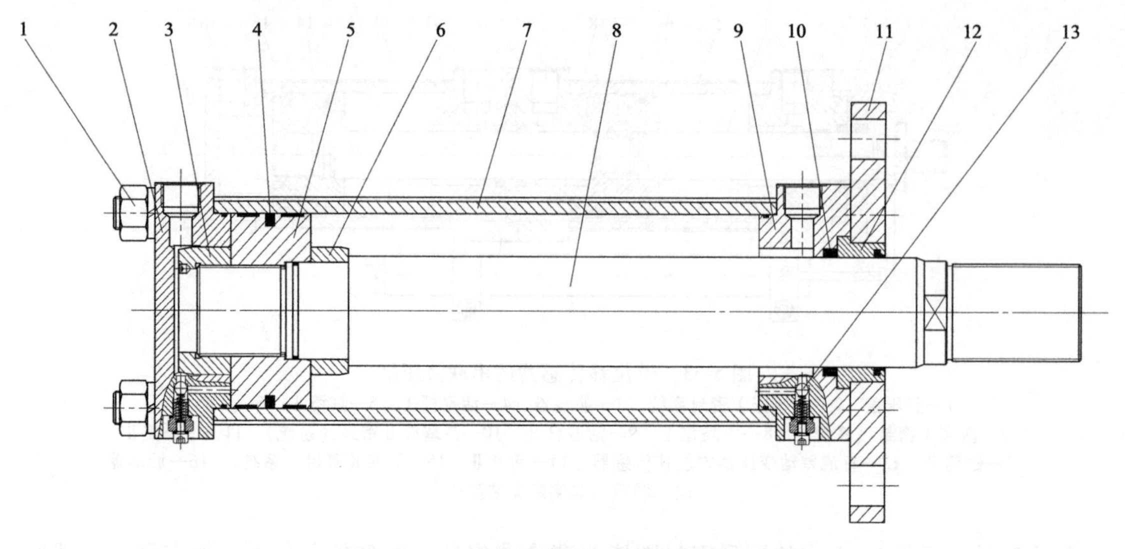

图 5-34　两端带缓冲装置的拉杆式液压缸

1—拉杆组件　2—后缸盖　3—螺纹缓冲套　4—活塞密封（系统）　5—活塞　6—缓冲套　7—缸筒　8—活塞杆　9—前端盖　10——活塞杆密封（系统）　11—安装法兰　12—金属导向套　13—单向阀（两套）

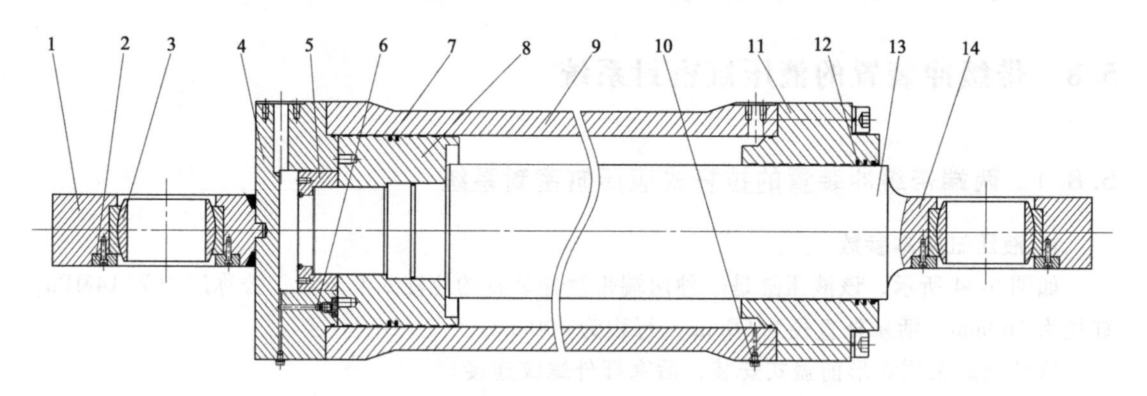

图 5-35　两端带缓冲装置的液压缸

1—后端单耳环　2—轴承压盖（两件）　3—关节轴承（两套）　4—缸底　5—螺纹缓冲套　6—单向阀　7—活塞密封系统　8—活塞　9—缸筒　10—螺塞　11—缸头　12—活塞杆密封系统　13—活塞杆　14—活塞杆单耳环（与活塞杆为一体结构）

缸径为 400mm，活塞杆直径为 280mm，行程为 1560mm。

该液压缸采用单耳环安装，活塞杆单耳环连接。

2. 液压缸密封系统

如图 5-35 所示，活塞密封系统 7 为支承环（三道）+同轴密封件+同轴密封件+支承环（三道）；活塞杆密封系统 12 为支承环（七道）+同轴密封件+同轴密封件+防尘密封圈；静密封皆为 O 形圈+挡圈密封。

该液压缸活塞密封系统 7 和活塞杆密封系统 12 皆采用了“冗余设计”。

缸行程两端设有固定式缓冲装置，缸回程缓冲装置组成中含有内置（内部可拆卸）单向阀 6，可避免缸由缸底端起动时可能产生的诸多问题；缸进程缓冲腔设置在活塞上，结构更为简单。

5.9 高压开关操动机构用液压缸密封系统

1. 液压缸基本参数

如图 5-36 所示，该液压缸是一种高压开关操动机构储能用液压缸，工作介质一般为 10 号航空液压油，额定压力为（44.9±2.5）MPa（安全阀开启压力为 45.4MPa±2.5MPa），活塞杆Ⅰ（活塞）直径为 140mm，活塞杆Ⅱ直径为 110mm，行程为 85mm。

该液压缸带定位凸台（卡装），活塞杆Ⅱ螺纹连接。

2. 液压缸密封系统

如图 5-36 所示，该液压缸缸体 3 和活塞杆Ⅰ、Ⅱ皆为合金钢制造，其活塞杆Ⅰ、活塞杆Ⅱ及活塞（图示中未给出单独序号）为一体结构，且活塞直径与活塞杆Ⅰ直径相等。

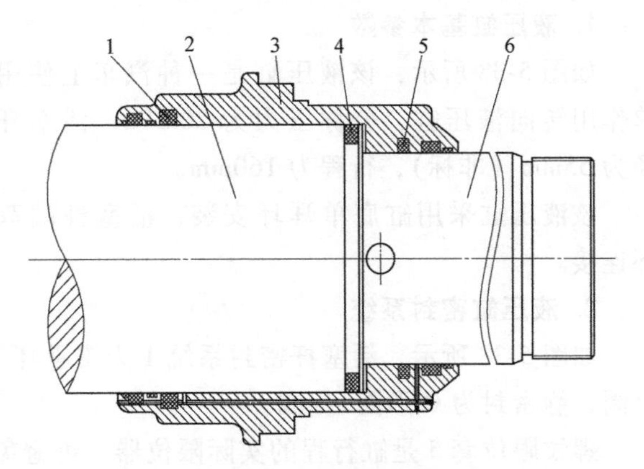

图 5-36 高压开关操动机构用液压缸

1—活塞杆Ⅰ（活塞）密封系统 2—活塞杆Ⅰ（活塞） 3—缸体 4—活塞密封 5—活塞杆Ⅱ密封系统 6—活塞杆Ⅱ

注：参考了陈保伦编著的《液压操动机构的设计与应用》。

其活塞杆Ⅰ密封系统为唇形密封圈+支承环+防尘密封圈；活塞杆Ⅱ密封系统为同轴密封件+唇形密封圈+支承环；活塞密封为同轴密封件。为避免液压缸的外泄漏、困油（排气）及能为唇形密封圈提供可靠的润滑油膜，在活塞密封与活塞杆Ⅰ密封系统间及活塞杆Ⅱ同轴密封件与唇形密封件间开有泄漏通道并相互贯通。

液压缸由活塞杆配油，并且处于常加压状态。

5.10 汽车及其他车辆用液压缸密封系统

5.10.1 汽车钳盘式液压制动器上的液压缸密封系统

1. 液压缸基本参数

如图 5-37 所示，汽车钳盘式制动器上的分泵是一种柱塞式液压缸，其公称压力为 16MPa（最高工作压力≤8MPa），缸内径（活塞直径）为 66mm（非标），行程为 20mm。

汽车钳盘式制动器以机动车辆制动液为工作介质。

2. 液压缸密封系统

如图 5-37 所示，活塞密封件 3 为矩形圈，活塞套 2 为安装结构较为特殊的活塞防护罩。该液压缸动作频繁，有时行程很短，并且是汽车上的保安件，要求安全、可靠，因此具有如下一些特点：

1）活塞套 2（防护罩）安装结构特殊，能有效保护活塞 1。

2）使用矩形圈密封活塞，兼顾了动、静密封要求，而且安全、可靠。

3）制动管路密封型式特殊，其油口螺纹孔内预装配了扩口式管接头密封垫。

4）其放气塞不同于一般液压缸的排气阀

这里参考了易毓编《丰田海狮（金杯）客车维修手册》及相关标准，其中的术语等与 GB/T 17446—2012 中规定的不一致。

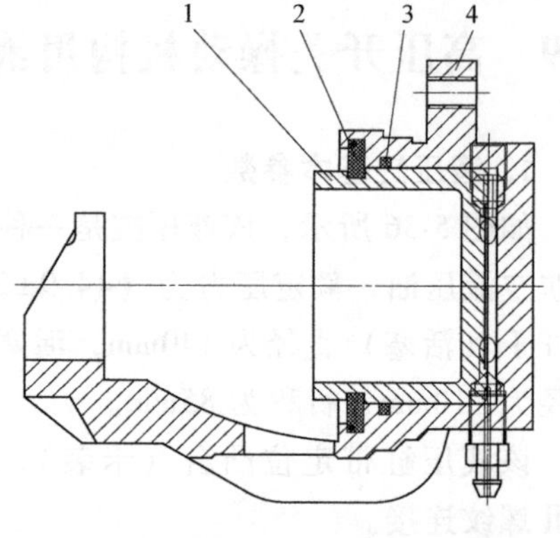

图 5-37　汽车钳盘式液压制动器上的液压缸

1—活塞　2—活塞套

3—活塞密封件　4—制动分泵体

5.10.2　汽车用转向液压缸密封系统

1. 液压缸基本参数

如图 5-38 所示，该液压缸是一种汽车上使用的单作用转向液压缸，公称压力为 20MPa，活塞杆直径为 55mm（非标），行程为 160mm。

该液压缸采用缸底单耳环安装，活塞杆端双耳环连接。

2. 液压缸密封系统

如图 5-38 所示，活塞杆密封系统 1 为支承环（两道）+同轴密封件+唇形密封圈+防尘密封圈；静密封为 O 形圈+挡圈。

螺纹限位套 5 是缸行程的实际限位器，可避免活塞杆射出。

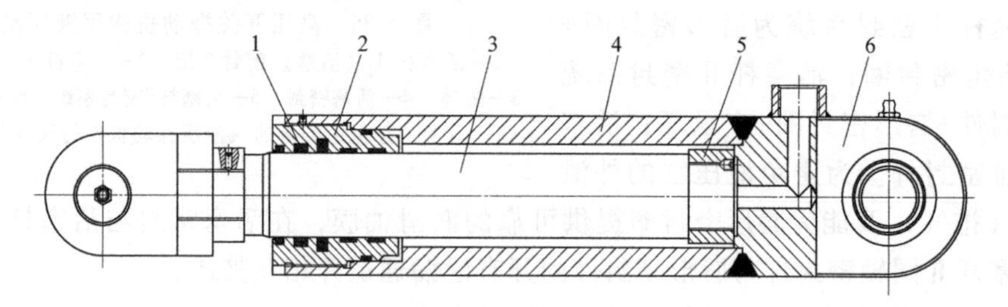

图 5-38　汽车用转向液压缸

1—活塞杆密封系统　2—缸盖　3—活塞杆　4—缸筒　5—限位螺纹套　6—带单耳环缸底

5.10.3　车辆用支撑液压缸密封系统

1. 液压缸基本参数

如图 5-39 所示，该液压缸是一种车辆用支撑液压缸，公称压力为 16MPa，缸径为 160mm，活塞杆直径为 90mm，行程为 900mm。

该液压缸采用缸底单耳环安装，活塞杆端单耳环连接。

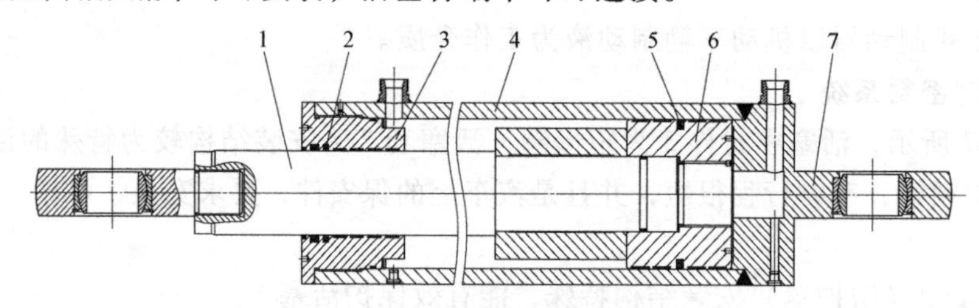

图 5-39　车辆用支撑液压缸

1—活塞杆　2—活塞杆密封系统　3—缸盖　4—缸筒　5—活塞密封（系统）　6—活塞　7—带单耳环的缸底

2. 液压缸密封系统

如图 5-39 所示，活塞杆密封系统 2 为支承环（三道）+同轴密封件+唇形密封圈+防尘密封圈；活塞密封（系统）5 为支承环（两道）+同轴密封件+支承环（两道）；所有静密封为 O 形圈+挡圈密封。

5.10.4　车辆用带液压锁的支腿液压缸密封系统

1. 液压缸基本参数

如图 5-40 所示，该液压缸是一种车辆上使用的带液压缸锁（液控单向阀）的支腿液压缸，公称压力为 20MPa，缸内径为 40mm，活塞杆直径为 28mm，行程为 80mm。

该液压缸采用支架安装，活塞杆端球头连接。

该液压缸以航空液压油为工作介质。

2. 液压缸密封系统

如图 5-40 所示，活塞杆密封系统 2 为支承环+同轴密封件+唇形密封圈+防尘密封圈；活塞密封（系统）6 为唇形密封圈+支承环+唇形密封圈；静密封为 O 形圈+挡圈密封。

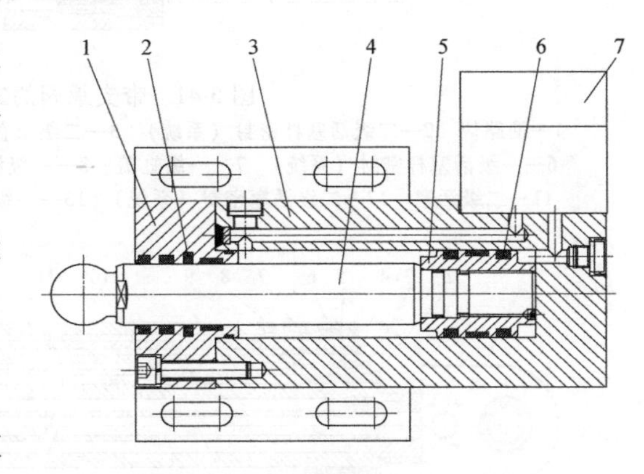

图 5-40　车辆用带液压锁的支腿液压缸

1—缸盖　2—活塞杆密封系统　3—缸体　4—活塞杆
5—活塞　6—活塞密封（系统）　7—油路块（含叠加阀）

5.11　伸缩液压缸密封系统

5.11.1　带支承阀的二级伸缩缸密封系统

1. 液压缸基本参数

如图 5-41 所示，该液压缸为一种带支承（撑）阀的两级伸缩缸，公称压力为 25MPa，一级缸内径为 320mm，一级活塞杆直径为 290mm，一级缸行程为 900mm；二级缸内径为 230mm，二级活塞杆直径为 180mm，二级缸行程为 3000mm。

该伸缩液压缸采用缸底单耳环安装，二级活塞杆单耳环连接。

2. 液压缸密封系统

如图 5-41 所示，一级活塞杆密封（系统）6 为一级活塞杆金属支承环 8+唇形密封圈+防尘圈，一级活塞密封（系统）13 为支承环（三道）+双向密封橡胶密封圈+支承环；二级活塞杆密封（系统）2 为二级活塞杆金属支承环 4+同轴密封件+唇形密封圈+防尘密封圈，二级活塞密封（系统）12 为支承环（三道）+同轴密封件+支承环+同轴密封件+支承环（两道）；所有静密封为 O 形圈+挡圈密封。

5.11.2　四级伸缩液压缸密封系统

1. 液压缸基本参数

如图 5-42 所示，该液压缸是一种四级伸缩缸，公称压力为 20MPa，一级缸内径为

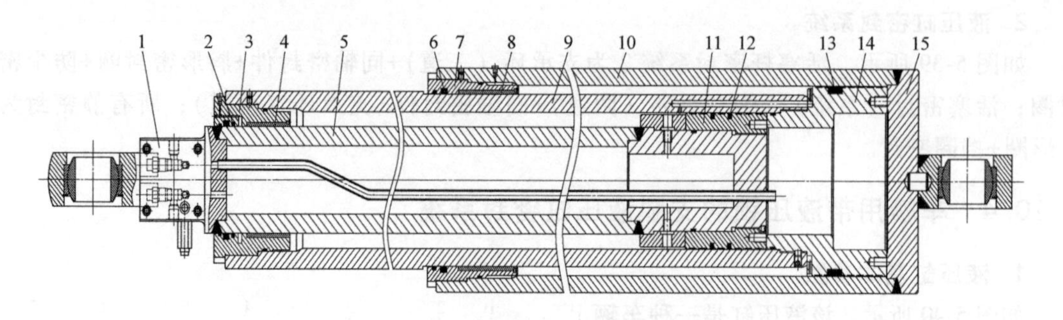

图 5-41　带支承阀的二级伸缩液压缸

1—油路块　2—二级活塞杆密封（系统）　3—二级缸盖　4—二级活塞杆金属支承环　5—二级活塞杆　6——级活塞杆密封（系统）　7——级缸盖　8——级活塞杆金属支承环　9——级活塞杆　10—缸筒　11—二级活塞　12—二级活塞密封（系统）　13——级活塞密封（系统）　14——级活塞　15—缸底

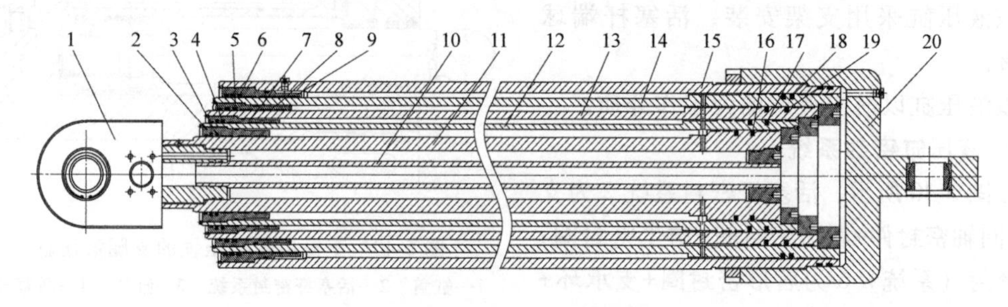

图 5-42　四级伸缩液压缸

1—活塞杆单耳环　2—四级缸缸盖　3—四级缸活塞杆密封系统　4—三级缸活塞杆密封系统　5—二级活塞杆密封系统　6——级活塞杆密封系统　7—三级缸缸盖　8—二级缸缸盖　9——级缸缸盖　10—无杆腔油管　11—四级活塞杆（与四级活塞为一体结构）　12—三级活塞杆（与三级活塞为一体结构）　13—二级活塞杆（与二级活塞为一体结构）　14——级活塞杆（与一级活塞为一体结构）　15—缸筒　16—四级活塞密封系统　17—三级活塞密封系统　18—二级活塞密封系统　19——级活塞密封系统　20—带单耳环缸底

310mm，一级活塞杆直径为 290mm，一级缸行程为 1770mm；二级缸内径为 270mm，二级活塞杆直径为 240mm，二级缸行程为 1788mm；三级缸内径为 210mm，三级活塞杆直径为 190mm，三级缸行程为 1804mm；四级缸内径为 170mm，四级活塞杆直径为 140mm，四级缸行程为 1838mm。

该液压缸采用缸底单耳环安装，活塞杆端单耳环连接。

2. 液压缸密封系统

如图 5-42 所示，该液压缸各级活塞杆密封系统 3、4、5、6 皆为多道支承环+两道同轴密封件+滑环式防尘圈；该液压缸各级活塞密封系统 16、17、18、19 皆为多道支承环+两道同轴密封件；静密封皆为 O 形圈+挡圈密封。

5.12　伺服液压缸密封系统

5.12.1　1000kN 公称拉力的伺服液压缸密封系统

1. 液压缸基本参数

如图 5-43 所示，该液压缸是一种带测力传感器的公称拉力为 1000kN 的伺服液压缸，公称压力为 28MPa（非标），缸径为 280mm，活塞杆直径为 160mm，行程为 300mm。

该液压缸采用缸底单耳环安装，活塞杆单耳环连接。

该液压缸主要使用其拉力。

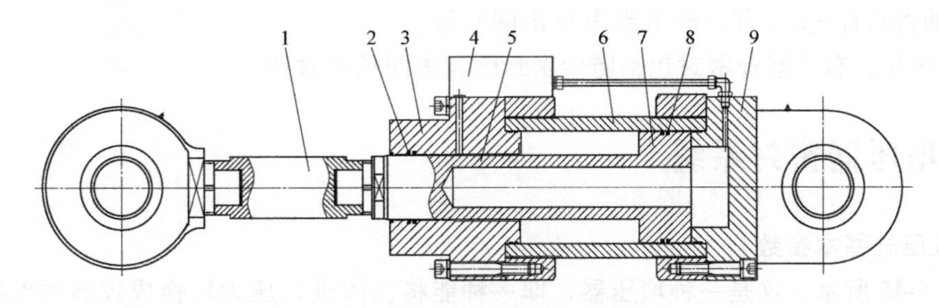

图 5-43　1000kN 公称拉力的伺服液压缸

1—柱式测力传感器　2—活塞杆密封系统　3—缸头　4—油路块　5—活塞杆　6—缸筒　7—活塞（与活塞杆为一体结构）　8—活塞密封系统　9—带单耳环缸底

2. 液压缸密封系统

如图 5-43 所示，活塞杆密封系统 2 为支承环（三道）+同轴密封件+同轴密封件+防尘密封圈；活塞密封系统 8 为支承环（两道）+同轴密封件+同轴密封件+支承环（两道）；静密封皆采用 O 形圈+挡圈，并且所有密封系统均采用“冗余设计”。

作者提示：内空心活塞杆增加了湿容腔体积，一般液压缸不宜采用。

5.12.2　2000kN 缸输出力的双出杆伺服液压缸密封系统

1. 液压缸基本参数

如图 5-44 所示，该液压缸是一种带位移传感器的公称（出或拉）力为 2000kN 的伺服液压缸，公称压力为 20MPa，缸径为 420mm，活塞杆外直径为 200mm，行程为 160mm。

该液压缸采用前圆法兰（左活塞杆端）安装，活塞杆外螺纹连接。

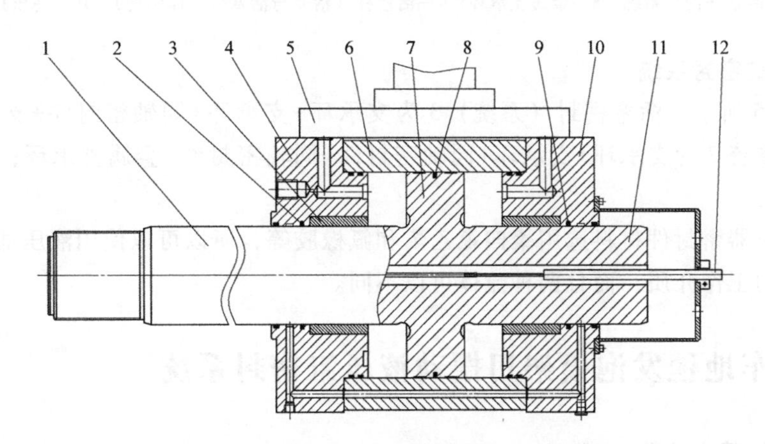

图 5-44　2000kN 缸输出力的双出杆伺服液压缸

1—左活塞杆　2—左活塞杆密封（系统）　3—金属支承环（两件）　4—左缸盖　5—油路块　6—缸筒　7—活塞（活塞与左、右活塞杆为一体结构）　8—活塞密封（系统）　9—右活塞杆密封（系统）　10—右端盖　11—右活塞杆　12—位移传感器

2. 液压缸密封系统

如图 5-44 所示，其左、右活塞杆密封（系统）2 和 9 皆为金属支承环 3+同轴密封件+防尘密封圈，并且在同轴密封件与防尘密封圈之间开设了泄油通道；活塞密封（系统）8 为支承环+同轴密封件+支承环；静密封为 O 形圈密封。

活塞和左、右活塞杆密封包括防尘密封圈皆为同轴密封件。

5.13　增压器密封系统

1. 液压缸基本参数

如图 5-45 所示，这是一种增压器，即一种能将流体进口压力转换成较高的次级流体出口压力的液压元件，实质上是一种液压缸。

该增压器进口公称压力为 21MPa，低压缸缸径为 200mm，高压缸（次级）缸径为 110mm，增压比为 1∶3.3，缸行程为 420mm。

该液压缸采用后端圆法兰安装。

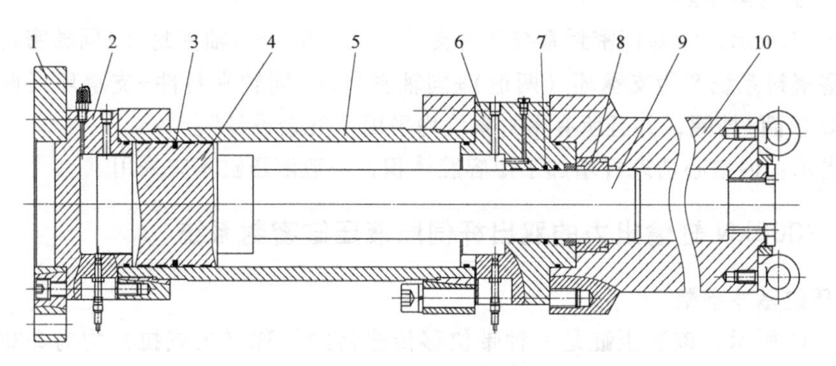

图 5-45　增压器

1—后端圆法兰　2—低压缸底　3—活塞密封（系统）　4—活塞　5—缸筒　6—法兰缸套　7—活塞杆密封系统　8—金属支承环　9—活塞杆（活塞与活塞杆一体结构）　10—高压缸缸体

2. 液压缸密封系统

如图 5-45 所示，活塞密封（系统）3 为支承环+支承环+同轴密封件+支承环+支撑环；活塞杆密封系统 7 为支承环+支承环+同轴密封件+同轴密封件+金属支承环；静密封皆为 O 形圈密封。

因该增压器密封件材料选用聚四氟乙烯和氟橡胶等，所以可以使用液压油及其他与密封件材料相容的工作介质，而且两种流体可以不同。

5.14　汽车地毯发泡模架用摆动液压缸密封系统

1. 液压缸基本参数

如图 5-46 所示，此液压缸为作者设计、制造的汽车地毯发泡模架用双齿条摆动液压缸，公称压力为 16MPa，缸径为 140mm，活塞杆直径为 70mm，缸行程为 550mm，摆动角度为 180°（图样的设计摆动角度为 240°）。

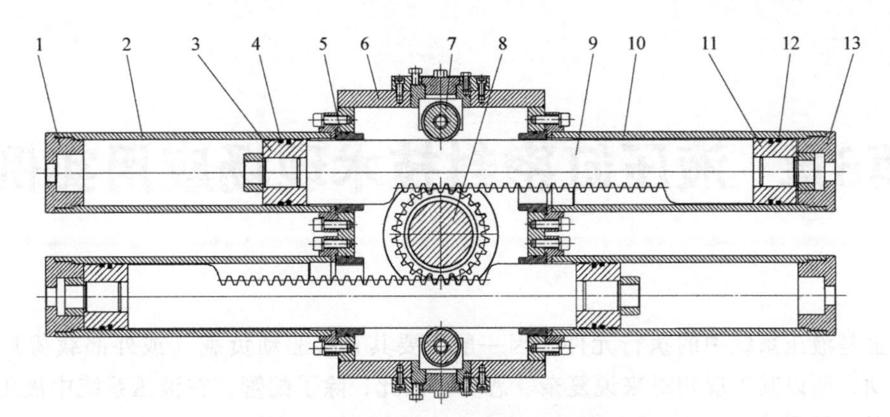

图 5-46 汽车地毯发泡模架用摆动液压缸

1—左缸底Ⅰ、Ⅱ 2—左缸筒Ⅰ、Ⅱ 3—左活塞Ⅰ、Ⅱ 4—左活塞密封系统 5—金属导向套（四件）6—箱体 7—侧支承轮 8—齿轮轴 9—齿条Ⅰ、Ⅱ 10—右缸筒Ⅰ、Ⅱ 11—右活塞Ⅰ、Ⅱ 12—右活塞密封系统 13—右缸底Ⅰ、Ⅱ

该液压缸采用箱体法兰安装，齿轮轴花键连接（输出）。

2. 液压缸密封系统

如图 5-46 所示，左、右活塞密封系统 4、12 皆为支承环+唇形密封圈+同轴密封件+支承环；齿条 9Ⅰ、Ⅱ由金属导向套 5、侧支承轮（锡青铜制造）7 支承、导向，并且导向套开有六道通气槽；所有静密封皆为 O 形圈密封（缸底处修改后另加装了挡圈）。

5.15 液压缸中旋转轴密封系统

1. 旋转轴密封基本参数

如图 5-47 所示，该液压缸中的旋转轴密封系统是一种可调行程缸行程调节装置的一部分，主要通过旋转轴转动来调节行程撞（档）块位置，进而控制（定位）缸进程位置，达到限制缸行程的目的。该液压缸公称压力为 25MPa，旋转轴转速在 100r/min 以下，工作介质为液压油，密封系统工作温度范围为 -20~80℃。

旋转轴通过平键与其他装置（含电动机）连接。

2. 旋转轴密封系统

如图 5-47 所示，旋转轴密封系统由轴用旋转密封组合圈 5+轴用旋转密封 X 形圈 4+整体式挡圈 3+旋转轴唇形密封圈 2 组成。

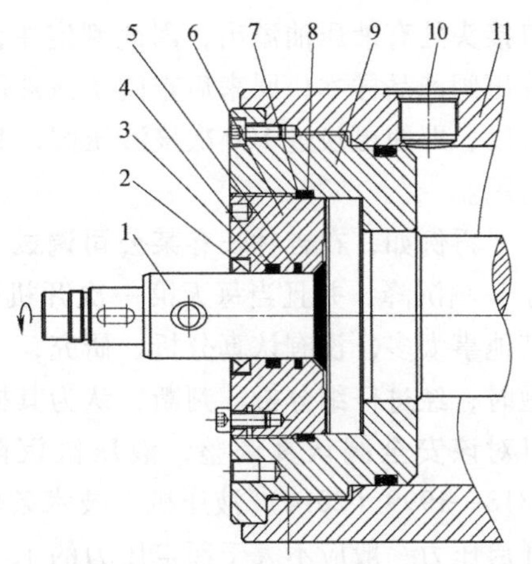

图 5-47 液压缸中的旋转轴密封系统

1—旋转轴 2—旋转轴唇形密封圈 3—整体式挡圈 4—轴用旋转密封 X 形圈 5—轴用旋转密封组合圈 6—端盖 7—挡圈 8—O 形圈 9—缸盖 10—油口 11—缸体

该旋转轴密封系统为间歇工作，当可调行程缸工作时，该旋转轴密封系统具有静密封 25MPa 公称压力的能力。

该旋转轴密封系统在试验台上通过了包括耐久性试验在内的密封性能试验。

第6章 液压缸密封技术现场应用实例

液压缸是液压系统中的执行元件，因一般需要其直接驱动负载（或外部载荷）实现直线往复运动，所以其工况相对来说复杂、恶劣。因此，除了配管，在液压系统中液压缸发生泄漏的情况也最多。

除了在液压试验台上试验，一般安装在主机上的液压缸发生外泄漏比较好判断，但如果发生内泄漏量少许超标或部分行程内泄漏量超标，有时是很难判断的。

为了能准确判断是否是液压缸泄漏，一般在检查、分析和判断过程中需要了解液压缸所在液压系统情况，否则很容易造成误判。

例如，安徽铜陵某公司一台闸式液压剪板机三年多来一直掉刀（液压缸沉降量超标），虽经过前后五次检查、维修，但此问题始终没有解决。此次该剪板机制造商邀请作者参加会商，经过对制造商提供的液压系统原理图分析，作者判断此问题发生在液压系统中一个液压阀上。但制造商不同意作者意见，因为他们已经若干次更换过该液压阀。当作者说："你就是换过 100 次，问题还是发生在该阀上。"时，参加会商的一位中年工程师仍坚持认为："发生问题的一定是液压缸。"会商到最后，大家一致同意按作者提出的试验方案判断液压缸是否存在内泄漏，即将主液压缸无杆腔油口接头打开，如果经一夜时间，此处没有液压油溢出，即可排除主液压缸内泄漏。经过一夜后，在第二天上午 9 点观察时，没有发现在此油口接头处有液压油溢出，因此判定主液压缸没有（超标的）内泄漏。因当时在现场没有该液压阀产品样本，回来后查阅了该液压阀产品样本，其产品样本上明确标明该阀有内泄漏。所以，即使更换过 100 次该液压阀，其掉刀问题也不会解决。此问题应该是液压系统设计有问题。

再例如，在吉林长春某公司调试一台 8000kN 液压机时，发现主液压缸有时发生"咔、咔"响沉降，并且当每天第一次开机时，在活塞杆防尘密封圈处有一股油喷出。因为当时其他事太多，没有认真分析、研究，一开始就认为是液压缸泄漏造成的。等到需要解决该问题时，经过仔细分析、判断，认为其插装阀液压系统中液压缸有杆腔安全阀调整有问题。经过对该安全阀认真调整，液压缸沉降超标问题得以解决。但在调整中发现，若按 JB/T 3818—1999（2014）《液压机　技术条件》中规定的安全阀（包括作安全阀用的溢流阀）的开启压力一般应不大于额定压力的 1.1 倍的要求，该安全阀启闭性能有问题。

液压缸密封设计是一门专业性很强的工程技术，更是一门理论与实践结合紧密的应用科学。液压缸密封设计需要且必须经过实机检验，因此大量的实践经验积累和总结，对液压缸密封设计是非常重要的，也是非常有意义的。

下面列举的一些液压缸密封技术现场应用实例，主要来源于作者近十多年来参加或指导的现场（包括装配现场）检修液压设备中液压缸的维修记录，其中的正、反两方面的经验与教训，可供读者参考、借鉴。

6.1 液压缸活塞密封技术现场应用

6.1.1 活塞密封失效Ⅰ的处理

1. 客户反馈情况

××××年××月××日清晨4点，辽宁沈阳××草业公司（苏家屯）客户反映，作者设计、制造的稻草非金属打包液压机侧推液压缸（滑块）出现非正常伸出，造成与主推液压缸驱动的滑块间机械干涉，致使机器无法正常工作。

因为该机器生产的稻草块要装船出口，所以要求分析原因，找出问题，立即修复。

2. 现场情况介绍与分析

经过沟通了解到，侧缸回程到缸底后，（滑块）有时还会自己再伸出20~30mm，但有时却没有伸出。

因此种非金属打包机是由手动多路换向阀控制的，首先怀疑液压阀窜腔，但经过分析，认为此种问题发生的可能性不大。进一步分析认为，双作用液压缸在差动回路中也会出现此种情况，但与差动回路不同的是，液压油液是通过活塞密封流动的，即活塞内泄漏造成的。因此判断，活塞密封内泄漏大或可能已经失效。

3. 处理方法

建议立即拆卸液压缸，更换活塞密封圈。

经近3h的维修，更换了活塞密封圈后，此台非金属打包液压机恢复正常工作。

以后此种情况几乎定时发生。

4. 处理效果

现场考察时发现，因在室外24h连续作业，且在环境温度30℃以上，加之操作者为了提高产量，经常自行将液压系统的安全阀设定压力调高等，油箱内液压油温度有时高达90℃以上，以致于油箱都能产生油蒸气。由于高压、高温和压力冲击等原因，国产的液压缸密封圈的使用寿命很短，一般平均寿命不到两周。

为了解决高温问题，建议在油箱上安装冷却装置；进一步建议采用质量更好的密封圈。

通过采用上述两项措施，现在液压缸密封的使用寿命一般都能超过三个月，但液压缸超过设计压力使用的情况改善不大，其可能不只是操作者的问题。

作者提示，缸底缓冲性能和系统中换向阀质量等都可能与此现象有关。

6.1.2 活塞密封失效Ⅱ的处理

1. 客户反馈情况

××××年××月××日，安徽×××公司突然邀请作者帮助解决液压缸密封泄漏问题，因为此前作者曾对该公司的液压缸密封设计提出过异议，认为其所采用的密封设计准则有问题。

经过了解，发生问题的液压缸是为闸式液压缸剪板机配套的。主机厂因产品出厂后经常需要维修，此次在出厂前做了较长时间的性能检验。结果发现，主机如果连续运行（空载条件）两班以上，其配套的液压缸就会出现问题，具体表现为上刀架不能回程。

邀请作者的公司已经连续三次返修，包括更换新液压缸，但主机更换液压缸后每次运行时间几乎一样，到时又会出现同样问题。

2. 现场情况介绍与分析

闸式液压剪板机上刀架回程一般采用蓄能器提供动力源，其特点是有压力冲击，并且回程速度较快，尽管在出厂试验时是在空载条件下运行的，但与实际工况差别不大，说明此闸式液压剪板机在实际使用时也存在（出现）同样问题。连续运行的闸式剪板机油箱内油温可能高达80℃，况且在出厂试验时，一般油箱内油量不足，且油液质量很差。

其上刀架不能回程，主要问题发生在副油缸活塞密封上。该公司设计、生产的液压缸活塞与活塞杆为一体结构，其材料为45钢；缸体材料为45钢锻件。因担心活塞与缸体碰撞，发生划（拉）伤，一般缸体与活塞配合间隙很大，但该公司在活塞密封上使用唇形密封圈时，一直没有加装挡圈，因此在规定工况下唇形密封圈即可能发生跟部挤出。

其另外一个问题是唇形密封圈直接受压力冲击作用。

3. 处理方法

因主机出厂时间迫近，作者修改了活塞密封沟槽，在唇形密封圈跟部加装了挡圈；密封圈安装时，在唇形密封圈唇口端凹槽内涂满了润滑脂，因为作者发现拆下的唇形密封圈唇口处有烧伤痕迹。

4. 处理效果

经过主机厂连续近30h的运行，没有再出现以前已出现过几次的那种情况。

当作者到现场了解情况时，主机厂人询问是如何处理好的，作者回答只是重新拆装了一下液压缸。主机厂人讲："不可能好，只是现在对付出厂了，几天后一定得返厂。"

这台闸式液压剪板机现在已经出厂近两年了，除了出现过一次活塞杆表面被电焊打疤，其配套的液压缸没有出现过上述问题。

6.1.3 活塞密封失效Ⅲ的处理

1. 客户反馈情况

××××年××月××日，苏州某新材料科技有限公司提供给山东莱州某液压机械科技有限公司的活塞密封用唇形密封件试样在试验中出现了问题，密封件制造商要求作者帮助分析问题，找出原因并向用户说明情况，作者赶到了试验现场。

2. 现场情况介绍与分析

苏州某新材料科技有限公司提供的活塞用唇形密封件用于汽车检修设备——举升机的液压缸上，山东莱州某液压机械科技有限公司将该液压缸作为四柱液压机的主液压缸进行试验。当液压缸往复运动1万次后，四柱液压缸滑块（动梁）出现了沉降超标，而且更换了三次密封件，情况基本相同。

现场检查发现，四柱液压机的油箱没有完全封闭，油箱上有大量死亡的飞虫，估计油液污染度可能超标。检查试验过的唇形密封件，发现有金属屑嵌入密封件唇部，并且有明显划痕。分析判断是因试验用油液污染，导致密封件损伤，使密封件没有达到规定的使用寿命。

现场四柱液压机正在试验辽宁铁岭一家密封件制造商产品。

3. 处理方法

作者建议更换新的液压油液，且在新油液注入油箱前清理油箱，并检测油液固体颗粒污染物等级，一般不应劣于 GB/T 14039 规定的—/19/16。

在相同的试验条件下，可以用铁岭密封件做对比试验。

4. 处理效果

山东莱州某液压机械科技有限公司反馈，铁岭密封件在四柱液压机上的试验结果与苏州某公司密封件几乎相同，准备换新油后再进行试验，并有意购买一台油液颗粒污染度检测仪器。要求作者推荐油液颗粒污染度检测仪器及制造商，作者推荐了两款天津产产品。

××××年××月××日，苏州某新材料科技有限公司购置了一台国产举升机，用于在模拟工况下测试活塞密封用唇形密封件的使用寿命。经 18110 次（液压缸行程 1.45m，每天测试 11h）往复运动试验，举升机机械部分损坏，但在前一次停机保压（13h）时沉降量没有超标。将液压缸拆检，试验的活塞用唇形密封件没有明显的划痕和磨损，其中也没有金属屑或其他硬质颗粒嵌入，说明如果举升机机械部分没有损坏，此密封件仍可继续正常工作，在此条件下该密封件没有达到其使用寿命。

邀请山东莱州某液压机械科技有限公司来苏州某公司考察后，他们认可了该试验结果。

6.1.4 同轴密封件密封滑环与 O 形圈匹配问题的处理

1. 客户反馈情况

××××年××月××日，江苏建湖某液压元件有限公司反映公司供应的同轴密封件的密封滑环与 O 形圈不匹配，间隙太大，要求公司选择合适的 O 形圈重新供货。但公司认为，匹配没有问题，供需双方意见产生分歧，需方决定停止供方供货。

作者应公司之邀去了江苏建湖，公司要求作者给出合理解释，并能说服需方。

2. 现场情况介绍与分析

需方生产的折弯机液压缸的缸径多为非标（不符合 GB/T 15242.1—2017《液压缸活塞和活塞杆动密封装置尺寸系列　第 1 部分：同轴密封件尺寸系列和公差》规定），供应给他们的同轴密封件的密封滑环与 O 形圈都是公司自己选配的，现场看到孔用同轴密封件的密封滑环与 O 形圈之间都有一指宽以上的间隙。通过 π 尺测量并计算 O 形圈尺寸，并查 GB/T 3452.1—2005《液压气动用 O 形橡胶密封圈　第 1 部分：尺寸系列及公差》发现，如果要减小密封滑环与 O 形圈之间的间隙，O 形圈也得选择非标的。

3. 处理方法

关于密封滑环与 O 形圈之间匹配问题，作者提出了四点原则：

1）当用于活塞密封时，所选用的 O 形圈内径应小于或等于沟槽槽底直径，也就是说应稍紧一点。

2）当用于活塞杆密封时，所选用的 O 形圈内径应大于或等于沟槽槽底直径，也就是说应稍胀一点。

3）密封滑环与 O 形圈之间间隙尽量小。

4）O 形圈直径尽量粗。

公司按照以上四点原则，重新修改《同轴密封件 O 形圈匹配表》。

4. 处理效果

按公司给出的《同轴密封件 O 形圈匹配表》向江苏建湖某液压元件有限公司提供了样品，经需方试用后，恢复了产品供货。

6.2 液压缸活塞杆密封技术现场应用

6.2.1 活塞杆表面质量问题Ⅰ的处理

1. 客户反馈情况

××××年××月××日，主机厂转达山东烟台×××公司客户反映：作者修改设计、指导制造的闸式液压剪板机上的液压缸漏油。

当时将此事通知作者的某公司总经理的原话是："你改好密封的油缸又漏油啦！"

因此台剪板机在出厂试验时就已经反复几次出现过问题，后经作者根据自己提出的密封设计准则修改了原设计的活塞密封，加装了挡圈，现场指导了零件加工、液压缸装配、试验台上试验等，其密封性能在主机出厂试验中才得以验证。如果在主机出厂使用半年以后，活塞密封的使用寿命又再次出现问题，可能是修改设计不成功，进一步可能是作者所提出的一些液压缸密封设计理念将被否定。所以作者进行了认真备课，考虑了各种情况，并准备了多项预案。

主机厂要求派人去现场维修。

2. 现场情况介绍与分析

到达现场后发现，漏油点发生在活塞杆处，而非是活塞密封。主机仍能工作，而且剪切规定的板厚和板宽的Q235钢板没有问题。说明活塞密封没有失效，其使用寿命到现在为止仍属于正常。

进一步询问得知，活塞杆处漏油发生在主机维修后，其在主机维修时，使用了电焊机焊接。

仔细检查活塞杆表面，终于发现了电焊打火在活塞杆表面留下的电焊打疤，而此电焊打疤在此之前用户已经自己修复过了。

3. 处理方法

提出了如下几条意见，供用户参考：

1）应更换新的活塞杆。

2）若不能更换，活塞杆表面应进一步修复。

3）拆解液压缸，检查导向套及其活塞杆密封。

4）活塞杆密封系统的所有密封件必须更换。

5）拆装时应由专业人员操作，保证清洁、干净。

4. 处理效果

因由用户负责，其自行维修后，到现在为止没有其他意见反馈。只是在活塞杆表面修复时，作者进一步给出了建议（工艺）。

此事发生后，经作者持续跟踪，实践中检验了作者提出的液压缸密封设计的可靠性和耐久性。

6.2.2 活塞杆表面质量问题Ⅱ的处理

1. 客户反馈情况

××××年××月××日，江苏无锡客户来公司要求帮助解决液压机用液压缸活塞杆处外泄漏量超标问题，并介绍同批制造的液压缸只有这一台外泄漏量超标，其他都已试验合格后出厂了。

公司按照其原密封沟槽重新车制了密封件，但安装后活塞杆处外泄漏量仍然超标。公司再次修改了密封方案，其中包括采用了一件哑铃圈。双方公司都请作者去现场考察。

2. 现场情况介绍与分析

现场对重新装配后的液压缸进行了试验，空载往复运动试验时，活塞杆表面即形成了油环。因为晚上对活塞杆表面看不清楚，作者用手按周向和轴向检查了一下活塞杆表面，其周向有明显的不圆滑（波纹度轮廓或形状轮廓有问题）。当作者提出此活塞杆表面质量有问题时，参加试验的人员当即领作者去车间看另外一根表面没有问题的活塞杆，说明他们自己清楚此活塞杆表面质量有问题。

3. 处理方法

作者提出这根表面质量有问题的活塞杆只能重磨、重镀、重抛光。如果活塞杆直径尺寸超差，可采用车制密封件、支承环，但对单独配制的密封件、支承环应做好标记，并与液压机厂沟通好。

最简单且无后患的办法还是更换一根新的活塞杆，使用原图样规定的密封件。

4. 处理效果

客户换了一根新的活塞杆，仍采用原图样规定的密封件，液压缸试验合格后出厂了。

6.2.3 活塞杆密封失效Ⅰ的处理

1. 客户反馈情况

××××年××月××日，安徽×××机床有限公司客户反映，为 WC67Y-400/6000 液压板料折弯机配套的液压缸活塞杆处出现了泄漏。

要求更换新液压缸。

2. 现场情况介绍与分析

现场目视可见活塞杆表面有若干条划痕，液压油液由防尘圈处产生外泄漏，并且两台液压缸活塞杆表面情况基本一样。

经分析认为，其可能的原因如下：

1）液压缸存在初始污染或液压油液污染。

2）活塞杆表面所镀硬铬硬度低。

3）活塞杆密封件已经失效。

经检查液压油液，发现主机厂反复使用的用于主机试验的液压油污染严重，甚至可见铁屑、焊渣及其他固体颗粒物等，黏度低，还可能含水。

3. 处理方法

液压缸返厂维修。

在拆下的密封圈处目视可见机械杂质，导向带及密封圈与活塞杆配合面都有不同程度的划、擦伤。

更换全部活塞杆密封件，包括导向环。

活塞杆重新进行外圆磨削，对表面镀硬铬进一步强调了对硬度的要求。

作者提示，JB/T 10205.3—2020《液压缸 第3部分：活塞杆技术要求》规定：“镀层的硬度应不低于 800HV0.1。”

4. 处理效果

主机厂再次更换了新的液压油进行出厂试验，经16h连续运行，液压缸活塞杆表面及密封（包括防尘）处情况正常。

6.2.4 活塞杆密封失效Ⅱ的处理

1. 客户反馈情况

××××年××月××日，安徽×××液压有限公司提出，要求作者帮助解决采用外购商品缸筒制造的液压缸缸盖（缸盖与导向套为一体结构）处泄漏问题。

此种液压缸的产品质量不稳定，在缸盖处时有外泄漏发生。

2. 现场情况介绍与分析

作者考察了液压缸零部件加工、装配情况。发现外购的商品缸筒内孔已经加工完成，公司只对缸筒缸头、缸底等部分进行机械加工，并且要求缸筒外表面不得加工出中心架支承圆柱面，因此缸筒与缸盖连接螺纹及端面处几何精度存在问题，在装配处可见缸盖导向部与缸筒内孔螺旋划痕。作者根据该液压缸使用工况及加工情况分析，认为存在如下问题：

1）缸筒二次机械加工定位存在问题，其几何精度不稳定。

2）缸筒与缸盖连接型式不尽合理，此液压缸缸筒近于一个仅有底的（开口）受压壳体。

3）原活塞杆密封仅有一个唇形密封圈，其支承环布置也不合理。

4）缸盖静密封设计有问题等。

3. 处理方法

因在缸筒外表面不得加工中心架支承圆柱面为客户要求，加之液压缸在主机上的安装结构早已确定，缸筒与缸盖连接型式公司也不同意重新设计等，作者专门设计了一种“定心胀芯”，想从根本上解决缸筒加工的几何精度问题，但该公司以产品规格多，产品价格低，不能增加成本为由拒绝。作者只针对可以做的提出了意见：

1）适当加长缸盖的导向长度，并要求其安装导入角圆锥面与圆柱面相交处必须倒圆。

2）缸盖与缸筒静密封更换密封型式。

3）重新设计活塞杆密封系统。

4）提高装配水平，按装配工艺操作等。

其中特别强调了导向环沟槽的加工质量。

重新设计的活塞杆密封系统为导向环+同轴密封件+唇形密封圈+导向环+防尘密封圈。重新设计的缸筒与活塞杆间静密封采用哑铃形密封圈或蕾形密封圈。

4. 处理效果

由于活塞杆密封系统设计较为合理，因此此处不再发生外泄漏，但缸盖与缸筒静密封处还时有泄漏，此问题没有从根本上解决。

好的机械零件加工质量是液压缸密封的前提和保障，如果零件质量差，还希望有一个好的密封性能，其实在很难。

6.2.5 活塞杆密封失效Ⅲ的处理

1. 客户反馈情况

××××年××月××日，江苏某客户反映，已经出厂的300多台液压缸因活塞杆处外泄漏量超标被退货，他们认为是公司供应的同轴密封件质量有问题造成的。要求查清原因，解决问题。

2. 现场情况介绍与分析

作者赶到江苏某客户处，将退回的液压缸装在试验台上进行试验，经往复运行十几次后用面巾纸检查，活塞杆表面即出现油膜。经拆检试验的液压缸，发现一段活塞杆上有螺旋划痕；沟槽槽底面表面粗糙度差，有颤刀纹。进一步分析认为，因后加工在缸筒上的螺纹与缸径同轴度可能超差，在安装导向套时导向带边缘单边挤压、刮擦活塞杆表面，造成一段螺旋划痕，每次活塞杆往复运动都带油出来，再加上沟槽槽底也可能泄漏，导致活塞杆处外泄漏量超标。

3. 处理方法

建议检查缸筒螺纹与缸径的同轴度，并对超差的缸筒进行修复；活塞杆表面重新磨削、抛光、电镀；修复沟槽槽底；密封件全部更换新的，按工艺清洗、装配、试验。

但在装配前一定要认真检查零部件，不合格的零部件不会装配出合格的产品。

4. 处理效果

经了解此批液压缸经修复后已出厂，再没有其他反映。

6.3　液压缸缸盖或导向套静密封技术现场应用

6.3.1　导向套静密封失效Ⅰ的处理

1. 客户反馈情况

××××年××月××日，四川成都×××汽车零部件有限公司客户反映：作者设计、制造的汽车内饰件边角料非金属打包液压机主液压缸漏油。

要求现场维修。

2. 现场情况介绍与分析

因在产品保修期内，需要到现场维修。经现场观察，主要是该液压机在室外连续作业，且当地温度较高，加之料箱变形，液压缸回程压力太高（溢流阀被关死），造成活塞杆动、静密封出现泄漏。

该主液压缸导向套与缸体是通过卡键（环）连接的，这种结构的导向套虽然拆卸容易，但安装难。

3. 处理方法

因空运的配件（含密封圈安装工具）未到，但公司要求立即装配，立即生产。在明知一定还得出现泄漏的情况下，进行了装配，结果是一边泄漏、一边生产。

等配件到货后，又进行了第二次拆卸、装配。

4. 处理效果

经过第二次装配后连续作业了三天，该非金属打包液压机运行一切正常。将密封件安装工具留给了客户，并要求定期检修，定期更换密封件。

作者再次强调，使用者不能擅自调整液压缸所在液压系统的安全阀（溢流阀）压力。

作者设计、制造的这种类型非金属打包液压机还有几台出现过问题，甚至液压泵泵体都开裂过，主要是使用者擅自调高安全阀（或溢流阀）压力所致。但此处要说明的是，液压缸设计时的强度裕量（安全系数）要足够（大），否则，如果开裂的是液压缸缸体，那么问题就很麻烦，此点敬请读者参考。

6.3.2　导向套静密封失效Ⅱ的处理

1. 客户反馈情况

××××年××月××日，辽宁×××矿业公司客户反映：作者设计、制造的镁粉包装压实液压机液压缸漏油。

要求现场维修。

2. 现场情况介绍与分析

现场观察发现，导向套与缸体静密封处泄漏，应该是此处O形密封圈损坏。该液压机除了工作环境有粉尘，其他工作条件并无其他特殊之处。

进一步了解，客户为了试验镁粉包最大压实情况，曾将溢流阀压力调高，但活塞密封并没有失效，因此怀疑在原始安装时，O形圈已经有一定程度的损坏。

拆卸下O形圈检查，发现O形圈有陈旧挤裂撕裂伤（圆周外圈被挖掉一块，可参见表4-5静密封用O形橡胶密封圈的失效原因），并且位置与油口油流道位置相对应。

3. 处理方法

现场没有密封圈安装工具，包括卡键（环）槽和油口流道孔没有东西填充。

采用密封填料（盘根）填充了卡（环）键槽，自制了一个木质棒填充了料流道孔，更换了导向套上的所有密封件后，进行了装配。

装配时，首先进行了一次预装配，然后才进行了正式装配。

4. 处理效果

正式装配后，进行了低压、高压及滑块沉降试验。以后又跟踪了其使用情况，未见异常。

6.3.3　O形圈安装问题Ⅰ的处理

1. 客户反馈情况

在活塞杆密封失效Ⅱ中所述的其缸盖与缸筒间静密封原使用的是O形圈，因作者提出的密封件没有到货，这批产品仍使用O形圈，但作者认为应加装挡圈。

2. 现场情况介绍与分析

在装配时连续发生泄漏，公司认为是加装了挡圈造成的。作者认为，与加装挡圈没有关系，除了零件加工质量有问题，泄漏主要还与装配质量有关。

××××年××月××日上午10点，发生一台液压缸反复装配三次全部泄漏的情况。

3. 处理方法

作者认为，其O形圈装配工艺存在问题，尽管此前作者对操作者进行了若干次培训和演示，但一些不良习惯是很难改变的。

就此作者自行对该液压缸进行了重新装配，并且在带挡圈密封沟槽内只安装了O形圈。

作者着重检查了密封沟槽及其配合件表面是否存在毛刺、硬点、磕碰伤及其他缺陷，并对密封圈、沟槽及配合件涂敷了适量的润滑脂，对导入倒角做了进一步处理等，其中在沟槽槽底面发现了硬点，采用油石研磨、消除。

装配时，严格按装配工艺要求进行了装配。

4. 处理效果

经过近 5h 试验台上的出厂试验，此台液压缸没有发生外泄漏。

6.3.4 O 形圈安装问题Ⅱ的处理

1. 客户反馈情况

××××年××月××日下午，辽宁沈阳×××有限公司某设计员提出更改单，要求将某系列伺服液压缸图样中用于静密封的 O 形圈规格改小（将 O 形圈 92.5×3.55 改为 O 形圈 90×3.55），理由为原图样上的 O 形圈装配不上。

该图样是作者 3 个多月前审定批准的，审图时静密封的 O 形圈规格选择没有问题，不同意更改，并为其讲解了相关密封原理。

2. 现场情况介绍与分析

作者到现场了解情况，在液压缸装配处安装了一个 O 形圈 92.5×3.55，确实无法一次安装进去，并且存在严重扭曲问题。为查找原因，作者查阅了《液压缸密封技术及其应用》（第 1 版）一书，在其第 238 页有“拉伸状态下安装的 O 形圈，为使其拉伸后截面恢复成圆形，装入沟槽后，应放置适当时间再将配合件装合。”尽管此书所述是 O 形圈处于拉伸状态，但处于压缩状态的 O 形圈，也同样会有“恢复”问题。

3. 处理方法

作者再次试装了一个 O 形圈 92.5×3.55 及其挡圈，并要求在 30min 后再查看结果。

30min 后再到装配现场查看，O 形圈 92.5×3.55 扭曲消失，大家都认为 O 形圈 92.5×3.55 可以使用。作者先后共装配了 7 个 O 形圈 92.5×3.55 及其挡圈。

4. 处理效果

当天下班前及第二天上午，作者又两次到装配现场了解情况，并当面征求了装配人员意见；同时，安排设计室主任、设计员等到现场了解装配、试验情况。

经试验，由 O 形圈 92.5×3.55 作为静密封的某系列伺服液压缸没有问题。

由于此次的经验教训，作者在《电液伺服阀/液压缸及其系统》中一书 P276 中写道，“②O 形圈装配的技术要求 d. 拉伸或压缩状态下安装的 O 形圈，为使其预拉伸或预压缩后截面恢复成圆形，在 O 形圈装入沟槽后，应放置适当时间再将配（偶）合件装合。”

6.4 液压缸防尘与密封技术现场应用

6.4.1 防尘密封圈处泄漏Ⅰ的处理

1. 客户反馈情况

××××年××月××日，作者在指导吉林长春×××汽车零部件有限公司一台液压机安装、调试时发现，每天第一次起动该液压机时，上置式主液压缸防尘圈（活塞杆）处都会喷出一股液压油。因该液压缸为外购，制造商只提供了液压缸的外形图。

2. 现场情况介绍与分析

现场分析认为，活塞杆密封（系统）设计可能有一定问题，其防尘密封圈可能采用的是一种单唇无骨架橡胶密封圈。

其导向套与端盖为一体结构，并且由球墨铸铁制造。

3. 处理方法

在制造商提供相关图样后，进一步确认了现场分析的正确。要求制造商根据作者意见修改活塞杆密封，重新设计、制造了一件端盖。

4. 处理效果

安装后经一周每天两班作业后，没有再发现防尘圈（活塞杆）处有可见的外泄漏。

6.4.2　防尘密封圈处泄漏Ⅱ的处理

1. 客户反馈情况

××××年××月××日，湖北×××公司客户反映，作者设计、指导制造的液压剪板机上的液压缸活塞杆处偶有漏油。

公司要求解决外泄漏问题。

2. 现场情况介绍与分析

因为是定型产品，除了分析了使用工况，没有发现其他问题。

该产品使用的防尘圈为双唇聚氨酯防尘圈，其活塞杆密封系统紧邻防尘圈的是另一个唇形密封圈。尽管运行一段时间后，唇形密封圈可能会有少量的内泄漏，但因双唇防尘圈也具有一定的密封能力，因此这种活塞杆密封系统一般还是比较可靠的。

3. 处理方法

在拆解、检查后发现，导向套上防尘圈沟槽后面漏加工了贮油槽。因该公司有加工能力，而且此贮油槽又没有严格的同轴度要求，于是在原来导向套上现场加工了贮油槽。

4. 处理效果

在装配了修改的导向套后，此问题没有再发生。

6.4.3　防尘密封圈损坏的处理

1. 客户反馈情况

××××年××月××日，辽宁丹东××物质回收公司客户反映，作者设计、制造的不锈钢板材边角料金属打包液压机侧推液压缸漏油。

要求查找问题原因，解决问题并杜绝漏油问题再次发生。

2. 现场情况介绍与分析

该金属打包液压机已运行近三个月，而且一般为白班一班作业，但由于不锈钢板材边角料硬度高，料仓划伤严重，包括主、副推料块。

在侧推液压缸防尘圈处可见一钢针状料边插入液压缸内，将防尘圈刺穿，进一步可能将活塞杆密封圈损伤；同时，活塞杆表面也有一定程度的划伤。

该金属打包液压机料仓原设计有铸铁衬里，应根据磨损、划伤情况及时更换，但该打包机的衬里一直没有更换。

由于各部间隙扩大，极有可能造成边角料进入推料块背后，在液压缸回程中，边角料被挤在液压缸缸头处，甚至如现在被挤入液压缸内部。

虽然，在操作规程中要求在压料盖打开后，检查料仓和各退料块背面，在没有存有余料情况下，才能操作主、副推料块回程，但在实际操作中，经常发生不按操作规程操作的情况。

3. 处理方法

作者提出了三条意见：

1）应更换新衬里，以后也应根据情况及时更换。

2）可以在活塞杆端加装金属护套，但前提是必须按操作规程操作。

3）拆解、检查液压缸，更换零件，修复液压缸。

4. 处理效果

尽管公司没有同意加装金属防护套，但将责任落实给了操作者；修复后的金属打包液压机没有再出现类似问题。

6.5 液压缸支承与导向技术现场应用

6.5.1 支承环沟槽问题的处理

1. 客户反馈情况

××××年××月××日，安徽×××机床有限公司客户反映，其 WC67Y-400/4000 液压板料折弯机配套的两台液压缸快下时不同步。

要求帮助查找问题原因，解决问题。

2. 现场情况介绍与分析

因公司现场服务人员已多次去现场，但始终没有查清楚究竟是主机机械部分还是液压缸问题。作者到达现场后，将滑块与液压缸连接断开，观察发现在两台液压缸快下时一快一慢，运动不同步，而且相差较大。

判断至少是两台液压缸的起动压力不同，其中一台液压缸有问题，起动压力偏大。

安排慢下这台液压缸退厂检查。

3. 处理方法

试验台检验时发现，（最低）起动压力超过规定值一倍还多，且有爬行。将该液压缸拆解后发现，活塞支承环沟槽槽底面有一段 4mm 左右的圆锥部分，其最大直径尺寸超差，造成支承与缸体内孔配合过紧，摩擦阻力太大。

修复支承环沟槽，再次安装后试验，液压缸正常。

经现场查看及询问操作者，发现是操作者在车削沟槽时对刀有问题，车刀主切削刃与车床主轴线不平行，在最后精加工时就会在沟槽底面上留下一段圆锥面。

4. 处理效果

将修复的液压缸再次安装到主机上并与滑块连接，主机动作正常。

6.5.2 支承环装配问题的处理

1. 客户反馈情况

液压缸装配时，支承环经常发生挤出现象，一旦挤出，支承环应立即报废。对于装配完的液压缸，如果没有认真进行出厂试验，支承环发生挤出问题还有可能发现不了，在因其他原因返厂的液压缸中就发现过有支承环挤出的。

需要查找问题原因，杜绝此类问题一再发生。

2. 现场情况介绍与分析

因沟槽槽底圆角半径大、沟槽浅、支承环薄、安装导入倒角小和装配时温度低等原因，此类问题经常发生。

沟槽浅在缸体（筒）和活塞全部为钢制的液压缸中普遍存在。

使用过程中一般不会发生支承环挤出，除非油液温度过高，并且沟槽或配合有问题。

3. 处理方法

设计时尽量选用宽、厚支承环；装配前注意检查沟槽槽底圆角半径和安装导入倒角；装配前对支承环进行预定型处理；装配中采用润滑脂粘接时，注意不要有润滑油浸入；装配时零件对正且不可野蛮装配。

4. 处理效果

行政措施对解决支承装配时挤出问题更有效。但装配完的液压缸应在出厂试验时检验（最低）起动压力。挤出的支承一定要坚决报废，使用过的支承环也必须更换。

经设计改进、采取行政手段及强调遵守程序等后，此类问题很少再发生。

6.6 液压缸油口连接密封技术现场应用

6.6.1 油口垂直度问题Ⅰ的处理

1. 客户反馈情况

××××年××月××日，吉林梅河口×××草业有限公司客户反映，两台作者设计、制造的稻草非金属打包液压机中的一台稻草压缩液压缸无杆腔油口接头处漏油，每次更换组合密封垫圈后一般使用不超过两班（每班8~12h），液压油最高温度达80℃。

要求确定泄漏原因，并立即采取措施修复。

2. 现场情况介绍与分析

因频繁更换该接头组合密封垫圈，该管路（无缝钢管）现场已没有再安装管夹，并且管路振动严重，加之油温很高，可能当地市场购买的密封圈质量也有一定问题。

但另一台机器在同样工况下已工作六个月以上，只更换过一次组合密封垫圈，因此判断可能管接头或油口质量存在问题。

3. 处理方法

使用新管接头检查两台打包机液压缸油口密封面垂直度，发现泄漏的油口密封面垂直度稍差。采用电动角磨机，根据接触情况修整管接头密封面，最后用细纹平锉刀找平，并使用水磨砂纸抛光密封面。

使用可靠密封件厂家的组合密封垫圈，管接头安装后再次补齐已经缺失的管夹，并按规范在管路上包裹了一层减振橡胶板。

4. 处理效果

此管接头处没有再出现早期泄漏。

要求客户使用指定密封件厂家产品，并在定期更换密封圈后一定按要求正确安装管夹。

注意，修复过程中一定要保证污染物（锉屑、沙粒等）不能进入液压缸内部，并且一般不许使用砂纸、砂布。

6.6.2 油口垂直度问题Ⅱ的处理

1. 客户反馈情况

××××年××月××日，吉林长春×××汽车零部件有限公司客户反映，作者设计、制造的汽车地毯发泡模架用两台摆动液压缸（非图5-46所示的汽车地毯发泡模架用摆动液压缸）中的一台液压缸无杆腔油口出现外泄漏。

要求在该液压机更换模具的2h内一次必须修复好。

2. 现场情况介绍与分析

这台摆动液压缸在出厂前因管接头密封面锪平面小而进行过返修，所以可以肯定是密封面垂直度有问题。为此，特地设计制作了一套着色检具，并准备了着色剂。

3. 处理方法

使用着色检具检查油口密封面垂直度发现其确有问题。仍采用电动角磨机，根据接触情况修整管接头密封面，最后用细纹平锉刀找平，并使用水磨砂纸抛光密封面。

注意，角磨机使用的是切割砂轮片。

4. 处理效果

终于在2h内修复，并经过24h跟班作业观察，确定此油口处再无外泄漏。

6.6.3 密封垫圈选用问题Ⅰ的处理

1. 客户反馈情况

××××年××月××日，辽宁丹东×××机械密封有限公司客户反映，作者设计、制造的金属波纹管充液成型液压机（现在该机型已有标准）的主液压缸无杆腔油口管接头处漏油，而且更换新的组合密封垫圈后到一定时间一定泄漏。

要求能够采取确实可行的办法确保不泄漏。

2. 现场情况介绍与分析

尽管组合密封垫圈标准规定可以耐公称压力40MPa，但根据作者经验，如果有脉冲压力和振动且焊接无缝钢管较长时，则此处液压缸油口与管接头采用组合密封垫圈密封，其寿命一定会很短。

3. 处理方法

更换采用JB/T 1002—1977（JB 1002—77）《密封垫圈》规定的纯铜垫圈，但垫圈必须进行退火处理。

4. 处理效果

更换纯铜垫圈后，至今此油口管接头密封处没有再发生泄漏。

6.6.4 密封垫圈选用问题Ⅱ的处理

1. 客户反馈情况

××××年××月××日，吉林长春×××汽车零部件有限公司客户反映，作者设计、指导制造的一货车前保险杠SMC成型专用液压机主液压缸无杆腔油口管接头处在试车时多次发生泄漏，而且每次喷出近一桶（200L）抗磨液压油。

要求确认问题发生原因，并立即解决。

2. 现场情况介绍与分析

在作者攀爬上液压机上部安全检查工作平台后，对液压缸与管接头密封处检查时发现，此处没有按作者设计要求安装纯铜密封垫圈，而是采用组合密封垫圈。

3. 处理方法

更换JB/T 1002—1977（JB 1002—77）规定的纯铜密封垫圈。

4. 处理效果

更换纯铜密封圈后，此处油口管接头密封处没有再出现泄漏。此前因多次泄漏，大约总共损失了四桶抗磨液压油。

6.6.5　锪平密封面直径问题的处理

1. 客户反馈情况

××××年××月××日，安徽×××机床有限公司客户反映，作者设计、指导制造的液压板料折弯机用可调行程液压缸油口与管接头连接处使用一个组合密封垫圈无法密封。

要求查找问题，并加以解决。

2. 现场情况介绍与分析

因液压板料折弯机已经出厂，经了解询问，主要是组合密封垫圈无法压紧，最后采用两个组合密封垫圈叠加才能密封。

现场查看了客户使用的管接头，他们没有使用JB/T 966—2005规定的管接头，还是使用已被JB/T 966—2005《用于流体传动和一般用途的金属管接头O形圈平面密封接头》中柱端直通接头ZZJ代替的JB（/T）984—1977《焊接式直通管接头体》规定的管接头。这两者主要的区别在于固定柱端侧是否有一圆柱台阶（凸台）。因原JB（/T）984—1977中规定的接头体无圆柱台阶，而按GB/T 2878.1—2011《液压传动连接　带米制螺纹和O形圈密封的油口和螺柱端　第1部分：油口》或GB/T 19674.1—2005《液压管接头用螺纹油口和柱端　螺纹油口》制造的油口就可能导致组合密封垫圈压无法不紧。

3. 处理方法

因该公司还有大量的这种管接头，所以将可调行程液压缸油口锪平密封面直径加大，以适用于各（包括现行的或已经作废的）标准规定的管接头。

4. 处理效果

双方同意上述解决办法，并指定使用GB/T 19674.1—2005规定的油口。

经修改（加大）油口锪平密封面直径，可以使用JB 982—77中规定的组合密封垫圈。

6.6.6　两个油口连接问题的处理

1. 客户反馈情况

现场什么情况都有可能发生，有些情况可能预想不到，还有的可能根本就不是密封问题。例如，作者在现场遇到的两个情况：

1）一家公司找作者要求到现场帮助他们诊断一下为什么液压缸油口连接不上。作者到现场后发现，液压缸油口螺纹尺寸为M27×1.5（mm），因国产管接头一般为M27×2（mm），所以连接不上。

2）一家公司的一台液压机需要更换液压缸，新购进液压缸油口与原来管接头螺纹只能拧入两三扣，要求作者到现场帮助分析、判断。作者到现场后发现，原管接头螺纹为G螺纹，而新购液压缸油口螺纹为M螺纹，所以无法拧紧。

2. 处理办法

如此类似问题很多，只能一事一议，一事一定。

液压缸密封技术所要解决的是液压缸的密封问题，因此需要对密切关联的液压缸设计与制造技术有较为全面的了解和把握；液压缸密封技术的现场应用，更是需要对液压缸所在的液压系统有较为全面的了解和把握，如液压系统超调安全阀（或溢流阀）压力问题。

作者的一次现场经历可以提供这样的注释：一家密封件制造商所用的一台液压平板硫化机上的液压缸为作者设计、制造，一天突然要求作者去现场解决液压缸泄漏问题。作者到现场查看后发现，液压缸的前圆法兰已经变形，进一步发现活塞杆密封沟槽也一同变形，导致液压缸外泄漏。作者当即指出，其为液压系统超压所造成，但厂家坚称是液压缸设计制造问题。作者要求铅封液压系统溢流阀，经厂家同意后会同厂家一起铅封了该液压系统的溢流阀。

如果是液压缸设计，制造问题，其维修费用乃至停工损失等都需要液压缸制造商承担，此问题在汽车配件制造企业尤为严重，其损失可能远远大于液压缸本身的价值。在作者自费将此液压缸修复好后进行试车时发现，铅封的溢流阀是松的，根本就未经调压。但在对溢流阀逐渐（级）调高压力时，系统压力也只能调到2.5MPa左右，最后发现和判定是液压泵泵体开裂所致。

能造成液压泵泵体开裂，其溢流阀（安全阀）超调压力程度可想而知。

还原密封件制造商所作所为应该是这样的：调高液压系统溢流阀（安全阀）压力，通过提高液压机压力而扩大生产能力，但液压缸发生泄漏后，又将溢流阀调松，造成一种没有超压使用的假象，将责任归结给液压缸制造商，指责其设计、制造的液压缸质量有问题。

液压缸密封失效判定及事故仲裁是液压缸密封技术的一种现场应用，其信心及准确程度应来源于液压缸设计者对液压缸密封设计与制造、液压缸设计与制造、液压系统设计与制造，乃至液压机设计与制造等技术的精准把握。

最后再举两个实例作为本书修订版的结束语。

1）作者为了设计《伺服电机直驱数控行程精确定位液压缸》（ZL 2014 2 0336713.0），需要有一种适用于公称压力小于31.5MPa，转速小于100r/min，密封性能可靠并具有一定使用寿命的旋转轴密封。为此与某国外知名密封件制造商的中国公司联系，准备采用该公司的轴用旋转密封X（星）密封圈作为轴用旋转密封系统一个组件，该公司推荐了X形圈及其沟槽。作者认为，该公司推荐的X形圈沟槽应为“径向内周往复动密封”场合用沟槽，而非轴用旋转密封X形圈沟槽，为此经过了半年时间的探讨、论证和确认。作者认为，根据相关密封理论及设计准则，往复运动用沟槽与旋转运动用沟槽应该不同，但该公司多名技术人员参与讨论，其中也包括技术总监，都一再确认该公司推荐的沟槽正确。

作者没有因此盲从而轻易进行样机试制，直到半年后，作者从其他途径在国外取得该公司的原版产品样本，经过对比确认，其旋转运动用沟槽比往复运动用沟槽深。

经过样机在试验台上进行包括耐久性试验在内的密封性能试验，作者的专利设计样机密封性能合格。

2）作者一直认为，以“公称压力”作为液压缸的基本参数有问题，它是造成现在国产液压缸“粗大笨重”的主要原因之一，其中也包括液压缸密封过度冗余问题。为此，在修、制定标准，如 JB/T 10205.3—2020《液压缸　第3部分：活塞杆技术条件》和 YB/T 028—2021《冶金设备用液压缸》时都提出过建议，但没有被采纳；所写的相关论文《试论“公称压力”与液压缸轻量化设计相关压力术语的关系》也被某核心期刊杂志社最后退稿，当时业内普遍不同意作者提出的应以“额定压力”作为液压缸基本参数的观点。

经过三年多来的不懈努力，近来有望在 JB/T 10205.1—××××《液压缸　第1部分：液压缸技术条件》(讨论稿)、JB/T 10205.2—××××《液压缸　第2部分：缸筒技术条件》(报批稿）中将“额定压力”确定为液压缸的基本参数；在 GB/T 15622—××××《液压缸试验方法》(讨论稿)/ISO 10100：2020，MOD 的“耐压试验”中也有这样的表述：“应交替向被试缸两端施加 1.5 倍的缸额定压力或 1.5 倍推荐工作压力作为试验压力。”如果以“额定压力”为液压缸基本参数的标准修、制定成功，那将是作者为我国液压缸（密封）设计与制造做的最有意义的一件事。

还是那句话，液压缸密封技术及其应用是建立在正确的密封理论基础上的，作者认为，液压缸密封设计者应该有理论自信！

附　录

附录A　液压缸密封技术及其应用相关标准目录

液压缸密封及其设计涉及很多现行标准，根据这些相关标准，可以对液压缸密封进行标准化设计，进而获得统一、简化、协调、优化的液压缸密封。

尽管下列306项标准并非全部都在液压缸密封及其设计中被直接引用，但确有一定参考价值。

因为标准是一种供共同使用和重复使用的规范性文件，所以本书有多处引用同一标准。

液压缸密封相关的国家、行业、地方标准目录，见表A-1～表A-7。

A.1　术语和定义

液压缸密封术语和定义相关标准目录见表A-1。

表A-1　液压缸密封术语和定义相关标准目录

序号	标　准
1	GB/T 1844.1—2022《塑料　符号和缩略语　第1部分:基础聚合物及其特征性能》
2	GB/T 2035—2008《塑料术语及其定义》
3	GB/T 2889.1—2020《滑动轴承　术语、定义、分类和符号　第1部分:结构、轴承材料及其性能》
4	GB/T 2889.2—2020《滑动轴承　术语、定义、分类和符号　第2部分:摩擦和磨损》
5	GB/T 2889.3—2020《滑动轴承　术语、定义、分类和符号　第3部分:润滑》
6	GB/T 3961—2009《纤维增强塑料术语》
7	GB/T 4016—2019《石油产品术语》
8	GB/T 5576—1997《橡胶和胶乳　命名法》
9	GB/T 5577—2022《合成橡胶牌号规范》
10	GB/T 5719—2006《橡胶密封制品　词汇》
11	GB/T 5894—2015《机械密封名词术语》
12	GB/T 7530—1998《橡胶或塑料涂覆织物　术语》
13	GB/T 9881—2008《橡胶　术语》
14	GB/T 12604.3—2013《无损检测　术语　渗透检测》
15	GB/T 12604.7—2021《无损检测　术语　泄漏检测》
16	GB/T 14795—2008《天然橡胶　术语》
17	GB/T 17446—2012《流体传动系统及元件　词汇》(新版标准正在审查中)
18	GB/T 21461.1—2008《塑料　超高分子量聚乙烯(PE-UHMW)模塑和挤出材料　第1部分:命名系统和分类基础》
19	GB/T 22027—2008《热塑性弹性体　命名和缩略语》
20	GB/T 22271.1—2021《塑料　聚甲醛(POM)模塑和挤出材料　第1部分:命名系统和分类基础》
21	GB/T 32363.1—2015《塑料　聚酰胺模塑和挤出材料　第1部分:命名系统和规范基础》
22	GB/T 32365—2015《硅橡胶混炼胶　分类与系统命名》
23	GB/T 34691.1—2018《塑料　热塑性聚酯(TP)模塑和挤出材料　第1部分:命名系统和分类基础》

（续）

序号	标　准
24	GB/T 38273.1—2019《塑料　热塑性聚酯/酯和聚醚/酯模塑和挤塑弹性体　第1部分:命名系统和分类基础》
25	GB/T 39714.1—2020《塑料　聚四氟乙烯(PTFE)半成品　第1部分:要求和命名》
26	GB/T 40724—2021《碳纤维及其复合材料术语》
27	GB/T 41069—2021《旋转接头名词术语》
28	HG/T 2899—1997《聚四氟乙烯材料命名》
29	HG/T 3076—1988《橡胶制品　杂品术语》
30	JB/T 6612—2008《静密封、填料密封　术语》
31	JB/T 8241—1996《同轴密封件词汇》

作者注：1. 目录中未列的其他液压缸密封相关标准中术语和定义本书也有摘录。

2. 参考文献［4］编写说明中说明：“3　名词术语　《手册》中的名词术语一律采用国家标准，没有国家标准的，则参照《航空工业科技词典》有关术语。”本书亦遵循这样的原则。

A.2　密封材料

液压缸密封所用密封材料相关标准目录见表A-2。

表A-2　密封材料相关标准目录

序号	标　准
1	GB/T 3452.5—2022《液压气动用O形橡胶密封圈　第5部分:弹性体材料规范》
2	GB/T 13871.6—2022《密封元件为弹性体材料的旋转轴唇形密封圈　第6部分:弹性体材料规范》
3	GB/T 22271.3—2016《塑料　聚甲醛(POM)模塑和挤塑材料　第3部分:通用产品要求》
4	GB/T 28610—2020《甲基乙烯基硅橡胶》
5	GB/T 30308—2013《氟橡胶　通用规范和评价方法》
6	GB/T 33402—2016《硅橡胶混炼胶　一般用途》
7	GB/T 34685—2017《丙烯腈-丁二烯橡胶(NBR)　评价方法》
8	GB/T 36089—2018《丙烯腈-丁二烯橡胶(NBR)》
9	GB/T 39694—2020《氢化丙烯腈-丁二烯橡胶(HNBR)　通用规范和评价方法》
10	HG/T 2181—2009《耐酸碱橡胶密封圈材料》
11	HG/T 2333—1992《真空用O形圈橡胶材料》
12	HG/T 2579—2008《普通液压系统用O形橡胶密封圈材料》
13	HG/T 2810—2008《往复运动橡胶密封圈材料》
14	HG/T 2811—1996《旋转轴唇形密封圈橡胶材料》
15	HG/T 3326—2007《采煤综合机械化设备橡胶密封件用胶料》
16	JB/T 8873—2011《机械密封用填充聚四氟乙烯和聚四氟乙烯毛坯技术条件》
17	QB/T 4041—2010《聚四氟乙烯棒材》(无术语)

A.3　密封件

适用于液压缸密封的密封件相关标准目录见表A-3。

表A-3　密封件标准目录

序号	标　准
1	GB/T 3452.1—2005《液压气动用O形橡胶密封圈　第1部分:尺寸系列及公差》
2	GB/T 3452.4—2020《液压气动用O形橡胶密封圈　第4部分:抗挤压环(挡环)》
3	GB/T 10708.1—2000《往复运动橡胶密封圈结构尺寸系列　第1部分:单向密封橡胶密封圈》
4	GB/T 10708.2—2000《往复运动橡胶密封圈结构尺寸系列　第2部分:双向密封橡胶密封圈》
5	GB/T 10708.3—2000《往复运动橡胶密封圈结构尺寸系列　第3部分:橡胶防尘密封圈》
6	GB/T 13871.1—2022《密封元件为弹性体材料的旋转轴唇形密封圈　第1部分:尺寸和公差》

（续）

序号	标　　准
7	GB/T 15242.1—2017《液压缸活塞和活塞杆动密封装置尺寸系列　第1部分：同轴密封件尺寸系列和公差》
8	GB/T 15242.2—2017《液压缸活塞和活塞杆动密封装置尺寸系列　第2部分：支承环尺寸系列和公差》
9	GB/T 19228.3—2012《不锈钢卡压式管件组件　第3部分：O形橡胶密封圈》
10	GB/T 21283.1—2007《密封件为热塑性材料的旋转轴唇形密封圈　第1部分：基本尺寸和公差》
11	GB/T 21539—2008《混凝土泵用聚氨酯活塞》
12	GB/T 36520.1—2018《液压传动　聚氨酯密封件尺寸系列　第1部分：活塞往复运动密封圈的尺寸和公差》
13	GB/T 36520.2—2018《液压传动　聚氨酯密封件尺寸系列　第2部分：活塞杆往复运动密封圈的尺寸和公差》
14	GB/T 36520.3—2019《液压传动　聚氨酯密封件尺寸系列　第3部分：防尘圈的尺寸和公差》
15	GB/T 36520.4—2019《液压传动　聚氨酯密封件尺寸系列　第4部分：缸口密封圈的尺寸和公差》
16	GB/T 36879—2018《全断面隧道掘进机用橡胶密封件》
17	HG/T 2021—2014《耐高温润滑油O形橡胶密封圈》
18	JB/T 966—2005《用于流体传动和一般用途的金属管接头　O形圈平面密封接头》
19	JB 982—1977《组合密封垫圈》（已废止，仅供参考）
20	JB/T 1002—1977《密封垫圈》（已被JB/T 966—2005代替，仅供参考）
21	JB/T 10688—2020《聚四氟乙烯垫片》
22	JB/ZQ 4264—2006《孔用Yx密封圈》
23	JB/ZQ 4265—2006《轴用Yx密封圈》
24	JB/T 7757—2020《机械密封用O形橡胶圈》（代替了JB/T 7757.2—2006）
25	JB/T 10706—2007(2022)《机械密封用氟塑料全包覆橡胶O形圈》
26	MT/T 985—2006《煤矿用立柱和千斤顶聚氨酯密封圈技术条件》
27	MT/T 1164—2011《液压支架立柱、千斤顶密封件　第1部分：分类》
28	NB/T 10067—2018《承压设备用自紧式平面密封垫片》
29	NB/T 10688—2021《高原用高压直流设备密封制品技术条件》
30	QB/T 4008—2010《螺纹密封用聚四氟乙烯未烧结带（生料带）》
31	QC/T 638—2000《密封垫圈》
32	QJ 1035.1—1986《O形橡胶密封圈》
33	YB/T 4059—2007《金属包覆高温密封圈》

作者注：1. 已作废的JB 982—77《组合密封垫圈》中适用于螺纹尺寸M8～M60的组合密封圈，可参见GB/T 19674.2—2005《液压管接头用螺纹油口和柱端　填料密封柱端（A型和E型）》中重载（S系列）A型柱端用填料密封圈（适用螺纹规格M10×1～M48×2）。

2. 旋转轴唇形密封圈相关标准见本书第2.16.1节。

A.4 沟槽

液压缸密封用密封件适用沟槽相关标准目录见表A-4。

表A-4 密封件沟槽相关标准目录

序号	标　　准
1	GB/T 2879—2005《液压缸活塞和活塞杆动密封沟槽尺寸和公差》（准备修订）
2	GB 2880—81《液压缸活塞和活塞杆窄断面动密封沟槽尺寸系列和公差》
3	GB/T 3452.3—2005《液压气动用O形橡胶密封圈　沟槽尺寸》（准备修订）
4	GB/T 6577—2021《液压缸活塞用带支承环密封沟槽型式、尺寸和公差》
5	GB/T 6578—2008《液压缸活塞杆用防尘圈沟槽型式、尺寸和公差》（准备修订）
6	GB/T 15242.3—2021《液压缸活塞和活塞杆动密封装置尺寸系列　第3部分：同轴密封件沟槽尺寸系列和公差》
7	GB/T 15242.4—2021《液压缸活塞和活塞杆动密封装置尺寸系列　第4部分：支承环安装沟槽尺寸系列和公差》
8	MT/T 576—1996《液压支架立柱、千斤顶活塞和活塞杆用带支承环的密封沟槽型式、尺寸和公差》
9	MT/T 1165—2011《液压支架立柱、千斤顶密封件　第2部分：沟槽型式、尺寸和公差》

A.5 质量、检测和贮存

液压缸密封用密封件质量、检测和贮存等相关标准目录见表 A-5。

表 A-5 密封件质量、检测和贮存等相关标准目录

序号	标 准
1	GB/T 528—2009《硫化橡胶或热塑性橡胶 拉伸应力应变性能的测定》
2	GB/T 529—2008《硫化橡胶或热塑性橡胶撕裂强度的测定(裤形、直角形和新月形试样)》
3	GB/T 531.1—2008《硫化橡胶或热塑性橡胶 压入硬度试验方法 第1部分:邵尔硬度计法(邵尔硬度)》
4	GB/T 531.2—2009《硫化橡胶或热塑性橡胶 压入硬度试验方法 第2部分:便携式橡胶国际硬度计法》
5	GB/T 533—2008《硫化橡胶或热塑性橡胶密度的测定》
6	GB/T 1681—2009《硫化橡胶回弹性的测定》
7	GB/T 1683—2018《硫化橡胶 恒定形变压缩永久变形的测定方法》
8	GB/T 1685—2008《硫化橡胶或热塑橡胶 在常温和高温下压缩应力松弛的测定》
9	GB/T 1685.2—2019《硫化橡胶或热塑性橡胶 压缩应力松弛的测定 第2部分:循环温度下试验》
10	GB/T 1687.4—2021《硫化橡胶 在屈挠试验中温升和耐疲劳性能的测定 第4部分:恒应力屈挠试验》
11	GB/T 1689—1998《硫化橡胶耐磨性能的测定(用阿克隆磨耗机)》《硫化橡胶或热塑性橡胶 耐磨性能的测定(改进型兰伯恩磨耗试验机法)》(正在制定中)
12	GB/T 1690—2010《硫化橡胶或热塑性橡胶 耐液体试验方法》
13	GB/T 1695—2005《硫化橡胶 工频击穿电压强度和耐电压的测定方法》
14	GB/T 2411—2008《塑料和硬橡胶 使用硬度计测定压痕硬度(邵尔硬度)》
15	GB/T 2439—2001《硫化橡胶或热塑性橡胶 导电性能和耗散性能电阻率的测定》
16	GB/T 2941—2006《橡胶物理试验方法试样制备和调节通用程序》
17	GB/T 3452.2—2007《液压气动用O形橡胶密封圈 第2部分:外观质量检验规范》(准备修订)
18	GB/T 3511—2018《硫化橡胶或热塑性橡胶 耐候性》
19	GB/T 3512—2014《硫化橡胶或热塑性橡胶 热空气加速老化和耐热试验》
20	GB/T 3672.1—2002《橡胶制品的公差 第1部分:尺寸公差》
21	GB/T 3672.2—2002《橡胶制品的公差 第2部分:几何公差》
22	GB/T 5720—2008《O形橡胶密封圈试验方法》
23	GB/T 5721—1993《橡胶密封制品标注、包装、运输、贮存的一般规定》
24	GB/T 6031—2017《硫化橡胶或热塑性橡胶 硬度的测定(10IRHD~100IRHD)》
25	GB/T 6342—1996《泡沫塑料与橡胶 线性尺寸的测定》
26	GB/T 7757—2009《硫化橡胶或热塑性橡胶 压缩应力应变性能的测定》
27	GB/T 7758—2020《硫化橡胶 低温性能的测定 温度回缩程序(TR 试验)》
28	GB/T 7759.1—2015《硫化橡胶或热塑性橡胶 压缩永久变形的测定 第1部分:在常温及高温条件下》
29	GB/T 7759.2—2014《硫化橡胶或热塑性橡胶 压缩永久变形的测定 第2部分:在低温条件下》
30	GB/T 7762—2003《硫化橡胶或热塑性橡胶 耐臭氧龟裂静态拉伸试验》
31	GB/T 9867—2008《硫化橡胶或热塑性橡胶耐磨性的测定(旋转辊筒式磨耗机法)》
32	GB/T 9870.1—2006《硫化橡胶或热塑性橡胶动态性能的测定 第1部分:通则》
33	GB/T 10707—2008《橡胶燃烧性能的测定》
34	GB/T 11205—2009《橡胶 热导率的测定 热线法》
35	GB/T 11206—2009《橡胶老化试验 表面龟裂法》
36	GB/T 13936—2014《硫化橡胶 与金属粘接拉伸剪切强度测定方法》
37	GB/T 14522—2008《机械工业产品用塑料、涂料、橡胶材料人工气候老化试验方法 荧光紫外灯》
38	GB/T 14832—2008《标准弹性材料与液压液体的相容性试验》
39	GB/T 14834—2009《硫化橡胶或热塑性橡胶 与金属粘附性及对金属腐蚀作用的测定》
40	GB/T 15256—2014《硫化橡胶或热塑性橡胶 低温脆性的测定(多试样法)》
41	GB/T 15325—1994《往复运动橡胶密封圈外观质量》
42	GB/T 16585—1996《硫化橡胶人工气候老化(荧光紫外灯)试验方法》
43	GB/T 17782—1999《硫化橡胶压力空气热老化试验方法》

（续）

序号	标　准
44	GB/T 17783—2019《硫化橡胶或热塑性橡胶　化学试验　样品和试样的制备》
45	GB/T 18426—2021《橡胶或塑料涂覆织物　低温弯曲试验》
46	GB/T 20739—2006《橡胶制品贮存指南》
47	GB/T 27800—2021《静密封橡胶制品使用寿命的快速预测方法》
48	GB/T 30314—2021《橡胶或塑料涂覆织物　耐磨性的测定　泰伯法》
49	GB/T 35858—2018《硫化橡胶　盐雾老化试验方法》
50	GB/T 39692—2020《硫化橡胶或热塑性橡胶　低温试验　概述与指南》
51	GB/T 40721—2021《橡胶　摩擦性能的测定》
52	GB/T 40797—2021《硫化橡胶或热塑性橡胶　耐磨性能的测定　垂直驱动磨盘法》
53	HG 2116—1991《常规型国际橡胶硬度计　高硬度》
54	HG 2117—1991《常规型国际橡胶硬度计　中硬度》
55	HG 2118—1991《常规型国际橡胶硬度计　低硬度》
56	HG/T 3087—2001《静密封橡胶零件贮存期快速测定方法》
57	HG/T 3090—1987(1997)《模压和压出橡胶制品外观质量一般规定》
58	HG/T 3321—2012《硫化橡胶弹性模量的测定办法》
59	HG/T 3836—2008《硫化橡胶　滑动磨耗试验方法》
60	HG/T 3843—2008《硫化橡胶　短时间静压缩试验方法》
61	HG/T 3866—2008《硫化橡胶　压缩耐寒系数的测定》
62	HG/T 3867—2008《硫化橡胶　拉伸耐寒系数的测定》
63	HG/T 3868—2008《硫化橡胶　高温拉伸强度和拉断伸长率的测定》
64	HG/T 3869—2008《硫化橡胶压缩或剪切性能的测定(扬子尼机械示波器法)》
65	HG/T 3870—2008《硫化橡胶溶胀指数测定方法》
66	SH/T 0429—2007《润滑脂和液体润滑剂与橡胶相容性测定法》

A.6　液压（油）缸产品及试验标准

现行的液压（油）缸产品及试验标准目录见表 A-6。

表 A-6　液压（油）缸产品及试验标准目录

序号	标　准
1	GB/T 2423.23—2013《环境试验　第 2 部分:试验方法　试验 Q:密封》
2	GB/T 13342—2007《船用往复式液压缸通用技术条件》
3	GB/T 15622—2005《液压缸试验方法》(正在修订中)
4	GB/T 24655—2009《农用拖拉机　牵引农具用分置式液压油缸》
5	GB/T 24946—2010《船用数字液压缸》
6	GB/T 32216—2015《液压传动　比例/伺服控制液压缸的试验方法》
7	GB/T 37400.1—2019《重型机械通用技术条件　第 1 部分:产品检验》
8	GB/T 37476—2019《船用摆动转角液压缸》
9	CB 1374—2004《舰船用往复式液压缸规范》
10	CB/T 3004—2005《船用往复式液压缸基本参数》
11	CB/T 3812—2013《船用舱口盖液压缸》
12	HB 8506—2014《民用飞机液压系统试验要求》
13	JB/T 2162—2006《冶金设备用液压缸(*PN*≤16MPa)》
14	JB/T 3042—2011《组合机床　夹紧液压缸　系列参数》
15	JB/ZQ 4181—2006《冶金设备用 UY 液压缸(*PN*≤25MPa)》
16	JB/T 6134—2006《冶金设备用液压缸(*PN*≤25MPa)》
17	JB/T 9834—2014《农用双作用油缸　技术条件》
18	JB/T 10205—2010《液压缸》(正在修订中,拟被 JB/T 102051—××××《液压缸　第 1 部分:通用技术条件》代替)

（续）

序号	标　　准
19	JB/T 11588—2013《大型液压油缸》
20	JB/T 11772—2014《机床　回转油缸》
21	JB/T 13101—2017《机床　高速回转油缸》
22	JB/T 13141—2017《拖拉机　转向液压缸》
23	JB/T 13644—2019《回转油缸　可靠性试验规范》
24	JB/T 13790—2020《土方机械　液压油缸再制造　技术规范》
25	MT/T 291.2—1995《悬臂式掘进机　液压缸检验规范》
26	MT/T 900—2000《采掘机械用液压缸技术条件》
27	QC/T 460—2010《自卸汽车液压缸技术条件》
28	QJ 1098—86《地面设备液压缸通用技术条件》
29	QJ 2478—1993《电液伺服机构及其组件装配、试验规范》
30	YB/T 028—2021《冶金设备用液压缸》
31	DB37/T 2688.2—2015《再制造煤矿机械技术要求　第2部分:液压支架立柱、千斤顶》
32	DB44/T 1169.1—2013《伺服液压缸　第1部分:技术条件》(已作废,仅供参考)
33	DB44/T 1169.2—2013《伺服液压缸　第2部分:试验方法》

A.7　液压工作介质、试验方法及其清洁度标准目录

液压系统及液压缸的液压工作介质、试验方法及其清洁度标准目录见表A-7。

表A-7　液压工作介质、试验方法及其清洁度标准目录

序号	标　　准
1	GB 259—1988《石油产品水溶性酸及碱测定法》
2	GB/T 260—2016《石油产品水含量的测定　蒸馏法》
3	GB/T 261—2008《闪点的测定　宾斯基-马丁闭口杯法》(已作废,仅供参考)
4	GB 264—1983《石油产品酸值测定法》
5	GB/T 265—1988《石油产品运动黏度测定法和动力黏度计算法》
6	GB/T 1884—2000《原油和液体石油产品密度实验室测定法(密度计法)》
7	GB/T 1885—1998《石油计量表》
8	GB/T 1995—1998《石油产品黏度指数计算法》
9	GB/T 2433—2001《添加剂和含添加剂润滑油硫酸盐灰分测定法》
10	GB/T 2541—1981《石油产品黏度指数算表》
11	GB/T 3141—1994《工业液体润滑剂　ISO黏度分类》
12	GB/T 3142—2019《润滑剂承载能力的测定　四球法》
13	GB/T 3535—2006《石油产品倾点测定法》
14	GB/T 3536—2008《石油产品闪点和燃点的测定　克利夫兰开口杯法》
15	GB/T 4945—2002《石油产品和润滑剂酸值和碱值测定法(颜色指示剂法)》
16	GB/T 5096—2017《石油产品铜片腐蚀试验法》
17	GB 6540—1986《石油产品颜色测定法》
18	GB/T 7304—2014《石油产品酸值的测定　电位滴定法》
19	GB 7325—1987《润滑脂和润滑油蒸发损失测定法》
20	GB/T 7600—2014《运行中变压器油和汽轮机油水分含量测定法(库仑法)》
21	GB/T 7631.1—2008《润滑剂、工业用油和有关产品(L类)的分类　第1部分:总分组》
22	GB/T 7631.2—2003《润滑剂、工业用油和相关产品(L类)的分类　第2部分:H组(液压系统)》
23	GB 11118.1—2011《液压油(L-HL、L-HM、L-HV、L-HS、L-HG)》
24	GB/T 11133—2015《石油产品、润滑油和添加剂中水含量的测定　卡尔费休库仑滴定法》
25	GB 11137—1989《深色石油产品运动黏度测定法(逆流法)和动力黏度计算法》
26	GB/T 11143—2008《加抑制剂矿物油在水存在下防锈性能试验法》

（续）

序号	标　准
27	GB/T 12579—2002《润滑油泡沫特性测定法》
28	GB/T 12581—2006《加抑制剂矿物油氧化特性测定法》
29	GB/T 13377—2010《原油和液体或固体石油产品　密度或相对密度的测定　毛细管塞比重瓶和带刻度双毛细管比重瓶法》
30	GB/T 14039—2002《液压传动　油液　固体颗粒污染等级代号》(注:修改采用 ISO 4406:1999)
31	GB/T 14832—2008《标准弹性体材料与液压液体的相容性试验》
32	GB/T 16898—1997《难燃液压液使用导则》
33	GB/T 17476—1998《使用过的润滑油中添加剂元素、磨损金属和污染物以及基础油中某些元素测定法(电感耦合等离子体发射光谱法)》
34	GB/T 17484—1998《液压油液取样容器　净化方法的鉴定和控制》
35	GB/T 17489—2022《液压传动　颗粒污染分析　从工作系统管路中提取液样》
36	GB/T 18854—2015《液压传动　液体自动颗粒计数器的校准》
37	GB/Z 19848—2005《液压元件从制造到安装达到和控制清洁度的指南》
38	GB/T 20082—2006《液压传动　液体污染　采用光学显微镜测定颗粒污染度的方法》
39	GB/Z 20423—2006《液压系统总成　清洁度检验》
40	GB/T 21449—2008《水-乙二醇型难燃液压液》
41	GB/T 21540—2008《液压传动　液体在线自动颗粒计数系统　校准和验证方法》
42	GB/T 25133—2010《液压系统总成　管路冲洗方法》
43	GB/T 27613—2011《液压传动　液体污染　采用称重法测定颗粒污染度》
44	GB/T 28957.1—2012《道路车辆　用于滤清器评定的试验粉尘　第 1 部分:氧化硅试验粉尘》
45	GB/T 29024.2—2016《粒度分析　单颗粒的光学测量方法　第 2 部分:液体颗粒计数器光散射法》
46	GB/T 29024.3—2012《粒度分析　单颗粒的光学测量方法　第 3 部分:液体颗粒计数器光阻法》
47	GB/T 29025—2012《粒度分析　电阻法》
48	GB/T 30504—2014《船舶和海上技术　液压油系统　组装和冲洗导则》
49	GB/T 30506—2014《船舶和海上技术　润滑油系统　清洁度等级和冲洗导则》
50	GB/T 30508—2014《船舶和海上技术　液压油系统　清洁度等级和冲洗导则》
51	GB/T 33540.4—2017《风力发电机组专用润滑剂　第 4 部分:液压油》
52	GB/T 37162.1—2018《液压传动　液体颗粒污染度的监测　第 1 部分:总则》
53	GB/T 37162.3—2021《液压传动　液体颗粒污染度的监测　第 3 部分:利用滤膜阻塞技术》
54	GB/T 37163—2018《液压传动　采用遮光原理的自动颗粒计数法测定液样颗粒污染度》
55	GB/T 37222—2018《难燃液压液喷射燃烧持久性测定　空锥射流喷嘴试验法》
56	GB/T 39095—2020《航空航天　液压流体零部件　颗粒污染度等级的表述》
57	GJB 380.2A—2015《航空工作液污染测试　第 2 部分:在系统管路上采集液样的方法》
58	GJB 380.4A—2015《航空工作液污染测试　第 4 部分:用自动颗粒计数法测定固体颗粒污染度》
59	GJB 380.5A—2015《航空工作液污染测试　第 5 部分:用显微镜计数法测定固体颗粒污染度》
60	GJB 380.7A—2015《航空工作液污染测试　第 7 部分:在液箱中采集液样的方法》
61	GJB 380.8A—2015《航空工作液污染测试　第 8 部分:用显微镜对比法测定固体颗粒污染度》
62	GJB 420B—2006《航空工作液固体污染度分级》
63	GJB 563—1998(1988)《轻质航空润滑油腐蚀和氧化安定性测定法(金属片法)》
64	GJB 1177A—2013《15 号航空液压油规范》
65	CB/T 3997—2008《船用油颗粒污染度检测方法》
66	DL/T 421—2009《电力用油体积电阻率测定法》
67	DL/T 429.1—2017《电力用油透明度测定法》
68	DL/T 429.2—2016《电力用油颜色测定法》
69	DL/T 432—2018《电力用油中颗粒度测定方法》
70	DL/T 433—2015《抗燃油中氯含量的测定　氧弹法》

（续）

序号	标　　准
71	DL/T 571—2014《电厂用磷酸酯抗燃油运行维护导则》
72	DL/T 1206—2013《磷酸酯抗燃油氯含量的测定　高温燃烧微库仑法》
73	DL/T 1978—2019《电力用油颗粒污染度分级标准》
74	HB 6639—1992《飞机Ⅰ、Ⅱ型液压系统污染度验收水平和控制水平》
75	HB 6649—1992《飞机Ⅰ、Ⅱ型液压系统重要附件污染度验收水平》
76	HB 7799—2006《飞机液压系统工作液采样点设计要求》
77	HB 8460—2014《民用飞机液压系统污染度验收水平和控制水平要求》
78	HB 8461—2014《民用飞机用液压油污染度等级》
79	JB/T 7858—2006《液压元件清洁度评定方法及液压元件清洁度指标》
80	JB/T 9954—1999《锻压机械液压系统　清洁度》
81	JB/T 10607—2006《液压系统工作介质使用规范》
82	JB/T 12672—2016《土方机械　液压油应用指南》
83	JB/T 12675—2016《拖拉机液压系统清洁度限值及测量方法》
84	JB/T 12920—2016《液压传动　液压油含水量检测方法》
85	JG/T 5089—1997《油液中固体颗粒污染物的自动颗粒计数法》
86	JJG 1061—2010《液体颗粒计数器检定规程》
87	MT 76—2011《液压支架用乳化油、浓缩液及其高含水液压液》
88	NB/SH/T 0189—2017《润滑油抗磨损性能的测定　四球法》
89	NB/SH/T 0306—2013《润滑油承载能力的评定　FZG 目测法》
90	NB/SH/T 0505—2017《含聚合物油剪切安定性的测定　超声波剪切法》
91	NB/SH/T 0567—2016《液体与热表面接触燃烧性的测定　歧管引燃法》
92	NB/SH/T 0599—2013《L-HM 液压油换油指标》
93	Q/XJ 2007—1992《12 号航空液压油》
94	QC/T 29104—2013《专用汽车液压系统液压油固体污染度限值》
95	QC/T 29105.4—1992《专用汽车液压系统液压油固体污染度测试方法　显微镜颗粒计数法》
96	QJ 2724.1—1995《航天液压污染控制　工作液固体颗粒污染等级编码方法》
97	SH/T 0103—2007《含聚合物油剪切安定性的测定　柴油喷嘴法》
98	NB/SH/T 0193—2022《润滑油氧化安定性的测定　旋转氧弹法》
99	SH/T 0201—1992《液体润滑剂摩擦系数测定法(法莱克斯销与 V 形块法)》
100	SH/T 0209—1992《液压油热稳定性测定法》
101	SH/T 0246—1992《轻质石油产品中水含量测定法(电量法)》
102	NB/SH/T 0301—2022《液压液水解安定性测定法(玻璃瓶法)》
103	SH/T 0305—1993《石油产品密封适应性指数测定法》
104	SH/T 0307—1992《石油基液压油磨损特性测定法(叶片泵法)》
105	SH/T 0308—1992《润滑油空气释放值测定法》
106	SH 0358—1995《10 号航空液压油》
107	SH/T 0451—1992《液体润滑剂贮存安定性试验法》
108	SH/T 0476—1992(2003)《L-HL 液压油换油指标》
109	SH/T 0565—2008《加抑制剂矿物油的油泥和腐蚀趋势测定法》
110	SH/T 0604—2000《原油和石油产品密度测定法(U 形振动管法)》
111	SH/T 0644—1997《航空液压油低温稳定性试验法》
112	SH/T 0691—2000《润滑剂的合成橡胶熔胀性测定法》
113	SH/T 0752—2005《含水难燃液压液抗腐蚀性测定法》
114	SH/T 0785—2006《难燃液芯式燃烧持久性测定法》
115	YB/T 4629—2017《冶金设备用液压油换油指南　L-HM 液压油》
116	DB37/T 1488—2009《合成酯型抗磨液压油》
117	DB37/T 1490—2009《合成酯型难燃液压油》

附录B 液压缸密封技术及其应用相关的术语、词汇和定义

在GB/T 10112—2019《术语工作 原则与方法》中指出：“一个学科领域的术语集是许多概念的集合，这些概念形成了该领域的知识结构。”

液压缸密封相关符号和缩略语，名词、术语、词汇和定义，命名法等的摘录见表B-1~表B-48等。

为了便于将下列摘录的术语和定义与原标准查对，本书摘录时仍采用原标准中的序号。

B.1 GB/T 1844.1—2022《塑料 符号和缩略语 第1部分：基础聚合物及其特征性能》术语和定义摘录

GB/T 1844.1—2022规定了塑料中基础聚合物的缩略语、组成这些术语的符号及表示塑料特征性能的符号。摘录见表B-1。

GB/T 1844.1—2022仅包括用途明确的缩略语，以避免一特定塑料出现多个缩略语或某一特定缩略语存在多种解释。

注：1. 填料和增强材料的符号和缩略语见GB/T 1844.2，增塑剂的符号和缩略语见GB/T 1844.3，阻燃剂的符号和缩略语见GB/T 1844.4，橡胶和乳胶的命名在GB/T 5576中给出，热塑性弹性体的命名在GB/T 22027中给出。

2. GB/T 1844.1—2022附录A给出了制定新缩略语的指南，GB/T 1844.1—2022附录B给出了缩略语各组分的符号。

3. GB/T 1844.1—2022附录C将聚合物按照类型分类，并给出了聚合物对应的缩略语。

本文件适用于塑料基础聚合物及其特征性能的符号和缩略语。

作者注：1. 在GB/T 1844.1—2022中给出的术语“缩略语”的定义为“省略英文术语中某些部分而形成的仍指同一概念的术语。”

2. 在GB/T 15237—94《术语学基本词汇》（已被GB/T 15237.1—2000代替）中给出的术语“缩略术语”的定义与上面“缩略语”的定义基本相同。

3. 在GB/T 15237.1—2000《术语工作 词汇 第1部分：理论与应用》中还给出了术语“缩写词”“缩合词”“首字母缩写词”的定义，其中术语“缩写词”的定义与上面“缩略语”的定义基本相同。

表B-1 均聚物、共聚物和天然聚合物的缩略语

缩 略 语	材料术语
ETFE	乙烯-四氟乙烯塑料
FEP	全氟(乙烯-丙烯)塑料;与PFEP相比,优先使用FEP
PA	聚酰胺
PC	聚碳酸酯
PE	聚乙烯
PEUR	聚醚型聚氨酯
PFA	全氟(烷基乙烯基醚)-四氟乙烯塑料
POM	聚氧亚甲基;聚甲醛;聚缩醛
PTFE	聚四氟乙烯
PUR	聚氨酯

注：在JB/T 10706—2022《机械密封用氟塑料全包覆橡胶O形圈》中规定的包覆层材料为FEP和PFA。

B.2　GB/T 2035—2008《塑料术语及其定义》术语和定义摘录

GB/T 2035—2008 定义了用于塑料工业中的术语。摘录见表 B-2。

表 B-2　塑料术语及其定义摘录

序号	术　语	定　义
2.12	附着 (不及物动词)	是处于黏着状态 参见:粘接(动词)
2.13	黏着	两表面依靠界面力结合在一起的状态 注:黏着可用或不使用粘合剂而粘合 参见:粘合和内聚
2.15	粘合	两表面借助粘合剂,通过化学作用、物理力或两者共同作用粘连在一起的状态 参见:黏着和内聚
2.22	老化	随时间推移,材料中发生的各种不可逆的化学和物理过程的总称 参见:劣化
2.72	嵌段	由许多结构单元组成的聚合物分子的一部分,至少有一种结构或构型特性不在相邻区段出现 注:与聚合物有关的定义也可用于嵌段 参见:嵌段聚合物
2.73	嵌段共聚物	由一种以上的单体生成的嵌段聚合物 参见:嵌段聚合物
2.79	粘连	材料间非有意的黏着现象
2.80	渗霜	塑料制品表面可见的渗出物或粉化物 注:渗霜可能由润滑剂、增塑剂等引起
2.86	粘接(粘合) (动词)	用粘合剂粘合材料表面 注:粘接操作包括涂胶、晾胶时间、叠装时间和固化时间几个阶段 参见:附着
2.99	脆化温度	按照 ISO 974 标准方法试验时,试样中有 50%脆化破坏时的温度
2.125	型腔(模具)	模具中用来装填物料以形成模塑产品的空间 参见:阴模
2.160	内聚	同一物质的各粒子靠分子间的作用力结合在一起的状态
2.162	冷龟裂温度	当用 ISO 8570 规定的方法试验时,试样断裂或明显破坏为 50%时的温度
2.179	相容性	塑料掺混物中物质不会渗出、渗霜或产生类似分离的状态
2.184	复合材料	a)有两个或两个以上不同相,包括粘结剂(基料)和粒料或纤维材料组成的固体产物 注:例如含有增强纤维、颗粒填料或空心球的模塑料 b)由两层或两层以上(通常对称组合)的塑料薄膜或片材、普通的或复合的泡沫塑料、金属、木材及定义 a)所述的复合材料等,层间用或不用粘结剂组成的固体产物 注:例如包装用复合膜;结构材料用夹心微孔复合材料;纸或植物制成的层压材料等
2.273	劣化变质	塑料因某些性能受损所表现出的物理性能的永久变化
2.284	尺寸稳定性 因次稳定性	塑料制品或试样在各种环境条件下尺寸的不变性 注:塑料的尺寸稳定性受蠕变、后固化、后收缩、添加剂的挥发或迁移以及吸水等因素影响
2.329	弹性体	能因轻微应力产生明显变形,而在应力解除后能迅速恢复到接近原来尺寸和形状的高分子材料 注:该定义适用于室温试验条件
2.362	渗出 冒汗(不赞成)	液体组分迁移到制品表面的现象 参见:渗霜

（续）

序号	术 语	定 义
2.376	填料	加入塑料中改善其强度、耐久性、工作性能或其他性能，或降低塑料成本的相对惰性的固体材料 参见：增强塑料
2.419	氟塑料	以含有一个或多个氟原子单体制成的聚合物或以这样的单体与其他单体构成的共聚物制得的塑料，在共聚物中氟单体质量占绝大多数
2.448	玻璃化转变	无定形聚合物或部分结晶聚合物的无定形区，从黏性态或橡胶态转向硬而脆的状态，或从硬而较脆状态转向黏性或橡胶态的可逆变化
2.449	玻璃化转变温度	产生玻璃化转变的温度范围的近似中值 注：玻璃化转变温度随材料的某些性能、试验方法及条件而明显变化 参见：玻璃化转变
2.491	浸渍	使液状、熔融状、分散状或溶液状的聚合物或单体，通过微孔或空隙进入基材的方法
2.677	渗透性	材料通过扩散和吸收过程，使气体或液体透过一个表面传递到另一表面渗出的性能 注：不能与多孔性混淆 参见：透气速率和多孔性
2.681	酚醛塑料	由酚醛树脂制得的塑料
2.682	酚醛树脂	通常由苯酚、酚醛的同系物和/或衍生物，与醛类或酮类缩聚反应制得的一类树脂
2.711	聚酰胺(PA)	分子链的重复结构单元是酰胺型的聚合物
2.712	聚酰胺塑料 (PA plastic)	由分子链重复结构单元基本上是酰胺型的聚合物制得的塑料
2.751	聚甲醛(POM)	分子链的重复结构单元是氧化亚甲基的聚合物 注：聚甲醛是缩聚醛类最简单的代表
2.752	聚甲醛塑料 (POM plastic)	分子链的重复结构单元是氧化亚甲基的聚合物制得的聚缩醛塑料 参见：聚缩醛塑料
2.764	聚四氟乙烯(PTFE)	由四氟乙烯制得的聚合物
2.852	丙阶酚醛树脂	处于固化过程最后状态的苯酚-甲醛树脂，在此阶段，树脂不溶于乙醇和丙酮，且不熔融 参见：丙阶段
2.853	乙阶酚醛树脂	处于固化过程转变状态的苯酚-甲醛树脂，在加热条件下能软化到橡胶状稠度但不熔融，浸在乙醇或丙酮中溶胀但不溶解 参见：乙阶段
2.854	甲阶酚醛树脂	含有大量活性羟甲基的可溶可熔酚醛树脂，羟甲基可使树脂进一步反应变得不熔 参见：甲阶段和线型酚醛树脂
2.868	室温	指15~35℃范围内的环境温度 注：该术语通常用于未规定相对湿度、大气压力和气流的环境
2.875	橡胶	能改性或已改性成基本不溶解（但能溶胀）于沸腾的苯、甲基乙基酮和乙醇-甲苯共沸液等溶剂的弹性体 注：改性后的橡胶，不易在加热和中等压力下重新模制成型；无稀释剂时，在标准室温（18~29℃）下拉伸到两倍长度保持1min后放松，能在1min内回缩到原长度的1.5倍以下
2.1014	溶胀	试样浸入液体中或暴露于蒸气中体积增加的现象
2.1057	热塑性的 （形容词）	在塑料整个特征温度范围内，能反复加热软化和反复冷却硬化，且在软化状态采用模塑、挤塑或二次成型通过流动能反复模塑为制品的
2.1058	热塑性塑料（名词）	具有热塑性的塑料
2.1059	热塑弹性体	加工和使用中，在材料的特征温度范围内反复加热和冷却时，能保持热塑性的弹性体
2.1061	热固塑料 （名词）	经加热或其他方法固化时，能变成基本不溶、不熔产物的塑料 注：该术语包括热固性塑料和热固化塑料
2.1063	热固性	通过加热或其他方法，如辐射、催化等固化时，能变成基本不溶、不熔产物的性能
2.1064	热固性塑料	具有热固性的塑料

B.3　GB/T 2889.1—2020《滑动轴承　术语、定义、分类和符号　第1部分：结构、轴承材料及其性能》术语和定义摘录

GB/T 2889.1—2020界定了与滑动轴承结构、轴承材料及其性能相关的最常用的术语、定义和分类。本部分给出了某些术语和组合词的缩略语，可在无歧义时使用。对于无须解释的术语则没有给出其定义。摘录见表B-3。

在该标准中给出的术语“轴承”的定义为：“机械装置中用于对相对运动中的运动件进行支承和（或）相对于其他零件进行导向的机械零件。”其与在JB/T 8241—1996《同轴密封件词汇》中定义的“支承环”作用相同。

表B-3　与滑动轴承结构、轴承材料及其性能相关的术语和定义摘录

序号	术　语	定　义
3.6.1	轴承材料 衬层材料	其有改善滑动轴承使用性能的材料
3.6.2	单一材料	由单一材料组成的轴承材料
3.6.3	金属材料	用于轴承的金属材料，如铝合金、铜合金及巴氏合金等
6.3.4	聚合物	用于轴承的聚合物材料
6.3.7	复合材料	由不同组分（金属、聚合物、固体润滑剂、陶瓷和/或纤维）复合的轴承材料
3.6.10	顺应性	轴承材料通过表层的弹塑性变形来适应配合表面的能力
3.6.11	磨合性	轴承材料与相应的轴颈材料，经初期磨合后，顺利进入低摩擦、耐磨损和抗咬黏性的能力
3.6.12	嵌入性	轴承材料允许硬质颗粒嵌入，从而减轻刮伤或磨粒磨损的能力 作者注：在17754—2012中给出了术语“嵌藏性”及其定义
3.6.14	抗咬黏性	摩擦学系统中轴承材料的抗黏着能力
3.6.15	耐磨性	轴承材料在摩擦学系统中的抗磨损能力，通常以磨损率或磨损强度的倒数表示
3.6.16	耐腐蚀性	轴承材料抵抗腐蚀的能力
3.6.17	相对耐磨性	一种轴承材料与标准材料在相同条件下的耐磨性的比值
3.6.18	温度稳定性	轴承材料在很宽的温度范围内都能保持所需性能的能力
3.6.19	抗疲劳性	轴承材料抵抗疲劳破坏的能力

B.4　GB/T 2889.2—2020《滑动轴承　术语、定义、分类和符号　第2部分：摩擦和磨损》术语和定义摘录

GB/T 2889.2—2020界定了与滑动轴承摩擦和磨损相关的最常用的术语、定义和分类。本部分给出了某些术语和组合词的缩略语，可在无歧义时使用。对于无须解释的术语则没有给出其定义。摘录见表B-4。

表B-4　与滑动轴承摩擦和磨损相关的术语和定义摘录

序号	术　语	定　义
3.1.7	磨损	磨损的过程或由磨损过程导致的结果
3.1.8	磨损过程	固体表面在摩擦条件下以物体尺寸逐渐减小和/或形状改变为表征的物质损失过程 注：少数情况下还会表现为磨损过程偶尔会出现未损失物质的固体表面尺寸增加
3.2.2.1	滑动运动	两物体接触部位的切向运动速度大小和/或方向不同的相对运动
3.2.2.5	滚动运动	两物体接触部位的切向运动速度大小和方向均相同的相对运动
3.2.3.1	无润滑摩擦 干摩擦	相互作用表面上无润滑剂时两接触物体之间产生的摩擦现象

（续）

序号	术　语	定　义
3.2.3.2	润滑摩擦	接触面上有润滑剂的情况下，两个相互接触的物体之间产生的摩擦现象
3.2.3.3	边界摩擦	边界润滑状态下产生的摩擦现象
3.2.3.4	混合摩擦	混合润滑状态下产生的摩擦现象 作者注：在 GB/T 17754—2012 中给出了术语“混合润滑”的定义，即同时存在流体润滑和边界润滑的润滑状态
3.2.3.5	流体摩擦	阻碍流体各分子间或流体与固体表面间相对运动的摩擦现象 作者注：其与在 GB/T 17446—2012 中给出的术语“流体摩擦”定义不同
3.3.1.2	磨料磨损	硬质物质或硬质颗粒切削、刮擦行为引发的磨损过程 注：见 GB/T 2889.2—2020 中图 3
3.3.1.3	黏着磨损	物体表面材料黏着和转移引发的磨损过程 注：见 GB/T 2889.2—2020 中图 4
3.3.1.4	液体磨料磨损 流体磨料磨损	流体的液体或气体携带的硬质物质或硬质颗粒运动引发的磨损过程 注 1：流体磨料磨损也称为气体磨损 注 2：见 GB/T 2889.2—2020 中图 5
3.3.1.5	流体冲蚀	流动的液体或气体作用引发的磨损过程 注：见 GB/T 2889.2—2020 中图 6
3.3.1.6	疲劳磨损	摩擦材料表面局部承受交变载荷引发的磨损过程 注：滑动与滚动过程中均可能发生疲劳磨损
3.3.1.7	气穴磨损 气穴腐蚀 气蚀	液体沿固体器壁运动或固体相对液体运动时，液体中因压力减小所产生的气泡在靠近固体表面处溃灭，局部产生高冲击压或高温引发的磨损过程
3.3.1.8	微动磨损	相互接触的物体表面在相对微小的位移振动条件下引发的磨损过程
3.3.2.1	机械化学磨损 摩擦化学磨损	机械作用及环境与材料间相互的化学和/或电化学作用引发的磨损过程
3.3.2.2	微动腐蚀	在相对微小的位移振动条件下，接触物体之间产生的机械及化学磨损过程 注：假设黑色金属材料处于润滑条件下，那么褐色的氧化磨损颗粒就会产生
3.3.2.3	氧化磨损	材料与氧气或与其他氧化介质之间的化学作用引发的磨损过程
3.3.3.1	电腐蚀磨损	电流从两物体接触面间流过引发的磨损过程
3.3.3.2	热磨损	由环境和摩擦温升导致摩擦部位软化或熔化所引发的磨损
3.4.1	黏滑运动	在动摩擦过程中自然形成的相对滑动与相对静止状态交替出现或相对滑动速度交替增大和减小的现象 注：如摩擦因数随相对滑动速度增加而减小所产生的自激振动
3.4.2	摩擦中的粘附 粘附	两相对滑动物体因分子力作用而局部相互吸引的现象
3.4.4	咬粘	粘附与材料转移造成滑动表面损伤的现象 注：咬粘可能会导致相对运动突然停止

B.5　GB/T 2889.3—2020《滑动轴承　术语、定义、分类和符号　第 3 部分：润滑》术语和定义摘录

GB/T 2889.3—2020 界定了与滑动轴承润滑相关的最常用的术语、定义和分类。本部分给出了某些术语和组合词的缩略语，可在无歧义时使用。对于无须解释的术语则没有给出其定义。摘录见表 B-5。

表 B-5　与滑动轴承润滑相关的术语和定义摘录

序号	术　语	定　义
3.1.1	润滑	通过润滑剂的作用与润滑效果，使两个相互接触且相对运动的物体表面所受到的摩擦力、磨损及退化程度减小的技术

（续）

序号	术语	定义
3.2.2.9	边界润滑	两个相对运动表面之间的摩擦和磨损取决于表面性能及润滑剂性能[而非黏度(3.5.1)]的润滑
3.2.2.17	贫油润滑	两表面间润滑剂供应不足的润滑状态
3.2.2.18	无润滑	在相对运动中没有润滑的状态
3.5.1	黏度	流体、半流体或半固态物质的物理属性，会导致流动阻力的出现 注：关于黏度值，剪切应力与剪切速率之比为黏度或绝对黏度(Pa·s)，绝对黏度与密度的比值则称为运动黏度(m^2/s) 作者注：原标准的“注”有问题，绝对黏度与密度的比值应称为运动黏度(m^2/s)，而不是动力黏度。现已修改
3.5.7	润滑性	除了黏性外，润滑剂用于降低摩擦和磨损的能力

B.6 GB/T 3961—2009《纤维增强塑料术语》术语和定义摘录

GB/T 3961—2009 规定了纤维增强塑料即聚合物基纤维复合材料用术语，适用于制定标准、修订标准，编写书刊及有关技术文件等。摘录见表 B-6。

表 B-6 纤维增强塑料的术语和定义摘录

序号	术语	定义
3.1.1	玻璃纤维增强塑料(GFRP)	以玻璃纤维为增强体，以聚合物为基体的复合材料
3.1.11	复合材料	由粘结材料（基体）和纤维状、粒状或其他形状材料，通过物理或化学的方法复合而成的一种多相固体材料
3.1.33	纳米复合材料	含有纳米尺度和纳米效应组分的复合材料
3.1.35	热固性复合材料	以热固性树脂为基体的复合材料
3.1.36	热塑性复合材料	以热塑性树脂为基体的复合材料
3.1.37	碳纤维增强塑料(CFRP)	以碳或石墨纤维为增强体，以聚合物为基体的复合材料
3.1.38	先进复合材料	强度、模量等力学性能相当于或超过铝合金的复合材料
3.1.39	纤维增强塑料	以纤维为增强体，以聚合物为基体的复合材料
3.2.2	玻璃纤维	一般指硅酸盐熔体制成的玻璃态纤维或丝状物
3.2.18	晶须	短纤维状单晶无机增强材料
3.2.31	碳纤维	含碳量很高的纤维状材料 注：碳含量应不低于93%（质量分数）
3.2.37	增强材料	加入基体中能使其力学性能显著提高的材料，也称增强体
3.3.9	基体	复合材料中起粘结作用的连续相
3.3.10	胶粘剂 粘合剂	通过粘合作用，能使材料结合成整体的物质
3.3.14	聚酰亚胺树脂	主链上含有酰亚胺环的一类树脂，分为热塑性和热固性聚酰亚胺两种
3.3.19	热固性基体	固化后在热或溶剂作用下，不熔不溶的树脂基体
3.3.20	热塑性基体	硬化后可溶于溶剂或在热的作用下能转化成熔融状态的树脂基体
3.3.25	填料	为改善性能或为降低成本而加入树脂中，有相对惰性的固体物质
3.4.7	缠绕成型	在控制张力和预定线型的条件下，以浸有树脂胶液的连续纤维或织物缠到芯模或模具上成型制品的一种方法。又称纤维缠绕成型
3.4.41	工艺设计	指制造复合材料制品的工艺过程设计。包括选择工艺方法与设备、确定工艺参数、下料与铺层、辅助材料选用、制订固化工艺程序、产品加工与质量控制等
3.4.44	固化	通过热、光、辐射或化学添加剂等的作用使热固性树脂交联的过程
3.4.61	交联	在热、辐射和/或固化剂等作用下，树脂体系分子链间形成共价键，由线型结构转变为体型结构的过程
3.5.58	失效准则	确定材料失效的判据方程。它是材料在复杂应力或应变状态作用下破坏的描述

B.7 GB/T 4016—2019《石油产品术语》术语和定义摘录

GB/T 4016—2019 给出了石油产品生产、加工和使用所涉及的原料、产品、性质、试验和其他有关术语及相应的定义，以及对这些术语的索引。该标准适用于石油产品生产、加工和使用中所涉及的原料、产品、性质和试验等方面术语的规范表述。摘录见表 B-7。

表 B-7 石油产品的术语和定义摘录

序号	术语	定义
1.20.002	矿物油	天然存在的或矿物原料经加工得到的，由烃类混合物组成的油品
1.20.007	润滑油	经精制的主要用于减小运动表面之间摩擦的油品
1.20.008	润滑剂	置于两相对运动表面之间以减小表面摩擦、降低磨损的物质
1.20.041	液压油 液压液	用于液压系统中，其作用为传输动力和提供润滑的石油或非石油液体 作者注：根据 GB/T 7631.2—2003《润滑剂、工业用油和相关产品（L 类）的分类 第 2 部分：H 组（液压系统）》的规定，GB 11118.1—2011《液压油（L-HL、L-HM、L-HV、L-HS、L-HG）》规定的液压油包括在液压液中
1.20.042	石油型液压油	以石油烃为主要成分的液压油，可含有其他添加组分
1.40.036	填充剂 填料	加入产品中以改变某些特性的粉状惰性固体物质
2.05.008	黏度	液体流动的内部阻力
2.05.009	动力黏度	施加于流动液体的剪切应力与其剪切速率之比 注：它是液体流动阻力的度量
2.05.010	运动黏度	液体的动力黏度与其在黏度测定温度下的密度之比 注：它是液体在重力作用下流动阻力的度量 作者注：原"注"有问题
2.05.018	牛顿液体	黏度不随剪切速率改变的液体
2.05.019	非牛顿液体	黏度随剪切应力或剪切速率的变化而改变的液体
2.05.052	凝点	在规定条件下，油品冷却至液面停止移动时的最高温度
2.05.096	机械杂质	存在于油品中所有不溶于规定溶剂的杂质
2.05.099	腐蚀	在一种材料（通常为金属）表面和其所处环境介质之间所发生的化学或电化学反应，从而引起材料的损毁及其性能的降低 注：电化学反应产生的腐蚀也称锈蚀
2.05.105	抗磨性 抗磨损性	石油产品通过保持在运动部件表面间的油膜，防止金属对金属相接触而磨损的能力
2.05.116	润滑性	产品除通过其本身的黏稠性外可减少磨损和摩擦的能力
2.05.135	黏附性	一种物料（如油、脂等）黏附在其他物体表面的能力
2.05.141	测定	按试验方法要求进行一系列操作，从而得到一个结果的过程
2.20.025	密封适应性	弹性密封体经受油品（主要指液压油）接触对其尺寸和机械性能影响的程度和适应能力
2.20.026	密封适应性指数	在规定试验条件下，由一个标准的丁腈橡胶环在油品试样中的直径膨胀换算得到的体积膨胀百分数
2.20.067	摩擦	在力作用下物体相互接触表面之间发生切向相对运动或有运动趋势时出现阻碍该运动行为并且伴随着机械能量损耗的现象和过程
2.20.069	磨耗	由坚硬的颗粒或坚硬的突起物所引起的物料位移而产生的损耗
2.20.070	磨损	由于摩擦造成表面的变形、损伤或表层材料逐渐流失的现象和过程
2.20.077	粘焊 刮伤	相对运动的摩擦表面之间由于闪温过高使许多小接触点出现焊接并在相对滑动中被撕裂的磨损
2.20.078	胶合 擦伤	粘焊这类磨损中更为严重的一种形式
2.20.079	划伤	由于微凸体的滑动作用造成固体摩擦表面上出现划痕的一种磨损 注：微凸体为固体表面上微小的不规则凸起

（续）

序号	术　语	定　义
2.20.080	划痕	由微凸体划过运动表面所造成的材料从一个表面机械脱落或/和迁移的结果
2.20.081	咬死 卡咬	在摩擦表面产生严重的黏着或材料转移，使相对运动停止或断续停止的严重磨损
2.20.082	点蚀	因表面疲劳作用导致材料流失，在摩擦表面留下小而浅的锥形凹坑的损伤形式
2.20.083	微点蚀	由于循环接触应力和塑性流动而造成少量材料流失，在表面留下的微小裂纹和/或凹坑的磨损形式，受损表面呈灰色
2.25.018	稠度	润滑脂在压力下流动阻力的度量
2.40.001	润滑	采用润滑剂以减少处于相对运动的金属表面的磨损及表面损伤的作用
2.40.003	黏滑	两接触表面滑动时所观察到的不规则滑动现象 注：机床导轨润滑剂需特殊设计，以避免此现象 作者注：1. 在 NOK 株式会社《液压密封系统-密封件》2020 年版产品样本中有“10. 爬行（黏滑）” 2. 在 JB/T 10205.1—××××《液压缸　第 1 部分：通用技术条件》行业标准修订第二次预研会议纪要中，拟将术语“爬行”的定义修改为“液压缸运动时出现的时断时续的现象。”
2.40.005	边界润滑	以非常薄的润滑剂膜为特征的润滑型式。其膜厚非常接近于两接触表面的粗糙度 注：在边界润滑中，摩擦因数高，且表面相互作用明显。润滑剂主要是通过其化学活性对接触表面起作用
2.40.006	流体动压润滑	以厚的润滑剂膜为特征的润滑型式，与接触表面的粗糙度相比，其膜厚极大 注：在流体动压润滑中，摩擦因数小，且接触表面完全隔开，润滑剂主要是通过其黏度发挥作用
2.40.007	混合润滑	介于流体动润滑和边界润滑之间的润滑型式，润滑剂膜较厚，但还不能保证使接触表面完全隔开 注：在混合润滑中，摩擦因数随摩擦表面的接触部分而变化，接触表面部分越大，摩擦越大。润滑剂通过其黏度和化学活性发挥作用

B.8　GB/T 5576—1997《橡胶和胶乳　命名法》术语和定义摘录

GB/T 5576—1997 为干胶和胶乳两种形态的基础橡胶建立了一套符号体系，该符号体系以聚合物链的化学组成为基础。

该标准的目的是使工业、商业和管理机构使用的术语标准化。该体系无意与现有的商品名称和商标相矛盾，更确切地说是作为它们的补充。

注：在技术文件或文献中，应尽量使用橡胶名称，这些符号应置于化学名称之后，以备后文引用。

对干胶和乳胶两种形态的橡胶，以聚合物链的化学组成为基础，按下列表 B-8 所示方法分组并用符号表示。

表 B-8　胶和乳胶的分组及符号体系

组符号	说　明
M	具有聚亚甲基型饱和碳链的橡胶
N	聚合物链中含有碳和氮的橡胶。注：至今尚无使用 N 组符号表示的橡胶
O	聚合物链中含有碳和氧的橡胶
Q	聚合物链中含有硅和氧的橡胶
R	具有不饱和碳链的橡胶。例如：天然橡胶和至少部分由共轭双烯烃制得的合成橡胶
T	聚合物链中含有碳、氧和硫的橡胶
U	聚合物链中含有碳、氧和氮的橡胶
Z	聚合物链中含有磷和氮的橡胶

“M”组包括具有聚亚甲基型饱和链的橡胶，“M”组符号摘录见表 B-9。

表 B-9 “M”组符号摘录

分组符号	说　明
ACM	丙烯酸乙酯(或其他丙烯酸酯)与少量能促进硫化的单体的共聚物(通称丙烯酸酯类橡胶)
EPDM	乙烯、丙烯与二烯烃的三聚物。其中二烯烃聚合时,在侧链上保留有不饱和双键 作者注:即为“三元乙丙橡胶”
FEPM	四氟乙烯和丙烯的共聚物
FFKM	聚合物链中的所有取代基是氟、全氟烷基或全氟烷氧基的全氟橡胶
FKM	聚合物链中含有氟、全氟烷基或全氟烷氧基取代基的氟橡胶
NBM	完全氢化的丙烯腈-丁二烯共聚物 作者注:即为“氢化丁腈橡胶”

“O”组包括聚合物链中含有碳和氧的橡胶，“O”组符号摘录见表 B-10。

表 B-10 “O”组符号摘录

分组符号	说　明
CO	聚环氧氯丙烷(通称氯醚橡胶)
ECO	环氧乙烷和环氧氯丙烷的共聚物(也称氯醚共聚物或氯醚橡胶)
GPO	环氧丙烷和烯丙基缩水甘油醚的共聚物(也称环氧丙烷橡胶)

在聚硅氧烷代号“Q”之前写出聚合物链中取代基的名称以定义“Q”组，“Q”组符号摘录见表 B-11。

表 B-11 “Q”组符号摘录

分组符号	说　明
FMQ	聚合物链中含有甲基和氟两种取代基团的硅橡胶
FVMQ	聚合物链中含有甲基、乙烯基和氟取代基团的硅橡胶
MQ	聚合物链中只含甲基取代基团的硅橡胶,例如聚二甲基硅氧烷
PMQ	聚合物链中含有甲基和苯基两种取代基团的硅橡胶
PVMQ	聚合物链中含有甲基、乙烯基和苯基取代基团的硅橡胶
VMQ	聚合物链中含有甲基和乙烯基两种取代基团的硅橡胶

“R”组符号摘录见表 B-12。

表 B-12 “R”组符号摘录

分组符号		说　明
普通橡胶	ABR	丙烯酸酯-丁二烯橡胶
	BR	丁二烯橡胶
	CR	氯丁二烯橡胶
	ENR	环氧化天然橡胶
	HNBR	氢化丙烯腈-丁二烯橡胶(含少量残余不饱和双键) 作者注:即为“氢化丁腈橡胶”
	IIR	异丁烯-异戊二烯橡胶(通称丁基橡胶)
	IR	合成异戊二烯橡胶
	MSBR	α-甲基苯乙烯-丁二烯橡胶
	NBR	丙烯腈-丁二烯橡胶(通称丁腈橡胶)
	NIR	丙烯氰-异戊二烯橡胶
	NR	天然橡胶
	PBR	乙烯基吡啶-丁二烯橡胶
	PSBR	乙烯基吡啶-苯乙烯-丁二烯橡胶

（续）

分组符号		说　明
普通橡胶	SBR	苯乙烯-丁二烯橡胶 E-SBR　乳液聚合 SBR S-SBR　溶液聚合 SBR
	SIBR	苯乙烯-异戊二烯-丁二烯橡胶
聚合物链上含有(COOH)的橡胶	XBR	羧基-丁二烯橡胶
	XCR	羧基-氯丁二烯橡胶
	XNBR	羧基-丙烯腈-丁二烯橡胶
	XSBR	羧基-苯乙烯-丁二烯橡胶
聚合物链上含有卤素的橡胶	BIIR	溴化-异丁烯-异戊二烯橡胶(通称溴化丁基橡胶)
	CIIR	氯化-异丁烯-异戊二烯橡胶(通称氯化丁基橡胶)

“U”组包括聚合物链中含有碳、氧和氮的橡胶，“U”组符号摘录见表 B-13。

表 B-13　“U”组符号摘录

分组符号	说　明
AFMU	四氟乙烯-三氟硝基甲烷和亚硝基全氟丁酸的三聚物
AU	聚酯型聚氨酯
EU	聚醚型聚氨酯

“T”组和“Z”组分组符号及说明见 GB/T 5576—1997。

B.9　GB/T 5577—2008《合成橡胶牌号规范》术语和定义摘录

GB/T 5577—2008 规定了制定合成橡胶牌号的原则和格式，适用于合成橡胶。国内生产的部分合成橡胶代号及其名称见表 B-14。

表 B-14　国内生产的部分合成橡胶代号和名称

橡胶代号	橡胶名称
SBR	苯乙烯-丁二烯橡胶(即丁苯橡胶)
S-SBR	溶液聚合型苯乙烯-丁二烯橡胶(即溶聚丁苯橡胶)
PSBR	乙烯基吡啶-苯乙烯-丁二烯橡胶(即丁苯吡橡胶)
SBS	苯乙烯-丁二烯嵌段共聚物
SEBS	氢化苯乙烯-丁二烯嵌段共聚物
BR	丁二烯橡胶
CR	氯丁二烯橡胶(即氯丁橡胶)
NBR	丙烯腈-丁二烯橡胶(即丁腈橡胶)
HNBR	氢化丙烯腈-丁二烯橡胶(即氢化丁腈橡胶)
XNBR	丙烯酸或甲基丙烯酸-丙烯腈-丁二烯橡胶(即羧基丁腈橡胶)
NBR/PVC	丁腈橡胶/聚氯乙烯共沉胶
EPM	乙烯-丙烯共聚物(即二元乙丙橡胶)
EPDM	乙烯-丙烯-二烯烃共聚物(三元乙丙橡胶)
IR	异戊二烯橡胶
IIR	异丁烯-异戊二烯橡胶(即丁基橡胶)
CIIR	氯化异丁烯-异戊二烯橡胶(即氯化丁基橡胶)
BIIR	溴化异丁烯-异戊二烯橡胶(即溴化丁基橡胶)
MQ	甲基硅橡胶
VMQ	甲基乙烯基硅橡胶
PMQ	甲基苯基硅橡胶
PVMQ	甲基乙烯基苯基硅橡胶

（续）

橡胶代号	橡胶名称
NVMQ	甲基乙烯基腈乙烯基硅橡胶(腈硅橡胶)
FVMQ	甲基乙烯基氟基硅橡胶(氟硅橡胶)
FPM	氟橡胶
FPNM	含氟磷腈橡胶
AFMU	羧基亚硝基氟橡胶
CSM	氯磺化聚乙烯
CO	聚环氧氯丙烷(即氯醚橡胶)
ECO	聚环氧氯丙烷-环氧乙烷共聚物(即二元氯醚橡胶)
GECO	聚环氧氯丙烷-环氧乙烷-丙烯基缩水甘油醚共聚物(即三元氯醚橡胶)
T	聚硫橡胶
AU	聚酯型聚氨酯橡胶
EU	聚醚型聚氨酯橡胶
ACM	聚丙烯酸酯橡胶

注：该表摘自 GB/T 5577—2008《合成橡胶牌号规范》中附录 A，国内生产的部分合成橡胶，如“苯乙烯-丁二烯橡胶”“丁二烯橡胶”“氯丁二烯橡胶”“热塑性丁苯橡胶”“丁腈橡胶”“液体丁腈橡胶”“丁腈橡胶/聚氯乙烯共沉胶”“乙丙橡胶”“丁基橡胶”“异戊橡胶”“溶聚苯乙烯-丁二烯橡胶”“氟橡胶”“硅橡胶”“聚氨酯橡胶”“氯磺化聚乙烯”“氯醚橡胶”和“聚丙烯酸酯橡胶”等 17 种橡胶产品及牌号请查阅该标准附录 B。

B.10 GB/T 5719—2006《橡胶密封制品 词汇》术语和定义摘录

GB/T 5719—2006 规定了表述液压气动用橡胶密封制品的类型、检验和装配时通常使用的术语和定义；表述汽车用密封条的类型时通常使用的术语和定义；以及表述旋转轴唇形密封圈的类型、部件、公差和配合、外观缺陷等通常使用的术语和定义。

该标准适用于液压气动用橡胶密封制品、汽车用封条、旋转轴唇形密封圈生产和使用单位与有关部门修订标准及编写技术文件、书刊时使用。摘录见表 B-15。

表 B-15 橡胶密封制品术语和定义摘录

序号	术 语	定 义
2.1.1	液压气动用橡胶密封制品	用于防止流体从密封装置中泄漏，并防止外界灰尘、泥沙以及空气(对于高真空而言)进入密封装置内部的橡胶零部件
2.1.2	O 形橡胶密封圈	截面为 O 形的橡胶密封圈
2.1.3	D 形橡胶密封圈	截面为 D 形的橡胶密封圈
2.1.4	X 形橡胶密封圈	截面为 X 形的橡胶密封圈
2.1.5	W 形橡胶密封圈	截面为 W 形的橡胶密封圈
2.1.6	U 形橡胶密封圈	截面为 U 形的橡胶密封圈
2.1.7	V 形橡胶密封圈	截面为 V 形的橡胶密封圈
2.1.8	Y 形橡胶密封圈	截面为 Y 形的橡胶密封圈
2.1.9	L 形橡胶密封圈	截面为 L 形的橡胶密封圈
2.1.10	J 形橡胶密封圈	截面为 J 形的橡胶密封圈
2.1.11	矩形橡胶密封圈	截面为矩形的橡胶密封圈
2.1.12	橡胶防尘圈	用于防止外界灰尘等污物进入密封装置内部的橡胶密封圈
2.1.13	蕾形橡胶密封圈	截面像花蕾形的橡胶密封圈
2.1.14	鼓形橡胶密封圈	截面为鼓形的橡胶密封圈
2.1.24	腔体	安装密封件的空间
2.1.25	沟槽	安装密封件(不包括相对配合面)的槽穴
2.1.28	压缩率	密封件装配后，其压缩尺寸与原始尺寸之比
2.1.29	偏心量	腔体的中心线偏离轴线的径向距离

（续）

序号	术　语	定　义
2.1.30	装配间隙	密封件装配后，密封装置中配偶件之间的间隙
2.3.1	旋转轴唇形密封圈	具有可变形截面，通常有金属骨架支撑，靠密封刃口施加的径向力起防止流体泄漏的密封圈
2.3.19	导入倒角	为了便于安装，设在腔体内或轴端的倒角
2.3.20	轴圆度	轴与真圆的偏差
2.3.29	轴径	与密封唇接触的轴直径
2.3.35	密封刃口	系密封唇的一部分，与密封接触区一起形成密封圈/轴接触面
2.3.50	外径过盈量	密封圈外径与腔体内孔内径之差
2.3.51	密封圈过盈量	带弹簧的唇内径与唇接触处的轴颈之差
2.3.52	唇径过盈量	无弹簧的唇内径与唇接触处的轴颈之差
2.3.53	腔体倒角长度	腔体倒角的轴向深度
2.3.57	密封唇	顶在轴上起密封作用的柔性弹性体元件
2.3.64	轴密封接触区	同密封唇接触的经精加工的那部分轴表面
2.3.71	气泡	空心的表面隆起物
2.3.73	龟裂	在金属或弹性体中明显的裂纹或裂缝
2.3.74	豁口	由尖锐的工具在密封圈材料上造成的相对较深的不连续的、材料未切掉的切口
2.3.75	形变	应力引起的形状或外形的变化
2.3.76	挤出	密封圈某一部分被挤入相邻的缝隙而产生的永久的或暂时的位移
2.3.90	划痕	由于研磨物擦过表面而形成的浅而不连续的表面痕迹，但无材料迁移
2.3.96	撕裂	弹性体材料上的剪切破裂，通常以局部分离的形式出现
2.3.100	使用寿命	密封圈可有效使用的时间
2.3.101	贮存寿命	密封圈可安全存放的时间，并仍符合规范要求和具有适宜的使用寿命
2.3 107	泄漏量	密封装置中，被密封的流体在规定条件下泄漏的体积或质量
2.3.109	刃口接触宽度	密封刃口与轴接触的轴向长度

注：在本书中适用于旋转轴唇形密封圈一些术语被借用。

B.11　GB/T 5894—2015《机械密封名词术语》术语和定义摘录

GB/T 5894—2015 规定了机械密封及类型、零件、流体及循环辅助系统、常用设计、试验及性能等术语，适用于旋转轴用机械密封。摘录见表 B-16。

在该标准“2　机械密封及类型术语”中给出了 41 个术语和定义。

表 B-16　机械密封术语和定义摘录

序号	术　语	定　义
2.1	机械密封端面密封	由至少一对垂直于旋转轴线的端面在流体压力和补偿机构弹力（或磁力）的作用以及辅助密封的配合下保持端面贴合并相对滑动而构成的防止流体泄漏的装置
2.2	流体动压式机械密封	密封端面设计成特殊的几何形状，利用相对旋转自行产生流体动压效应的机械密封
2.3	切向作用流体动压式机械密封	能在切向形成流体动压分布的流体动压式机械密封
2.4	径向作用流体动压式机械密封	能在径向形成具有抵抗泄漏作用的流体动压分布的流体动压式机械密封
2.5	流体静压式机械密封	密封端面设计成特殊的几何形状，利用外部引入的压力流体或被密封介质本身通过密封界面的压力降产生流体静压效应的机械密封
2.6	外加压流体静压式机械密封	从外部引入压力流体的流体静压式机械密封
2.7	自加压流体静压式机械密封	以被密封介质本身作为压力流体的流体静压式机械密封

（续）

序号	术　语	定　义
2.8	流体动静压组合式机械密封	在密封端面设计特殊的几何形状，既有利用外部引入的压力流体通过密封界面的压力降产生的流体静压效应，又有利用相对旋转自行产生流体动压效应的机械密封
2.9	内装式机械密封	静止环装于密封端盖（或相当于密封端盖的零件）内侧（即面向主机工作腔的一侧）的机械密封
2.10	外装式机械密封	静止环装于密封端盖（或相当于密封端盖的零件）外侧（即背向主机工作腔的一侧）的机械密封。一般说来，对于这种密封可以直接监视其端面的泄漏情况
2.11	弹簧内置式机械密封	弹簧置于密封流体之内的机械密封
2.12	弹簧外置式机械密封	弹簧置于密封流体之外的机械密封
2.13	内流式机械密封	密封流体在密封端面间的泄漏方向与离心力方向相反的机械密封
2.14	外流式机械密封	密封流体在密封端面间的泄漏方向与离心力方向相同的机械密封
2.15	旋转式机械密封	弹性元件随轴旋转的机械密封
2.16	静止式机械密封	弹性元件不随轴旋转的机械密封
2.17	单弹簧式机械密封	补偿机构中只包含一个弹簧的机械密封
2.18	多弹簧式机械密封	补偿机构中含有多个弹簧的机械密封
2.19	非平衡型机械密封	平衡系数 $B\geqslant 1$ 的机械密封
2.20	平衡型机械密封	平衡系数 $B<1$ 的机械密封
2.21	单端面机械密封	由一对密封端面组成的机械密封
2.22	双端面机械密封	由两对密封端面组成的机械密封
2.23	多端面机械密封	由三对或三对以上密封端面组成的机械密封
2.24	轴向双端面机械密封	沿轴向相对或相背布置的双端面机械密封
2.25	径向双端面机械密封	沿径向布置的双端面机械密封，如 GB/T 5894—2015 中图 1
2.26	背对背双端面机械密封	轴向双端面密封中，两个补偿元件装在两对密封环之间的双端面机械密封，如 GB/T 5894—2015 中图 2
2.27	面对面双端面机械密封	轴向双端面密封中，两对密封环均装在两个补偿元件之间的双端面机械密封，如 GB/T 5894—2015 中图 3
2.28	面对背双端面（串联式）机械密封	轴向双端面密封中，两个补偿元件之间装有一对密封环，且一个补偿元件装在两对密封环之间的双端面机械密封，如 GB/T 5894—2015 中图 4
2.29	橡胶波纹管机械密封	补偿环的辅助密封为橡胶波纹管的机械密封
2.30	聚四氟乙烯波纹管机械密封	补偿环的辅助密封为聚四氟乙烯波纹管的机械密封
2.31	金属波纹管机械密封	补偿环的辅助密封为金属波纹管的机械密封
2.32	焊接金属波纹管机械密封	使用由波片焊接组合而成的金属波纹管的机械密封，如 GB/T 5894—2015 中图 5
2.33	压力成型金属波纹管机械密封	使用压力成型金属波纹管的机械密封，如 GB/T 5894—2015 中图 6
2.34	带中间环的机械密封	一个密封环被一个旋转环和一个静止环所夹持与其对磨并在径向能够浮动的机械密封
2.35	磁力机械密封	用磁力代替弹力起补偿作用的机械密封
2.36	接触式机械密封	靠弹性元件的弹力和密封流体的压力使密封端面紧密贴合的机械密封，通常密封端面处于边界润滑或混合润滑工况
2.37	非接触式机械密封	靠流体静压或动压作用，在密封端面间充满一层完整的流体膜，迫使密封端面彼此分离不存在硬性固体接触的机械密封

（续）

序号	术　语	定　义
2.38	抑制密封	面对背双端面(串联式)机械密封中,采用气体缓冲或者无缓冲流体时,外侧的密封为抑制密封,在内侧密封失效后,一定的时间内能够起密封作用
2.39	滑移式机械密封	辅助密封圈安装在补偿环上的密封环和轴(轴套)或密封端盖之间的机械密封,辅助密封圈可以沿轴向滑动以消除磨损和偏心的影响
2.40	非滑移式机械密封	补偿环支承在波纹管式辅助密封上,靠波纹管的伸长来实现补偿的机械密封
2.41	集装式机械密封	将密封环、补偿环、辅助密封圈、密封端盖和轴套等,在安装前组装在一起并调整好的机械密封
5.21	流体摩擦流体膜润滑	密封端面完全被流体膜所隔开的摩擦状态
5.22	混合摩擦混合膜润滑	在密封端面间同时存在流体摩擦和边界摩擦的摩擦状态
5.23	气穴现象空化作用	在密封端面间局部产生汽(气)泡的一种现象。它通常发生在压力迅速减小的区域
5.30	泄漏率(量)Q	单位时间内通过主密封和辅助密封泄漏的流体总量
5.33	追随性	当机械密封存在跳动、振动、转轴的窜动和密封端面磨损时,补偿环对于非补偿环保持贴合的性能

B.12　GB/T 7530—1998《橡胶或塑料涂覆织物　术语》术语和定义摘录

GB/T 7530—1998 规定了橡胶工业中橡胶或塑料涂覆织物所用术语及其定义，适用于制定、修改标准、编写书刊及有关技术文件。摘录见表 B-17。

表 B-17　橡胶或塑料涂覆织物术语和定义摘录

序号	术　语	定　义
3.1.1	涂覆织物	涂覆有橡胶和/或塑料聚合物材料的织物
3.1.2	橡胶涂覆织物	涂有或覆有橡胶材料的织物
3.1.3	塑料涂覆织物	涂有或覆有塑料材料的织物
3.2.2	橡胶涂覆织物制品	用橡胶涂覆织物为主体加工而成的制品
3.2.3	塑料涂覆织物制品	用塑料涂覆织物为主体加工而成的制品
3.4.1	涂覆	将涂覆材料施于织物的操作,如浸涂、涂胶(辊涂、刮涂、喷涂、刷涂)、擦胶、贴胶等

B.13　GB/T 9881—2008《橡胶　术语》术语和定义摘录

GB/T 9881—2008 修改采用 ISO 1382：2008《橡胶　术语》（英文版），代替了 GB/T 9881—2003《橡胶　术语》、GB/T 7359—1999《合成橡胶　术语》和 GB/T 6039—1997《橡胶物理试验和化学试验　术语》。

该标准规定了橡胶工业所使用的术语，摘录见表 B-18。

该标准不对预定用于特殊橡胶制品的术语进行定义，对于这些术语，请参见参考文献所列标准。

该标准不适用于特殊橡胶制品的术语和定义。

表 B-18　橡胶术语和定义摘录

序号	术　语	定　义
2.1	磨耗 磨损	由于摩擦力引起的材料表面的损失
2.2	耐磨性	抵抗由于机械作用使材料表面产生磨损的性能 注:耐磨性通常以耐磨指数表示

（续）

序号	术　语	定　义
2.4	加速老化	在一种旨在以较短的时间周期产生自然老化效果的试验环境中的老化 注：通常用升高温度的方法提高降解速率，有时结合升高空气或氧气压力、提高湿度及其他条件的变化
2.9	粘（zhān）合 黏着	利用化学力或物理力或者两者的共同作用将两表面结合在一起的状态
2.13	老化	<行为>将材料在一种环境中暴露一段时间的行为
2.13	老化	<结果>材料在一定环境中暴露一定时间后其性能的不可逆变化结果
2.35	开模缩裂	飞边附近的橡胶回缩到模制品表面以内的缺陷
2.40	缺胶	由于橡胶不能完全填充模具的所有花纹而导致的缺陷
2.45	渗出	液压配合剂或材料渗析到橡胶表面 参见：喷霜
2.46	气泡	由空腔或气囊造成的表面变形所显示的橡胶制品缺陷
2.49	粘连	不希望发生的材料间的粘合现象
2.64	浇铸	将流体材料倾注或导入到模具或制备好的表面上，不施加外力让其固化的过程
2.70	粉化	因表面降解而在橡胶表面形成粉末状残渣
2.80	涂覆织物	在纺织物单面或双面上带有一层或多层橡胶和（或）塑料粘合层而形成的柔韧性制品
2.92	模压	将胶坯直接放在模腔中，闭合模具压制成型的模制过程
2.93	压缩永久变形	完全释放产生压缩变形的外力之后所剩余的变形 注：1. 对于密实橡胶，在规定的条件下测定的压缩永久变形通常用原始变形的百分数表示 2. 对于多孔材料，在规定的条件下测定的压缩永久变形通常用原始厚度的百分数表示
2.103	浅坑 麻点	制品表面上浅的小坑洼
2.104	微裂	通常因光降解作用而在橡胶表面形成无规则的浅裂纹 注：与臭氧龟裂不同，微裂不取决于橡胶中存在的拉伸应变
2.144	弹性剪切模量 储能剪切模量	同相位的剪切应力分量与剪切应变之比
2.145	弹性杨氏模量 储能杨氏模量	同相位的法向应力分量与法向应变之比
2.146	弹性	材料受力显著变形，力释放则迅速恢复到接近其原有形状和尺寸的性质
2.147	弹性体	由微弱应力引起显著变形，且该应力消除后能迅速回复到接近其原有尺寸和形状的高分子材料
2.149	拉断伸长率 极限伸长	试样断裂时的百分比拉长率
2.165	疲劳破坏	试样或产品因周期性变形而导致的性能下降 注：性能下降的速度可受环境因素如温度、氧、臭氧和活性液体的影响
2.166	疲劳寿命	<动态>使在一组规定条件下变形的试样或产品产生规定的疲劳破坏程度所需的变形次数
2.168	填料	为了技术或经济目的，可以以相对大的比例加入橡胶或胶乳中的颗粒固体配合剂
2.185	配方	制备混炼胶所使用的配合剂及其份额的一览表
2.189	起霜 泛白	在暴露于空气的橡胶表面上因臭氧作用而形成一种无光的霜状外观
2.210	硬度	抗压入性能
2.224	国际橡胶硬度（IRHD）	硬度的度量，其值由在规定的条件下从给定的压头对试样的压入深度导出
2.248	微型硬度	使用比常规仪器压头小施力小的仪器测量的因尺寸太小而不能用常规仪器测量的试样或薄胶片的硬度 注：微型硬度涉及的是所使用的仪器和程序，而不是橡胶的性能

（续）

序号	术　语	定　义
2.259	门尼黏度	用门尼剪切圆盘式黏度计测定的生橡胶或橡胶混炼胶黏度的量值 注：GB/T 1232.1 给出了门尼黏度测定的方法
2.263	模压制品	模制的产品
2.269	天然橡胶	从植物源巴西三叶橡胶树得到的顺式-1,4-聚异戊二烯
2.284	臭氧龟裂	在拉伸应变下的橡胶表面因臭氧作用而形成裂纹 注：臭氧龟裂垂直于拉伸应力方向，通常出现在主链不饱和的橡胶上
2.340	回弹性	在变形试样迅速（或瞬时）完全复原时输出能量与输入能量之比
2.352	橡胶	<产品>柔性并具有弹性的聚合物材料族
2.353	橡胶	<原材料>构成许多橡胶制品中使用的混炼胶主体的天然或合成弹性聚合物（弹性体）
2.358	橡胶制品	因某一特殊特殊用途而设计并通过和（或）模制、挤出、浸胶或其他方法由橡胶或胶乳制成的成品或半成品
2.400	贮存寿命	材料或制品生产后在规定的条件下存放仍保持其规定性能的时间期限
2.405	应力松弛	恒定应变下应力随时间而下降
2.410	日光龟裂	橡胶表面由于暴露于阳光下而产生的银纹或龟裂
2.412	溶胀	浸泡在液体中或暴露于蒸汽中的试样的体积增大
2.413	合成橡胶	通过非生物方法聚合一种或几种单体生产的橡胶
2.418	撕裂	由于在切口、锐利棱角或局部变形处等高应力集中引起的橡胶机械性破裂
2.419	撕裂强度	沿基本平行于试样主轴方向撕裂规定试样所需的力
2.420	拉伸强度	在将试样拉断期间施加的最大拉伸应力
2.422	定伸应力 拉伸模量	将试样的有效部分拉伸到给定伸长率所需的应力 参见：拉伸应力
2.425	拉伸永久变形	试样经过拉伸并自由回缩后剩余的伸长
2.430	热弹性	由温度增加导致的类橡胶弹性
2.431	热塑性弹性体（TPE） 热塑性橡胶（TPR）	在其使用温度下具有类似于硫化橡胶的性能的聚合物或聚合物共混物，但是可以像热塑性塑料一样在温度提升后进行加工或再加工
2.442	欠硫	未达最适硫化的硫化状态 注：欠硫通常是由于硫化、二次硫化时间过短，硫化温度过低，硫化剂用量不足等因素引起的
2.445	黏弹性	材料中黏性和弹性变形特性的组合，每种特性的相对影响取决于时间、温度、应力和应变速率
2.448	硫化胶 硫化橡胶	橡胶混炼胶的硫化产物 作者注：硫化橡胶与硫化胶是同义词。硫化橡胶是描述由硫化而产生的一类橡胶的通用术语，用于分类
2.449	硫化	通过改变橡胶的化学结构（例如交联）而赋予橡胶弹性，或改善、提高并使橡胶弹性扩展到更宽温度范围的过程，该过程通常包括加热 注：在某些情况下，此过程进行到橡胶硬化为止，如硬质胶
2.452	硫化体系	为生产期望的硫化特性和硫化胶性能所使用的硫化剂与按需要添加的促进剂、活化剂、迟延剂等的组合
2.460	磨耗量	在规定的条件下试样被磨损的体积
2.463	表观硬度	在非标准试样上也按试验方法 GB/T 6031 中 N、H、L 和 M 的步骤测得的橡胶国际硬度并修约为整数，所用方法称为 CN、CH、CL 和 CM
2.466	脆性温度	在规定条件下一定数量的试样不产生破坏的最低温度
2.470	压缩模量	由原始截面积计算的应力除以施加应力方向上产生的总应变
2.471	压缩应变	试样在应力方向上的形变除以该方向的原始尺寸，通常表达为试样原始尺寸的百分数
2.472	压缩应力	施加在应力方向上产生形变的力，其值为所施加的力与垂直施力方向的试样原始截面积之比
2.473	压缩应力松弛	在恒定压缩应变下压缩作用力随时间增加而减少的现象，该值表达为压缩作用力与初始作用力之比的百分数
2.502	邵尔 A 硬度	橡胶硬度的一种度量，在一定条件下，用特定的压入器压入试样的初始压入深度

B.14 GB/T 12604.3—2013《无损检测 术语 渗透检测》术语和定义摘录

GB/T 12604.3—2013 界定了渗透检测的技术术语。摘录见表 B-19。

表 B-19 渗透检测术语和定义摘录

序号	术语	定义
2.2	渗出	渗透剂从不连续内出来
2.3	着色渗透剂	在液体中含有染料(一般为红色)的渗透剂
2.13	荧光渗透剂	在 UV-A 辐射下激发出荧光的渗透剂
2.17	渗透剂	专用的染色液体,当把它施加到工件上,它能够进入工件表面不连续内,并且在去除表面多余渗透剂后,仍宜保留在表面不连续内
2.18	渗透系统 检测系统 产品族	相容的一组渗透检测产品,包括渗透剂、去除剂和显像剂(若有时)
2.20	渗透检测	一种典型的无损检测,包括渗透、多余渗透剂的去除,显像等过程,为了在表面开口不连续处形成可见的显示

作者注：在 MH/T 3016—2007《航空器渗漏检测》中给出了术语“渗漏检测”的定义：“检查是否渗漏或对渗漏定位、定量的方法。”

B.15 GB/T 12604.7—2021《无损检测 术语 泄漏检测》术语和定义摘录

GB/T 12604.7—2021 是 GB/T 12604 的第 7 部分，分别从气体、检测技术和检测程序等方面对泄漏检测术语进行了定义。

该标准界定了（气体）泄漏检测相关的术语，适用于泄漏检测相关领域。摘录见表 B-20。

表 B-20 泄漏检测术语和定义摘录

序号	术语	定义
4.3.1	漏孔	在器壁两侧压力或浓度差的作用下,使气体从器壁的一侧到另一侧的孔洞、孔隙、渗透元件或其他结构
4.3.5	漏率	在规定条件下,特定气体通过漏孔的 pV-流量
4.3.6	密封容器	漏率小于说明书规定的漏率的容器
4.3.11	虚漏	由产生等效泄漏信号现象引起的显性(非真实)泄漏 注:由于温度和体积效应、材料表面或内部吸附,以及封堵住的气体的缓慢释放等机制造成的
5.1.5	气泡检测	被检件浸入检测流体中或用活性剂(发泡)溶液覆盖其外表面进行的泄漏检测 注:被检件器壁两侧压力差需足够高,通过形成的气泡显示漏孔
6.3.5	最小可检漏率	在检测条件下通过检测系统能明确检出的最小漏率值

B.16 GB/T 14795—2008《天然橡胶 术语》术语和定义摘录

GB/T 14795—2008 规定了天然橡胶的术语，适用于天然橡胶工业所使用的术语。摘录见表 B-21。

表 B-21 天然橡胶术语和定义摘录

序号	术语	定义
2.1.2.1	天然橡胶	从植物源巴西三叶橡胶树,以及橡胶藤或橡胶草等含胶植物采集的热固性材料,其橡胶烃主要为顺式 1,4-聚异戊二烯 注:改写 GB/T 9881—2003,定义 217

B.17　GB/T 17446—××××《流体传动系统及元件　词汇》（讨论稿）/ISO 5598：2020，MOD 术语和定义摘录

该标准界定了除用于航空航天和压缩空气气源设备外的所有流体传动系统及元件的术语。摘录见表 B-22。

表 B-22　流体传动系统及元件术语和定义摘录

序号	术　语	定　义
3.1.1.1	实际(的)	在给定时间和特定点进行物理测量所得到的
3.1.1.2	特性	物理现象的表征 示例:压力、流量、温度
3.1.1.3	工况	代表工作状态的一组特性值
3.1.1.5	有效(的)	特性中有用的
3.1.1.6	几何(的)	忽略诸如因制造引起的微小尺寸变化,利用基本设计尺寸计算出的
3.1.1.7	额定(的)	通过测试确定的,据此设计元件或配管以保证足够的使用寿命的 注:可以规定最大(高)值和/或最小(低)值
3.1.1.8	运行(的)	系统、子系统、元件或配管在实现其功能时所呈现的
3.1.1.9	理论(的)	利用基本设计尺寸,而非基于实际测量,仅以可能包括估计值、经验数据和特性系数的公式计算出的
3.1.1.10	工作(的)	系统或子系统预期在稳态运行工况下运行的
3.1.2.11	布置	与应用和场所有关的一个或多个流体传动系统的配置
3.1.2.12	系统冲洗	<液压>以专用的清洗液(冲洗油)在低压力下清洗系统内部通路和腔室的操作 注:在系统服役之前,须使用正确的工作流体替换冲洗液
3.1.2.16	贮存期	产品在规定工况下贮存,仍可达到技术要求且具有足够使用寿命的时间长度
3.1.2.17	总成	包括两个或多个相互连接的元件组成的流体传动系统或子系统的部件
3.1.2.18	安装	固定元件、配管或系统的方式
3.1.2.23	公称规格	参数值的名称,是为便于参考的圆整值(制造参数仅是宽松关联) 注:公称直径(通径)通常由缩写 DN 表示
3.1.2.25	元件	由除配管以外的一个或多个零件组成,作为流体传动系统的一个功能件的独立单元 示例:缸、马达、阀、过滤器
3.1.2.26	执行元件	将流体能量转换成机械功的元件 示例:马达、缸
3.1.2.29	稳态工况	在稳定一段时间之后,相关参数处于稳态的运行条件(工况)
3.1.2.31	静态工况	相关参数不随时间变化的工况
3.1.2.32	额定工况	通过测试确定,以基本特性的最高值和最低值(必要时)表示,保证元件或配管的设计满足服役寿命的工况
3.1.2.33	极限工况	在给定时间内,特定应用的极端工况下,元件、配管或系统能满足运行工况的最大和/或最小值
3.1.2.34	规定工况	在运行或测试期间需要满足的工况
3.1.2.35	环境条件	系统当前的环境状态 示例:压力、温度等
3.1.2.36	空载工况	当没有外部负载引起的流动阻力时,系统、子系统、元件或配管所呈现的特性值
3.1.2.37	间歇工况	元件、配管或系统工作与非工作(停机或空运行)交替的运行工况
3.1.2.38	运行工况	系统、子系统、元件或配管在实现其功能时所呈现的特征值 注:这些条件(工况)可能在操作过程中变化
3.1.2.39	循环	以周期性重复的一组完整事件或工况
3.1.2.40	循环稳定工况	相关因素的值以循环方式变化的工况
3.1.2.41	待起动状态	<液压>液压系统和元件或装置处于开始工作循环之前且所有能源关闭的状态

（续）

序号	术　语	定　义
3.1.2.45	额定温度	通过测试确定的,元件或配管按其设计能保证足够的使用寿命的温度 注:技术规格中可以包括一个最高和/或最低额定温度
3.1.2.46	环境温度	元件、配管或系统工作时周围环境的温度
3.1.2.47	实际元件温度	在给定时间和规定位置测量的元件的温度
3.1.2.48	实际流体温度	在给定时间和系统内规定位置测量的流体的温度
3.1.2.50	液压功率	<液压>元件或系统单位时间内做功的能力(液压流体的流量和压力的乘积)
3.1.2.53	功率损失	流体传动元件或系统所吸收的而没有等量可用输出的功率
3.1.2.64	子系统	在一个流体传动系统中,提供设定功能的相互连接元件的配置
3.1.2.65	流体动力源	产生和维持有压力流体的流量的动力源
3.1.2.68	放气	从系统或元件中排出空气(游离气体)的方法
3.1.3.3	液压流体	<液压>液压系统中用作传动介质的液体
3.1.3.5	矿物油	<液压>由可能含有不同精炼程度和其他成分的石油烃类组成的液压流体
3.1.3.6	合成液压油	<液压>通过不同的聚合工艺生产的主要基于酯、聚醇或α-烯烃的液压流体 注1:合成液压油,可以含有其他成分,不含水分。 注2:合成液压油的一个例子是磷酸酯液(磷酸酯抗燃油)
3.1.3.7	抗燃液压油	<液压>不易点燃,且火焰传播趋于极小的液压流体
3.1.3.8	磷酸酯液	<液压>由磷酸酯组成的合成液压流体 注:可以包含其他成分。其难燃性来自该油液的分子结构。它有良好的润滑性、抗磨性、贮存稳定性和耐高温性
3.1.3.10	可生物降解的油液	可由生物进行降解的流体 示例1:甘油三酯(植物油) 示例2:聚乙二醇 示例3:合成脂类
3.1.3.11	水基液	除了其他成分外,含有水作为主要成分的液压流体 示例1:水包油乳化液 示例2:油包水乳化液 示例3:水聚合物溶液 作者注:GB/T 38045—2019《船用水液压轴向柱塞泵》适用的工作介质为不含颗粒(过滤精度达到10μm)的海水、淡水
3.1.3.16	流体相容性	材料抵抗受流体影响而性质变化的能力或一种流体抵抗受另一种流体影响而性质变化的能力
3.1.3.17	相容流体	对系统、元件、配管或其他流体的性质和寿命没有不良影响的流体
3.1.3.18	不相容流体	对系统、元件、配管或其他流体的性质和寿命具有不良影响的流体
3.1.3.20	液压流体劣化	<液压>液压流体的化学或力学性能降低 注:这类变化可能由油液与氧的反应或过高温度所致
3.1.3.24	抗磨性-润滑性	<液压>在已知的运行工况下,液压流体通过在运动表面之间保持润滑膜来防止金属与金属接触的能力
3.1.3.25	耐腐蚀性	<液压>液压流体防止金属腐蚀的能力 注:这在含水液体中尤为重要
3.1.3.46	含水量	流体中所含水的量
3.1.3.47	溶解水	<溶解水>以分子形式分散于液压流体中的水
3.1.3.48	游离水	进入系统但与系统中的流体的密度不同而具有分离的趋势的水
3.1.3.56	污染	污染物侵入或存在
3.1.3.70	磨损	因磨耗、磨削或摩擦造成材料的损失 注:磨损的产物在系统中形成颗粒污染
3.1.3.71	冲蚀	流体或含有悬浮颗粒的流体以冲刷、微射流等方式造成机械零件的磨损 注:冲蚀的产物在系统中形成颗粒性污染
3.1.3.72	微动磨损	由两个表面滑动或周期性压缩造成,产生微细颗粒污染而没有化学变化的磨损
3.1.3.75	淤积	<液压>由流体所裹挟的微小污染物颗粒在系统中特定部位的聚集

（续）

序号	术　语	定　义
3.1.3.76	淤积卡紧	活塞或阀芯因污染物淤积导致的锁紧
3.1.3.80	颗粒污染监测仪	自动测量悬浮在流体中一定尺寸颗粒的浓度，输出为一定范围的颗粒尺寸分布或污染等级代码，但不适用液体自动颗粒计数器校准方法的仪器
3.1.4.2	额定流量	通过测试确定的，元件或配管按此设计工作的流量
3.1.4.9	总流量	先导流量、内泄漏流量和出口流量的总和
3.1.4.20	流量冲击	<液压>在某一时间段流量的急剧涌动
3.1.4.21	流量波动	<液压>液压流体中流量的波动
3.1.4.23	流动	压力差引起的流体运动
3.1.4.24	流动损失	<液压>由于液体运动引起的功率损失
3.1.4.26	流体摩擦	由流体的黏度所引起的摩擦
3.1.4.27	静摩擦	静止状态下对运动趋势的约束
3.1.4.31	泄漏	相对少量的流体不做有用功而引起能量损失的流动
3.1.4.32	内泄漏	元件内腔之间的泄漏
3.1.4.33	外泄漏	从元件或配管的内部向周围环境的泄漏
3.1.5.13	外压	从外部作用于元件或系统的压力
3.1.5.14	内压	在系统、元件或配管内部作用的压力
3.1.5.15	背压	因下游阻抗（力）产生的压力
3.1.5.16	爆破压力	引起元件或配管爆破破坏且流体外泄的压力 参见：GB/T 17446—××××中图 20
3.1.5.20	额定压力	通过测试确定的，元件或配管按其设计、工作以保证达到足够的使用寿命的压力 参见：最高工作压力 注：技术规格中可以包括一个最高和/或最低额定压力
3.1.5.21	公称压力	为了方便表示和标识所属的系列而指派给系统、元件或配管的压力值
3.1.5.22	负载压力	由外部载荷引起的压力
3.1.5.29	耐压压力	在装配后施加的，超过元件或配管的最高额定压力，不引起损坏或导致故障的试验压力
3.1.5.31	起动压力	开始运动所需的最低压力 注：起动压力又称之为最低工作压力
3.1.5.35	试验压力	元件、配管、子系统或系统为达到试验目的所承受的压力
3.1.5.39	循环试验压力	在疲劳试验中，循环试验高压下限值和循环试验低压上限值之差
3.1.5.43	预载压力	<液压>施加在元件或者系统上的预设背压
3.1.5.44	最低工作压力	在稳态工况下，一个系统或子系统工作的最低压力 参见：GB/T 17446—××××中图 19 注：对于元件和配管，参见相关术语“额定压力”
3.1.5.45	最高工作压力	在稳态工况下，系统或子系统工作的最高压力 参见：GB/T 17446—××××中图 19 注 1：对于元件和配管，也见相关术语“额定压力” 注 2：对于“最高工作压力”的定义，当它涉及液压软管和软管总成时，请参阅 ISO 8330
3.1.5.46	最高压力	可能出现的对元件或系统的性能或寿命没有严重影响的短时最大压力 参见：GB/T 17446—××××中图 19
3.1.5.52	压力峰值	超过稳态压力，甚至可能超过最高压力的压力脉冲 参见：GB/T 17446—××××中图 19
3.1.5.53	压力脉冲	压力短暂升降或降升 参见：GB/T 17446—××××中图 19
3.1.5.54	压力脉动	压力的周期性变化 参见：GB/T 17446—××××中图 19
3.1.5.55	压力波动	流量波动源与系统的相互作用引起的液压流体中压力的变动

（续）

序号	术　语	定　义
3.1.5.56	压力冲击	<液压>在某一时间段的压力的变化 参见：GB/T 17446—××××中图 19
3.1.5.58	压力梯度	稳态流动压中力随位置的变化率
3.1.5.59	运行压力范围	系统、子系统、元件或配管在实现其功能时承受的压力区间 参见：GB/T 17446—××××中图 19 注：有关液压软管和软管组件的"最大工作压力"的定义，请参阅 ISO 8330
3.1.5.60	工作压力范围	在稳态工况下，系统或子系统正常工作的压力区间
3.1.5.66	爆破	由过高压力引起的结构破坏
3.1.5.68	气穴	<液压>在局部压力降低到临界压力（通常是液体的蒸气压）处，在液流中形成的气体或蒸气的空穴 注：在气穴状态下，液体以高速通过气穴空腔，产生锤击效应，不仅会产生噪声，还可能损坏元件
3.3.1.11	缸控	使用缸的一种控制
3.5.1.1	缸	实现直线运动的执行元件
3.5.1.2	差动缸	活塞两侧的有效面积不同（等）的双作用缸
3.5.1.3	冲击缸	配置有整体式油箱和座阀，在伸出过程中能使活塞和活塞杆总成快速加速的双作用缸
3.5.1.4	活塞杆防转缸	能防止缸筒与活塞杆相对转动的缸
3.5.1.5	膜片缸	靠作用于膜片上的流体压力产生机械力的缸
3.5.1.6	柱塞缸	缸筒内没有活塞，压力直接作用于柱塞的单作用缸
3.5.1.7	多级缸	使用中空活塞杆使得另一个活塞杆在其内部滑动来实现两级或多级伸缩的缸
3.5.1.8	串联缸	在同一活塞杆上至少有两个活塞在同一个缸的分隔腔室内运动的缸
3.5.1.9	可调行程缸	停止位置可以改变，以允许行程变化的缸
3.5.1.10	单出杆缸	只从一端伸出活塞杆的缸
3.5.1.11	双出杆缸	活塞杆从缸体两端伸出的缸
3.5.1.12	单作用缸	流体力仅能在一个方向上作用于活塞（柱塞）的缸
3.5.1.13	双作用缸	流体力可以沿两个方向施加于活塞的缸
3.5.1.14	双活塞杆缸	具有两根互相平行动作的活塞杆的缸
3.5.1.15	多杆缸	在不同轴线上具有一个以上活塞杆的缸
3.5.1.16	多位缸	除了静止位置外，提供至少两个独立位置的缸 示例：由至少两个在同一轴线上，在分成几个独立控制腔的公共缸筒中运动的活塞组成的缸；由两个单独控制的，用机械连接在一个公共轴的缸组成的元件。（其通常称为双联缸）
3.5.1.22	磁性活塞缸	一种活塞上带有永磁体，能够触发沿行程长度方向布置的传感器的缸
3.5.1.23	带缓冲的缸	具有缓冲装置或结构的缸
3.5.1.24	液压阻尼器	<气动>作用于气缸使其运动减速的辅助液压装置
3.5.1.26	活塞	由流体的压力作用，在缸筒中运动并传递机械力和运动的缸零件
3.5.1.27	活塞杆	与活塞同轴并连为一体，传递来自活塞的机械力和运动的缸零件
3.5.1.28	缸的活塞杆端 缸头端 缸前端	缸的活塞杆伸出端
3.5.1.32	缸底	缸没有活塞杆的一端
3.5.1.33	缸筒	活塞在其内部运动的中空承压零件
3.5.3.2	缸径	缸筒的内径
3.5.3.3	缸行程	可移动件从一个极限位置到另一个极限位置的距离
3.5.3.5	缸进程	活塞杆从缸筒伸出的运动（对双出杆缸或无杆缸，是指活塞离开其初始位置的运动）
3.5.3.6	缸回程	活塞杆缩进缸筒的运动（对双出杆缸或无杆缸，是指活塞返回其初始位置的运动）
3.5.3.9	缸回程输出力	在回程期间缸产生的力
3.5.3.12	缸进程输出力	在进程期间缸产生的力

（续）

序号	术 语	定 义
3.5.3.13	缸理论输出力	忽略背压或摩擦产生的力以及泄漏的影响所计算出的缸输出力
3.5.3.14	缸输出力	由作用在活塞或柱塞上的压力产生的力
3.5.3.15	缸的有效输出力	在规定工况下,缸所传递的可用的力
3.5.3.16	缸输出力效率	缸的实际输出力与理论输出力之间的比值 注:又称缸负载效率
3.7.43	堵帽	带有内螺纹,用于对具有外螺纹的螺柱端进行封闭和密封的配件
3.7.44	堵头	用于封闭和密封孔[如内螺纹油(气)]口的配件
3.7.45	螺孔端	与外螺纹管接头连接的内螺纹端
3.7.46	螺柱端	与油(气)口连接的管接头的外螺纹端
3.8.43	排气阀	用来排出液压系统中液体所含空气或气体的元件
3.9.1	密封件	用于防止泄漏、污染物侵入的元件
3.9.2	密封套件	用于特定元件上的密封件的套件
3.9.3	密封装置	由一个或多个密封件和配套件(例如抗挤出环、弹簧、金属壳)组合成的装置
3.9.4	密封沟槽	容纳一个或多个密封件的空腔或沟槽
3.9.5	密封材料相容性	密封件材料抵御与流体发生化学反应的能力
3.9.6	密封件挤出	密封件的一部分或全部进入到两个配合零件间隙中的不良位移 注:通常密封圈挤出由间隙和压力的共同作用所致,通过采用抗挤出环可以防止和控制密封件挤出
3.9.7	静密封	用于没有相对运动的零件之间的密封
3.9.8	动密封	用在相对运动的零件之间的密封
3.9.9	往复密封	用于具有相对往复运动的零件之间的密封
3.9.10	旋转密封	用在具有相对旋转运动的零件之间的密封
3.9.11	径向密封	靠径向接触力实现密封的密封件、密封装置或密封型式
3.9.12	轴向密封	靠轴向接触力实现密封的密封件、密封装置或密封型式
3.9.13	唇形密封	具有一个挠性的密封凸起部分;作用于唇部一侧的流体压力保持其另一侧与相配表面接触贴紧形成的密封
3.9.14	垫片	由形状与相关配合表面相匹配的片状材料构成的密封件
3.9.15	防尘圈	用在往复运动杆上防止污染物侵入的密封件
3.9.16	防尘堵	用于孔口处以防止污染、损坏的可拆的凸状件
3.9.17	防尘帽	用以阻止污染、损坏的可拆的凹状件
3.9.18	粘合密封件	用弹性体材料粘接于刚性衬件所制成的密封件
3.9.19	组合垫圈	由一个扁平的金属垫圈与一个同心的弹性密封环粘结而成的静态垫片密封件
3.9.20	抗挤出环 挡环	防止密封件挤入被密封的两个配合零件之间的间隙中的环形件
3.9.21	O形圈	在自由状态下横截面呈圆形的弹性体密封件
3.9.22	弹性体密封件	具有很大变形能力并在变形力去除后能迅速和基本完全恢复原形的橡胶或类橡胶材料制成的密封件
3.9.23	成型填料密封	由一个或多个相配的可变形件组成,通常承受可调整的轴向压缩以获得有效的径向密封的密封装置
3.9.24	复合密封	具有两种或多种不同材料单元的密封装置 示例:粘合密封件和旋转轴唇形密封
3.9.25	热塑性材料	在其使用温度下,能反复加热软化和反复冷却硬化,且在软化状态下能反复加工成形的材料 注:常用于制造密封垫、挡圈、防尘圈等
3.9.26	弹性体材料	应力释放后,由应力造成的显著变形能够迅速恢复到接近其初始尺寸和形状的橡胶或类橡胶材料 注:常用于制造O形圈、X形圈、Y形圈、防尘圈和缓冲垫等

（续）

序号	术　语	定　义
3.9.27	聚四氟乙烯（PTFE）	一种由碳和氟原子结合而成，以四氟乙烯作为单体聚合制得的聚合物 注：几乎不受化学侵蚀并可在很宽温度范围内使用，摩擦系数低，自润滑性好，但是柔性有限并且恢复能力仅为中等；添加适当的填料，如玻璃纤维、青铜、石墨等可改善其物理、机械性能；常用于制造挡圈、导向环、支承环、耐磨环等
3.9.28	聚酰胺（PA）	一类主链上含有许多重复酰胺基团的热塑性聚合物 具有高强度和耐磨损特性，与大多数流体相容，密度小，但容易老化，容易吸水使强度降低，尺寸稳定性差。常用于制造挡圈、导向环、支承环、气管等
3.9.29	丁腈橡胶（NBR）	由丁二烯和丙烯腈共聚制成的一种高分子弹性体材料 注：常用的耐油橡胶材料，对矿物油的耐受力随丙烯腈的含量而变化，丙烯腈的含量越高，耐油性越好，但是耐寒性变差。常用于制造O形圈、Y形圈、防尘圈、V形圈、旋转轴唇形密封、缓冲垫等
3.9.30	氟橡胶（FKM）	主链或侧链的碳原子上含有氟原子的一种合成高分子弹性体材料 注：耐高温、耐油、耐真空、耐多种化学品，耐老化及耐臭氧等性能优异，但耐寒性差，不耐低分子量的醇、酮、醚及酯类极性溶剂。常用于制造O形圈、Y形圈、防尘圈、V形圈、旋转轴唇形密封等
3.9.31	硅橡胶（FMQ）	一种分子主链由硅原子和氧原子交替组成的兼具无机和有机性质的高分子弹性体材料 注：耐高、低温性能好，使用温度范围大，耐氧、耐臭氧老化性能优异，压缩永久变形小，但耐磨性差。适用于矿物油，尤其适用于动植物油，不耐汽油及低苯胺点的油类。常用于食品、医疗机械，用于制造O形圈、矩形圈等，不适用于往复运动密封 作者注：GB/T 3452.5—2022规定硅橡胶（VMQ）不耐油
3.9.32	聚氨酯（AU）	由聚酯二醇、二异氰酸酯和扩链交联剂反应制成的聚酯型弹性体材料 注：AU具有高耐磨性并耐多种油类，但耐水性有限。常用于制造O形圈、Y形圈、防尘圈、缓冲垫和气管等
3.9.33	聚氨酯（EU）	由聚醚二醇、二异氰酸酯和扩链交联剂反应制成的聚醚型弹性体材料 注：EU具有良好的耐水性，但是耐磨性和耐受其他类型流体较差。常用于制造蕾形圈、鼓形圈、山形圈、气管等
3.9.34	氯丁橡胶（CR）	一种由氯丁二烯聚合成的弹性体材料 注：耐油性、耐臭氧性、耐气蚀性、耐燃、耐化学品腐蚀及粘合性良好，但贮存稳定性差。用于制造垫片、隔膜、唇形密封及门窗密封件等
3.10.2.20	气液转换器	功率从一种介质（气体）不经过增强传递给另外一种介质（液压）的装置
3.10.2.21	增压器	用于将初级流体进口压力转换成较高值的次级流体出口压力的元件 注：使用的两种流体可能相同，也可能不相同，但它们是分开的
3.10.2.22	单作用增压器	仅在一个方向上作用的增压器
3.10.2.23	双流体增压器	在初级和次级回路中使用不同类型流体的增压器
3.10.2.24	连续增压器	将初级流体连续供给到进口，可以使次级流体产生连续流动的增压器

作者注：以该文件发布、实施的正式版为准。

B.18　GB/T 21461.1—2008《塑料　超高分子量聚乙烯（PE-UHMW）模塑和挤出材料　第1部分：命名系统和分类基础》摘录

1）该标准规定了超高分子量聚乙烯（PE-UHMW）热塑性塑料材料的命名系统。该系统可作为分类基础。

该标准规定的超高分子量聚乙烯（PE-UHMW）是指在温度为190℃、负荷21.6kg条件下，熔体质量流动速率（MFR）小于0.1g/10min的聚乙烯材料。

2）不同类型的PE-UHMW热塑性材料用下列指定的特征性能值以及推荐用途和/或加

工方法、重要性能、添加剂、着色剂、填料和增强材料等为基础的一种分类系统加以区分：

a）黏度。

b）定伸应力。

c）简支梁双缺口冲击强度。

3）该标准适用于所有PE-UHMW均聚物和其他1-烯烃单体质量分数小于50%及带有官能团的非烯烃单体质量分数不多于3%共聚物。

该标准适用于常规为粉状、颗粒或碎粒状，未改性或经着色剂、添加剂、填料等改性的材料。

4）该标准不意味着命名相同的材料必定具有相同的性能。该标准不提供用于说明材料特殊用途和/或加工方法所需的工程数据、性能数据或加工条件数据。

如果需要，可按GB/T 21461第2部分中规定的试验方法确定这些附加性能。

5）为了说明某种PE-UHMW材料的特殊用途或为了确保加工的重现性，可在第5字符组中给出附加要求。

超高分子量聚乙烯命名和分类系统基于下列标准模式，见表B-23。

表B-23　命名和分类系统标准模式

命　名				
特征项目组				
字符组1	字符组2	字符组3	字符组4	字符组5

命名由表示特征项目组的五个字符组构成。

字符组1：按照GB/T 1844.1—2008（2022）的规定，超高分子量聚乙烯代号为PE-UHMW。

字符组2：位置1　推荐用途或加工方法。

位置2~位置8　重要性能、添加剂和其他说明。

字符组2中使用的字母代号见表B-24。

字符组3：特征性能。

字符组4：填料或增强材料及其标称含量。

字符组5：为达到分类的目的，可在第5字符组里添加附加信息。

字符组间用逗号隔开，如果某个字符组不用，则用两个逗号，即“,,”隔开。

表B-24　字符组2中使用的字母代号

字母代号	位置1	字母代号	位置2~位置8
		A	加工稳定化的
		C	着色的
		D	粉末状
E	挤出	E	可发生的
F	薄膜挤出	F	特殊燃烧性
G	一般用途	G	颗粒
		H	耐热稳定化的
		K	金属钝化的
		L	光或气候稳定化的
M	模塑		
		N	本色（未着色的）
Q	压塑		

（续）

字母代号	位置 1	字母代号	位置 2~位置 8
		R	加脱模剂
S	烧结	S	加润滑剂的
X	未说明	X	未说明
Y	纺丝	Y	提高导电性
		Z	抗静电

B.19 GB/T 22027—2008《热塑性弹性体　命名和缩略语》术语和定义摘录

在 GB/T 22027—2008 标准前言中指出，热塑性弹性体兼有硫化热固性橡胶和热塑性材料的多种特性和性能。

GB/T 22027—2008 建立了以聚合物和相关聚合物的化学组成为基础的热塑性弹性体的命名体系。规定了工业、商业和政府用于识别热塑性弹性体的符号和缩略语。该标准的建立并不与现存的贸易名称和商标相冲突，而是对它们的补充。

注 1：该标准规定的弹性体缩略语名称应在技术文件和文献中使用。

注 2：GB/T 22027—2008 附录 A 给出了过去在材料标准、技术公告、教科书、专利和贸易文献中使用的热塑性弹性体缩略语。

热塑性弹性体命名和缩略语的术语和定义摘录见表 B-25。

表 B-25　热塑性弹性体命名和缩略语的术语和定义摘录

序号	术　语	定　义
3.1	热塑性弹性体 TPE	热塑性弹性体包含聚合物或聚合物混合物，其使用温度下的性能与硫化橡胶相似，同时也可像热塑性塑料一样通过提高温度进行加工和再加工 注：通常热塑性橡胶被当作热塑性弹性体术语使用
3.2	热塑性的 TP	TP 用于表示热塑性弹性体缩略语的前缀
5.1	聚酰胺类热塑性弹性体 TPA	由硬链段和软链段的交互嵌段共聚物组成，硬链段为酰胺化学链，软链段为醚和/或酯链
5.2	共聚多酯类热塑性弹性体 TPC	由硬链段和软链段的交互嵌段共聚物组成，主链上是酯和/或醚
5.3	烯烃类热塑性弹性体 TPO	由聚烯烃和通用橡胶混合物组成，混合物中橡胶互不交联或有少量交联
5.4	苯乙烯类热塑性弹性体 TPS	至少由苯乙烯和特定二烯的三段嵌段共聚物组成。两个嵌段末端（硬嵌段）是聚苯乙烯，内嵌段（软嵌段或嵌段）是聚二烯或加氢聚二烯
5.5	氨基甲酸乙酯类热塑性弹性体 TPU	由硬链段和软链段的交互嵌段共聚物组成，硬嵌段是氨基甲酸乙酯化学链，软嵌段是醚、酯或碳酸酯或其混合物
5.6	热塑性硫化胶 TPV	由热塑性材料和通用橡胶的混合物组成，橡胶在混合和掺混过程中通过动态硫化完成交联
5.7	未分类的其他热塑性弹性体 TPZ	未分类的其他热塑性弹性体，由除 TPA、TPC、TPO、TPS、TPU 和 TPV 以外的其他组分或结构组成
6.1	聚酰胺类 TPEs(TPAs)	根据软链段 TPA 可分为不同的子类，用下列缩略语表示 TPA-EE　软链段为酯或醚链段 TPA-ES　聚酯软链段 TPA-ET　聚醚软链段
6.2	共聚酯类 TPEs(TPCs)	根据软嵌段 TPC 可分为不同的子类，用下列缩略语表示 TPC-EE　软链段为酯和醚链段 TPC-ES　聚酯软链段 TPC-ET　聚醚软链段

（续）

序号	术　语	定　义
6.3	烯烃类 TPEs(TPOs)	根据所使用的热塑性聚烯烃的特性和橡胶类型的不同TPO的子类也不相同 专用TPO可通过橡胶标准缩略语(见GB/T 5576),后跟"+"和热塑性塑料类标准缩略语(见ISO 1043-1)识别,并按照热塑性体和橡胶含量递减的顺序排列 示例如下 TPO-(EPDM+PP)乙烯-丙烯-二烯三元共聚物和聚丙烯的混合物,EPDM互不交联或少量交联,EPDM含量大于PP含量
6.4	苯乙烯类 TPEs(TPSs)	TPS子类使用下列缩略语 TPS-SBS　苯乙烯和丁二烯的嵌段共聚物 TPS-SEBS　聚苯乙烯-聚(乙烯-丁烯)-聚苯乙烯 TPS-SEPS　聚苯乙烯-聚(乙烯-丙烯)-聚苯乙烯 TPS-SIS　苯乙烯和异戊二烯的嵌段共聚物,软嵌段为氢化顺式-1,4聚丁二烯和1,2聚丁二烯单元的混合物组成。TPS-SEPS是苯乙烯和异戊二烯的嵌段共聚物,其中异戊二烯已氢化
6.5	聚氨酯类 TPEs(TPUs)	根据硬嵌段上聚氨酯链段之间的烃类(芳烃或脂肪烃)特性和软嵌段上的化学链段(醚、酯、碳酸酯)的不同TPU可分为以下子类 TPU-ARES　芳烃硬链段,聚酯软链段 TPU-ARET　芳烃硬链段,聚醚软链段 TPU-AREE　芳烃硬链段,醚和酯软链段 TPU-ARCE　芳烃硬链段,聚碳酸酯软链段 TPU-ARCL　芳烃硬链段,聚己酸酯软链段 TPU-ALES　脂肪烃硬链段　聚酯软链段 TPU-ALET　脂肪烃硬链段　聚醚软链段
6.6	动态硫化类 TPEs(TPVs)	TPV的子类取决于热塑性材料的特性和橡胶类型 专用TPV可通过橡胶缩略语(见GB/T 5576—1997),后跟"+"和热塑性塑料类缩略语(见ISO 1043-1)识别,橡胶缩略语置于热塑性缩略语之前 示例如下 TPV-(EPDM+PP)三元乙丙橡胶和聚丙烯混合,其中三元乙丙橡胶高度交联,并均匀分散于连续聚丙烯相 TPV-(NBR+PP)丙烯腈-丁二烯橡胶和聚丙烯混合,其中丙烯腈-丁二烯橡胶高度交联,并均匀分散于连续聚丙烯相 TPV-(NR+PP)天然橡胶和聚丙烯混合,其中天然橡胶高度交联,并均匀分散于连续聚丙烯相 TPV-(ENR+PP)环氧天然橡胶和聚丙烯混合,其中环氧天然橡胶高度交联,并均匀分散于连续聚丙烯相 TPV-(ⅡR+PP)丁基橡胶和聚丙烯混合,其中丁基橡胶高度交联,并均匀分散于连续聚丙烯相
6.7	其他类材料(TPZ)	这类热塑性弹性体不适用于任何专用分类,可用前缀TPZ表示。现有TPZ类如下 TPZ-(NBR+PVC)丙烯腈-丁二烯橡胶和聚氯乙烯混合物 注:许多NBR+PVC混合物是热固性硫化橡胶,此时不能使用前缀TPZ

作者注：参考文献［42］中指出，该国标主要依据TPE中链段种类进行分类和命名，但是与惯用分类方法不同。

B.20　GB/T 22271.1—2021《塑料　聚甲醛（POM）模塑和挤出材料　第1部分：命名系统和分类基础》摘录

GB/T 22271.1—2021规定了热塑性聚甲醛（POM）模塑和挤出材料的命名系统，该系统可作为分类基础。

注：聚甲醛材料是热塑性材料，主要由甲醛合成的均聚物和共聚物长链组成。分子链中的重复单元是-CH_2O-作为甲醛聚合产生的主聚合物链的组成部分。

不同类型的聚甲醛材料用指定的特征性能值（熔体质量流动速率或熔体体积流动速率，拉伸弹性模量），以及基本聚合物参数、推荐用途、加工方法、重要性能、添加剂、着色剂、填料和增强材料等为基础的一种分类系统加以区分。

该标准适用于聚甲醛均聚物、共聚物和含有聚甲醛共混物的所有材料。适用于通用的粉状、粒状或片状材料，也适用于未改性和经着色剂、添加剂、填料等改性的材料。该标准不意味着命名相同的材料必定具有相同的性能。

该标准不提供最终应用特定材料的工程数据、性能数据和加工条件的数据。需要时，可按相关国际标准中规定的试验方法确定这些附加性能。

热塑性材料的命名和分类系统基于下列标准模式，见表 B-26。

表 B-26　热塑性材料的命名和分类系统标准模式

命名						
说明组	识别组					
	国际标准号	特征项目组				
		字符组 1	字符组 2	字符组 3	字符组 4	字符组 5

命名由一个可选择的写作“热塑性材料”的说明组和包括国际标准号和特征项目组构成。为了使命名更加明确，特征项目组又分成下列五个字符组：

字符组 1：按 ISO 1043-1 规定的该塑料代号 POM 和聚合物的聚合过程或聚合物的组成。

字符组 2：填料或增强材料及其标称含量。

字符组 3：位置 1　推荐用途或加工方法。

位置 2~位置 8　重要性能、添加剂和附加信息。

字符组 4：特征性能。

字符组 5：为达到分类的目的，可在第 5 字符组里添加附加信息。

特征项目组的第一个字符应是连字符。字符组彼此间应用逗号“,”隔开。

如有字符组未被采用，应由双逗号（,,）分隔。

注：字符组 1 和字符组 2 一起构成部分标记符号。

在字符组 1 中，在连字符后按照 ISO 1043-1 用符号“POM”表示聚甲醛塑料，后面加一个连字符和字母代号 H 标识均聚物或字母代号 K 标识共聚物。

共聚物可以由 ISO 1043-1 中提到的材料和/或其他聚合物制成。对于聚合物共混物或合金，使用基本聚合物的缩写词，主要成分排在第一位，其他成分根据其质量分数按降序排列，以“+”号分隔，在“+”号之前或之后没有空格。

示例：聚甲醛均聚物和聚乙烯的共混物的命名为：POM-H+PE。

在字符组 2 中，在位置 1 用一个字母代号表示填料和/或增强材料，在位置 2 用第二个字母表示其物理形态，在表 B-27 中规定了所用字母代号。紧接着（不空格）在位置 3 和位置 4 用两个数字作代号表示其质量含量。

表 B-27　字符组 2 中填料和增强材料的字母代号

字母代号	材料	字母代号	形态
A	芳纶		
B	硼	B	球状、珠状
C	碳	D	粉状

（续）

字母代号	材料	字母代号	形态
		F	纤维
G	玻璃	G	磨碎的
		H	晶须
K	碳酸钙		
L	纤维素		
M	矿物		
ME	金属②		
R	芳纶③		
S	合成有机物④	S	鳞片、片状
T	滑石粉		
W	木材		
X	未指定	X	未指定
Z	其他	Z	其他①

① 这些材料可根据它们的化学符号或在相关国家标准中定义的补充符号进一步定义。

② 对于金属（ME），应使用相关的化学符号来表示金属的类型。

③ 芳纶先前用符号“R”定义，但是通常使用“A”。

④ 可进一步定义特定的材料。

在字符组3中，在位置1给出推荐用途和/或加工方法的信息，在位置2~位置8给出了重要性能、添加剂和着色剂的信息，所用字母代号见表B-28。

如果在位置2~位置8中显示信息，而位置1中未给出具体信息，则应在位置1插入字母X。

表B-28　字符组3中所用字母代号

字母代号	位置1	字母代号	位置2~位置8
		A	加工稳定的
B	吹塑		
		C	着色的
		D	粉末状
E	挤出		
F	挤出薄膜		
G	通用	G	颗粒
H	涂覆	H	热老化稳定的
L	挤出单丝	L	光或气候稳定的
M	注塑		
		N	本色（未着色）
		P	冲击改性的
R	滚塑	R	脱模剂
S	烧结	$S_2$①	改善耐磨和/或摩擦性能
X	未指定	W	水解稳定的
Y	纺织、纱、抽丝	Y	提高导电性的
		Z	抗静电的

① 在该标准中，“改善”耐磨和/或摩擦性能意味着要求缩醛塑料在相似或不同的材料上滑动的应用（例如，在旋转的钢轴上滑动的塑料轴承）中，磨损减小和摩擦系数的降低。

其他字符组的规定及命名示例见GB/T 22271.1—2021。

B.21 GB/T 32363.1—2015《塑料 聚酰胺模塑和挤出材料 第1部分：命名系统和规范基础》摘录

GB/T 32363.1—2015 规定了聚酰胺模塑和挤出材料的命名系统。

聚酰胺模塑和挤出材料种类包括 PA6、PA66、PA69、PA610、PA612、PA11、PA12、PAMXD6、PA46、PA1212、PA4T、PA6T 及 PA9T、PA10T、PA1010 等均聚聚酰胺，以及各种不同组成的模塑和挤出共聚物。

不同种类聚酰胺塑料用下列指定的特征性能的值以及推荐用途和/或加工方法、特定应用、重要性能、添加剂、着色剂、填料、增强材料等为基础的一种分类系统加以区分。

a）黏数。

b）拉伸弹性模量。

c）成核剂的存在。

该标准适用于所有的均聚和共聚聚酰胺，且适用于目前正常使用的、未改性的及由着色剂、添加剂、填料、增强材料、聚合物改性剂等改性的材料。

该标准不适用于单体浇铸类型的 PA6 和 PA12。

该标准不意味着命名相同的材料必定具有相同的性能。该标准不提供用于说明材料特定用途和/或特定加工方法所需的工程数据、性能数据和加工条件的数据。需要时，可按 ISO 1874-2 中规定的试验方法确定这些附加性能。

为了说明某种聚酰胺材料的特殊用途或保证加工的重现性，可在字符组 5 中给出附加要求。

热塑性聚酰胺的命名和分类系统基于下列标准模式，见表 B-29。

表 B-29 热塑性聚酰胺的命名和分类系统标准模式

<table>
<tr><th colspan="7">命　名</th></tr>
<tr><td rowspan="3">描述组
（可选项）</td><td colspan="6">特征项目组</td></tr>
<tr><td rowspan="2">国际标准号组</td><td colspan="5">单　项　组</td></tr>
<tr><td>字符组 1</td><td>字符组 2</td><td>字符组 3</td><td>字符组 4</td><td>字符组 5</td></tr>
</table>

命名包含标示为“热塑性塑料”可选的描述组和特征项目组，特征项目组包含本国家标准号组和单项组。为了明确命名，单项组分为 5 个字符组，包含以下信息：

字符组 1：按照缩写符号，即 PA，以及有关化学结构和成分等信息来规定聚酰胺代号。

字符组 2：位置 1　推荐特定应用和/或加工方法。

位置 2~位置 8　重要性能、添加剂和附加信息。

字符组 2 中使用的字母代号见表 B-32。

字符组 3：特征性能。

字符组 4：填料或增强材料以及其标称含量。

字符组 5：为了达到分类的目的，可增加第 5 字符组给出附加信息（信息的种类及使用的字母代码不包含在该标准）。

字符组 1 的第 1 个字应为连字符。

字符组之间应用逗号分隔。

如果某个字符组没有应用，应由双逗号（,,）分隔。

字符组1包含聚酰胺（PA）的化学结构和成分，见表B-30和表B-31。

含增塑剂的聚酰胺可在代号后附加P字符，P字符前用连字符隔开（如PA610-P）。

含冲击改性剂的聚酰胺可在代号后附加HI字符，HI字符前用连字符隔开（如PA610-HI）。

表B-30　字符组1中表示均聚聚酰胺材料化学结构的代号

名　称	代　号	化学结构
聚酰胺4T	PA4T	基于丁二胺和对苯二甲酸的均聚物
聚酰胺6	PA6	基于ε-己内酰胺的均聚物
聚酰胺66	PA66	基于己二胺与己二酸的均聚物
聚酰胺69	PA69	基于己二胺与壬二酸的均聚物
聚酰胺610	PA610	基于己二胺与葵二酸的均聚物
聚酰胺612	PA612	基于己二胺与十二烷二酸①的均聚物
聚酰胺6T	PA6T	基于己二胺和对苯二甲酸的均聚物
聚酰胺9T	PA9T	基于壬二胺和对苯二甲酸的均聚物
聚酰胺11	PA11	基于11-氨基十一烷酸的均聚物
聚酰胺12	PA12	基于ω-十二内酰胺或月桂内酰胺的均聚物
聚酰胺MXD6	PAMXD6	基于间苯二甲胺和己二酸的均聚物
聚酰胺46	PA46	基于丁二胺与己二酸的均聚物
聚酰胺1212	PA1212	基于十二烷二胺与十二烷二酸①的均聚物
聚酰胺10T	PA10T	基于癸二胺与对苯二甲酸的均聚物
聚酰胺1010	PA1010	基于癸二胺与葵二酸的均聚物

① 1,10-葵二酸。

表B-31　字符组1中表示共聚聚酰胺材料化学结构的代号

代　号	化学结构
PA66/610	基于己二胺、己二酸、葵二酸的共聚聚酰胺
PA6/12	基于ε-己内酰胺、月桂内酰胺的共聚聚酰胺
PA6/66/PACM6	基于ε-己内酰胺、己二胺、己二酸、4,4′-亚甲基双环己胺的共聚聚酰胺
PA12/IPDI	基于月桂内酰胺、间苯二酸、异佛尔酮二胺的共聚聚酰胺
PA46/6	基于丁二胺、己二酸与ε-己内酰胺的共聚聚酰胺
PA4T/6T	基于丁二胺、己二酸和对苯二甲酸的共聚聚酰胺
PA6T/MPMDT①	基于己二胺、对苯二甲酸与2-甲基-1,5-戊二胺的共聚聚酰胺
PA6T/66①	基于己二胺、对苯二甲酸与己二酸的共聚聚酰胺
PA6T/61①	基于己二胺、对苯二甲酸与间苯二甲酸的共聚聚酰胺
PA6T/61/66①	基于己二胺、对苯二甲酸与间苯二甲酸、己二酸的共聚聚酰胺
PA66/61	基于己二胺、间苯二甲酸、己二酸的共聚聚酰胺
PA10T/66	基于癸二胺、对苯二甲酸与己二酸的共聚聚酰胺
PANDT/INDT	基于2,2,4-三甲基己烷-1,6-二胺,2,4,4-三甲基己烷-1,6-二胺,对苯二甲酸的共聚聚酰胺

① 假设分子链的重复结构单元的二羟酸部分中对苯二甲酸或间苯二甲酸或两者组合的量达到至少55%（摩尔分数），以PA6T/XX/YY命名的聚酰胺同样也可称为PPA，参见ASTM D5336。

表B-32　字符组2中使用的字母代号

字母代号	位置1	位置2~位置8
A		加工稳定性
B	吹塑	抗粘结
C1		着色，但透明
C2		着色，且不透明
D		粉料，干湿料
E	管材、型材、片材的挤出	可发泡的
F	薄板和薄片的挤出	特殊燃烧性能

（续）

字母代号	位置1	位置2～位置8
G	通用	粉料，微粒
H	涂覆	耐热老化
K	电线、电缆的涂覆	
L	单丝挤出	耐光和/或耐候
M	注塑	
N		本色
R	滚塑	脱模剂
S	粉末涂层或烧结	润滑性
T	带材加工	高透明性
W		耐水解
X	未注明	
Z		抗静电

B.22 GB/T 32365—2015《硅橡胶混炼胶　分类与系统命名》摘录

GB/T 32365—2015 规定了硅橡胶混炼胶的分类与系统命名法。

硅橡胶混炼胶的分类与系统命名由硅橡胶混炼胶类别、硬度、性能符号和/或用途符号构成。当某一特定产品标准中的规定与该标准相抵触时，应优先考虑产品标准的规定。

硅橡胶混炼胶根据硅橡胶品种分类，用 GB/T 5576—1997 中规定的“Q”组硅橡胶代号表示。

硬度取 GB/T 531.1—2008 规定的邵尔 A 硬度。硬度以标称值为基础，由数值部分的两位数字代码表示，如硬度为（30±2）邵尔 A，表示为 30。

性能符号由表征硅橡胶混炼胶显著性能的英文字母组成，推荐使用的性能符号见表 B-33。

表 B-33　性能符号

性能符号	显著性能	要　求	试验方法
C	耐低温	脆性温度≤-75℃	GB/T 15256—2014，程序 A，浸泡 3min
E	导电	体积电阻率≤2Ω·cm	GB/T 2439
F	阻燃	阻燃性应达到 FV-2 级	GB/T 10707—2008，方法 B
Hc	导热	热导率≥4W/(m·K)	GB/T 11205
Hr	耐热	硬度变化，±15 拉伸强度变化率，±30% 拉断伸长率变化率，最大-50%	GB/T 3512，225℃×70h
L	低压缩永久变形	压缩永久变形≤40%	GB/T 7759—1996，B 型叠合试样，175℃×22h
O	耐油	体积变化率≤10%	GB/T 1690，3 号油，150℃×70h
P	陶瓷化	在火焰烧蚀下，形成坚硬的自支撑陶瓷体	—
S	高强度	拉伸强度≥11MPa	GB/T 528—2009，1 型试样
Sm	中强度	拉伸强度≥8MPa	GB/T 528—2009，1 型试样
T	高抗撕	撕裂强度≥45kN/m	GB/T 529—2008，方法 B（不割口）或方法 C
Tm	中抗撕	撕裂强度≥35kN/m	GB/T 529—2008，方法 B（不割口）或方法 C
V	耐电压	击穿电压强度≥17kV/mm	GB/T 1695
W	耐水蒸气	硬度变化，±5 体积变化，±5%	GB/T 1690，100℃×70h

B.23 GB/T 34691.1—2018《塑料 热塑性聚酯（TP）模塑和挤出材料 第1部分：命名系统和分类基础》摘录

GB/T 34691.1—2018 规定了热塑性聚酯（TP）模塑和挤出材料的命名系统，该系统可作为分类基础。热塑性聚酯（TP）材料包括了用于模塑和挤出的以聚对苯二甲酸乙二酯（PET），聚对苯二甲酸丙二酯（PTT），聚对苯二甲酸丁二酯（PBT），聚对苯二甲酸环己烷二甲酯（PCT），聚萘二甲酸乙二酯（PEN）、聚萘二酸丁二酯（PBN）和其他类型热塑性聚酯（TP）为基材的均聚聚酯，以及多组分的共聚聚酯。

不同类型的热塑性聚酯材料用下列指定的特征性能的值以及推荐用途和/或加工方法、重要性能、添加剂、着色剂、填料和增强材料等为基础的一种分类系统加以区分：

a）黏数。

b）拉伸弹性模量。

该标准适用于所有的均聚和共聚热塑性聚酯，适用于常规为粉末、颗粒或碎粒状，经着色剂、添加剂、填料等改性的和未改性的材料。

该标准不适用于 ISO 20029 所规定的饱和聚酯/酯和聚醚/酯热塑性塑料弹性体。

该标准不意味着命名相同的材料必定具有相同的性能。该标准不提供用于说明材料特定用途和/或加工方法所需的工程数据、性能数据和加工条件的数据。需要时，可按 GB/T 34691 的第 2 部分中规定的试验方法确定这些附加性能。

为了说明某种热塑性聚酯材料的特殊用途或为了保证加工的重现性，可以在字符组 5 中给出附加要求。

热塑性聚酯的命名和分类系统基于下列标准模式，见表 B-34。

表 B-34 热塑性聚酯的命名和分类系统标准模式

命名						
说明组（可选项）	特征项目组					
	标准号	单项组				
		字符组 1	字符组 2	字符组 3	字符组 4	字符组 5

命名由一个可选择的写作“热塑性塑料”的说明组和包括国家标准号和特征项目组的识别组构成，为了使命名更加明确，特征项目组又分成下列五个字符组：

字符组 1：按照 GB/T 1844.1—2008（2022）规定的该塑料代号 PET、PTT、PBT、PCT、PEN、PBN 或所有均聚和共聚聚酯的总称 TP。

字符组 2：位置 1　填料或增强材料及其标称含量。

位置 2　回收料（REC）及其组分的声明（若有要求）。

字符组 3：位置 1　推荐用途和/或加工方法

位置 2~位置 8　重要性能、添加剂及附加说明。

字符组 4：特征性能。

字符组 5：为了达到分类的目的，可在第 5 字符组里添加附加信息。

特征项目组的第一个字符是连字符。字符组彼此间用逗号“,”隔开，如果某个字符组不用，用两个逗号即“,,”隔开。

在字符组 1 中，连字符后用表 B-35 和表 B-36 规定的代号表示热塑性聚酯。

表 B-35 字符组 1 中表示聚酯材料化学构成的符号

名 称	符号①	化学结构
聚对苯二甲酸乙二酯	PET(TP 2T)	基于乙二醇和对苯二甲酸(或它的酯)的聚酯
聚对苯二甲酸丙二酯	PTT(TP 3T)	基于1,3丙二醇和对苯二甲酸(或它的酯)的聚酯
聚对苯二甲酸丁二酯	PBT(TP 4T)	基于1,4丁二醇和对苯二甲酸(或它的酯)的聚酯
聚对苯二甲酸环己烷二甲酯	PCT(TP CHT)	基于环己烷二甲醇和对苯二甲酸(或它的酯)的聚酯
聚萘二甲酸乙二酯	PEN(TP 2N)	基于乙二醇和2,6萘二甲酸(或它的酯)的聚酯
聚萘二甲酸丁二酯	PBN(TP 4N)	基于1,4丁二醇和2,6萘二甲酸(或它的酯)的聚酯
聚己二酸乙二酯	TP 26	基于乙二醇和己二酸(或它的酯)的聚酯
聚间苯二甲酸丁二酯	TP 41	基于丁二醇和1,4-间苯二甲酸(或它的酯)的聚酯
—	TP CH10	基于聚乙二醇和癸二酸的聚酯

① 符合 GB/T 34691.1—2018 附录 A（热塑性聚酯的命名）的规定。

表 B-36 字符组 1 中表示共聚聚酯材料化学构成的符号（示例）

符 号①	化学结构
TP 6I/6T	基于己二醇,间苯二甲酸和对苯二甲酸的共聚聚酯
TP BAI/BAT	基于双酚A,间苯二甲酸和对苯二甲酸的共聚聚酯
TP 2T/CHT	基于乙二醇,环己烷二甲醇和对苯二甲酸(或它的酯)共聚聚酯
TP 2T/2I	基于乙二醇,对苯二甲酸和间苯二甲酸(或它的酯)的共聚聚酯
TP 2/6/NG//T/I/6	基于乙二醇,1,6己二醇,新戊二醇,对比二甲酸和间苯二甲酸(或它的酯)己二酸的共聚聚酯

① 符合 GB/T 34691.1—2018 附录 A（热塑性聚酯的命名）的规定。

热塑性聚酯或热塑性聚酯和其他聚合物的混合物可用“+”号加基础聚合物的符号表示，如 PBT+ASA 表示聚对苯二甲酸丁二酯和丙烯腈/苯乙烯/丙烯酸酯共聚物的混合物。

B.24 GB/T 38273.1—2019《塑料 热塑性聚酯/酯和聚醚/酯模塑和挤塑弹性体 第1部分：命名系统和分类基础》摘录

GB/T 38273.1—2019 规定了热塑性聚酯/酯和聚醚/酯弹性体的命名系统，该命名系统可作为确定产品规格的基础。

不同种类热塑性聚酯/酯和聚醚/酯弹性体用以下性能的不同等级来区分：

a）硬度。

b）熔融温度。

c）拉伸/弯曲弹性模量。

关于应用、加工方法、重要特性、添加剂、色度、填充与增强材料的信息也和命名或分类有关。

GB/T 38273.1—2019 适用于所有热塑性聚酯/酯和聚醚/酯弹性体。适用于以粉状、颗粒状或片状等形态直接使用的和由着色剂、添加剂、填料等改性或者未改性的材料。

GB/T 38273.1—2019 不意味着命名相同的材料必定具有相同的性能。GB/T 38273.1—2019 不提供用于说明特定用途和/或特定加工方法的材料所需的工程数据、性能数据和加工条件的数据。需要时，有必要依据 GB/T 38273 第 2 部分中规定的验证方法确定这些附加性能。

为了说明某种热塑性塑料的特殊用途或保证加工的重现性，可在字符组 5 中给出附加要求。

热塑性塑料的命名系统基于下列标准模式，见表 B-37。

表 B-37　热塑性塑料命名系统标准模式

<table>
<tr><th colspan="7">命　　名</th></tr>
<tr><td rowspan="3">描述组
（可选项）</td><td colspan="6">标　识　组</td></tr>
<tr><td rowspan="2">国家标准号组</td><td colspan="5">单　项　组</td></tr>
<tr><td>字符组 1</td><td>字符组 2</td><td>字符组 3</td><td>字符组 4</td><td>字符组 5</td></tr>
</table>

命名包含标示为“热塑性塑料”可选的描述组和标识组，标识组包含本国家标准号组和单项组。为了明确命名，单项组细分为 5 个字符组，包含以下信息：

字符组 1：与 ISO 18064 相一致，给出了这类塑料的缩略语，即 TPC，以及聚合物组成的信息。

在字符组 1 中，紧跟着连字符，热塑性弹性体的定义与 ISO 18064 相一致，空格后，组分的代号见表 B-38。

表 B-38　字符组 1 中热塑性聚酯/酯和聚醚/酯化学结构的代号

代　　号	化学结构	代　　号	化学结构
TPC-ES	聚酯软段	TPC-EA	烷烃软段
TPC-ET	聚醚软段	TPC-XY	未定义

前缀 TP 后面加一个字母代表热塑性弹性体的种类，如字母 C 加 TP 之后代表共聚酯热塑性弹性体。

共聚酯热塑性弹性体是由交替的软硬链段组成的嵌段共聚物，主链上的化学键是酯键和/或醚键。TPC 后的字母表示软段中的化学键（参见 GB/T 38273.1—2019 附录 A）。

其他字符组的含义、代号和组成见 GB/T 38273.1—2019。

B.25　GB/T 39714.1—2020《塑料　聚四氟乙烯（PTFE）半成品　第 1 部分：要求和命名》摘录

GB/T 39714.1—2020 规定了聚四氟乙烯（PTFE）半成品的要求和命名。

该标准适用于制作半成品的聚四氟乙烯最多含有 1%的共聚单体。用于制作半成品的聚四氟乙烯，可以是新料，也可以是再加工或再生树脂。颜料或着色剂按照质量份的最大添加量为 1.5%，也适用于不同形态的未填充聚四氟乙烯产品的加工条件。

该标准基于拉伸强度和拉伸断裂应变的不同将半成品分为四个等级。半成品可以分为加工型（P 型）、尺寸稳定型（S 型），在不同应用时也可被指定为电气型（E 型）或其他类型。

注：本部分提及的其他关于聚四氟乙烯半成品的标准规范参见附录 A，以供参考。

作者注：在 GB/T 40006.1—2021《塑料　再生塑料　第 1 部分：通则》中不包括聚四氟乙烯（PTFE）。

在 GB/T 39714.1—2020 中给出的术语和定义摘录见表 B-39。

表 B-39　聚四氟乙烯（PTFE）半成品术语和定义摘录

序号	术　　语	定　　义
3.1	模压型材	直接烧结模压成型，没有其他加工处理的聚四氟乙烯半成品
3.2	半成品	直接生产出的车削带、板材、棒材、筒料、管材、模压型材或其他特殊形状的产品，而不是经过进一步加工和/或生产的最终产品
3.3	车削带	通过切削、裁剪或修剪加工的薄膜或板材 注：不推荐使用术语“黏胶带”

标记采用单行模式，字母代码的使用按规律排列，除了在个别术语中使用了空格，标记不含有间隔符。

代表半成品形状的字母代码从表B-40所列中选择。代表公差的字母代码则根据GB/T 39714.1—2020中的4.2选择。

表B-40 半成品字母代码

字母代码	半成品名称	字母代码	半成品名称
F	车削带、车削板或薄膜	M	模压板
O	其他形状	T	挤出或模压管材
R	挤出或模压棒材	W	分散树脂挤出管材

半成品类型代码：P型代表加工型，S型代表尺寸稳定型。

根据半成品拉伸强度和拉伸断裂应变的不同，选择表B-41所列的等级代码。

表B-41 拉伸性能等级

等　级	1	2	3	4
拉伸强度/MPa	≥25.0	≥20.0	≥15.0	≥10.0
拉伸断裂应变(%)	≥280	≥200	≥150	≥75

特殊要求代码：

a）电气强度：GB/T 39714.1—2020中的4.8中规定的等级，如E1、E2等，代码代表了对半成品电气强度的要求，该要求仅限于需要电气性能的应用。

b）含有再生树脂的半成品代码为REC。

c）其他要求：根据GB/T 39714.1—2020中4.9中的其他要求，需要一个代码系统，可由购买方和供应商协商。

B.26 GB/T 40724—2021《碳纤维及其复合材料术语》术语和定义摘录

GB/T 40724—2021界定了碳纤维、基体和助剂以及碳纤维复合材料所涉及的术语和定义，适用于碳纤维及其复合材料。摘录见表B-42。

表B-42 碳纤维及其复合材料术语和定义摘录

序号	术　语	定　义
3.1	碳纤维	由有机纤维热解重组所得到的碳含量超过90%(质量分数)的纤维
3.2	石墨纤维	经石墨化处理，碳含量不低于99%(质量分数)的碳纤维
3.3	碳纤维前驱体 碳纤维原丝	经热解重组能转化为碳纤维的有机纤维
3.13	宇航级碳纤维	性能及质量稳定性要求严格，可用于航空航天领域的碳纤维
3.14	工业级碳纤维	具有性对较低的生产成本，质量稳定性可以接受，适用于一般工业用途的碳纤维
3.27	纤维	长径比很大的细丝状物质单元 注：纤维是构成纱线、织物等纺织品的基本要素
3.28	晶须	直径一般为1~25μm，长径比一般为100~15000的短单晶纤维
3.37	碳纤维制品	商业销售或交付使用的碳纤维制成品的通称 注：碳纤维制品包括丝束、短切丝束、磨碎纤维、无捻粗纱、机织物、编织物、针织物、非织造织物和预制体等
3.95	增强体 增强材料	加入基体中能使其力学性能显著提高的材料

（续）

序号	术　语	定　义
4.1	粘结剂 定型剂	在制造某种纤维制品（如短切纤维毡）时，为使纤维在要求的分布状态下固定而施加其上的化学制剂 注：粘结剂可以是乳状也可以是粉末状的 [来源：GB/T 18374—2008，有修改]
4.6	热塑性树脂	冷却后硬化，加热后能转变成熔融状态的聚合物
4.7	热固性树脂	经加热、化学催化或其他方式固化后变为具有交联结构的不熔、不溶聚合物
4.8	基体	复合材料中包容填料、纤维的连续相
4.9	填料	为改善性能或为降低成本而加入树脂中的、具有相对惰性的固体物质
4.10	胶粘剂	通过粘合作用使材料结合成整体的物质 [来源：GB/T 3961—2009，3.3.10]
4.20	台架寿命 力学性能寿命	在规定的环境条件下，从预浸料铺贴在模具上到复合材料固化工艺开始为止所允许的最长时间 注：超出台架寿命，复合材料的力学性能会显著降低或达不到材料规范要求
5.1	复合材料	由两种或两种以上物理、化学性能不同的材料，通过物理或化学的方法复合而成，其中的组分相互协同作用，但彼此独立，各自保持其固有的物理、化学和机械等特性，且其间存在界面的多相固体材料
5.9	碳纤维复合材料	以碳纤维为增强体或功能体，以聚合物、金属、陶瓷、碳等为基体的复合材料
5.12	纤维增强复合材料	由连续纤维或非连续纤维增强基体形成的复合材料
5.13	织物增强复合材料	由机织物、针织物或编织物增强基体形成的复合材料
5.14	短切纤维复合材料	由切短至一定长度（通常为几毫米至几十毫米）的纤维，通过适当的方法被基体材料浸渍或与基体材料混合制成的复合材料 注：典型的短切纤维复合材料有SMC、BMC、DMC、DMC和GMT（玻璃纤维毡增强热塑性塑料片材）、CMT（碳纤维毡增强热塑性塑料片材）的制品
5.62	粘合	通过化学键力或物理力或两者同时作用，使两个接触面结合在一起的状态
5.67	后固化	不再加压的补充高温固化 注：后固化用以提高玻璃化转变温度，改善最终性能或完善固化过程
5.91	退化	在化学结构、物理特性或外观等方面出现的有害变化 注：退化通常由老化、腐蚀、疲劳或应力等引起
5.118	等静压	应用静压力实现固体粉料致密成型的工艺技术 注：等静压通常在室温条件下（冷等静压）通过液体介质或在高温条件下（热等静压）通过气体介质加压实现
6.27	耐磨性能	材料在使用过程中抵抗外力摩擦的能力 注：耐磨性能通常以特定环境和摩擦状态下磨断的次数或时间衡量
6.29	黏度	流体内抵抗流动的阻力
6.33	纤维面密度	单位面积预浸料中纤维的质量 注：纤维面密度通常以克每平方米（g/m^2）为单位
6.74	挤压强度	挤压应力-应变曲线斜率出现明显变化时，以挤压载荷除以挤压面积所得到的值 [来源：GB/T 30968.1—2014，3.8，有修改]
6.75	条件挤压强度	过挤压应变轴上偏离零点的规定挤压应变值点，作平行于挤压应力-应变曲线线性段的直线（弦线刚度线），该直线与挤压应力-应变曲线交点所对应的挤压压力值 注：一般取2%偏离零点的挤压应变确定条件挤压强度 [来源：GB/T 30968.1—2014，3.9，有修改]
6.76	极限挤压强度	以挤压破坏最大载荷除以挤压面积所得到的值
6.90	疲劳寿命	在循环应力或应变作用下，试样达到定义的失效标准之前所经历的循环数
6.91	疲劳强度	在指定疲劳寿命下使材料失效的应力水平 注：疲劳强度通常以兆帕斯卡（MPa）为单位
6.92	应力水平	确定应力循环的一对应力分量
6.93	疲劳极限	指定无限疲劳寿命下的中值疲劳强度 注：疲劳极限通常以兆帕斯卡（MPa）为单位

（续）

序号	术　语	定　义
6.94	S-N 曲线	疲劳试验中应力水平与疲劳寿命之间的关系曲线 注：一般情况下，疲劳寿命采用对数标尺，应力采用线性标尺，或疲劳寿命和应力均采用对数标尺
6.95	应力松弛	在给定的约束条件下，固体材料中应力随时间而减小的现象
6.96	蠕变	在恒定力（或应力）下，材料应变随时间而变化的现象
6.97	蠕变率	蠕变变形随时间的变化率，即蠕变-时间曲线上，给定时刻处的斜率
6.111	屈曲	以压缩作用于材料或结构件上产生的失稳变形为特征的结构响应模式 注：在纤维增强复合材料中，屈曲不仅表现为常规的整体失稳和局部失稳，还可能是单个纤维的微观失稳
6.125	老化	暴露于自然或人工环境下，材料的物理和/或化学性能随时间推移而降低的现象
6.126	人工老化[试验]	在实验室模拟各种地理区域的温度、相对湿度、辐照能、介质及大气环境中其他因素的循环变化条件下的老化试验
6.130	材料工作极限	复合材料的使用极限 注：材料工作极限通常指温度极限
7.28	准确度	测量结果与被测真值或约定真值之间的一致程度
7.29	精密度	在规定条件下独立测试结果间的一致程度 [来源：GB/T 6379.1—2004，3.12]
7.30	重复性	在重复性条件下的精密度 [来源：GB/T 6379.1—2004，3.13]
7.31	重复性条件	在同一实验室，由同一操作者使用相同设备，按相同的测试方法，并在短时期内对同一被测对象相互独立进行的测试条件 [来源：GB/T 6379.1—2004，3.14]
7.32	重复性限	一个数值，在重复性条件下，两个测试结果的绝对差小于或等于此值的概率为95% 注：重复性限用符号 r 表示 [来源：GB/T 6379.1—2004，3.16]
7.33	再现性	在再现性条件下的精密度 [来源：GB/T 6379.1—2004，3.17]
7.34	再现性条件	在不同的实验室，由不同的操作者使用不同的设备，按相同的测试方法，对同一被测对象相互独立进行的测试条件 [来源：GB/T 6379.1—2004，3.18]
7.35	再现性限	一个数值，在再现性条件下，两个测试结果的绝对差小于或等于此值的概率为95% 注：再现性限用符号 R 表示 [来源：GB/T 6379.1—2004，3.20]
7.41	许用值	由层合板或单层级的试验数据根据概率统计基准确定的材料值 注：导出这些值需要的数据量由所需的统计基准决定 示例：如A基准值（具有99%概率和95%置信度），B基准值（具有90%概率和95%置信度）
7.42	设计值	由测试数据确定的并为保证整个结构的完整性具有高置信度而选用的材料、结构元件和典型结构件的性能值 注：这些值通常以许用值为基础，考虑实际结构状态（包括借助经验）进行调整，并用以分析计算安全裕度
7.55	组合件 次部件	一段可提供完整结构全部特征的较大的三维结构 示例：如飞机加强翼肋，飞机加强框，飞机机翼壁板，飞机机身壁板，飞机的盒段，飞机的框段，飞机的舱段
7.56	部件	具有单独功能，可从整体上分离并作为一个完整单元进行试验的结构部分 示例：如飞机的机翼，飞机的机身，飞机的尾翼

（续）

序号	术　语	定　义
7.57	结构完整性	影响整体结构安全使用和成本费用的整体结构强度、刚度、损伤容限、耐久性和功能的总称 作者注：在 GB/T 3961—2009 中给出了术语“损伤容限”的定义：“指材料或结构在规定的使用期内，抵抗由缺陷、裂纹，或其他损伤而导致破坏的能力。”
7.62	关键特性	材料规范规定的，与产品特定工程性能相关并对产品的性能、使用寿命或可制造性等产生重大影响的材料特性 注：关键特性来自稳定生产的最终产品的测量值，其控制范围通过统计分析得到，该统计方法服从工业标准的惯例

作者注：在 GB/T 40724—2021 的参考文献中包括了 GB/T 3961—2009《纤维增强塑料术语》、GB/T 6379.1—2004《测量方法与结果的准确度（正确度与精密度）　第 1 部分：总则与定义》和 GB/T 18374—2008《增强材料术语和定义》等。

B.27　GB/T 41069—2021《旋转接头名词术语》术语和定义摘录

GB/T 41069—2021 界定了旋转接头的术语和定义，适用于将流体介质由固定管道输送到旋转或摆转到一个角度的管道、设备中的流体动密封装置。摘录见表 B-43。

表 B-43　旋转接头名词术语和定义摘录

序号	术　语	定　义
3.1.1	旋转接头 回转接头	将流体介质由固定管道输送到旋转或摆转到一个角度的管道、设备中的流体动密封装置 [来源：JB/T 8725—2013，3.1]
3.2.1.3	柱面弹性体密封 轴密封	由外管轴与壳体之间设置的弹性体密封件（O 形圈、唇形密封圈、组合密封件等）在被沟槽挤压变形产生的预紧力和流体压力作用下，保持与外管和壳体贴合并与外管相对滑动而构成的防止流体泄漏的机构
3.2.1.8	填料密封	通过预紧或介质压力的自紧作用，使填料与旋转轴及壳体之间产生压紧力而构成的防止流体泄漏的密封结构
3.3.26	弹性体密封件	由橡胶类材料或橡胶类材料与其他材料组合制成的密封件 [来源：GB/T 17446—2012，3.2.239，有修改]
3.4.7	泄漏率 泄漏量	单位时间内通过旋转接头密封面和辅助密封泄漏的流体总量 [来源：GB/T 5894—2015，5.30，有修改]
3.5.3	静压试验	按规定的试验介质、压力、转速和时间，对旋转接头的密封性能进行的试验
3.5.4	型式试验 鉴定试验	为判定旋转接头是否满足技术规范设定的全部工作特性要求所进行的试验 [来源：GB/T 5894—2015，5.41，有修改]
3.5.5	耐久性试验	为测定产品在规定使用和维修条件下的使用寿命而进行的试验

B.28　HG/T 2899—1997《聚四氟乙烯材料命名》摘录

HG/T 2899—1997 规定了聚四氟乙烯材料的命名方法。该标准适用于分散法或悬浮法聚合生产的聚四氟乙烯树脂，包括共聚单体含量不大于 1%的共聚物以及加入添加剂的聚四氟乙烯材料，但不包括聚四氟乙烯分散液。

聚四氟乙烯材料命名方法为：固定名称+型号。

按照 GB 1844.1（现行标准为 GB/T 1844.1—2022）中规定，用聚四氟乙烯的缩写代号 PTFE 表示。

型号由下列六项内容组成，分别用英文字母和阿拉伯数字表示：

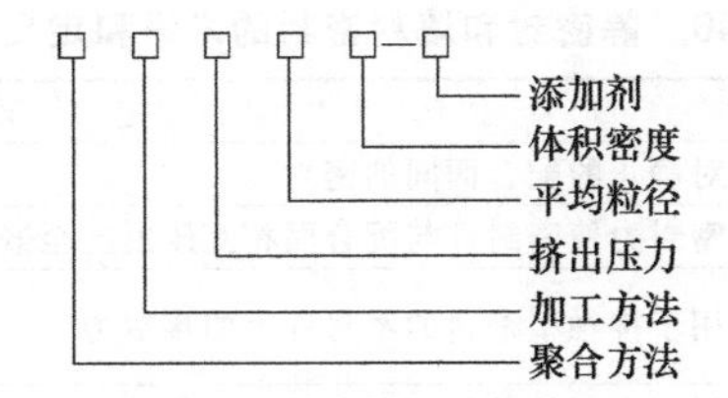

聚四氟乙烯材料型号中各项目代号见表 B-44。

表 B-44 聚四氟乙烯材料型号中各项目代号

聚合方法		加工方法		特征性能						添加剂
				挤出压力		平均粒径		体积密度		
代号	方法	代号	方法	代号	MPa	代号	μm	代号	g/L	
S D	悬浮聚合 分散聚合	M E R	模塑 挤出 其他	0 1 2 3	— <13.8① 13.8~34.4② >34.4③	1 2 3 4 5	<10 10~100 101~300 301~700 >700	1 2 3	≤600 601~800 >800	本色料不作表示填料 GF—玻璃纤维 Gr—石墨 Br—青铜 Mo—二硫化钼 CF—碳纤维

① 在成型比为 100∶1 条件下试验。
② 在成型比为 400∶1 条件下试验。
③ 在成型比为 1600∶1 条件下试验。

颜料用颜色的中文名称表示。

填料用其质量百分含量和名称缩写代号表示。

B.29 HG/T 3076—1988《橡胶制品 杂品术语》术语和定义摘录

HG/T 3076—1988 规定了橡胶制品中杂品术语及其定义。该标准适用于橡胶板、防震橡胶制品、橡胶护舷、胶辊等 21 种橡胶制品。摘录见表 B-45。

表 B-45 橡胶制品杂件术语和定义摘录

序号	术 语	定 义
2.10	海绵橡胶	由固体橡胶制得的，具有遍及各处无数孔眼（开孔、闭孔或两者兼有）的橡胶制品
2.11	硬质橡胶	玻璃化转变温度处于室温以上，几乎不能拉伸的橡胶。由天然橡胶或合成橡胶，加入多量的硫黄（一般为橡胶质量的 25%~50%）经过比较长时间的硫化而制得的橡胶
3.1	弹性模量	在符合胡克定律的变形和应力范围内，应力与变形之比
3.1.1	静态弹性模量	在平衡状态下测定的弹性模量
3.1.2	动态弹性模量	在强制震动、自由衰减震动和冲击的情况下测定的弹性模量
3.3	耐冲击	承受机械冲击的能力
3.4	耐刺穿性	承受锋利物质刺破的能力

作者注：在本书中适用于橡胶杂品的一些术语被借用。

B.30 JB/T 6612—2008《静密封、填料密封 术语》

JB/T 6612—2008 规定了静密封和填料密封的术语及定义，适用于静密封和填料密封。该标准与 JB/T 6612—1993《静密封 填料密封 术语》相比，只进行了编辑性修改，技术内容未作改动。摘录见表 B-46。

表 B-46　静密封和填料密封的术语和定义摘录

序号	术　语	定　义
2.4	静密封	相对静止的配合面间的密封
2.4.2	接触型密封	借密封力使密封件与配合面相互压紧甚至嵌入,以减小或消除间隙的密封
2.4.3	密封力 密封载荷	作用于接触型密封的密封件上的接触力
2.4.4	密封比压	作用于密封件单位面积上的密封力
2.4.5	线密封比压	作用于线接触密封件单位长度上的密封力
2.4.6	自紧效应	密封件受介质压力作用后产生自紧的现象
2.4.7	自紧密封	介质压力载荷使密封力增加的密封
2.5	填料密封	填料作密封件的密封
2.5.2	追随性	密封件能及时弥合因振摆而产生的密封间隙的性能,保持追随性的条件是恢复力大于干扰力
2.5.3	启动摩擦阻力	机构启动时,抗拒摩擦面间相对运动的力 作者注:根据 GB/T 17446—2012 中术语“起动时间”“起动压力”等,对液压缸而言宜采用“起动摩擦阻力”
2.5.4	运动摩擦力	机构运动时,抗拒摩擦面间相对运动的力
3.1	垫片	置于配合面间几何形状符合要求的薄截面密封件
3.3	复合垫片	两种以上材料按需要复合而成的垫片
3.5	填料	在设备或机器上,装填在可动杆件和它所通过的孔之间,对介质起密封作用的零部件
3.5.1	压紧式填料	质地柔软,在填料箱中经轴向压缩,产生径向弹塑变形以堵塞间隙的填料 作者注:在 JB/T 6612—2008 中定义了油浸石棉填料、油浸棉麻填料、橡胶石棉填料、浸氟石棉填料、缓蚀石棉填料、酚醛纤维编织填料、聚酰胺纤维编织填料、聚砜纤维编织填料、无机纤维编织填料、玻璃纤维编织填料、碳化纤维编织填料、氟塑料编织填料、复合编织填料、柔性石墨填料、柔性石墨复合填料、柔性石墨编织填料、缓蚀柔性石墨填料、波形填料、金属软填料 19 种压紧式填料
3.5.2	异形填料	结构特殊,安装时即形成初始密封,受介质压力后,按自紧密封原理而自动增强密封效果,达到自动密封的填料
3.5.2.1	唇形填料	形式多样(V、U、L、Y 形等),结构的特殊性就是具有密封唇,密封环(唇)与内外配合面之间均为过盈配合,装入后就形成初始密封,受介质压力后,密封唇就向外张开并与相应的配合面接触,压力升高时,由于自紧密封的原理而自动密封的填料 作者注:1. 此定义可能有问题。因为在未受介质压力前,密封唇已与相应的配合面接触了 2. 没有规定材料
3.5.2.2	挤压形填料	由具有较好变形复原性的高弹性材料制成,型式多样(O、T、X 形,方形和三角形),其结构之特殊性就是填料环的高度比其安装沟槽的深度大,而内径又比与之配合的沟槽直径小,因而安装时即受预压缩而形成初始密封,受介质压力后,即向沟槽之一面挤紧增大接触压力而自动密封的填料(见 JB/T 6612—2008 中图 11) 作者注:1. 此定义可能有问题,因为活塞和活塞杆密封不同 2. 在 JB/T 6612—2008 中没有“挤压形填料密封”“自动密封”或“自密封”这样的术语
4.1.2.10	平垫自紧密封	螺纹套筒连接,旋紧螺纹套筒压紧金属平垫,浮动顶盖受介质压力作用使金属平垫受轴向自紧力而更加紧密的密封结构(见 JB/T 6612—2008 中图 24)
4.2.1	压紧式 填料密封	以压紧式填料作密封件,置于填料箱内,拧紧压盖上的螺母使填料压紧以达到密封的结构(见 JB/T 6612—2008 中图 30)
4.2.2	唇形填料密封	以唇形填料作密封件的密封结构。JB/T 6612—2008 中图 31 所示为以 L 形填料环密封汽缸壁的结构。当介质压力 p 作用时,L 形填料环的密封唇即被压紧使之紧贴在汽缸壁而自动密封
4.2.4	往复轴 填料密封	用于密封往复运动的轴或杆的压紧式填料密封结构

B.31 JB/T 8241—1996《同轴密封件词汇》术语和定义摘录

JB/T 8241—1996确定了同轴密封件术语及其定义。摘录见表B-47。

表B-47 同轴密封件术语及其定义摘录

序号	术　语	定　义
2.1	同轴密封件	塑料圈与橡胶圈组合在一起并全部由塑料圈作摩擦密封面的组合密封件
2.2	塑料圈	在同轴密封件中作摩擦密封面的塑料密封圈
2.3	橡胶圈	在同轴密封件中提供密封压力并对塑料圈磨耗起补偿作用的橡胶密封圈
2.4	橡胶圈结构	橡胶圈截面的几何形状
2.5	沟槽尺寸	安置同轴密封件、支承环用沟槽的结构尺寸
2.6	橡胶材料	一种或几种橡胶为基本材料的弹性体材料
2.7	橡胶共混材料	橡胶和塑料在混炼时掺合在一起为基本原料的弹性材料
2.8	活塞密封	装在活塞上,塑料圈与液压缸缸壁接触的密封型式
2.9	活塞杆密封	安装在活塞缸体上,塑料圈与活塞杆接触的密封型式
2.10	方形密封圈	截面呈方形的塑料圈与橡胶圈组合的同轴密封件
2.11	阶梯形密封圈	截面呈阶梯形的塑料圈与橡胶密封圈组合的同轴密封件
2.12	山形多件组合圈	由塑料圈与截面呈山形的橡胶件多件同轴组合,由中间的塑料圈作摩擦密封面的同轴密封件
2.13	齿形多件组合圈	由塑料圈与截面呈锯齿形的橡胶件多件同轴组合,由中间的塑料圈作摩擦密封面的同轴密封件
2.14	支承环	抗磨的塑料材料制成的环,用以避免活塞与缸体碰撞,起支承及导向作用
2.15	支承环宽度	支承环截面的轴向尺寸
2.16	支承环厚度	支承环截面的径向尺寸

B.32 其他液压缸密封相关标准中术语和定义摘录

在其他液压缸密封相关标准中还有一些术语和定义，摘录见表B-48。

表B-48 液压缸密封相关术语和定义摘录

序号	术　语	定　义
GB/T 528—2009《硫化橡胶或热塑性橡胶　拉伸应力应变性能的测定》		
3.1	拉伸应力 S	拉伸试样所施加的应力 注:由施加的力除以试样试验长度的原始横截面面积计算而得
3.2	伸长率 E	由于拉伸应力而引起的试样变形,用试验长度变化的百分数表示
3.3	拉伸强度 TS	试样拉伸至断裂过程中的最大拉伸应力 注:见GB/T 528—2009中图1a~图1c
3.4	断裂拉伸强度 TS_b	试样拉伸至断裂时刻所记录的拉伸应力 注1:见GB/T 528—2009中图1a~图1c 注2:TS和TS_b值可能有差异,如果在S_y处屈服后继续伸长并便随着应力下降,则导致TS_b低于TS的结果[见GB/T 528—2009中图1c]
3.5	拉断伸长率 E_b	试样断裂时的百分比伸长率 注:见GB/T 528—2009中图1a~图1c
3.6	定应力伸长率 E_s	试样在给定拉伸应力下的伸长率
3.7	定伸应力 S_e	将试样的试验长度部分拉伸到给定伸长率所需的应力 注:在橡胶工业中,这一定义被广泛地用术语“模量(modulus)”表示,应谨慎与表示“在给定伸长率下应力-应变曲线斜率”的“模量”相混淆

（续）

序号	术　语	定　义
GB/T 528—2009《硫化橡胶或热塑性橡胶　拉伸应力应变性能的测定》		
3.8	屈服点拉伸应力 S_y	应力-应变曲线上出现的应变进一步增加而应力不再继续增加的第一个点对应的应力 注：此值可能对应于拐点（见GB/T 528—2009中图1b），也可能对应最大值点（见GB/T 528—2009中图1c）
3.9	屈服点伸长率 E_y	应力-应变曲线上出现应变进一步增加而应力不再继续增加的第一个点对应的拉伸应变 注：见GB/T 528—2009中图1b和图1c
3.10	哑铃状试样的试验长度	哑铃状试样狭窄部分的长度内，用于测量伸长率的基准标线之间的初始距离 注：见GB/T 528—2009中图2
GB/T 529—2008《硫化橡胶或热塑性橡胶撕裂强度的测定（裤形、直角形和新月形试样）》		
3.1	裤形撕裂强度	用平行于切口平面方向的外力作用于规定的裤形试样上，将试样撕裂所需的力除以试样的厚度，该力值按GB/T 12833—2006《橡胶和塑料　撕裂强度和粘合强度测定中的多峰曲线分析》规定计算
3.2	无割口直角形撕裂强度	用沿试样长度方向的外力作用于规定的直角形试样上，将试样撕断所需的最大力除以试样厚度
3.3	有割口直角形或新月形撕裂强度	用垂直于割口平面方向的外力作用于规定的直角形或新月形试样上，通过撕裂引起割口断裂所需的最大力除以试样厚度
GB/T 533—2008《硫化橡胶或热塑性橡胶　密度的测定》		
2.1	密度	在一定温度下单位体积橡胶的质量，用兆克每立方米表示（Mg/m^3）
GB/T 1681—2009《硫化橡胶回弹性的测定》		
3.1	标准回弹性	当用端点为球状的物体冲击一块夹紧而又可自由凸起的平整试样时，输出的能量与输入的能量之比 作者注：冲击物体的质量、冲头和被冲击的试样特性的规定范围见GB/T 1681—2009
GB/T 1685—2008《硫化橡胶或热塑性橡胶　在常温和高温下压缩应力松弛的测定》		
3.1	压缩应力松弛	是指在施加恒定压缩变形之后，压缩作用力随时间增加而减少的现象，用初始力的百分率表示
GB/T 2423.23—2013《环境试验　第2部分：试验方法　试验Q：密封》（因范围问题，仅供参考）		
3.3	等效标准漏率 L	在以空气作为试验气体情况下，给定器件的标准漏率
3.5	粗漏	等效标准漏率大于$1Pa \cdot cm^3/s$（$10^{-5}bar \cdot cm^3/s$）的任何漏泄
3.6	细漏	等效标准漏率小于$1Pa \cdot cm^3/s$（$10^{-5}bar \cdot cm^3/s$）的任何漏泄
3.7	虚漏	由试验样品吸收、吸附或夹藏气体的缓慢释放所引起的漏泄现象
GB/T 3452.2—2007《液压气动用O形橡胶密封圈　第2部分：外观质量检验规范》		
3.1	开模缩裂	靠近飞边处的橡胶线性收缩后低于模压表面的一种纵向缺陷。这种缺陷的断面呈"U"形或"W"形，同时飞边常被撕碎、撕裂
3.2	组合飞边	偏移、飞边和分模线凸起的组合
3.5	过度修边	修边过程中，在O形圈的内径和/或外径处生产的扁平表面和粗糙表面，常见的是粗糙表面
3.6	飞边	从分模面凸起或在内径和/或外径处伸展出来的薄膜状材料，是由于模具间隙或修模不当造成的
3.7	流痕	线状缺陷，一般呈卷曲状，在不弯曲状态下深度非常浅，表面有纹理，边缘圆滑，是由于材料流动和融合不好造成的
3.8	杂质	嵌入O形圈表面中的任何外来物质，例如：污染物、尘土等
3.9	凹痕	表面缺陷，通常呈不规则形状，是由于表面杂质被清除或是模腔表面产生了硬的沉积物造成的
3.10	错配	O形圈的上半部分截面半径与下半部分截面半径不同，是由于上模和下模的尺寸不同造成的

（续）

序号	术　语	定　义
GB/T 3452.2—2007《液压气动用O形橡胶密封圈　第2部分:外观质量检验规范》		
3.11	缺胶	形状不规则、间隔随意的表面缺陷,其纹理比正常O形圈的表面粗糙,是由于模腔中胶料充填不满和/或带入空气造成的
3.12	错位	O形圈横截面的两个半圆未对准,是由于上、下模发生横向位移造成的
3.13	偏移	O形圈横截面的两个半圆的错位和/或错配
3.14	分模线凹陷	位于内径和/或外径分模线上较浅的碟状凹口,有时也呈三角形的凹口,是由于模具分模线边缘变形造成的
3.15	分模线凸起	在内径和/或外径的分模线上,橡胶材料形状的连续隆起,是由于模腔边缘磨损或过于圆滑造成的
GB/T 7757—2009《硫化橡胶或热塑性橡胶　压缩应力应变性能的测定》		
3.1	压缩应力	施加在应力方向上产生变形的力,其值以所施加的力与垂直施加力方向的试样原始横截面积之比来表示
3.2	压缩应变	试样在施加应力方向上的形变除以该方向上试样的初始尺寸 注:压缩应变通常用初始尺寸的百分比表示
3.3	压缩模量	由初始横截面积计算的施加应力除以施加方向上产生的总应变
3.4	压缩25%的刚度	向产品或产品的一部分上施加的将其压缩25%所需的力,依据试样的形状以N/m或N表示
GB/T 9867—2008《硫化橡胶或热塑性橡胶耐磨性的测定(旋转辊筒式磨耗机法)》		
3.1	耐磨性	抵抗由于机械作用使材料表面产生磨损的性能
3.2	相对体积磨耗量	参照胶受到砂布的磨耗作用产生一个固定质量损失,在相同的试验规定条件下,试样受到同样作用所产生的体积损失,以立方毫米(mm^3)计
3.3	磨耗指数	在规定的相同试验条件下,参照胶的体积磨耗量与试验胶的体积磨耗量之比,通常以百分数表示
GB/T 15242.1—2017《液压缸活塞和活塞杆动密封装置尺寸系列　第1部分:同轴密封件尺寸系列和公差》		
3.1	密封滑环	与液压缸的缸筒或活塞杆接触并相对运动且依靠弹性体施力以实现密封的元件 注:密封滑环与弹性体密封圈(有些情况还包括挡圈)组合在一起为同轴密封件
3.2	弹性体	由微弱应力引起显著变形,且该应力消除之后能迅速回复到接近其原有尺寸和形状的高分子材料 [GB/T 9881—2008,定义2.147]
3.3	挡圈	防止密封件挤入被密封的两个配合零件之间的间隙中的环形件 [GB/T 17446—2012,定义3.2.42]
3.4	孔用方形同轴密封件	密封滑环的截面为矩形,弹性体为O形圈或矩形圈的活塞用密封件
3.5	孔用组合同轴密封件	由一个密封滑环、一个山形弹性体、两个挡圈组合而成的活塞用组合密封件
3.6	轴用阶梯形同轴密封件	密封滑环截面为阶梯形,弹性体为O形圈的活塞杆用密封件
GB/T 15242.2—2017《液压缸活塞和活塞杆动密封装置尺寸系列　第2部分:支承环尺寸系列和公差》		
3.1	支承环	对液压缸的活塞或活塞杆起支撑作用,避免相对运动的金属之间的接触,并提供径向支撑力的有切口的环状非金属导向元件
GB/T 20739—2006《橡胶制品　贮存指南》		
3.1	初始贮存期	从制造之日起适当包装的橡胶制品在样品需要检验或重新试验之前在规定条件下可以贮存的最长时间
3.2	扩展贮藏期	适当包装的橡胶制品在初始贮存期之后需要进一步检验或重新试验之前可以贮存的时间
3.3	贮存寿命	适当包装的橡胶制品可以贮存的最长时间,超过此时间后的该产品就被认为不能用于原来的制造用途
3.4	组合件	含有多于一个元件且其中一个或一个以上的元件是橡胶制成的任何制品或零件
3.5	老化	曝露于环境下一段时间材料性能的不可逆变化

（续）

序号	术　语	定　义
		GB/T 50670—2011《机械设备安装工程术语标准》
2.0.23	密封	防止介质泄漏的措施总称
2.0.48	煤油渗透试验	用煤油做渗透试验，根据渗透程度来检验焊缝和设备的密封
2.0.61	压力试验	设备或系统在工作压力和试验压力下，检查它们是否有损坏、变形或泄漏现象的试验
2.0.62	渗漏试验	在规定的条件下，用液体检查设备或系统的严密程度
2.0.63	气密性试验	在规定的条件下，用气体检查设备或系统的气密程度
2.0.64	点动	按动按钮产生的瞬间运动
2.0.67	试运转	设备安装完毕进行的运转试验
		JB/T 966—2005《用于流体传动和一般用途的金属管接头 O 形圈平面密封接头》
3.1	流体传动	使用受压的流体作为介质来进行能量转换、传递、控制和分配的方式、方法。简称液压与气动
3.2	工作压力	装置运行时的压力
3.3	接头	连接管路与管路或其他元件的防漏件
3.4	接头体	接头中起主要连接作用的零件。接头体可能就是接头或是接头中的一部分
		JB/T 10205—2010《液压缸》
3.1	滑环式组合密封	滑环（由具有低摩擦系数和自润滑的材料制成）与 O 形圈等组合成的密封型式
		MT/T 985—2006《煤矿用立柱和千斤顶聚氨酯密封圈技术条件》
3.1	单体密封圈	由聚氨酯单一材料组成的密封圈
3.2	复合密封圈	聚氨酯材料制成的外圈、橡胶材料制成的内圈和聚氨酯材料制成的挡圈组成的三位一体的密封圈
3.3	密封压力	密封圈在工作过程中所承受密封介质的压力
3.4	压缩永久变形	通过连续的压缩载荷作用使聚合物产生永久变形占压缩量的百分比
3.5	抗水解性能	密封圈抵抗因工作介质作用引起的强度、硬度、体积等性能变化的能力
		MT/T 1164—2011《液压支架立柱、千斤顶密封件　第 1 部分：分类》
3.1	密封件	在立柱、千斤顶上使用的密封圈、挡圈、导向环和防尘圈的总称
3.2	单体密封圈	由单一材料或几种材料组成不可拆分的独立整体密封圈
3.3	复合密封圈	具有聚氨酯性能类材料制成的外圈、具有橡胶性能类材料制成的内圈和具有聚甲醛性能类材料制成的挡圈组成可拆分的组合的密封圈
4.2.1.1	静密封件的构成	静密封件由单体静密封圈和挡圈或仅由单独的密封圈组成
4.2.2.1.1	活塞单体动密封件的构成	活塞单体动密封件由单体动密封圈、挡圈和导向环（或挡圈和导向环制成一体）组成
		HG/T 3090—1987（1997）《模压和压出橡胶制品外观质量一般规定》
1.1.1	重缺陷	能够造成故障或严重降低产品实用性能的缺陷
1.1.2	轻缺陷	只对产品的使用性能有轻微影响或几乎没有影响的缺陷
1.1.3	Ⅰ号位缺陷	指出现在模压制品表面起主要作用的、与尺寸公差和实用性能有关的工作面上的缺陷
1.1.4	Ⅱ号位缺陷	指出现在模压制品表面不起主要作用的、与尺寸公差和实用性能无关的非工作面上的缺陷
2.1.3	Ⅲ号位缺陷	指出现在压出制品密封面上的缺陷
2.1.4	Ⅳ号位缺陷	指出现在压出制品非密封面可见表面上的缺陷
2.1.5	Ⅴ号位缺陷	指出现在压出制品非密封面不可见表面上的缺陷
		HG/T 3869—2008《硫化橡胶压缩或剪切性能的测定（扬子尼机械示波器法）》
3.1	点模量	又称为正割模量，是应力-应变曲线上某点的应力与应变之比值
3.2	静态模量	应力-应变曲线上某点的切线的斜率
3.3	有效动态模量	由简谐运动的阻尼自由振荡公式计算得到的动态模量值
		HG/T 3870—2008《硫化橡胶溶胀指数测定方法》
—	溶胀指数	试样达到溶胀平衡时的质量与未溶胀前的质量之比

作者注：根据上述摘录的术语及其他标准，沟槽、密封沟槽、密封件沟槽等在本书中作为同义词使用，还有偶合件、配偶件、配合件等也作为同义词使用。

附录C　硫化橡胶或热塑性橡胶硬度的测定及压入硬度试验方法

标准规定的硫化橡胶或热塑性橡胶硬度的测定及压入硬度试验方法的范围和原理（摘录）见表C-1。

表C-1　硫化橡胶或热塑性橡胶硬度的测定及压入硬度试验方法范围和原理

范　围	原　理
GB/T 531.1—2008《硫化橡胶或热塑性橡胶　压入硬度试验方法　第1部分:邵氏硬度计法(邵尔硬度)》	
GB/T 531.1—2008规定了硫化橡胶或热塑性橡胶使用下列标尺的压入硬度(邵尔硬度)试验方法: ——A标尺,适用于普通硬度范围,采用A标尺的硬度计称邵氏A型硬度计 ——D标尺,适用于高硬度范围,采用D标尺的硬度计称邵氏D型硬度计 ——AO标尺,适用于低硬度橡胶和海绵,采用AO标尺的硬度计称邵氏AO型硬度计 ——AM标尺,适用于普通硬度范围的薄样品,采用AM标尺的硬度计称AM型硬度计	邵氏硬度计的测量原理是在特定的条件下把特定形状的压针压入橡胶试样而形成压入深度,再把压入深度转换为硬度值 使用邵氏硬度计,标尺的选择如下 ——D标尺值低于20时,选择A标尺 ——A标尺值低于20时,选用AO标尺 ——A标尺值高于90时,选用D标尺 ——薄样品(样品厚度6 mm)选用AM标尺
GB/T 531.2—2009《硫化橡胶或热塑性橡胶　压入硬度试验方法　第2部分:便携式橡胶国际硬度计法》	
GB/T 531.2—2009规定了利用便携式橡胶国际硬度计测量硫化或热塑性橡胶压入硬度的方法。此类硬度计的使用主要是为了控制产品质量,把便携式硬度计固定于支架可提高其测量精度	测量原理是在规定的条件下把规定形状的压针压入被测材料而形成压入深度,再把压入深度转换为硬度值
GB/T 6031—2017《硫化橡胶或热塑性橡胶　硬度的测定(10IRHD~100IRHD)》	
GB/T 6031—2017规定了四种对表面平整的硫化橡胶或热塑性橡胶硬度的测定方法(标准硬度方法)和四种对弯曲表面试样表观硬度的测定方法(表观硬度方法)。硬度值以橡胶国际硬度(IRHD)表示。这些测定方法所使用的硬度范围从10IRHD到100IRHD。 这些方法的主要区别在于球形压头直径和作用力大小,应根据特定的用途选择合适的方法。每种方法的使用范围如图1所示 该标准没有规定使用便携式硬度计测定硬度的方法,该方法在ISO 7619-2中描述 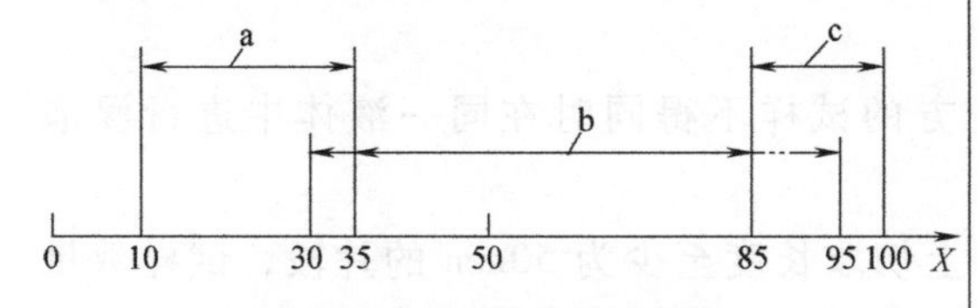 图1　各种方法的适用范围 X—硬度(IRHD)　a—方法L和方法CL b—方法N、M和方法CN、CM　c—方法H和方法CH 该标准规定了下列四种测定标准硬度的方法 方法N(常规试验):适用于橡胶硬度在35~85IRHD范围内,也可用于硬度在30~95IRHD范围内的橡胶 方法H(高硬度试验):适用于橡胶硬度在85~100IRHD范围内	本硬度试验是测量钢球在一个小的接触力和一个大的压入力作用下压入橡胶的深度差值。橡胶国际硬度(IRHD)是以这个差值(以于微型试验需乘以系数6)通过GB/T 6031—2017中表3~表5的换算表或根据由GB/T 6031—2017中表3~表5绘制的曲线获得,也可以从以橡胶国际硬度为单位的刻度盘上直接读数。这些表和曲线由GB/T 6031—2017中附录A给出的压入深度与硬度之间的经验关系得到

（续）

范　围	原　理
GB/T 6031—2017《硫化橡胶或热塑性橡胶　硬度的测定（10IRHD~100IRHD）》	
方法L（低硬度试验）：适用于橡胶硬度在10~35IRHD范围内 方法M（微型试验）：本质上是按比例缩小的方法N（常规试验），可用于薄、小试样。适用橡胶硬度在35~85IRHD范围内，也可用于硬度在30~95IRHD范围内的橡胶 注：1. 在85~95IRHD和30~35IRHD范围内，用方法N测得的硬度值与分别用方法H或方法L获得的数据不完全一致，用于技术目的的其差异通常不明显 2. 由于橡胶的各种表面因素，例如由打磨引起的表面粗糙，可导致微型试验与常规试验所测的结果不完全一致 该标准同时给出了用于测定弯曲表面表观硬度的CN、CH、CL和CM四种方法。这些方法用于被测橡胶表面弯曲的情况，是对方法N、H、L和M的修改，在这种情况下主要存在两种可能性 a）试样和制品足够大，使硬度计能够安放在上面。 b）试样和制品足够小，使试样和硬度计能安放在普通支座上，或者能将试样安放在硬度计的试样台上 对于非标准不平整试样也可使用方法N、H、L和M测量其表面硬度 上述方法不能保证适用于所有类型和尺寸的试样，但包括了像“O”形圈这样一些最普通的类型 该标准没有规定胶辊表观硬度的测定方法，相关测试方法见ISO 7267（所有部分）	本硬度试验是测量钢球在一个小的接触力和一个大的压入力作用下压入橡胶的深度差值。橡胶国际硬度（IRHD）是以这个差值（以于微型试验需乘以系数6）通过GB/T 6031—2017中表3~表5的换算表或根据由GB/T 6031—2017中表3~表5绘制的曲线获得，也可以从以橡胶国际硬度为单位的刻度盘上直接读数。这些表和曲线由GB/T 6031—2017中附录A给出的压入深度与硬度之间的经验关系得到

附录D　实心硫化O形橡胶密封圈耐液体试验结果的计算

D.1　试验液体的容量

D.1.1　液体的体积应不少于试样的总体积的15倍，并确保试验过程中试样始终完全浸泡在液面15mm以下。

D.1.2　试验液体只限使用一次，不同配方的试样不得同时在同一液体中进行浸泡试验。

D.2　试样是完整的O形圈或是从O形圈上切取长度至少为50mm的片段，试样数量三个。

D.3　试验结果的计算

D.3.1　质量变化百分率按式（D-1）计算：

$$\Delta m=\frac{m_3-m_1}{m_1}\times100\% \tag{D-1}$$

式中　Δm——质量变化百分率；

m_1——浸泡前试样在空气中的质量，单位为g；

m_3——浸泡后试样在空气中的质量，单位为 g。

D. 3. 2　体积变化百分率按式（D-2）计算：

$$\Delta V=\frac{(m_3-m_4)-(m_1-m_2)}{m_1-m_2}\times 100\% \tag{D-2}$$

式中　ΔV——体积变化百分率；

m_2——浸泡前试样在水中的质量，单位为 g；

m_4——浸泡后试样在水中的质量，单位为 g；

m_1、m_3同式（D-1）。

D. 3. 3　拉伸强度变化百分率按式（D-3）计算：

$$\Delta T_2=\frac{T_2-T_0}{T_0}\times 100\% \tag{D-3}$$

式中　ΔT_2——试样浸泡液体后的拉伸强度变化百分率；

T_0——浸泡前试样的拉伸强度，单位为兆帕（MPa）；

T_2——浸泡后试样的拉伸强度，单位为兆帕（MPa）。

D. 3. 4　拉断伸长变化百分率按式（D-4）计算：

$$\Delta E_2=\frac{E_2-E_0}{E_2}\times 100\% \tag{D-4}$$

式中　ΔE_2——试样浸泡液体后的拉断伸长率变化百分率；

E_0——浸泡前试样的拉断伸长率；

E_2——浸泡后试样的拉断伸长率。

D. 3. 5　硬度变化按式（D-5）计算：

$$\Delta H_2=H_2-H_0 \tag{D-5}$$

式中　ΔH_2——试样浸泡液体后硬度的变化值，单位为微观硬度（IRHD）；

H_0——试样浸泡前的硬度，单位为微观硬度（IRHD）；

H_2——试样浸泡后的硬度，单位为微观硬度（IRHD）。

作者注：附录 D 摘自 GB/T 5720—2008《O 形橡胶密封圈试验方法》，有改动。

附录 E　橡胶制品的贮存指南

除在制品标准中另有规定，橡胶制品（以贮存为目的）宜按所用橡胶对老化的相对敏感程度进行分组如下：

A 组：中等老化敏感性的橡胶，列于表 E-1。

B 组：低老化敏感性的橡胶，列于表 E-2。

C 组：高度耐老化的橡胶，列于表 E-3。

表 E-1　A 组橡胶

缩写	GB/T 5576—1997 的化学名称	通用名称
BR	丁二烯橡胶	聚丁二烯
NR	天然异戊二烯橡胶	天然橡胶
IR	合成异戊二烯橡胶	聚异戊二烯橡胶

（续）

缩写	GB/T 5576—1997 的化学名称	通用名称
SBR	苯乙烯-丁二烯橡胶	丁苯橡胶
AU	聚酯型聚氨酯橡胶	聚氨酯
EU	聚醚型聚氨酯橡胶	聚氨酯

表 E-2 B 组橡胶

缩写	GB/T 5576—1997 的化学名称	通用名称
NBR	丙烯腈-丁二烯橡胶	丁腈橡胶
NBR/PVC	丁腈橡胶和聚氯乙烯共混物	定睛/PVC
XNBR	羟基丙烯腈-丁二烯橡胶	羟化橡胶
HNBR	氢化 NBR(有一定不饱和度)	氢化定睛
CO、ECO	聚氯甲基环氧乙烷和共聚物	氯醚橡胶
ACO	乙基丙烯酸酯(或其他丙烯酸酯)和少量有助于硫化的单体的共聚物	丙烯酸橡胶
CR	氯丁二烯橡胶	氯丁橡胶
IIR	异丁烯-异戊二烯橡胶	丁基橡胶
BIIR	溴化异丁烯-异戊二烯橡胶	溴化丁基橡胶
CIIR	氯化异丁烯-异戊二烯橡胶	绿化丁基橡胶

表 E-3 C 组橡胶

缩写	GB/T 5576—1997 的化学名称	通用名称
CM	氯代聚乙烯	氯化聚乙烯
CSM	氯磺酰基聚乙烯	氯磺化聚乙烯
EPM	乙烯-丙烯共聚物	EPM,EPR
EPDM	乙烯、丙烯和在侧链上带有二烯类剩余不饱和键的三聚体	EPDM
FKM	在聚合物链上含有氟、过氧烷基或过氟烷基取代基团的橡胶	氟碳化合物
Q	硅橡胶	硅橡胶
FMQ	在聚合物链上含有甲基和氟取代基的硅橡胶	
PMQ	在聚合物链上含有甲基和苯取代基的硅橡胶	
PVMQ	在聚合物链上含有甲基、苯基和乙烯取代基的硅橡胶	
MQ	在聚合物链上含有甲基取代基的硅橡胶,如二甲基聚硅氧烷	
VMQ	在聚合物链上含有甲基和乙烯取代基的硅橡胶	

作者注：表 E-1～表 E-3 摘自 GB/T 20739—2006《橡胶制品贮存指南》，但其中有多处与 GB/T 5576—1997《橡胶和胶乳 命名法》不一致。

附录 F 静密封用 O 形橡胶密封圈的贮存和使用寿命预测

标准规定的静密封用 O 形橡胶密封圈的贮存和使用寿命可按表 F-1 进行测定或预测。

表 F-1 静密封用 O 形橡胶密封圈的贮存和使用寿命预测

范 围	方法原理
GB/T 27800—2021《静密封橡胶制品使用寿命的快速预测方法》	
GB/T 27800—2021 规定了静密封橡胶制品使用寿命的预测方法 该标准适用于预测静密封橡胶制品在压缩(径向压缩 12%～25%,轴向压缩 15%～40%)状态下,在与各种介质和空气接触时的使用寿命,也适用于预测自由状态下的橡胶制品的贮存期	静密封橡胶制品在贮存及使用条件下的性能变化,主要是由于热、氧、机械应力和接触的油、水等介质的综合作用。在一定的温度范围内,静密封橡胶制品的高温加速老化与使用条件下的老化机理是相同的。老化速度与温度的关系符合阿伦尼乌斯方程。利用高温加速老化试验得到的数据,可外推计算使用温度下的使用寿命 静密封橡胶制品使用寿命的预测,试验项目宜选择积累压缩永久变形或压缩应力松弛;橡胶制品贮存期的预测,试验项目宜选择拉断伸长率

（续）

范　围	方法原理
HG/T 3087—2001《静密封橡胶零件贮存期快速测定方法》	
HG/T 3087—2001适用于测定静密封橡胶零件在未变形和变形（径向压缩12%～25%，轴向压缩15%～40%）状态下，在空气和各种油介质中，在仓库贮存条件下保持工作能力的贮存期限 该标准不适用于易于水解的橡胶，例如硅橡胶、聚氨酯、丙烯酸酯和氯醇橡胶等制造的零件在其贮存时与空气接触的情况 按照该标准测定的橡胶零件贮存期，可作为制定产品贮存期的依据之一	橡胶密封零件在仓库贮存条件下，引起性能变化的主要因素是热、氧、机械应力和油介质。在一定温度范围内，烘箱加速老化与仓库贮存条件下的变质机理是相同的。利用高温烘箱加速老化试验数据，可外推计算仓库温度下的贮存期 老化特性指标对于未变形的橡胶零件可用拉断伸长率、对于变形的橡胶零件可用积累压缩永久变形或压缩应力松弛，按GB/T 7759.1—2015《硫化橡胶或热塑性橡胶　压缩永久变形的测定　第1部分：在常温及高温条件下》、GB/T 7759.2—2014《硫化橡胶或热塑性橡胶　压缩永久变形的测定　第2部分：在低温条件下》、GB/T 1685—2008《硫化橡胶或热塑性橡胶　在常温和高温下压缩应力松弛的测定》和GB/T 1685.2—2019《硫化橡胶或热塑性橡胶　压缩应力松弛的测定　第2部分：循环温度下试验》测定

参考文献

[1] 盛敬超. 液压流体力学 [M]. 北京：机械工业出版社，1980.
[2] 贾培起. 液压缸 [M]. 北京：北京科学技术出版社，1987.
[3] 林建亚，何存兴. 液压元件 [M]. 北京：机械工业出版社，1988.
[4] 工程材料实用手册编辑委员会. 工程材料实用手册：第5卷 [M]. 北京：中国标准出版社，1989.
[5] 张仁杰. 液压缸的设计制造和维修 [M]. 北京：机械工业出版社，1989.
[6] 顾永泉. 流体动密封：上册 [M]. 北京：中国石油出版社，1990.
[7] 顾永泉. 流体动密封：下册 [M]. 北京：中国石油出版社，1992.
[8] 赵应樾. 常用液压缸与其修理 [M]. 上海：上海交通大学出版社，1996.
[9] 雷天觉. 新编液压工程手册 [M]. 北京：北京理工大学出版社，1998.
[10] 谢忠麟，杨敏芳. 橡胶制品实用配方大全 [M]. 北京：化学工业出版社，1999.
[11] 中国机械工程学会，中国机械设计大典编委会. 中国机械设计大典：第5卷 [M]. 南昌：江西科学技术出版社，2002.
[12] 米勒，纳乌. 流体密封技术：原理与应用 [M]. 程传庆，等译. 北京：机械工业出版社，2002.
[13] 刘印文，刘振华，刘涌. 橡胶密封制品实用加工技术 [M]. 北京：化学工业出版社，2002.
[14] 模具实用技术丛书编委会. 橡胶模具设计应用实例 [M]. 北京：机械工业出版社，2004.
[15] 张秀英. 橡胶模具设计方法与实例 [M]. 北京：化学工业出版社，2004.
[16] 黄迷梅. 液压气动密封与泄漏防治 [M]. 北京：机械工业出版社，2003.
[17] 陆明炯. 实用机械工程材料手册 [M]. 沈阳：辽宁科学技术出版社，2004.
[18] 范存德. 液压技术手册 [M]. 沈阳：辽宁科学技术出版社，2004.
[19] 刘登祥. 化工产品手册：橡胶及橡胶制品 [M]. 4版. 北京：化学工业出版社，2005.
[20] 王先逵. 机械加工工艺手册：第1卷工艺基础卷 [M]. 2版. 北京：机械工业出版社，2007.
[21] 蔡仁良，顾伯勤，宋鹏云. 过程装备密封技术 [M]. 2版. 北京：化学工业出版社，2006.
[22] 俞新陆. 液压机的设计与应用 [M]. 北京：机械工业出版社，2007.
[23] 林峥. 实用密封手册 [M]. 上海：上海科学技术出版社，2008.
[24] 聂恒凯. 橡胶材料与配方 [M]. 2版. 北京：化学工业出版社，2009.
[25] 徐云慧，邹一明. 橡胶制品工艺 [M]. 2版. 北京：化学工业出版社，2009.
[26] 付平，常德功. 密封设计手册 [M]. 北京：化学工业出版社，2009.
[27] 张凤山，静永臣. 工程机械液压、液力系统故障诊断与维修 [M]. 北京：化学工业出版社，2009.
[28] 张建中，朱瑛，于超. 机械制造工艺学 [M]. 2版. 北京：国防工业出版社，2009.
[29] 湛从昌，等. 液压可靠性与故障诊断 [M]. 2版. 北京：冶金工业出版社，2009.
[30] 臧克江. 液压缸 [M]. 北京：化学工业出版社，2010.
[31] 崔建昆. 密封设计与实用数据速查 [M]. 北京：机械工业出版社，2010.
[32] 许贤良，韦文术. 液压缸及其设计 [M]. 北京：国防工业出版社，2011.
[33] 刘嘉，苏正涛，栗付平. 航空橡胶与密封材料 [M]. 北京：国防工业出版社，2011.
[34] 张绍九，等. 液压密封 [M]. 北京：化学工业出版社，2012.
[35] 李敏，张启跃. 橡胶工业手册：橡胶制品 下册 [M]. 3版. 北京：化学工业出版社，2012.
[36] 刘益军. 聚氨酯原料及助剂手册 [M]. 2版. 北京：化学工业出版社，2013.
[37] 刘厚钧. 聚氨酯弹性体手册 [M]. 2版. 北京：化学工业出版社，2012.

[38] 吴晓玲，袁丽娟. 密封设计入门［M］. 北京：化学工业出版社，2013.
[39] 蔡仁良. 流体密封技术：原理与工程应用［M］. 北京：化学工业出版社，2013.
[40] 丁祖荣. 工程流体力学：上册［M］. 北京：机械工业出版社，2013.
[41] 廖双泉，赵艳芳，廖小雪. 热塑性弹性体及其应用［M］. 北京：中国石化出版社，2014.
[42] 曹艳霞，王万杰. 热塑性弹性体改性及应用［M］. 北京：化学工业出版社，2014.
[43] 赵陈超，章基凯. 硅橡胶及其应用［M］. 北京：化学工业出版社，2015.
[44] 童忠良. 化工产品手册：树脂和塑料［M］. 6 版. 北京：化学工业出版社，2016.
[45] 成大先. 机械设计手册：第 5 卷［M］. 6 版. 北京：化学工业出版社，2016.
[46] 张丽珍，周殿明. 塑料工程师手册［M］. 北京：中国石化出版社，2017.
[47] 孙开元，郝振洁. 机械密封结构图例及应用［M］. 北京：化学工业出版社，2017.
[48] 谢苗，魏晓华. 液压元件设计［M］. 北京：煤炭工业出版社，2017.
[49] 闻邦椿. 机械设计手册：第 4 卷　流体传动与控制［M］. 6 版. 北京：机械工业出版社，2018.
[50] 孟跃中，邱廷模，王栓紧，等. 热塑性弹性体［M］. 北京：科学出版社，2018.
[51] 李新华. 密封元件选用手册［M］. 2 版. 北京：机械工业出版社，2018.
[52] 德罗布尼. 热塑性弹性体手册：原书第二版［M］. 游长江，译. 北京：化学工业出版社，2018.
[53] 张海平. 白话液压［M］. 北京：机械工业出版社，2018.
[54] 赵振杰. 联接与密封［M］. 北京：中国水利水电出版社，2018.
[55] 张立群. 橡胶纳米复合材料：基础与应用［M］. 北京：化学工业出版社，2018.
[56] 秦大同，谢里阳. 现代机械设计手册：第 4 卷［M］. 2 版. 北京：化学工业出版社，2019.
[57] 马克，埃尔曼，罗兰. 橡胶科学与技术［M］. 伍一波，郭文莉，李树新，译. 北京：化学工业出版社，2019.
[58] 韩桂华，高炳微，孙桂涛，等. 液压系统设计技巧与禁忌［M］. 3 版. 北京：化学工业出版社，2019.
[59] 魏龙. 密封技术［M］. 3 版. 北京：化学工业出版社，2019.
[60] 吴笛. 密封技术及应用［M］. 北京：化学工业出版社，2019.
[61] 温变英，等. 塑料测试技术［M］. 北京：化学工业出版社，2019.
[62] 刘银水，李壮云. 液压元件与系统［M］. 4 版. 北京：机械工业出版社，2019.
[63] 王晓晶，苏晓宁，张健. 新型液压元件及选用［M］. 北京：化学工业出版社，2020.
[64] 张玉龙，李萍，孙佳春，等. 石墨烯改性塑料［M］. 北京：化学工业出版社，2021.
[65] 郑津洋，桑芝富. 过程设备设计［M］. 5 版. 北京：化学工业出版社，2021.
[66] 马雷. 航空航天作动器 3：商用飞机与倾转旋翼机作动器［M］. 段卓毅，支超有，等译. 北京：航空工业出版社，2021.
[67] 王亚涛，李建华，等. 聚甲醛合成、加工及应用［M］. 北京：科学出版社，2020.
[68] 方庆琯. 现代液压试验技术与案例［M］. 北京：机械工业出版社，2022.